“十三五”普通高等教育本科系列教材

（第三版）

工程力学

主　编　孙　艳　李延君
副主编　何署廷　史慧云　李　慧
编　写　赵福明　温　泳
主　审　刘恩济

中国电力出版社
CHINA ELECTRIC POWER PRESS

内 容 提 要

本书为“十三五”普通高等教育本科系列教材。

本书包括静力学、运动学和材料力学三篇。第一篇静力学包括静力学公理及受力分析，力系的简化与平衡，摩擦；第二篇运动学包括点的运动学，刚体的简单运动，点的合成运动及刚体的平面运动；第三篇材料力学包括四种基本变形及其强度条件、刚度条件，应力状态和强度理论，组合变形，压杆稳定等。各章附有小结、思考题和习题，便于读者明确重点，使理论内容更为精炼。增加了例题，以加强启发性和独立思考能力的培养，有利于自学和课堂讨论。适合40～120学时选用。

本书可作为普通高等工科院校四年制勘察、给水、资源、水利和动力等专业的教材，也可作为其他专业的选用教材，或作为自学、函授教材。

图书在版编目（CIP）数据

工程力学/孙艳，李延君主编．—3版．—北京：中国电力出版社，2019.7（2021.5重印）

“十三五”普通高等教育本科规划教材

ISBN 978-7-5198-3334-3

Ⅰ.①工… Ⅱ.①孙…②李… Ⅲ.①工程力学－高等学校－教材 Ⅳ.①TB12

中国版本图书馆CIP数据核字（2019）第141468号

出版发行：中国电力出版社
地　　址：北京市东城区北京站西街19号（邮政编码100005）
网　　址：http://www.cepp.sgcc.com.cn
责任编辑：孙　静（010-63412542）
责任校对：黄　蓓　常燕昆
装帧设计：赵姗姗
责任印制：钱兴根

印　　刷：北京九州迅驰传媒文化有限公司
版　　次：2009年8月第一版　2019年7月第三版
印　　次：2021年5月北京第九次印刷
开　　本：787毫米×1092毫米　16开本
印　　张：23.75
字　　数：582千字
定　　价：59.00元

前 言

工程力学是普通高等工科院校本科生必修的专业基础课，是各门后续力学课程的理论基础，也是一门体系完整的独立学科。本书是根据教育部高等学校力学基础教程指导委员会制定的“工程力学课程基本要求”进行编写，具有以下特色：

（1）优化课程体系，重组教学内容，减少不必要重复，突出主要内容，加强前后呼应，实现教学内容相互贯通，相互融合，相互综合。

（2）采用从一般到特殊的内容体系，以便于全面准确阐述基本概念，基本定理。

（3）增加例题的广度及综合性，利于学生对基本理论的透彻理解和正确应用。

（4）注重启发性结合相关内容，选择一定数量的思考题，培养学生独立思考问题的能力及创新能力。

（5）引入工程领域的实例与工程相关的算例及习题，培养学生的工程应用能力。

（6）本教材与在线课程配套使用。

本教材采用贯通式编写思路，包括静力学、运动学和材料力学三大部分，适用于普通高等工科院校四年制机电、土木、勘察、给水、资源、水利、动力等专业，适合 40 到 120 学时选用，也可供其他专业选用，或作为自学、函授教材。

本书由孙艳、李延君主编，参加编写工作的有：孙艳（第一～三章、十四章）、李延君（第八～十章）、何署廷（绪论、第十一～十三章）、史慧云（第四～七章），赵福明（附录 A），温泳（附录 B），全书由刘恩济教授主审。

本书在编写过程中得到了很多同志的指教和支持，在吸取我校基础力学系列课程多年的教学经验和丰富的改革成果基础上，参考了国内外优秀的相关教材编写而成，在此对以上同志深表感谢。

限于编者水平，书中难免存在一些缺点和错误，敬请广大教师和读者批评指正。

编 者

2019 年 5 月

主 要 符 号 表

$\boldsymbol{a}$	加速度
$\boldsymbol{a}_{\mathrm{n}}$	法向加速度
$\boldsymbol{a}_{\mathrm{t}}$	切向加速度
$\boldsymbol{a}_{\mathrm{a}}$	绝对加速度
$\boldsymbol{a}_{\mathrm{r}}$	相对加速度
$\boldsymbol{a}_{\mathrm{e}}$	牵连加速度
$\boldsymbol{a}_{\mathrm{C}}$	科氏加速度
A	面积，自由振动振幅
d，D	直径
e	偏心距，恢复因数
E	弹性模量
f	动摩擦因数，频率
f_{s}	静摩擦因数
$\boldsymbol{F}$	力
$\boldsymbol{F}_{\mathrm{cr}}$	临界力
$\boldsymbol{F}_{\mathrm{R}}$	主矢
$\boldsymbol{F}_{\mathrm{S}}$	静滑动摩擦力，剪力
$\boldsymbol{F}_{\mathrm{N}}$	法向约束力，轴力
$\boldsymbol{F}_{\mathrm{Ie}}$	牵连惯性力
$\boldsymbol{F}_{\mathrm{IC}}$	科氏惯性力
$\boldsymbol{F}_{\mathrm{I}}$	惯性力
g	重力加速度
G	切变模量
h	高度
i	x 轴的基矢量
$\boldsymbol{I}$	冲量
I	惯性矩
I_{p}	极惯性矩
I_{yz}	惯性积
$\boldsymbol{j}$	y 轴的基矢量
J_z	刚体对 z 轴的转动惯量
J_{xy}	刚体对 x，y 轴的转动惯量
J_C	刚体对质心的转动惯量
k	弹簧刚度系数
$\boldsymbol{k}$	z 轴的基矢量
l	长度
L	拉格朗日函数
$\boldsymbol{L}_O$	刚体对点 O 的动量矩
$\boldsymbol{L}_C$	刚体对质心的动量矩
m	质量
$\boldsymbol{M}$	力偶矩，主矩
$\boldsymbol{M}_O(\boldsymbol{F})$	力 $\boldsymbol{F}$ 对点 O 的矩
M_{I}	惯性力的主矩
M_x，M_y，M_z	力对 x，y，z 轴的力矩
n	质点数目
$[n_{\mathrm{st}}]$	稳定安全因数
O	参考坐标系的原点
$\boldsymbol{p}$	动量
P	重量，功率
q	载荷集度，广义坐标
Q	广义力
r，R	半径
$\boldsymbol{r}$	矢径
$\boldsymbol{r}_O$	点 O 的矢径
$\boldsymbol{r}_C$	质心的矢径
s	弧坐标，频率比
t	时间，摄氏温度
T	动能，周期，扭矩
$\boldsymbol{v}$	速度
$\boldsymbol{v}_{\mathrm{a}}$	绝对速度
$\boldsymbol{v}_{\mathrm{r}}$	相对速度
$\boldsymbol{v}_{\mathrm{e}}$	牵连速度
$\boldsymbol{v}_C$	质心速度
V	势能，体积
V_{ε}	应变能
w	挠度
W	功
W，W_z	抗弯截面模量
W_{t}	抗扭截面模量
x，y，z	直角坐标
α	角加速度，线膨胀系数
β	角度坐标

δ	滚阻因数，阻尼因数	λ	柔度，长细比
ζ	阻尼比	μ	长度系数，泊松比
ρ	密度，曲率半径	σ	正应力
φ	角度坐标，相对扭转角，稳定因数	σ_t	拉应力
φ'	单位长度相对扭转角	σ_c	压应力
φ_f	摩擦角	$[\sigma]$	许用应力
γ	切应变	$[\sigma_t]$	许用拉应力
ψ	角度坐标	$[\sigma_c]$	许用压应力
ω_0	固有角频率	$[\sigma_{cr}]$	临界应力
ω	角速度	σ_e	弹性极限
ω_a	绝对角速度	σ_p	比例极限
ω_r	相对角速度	σ_s	屈服极限
ω_e	牵连角速度	τ	切应力
ε	线应变，尺寸系数	$[\tau]$	许用切应力

目　　录

第二篇　运　动　学

第三篇　材　料　力　学

绪　　论

工程力学是一门研究物体运动一般规律和有关构件的强度、刚度、稳定性理论的科学。它通过研究物体机械运动的一般规律来对工程构件进行相关的力学分析和设计，工程力学涉及众多的力学学科分支与广泛的工程技术领域，本书所讨论的是工程力学最基本的部分。它主要包括静力学、材料力学、运动学和动力学。它是很多工程专业的最重要的基础课程之一，同时它也广泛应用于工程实践。

第一节　工程力学课程的主要内容

工程力学主要包括静力学、材料力学、运动学和动力学四个部分。

机械运动是人们在日常生活和生产实践中最常见的一种运动形式，是物体的空间位置随时间的变化规律。

静力学研究物体的平衡规律，同时也研究力的一般性质及其合成法则。静力学是机械运动的特殊情况，即物体在外力作用下的平衡问题，包括对工程物体的受力分析，对作用在工程物体上的复杂力系进行简化，总结力系的平衡条件和平衡方程，从而找出平衡物体上所受的力与力之间的关系。

构件是工程上的机械、设备、结构的组成元素。

材料力学是研究工程构件在外力作用下，其内部产生的力，这些力的分布，以及将要发生的变形。

为保证工程机械和结构的正常工作，其构件必须有足够的承载能力，即必须具有足够的**强度**、**刚度**和**稳定性**。

足够的强度，是保证工程构件在外力作用下不发生断裂和过大的塑性变形。

足够的刚度，是保证工程构件在外力作用下不发生过大的弹性变形。

足够的稳定性，是保证工程构件在外力作用下不失稳，即不改变其本来的平衡状态。

运动学研究物体运动的几何性质，而不考虑物体运动的原因。如研究物体运动轨迹、速度和加速度等，而不考虑引起运动的物理原因。

动力学研究物体的运动变化与其所受的力之间的关系。动力学分析系统的运动与作用于系统的力系之间的关系。

本书所研究的内容是以伽利略和牛顿所建立的基本定律为基础，其速度远小于光速的机械运动，属于古典力学的范畴。有关速度接近光速的物体和基本粒子的运动，需运用爱因斯坦的相对论等理论来研究。对于宏观物体，一般速度远小于光速，工程中的物体也远小于光速，所以，工程实际中主要应用古典力学。

第二节 工程力学研究模型与研究方法

一、工程力学的研究模型

在自然界中的实际工程构件受力后，几何形状和几何尺寸都要发生改变，这种改变称为**变形**，这些构件都称为**变形体**。变形可以分为弹性变形和塑性变形。**弹性变形**是卸除荷载后能完全消失的那一部分变形；**塑性变形**是卸除荷载后不能完全消失而残留下来的那部分变形。一般在材料力学部分，为了研究构件的内力和变形，采用变形体这种模型。

当研究构件的受力时，在绝大多数情况下变形都比较小，忽略这种变形对构件的受力分析不会产生什么影响。因此，在静力学、运动学和动力学中可以将变形体简化为不变形的**刚体**。

如图 0-1 所示的简支梁，当研究梁的变形、内力等材料力学问题时，就必须将其看成变形体。但是，如果仅研究支座反力时，就可以将其看成刚体。因为，实际结构一般是小变形，而这种变形对求支座反力影响不大，可以忽略。

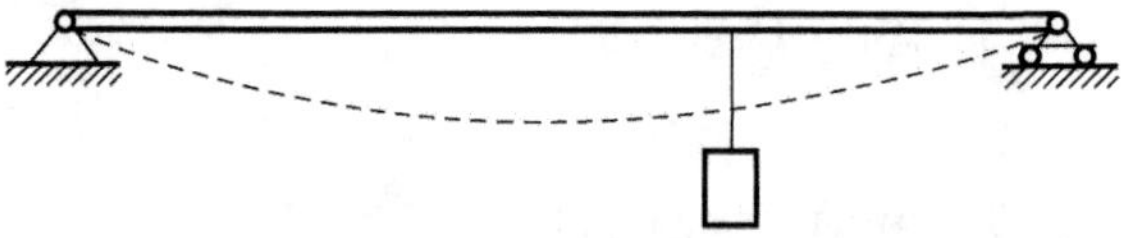

图 0-1 简支梁

二、工程力学的研究方法

工程力学中各部分，由于所研究的问题不同，理论分析的方法也不同。

(1) 静力学、运动学和动力学的研究对象是刚体，在建立研究对象力学模型的基础上，根据物体机械运动的基本概念与基本理论，应用数学推导的方法，确定物体在外力作用下会产生什么样的运动，或产生给定的运动需要施加什么样的力等。

(2) 材料力学的研究对象是变形体，研究物体在外力作用下，会产生什么样的变形、什么样的内力，这些变形和内力对构件的正常工作又会产生什么样的影响。因此，在这一类问题中，是通过平衡、变形协调以及力和变形之间的物理关系研究物体的变形规律以及内力分布规律。

除了理论分析以外，工程力学离不开实验分析。实验分析包括测定一些参数（如速度、摩擦因数等）和通过实验建立或验证一些力学理论。

近三十年随着计算机技术的普及，工程力学的计算机分析方法也很普遍，限于篇幅本书不在这里作介绍了。

三、学习工程力学的目的

工程力学的主要研究对象是实际工程的力学模型，例如静力学中的屋架结构、运动学中的平面机构、动力学中的振动系统、材料力学中各种杆件的应力和变形等。运用工程力学可以直接解决许多工程实际问题。

工程力学又是工科专业一些后继课程的基础，例如结构力学、弹性力学、流体力学、振动学、土力学、混凝土结构、机械设计等都以工程力学原理为基础。在建立这些课程的基本理论时可以直接应用工程力学的定理和公式。

第三节　工程力学发展过程与成就

中国很早就可以利用经验建造了世界上著名的建筑，如1400年前的赵州桥（见图0-2），建于辽代（1056年）的山西应县佛宫寺释迦塔（见图0-3）等。中国古代还有很多这样的建筑奇迹，虽然当时人们不知道工程力学的知识，但我国古代工匠们的这些建筑经验，正好满足了现代的力学理论，所以这些建筑千百年来依然不倒。20世纪随着西方的工业革命，产生了很多高新技术，利用这些技术建造的建筑如高层建筑中央电视台新楼（见图0-4）、大型体育场馆鸟巢（见图0-5）、大型桥梁南京长江二桥（见图0-6）等。航天飞机发射（见图0-7）、高速列车（见图0-8）以及大型水利枢纽三峡大坝（见图0-9）等许多重要工程更是在工程力学指导下得以实现，并不断发展完善的。

图0-2　赵州桥

图0-3　应县佛宫寺释迦塔

图0-4　中央电视台新楼

图0-5　鸟巢

需要指出的是，除了工业部门的工程外，还有一些非工业工程也都与工程力学有密切关系，如体育运动工程、赛车结构等。总之工程力学在工业、工程等很多领域都有广泛的应用。

图 0-6 南京长江二桥

图 0-7 航天飞机发射

图 0-8 和谐号高速列车

图 0-9 三峡大坝

第一篇 静 力 学

引 言

静力学的任务是研究力系的简化与平衡条件。力系指作用在物体上的一组力，所谓简化是指用一组最简单的力系代替给定的力系，同时保持对物体的作用不变。或者说，用简单的等效力系代替给定力系。平衡条件指在物体平衡时作用于物体上的力所应满足的条件。显然，力系简化是寻找力系平衡条件的简洁途径，但力系简化的应用绝不仅限于静力学。在动力学中，当研究在给定力系作用下物体如何运动时，力系简化同样重要。

在物理课程中，已经接触过静力学，并建立了一些有关概念。

（1）力：力是物体之间相互的机械作用，它的效应是改变物体的运动状态（外效应）或是物体变形（内效应）。

（2）平衡：物体静止或作匀速直线运动时称物体处于平衡状态。静止、运动都是相对某一参考系而言的。在静力学中，将与地球相固结的坐标系取作参考坐标系。

（3）质点：如果不计物体的大小，只考虑其质量，则称之为质点。质点是为研究物体运动规律而作的一种简化，一组有联系的质点构成质点系。

（4）刚体：一种特殊的质点系，其中各质点间的距离保持不变，亦即刚体是不变形的，所以，刚体又称为不变质点系。刚体也是实际物体的一种经过简化与抽象的物理模型。实际物体都有变形，是变形体，但为保持结构物的坚固性，通常都设计得使结构物各部件的变形很小，在研究某些问题时就可以忽略这些微小的变形而把物体看成刚体。静力学的研究对象主要是刚体。

在静力学中，研究以下三个问题：

1. 物体的受力分析

分析物体共受几个力，以及每个力的作用位置和方向。

2. 力系的简化（力系的等效代换）

研究力系的简化并不限于静力学问题，也为动力学提供基础。

3. 建立各种力系的平衡条件

研究作用在物体上的各种力系所需满足的平衡条件。力系的平衡条件在工程中有着十分重要的意义，是设计结构、构件和机械零件时静力计算的基础。因此，静力学在工程中有着广泛的应用。

第一章 静力学公理及受力分析

本章介绍力及它的性质，对物体进行受力分析。画出物体的受力图是研究物体平衡与运动的基础。

第一节 静力学公理

人类对力的认识最初来自自身的体力，经过长期的实践，才认识力的规律。力是物体之间相互的机械作用，其效应是改变物体运动状态或是物体变形。对不变形的刚体，力只改变其运动状态。力具有下列性质：

力对物体的效果取决于三个因素：大小、方向和作用点，即力的三要素。力是有方向的量，在数学上可以用矢量 $\boldsymbol{F}$ 表示。力可表示为一个有方向带箭头的线段，线段的长度表示力的大小，线段所在直线及箭头表示力的方向，线段的始端（有时用末端）表示力的作用点。在国际单位制中，力的单位是牛顿，符号是 N，$1\text{N} = 1\text{kg} \cdot \text{m/s}^2$。

公理是人们在生活和生产实践中长期积累的经验总结，又经过实践反复检验，被确认是符合客观实际的最普遍、最一般的规律。

一、公理 1 力的平行四边形法则

作用在物体上同一点的两个力，可以合成为一个**合力**。合力的作用点也在该点，合力的大小和方向，由这两个力为边构成的平行四边形的对角线确定，如图 1-1（a）所示。或者说，合力矢等于这两个力矢的几何和，即

$$\boldsymbol{F} = \boldsymbol{F}_1 + \boldsymbol{F}_2$$

亦可另作一力三角形，求两汇交力合力的大小和方向（即合力矢），如图 1-1（b）所示。

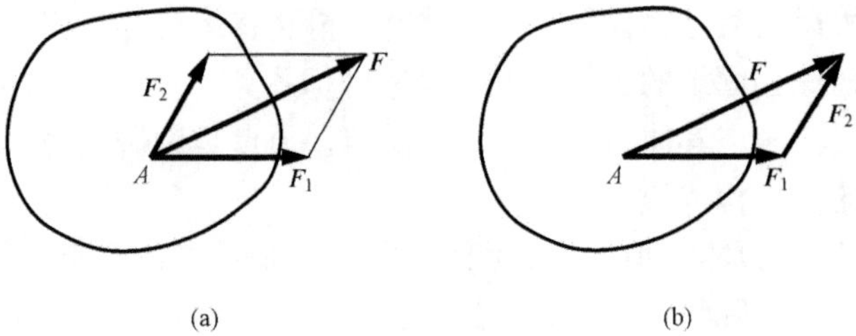

图 1-1 求合力

（a）力的平行四边形法则；（b）力的三角形法则

二、公理 2 二力平衡条件

作用在同一刚体上的两个力（如 $\boldsymbol{F}_1$ 与 $\boldsymbol{F}_2$），使刚体保持平衡的必要和充分条件是：这两个力的大小相等，方向相反，且作用在同一直线上。这个公理表明了作用于刚体上最简单力系平衡时所必须满足的条件。

三、公理 3 加减平衡力系原理

在已知力系上加上或减去任意的平衡力系，并不改变原力系对刚体的作用。这个公理是研究力系等效替换的重要依据。根据上述公理可以导出下列推理。

1. 推理 1 力的可传性

作用于刚体上某点的力，可以沿着它的作用线移动到刚体内任意一点，并不改变该力对刚体的作用。

证明 在刚体上的点 A 作用力 $\boldsymbol{F}$，如图 1-2（a）所示。根据加减平衡力系原理，可在力的作用线上任取一点 B，并加上两个相互平衡的力 $\boldsymbol{F}_1$ 和 $\boldsymbol{F}_2$，使 $\boldsymbol{F}_2 = \boldsymbol{F} = -\boldsymbol{F}_1$，如图 1-2（b）所示。由于力 $\boldsymbol{F}$ 和 $\boldsymbol{F}_1$ 也是一个

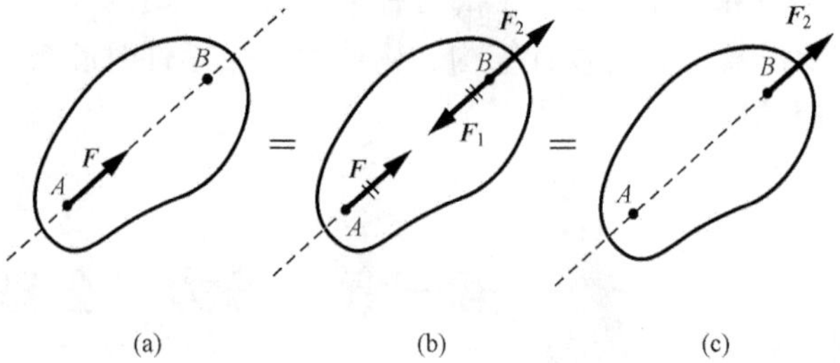

图 1-2 力的可传性

（a）在刚体上的点 A 作用力 $\boldsymbol{F}$；（b）加上一对平衡力；（c）力 $\boldsymbol{F}$ 沿其作用线移到了点 B

平衡力系，故可除去；这样只剩下一个力 $\boldsymbol{F}_2$，如图 1-2（c）所示，即原来的力 $\boldsymbol{F}$ 沿其作用线移到了点 B。

作用于刚体上的力可以沿着作用线移动，这种矢量称为滑动矢量。

2. 推理 2　三力平衡汇交定理

作用于刚体上三个相互平衡的力，若其中两个力的作用线汇交于一点，则此三力必在同一平面内，且第三个力的作用线通过汇交点。

证明　如图 1-3 所示，在刚体的 A，B，C 三点上，分别作用三个相互平衡的力 $\boldsymbol{F}_1$，$\boldsymbol{F}_2$，$\boldsymbol{F}_3$。根据力的可传性，将力 $\boldsymbol{F}_1$ 和 $\boldsymbol{F}_2$ 移到汇交点 D，然后根据力的平行四边形法则，得合力 $\boldsymbol{F}$。则力 $\boldsymbol{F}_3$ 应与 $\boldsymbol{F}$ 平衡。由于两个力平衡必须共线，所以力 $\boldsymbol{F}_3$ 必定与力 $\boldsymbol{F}_1$ 和 $\boldsymbol{F}_2$ 共面，且通过力 $\boldsymbol{F}_1$ 和 $\boldsymbol{F}_2$ 的交点 D，于是定理得证。

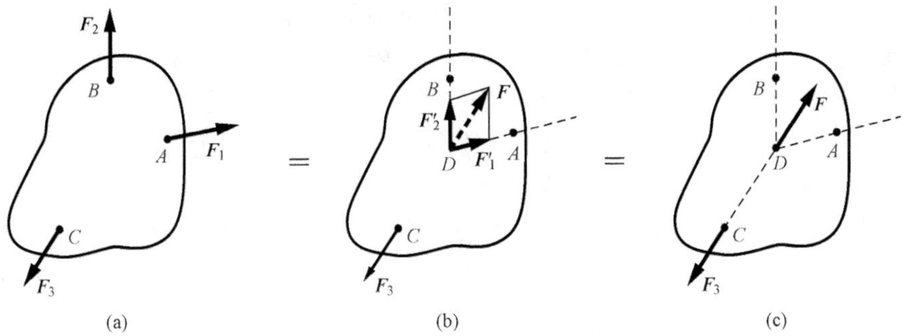

图 1-3　三力平衡汇交定理

（a）三个相互平衡的力 $\boldsymbol{F}_1$，$\boldsymbol{F}_2$，$\boldsymbol{F}_3$；（b）将 $\boldsymbol{F}_1$ 和 $\boldsymbol{F}_2$ 移到汇交点 D；（c）求合力 $\boldsymbol{F}$

四、公理 4　作用和反作用定律

作用力和反作用力总是同时存在，两力的大小相等、方向相反，沿着同一直线，分别作用在两个相互作用的物体上。若用 $\boldsymbol{F}$ 表示作用力，又用 $\boldsymbol{F}'$ 表示反作用力，则

$$\boldsymbol{F} = -\boldsymbol{F}'$$

这个公理概括了物体间相互作用的关系，表明作用力和反作用力总是成对出现的。由于作用力和反作用力分别作用于两个物体上，因此，不能视作为平衡力系。

五、公理 5　刚化原理

变形体在某一力系作用下处于平衡，如将此变形体刚化为刚体，其平衡状态保持不变。

这个公理提供了把变形体看作为刚体模型的条件。如图 1-4 所示，绳索在等值、反向、共线的两个拉力作用下处于平衡，如将绳索刚化成刚体，其平衡状态保持不变。反之就不一定成立。如刚体在两个等值反向的压力作用下平衡，若将它换成绳索就不能平衡了。

由此可见，刚体的平衡条件是变形体平衡的必要条件，而非充分条件。在刚体静力学的基础上，考虑变形体的特性，可进一步研究变形体的平衡问题。

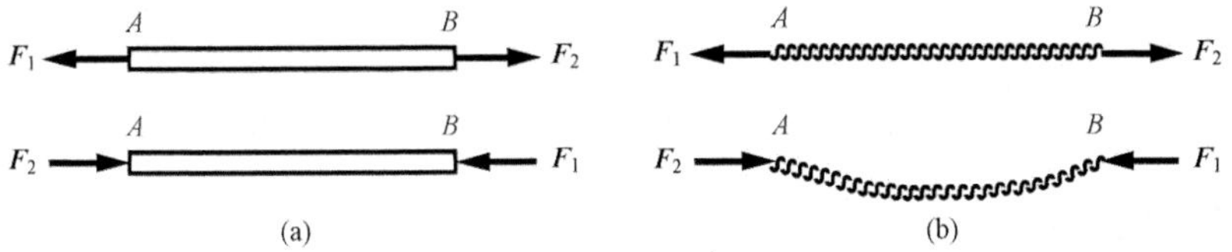

图 1-4　刚化原理

（a）刚性杆；（b）柔性绳

静力学全部理论都可以由上述5个公理推证而得到，这既能保证理论体系的完整和严密性，又可以培养读者的逻辑思维能力。

第二节　约束和约束力

如果物体在空间的位置不受任何约束，则称为自由体。如炮弹在空中飞行，其轨迹只取决于重力、空气阻力及发射速度，如果改变发射速度的大小及方向，则从理论上讲炮弹可以占据空间任一位置。但另一类物体则不然，如在轨道上的行驶的火车、在轴承上转动的转子，它们的位置都受到周围物体预先给定的限制，火车不能离开轨道、转子不能离开轴承。这种位置受到预先给定的限制的物体就称为非自由体，而对非自由体运动的限制就称为约束。约束的作用有两个方面：一方面是限制物体的运动规律，如火车的运动轨迹只能轨道曲线，转子轴心上各点速度必为零；另一方面，这些限制是通过力的作用实现的，如轨道及轴承必对火车及转子有作用力。约束对非自由体的作用力就称为约束力。由约束力的性质可知，约束力阻碍物体的运动，其方向必与所阻碍的物体运动方向相反。在静力学中，由于所研究的物体静止状态，所以主要研究约束力。

非自由体所受的力可分为两类：约束力及主动力，主动力有时又称为荷载，如结构物的自重、风载等。对受约束的非自由体进行受力分析时，主要的工作多是分析约束力。实际工程中的约束多种多样，甚至十分复杂，但经过简化，均可抽象成一些理想的约束模型。下面是一些最基本的理想的约束模型。

一、柔索约束

不考虑绳索的弯曲刚度，忽略绳索的自重，则可简化成柔索，柔索对物体约束力为沿柔索方向的拉力，如图1-5（a）所示。缆绳、链条、皮带一类的约束可以简化柔索约束。由于柔软的绳索本身只能承受拉力，所以它给物体的约束力也只可能是拉力。因此，绳索对物体的约束力，作用在接触点，方向沿着绳索背离物体。通常用$\boldsymbol{F}$或$\boldsymbol{F}_T$表示这类约束力。

链条或胶带也都只能承受拉力。当它们绕在轮子上，对轮子的约束力沿轮缘的切线方向。如图1-5（b）所示。

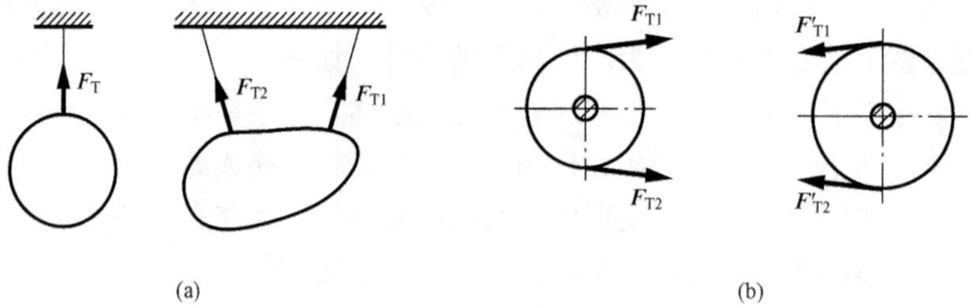

图1-5　柔索约束

（a）柔索对物体的约束力；（b）链条或胶带对轮子的约束力

二、光滑接触面约束

如果物体与约束接触处绝对光滑，即可忽略摩擦，这类约束不能限制物体沿约束表面切线的位移。因此，光滑支承面对物体的约束力，作用在接触点处，方向沿接触表面的公法线，并指向被约束物体。这种约束力称为法向约束力，通常用 $\boldsymbol{F}_N$ 表示，如图 1-6 中的 $\boldsymbol{F}_N$，$\boldsymbol{F}_{NA}$，$\boldsymbol{F}_{NB}$ 等。

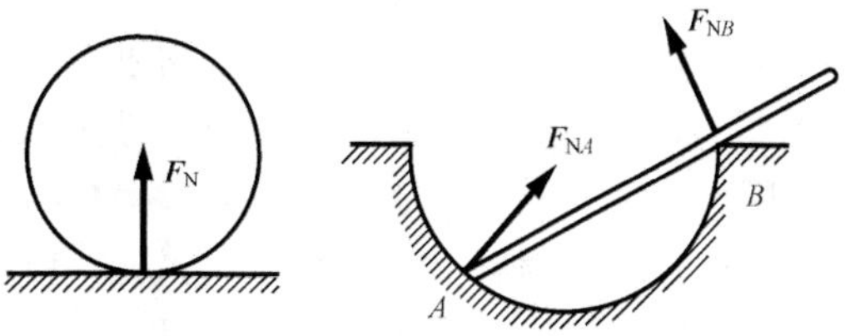

图 1-6　光滑接触面

三、光滑铰链约束

这类约束有向心轴承、圆柱形铰链和固定铰链支座等。

1. 向心轴承（径向轴承）

如图 1-7 所示为轴承装置，可画成如图 1-7（c）所示的简图。轴可在孔内任意转动，也可沿孔的中心线移动；但是，轴承阻碍着轴沿径向向外的位移。当轴和轴承在某点 A 光滑接触时，轴承对轴的约束力 $\boldsymbol{F}_A$ 作用在接触点 A，且沿公法线指向轴心。

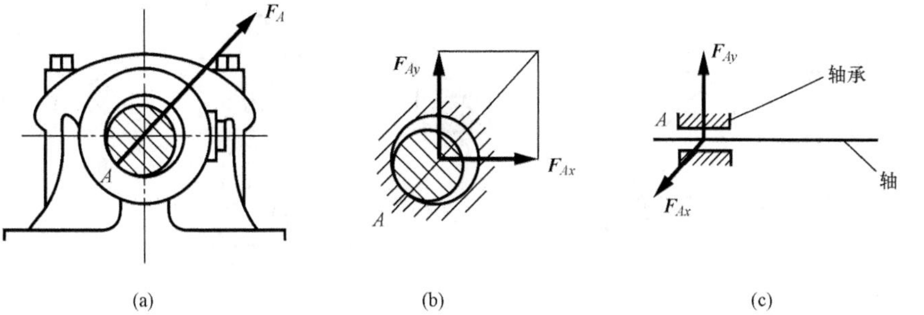

图 1-7　向心轴承

（a）轴承装置；（b）向心轴承简图；（c）简图

但是，随着轴所受的主动力不同，轴和孔的接触点的位置也随之不同。所以，当主动力尚未确定时，约束力的方向预先不能确定。然而，无论约束力朝向何方，它的作用线必垂直于轴线并通过轴心。这样一个方向不能预先确定的约束力，通常可用通过轴心的两个大小未知的正交分力 $\boldsymbol{F}_{Ax}$，$\boldsymbol{F}_{Ay}$ 来表示，如图 1-7（b）或（c）所示，$\boldsymbol{F}_{Ax}$，$\boldsymbol{F}_{Ay}$ 的指向暂可任意假定。

2. 圆柱铰链和固定铰链支座

如图 1-8（a）所示的拱形桥，它是由两个拱形构件通过圆柱铰链 C 以及固定铰链支座 A 和 B 连接而成。圆柱铰链简称铰链，它是由销钉 C 将两个钻有同样大小孔的构件连接在一起而成，如图 1-8（b）所示，其简图如图 1-8（a）的铰链 C。如果铰链连接中有一个固定在地面或机架上作为支座，则这种约束称为固定铰链支座，简称固定铰支，如图 1-8（b）中所示的支座 A 和 B。其简图如图 1-8（a）所示的固定铰链支座 A 和 B。

在分析铰链 C 处的约束力时，通常把销钉 C 固连在其中任意一个构件上，如构件Ⅱ上，则构件Ⅰ、Ⅱ互为约束。显然，当忽略摩擦时，构件Ⅱ上的销钉与构件Ⅰ的结合，实际上是轴与光滑孔的配合问题。因此，它与轴承具有同样的约束性质，即约束力的作用线不能预先定出，但约束力垂直轴线并通过铰链中心，故也可用两个大小未知的正交分力 $\boldsymbol{F}_{Cx}$，$\boldsymbol{F}_{Cy}$ 和 $\boldsymbol{F}'_{Cx}$，$\boldsymbol{F}'_{Cy}$ 来表示，如图 1-8（c）所示。其中 $\boldsymbol{F}_{Cx}=-\boldsymbol{F}'_{Cx}$，$\boldsymbol{F}_{Cy}=-\boldsymbol{F}'_{Cy}$，表明它们互为作用与反作用关系。

同理，把销钉固连在 A，B 支座上，则固定铰支座 A，B 对构件Ⅰ、Ⅱ的约束力分别为

$\boldsymbol{F}_{Ax}$，$\boldsymbol{F}_{Ay}$与$\boldsymbol{F}_{Bx}$，$\boldsymbol{F}_{By}$，如图 1 - 8（c）所示。

当需要分析销钉C的受力时，才把销钉分离出来单独研究。这时，销钉C将同时受到构件Ⅰ、Ⅱ上的孔对它的反作用力。其中$\boldsymbol{F}_{C1x}=-\boldsymbol{F}'_{C1x}$，$\boldsymbol{F}_{C1y}=-\boldsymbol{F}'_{C1y}$，为构件Ⅰ与销钉$C$的作用与反作用力；又$\boldsymbol{F}_{C2x}=-\boldsymbol{F}'_{C2x}$，$\boldsymbol{F}_{C2y}=-\boldsymbol{F}'_{C2y}$，则为构件Ⅱ与销钉$C$的作用与反作用力。销钉$C$所受到约束力如图 1 - 8（d）所示。

当将销钉C与构件Ⅱ固连为一体时，$\boldsymbol{F}_{C2x}$与$\boldsymbol{F}'_{C2x}$，$\boldsymbol{F}_{C2y}$与$\boldsymbol{F}'_{C2y}$为作用在同一刚体上的成对的平衡力，可以消去不画。此时，力的下角不必再区分为$C1$和$C2$，铰链C处的约束力仍如图 1 - 8（c）所示。

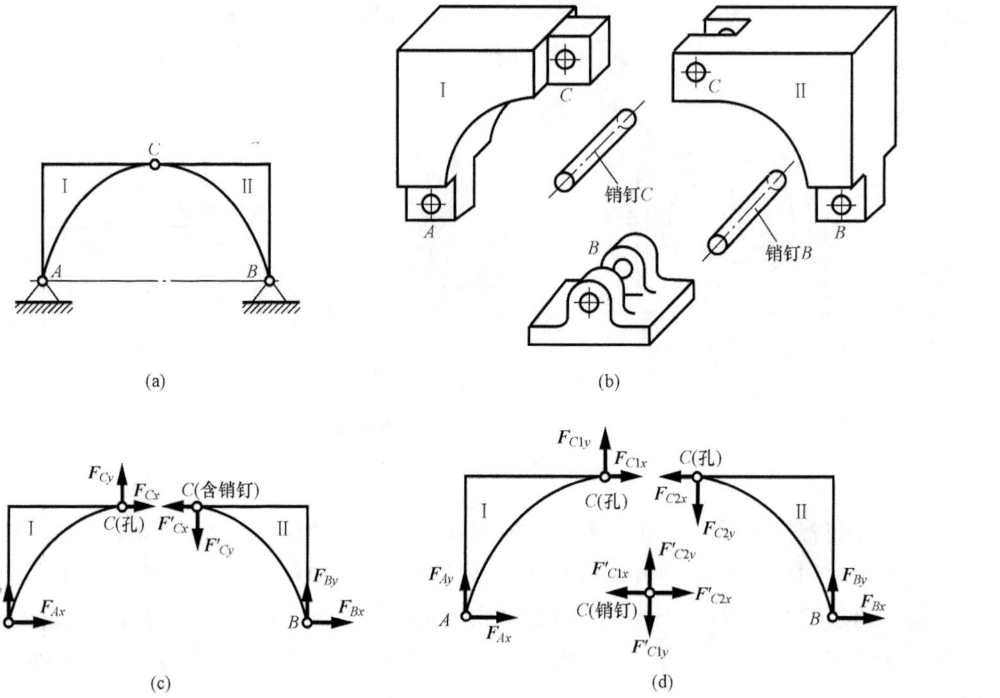

图 1 - 8 圆柱铰链和固定铰链支座

（a）拱形桥；（b）圆柱铰链；（c）铰链C处的约束力；（d）销钉C所受到的约束力

上述三种约束（向心轴承、铰链和固定铰链支座），它们的具体结构虽然不同，但构成约束的性质是相同的，都可以表示为光滑铰链。此类约束的特点是只限制两物体径向的相对移动，而不限制两物体绕铰链中心的相对转动及沿轴向的位移。

四、其他约束

1. *滚动支座*

在桥梁、屋架等结构中经常采用滚动支座约束。这种支座是在固定铰链支座与光滑支承面之间，装有几个辊轴而形成，又称辊轴支座，如图 1 - 9（a）所示，其简图如图 1 - 9（b）所示。

它可以沿支承面移动，允许由于温度变化而引起结构跨度的自由伸长或缩短。显然，滚动支座的约束性质与光滑面约束相同，其约束力必垂直于支承面，且通过铰链中心。通常用$\boldsymbol{F}_{\mathrm{N}}$表示其法向约束力，如图 1 - 9（c）所示。

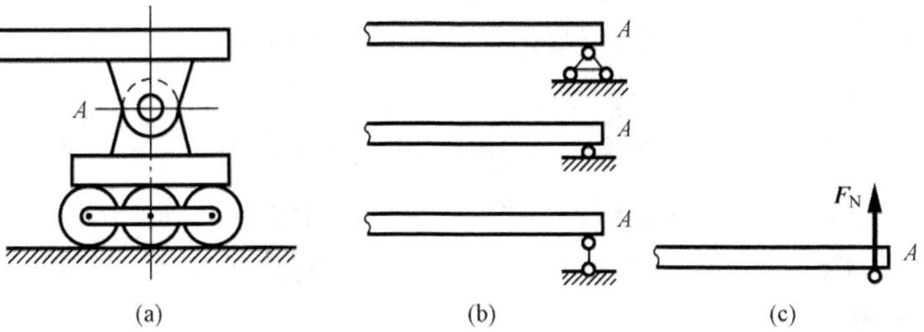

图 1-9 辊轴支座的约束

(a) 辊轴支座；(b) 简图；(c) 约束力

2. 球铰链

通过圆球和球壳将两个构件连接在一起的约束称为**球铰链**，如图 1-10 (a) 所示。它使构件的球心不能有任何位移，但构件可绕球心任意转动。若忽略摩擦，其约束力应是通过接触点与球心，但方向不能预先确定的一个空间法向约束力，可用三个正交分力 $\boldsymbol{F}_{Ax}$，$\boldsymbol{F}_{Ay}$，$\boldsymbol{F}_{Az}$ 表示，其简图及约束力如图 1-10 (b) 所示。

3. 止推轴承

止推轴承与径向轴承不同，它除了能限制轴的径向位移以外，还能限制轴沿轴向的位移。因此，它比径向轴承多一个沿轴向的约束力，即其约束力有三个正交分量 $\boldsymbol{F}_{Ax}$，$\boldsymbol{F}_{Ay}$，$\boldsymbol{F}_{Az}$。止推轴承的简图及其约束力如图 1-11 所示。

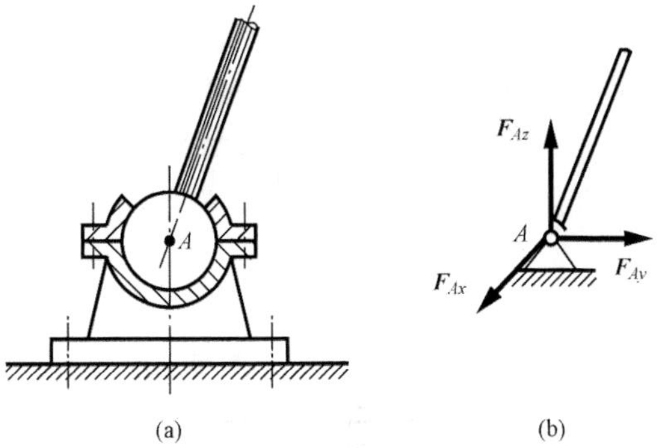

图 1-10 球铰链及其简图和约束力

(a) 球铰链；(b) 简图及约束力

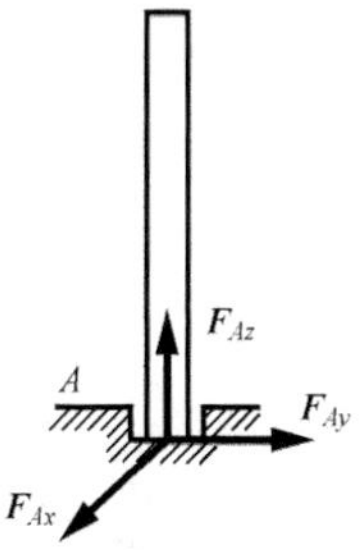

图 1-11 止推轴承的简图及其约束力

以上只介绍了几种简单约束，在工程中，约束的类型远不止这些，有的约束比较复杂，分析时需要加以简化或抽象，在以后的章节中，再作介绍。

第三节 物体的受力分析和受力图

在研究平衡物体上力的关系及运动物体上作用力与运动的关系时，都需要**首先对物体进行受力分析**，即确定作用在物体上力的数目、作用点的位置，然后了解其作用线方向、大小的有关信息。为了清楚地显示物体的受力状态，通常将被研究的物体（也称受力体或研究对象），从周围物体（施力体）分离出来，单独画出它的简图，并用矢量标明全部作用力。分离的过程称为**取分离体**，最后所得的标明力的图称为**受力图**。非自由体是受约束的，这时就要去掉约束，代之以相应的约束力，这个过程也叫**解除约束**。

无论是在静力学中或是动力学中，受力分析都是研究问题的基本步骤，画受力图是学习理论力学的基本功，其中的重点是根据约束的性质正确地画出约束力。

【例 1 - 1】 用力 $\boldsymbol{F}$ 拉动碾子以压平路面，重为 $\boldsymbol{P}$ 的碾子受到一石块的阻碍，如图 1 - 12（a）所示。不计摩擦，试画出碾子的受力图。

解 （1）取碾子为研究对象（即取分离体），并单独画出其简图。

（2）画出主动力。有地球的重力 $\boldsymbol{P}$ 和碾子中心的拉力。

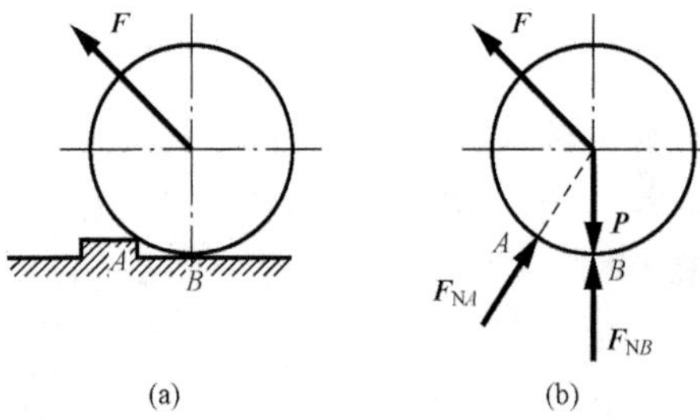

图 1 - 12　碾子

（a）用力 $\boldsymbol{F}$ 拉动碾子；（b）碾子的受力图

（3）画约束力。因碾子在 A 和 B 两处受到石块和地面的光滑约束，故在 A 处及 B 处受石块与地面的法向反力 $\boldsymbol{F}_{NA}$ 和 $\boldsymbol{F}_{NB}$ 的作用，它们都沿着碾子上接触点的公法线而指向圆心。

碾子的受力图如图 1 - 12（b）所示。

【例 1 - 2】 梁 AB 的一端用铰链、另一端用柔索固定在墙上如图 1 - 13（a）所示。在 D 处挂一重物，其重量为 $\boldsymbol{P}$，如果梁的自重不计，试画出梁的受力图。

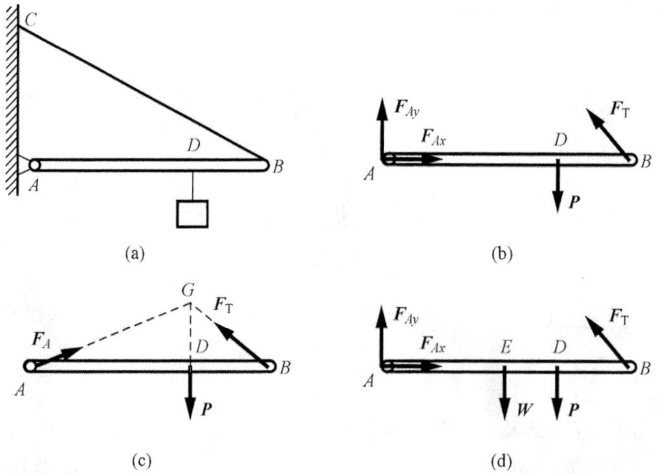

图 1 - 13　［例 1 - 2］图

（a）梁 AB 一端用铰链，另一端用柔索固定在墙上；（b）梁 AB 的受力图；

（c）梁 AB 受力图的另一种方案；（d）考虑梁的自重时的受力图

解 （1）取梁 AB 为分离体，首先画出主动力 $\boldsymbol{P}$。解除铰链 A 的约束，代之以铰链约束力 $\boldsymbol{F}_{Ax}$ 及 $\boldsymbol{F}_{Ay}$；解除柔索 BC 的约束，代之以沿 BC 方向的拉力 $\boldsymbol{F}_{T}$。梁 AB 的受力图如图 1 - 13（b）所示。

（2）由于梁 AB 在三点受力平衡，也可根据三力平衡条件确定铰 A 的反力 $\boldsymbol{F}_{A}$ 的方向。由于 $\boldsymbol{P}$ 与 $\boldsymbol{F}_{T}$ 交于点 G，如图 1 - 13（c）所示，根据三力平衡必汇交于一点的平衡

条件可知铰 A 的反力 $\boldsymbol{F}_A$ 的作用线必通过点 G。图 1 - 13（c）是梁 AB 受力图的另一种方案。

（3）如果考虑梁的自重 $\boldsymbol{W}$，则梁上有 4 个力作用，就无法判断铰 A 处的约束力方向，受力图如图 1 - 13（d）所示。

因此，图 1 - 13（b）是画受力图时通常采用的方案。

【例 1 - 3】 如图 1 - 14（a）所示，水平梁 AB 用斜杆 CD 支撑，A，C，D 三处均为光滑铰链连接。均质梁重量 $\boldsymbol{P}_1$，其上放置一重量为 $\boldsymbol{P}_2$ 的电动机。如不计杆 CD 的自重，试分别画出杆 CD 和梁 AB（包括电动机）的受力图。

解　（1）先分析斜杆 CD 的受力。由于斜杆的自重不计，根据光滑铰链的特性，C，D 两处的约束力分别通过铰链 C，D 的中心，方向暂不确定。考虑到杆 CD 只在 $\boldsymbol{F}_C$、$\boldsymbol{F}_D$ 二力作用下平衡，根据二力平衡公理，这两个力必定沿同一直线，且等值、反向。由此确定 $\boldsymbol{F}_C$ 和 $\boldsymbol{F}_D$ 的作用线应沿铰链中心 C 和 D 的连线，由经验判断，此处杆 CD 受压力，其受力图如图 1 - 14（b）所示。一般情况下，$\boldsymbol{F}_C$ 与 $\boldsymbol{F}_D$ 的指向不能预先判定，可先任意假设杆受拉力或压力。若根据平衡方程求得的力为正值，说明原假设力的指向正确；若为负值，则说明实际杆受力与原假设指向相反。

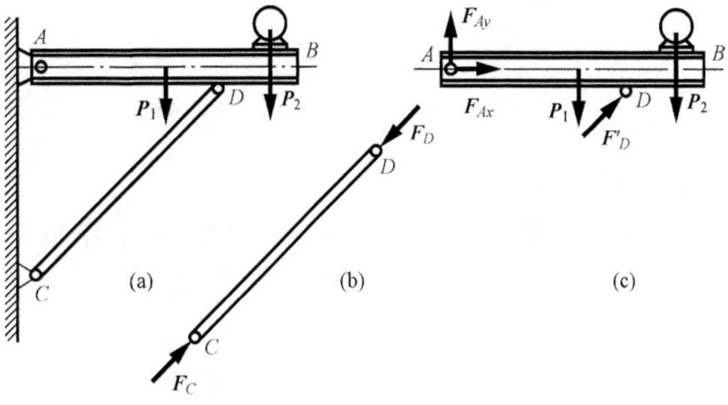

图 1 - 14　［例 1 - 3］图
（a）水平梁 AB 用斜杆 CD 支撑；（b）杆 CD 的受力图；（c）梁 AB 的受力图

只在两个力作用下平衡的构件，称为**二力构件**，简称**二力杆**。它所受的两个力必定沿两力作用线的连线，且等值、反向。二力杆在工程实际中经常遇到，有时也把它作为一种约束，如图 1 - 14（b）所示。

（2）取梁 AB（包括电动机）为研究对象。它受到 $\boldsymbol{P}_1$，$\boldsymbol{P}_2$ 两个主动力的作用。梁在铰链 D 处受有二力杆 CD 给它的约束力 $\boldsymbol{F}'_D$。根据作用和反作用定律，梁在 A 处受固定铰支座给它的约束力的作用，由于方向未知，可用两个大小未定的正交分力 $\boldsymbol{F}_{Ax}$ 和 $\boldsymbol{F}_{Ay}$ 表示。

梁 AB 的受力图如图 1 - 14（c）所示。

【例 1 - 4】 曲杆 AC 与 BC 用三个铰链连接成如图 1 - 15（a）所示的结构，工程上称为三铰拱。如果在 C 处作用主动力 $\boldsymbol{F}$，试画出系统的受力图（杆重不计）。

解　（1）本题是一个刚体系统，共有杆 AC_1 和 BC_2 及销钉 C 三件，应分别画出其受力图如图 1 - 15（b）所示。曲杆 AC_1 在两点 A、C_1 受力而平衡，根据二力平衡条件，在两点受力的作用线应沿 AC_1 连线，同理可确定杆 BC_2 上 B，C_2 两点作用力的作用线。销钉 C 受三力作用，除主动力 $\boldsymbol{F}$ 外，两杆对销钉的作用力可根据作用与反作用定律确定，即 $\boldsymbol{F}'_{C1}=-\boldsymbol{F}_{C1}$，$\boldsymbol{F}'_{C2}=-\boldsymbol{F}_{C2}$。三物体的受力图如图 1 - 15（b）所示。

（2）也可将销钉 C 与任意曲杆而将系统只拆成两部分。在图 1 - 15（c）中销钉与曲杆 BC_2 看成一体，其间的一对作用力 $\boldsymbol{F}_{C2}$，$\boldsymbol{F}'_{C2}$ 成为系统的内力，它们成对出现并构成平衡力系。根据加减平衡力系公理可以去掉这个平衡力系，因而不必画出。这时系统的受力图具有简洁的形式如图 1 - 15（c）所示，所以只要不是专门研究销钉的受力，系统的受力图应采取如图 1 - 15（c）所示的方案。

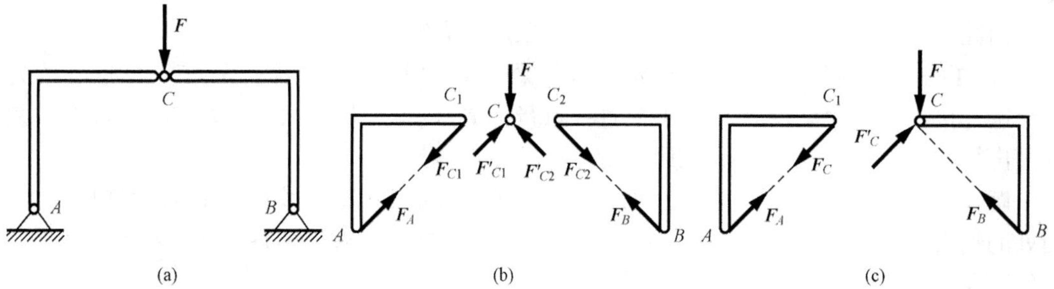

图 1 - 15 ［例 1 - 4］图

（a）曲杆 AC 与 BC 用三个铰链连接；（b）受力图；（c）简化的受力图

（3）讨论。

1）刚体如果在两点受力而平衡，则两点上作用力的作用线必在两点的连线上，这种刚体称为**二力构件**。在刚体体系中如能确定哪些是二力构件，对画受力图很有帮助。如对图 1 - 15（a）所示的系统就能迅速画出其受力图。

2）将刚体拆开画受力图时，各部件之间的作用力必须遵循作用与反作用定律。

3）画刚体系统的受力图时，只画外力，不画内力，即**内力不应出现在受力图上**。如图 1 - 15（c）所示系统的整体受力图。

【例 1 - 5】 如图 1 - 16（a）所示，梯子的两部分 AB 和 AC 在点 A 铰接，又在 D，E 两点用水平绳连接。梯子放在光滑水平面上，在 AB 的中点 H 处作用一铅垂荷载 $\boldsymbol{F}$，若不计自重，试分别画出绳子 DE 和梯子的 AB，AC 两部分以及整个系统的受力图。

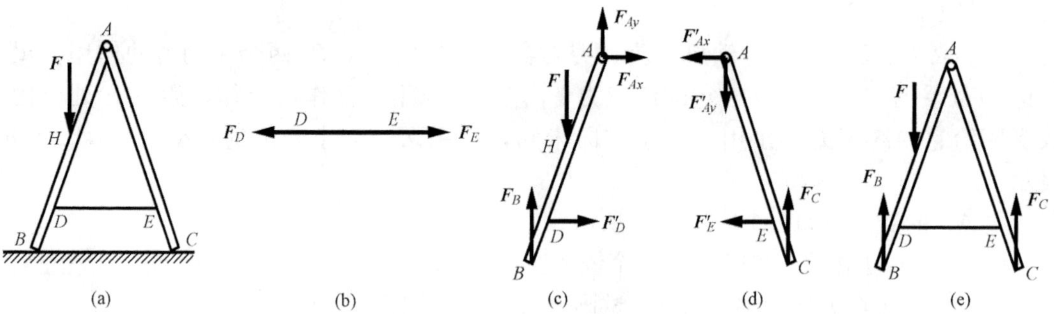

图 1 - 16 ［例 1 - 5］图

（a）梯子的两部分 AB 和 AC 在点 A 铰接；（b）绳子 DE 的受力分析；（c）梯子 AB 部分的受力分析；（d）梯子 AC 部分的受力分析；（e）整个系统的受力分析

解 （1）绳子 DE 的受力分析。绳子两端 D，E 分别受到梯子对它的拉力 $\boldsymbol{F}_D$，$\boldsymbol{F}_E$ 的作用，如图 1 - 16（b）所示。

（2）梯子 AB 部分的受力分析。它在 H 处受荷载 $\boldsymbol{F}$ 的作用，在铰链 A 处受 AC 部分给它的约束力$\boldsymbol{F}_{Ax}$和$\boldsymbol{F}_{Ay}$；在点D处受绳子对它的拉力$\boldsymbol{F}'_D$，$\boldsymbol{F}'_D$是$\boldsymbol{F}_D$的反作用力，在点B处受光滑地面对它的法向反力$\boldsymbol{F}_B$。梯子AB部分的受力图如图 1 - 16（c）所示。

（3）梯子AC部分的受力分析。在铰链A处受AB部分对它的约束力$\boldsymbol{F}'_{Ax}$和$\boldsymbol{F}'_{Ay}$，$\boldsymbol{F}'_{Ax}$和$\boldsymbol{F}'_{Ay}$分别是$\boldsymbol{F}_{Ax}$和$\boldsymbol{F}_{Ay}$的反作用力；在点E处受绳子对它的拉力$\boldsymbol{F}'_E$，$\boldsymbol{F}'_E$是$\boldsymbol{F}_E$的反作用力；在C处受光滑地面对它的法向反力$\boldsymbol{F}_C$。梯子AC部分的受力图如图 1 - 16（d）所示。

（4）整个系统的受力分析。当选整个系统为研究对象时，可把平衡的整个结构刚化为刚体。由于铰链A处所受的力满足$\boldsymbol{F}_{Ax}=-\boldsymbol{F}'_{Ax}$，$\boldsymbol{F}_{Ay}=-\boldsymbol{F}'_{Ay}$，绳子与梯子连接点$D$和$E$所受的力也分别满足$\boldsymbol{F}_D=-\boldsymbol{F}'_D$，$\boldsymbol{F}_E=-\boldsymbol{F}'_E$，这些力都成对地作用在整个系统内，称为**内力**。内力对系统的作用效应相互抵消，因此可以除去，并不影响整个系统的平衡，故内力在受力图上不必画出。在受力图上只需画出系统以外的物体给系统的作用力，这种力称为**外力**。这里荷载$\boldsymbol{F}$和约束力$\boldsymbol{F}_B$，$\boldsymbol{F}_C$都是作用于整个系统的外力。整个系统的受力图如图 1 - 16（e）所示。

应该指出，内力与外力的区分不是绝对的。例如，当把梯子的AC部分作为研究对象时，$\boldsymbol{F}'_{Ax}$，$\boldsymbol{F}'_{Ay}$及$\boldsymbol{F}'_E$均属外力，但取整体为研究对象时，$\boldsymbol{F}'_{Ax}$，$\boldsymbol{F}'_{Ay}$及$\boldsymbol{F}'_E$又成为内力。可见，内力与外力的区分，只有相对于某一确定的研究对象才有意义。

正确画出物体的受力图是分析、解决力学问题的基础。画受力图时必须注意以下几点：

（1）必须明确研究对象。根据求解需要，可以取单个物体为研究对象，也可以取由几个物体组成的系统为研究对象，不同的研究对象其受力图是不同的。

（2）正确确定研究对象受力的数目。由于力是物体之间相互的机械作用，因此，对每一个力都应明确它是哪一个施力物体施加给研究对象的，决不能凭空产生。同时，也不可漏掉一个力。一般可先画已知的主动力，再画约束力。凡是研究对象与外界接触的地方，都一定存在约束力。

（3）正确画出约束力。一个物体往往同时受到几个约束的作用，这时应分别根据每个约束本身的特性来确定其约束力的方向，而不能凭主观臆测。

（4）当分析两物体间相互的作用时，应遵循作用、反作用关系。若作用力的方向一经假定，则反作用力的方向应与之相反。当画某个系统的受力图时，由于内力成对出现，组成平衡力系，因此不必画出，只需画出全部外力。

小　结

（1）力的三要素：力的大小、力的方向和力的作用点。

（2）静力学公理。

1）公理 1　力的平行四边形法则。

2）公理 2　二力平衡条件。

3）公理 3　加减平衡力系原理。

4）公理 4　作用和反作用定律。

5）公理 5　刚化原理。

（3）约束和约束力。限制非自由体某些位移的周围物体，称为约束。约束对非自由体施加的力称为约束力。约束力的方向与该约束所能阻碍的运动方向相反。

（4）物体的受力分析和受力图。画物体的受力图时，首先要明确研究对象（即取分离体）。物体受的力分为主动力和约束力。要注意分清内力和外力，在受力图上一般只画研究对象所受的外力；还要注意作用力与反作用力之间的相互关系。

习 题

1-1 画出如图 1-17 所示中物体 A，ABC 或构件 AB，AC 的受力图。未画重力的各物体自重不计，所有接触处均为光滑接触。

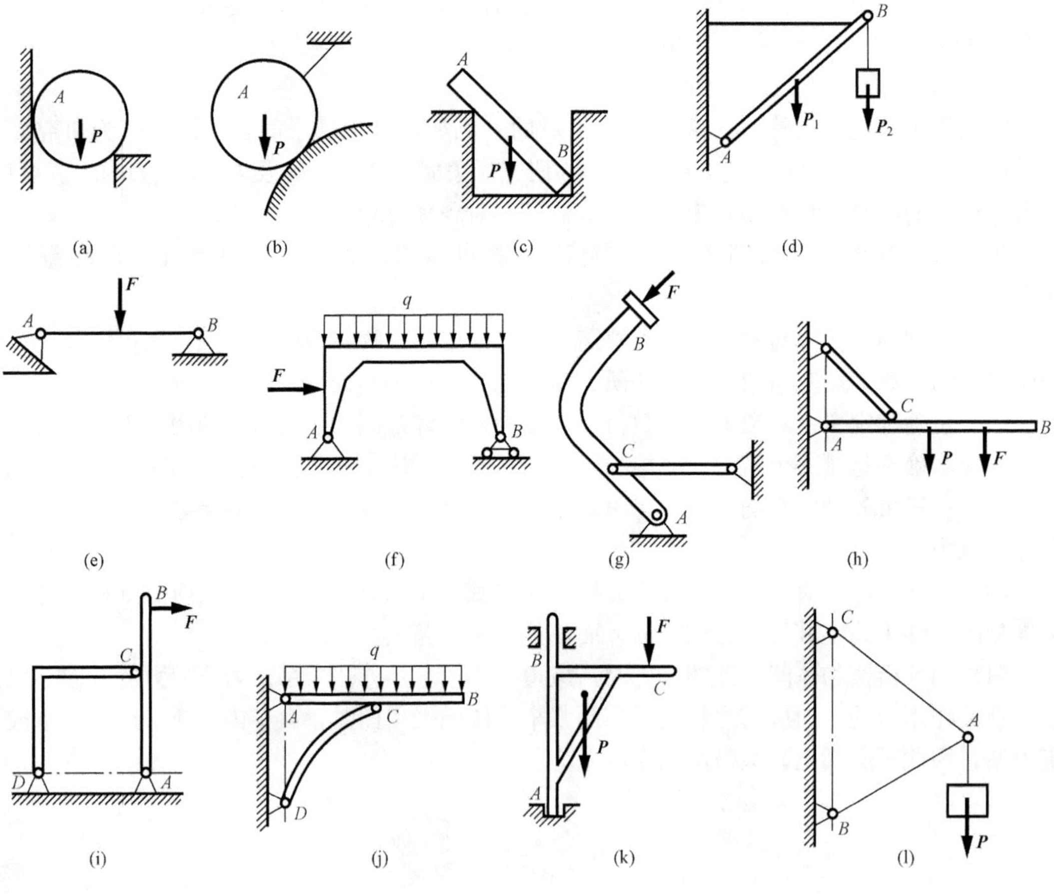

图 1-17 题 1-1 图

1-2 画出如图 1-18 所示每个标注字符的物体（不包含销钉与支座）的受力图与系统整体受力图。图 1-18 中未画重力的各物体自重不计，所有接触处均为光滑接触。

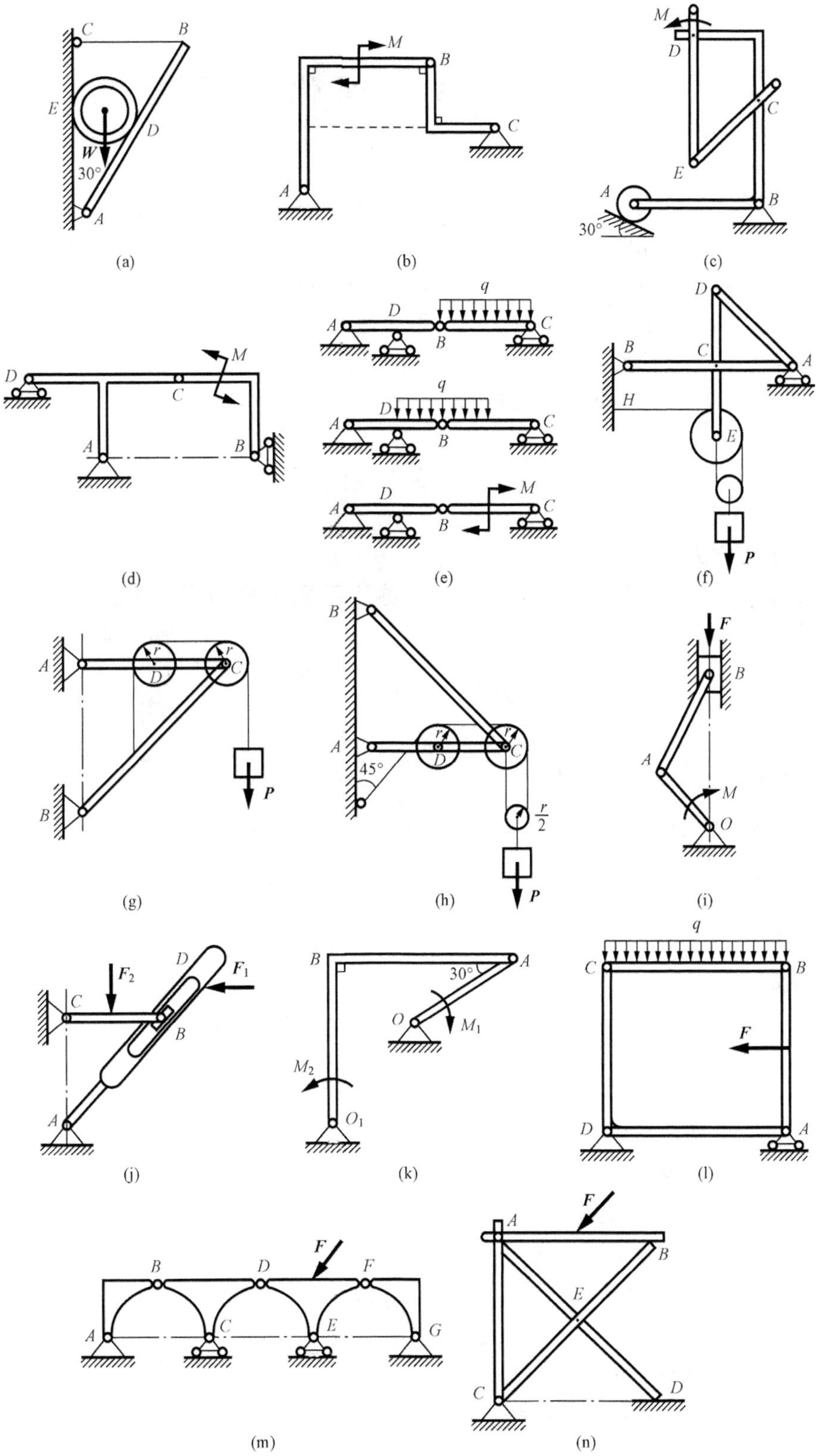
C
B
E
D
W
30°
A
(a)
M
B
C
A
(b)
M
D
C
E
A
B
30°
(c)
M
D
C
A
B
(d)
q
A
D
B
C
q
D
A
B
C
D
M
A
B
C
(e)
D
B
C
A
H
E
P
(f)
A
r
r
D
C
P
B
(g)
B
A
45°
r
r
D
C
r/2
P
(h)
F
B
A
M
O
(i)
D
F₂
F₁
C
B
A
(j)
B
A
30°
O
M₁
M₂
O₁
(k)
q
C
B
F
D
A
(l)
F
B
D
F
A
C
E
G
(m)
F
A
B
E
C
D
(n)

图 1 - 18　题 1 - 2 图

第二章　力系的简化与平衡

静力学研究刚体在力系作用下的平衡和运动规律。根据作用线的不同特点可对力系进行分类：力系中各力的作用线都位于同一平面内时，称为平面力系；作用线分布在空间时，称为空间力系。工程中大量结构与机构的受力状态都可以简化为平面力系和空间力系的作用状态，因此研究平面力系和空间力系的简化与平衡是几何静力学的核心内容。本章还讨论了平面力系平衡条件的重要应用——桁架，以及空间平行力系简化的重要应用——物体重心的确定。此外，还介绍了静定与超静定的概念。

第一节　平面汇交力系的简化与平衡

一、平面汇交力系的简化

平面力系中各力作用线汇交于一点时，称为**平面汇交力系**。根据刚体上力的可传性，可将各力沿其作用线移至汇交点而成为共点力系如图 2 - 1（a）所示。如果力系中只有两个力，可根据平行四边形法则求合力；如果有几个力，则可依次使用平行四边形法则求矢量和。也可依次使用力的三角形法则求和，这时力系中各力的矢量首尾相连，构成开口的**力多边形**，合力矢量就是这个力多边形的封闭边如图 2 - 1（b）所示。用矢量法表示就是

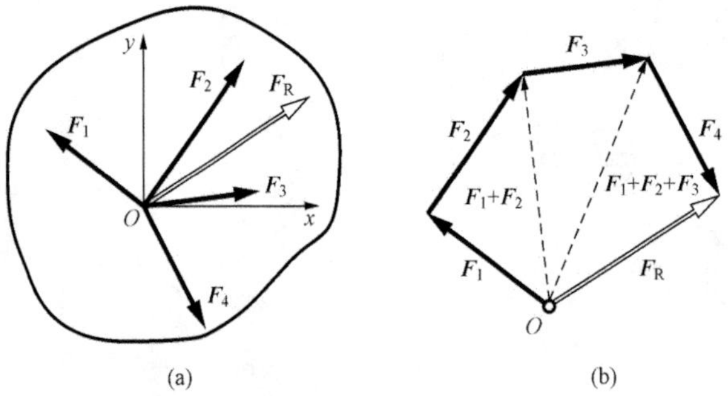

图 2 - 1　平面汇交力系的简化
（a）将各力沿其作用线移至汇交点；（b）用力的三角形法则求和，构成开口的力多边形

$$\boldsymbol{F}_R = \boldsymbol{F}_1 + \boldsymbol{F}_2 + \cdots + \boldsymbol{F}_n = \sum_{i=1}^{n} \boldsymbol{F}_i \tag{2-1}$$

亦即：**汇交力系可简化为一个合力，合力的作用点在各力作用线的汇交点，合力矢量为各力的矢量和**。显然，合力矢量 $\boldsymbol{F}_R$ 与各力相加的次序无关。上面是求合力的**几何法**，也可以用**解析法**求合力。

设由 n 个力组成的平面汇交力系作用于一个刚体上，建立直角坐标系 Oxy，如图 2 - 2（a）所示。此汇交力系的合力 $\boldsymbol{F}_R$ 的解析表达式为

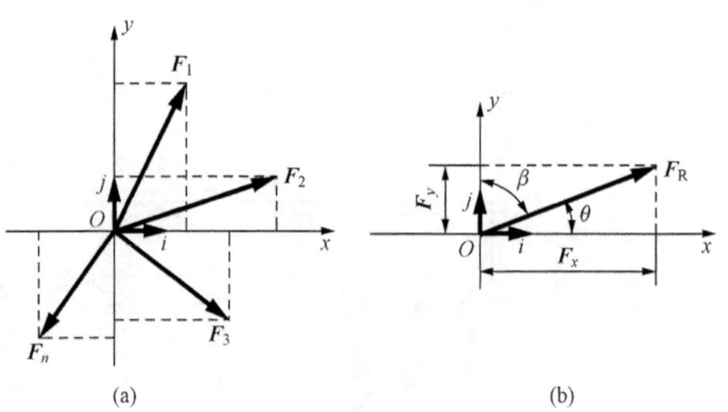

图 2 - 2　力矢量投影定理
（a）建立直角坐标系 Oxy；（b）合力 $\boldsymbol{F}_R$

$$\boldsymbol{F}_{\mathrm{R}} = \boldsymbol{F}_{\mathrm{R}x} + \boldsymbol{F}_{\mathrm{R}y} = F_x\boldsymbol{i} + F_y\boldsymbol{j} \tag{2-2}$$

式中：F_x，F_y 为合力 $\boldsymbol{F}_{\mathrm{R}}$ 在 x，y 轴上的投影。如图 2 - 2（b）所示有

$$F_x = F_{\mathrm{R}}\cos\theta, \quad F_y = F_{\mathrm{R}}\cos\beta \tag{2-3}$$

根据合力矢量投影定理：合力矢量在某一轴上的投影等于各分矢量在同一轴上投影的代数和，将式（2 - 1）中各项向 x，y 轴投影，可得

$$\left.\begin{aligned} F_x &= F_{x1} + F_{x2} + \cdots + F_{xn} = \sum_{i=1}^{n} F_{xi} \\ F_y &= F_{y1} + F_{y2} + \cdots + F_{yn} = \sum_{i=1}^{n} F_{yi} \end{aligned}\right\} \tag{2-4}$$

式中：F_{x1} 和 F_{y1}，F_{x2} 和 F_{y2}，…，F_{xn} 和 F_{yn} 分别为各分力在 x 和 y 轴上的投影。

合力矢的大小和方向余弦为

$$\left.\begin{aligned} &\boldsymbol{F}_{\mathrm{R}} = \sqrt{F_x^2 + F_y^2} = \sqrt{(\sum F_{xi})^2 + (\sum F_{yi})^2} \\ &\cos(\boldsymbol{F}_{\mathrm{R}}, \boldsymbol{i}) = \frac{F_x}{F_{\mathrm{R}}} = \frac{\sum F_{xi}}{\boldsymbol{F}_{\mathrm{R}}}, \cos(\boldsymbol{F}_{\mathrm{R}}, \boldsymbol{j}) = \frac{F_y}{\boldsymbol{F}_{\mathrm{R}}} = \frac{\sum F_{yi}}{\boldsymbol{F}_{\mathrm{R}}} \end{aligned}\right\} \tag{2-5}$$

二、平面汇交力系的平衡条件

由于平面汇交力系的作用可用其合力等效替代，故得结论，平面汇交力系平衡的必要和充分条件是：**该力系的合力为零**。即

$$\sum_{i=1}^{n} \boldsymbol{F}_i = 0 \tag{2-6}$$

在几何法中，式（2 - 4）的意义是各分力矢量组成的力多边形中最后一个力矢量的末端与第一个力矢量的始端重合，或者说，**力多边形封闭**。在解析法中，将式（2 - 4）在 x，y 轴上投影，得

$$\sum F_x = 0, \quad \sum F_y = 0 \tag{2-7}$$

亦即，平面汇交力系平衡的必要和充分条件是：**各力在两个坐标轴上的投影的代数和分别为零**。式（2 - 7）称为平面汇交力系的平衡方程［为了简化书写，式（2 - 7）中略去了下标 i］。这是两个独立的方程，可以求解两个未知量。

【例 2 - 1】 在一个机械部件的吊环上拴有三条绳索，各绳拉力方向如图 2 - 3 所示，各拉力大小为 $F_1=80\mathrm{N}$，$F_2=120\mathrm{N}$，$F_3=150\mathrm{N}$，求三绳拉力的合力大小及方向。

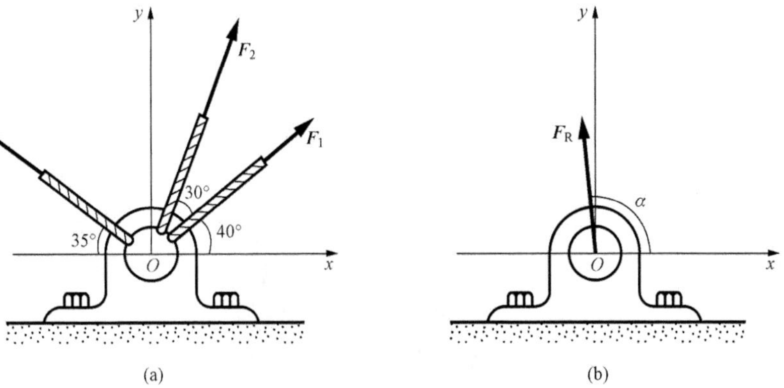

图 2 - 3 ［例 2 - 1］图

（a）在一个机械部件的吊环上拴有三条绳索；（b）合力

解 建立直角坐标系 Oxy，根据式（2－5）可求合力 $\boldsymbol{F}_{\mathrm{R}}$ 的投影

$$F_{\mathrm{R}x}=F_1\cos40°+F_2\cos70°-F_3\cos35°=-20.54\mathrm{N}$$

$$F_{\mathrm{R}y}=F_1\sin40°+F_3\sin70°+F_3\sin35°=250.2\mathrm{N}$$

$$F_{\mathrm{R}}=\sqrt{F_{\mathrm{R}x}^2+F_{\mathrm{R}y}^2}=251.0\mathrm{N}$$

$$\alpha=\arccos\frac{F_{\mathrm{R}x}}{F_{\mathrm{R}}}=\arccos(-0.0821)=94.69°$$

【例 2－2】 两个人用滑轮绳索卸货如图 2－4（a）所示，货物重 736N，在图 2－4（a）所示的位置平衡，求两个人所施加的力。

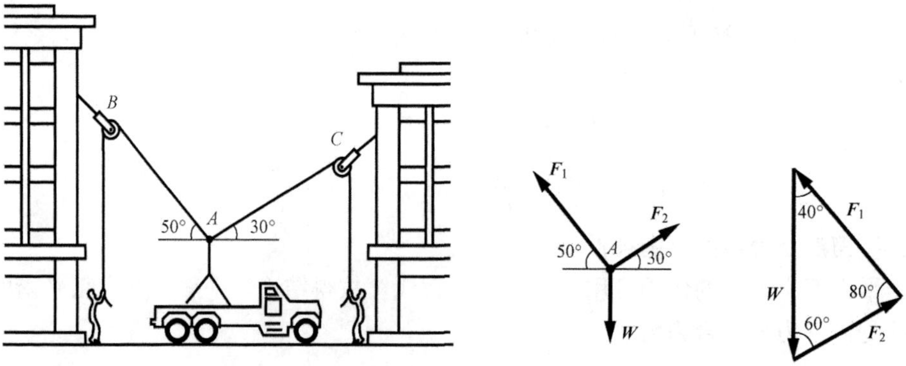

(a) (b) (c)

图 2－4 ［例 2－2］图

（a）两个人用滑轮绳索卸货；（b）受力图；（c）力三角形

解 （1）明确研究对象。考虑结点 A 平衡。

（2）进行受力分析，画受力图。因绳索的约束力是沿绳索的拉力，受力图如图 2－4（b）所示。

（3）用几何法求解，建立封闭的力三角形。先画出已知的力 $\boldsymbol{W}$，在其两端分别与 $\boldsymbol{F}_1$，$\boldsymbol{F}_2$ 平行的线交于一点，即得力三角形，如图 2－4（c）所示。

（4）解力三角形由已知求未知。由正弦定律得

$$\frac{F_1}{\sin60°}=\frac{F_2}{\sin40°}=\frac{W}{\sin80°}$$

$$F_1=W\frac{\sin60°}{\sin80°}=647\mathrm{N},\quad F_2=W\frac{\sin40°}{\sin80°}=480\mathrm{N}$$

在忽略滑轮轴承摩擦的情况下，滑轮两侧绳的拉力相等，所以两个人的施力分别为：$F_1=647\mathrm{N}$，$F_2=480\mathrm{N}$。

【例 2－3】 如图 2－5（a）所示的起重机架由两直杆在 A，B，C 三处用铰链连接构成，在 A 铰链处装有滑轮，由绞车 D 引出的绳索跨过滑轮吊起重量为 W 的重物，系统平衡。忽略杆重及销钉处摩擦，滑轮半径也认为很小，求 AB 杆及 AC 杆所受的力（$\alpha+\beta=90°$）。

解 （1）明确研究对象。考虑滑轮平衡，并认为滑轮为质点。

（2）进行受力分析，画受力图。杆 AB，AC 均只在两端受力，为二力杆，受力沿杆向，滑轮的受力图如图 2－5（b）所示，且有 $\boldsymbol{F}_{\mathrm{T}}=\boldsymbol{W}$。

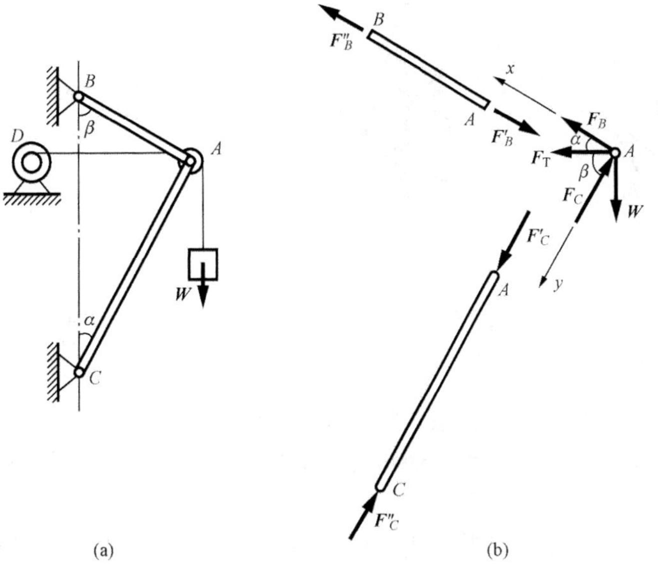

图 2-5 [例 2-3] 图

(a) 起重机架由两直杆铰接；(b) 杆 AB，AC 及滑轮的受力图

(3) 用解析法解题，列出平衡方程，由已知求未知。本题为四力相交，宜用解析法解题。建立坐标系 Axy 如图 2-5 (b) 所示，平衡方程为

$$\sum F_x = 0,\quad F_B + F_T\cos\alpha - W\cos\beta = 0$$

$$\sum F_y = 0,\quad -F_C + F_T\cos\beta + W\cos\alpha = 0$$

解得

$$F_B = W(\cos\beta - \cos\alpha),\quad F_C = W(\cos\beta + \cos\alpha)$$

根据作用力与反作用力定律，AB 杆受拉力，大小为 F_B；AC 杆受压力，大小为 F_C。

(4) 讨论。选图 2-5 (b) 所示中坐标轴的取向是为了每一个平衡方程中只包含一个未知数，如果选其他取向的直角坐标系，则需解联立方程求 F_B，F_C。

第二节　平面力偶系的简化与平衡

一、力偶与力偶矩

实践中常常见到汽车司机用双手转动转向盘 [见图 2-6 (a)]、电动机的定子磁场对转子作用电磁力使之旋转 [见图 2-6 (b)]、钳工用丝锥攻螺纹等。在转向盘、电动机转子、丝锥等物体上，都作用了成对的等值、反向且不共线的平行力。等值反向平行力的矢量和显然等于零，但是由于它们不共线而不能相互平衡，它们能使物体改变转动状态。这种由两个大小相等、方向相反且不共线的平行力组成的力系，称为**力偶**，如图 2-7 所示，记作 ($\boldsymbol{F}$，$\boldsymbol{F}'$)。力偶的两力之间的垂直距离称为**力偶臂**，力偶所在的平面称为**力偶的作用面**。

由于力偶不能合成为一个力，故力偶也不能用一个力来平衡。因此，力和力偶是静力学的两个基本要素。

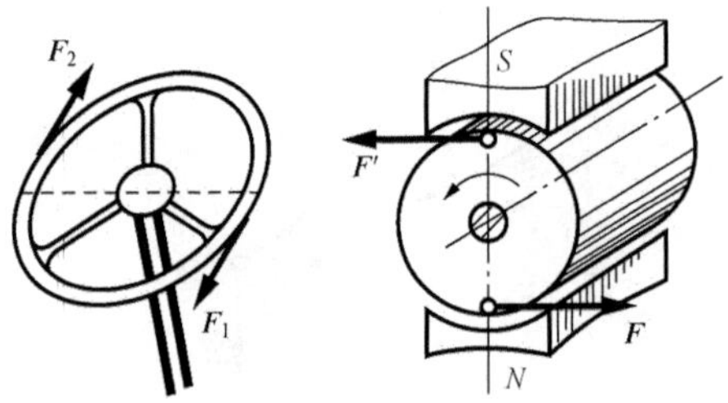

(a)　(b)

图 2-6　力偶实例

(a) 转动转向盘；(b) 电动机转子转动

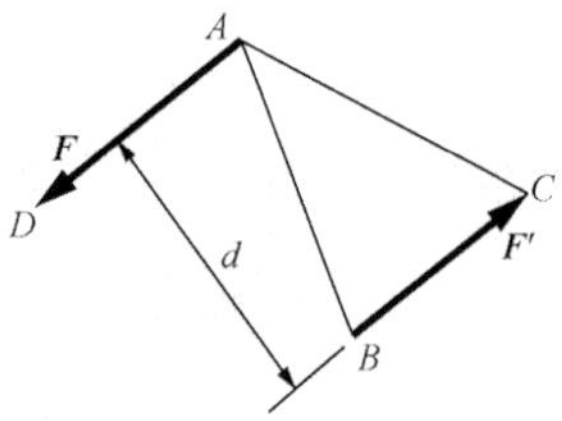

图 2-7　力偶

力偶是由两个力组成的特殊力系，它的作用只改变物体的转动状态。因此，力偶对物体的转动效应可用力偶矩来度量，而力偶矩的大小为力偶中两个力对其作用面内某点的矩的代数和，其值等于力与力偶臂的乘积即 Fd。

力偶在平面内的转向不同，其作用效应也不相同，因此，平面力偶对物体的作用效应，由以下两个因素决定：①力偶矩的大小；②力偶在平面内的转向。

因此，平面力偶矩可视为代数量，以 M 或 $M(\boldsymbol{F}, \boldsymbol{F}')$ 表示，即

$$M = \pm Fd = 2S_{\triangle ABC} \tag{2-8}$$

于是可得结论：力偶矩是一个代数量，其绝对值等于力的大小与力偶臂的乘积，正负号表示力偶的转向：一般以逆时针转向为正，顺时针为负。力偶矩的单位是 N·m。力偶矩可用三角形面积表示（见图 2-7）。

二、平面力偶的等效定理

由于力偶的作用只改变物体的转动状态，而力偶对物体的转动效应是用力偶矩来衡量的，因此可得如下的定理。

定理　在同平面内的两个力偶，如果力偶矩相等，则两力偶彼此等效。

该定理给出了在同一平面内力偶等效的条件。由此可得推论：

(1) 任一力偶可以在它的作用面内移转，而不改变它对刚体的作用。因此，力偶对刚体的作用与力偶在其作用面内的位置无关。

(2) 只要保持力偶矩的大小和力偶的转向不变，可以同时改变力偶中力的大小和力偶臂的长短，而不改变力偶对刚体的作用。

由此可见，力偶的臂和力的大小都不是力偶的特征量，只有力偶矩是平面力偶作用的唯一量度。常用如图 2-8 所示的符号表示力偶，M 为力偶矩。

三、平面力偶系的简化与平衡条件

几个力偶构成力偶系，如果所有力的作用线都在同一平面内，则构成平面力偶系。先看同平面中两个力偶的合成。设有同平面的两个力偶 $(\boldsymbol{F}_1, \boldsymbol{F}_1')$ 及 $(\boldsymbol{F}_2, \boldsymbol{F}_2')$［见图 2-9 (a)］，其力偶矩分别为 $M_1 = F_1 d_1$，$M_2 = F_2 d_2$。根据力偶的性质，可将两力偶移到同一位置上，且使其力偶臂相同，例如都为 d［见图 2-9 (b)］，则得到两个等效的新力偶 $(\boldsymbol{F}_3, \boldsymbol{F}_3')$ 及 $(\boldsymbol{F}_4, \boldsymbol{F}_4')$，且有

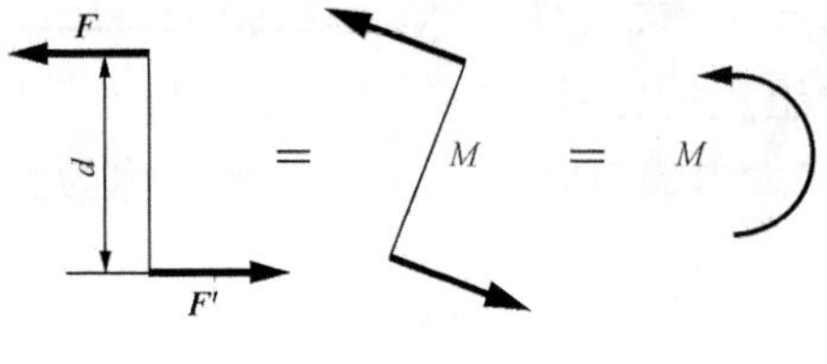

图 2-8　力偶的符号

$$M_1 = F_1 d_1 = F_3 d, \quad M_2 = -F_2 d_2 = -F_4 d$$

在 A，B 两点将力合成，即得到一个等效的合力偶（$\boldsymbol{F}$，$\boldsymbol{F}'$）[见图 2-9（c）]，合力偶的力偶矩 M 为

$$M = Fd = (F_3 - F_4)d = F_3 d - F_4 d = M_1 + M_2$$

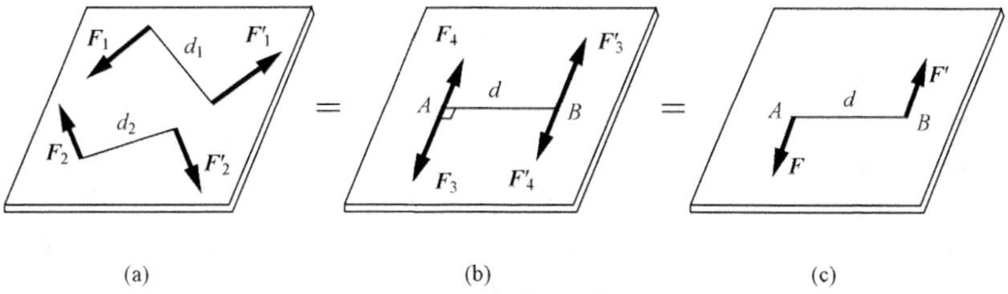

图 2-9 平面力偶系的简化与平衡

(a) 同平面的两个力偶；(b) 将两力偶向 AB 简化；(c) 合成得到一个等效的合力偶

于是得结论：**同一平面中的两个力偶可以合成一个力偶，合力偶的力偶矩等于两分力偶力偶矩的代数和**。

如果有 n 个同平面的力偶，可以按上述方法依次合成，亦即**在同平面内的任意个力偶可以合成一个合力偶，合力偶的力偶矩等于分力偶力偶矩的代数和**。

$$M = \sum_{i=1}^{n} M_i \tag{2-9}$$

由合成结果可知，当力偶的力偶矩为零时，不是力偶的力为零就是力偶臂为零，都是平衡力系。因此平面力偶系平衡的必要和充分条件是：**各力偶矩的代数和为零**，即

$$\sum_{i=1}^{n} M_i = 0 \tag{2-10}$$

【例 2-4】 如图 2-10 所示的工件上作用有三个力偶。三个力偶的力偶矩分别为：$M_1 = M_2 = 10\text{N} \cdot \text{m}$，$M_3 = 20\text{N} \cdot \text{m}$；固定螺栓 A 和 B 的距离 $l = 200\text{mm}$。求两个光滑螺柱所受的水平力。

解 选工件为研究对象。工件在水平面内受三个力偶和两个螺柱的水平约束力的作用。根据力偶系的合成定理，三个力偶合成后仍为一个力偶。如果工件平衡，必有一反力偶与它平衡。因此螺柱 A 和 B 的水平约束力 $\boldsymbol{F}_A$ 和 $\boldsymbol{F}_B$ 必组成一力偶，它们的方向假设如图 2-10 所示，则 $\boldsymbol{F}_A = \boldsymbol{F}_B$。由力偶系得平衡条件知

$$\sum M = 0, \quad F_A l - M_1 - M_2 - M_3 = 0$$

得

$$F_A = \frac{M_1 + M_2 + M_3}{l}$$

代入已给数值

$$F_A = \frac{10 + 10 + 20}{200 \times 10^{-3}} = 200(\text{N})$$

因为 $\boldsymbol{F}_A$ 是正值，故所假设的方向是正确的，而螺柱 A，B 所受的力则应与 $\boldsymbol{F}_A$，$\boldsymbol{F}_B$ 大小相等，方向相反。

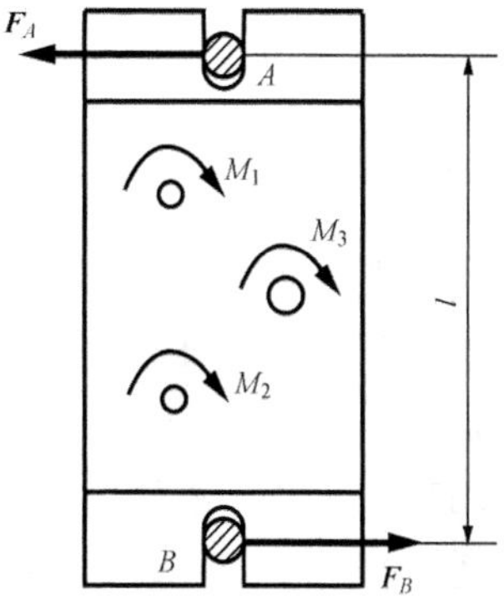

图 2-10 [例 2-4] 图

【例 2-5】 由杆 AB，CD 组成的机构如图 2-11（a）所示，A，C 均为铰链，销钉 E 固定在 AB 杆上且可沿 CD 杆上的光滑槽滑动。已知在 AB 杆上作用一力偶，力偶矩为 M；问在 CD 杆上作用的力偶的力偶矩 M' 大小为何值时才能使系统平衡，并求此时 A，C 的约束力 $\boldsymbol{F}_A$，$\boldsymbol{F}_C$。

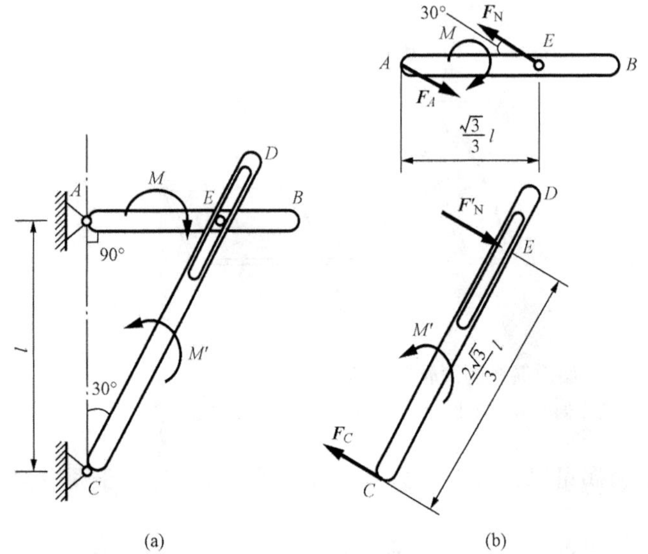

图 2-11 ［例 2-5］图

（a）由杆 AB，CD 组成机构；（b）受力图

解 （1）分别考虑 AB 杆与 CD 杆的平衡并分析受力。

（2）销钉 E 与滑槽光滑接触，约束力沿接触面公法线方向，即垂直于 CD 杆，且作用于 AB 杆的 $\boldsymbol{F}_N$ 及作用于 CD 杆的 $\boldsymbol{F}'_N$ 是一对作用力与反作用力，$\boldsymbol{F}'_N=-\boldsymbol{F}_N$。考察 AB 杆，由于力偶只能用力偶平衡，所以 A 点的约束力 $\boldsymbol{F}_A$ 必与 $\boldsymbol{F}_N$ 构成一力偶与 M 平衡，因而有 $\boldsymbol{F}_A=-\boldsymbol{F}_N$。同理 $\boldsymbol{F}_C=-\boldsymbol{F}'_N$。两杆的受力图如图 2-11（b）所示。

（3）根据力偶的平衡条件：

对 AB 杆

$$M-F_N\frac{\sqrt{3}}{3}l\sin 30^\circ=0$$

对 CD 杆

$$M'-F_N\frac{2\sqrt{3}}{3}l=0$$

解得

$$F_N=2\sqrt{3}\frac{M}{l},\quad M'=4M,\quad F_A=F_C=F_N=2\sqrt{3}\frac{M}{l}$$

铰链 A，C 的约束力方向如图 2-11（b）所示。

第三节 平面任意力系的简化与平衡

一、力的平移定理

在刚体上 A 点作用一力 $\boldsymbol{F}_A$，如图 2-12（a）所示，如果在另一点 B 加上一对平衡力（$\boldsymbol{F}_B$，$\boldsymbol{F}'_B$），且有 $\boldsymbol{F}_B=\boldsymbol{F}_A$，$\boldsymbol{F}'_B=-\boldsymbol{F}_A$，如图 2-12（b）所示，则力系（$\boldsymbol{F}_A$，$\boldsymbol{F}'_B$）形成一力偶；亦即原力 $\boldsymbol{F}_A$ 与力 $\boldsymbol{F}_B$ 及一力偶（$\boldsymbol{F}_A$，$\boldsymbol{F}'_B$）等效，如图 2-12（c）所示。由此得结论：作用在刚体上点 A 的力 $\boldsymbol{F}_A$ 可以向点 B 平移而不改变对刚体的作用，但必须附加一力偶，其力偶矩 M 等于 $\boldsymbol{F}_A$ 对平移点 B 的力矩。

$$M=M_B(\boldsymbol{F}_A)=F_A\overline{AB}$$

这就是**力向一点的平移定理**。

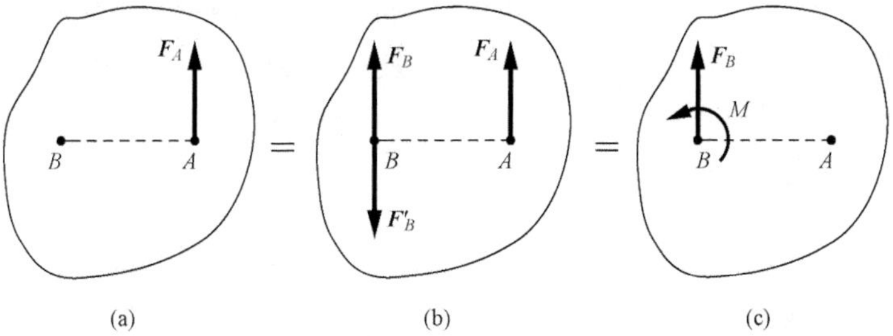

图 2-12 力的平移定理

(a) 在刚体上 A 点作用一力 $\boldsymbol{F}_A$；(b) 在 B 点加上一对平衡力；

(c) 等效成 $\boldsymbol{F}_B$ 和一力偶 M

一个力与一个平行的力及一力偶等效的实际例子很多。钳工用丝锥在孔内攻丝时，应该用双手在铰杠的 A，B 处施加力偶使丝锥旋转，如图 2-13（a）所示。如果只在 A 处施加一个力 $\boldsymbol{F}_A$，则也相当于在 C 处施加力 $\boldsymbol{F}_C$ 及一力偶 M，这时丝锥也能旋转，但力 $\boldsymbol{F}_C$ 则使丝锥弯曲甚至折断。火箭发射时，由于发动机的推力不完全对称，总推力不经过火箭质心 C 而有偏离，如图 2-13（b）所示，它相当于作用在质心上的一个推力 $\boldsymbol{F}_C$ 及一个力偶 M，力偶 M 可使火箭箭体旋转，这时必须用舵面的控制力矩纠正。乒乓球运动中有一种下旋球，球拍击在球的上半部，如图 2-13（c）所示，作用力 $\boldsymbol{F}$ 等效于在球心 C 上的力 $\boldsymbol{F}_C$ 及一力偶 M，因而球在前进的同时还有旋转，触案后有前冲趋势。

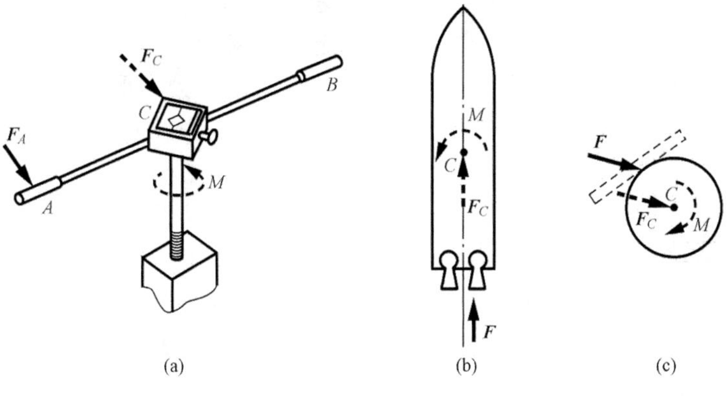

图 2-13 一个力与一个平行的力及一力偶等效的实例

(a) 用丝锥攻丝；(b) 火箭发射；(c) 乒乓球运动中的下旋球

二、平面任意力系向平面内一点的简化

设在刚体上作用有 n 个力组成的平面任意力系，如图 2-14（a）所示，选平面上一点 O 为简化中心，将每一个力均向简化中心平移，得一作用于 O 点的汇交力系（$\boldsymbol{F}'_1$，$\boldsymbol{F}'_2$，…，$\boldsymbol{F}'_n$）及一个力偶系，其力偶矩分别为 $M_1=M_O(\boldsymbol{F}'_1)$，$M_2=M_O(\boldsymbol{F}'_2)$，…，$M_n=M_O(\boldsymbol{F}'_n)$，如图 2-14（b）所示。再将汇交力系简化为作用于 O 点的一个力，其大小及方向由矢量 $\boldsymbol{F}_R$ 表示，将力偶系简化为一合力偶，其力偶矩为 M_O，如图 2-14（c）所示，则有

$$\boldsymbol{F}_R = \sum_{i=1}^{n} \boldsymbol{F}_i, \quad \boldsymbol{M}_O = \sum_{i=1}^{n} M_O(\boldsymbol{F}_i) \tag{2-11}$$

矢量 $\boldsymbol{F}_{\mathrm{R}}$ 是力系中各力的矢量和，称为力系的**主矢量**或**主矢**，代数量 M_O 是各力对简化中心的力矩的代数和，称为力系对简化中心的**主矩**。由此得结论：**平面任意力系可以简化为在任意选定的简化中心上作用的一个力及一个力偶，力矢量及力偶矩分别用力系的主矢及主矩描述**。主矢与主矩是描述力系的两个特征量。显然，主矢与简化中心的选择无关；主矩则与简化中心的选择有关；亦即选择不同的简化中心时，所得的主矢量相同，主矩则不同。

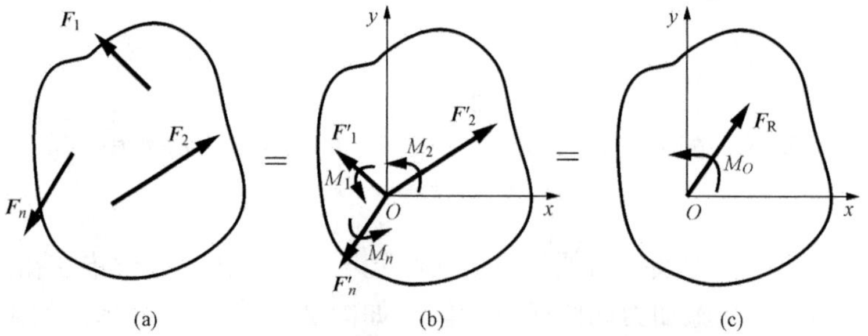

图 2 - 14　平面任意力系向平面内一点的简化

(a) 在刚体上作用有 n 个力组成的平面任意力系；(b) 平移；(c) 简化

下面看一个平面力系向一点简化的实例。如图 2 - 15 (a) 所示为一悬臂梁，它的端部约束方式称为插入端或固定端。端部的约束力在一定的范围内分布，属于分布力系，如图 2 - 15 (b) 所示。其总效果可用此分布力系向梁根部中点的简化结果表示，由于主矢量方向未知，故用两个分力 $\boldsymbol{F}_x$，$\boldsymbol{F}_y$ 及一个力偶 M 表示，如图 2 - 15 (c) 所示。房屋建筑中将阳台砌入墙体 [见图 2 - 15 (d)] 就可以简化为固定端约束。

平面任意力系向简化中心简化得一力及一力偶，如果将力的平移定理倒过来用，还可以继续简化求得最后结果。设力系已简化为作用于 O 点的一力及一力偶，主矢与主矩分别为 $\boldsymbol{F}_{\mathrm{R}}$ 及 M_O，如图 2 - 16 (a) 所示。调整力偶的力偶臂使力偶中一力 $\boldsymbol{F}'$ 与 $\boldsymbol{F}_{\mathrm{R}}$ 大小相等、方向相反且作用于 O 点，如图 2 - 16 (b) 所示（根据力偶的特性，这点总是可以做到的）。$\boldsymbol{F}_{\mathrm{R}}$ 与 $\boldsymbol{F}'$ 是一对平衡力系，可以取消，最后只剩下一个等效的力 $\boldsymbol{F}$，如图 2 - 16 (c) 所示。它就是平面任意力系的合力，其力矢量 $\boldsymbol{F}=\boldsymbol{F}_{\mathrm{R}}$，作用于 O' 点，且有 $\overline{OO'}=\dfrac{M_O}{F_{\mathrm{R}}}$。由于 $M_O(\boldsymbol{F})=M_O$，得结论：**平面力系合力 $\boldsymbol{F}$ 对任一点 O 的力矩等于各分力对该点力矩的代数和**，这就是**平面力系中的合力矩定理**。当力系的主矢为零时，$\boldsymbol{F}_{\mathrm{R}}=0$，力系向任一点简化结果只剩力偶；这时力系没有合力，可以合成为一个力偶，或者力系平衡。

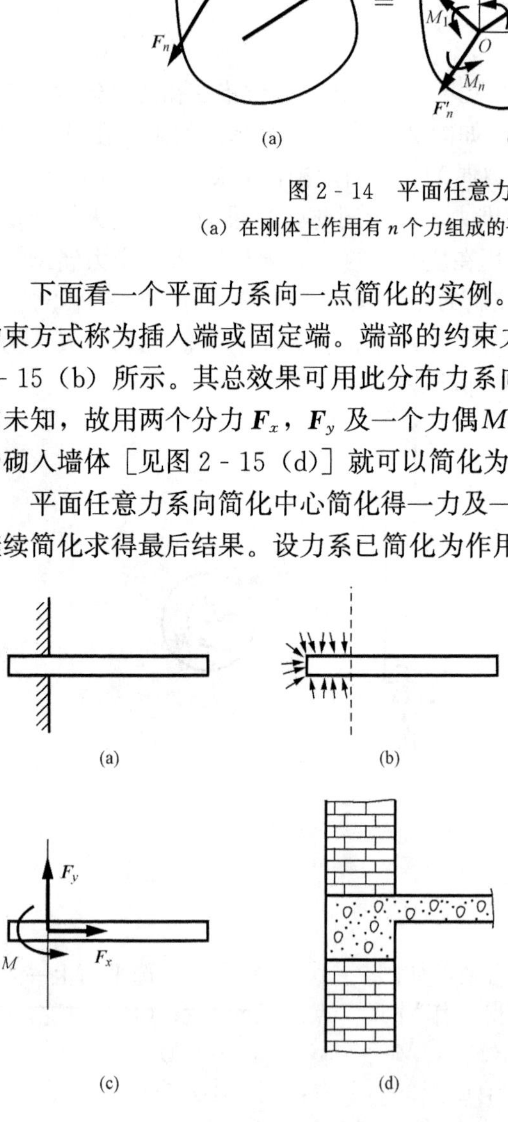

图 2 - 15　一个平面力系向一点简化的实例

(a) 悬臂梁；(b) 端部的约束力属于分布力系；(c) 简化；(d) 将阳台砌入墙体可以简化为固定端约束

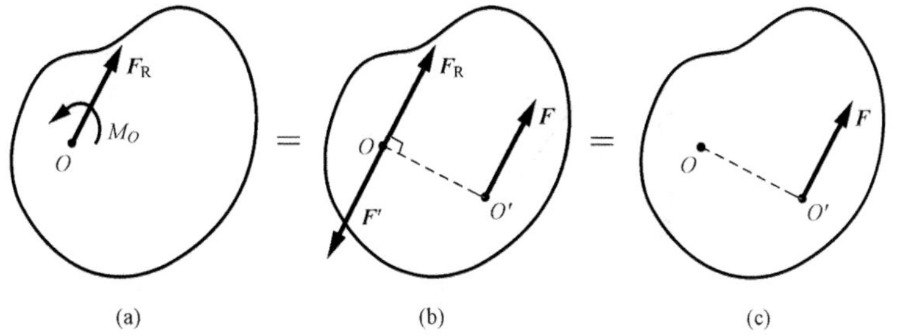

图 2-16　继续简化

(a) 力系已简化为作用于 O 点的一力及一力偶；(b) 简化成为一力 $\boldsymbol{F}_R$ 与一力偶 $(\boldsymbol{F},\ \boldsymbol{F}')$，且 $F=\boldsymbol{F}_R$；(c) 只剩下一个等效的力 $\boldsymbol{F}$

在求解实际的工程问题时还会遇到另一种力——分布力。结构物的荷载如果作用面积很小，可以简化成一个单个的力，称为**集中力**或**集中荷载**，如机车车轮对铁轨的压力，吊车缆绳对货物的提升拉力等。另外一种荷载则连续地作用在一定范围之内，称为**分布力**或**分布荷载**，如结构的自重、风载、水压等。描述分布力的大小用单位作用面积（长度、体积）上的荷载总量表示，称为**荷载集度 $\boldsymbol{q}$**。平行的分布力的简化或合成比较容易，如图 2-17（a）所示的均布荷载，荷载集度为 q，作用线长度为 l，则其合力为 ql，作用于长度 l 的中点。图 2-17（b）所示为三角形分布荷载，其合力为 $F=\frac{1}{2}ql$，作用点距右端距离为 $l/3$。对集度不均匀的一般荷载，其合力大小及作用位置应通过积分确定（参见本章第六节）。

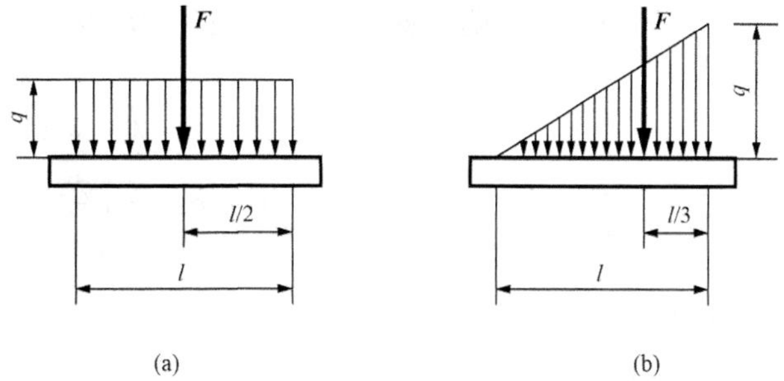

图 2-17　分布力

(a) 均布荷载；(b) 三角形分布荷载

【例 2-6】 混凝土重力坝截面形状如图 2-18（a）所示。为了计算方便，取坝的长度（垂直于图面）$d=1\text{m}$。已知混凝土密度为 $2.4\times10^3\text{kg/m}^3$，水的密度为 $1\times10^3\text{kg/m}^3$，试求作用在坝上的坝体重力及水压力的合力，并找出其作用位置。

解　将坝体分成规则的两部分，则可求出坝体重力

$$W_1=\rho Vg=2.4\times10^3\times8\times50\times1\times9.81=9418(\text{kN})$$

$$W_2=\rho Vg=2.4\times10^3\times\frac{1}{2}(36\times50)\times1\times9.81=21190(\text{kN})$$

二力作用点的位置为 $x_{C_1}=4\text{m}$，$x_{C_2}=20\text{m}$。水压力为三角形分布荷载，坝底部的荷载集度 q 即为水的压强

$$q=\rho hg=1\times10^3\times45\times9.81=441(\text{kN/m}^2)$$

因而

$$P=\frac{1}{2}qhd=\frac{1}{2}\times441\times45\times1=9923(\text{kN})$$

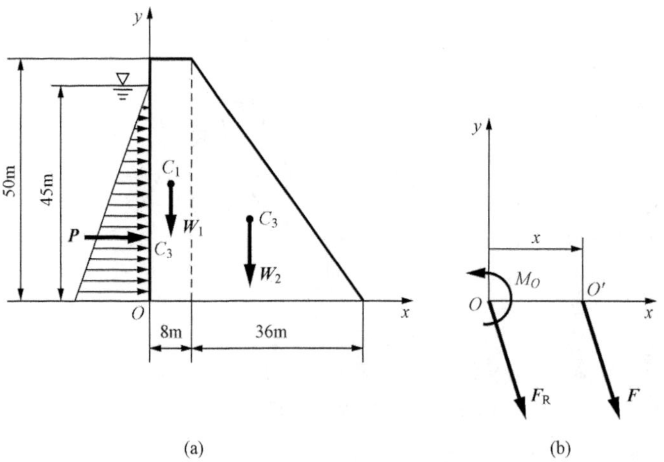

图 2 - 18 ［例 2 - 6］图
(a) 混凝土重力坝截面形状；(b) 简化

水压力 $\boldsymbol{P}$ 的方向为水平，作用点位置 $y_{C_3}=15\text{m}$。将作用于坝体的三力 $\boldsymbol{W}_1$，$\boldsymbol{W}_2$，$\boldsymbol{P}$ 向 O 点简化，得一力及一力偶，主矢为 $\boldsymbol{F}_\text{R}$，主矩为 M_O。

$$F_{\text{R}x}=\sum F_x=P=9923\text{kN}$$

$$F_{\text{R}y}=\sum F_y=-(W_1+W_2)=-30608\text{kN}$$

$$F_\text{R}=\sqrt{F_{\text{R}x}^2+F_{\text{R}y}^2}=32176\text{kN}$$

$$M_O=-(Py_{C_3}+W_1x_{C_1}+W_2x_{C_2})=-610317\text{kN}\cdot\text{m}$$

此力及力偶可以进一步简化为一力，即三力的合力 $\boldsymbol{F}$，设其作用线通过 x 轴上的 O' 点，则因力 $\boldsymbol{F}$ 对 O 点的力矩必等于主矩 M_O，可得

$$x=\frac{M_O}{F_y}=\frac{M_O}{F_{\text{R}y}}=19.94\text{m}$$

三、平面任意力系的平衡条件

作用在刚体上的平面任意力系，在一般情况下可简化为作用于简化中心的一个力及一个力偶，并用力系的主矢 $\boldsymbol{F}_\text{R}$ 及主矩 $\boldsymbol{M}_O$ 描述。如果力系平衡，即力系与零力系等效，其必要和充分条件是

$$\boldsymbol{F}_\text{R}=0,\quad \boldsymbol{M}_O=0 \tag{2-12}$$

根据式 (2 - 7)，平衡条件可改写为

$$\sum_{i=1}^{n}\boldsymbol{F}_i=0,\quad \sum_{i=1}^{n}M_O(\boldsymbol{F}_i)=0 \tag{2-13}$$

在直角坐标系中的投影式为

$$\sum F_x=0,\quad \sum F_y=0,\quad \sum M_O=0 \tag{2-14}$$

式 (2 - 14) 称为平面力系的**平衡方程**，为简化书写，式 (2 - 14) 中略去了下标 i。平面力系的平衡方程是三个独立的代数方程，可求解三个未知量。

【例 2 - 7】 起重吊车的简图如图 2 - 19 (a) 所示，A 端为止推轴承，B 处为向心轴承，自重 P，起吊重物重 W。求吊车平衡时 A，B 处的约束力。

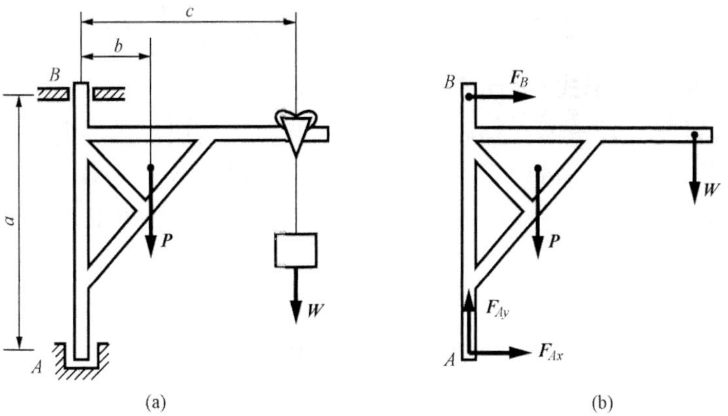

图 2-19 ［例 2-7］图

(a) 起重吊车的简图；(b) 吊车的受力图

解 (1) 考虑吊车的平衡。

(2) 对吊车进行受力分析，画受力图。根据止推轴承对物体的限制作用，A 处约束力有 x，y 方向两个分量 $\boldsymbol{F}_{Ax}$，$\boldsymbol{F}_{Ay}$。向心轴承 B 可简化为一个光滑圆环，因而其约束力只有水平分量 $\boldsymbol{F}_B$，可向左也可向右，此处假设向右，如果计算结果为负数，则表示向左。再画出主动力 $\boldsymbol{W}$，$\boldsymbol{P}$ 得吊车的受力图如图 2-19 (b) 所示。

(3) 建立坐标系，列写平衡方程，由已知量求未知量

$$\sum F_x = 0,\quad F_{Ax} + F_B = 0$$
$$\sum F_y = 0,\quad F_{Ay} - P - W = 0$$
$$\sum M_A = 0,\quad -F_B a - Pb - Wc = 0$$

解得

$$F_B = -\frac{1}{a}(Pb + Wc),\quad F_{Ax} = \frac{1}{a}(Pb + Wc),\quad F_{Ay} = P + W$$

【例 2-8】 如图 2-20 所示的水平横梁 AB，A 端为固定铰链支座，B 端为一滚动支座。梁长 $4a$，梁重 P，作用在梁的中点 C。在梁的 AC 段上受均布荷载 q 作用，在梁的 BC 段上受力偶作用，力偶矩 $M=Pa$。试求 A 和 B 处的支座约束力。

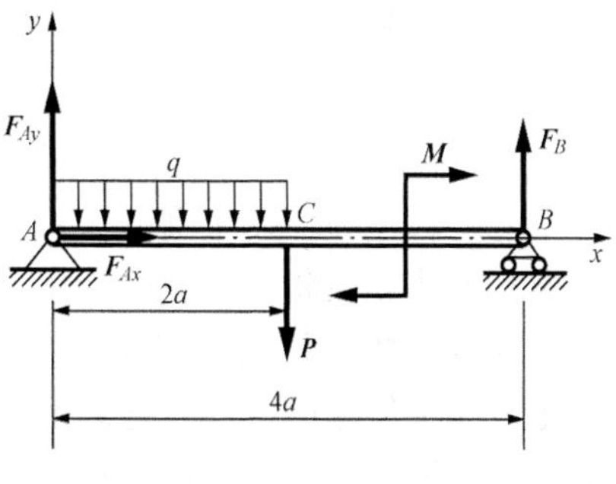

图 2-20 ［例 2-8］图

解 选梁 AB 为研究对象。它所受的主动力有均布荷载 q，重力 $\boldsymbol{P}$ 和矩为 M 的力偶。它所受的约束力有铰链 A 的两个分力 $\boldsymbol{F}_{Ax}$ 和 $\boldsymbol{F}_{Ay}$，滚动支座 B 处铅垂向上的约束力 $\boldsymbol{F}_B$。

取坐标系如图 2-20 所示，列出平衡方程

$$\sum M_A(F) = 0,\quad F_B \times 4a - M - P \times 2a - q \times 2a \times a = 0$$
$$\sum F_x = 0,\quad F_{Ax} = 0$$
$$\sum F_y = 0,\quad F_{Ay} - q \times 2a - P + F_B = 0$$

解上述方程，得

$$F_B=\frac{3}{4}P+\frac{1}{2}qa,\quad F_{Ax}=0,\quad F_{Ay}=\frac{P}{4}+\frac{3}{2}qa$$

四、平衡方程的不同形式及刚体系的平衡

力系的平衡条件是$\sum \boldsymbol{F}=0$，$\sum M_O(\boldsymbol{F})=0$；在写投影式时，可以向任何轴投影，可以对任何点取矩，可写出数量众多的平衡方程式。当然，其中许多是不独立的，但可以从中选出三个独立的。由此可见平衡方程可有多种形式，下述第（1）种并非唯一形式。平面力系的平衡方程有三种形式。

（1）一矩式（基本形式）。

$$\sum F_x=0,\quad \sum F_y=0,\sum M_O=0 \tag{2-15}$$

（2）二矩式。

$$\sum F_x=0,\quad \sum M_A=0,\quad \sum M_B=0 \tag{2-16}$$

式（2-16）的3个方程彼此独立的条件是：**AB 连线不能与 x 轴垂直**。证明如下：

$\sum M_A=0$ 的意义是力系可能简化为一个过 A 点的合力，如果再满足$\sum M_B=0$，则力系的合力必通过 A，B 两点（见图2-21）。如果 x 轴与 AB 连线垂直，则此合力在 x 轴的投影必为零，亦即满足$\sum M_A=0$ 及$\sum M_B=0$ 的力系必满足$\sum F_x=0$；因此，3个方程不独立，力系可能简化为与 x 轴垂直的合力或平衡。相反，如果 x 轴不与 AB 连线垂直，则过 A，B 两点的合力大小必为零；因此满足式（2-16）的3个方程时，力系必平衡。

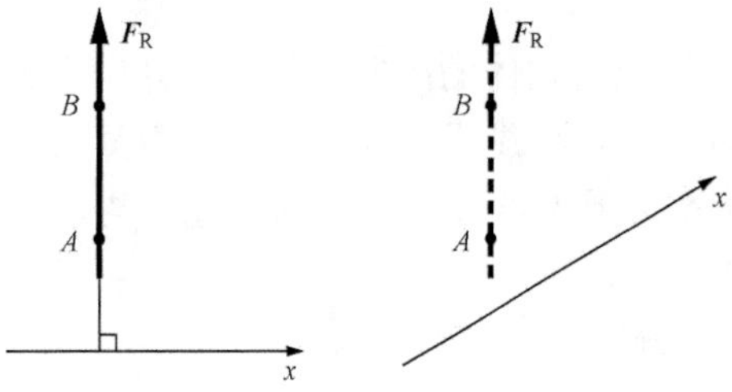

图2-21 AB 连线不能与 x 轴垂直

（3）三矩式。

$$\sum M_A=0,\quad \sum M_B=0,\quad \sum M_C=0 \tag{2-17}$$

式（2-17）的3个方程彼此独立的条件是：**A，B，C 三点不在同一直线上**。读者可自己证明。

平衡方程的多种形式为列写平衡方程提供了很大的选择余地，如能灵活运用，可使解题过程十分简捷。

多个刚体通过约束连接而构成的系统称为刚体系，这是解决工程实际问题时最常用的物理模型之一。刚体体系平衡时，其中每个刚体都处于平衡状态，因此求解刚体体系平衡问题最简单的方法就是将刚体系拆成单个刚体，列出每个刚体的平衡方程式并联立求解。但这样做势必导致刚体系的内力（刚体与刚体之间的作用力）出现在平衡方程之中，增加了未知量，也增加了解题的工作量与难度。实际上这些内力往往没必要知道。因此，需要**灵活选取研究对象**，可以选单个刚体，可以选整个系统，也可以选局部子系统为研究对象，以便通过最简捷的途径求出所要求的未知量。亦即在求解刚体系平衡问题之前，需要仔细分析，并确定合理的解题步骤。

【例2-9】 汽车起重机重 $P_1=20\text{kN}$，重心在 C 点，平衡块 B 重 $P_2=20\text{kN}$，尺寸如图2-22所示。问起吊重量 P_3 及前后轮距离为何值时，汽车起重机才能安全地工作？

解 （1）起吊重量 P_3 过大时，汽车将绕 D 点转动向前翻倒，临界状态平衡时有 $\boldsymbol{F}_E=0$

$\sum M_D = 0$，$P_3 \times 4 - P_1 \times 1.5 - P_2(x+2) = 0$　①

（2）空载时，如 x 过小，汽车将绕 E 点转动向后翻倒，临界状态平衡时有 $\boldsymbol{F}_D = 0$

$\sum M_E = 0$，$P_1(x-1.5) - P_2 \times 2 = 0$　②

解式①和②，并代入 $P_1 = P_2 = 20\text{kN}$，得

$$x_{\min} = 3.5\text{m}，\quad P_{3,\max} = 35\text{kN}$$

（3）本题为**平面平行力系**，由于所有力都平行于 y 轴，平衡方程 $\sum F_x = 0$ 成为恒等式，因此**平面平行力系只有两个独立的平衡方程**（基本形式为 $\sum F_y = 0$，$\sum M_O = 0$），可解两个未知量。请思考，本题中还可求哪些未知量？

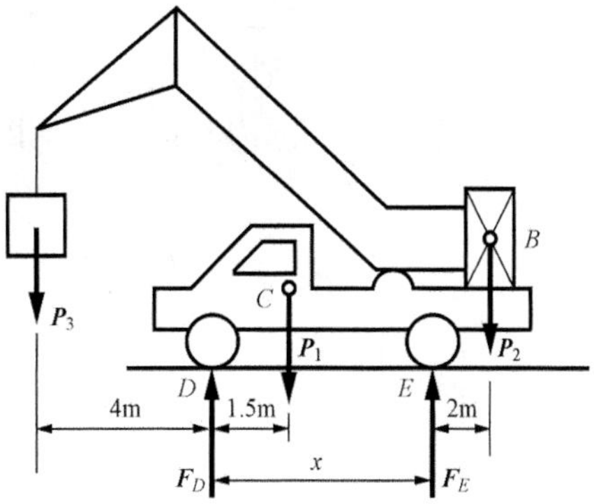

图 2-22 ［例 2-9］图

【例 2-10】 如图 2-23（a）所示为曲轴冲床简图，由轮Ⅰ、连杆 AB 和冲头 B 组成。$OA=R$，$AB=l$。忽略摩擦和自重，当 OA 在水平位置，冲压力为 $\boldsymbol{F}$ 时系统处于平衡状态。求：（1）作用在轮Ⅰ上的力偶之矩 M 的大小；（2）轴承 O 处的约束力；（3）连杆 AB 受的力；（4）冲头给导轨的侧压力。

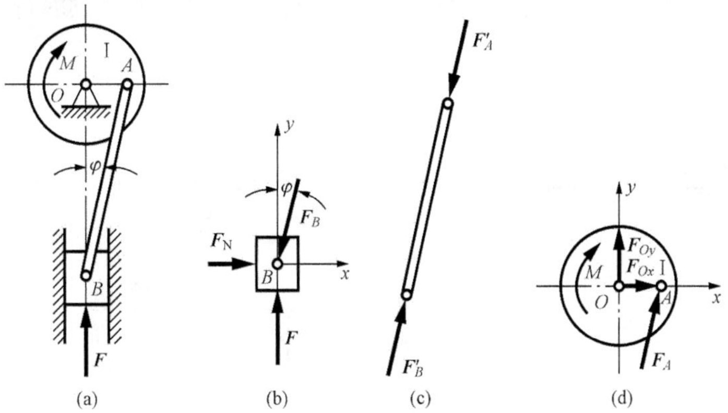

图 2-23 ［例 2-10］图

（a）曲轴冲床简图；（b）冲头的受力图；（c）连杆受压力；（d）轮Ⅰ受力图

解　（1）首先以冲头为研究对象。冲头受冲压阻力 $\boldsymbol{F}$、导轨约束力 $\boldsymbol{F}_{\text{N}}$ 以及连杆（二力杆）的作用力 $\boldsymbol{F}_B$ 作用，受力如图 2-23（b）所示，为一平面汇交力系。

设连杆与铅垂线间的夹角为 φ，按图 2-23（b）所示坐标轴列平衡方程

$$\sum F_x = 0，\quad F_{\text{N}} - F_B \sin\varphi = 0 \qquad ①$$

$$\sum F_y = 0，\quad F - F_B \cos\varphi = 0 \qquad ②$$

由式②得

$$F_B = \frac{F}{\cos\varphi}$$

F_B 为正值，说明假设的 $\boldsymbol{F}_B$ 的方向是对的，即连杆受压力如图 2-23（c）所示。代入式①得

$$F_{\text{N}} = F\tan\varphi = F\frac{R}{\sqrt{l^2 - R^2}}$$

冲头对导轨的侧压力大小等于 $\boldsymbol{F}_N$，方向相反。

(2) 再以轮Ⅰ为研究对象，轮Ⅰ受平面任意力系作用，包括矩为 M 的力偶，连杆作用力 $\boldsymbol{F}_A$ 以及轴承的约束力 $\boldsymbol{F}_{Ox}$，$\boldsymbol{F}_{Oy}$ 如图 2-23 (d) 所示。按图 2-23 (d) 所示坐标轴列平衡方程

$$\sum M_O(\boldsymbol{F})=0,\quad (F_A\cos\varphi)\times R-M=0 \qquad ③$$

$$\sum F_x=0,\quad F_{Ox}+F_A\sin\varphi=0 \qquad ④$$

$$\sum F_y=0,\quad F_{Oy}+F_A\cos\varphi=0 \qquad ⑤$$

由式③得

$$M=FR$$

由式④得

$$F_{Ox}=-F_A\sin\varphi=-F\frac{R}{\sqrt{l^2-R^2}}$$

由式⑤得

$$F_{Oy}=-F_A\cos\varphi=-F$$

负号说明，力 $\boldsymbol{F}_{Ox}$，$\boldsymbol{F}_{Oy}$ 的方向与图 2-23 (d) 所示假设的方向相反。

【例 2-11】 三铰拱 ABC 上受荷载力 $\boldsymbol{F}$ 及力偶 M 作用，不计拱的自重。求铰链 A，B 的约束力 [见图 2-24 (a)]。

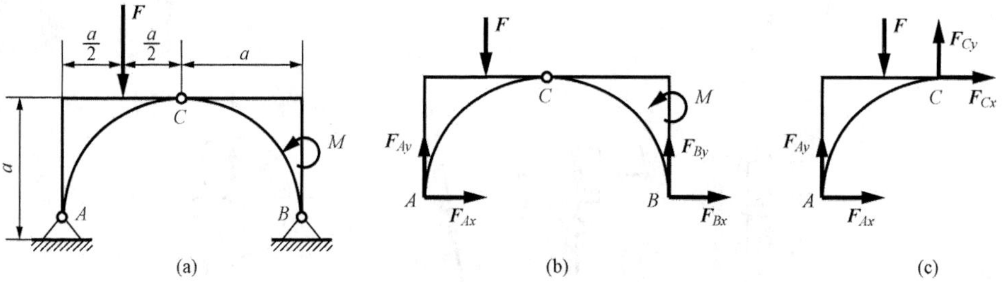

图 2-24 [例 2-11] 图

(a) 三铰拱 ABC 上受荷载力 $\boldsymbol{F}$ 和力偶 M 的作用；(b) 受力图；(c) 平衡时 AC 的受力图

解 本题是平面刚体系平衡问题。如果拆成两个刚体 AC 及 BC，对每一半分别列出 3 个平衡方程，可以求解铰链 A，B，C 处约束力共 6 个未知量，但需解联立方程，且多求了铰 C 的约束力。下面的解题方法可简捷地求出铰 A，B 的约束力。

(1) 先考虑整体平衡，受力图如图 2-24 (b) 所示，平面力系有 3 个平衡方程，4 个未知数，不能全部求出，但可部分求出。

$$\sum M_A=0,\quad F_{By}\cdot 2a+M-F\cdot\frac{a}{2}=0,\quad F_{By}=\frac{1}{4}F-\frac{1}{2a}M \qquad ①$$

$$\sum M_B=0,\quad -F_{Ay}\cdot 2a+M+F\cdot\frac{3}{2}a=0,\quad F_{Ay}=\frac{3}{4}F+\frac{1}{2a}M \qquad ②$$

$$\sum F_x=0,\quad F_{Ax}+F_{Bx}=0 \qquad ③$$

(2) 再考虑拱 AC 的平衡，画受力图，如图 2-24 (c) 所示。

$$\sum M_C=0,\quad F_{Ax}a+F\frac{a}{2}-F_{Ay}a=0,\quad F_{Ax}=\frac{1}{4}F+\frac{1}{2a}M \qquad ④$$

（3）将式④代入式③，得

$$F_{Bx}=-F_{Ax}=-\frac{1}{4}F-\frac{1}{2a}M$$

（4）校核。可以考虑拱 BC 的平衡并校核下式

$$\begin{aligned}\sum M_C&=F_{Bx}a+F_{By}a+M\\&=\left(-\frac{1}{4}F-\frac{1}{2a}M\right)a+\left(\frac{1}{4}F-\frac{1}{2a}M\right)a+M=0\end{aligned}$$

【例 2-12】 组合梁由悬臂梁 AB 及简支梁 BC 组成如图 2-25（a）所示，梁上作用有均布荷载，其荷载集度为 q。求 A，C 处的约束力。

解 本题为平面刚体系平衡问题，如果仍如［例 2-11］那样先考虑整体再考虑部分，则会遇到困难，但下面的步骤则可顺利解决问题。

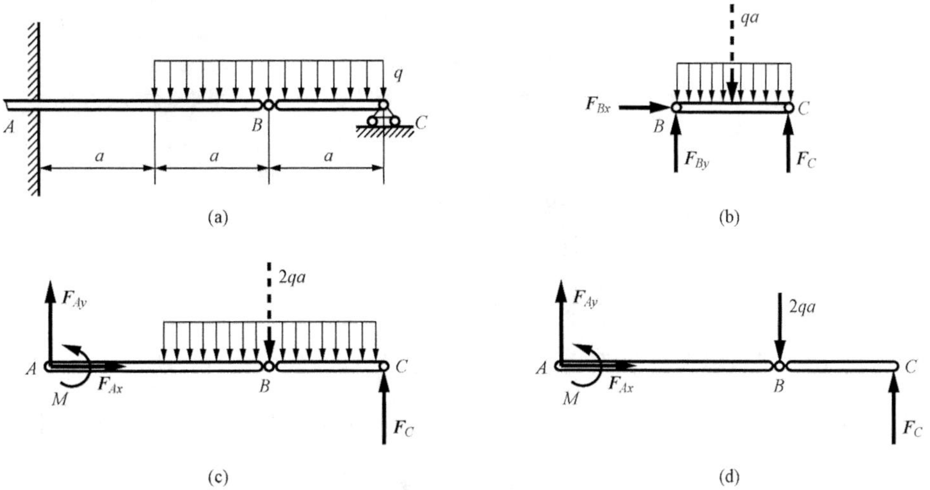

图 2-25 ［例 2-12］图

（a）组合梁；（b）考虑 BC 的平衡时的受力图；（c）考虑整体平衡时的受力图；（d）等效代替

（1）先考虑 BC 的平衡，受力图如图 2-25（b）所示，均布荷载可用其合力 qa 代替。

$$\sum M_B=0,\quad F_Ca-qa\times\frac{1}{2}a=0,\quad F_C=\frac{1}{2}qa$$

（2）再考虑整体平衡，受力图如图 2-25（c）所示，均布荷载用其合力 $2qa$ 代替。

$$\sum F_x=0,\quad F_{Ax}=0$$

$$\sum F_y=0,\quad F_{Ay}+F_C-2qa=0,\quad F_{Ay}=\frac{3}{2}qa$$

$$\sum M_A=0,\quad M+F_C\times 3a-2qa\times 2a=0,\quad M=\frac{5}{2}qa^2$$

（3）讨论。在本题对均布荷载的处理中曾用合力代替，但这只适用于刚体，如图 2-25（b）所示中的做法。图 2-25（c）所示的等效代替则根据刚化公理进行。如果一开始就将均布荷载以其合力 $2qa$ 代替，即将原题［见图 2-25（a）］替换成新题［见图 2-25（d）］，则考虑 BC 的平衡时，可得出 $F_C=0$，与原题不同。这是因为组合梁 ABC 是变形体（绕铰 B 可相对转动），均布荷载用合力代替就改变了对变形体的作用，因而 $\boldsymbol{F}_C$ 不同。

【例 2-13】 如图 2-26（a）所示的起重刚架中，已知重物重 P，各部分尺寸如图 2-26（a）所示。忽略各部分自重及销轴处摩擦。求 A，D 处的约束力。

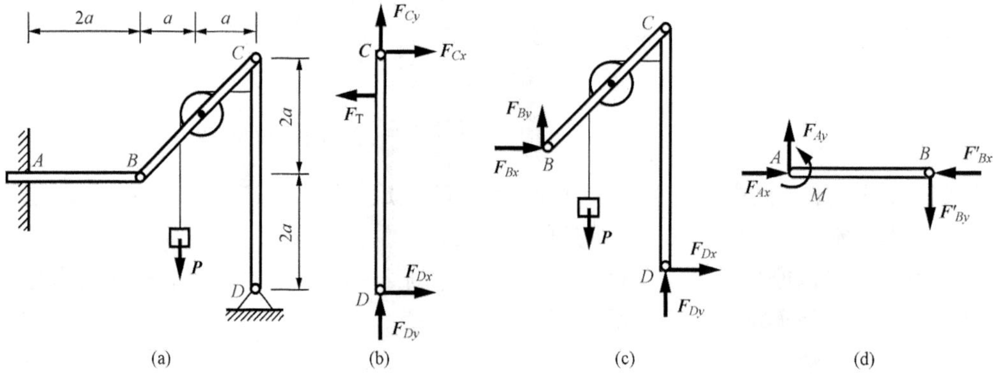

图 2-26 ［例 2-13］图

（a）起重刚架；（b）平衡时 CD 杆的受力图；（c）平衡时 BC，CD 杆及滑轮重物的受力图；（d）平衡时 AB 杆的受力图

解 不考虑轴承摩擦，滑轮两侧拉力相等 $F_T=P$。

（1）考虑 CD 杆的平衡，受力图如图 2-26（b）所示。

$$\sum M_C = 0,\quad F_{Dx}\times 4a - P(a-r) = 0,\quad F_{Dx} = \frac{P}{4}\left(1-\frac{r}{a}\right)$$

（2）考虑 BC，CD 杆及滑轮重物的平衡，受力图如图 2-26（c）所示。

$$\sum M_B = 0,\quad F_{Dy}\times 2a + F_{Dx}\times 2a - P(a-r) = 0,\quad F_{Dy} = \frac{P}{4}\left(1-\frac{r}{a}\right)$$

$$\sum F_x = 0,\quad F_{Bx} + F_{Dx} = 0,\quad F_{Bx} = -\frac{P}{4}\left(1-\frac{r}{a}\right)$$

$$\sum F_y = 0,\quad F_{By} + F_{Dy} - P = 0,\quad F_{By} = \frac{P}{4}\left(3+\frac{r}{a}\right)$$

（3）考虑 AB 杆的平衡，受力图如图 2-26（d）所示。

$$\sum F_x = 0,\quad F_{Ax} - F_{Bx} = 0,\quad F_{Ax} = -\frac{P}{4}\left(1-\frac{r}{a}\right)$$

$$\sum F_y = 0,\quad F_{Ay} - F_{By} = 0,\quad F_{Ay} = \frac{P}{4}\left(3+\frac{r}{a}\right)$$

$$\sum M_B = 0,\quad M - F_{Ay}\times 2a = 0,\quad M = \frac{P}{2}(3a+r)$$

第四节 桁　　架

桁架是若干直杆在两端以一定方式连接起来的坚固承载结构。它具有自重轻、承载能力强、跨度大、能充分利用材料等优点，因此在工程中大量使用。例如用于房屋、桥梁、输电线塔、油田井架等（见图 2-27）。静力学研究桁架的任务是在各种荷载作用下确定桁架的支承反力及各杆的内力，以便进行桁架的设计。

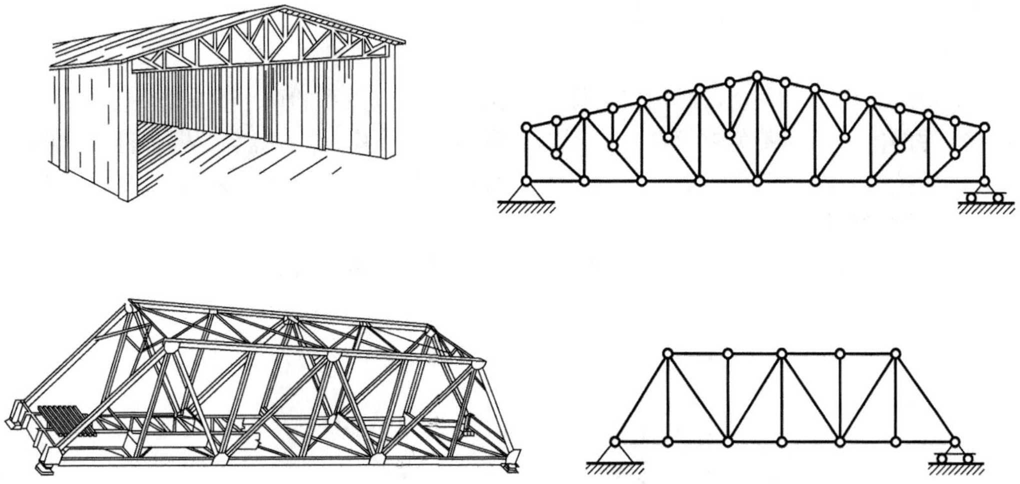

(a)　　(b)

图 2 - 27　桁架的应用及简图

(a) 应用；(b) 桁架的简图

桁架中各杆的受力实际上是十分复杂的，必须进行简化。例如，各杆的连接处称为结点，它通常是用铆接、焊接或螺栓连接等方法将各杆固定在一块角撑板上（见图 2 - 28），或直接固定在一起。但在结点尺寸远小于各杆长度的情况下，各杆受力基本上是通过结点中心的，可将结点简化为一个光滑铰链。因此，根据实际情况对桁架作如下的假设：

(1) 各杆均为直的刚杆。

(2) 各杆在端点用光滑铰链相连接。

(3) 杆的自重不计，且支座反力及荷载均作用在结点上。

在上述假设下，桁架的各杆均为二力杆，它们的内力为单纯的拉力或压力。所谓杆的内力是指杆内各部分之间的作用力，可以用一个假想的截面将杆分成两部分来判断它们之间的相互作用（见图 2 - 29）。符合上述假设的物理模型称为理想桁架，根据理想桁架解得的内力是实际桁架各杆的主内力，一般情况下已可以满足设计需要。如果有必要，则需考虑简化因素所引起的次内力。

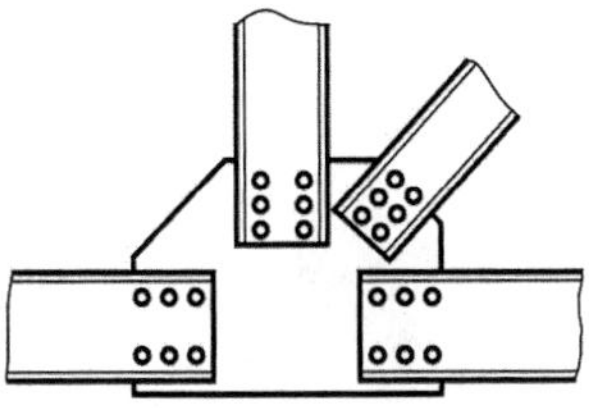

图 2 - 28　结点

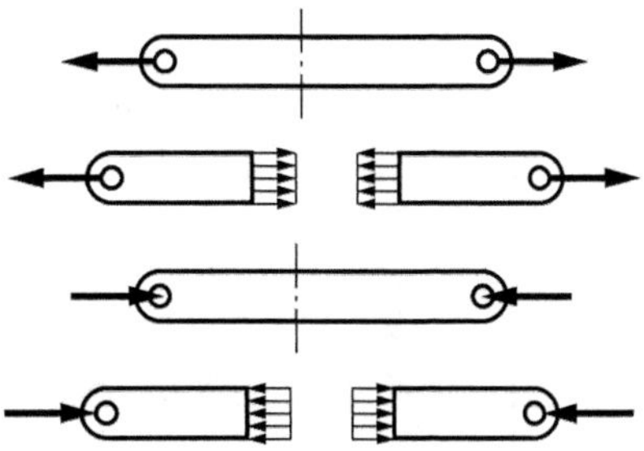

图 2 - 29　用一个假想的截面将杆分成两部分

确定桁架各杆的内力有两种方法。

1. 结点法

考虑桁架每个结点平衡，画出受力图，列出平面汇交力系的两个平衡方程，联立求解即得全部杆件的内力。为避免求解联立方程，通常是先求支座反力，然后从只有两根杆的结点开始，以后按一定顺序考虑各结点平衡，使得每一次只出现两个新的未知量。解题前应给各杆编号，解题时先设各杆均为拉力。

【例 2-14】 如图 2-30（a）所示的桁架中，已知 $\alpha=30°$，$F_{P1}=F_{P2}=F_{P3}=10kN$。求各杆内力。

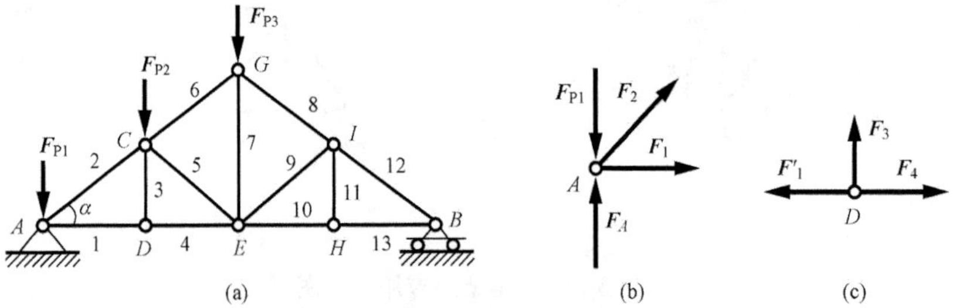

图 2-30 ［例 2-14］图

（a）桁架；（b）结点 A 受力图；（c）结点 D 受力图

解 （1）将各杆编号。考虑整体平衡求出铰 A，B 的约束力为

$$F_A = 22.5kN, \quad F_B = 7.5kN$$

（2）按每次只出现两个新未知量的原则考虑结点平衡的顺序为

$$A \to D \to C \to G \to E \to I \to H$$

画结点受力图时设各杆为拉力如图 2-30（b）、图 2-30（c）所示。

结点 A

$$\sum F_y = 0, \quad F_2 \sin 30° + F_A - F_{P1} = 0, \quad F_2 = -25kN$$

$$\sum F_x = 0, \quad F_2 \cos 30° + F_1 = 0, \quad F_1 = 21.7kN$$

结点 D

$$\sum F_x = 0, \quad F_4 - F_1 = 0, \quad F_4 = 21.7kN$$

$$\sum F_y = 0, \quad F_3 = 0$$

依次考虑各结点平衡，最后得

$$F_5 = -10kN, \quad F_6 = -15kN$$

$$F_7 = 5kN, \quad F_8 = -15kN$$

$$F_9 = 0, \quad F_{10} = 13kN$$

$$F_{11} = 0, \quad F_{12} = -15kN$$

$$F_{13} = 13kN$$

（3）可用最后一个结点 B 的平衡方程作校核。

结点 B

$$\sum F_x = -F_{12}\cos 30° - F_{13} = 15\cos 30° - 13 = 0$$

$$\sum F_y = -F_{12}\sin 30° + F_B = -15\sin 30° + 7.5 = 0$$

（4）讨论。$F_3=F_9=F_{11}=0$，说明在本题荷载情况下此三杆内力为零，称为零杆。实际上有结点 D，H，I 的受力图是很容易判断零杆的，能预先判断零杆可以减少未知数，简化解题过程。

2. 截面法

用一个假想截面截出桁架的某一部分作为分离体，被截断杆件的内力即成为该分离体的外力，应用平面力系的平衡条件即可求出这些被截杆件的内力。截面法适用于求某些指定杆件的内力，例如可用于校核。由于平面任意力系只有 3 个平衡方程，所以一般来说，被截杆件不应超过 3 个。

【例 2 - 15】 求［例 2 - 14］中 4，5，6 号杆的内力。

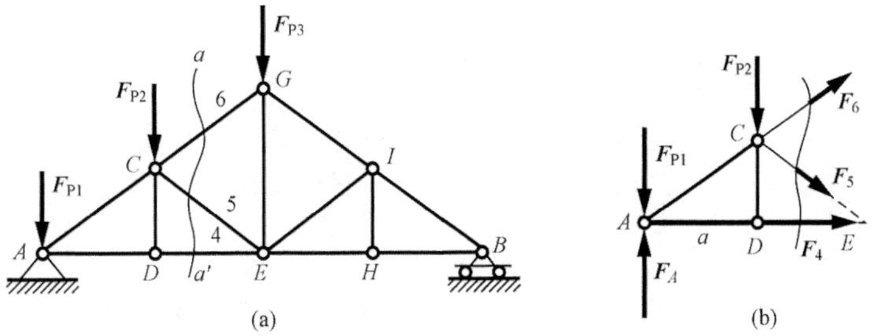

图 2 - 31 ［例 2 - 15］图

（a）作假想截面 aa'截断 4，5，6 杆；（b）受力图

解 先考虑整体，求 $\boldsymbol{F}_A$，$\boldsymbol{F}_B$。

$$\boldsymbol{F}_A=22.5\text{kN},\quad \boldsymbol{F}_B=7.5\text{kN}$$

作假想截面 aa'截断 4，5，6 杆如图 2 - 31（a）所示，取左半部桁架为分离体，画受力图如图 2 - 31（b）所示。

$$\sum M_E=0,\quad -F_6\times 2a\sin30^\circ-F_A\times 2a+F_{P1}\times 2a+F_{P2}\times a=0,\quad F_6=-15\text{kN}$$

$$\sum F_y=0,\quad -F_5\sin30^\circ+F_6\sin30^\circ+F_A-F_{P1}-F_{P2}=0,\quad F_5=-10\text{kN}$$

$$\sum F_x=0,\quad F_4+F_5\cos30^\circ+F_6\cos30^\circ=0,\quad F_4=21.7\text{kN}$$

第五节 空 间 力 系

前面所研究的结构、机构都是平面的，受力也是平面力系。实际中的结构、机构都是空间的，只有在厚度相对于长度很小或具有严格对称平面的情况下它们才有可能简化成平面的。实际中的力也都是空间分布的，如物体的重力就是空间平行力系；力的方向也可以在空间变化，如结构物所受的风力及由此而产生的约束力。如果力系中的各力作用线不在同一平面上，则构成空间力系。空间力系的简化与平衡的理论基本上与平面力系一样，只是因为空间任意一力有三个分量，所以需要特殊的几何表达方法；另外在空间力系中力对点的力矩、力偶矩已不是代数量而是矢量。

一、空间汇交力系

1. 力在直角坐标轴上的投影

若已知力 $\boldsymbol{F}$ 与正交坐标系 $Oxyz$ 三轴间的夹角，则可用直接投影法，即

$$F_x=F\cos(\boldsymbol{F},\boldsymbol{i}),\quad F_y=F\cos(\boldsymbol{F},\boldsymbol{j}),\quad F_z=F\cos(\boldsymbol{F},\boldsymbol{k}) \tag{2-18}$$

当力 $\boldsymbol{F}$ 与坐标轴 Ox，Oy 间的夹角不易确定时，可把力 $\boldsymbol{F}$ 先投影到坐标平面 Oxy 上，得到力 $\boldsymbol{F}_{xy}$，然后再把这个力投影到 x，y 轴上，此为间接投影法。如图 2 - 32 所示，已知角 γ 和 φ，则力 $\boldsymbol{F}$ 在三个坐标轴上的投影分别为

$$\left.\begin{aligned} F_x &= F\sin\gamma\cos\varphi \\ F_y &= F\sin\gamma\sin\varphi \\ F_z &= F\cos\gamma \end{aligned}\right\} \tag{2-19}$$

【例 2 - 16】 如图 2 - 33 所示的圆柱斜齿轮，其上受啮合力 $\boldsymbol{F}$ 的作用。已知斜齿轮的齿倾角（螺旋角）β 和压力角 θ，试求力 $\boldsymbol{F}$ 在 x，y，z 轴的投影。

解 先将力 F 向 z 轴和 Oxy 平面投影，得

$$F_z = -F\sin\theta, \quad F_{xy} = F\cos\theta$$

再将力 $\boldsymbol{F}_{xy}$ 向 x，y 轴投影，得

$$F_x = F_{xy}\cos\beta = F\cos\theta\cos\beta$$

$$F_y = -F_{xy}\sin\beta = -F\cos\theta\sin\beta$$

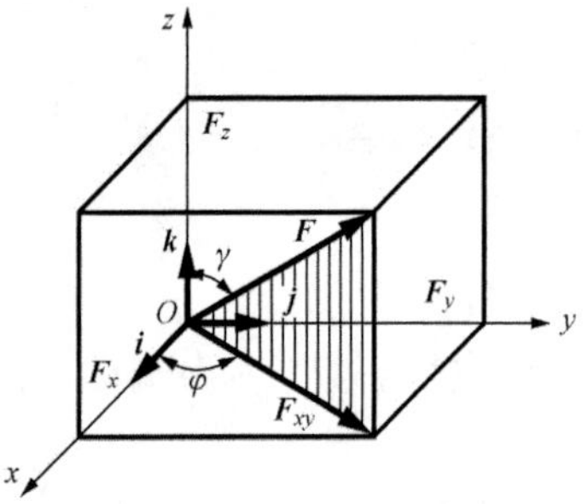

图 2 - 32 力在直角坐标轴上的投影

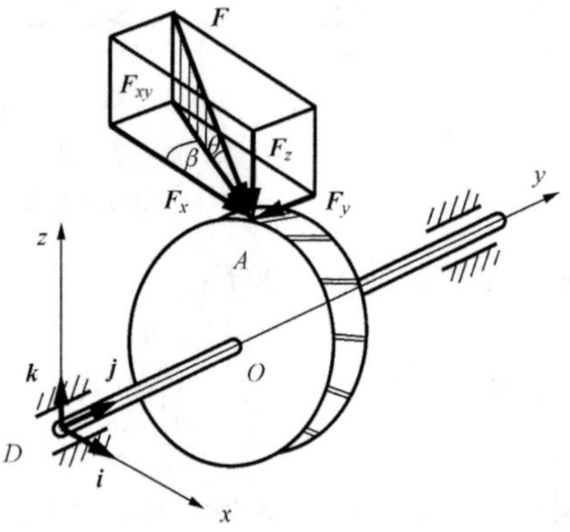

图 2 - 33 ［例 2 - 16］图

2. 空间汇交力系的合成与平衡条件

将平面汇交力系的合成法则扩展到空间，可得：空间汇交力系的合力等于各分力的矢量和，合力的作用线通过汇交点。合力矢为

$$\boldsymbol{F}_{\mathrm{R}} = \boldsymbol{F}_1 + \boldsymbol{F}_2 + \cdots + \boldsymbol{F}_n = \sum_{i=1}^{n} \boldsymbol{F}_i \tag{2-20}$$

或

$$\boldsymbol{F}_{\mathrm{R}} = \sum F_{xi}\boldsymbol{i} + \sum F_{yi}\boldsymbol{j} + \sum F_{zi}\boldsymbol{k} \tag{2-21}$$

式中：$\sum F_{xi}$，$\sum F_{yi}$，$\sum F_{zi}$ 为合力 $\boldsymbol{F}_{\mathrm{R}}$ 沿 x，y，z 轴的投影。由此可得合力的大小和方向余弦为

$$\left.\begin{aligned} F_{\mathrm{R}} &= \sqrt{(\sum F_{xi})^2 + (\sum F_{yi})^2 + (\sum F_{zi})^2} \\ \cos(\boldsymbol{F}_{\mathrm{R}}, \boldsymbol{i}) &= \frac{\sum F_{xi}}{F_{\mathrm{R}}} \\ \cos(\boldsymbol{F}_{\mathrm{R}}, \boldsymbol{j}) &= \frac{\sum F_{yi}}{F_{\mathrm{R}}} \\ \cos(\boldsymbol{F}_{\mathrm{R}}, \boldsymbol{k}) &= \frac{\sum F_{zi}}{F_{\mathrm{R}}} \end{aligned}\right\} \tag{2-22}$$

【例 2-17】 在刚体上作用有四个汇交力，它们在坐标轴上的投影如表 2-1 所示，试求这四个力的合力的大小和方向。

表 2-1 在刚体上作用的四个力 (kN)

投影＼汇交力	$\boldsymbol{F}_1$	$\boldsymbol{F}_2$	$\boldsymbol{F}_3$	$\boldsymbol{F}_4$
F_x	1	2	0	2
F_y	10	15	−5	10
F_z	3	4	1	−2

解 由表 2-1 得

$$\sum F_x = 5\text{kN}$$
$$\sum F_y = 30\text{kN}$$
$$\sum F_z = 6\text{kN}$$

代入式（2-22）得合力的大小和方向余弦为

$$F_R = 31\text{kN}$$

$$\cos(\boldsymbol{F}_R,\boldsymbol{i}) = \frac{5}{31},\quad \cos(\boldsymbol{F}_R,\boldsymbol{j}) = \frac{30}{31},\quad \cos(\boldsymbol{F}_R,\boldsymbol{k}) = \frac{6}{31}$$

由此得夹角

$$(\boldsymbol{F}_R,\boldsymbol{i}) = 80°43',\quad (\boldsymbol{F}_R,\boldsymbol{j}) = 14°36',\quad (\boldsymbol{F}_R,\boldsymbol{k}) = 78°50'$$

由于一般空间汇交力系合成为一个合力，因此，空间汇交力系平衡的必要和充分条件为：该力系的合力等于零，即

$$\boldsymbol{F}_R = \sum \boldsymbol{F}_i = 0 \tag{2-23}$$

由式（2-22）可知，为使合力 $\boldsymbol{F}_R$ 为零，必须同时满足

$$\sum F_{xi} = 0,\quad \sum F_{yi} = 0,\quad \sum F_{zi} = 0 \tag{2-24}$$

空间汇交力系平衡的必要和充分条件为：该力系中所有各力在三个坐标轴上的投影的代数和分别等于零。式（2-24）称为空间汇交力系平衡方程（为便于书写，下标 i 可略去）。

应用解析法求解空间汇交力系的平衡问题的步骤，与平面汇交力系问题相同，只不过需列出三个平衡方程，可求解三个未知量。

【例 2-18】 三根直杆 AD，BD，CD 在点 D 处互相连接构成支架如图 2-34 所示，缆索 ED 绕固定在点 D 处的滑轮提升一重量为 500kN 的荷载。设 ABC 组成等边三角形，各杆和缆索 ED 与地面的夹角均为 60°，求平衡时各杆的轴向压力。

解 以滑轮为研究对象，设滑轮半径极微小，其对力作用点的影响可忽略不计，则直杆、缆索和荷载对滑轮的作用力 $\boldsymbol{F}_A$，$\boldsymbol{F}_B$，$\boldsymbol{F}_C$，$\boldsymbol{F}_P$ 和 W 组成空间汇交力系。可利用式（2-24）的 3 个平衡方程求解。列出

$$\left.\begin{aligned}
&\sum F_x = 0, (F_B - F_A)\cos60°\sin60° = 0, F_B = F_A \\
&\sum F_y = 0, (F_A + F_B)\cos^2 60° - (F_C + F_P)\cos60° = 0 \\
&\sum F_z = 0, (F_A + F_B + F_C - F_P)\sin60° - W = 0
\end{aligned}\right\} \tag{2-25}$$

缆索约束力 F_P 等于荷载的重力 W，将 $F_P = W = 500\text{kN}$ 代入式（2-25），解出

$$F_A = F_B = 525.8\text{kN},\quad F_C = 25.8\text{kN}$$

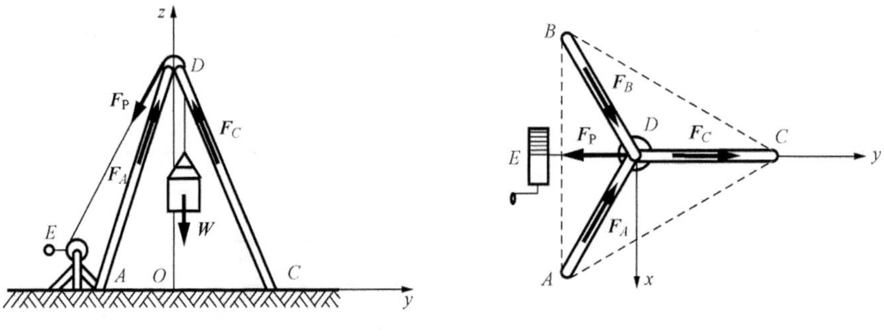

(a) (b)

图 2 - 34 ［例 2 - 18］图

（a）支架；（b）水平方向受力图

【例 2 - 19】 杆 OD 的顶端作用有三个力 $\boldsymbol{F}_1$，$\boldsymbol{F}_2$，$\boldsymbol{F}_3$，其方向如图 2 - 35 所示，各力大小为 $\boldsymbol{F}_1=100\text{N}$，$\boldsymbol{F}_2=150\text{N}$，$\boldsymbol{F}_3=300\text{N}$。求三力的合力。

解 建立坐标系 $Oxyz$，分别求各力在坐标轴上的投影。

$\boldsymbol{F}_1$：已知力与各坐标轴的夹角，可用直接投影法求投影

$$F_{1x}=0,\quad F_{1y}=F_1\cos45^\circ=70.7(\text{N}),\quad F_{1z}=-F_1\sin45^\circ=-70.7(\text{N})$$

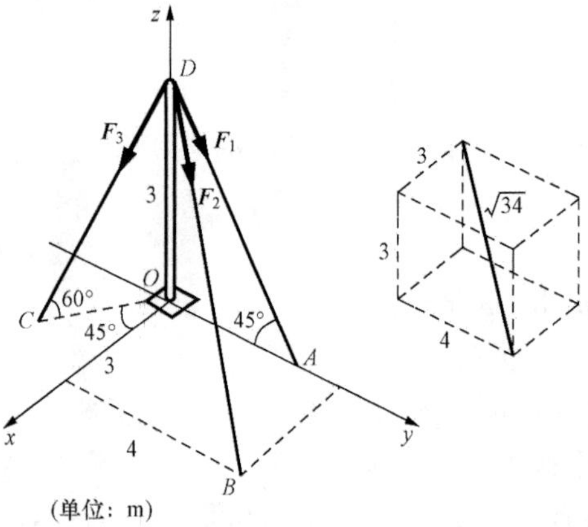

图 2 - 35 ［例 2 - 19］图

$\boldsymbol{F}_2$：已知有关长度的尺寸，可作辅助立方体，按边长比例求投影

$$F_{2x}=F_2\frac{3}{\sqrt{34}}\approx77.2(\text{N})$$

$$F_{2y}=F_2\frac{4}{\sqrt{34}}\approx102.9(\text{N})$$

$$F_{2z}=-F_2\frac{3}{\sqrt{34}}\approx-77.2(\text{N})$$

$\boldsymbol{F}_3$：可用二次投影法求投影，即先将 $\boldsymbol{F}_3$ 投影到 Oxy 平面，再投影到 x，y 轴

$$F_{3x}=F_3\cos60^\circ\cos45^\circ\approx106.1(\text{N})$$

$$F_{3y}=-F_3\cos60^\circ\sin45^\circ\approx-106.1(\text{N})$$

$$F_{3z}=-F_3\sin60^\circ\approx-259.8(\text{N})$$

合力 $\boldsymbol{F}_\text{R}$

$$F_{\text{R}x}=\sum_{i=1}^{3}F_{ix}=183.3\text{N},\quad F_{\text{R}y}=\sum_{i=1}^{3}F_{iy}=67.5\text{N}$$

$$F_{\text{R}z}=\sum_{i=1}^{3}F_{iz}=-407.7\text{N}$$

$$F_\text{R}=\sqrt{F_{\text{R}x}^2+F_{\text{R}y}^2+F_{\text{R}z}^2}=452.1\text{N}$$

$$\cos\alpha=\frac{F_{\text{R}x}}{F_\text{R}}=0.4055,\quad \cos\beta=\frac{F_{\text{R}y}}{F_\text{R}}=0.1493,\quad \cos\gamma=\frac{F_{\text{R}z}}{F_\text{R}}=-0.9018$$

$$\alpha=66.1^\circ,\quad \beta=81.4^\circ,\quad \gamma=154.4^\circ$$

【例 2 - 20】 用起重杆吊起重物如图 2 - 36（a）所示，起重杆的 A 端用球铰链固结于地

面，B 端用绳 CB 和 DB 拉住，两绳分别系在墙上同一高度的对称两点 C 及 D，且$\angle CBE=\angle DBE=\theta=45°$。平面 CDB 与水平面的夹角 $\beta=30°$，杆 AB 与铅垂线的夹角 $\alpha=30°$。重物 G 重 $W=10\text{kN}$。略去杆的重量及球铰中的摩擦，求起重杆所受的压力及绳中的拉力。

解　(1) 本题中遇到新的约束——球铰链，通过圆球和碗状支座连接物体的约束称为球铰链如图 2-36 (b) 所示，这时与圆球固结的物体可在空间任意转动，但球心不能有任何位移，如果忽略摩擦，则球铰的约束力永远过球铰中心，方向则取决于物体所受的主动力；根据主动力的不同，约束力可以在空间取任意方向。通常用它的三个正交分量表示如图 2-36 (c) 所示。

(2) 考虑起重杆 AB 及重物组成的系统平衡，画受力图。系统所受主动力为 $\boldsymbol{W}$，绳的约束力为 $\boldsymbol{F}_{T1}$，$\boldsymbol{F}_{T2}$，球铰 A 的约束力为 $\boldsymbol{F}_A$。由于杆 AB 只在 A，B 两点受力，是二力构件，故知 A 点约束力 $\boldsymbol{F}_A$ 的方向应沿 AB 连线，并设其方向为由 A 到 B。用平面图示空间矢量的方向时必须有参考坐标或参考物，因此在不引起混淆的情况下，可以将各力直接画在结构图上，受力图如图 2-36 (a) 所示。受力图上只画系统的外力，内力（如系绳 BG 的张力）一律不画。

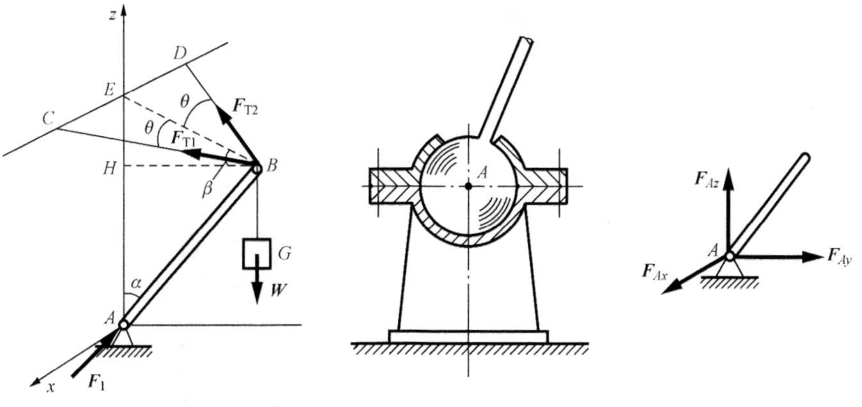

(a)　(b)　(c)

图 2-36　[例 2-20] 图

(a) 用起重杆吊起重物；(b) 球铰链；(c) 通过球铰链的三个正交分量

(3) 系统受四力作用，构成空间汇交力系。列写平衡方程，求空间力在各坐标轴上的投影时，可选用前述的各种投影方法。

$$\sum F_x=0,\quad F_{T1}\sin\theta-F_{T2}\sin\theta=0$$

$$\sum F_y=0,\quad -F_{T1}\cos\theta\cos\beta-F_{T2}\cos\theta\cos\beta+F_A\sin\alpha=0$$

$$\sum F_z=0,\quad F_{T1}\cos\theta\sin\beta+F_{T2}\cos\theta\sin\beta+F_A\cos\alpha-W=0$$

求解上列方程，并代入数据后，得

$$F_A=\frac{\cos\beta}{\cos(\alpha-\beta)}W=8.66\text{kN},\quad F_{T1}=F_{T2}=\frac{\sin\alpha}{2\cos\theta\cos\beta}F_A=3.54\text{kN}$$

所得的 F_A 为正，表示假设方向正确，即杆 AB 受压力。

二、空间中的力、力矩及力偶矩

1. 空间中的力、力矩

空间中力对一点的力矩与平面情况有所不同。设空间中有力 $\boldsymbol{F}$ 及点 O（见图 2-37），

力使物体绕 O 的转动效应不只与三角形 OAB 的面积有关，而且与三角形 OAB 所在平面（力 $\boldsymbol{F}$ 与点 O 形成的平面，又称力矩作用平面）在空间的方位有关。由此可知，空间中力 F 对点 O 的力矩 $\boldsymbol{M}_O(\boldsymbol{F})$ 是矢量，其作用点在 O 点，方向沿力矩作用平面的法线，大小等于 $|\boldsymbol{M}_O(\boldsymbol{F})| = Fd = 2\triangle OAB$，指向则用右手定则确定（将右手四指弯曲表示力矩的转动方向，拇指所指即为力矩矢量的指向）。力矩矢量的作用点在矩心，所以力矩是定位矢量。如果由矩心 O 向力 $\boldsymbol{F}$ 的作用点 A 引一矢量 $\boldsymbol{r}$，称为点 A 的位置矢量或位矢、矢径，则发现：作用点的矢径 $\boldsymbol{r}$，力矢量 F 及力矩矢量 $\boldsymbol{M}_O(\boldsymbol{F})$ 三个矢量之间满足矢量叉乘的法则，即

$$\boldsymbol{M}_O(\boldsymbol{F}) = \boldsymbol{r} \times \boldsymbol{F} \tag{2-26}$$

空间中还有力对轴的力矩概念。一扇门具有铅垂转动轴，当对门施力使它转动时，力的铅垂分量对门没有转动效应，只有力的水平分量才能使门转动。因此可知，力 $\boldsymbol{F}$ 对 z 轴（见图 2-38）的力矩 $M_z(\boldsymbol{F})$ 等于力 $\boldsymbol{F}$ 在垂直于 z 轴的平面上的投影 $\boldsymbol{F}_{xy}$ 对平面与 z 轴交点 O 的力矩

$$M_z(\boldsymbol{F}) = M_O(\boldsymbol{F}_{xy}) = \pm 2\triangle OA'B' \tag{2-27}$$

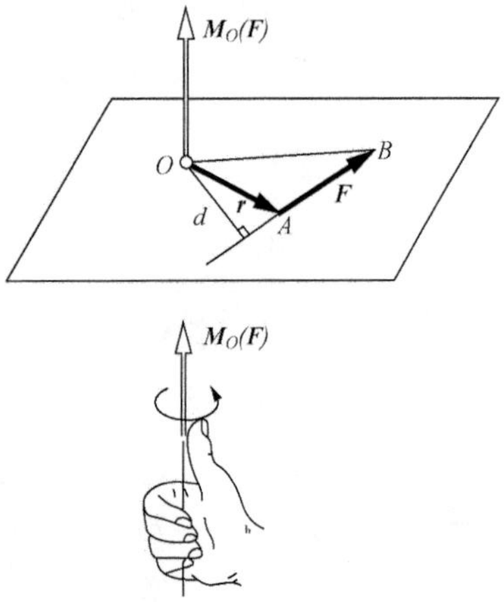

图 2-37 空间中的力与力矩

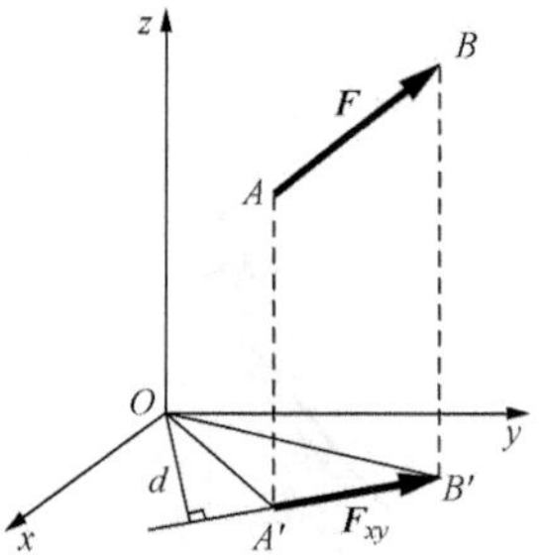

图 2-38 力 $\boldsymbol{F}$ 对 z 轴的力矩 $M_z(\boldsymbol{F})$

它是代数量，其正负号由右手定则确定：即用右手弯曲的四指表示力使物体绕 z 轴的转动方向，当拇指指向与 z 轴正向相同时，取正号。根据合力矩定理还可以写出力对轴之力矩的坐标表达式

$$M_z(\boldsymbol{F}) = xF_y - yF_x \tag{2-28}$$

式中：x，y 为力的作用点 A 的坐标；F_y，F_x 为力 $\boldsymbol{F}$ 在坐标轴上的投影。同理可得力 $\boldsymbol{F}$ 对 x 轴及 y 轴之力矩的坐标表达式

$$M_x(\boldsymbol{F}) = yF_z - zF_y, \quad M_y(\boldsymbol{F}) = zF_x - xF_z \tag{2-29}$$

下面讨论空间力对点之矩与力对（通过该点的）轴之矩之间的关系。将矢量式（2-21）写成坐标式

$$\left.\begin{aligned}
&\boldsymbol{r} = x\boldsymbol{i} + y\boldsymbol{j} + z\boldsymbol{k} \\
&\boldsymbol{F} = F_x\boldsymbol{i} + F_y\boldsymbol{j} + F_z\boldsymbol{k} \\
&\boldsymbol{M}_O(\boldsymbol{F}) = \boldsymbol{r} \times \boldsymbol{F} = \begin{vmatrix} \boldsymbol{i} & \boldsymbol{j} & \boldsymbol{k} \\ x & y & z \\ F_x & F_y & F_z \end{vmatrix} \\
&\qquad = (yF_z - zF_y)\boldsymbol{i} + (zF_x - xF_z)\boldsymbol{j} + (xF_y - yF_x)\boldsymbol{k}
\end{aligned}\right\} \tag{2-30}$$

对比式（2-26）与式（2-23）、式（2-24）可知：力对点之矩通过该点的某轴上的投影等于对该轴之矩。式（2-26）可改写为

$$\boldsymbol{M}_O(\boldsymbol{F}) = M_x(\boldsymbol{F})\boldsymbol{i} + M_y(\boldsymbol{F})\boldsymbol{j} + M_z(\boldsymbol{F})\boldsymbol{k} \tag{2-31}$$

【例 2-21】 手柄 $ABCE$ 在平面 Axy 内，在 D 处作用一个力 $\boldsymbol{F}$，如图 2-39 所示，它在垂直于 y 轴的平面内，偏离铅垂线的角度为 θ，如果 $CD=a$，杆 BC 平行于 x 轴，杆 CE 平行于 y 轴，AB 和 BC 的长度都等于 l。试求力 $\boldsymbol{F}$ 对 x，y，z 三轴的矩。

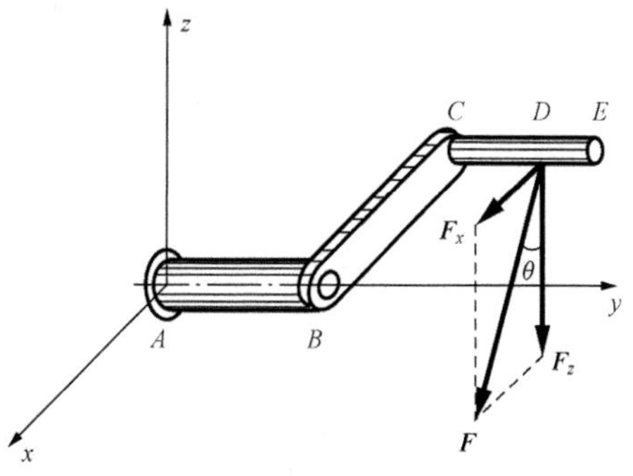

图 2-39　手柄受力图

解　力 $\boldsymbol{F}$ 在 x，y 在轴上的投影为

$$F_x = F\sin\theta,\quad F_y = 0,\quad F_z = -F\cos\theta$$

力作用点 D 的坐标为

$$x = -l,\quad y = l + a,\quad z = 0$$

代入式（2-28），式（2-29）得

$$M_x(\boldsymbol{F}) = yF_z - zF_y = (l+a)(-F\cos\theta) - 0 = -F(l+a)\cos\theta$$

$$M_y(\boldsymbol{F}) = zF_x - xF_z = 0 - (-l)(-F\cos\theta) = -Fl\cos\theta$$

$$M_z(\boldsymbol{F}) = xF_y - yF_x = 0 - (l+a)(F\sin\theta) = -F(l+a)\sin\theta$$

本题亦可直接按力对轴之矩的定义计算。

2. 空间中的力偶

空间中力偶对物体的转动效应也与力偶的作用平面在空间的方位有关，因此空间中度量力偶转动作用的**力偶矩 $\boldsymbol{M}$** 也应看成矢量，其方向沿力偶作用平面的法线，指向用右手法则确定，大小等于力与力偶臂的乘积，$M=Fd$，如图 2-40（a）所示。在平面情况下曾经说明，力偶有两个特性，即力偶可以在平面内任意转移，或改变力及力偶臂的大小但保持力偶矩不变，则力偶对刚体的转动作用不变。在空间中，可以增加力偶的第三个特性，即力偶可以从一个平面移至另一个平行平面，只要力偶矩不变，对刚体的作用效应就不变。由此可见，力偶矩 $\boldsymbol{M}$ 是一个可在空间任意移动的**自由矢量**。在平面情况下，力偶中两力对平面中任一点的力矩的代数和不变，并由此引出力偶矩。这个概念在空间中同样适用，即力偶的两力对空间中任一点的力矩的矢量和为常矢量，且等于力偶的力偶矩，如图 2-40（b）所示。

$$\begin{aligned}\boldsymbol{M}_O(\boldsymbol{F}) + \boldsymbol{M}_O(\boldsymbol{F}') &= \boldsymbol{r}_A \times \boldsymbol{F} + \boldsymbol{r}_B \times \boldsymbol{F}' = \boldsymbol{r}_A \times \boldsymbol{F} - \boldsymbol{r}_B \times \boldsymbol{F} \\ &= (\boldsymbol{r}_A - \boldsymbol{r}_B) \times \boldsymbol{F} = \boldsymbol{r}_{BA} \times \boldsymbol{F}\end{aligned} \tag{2-32}$$

式中：$\boldsymbol{r}_{BA}$ 为力作用点 A 相对力作用点 B 的矢径。另一方面，容易验证：$\boldsymbol{r}_{BA}$，$\boldsymbol{F}$ 与力偶矩 $\boldsymbol{M}$ 三个矢量之间满足矢量叉乘关系

$$\boldsymbol{M} = \boldsymbol{r}_{BA} \times \boldsymbol{F}$$

由此得

$$\boldsymbol{M}_O(\boldsymbol{F}) + \boldsymbol{M}_O(\boldsymbol{F}') = \boldsymbol{M} \tag{2-33}$$

三、空间力偶系的简化与平衡条件

同平面的两力偶可以合成一个力偶，合力偶力偶矩等于分力偶力偶矩的代数和；这个论断同样适用于空间情况，只需将代数和改为矢量和。

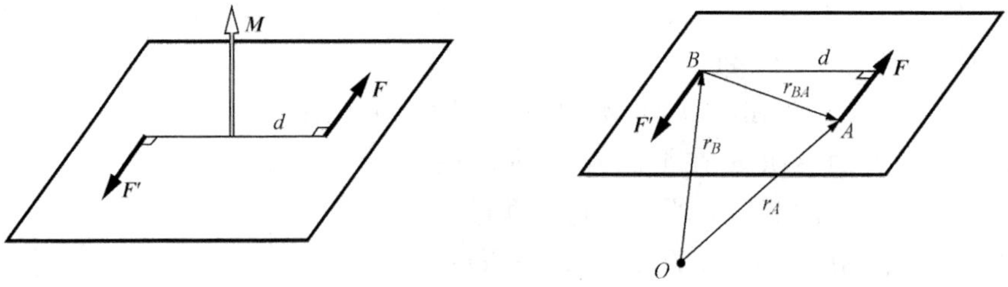

(a) (b)

图 2 - 40 空间中的力偶矩

(a) 力偶矩矢 $\boldsymbol{M}$；(b) 空间力偶（$\boldsymbol{F}$，$\boldsymbol{F}'$）

在平面Ⅰ，Ⅱ上各有一个力偶（见图 2 - 41），其力偶矩分别是 $\boldsymbol{M}_1$，$\boldsymbol{M}_2$。根据力偶的特性，可以调整二力偶的力偶臂使其相同；再将二力偶移到两平面的交线处形成力偶（$\boldsymbol{F}_1$，$\boldsymbol{F}_1'$），及力偶（$\boldsymbol{F}_2$，$\boldsymbol{F}_2'$）。将力 $\boldsymbol{F}_1$ 与 $\boldsymbol{F}_2$ 相加，力 $\boldsymbol{F}_1'$ 与 $\boldsymbol{F}_2'$ 相加得二力偶（$\boldsymbol{F}$，$\boldsymbol{F}'$），此二力也构成力偶。容易证明，力偶（$\boldsymbol{F}$，$\boldsymbol{F}'$）的力偶矩 $\boldsymbol{M}$ 与力偶矩 $\boldsymbol{M}_1$，$\boldsymbol{M}_2$ 满足平行四边形法则，亦即

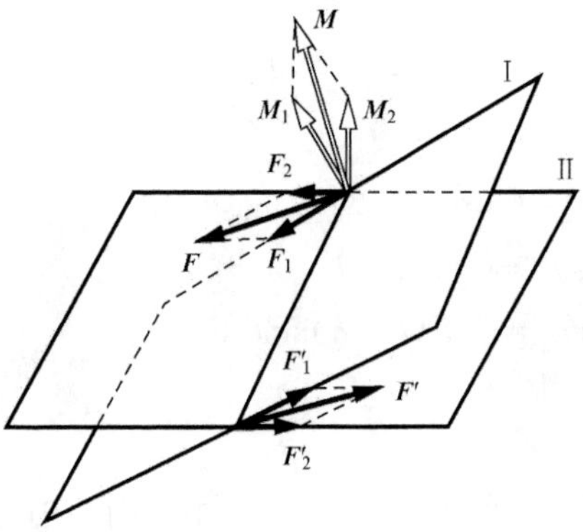

图 2 - 41 空间力偶系的简化与平衡

$$\boldsymbol{M} = \boldsymbol{M}_1 + \boldsymbol{M}_2 \tag{2 - 34}$$

由此得结论：二力偶的合成仍为一力偶，其力偶矩等于两力偶力偶矩的矢量和。当有多个力偶合成时，可以多次使用式（2 - 34），因而可知多个力偶也能合成一个力偶，其力偶矩为各分力偶矩的矢量和

$$\boldsymbol{M} = \sum_{i=1}^{n} \boldsymbol{M}_i \tag{2 - 35}$$

因为

$$\boldsymbol{M} = M_x\boldsymbol{i} + M_y\boldsymbol{j} + M_z\boldsymbol{k}$$

将式（2 - 34）分别向 x，y，z 轴投影，有

$$\left.\begin{aligned} M_x &= M_{1x} + M_{2x} + \cdots + M_{nx} = \sum_{i=1}^{n} M_{ix} \\ M_y &= M_{1y} + M_{2y} + \cdots + M_{ny} = \sum_{i=1}^{n} M_{iy} \\ M_z &= M_{1z} + M_{2z} + \cdots + M_{nz} = \sum_{i=1}^{n} M_{iz} \end{aligned}\right\} \tag{2 - 36}$$

即合力偶矩矢在 x，y，z 轴上的投影等于各分力偶矩矢在相应轴上的投影的代数和（为便于书写，下标 i 可略去）。因此，力偶系简化的步骤与计算和汇交力系完全相同。

空间力偶系平衡的必要且充分条件是合力偶的力偶矩为零。即

$$\sum_{i=1}^{n} \boldsymbol{M}_i = 0 \tag{2 - 37}$$

因而空间力偶系的平衡方程有三个，即

$$\sum M_x = 0,\quad \sum M_y = 0,\quad \sum M_z = 0 \tag{2 - 38}$$

此处为简化书写，略去了下标 i。

【例 2-22】 O_1 和 O_2 圆盘与水平轴 AB 固连，O_1 盘面垂直于 z 轴，O_2 盘面垂直于 x 轴，盘面上分别作用有力偶（$\boldsymbol{F}_1$，$\boldsymbol{F}_1'$），（$\boldsymbol{F}_2$，$\boldsymbol{F}_2'$），如图 2-42（a）所示。如两盘半径均为 200mm，$F_1=3$N，$F_2=5$N，$AB=800$mm，不计构件自重。求轴承 A 和 B 处的约束力。

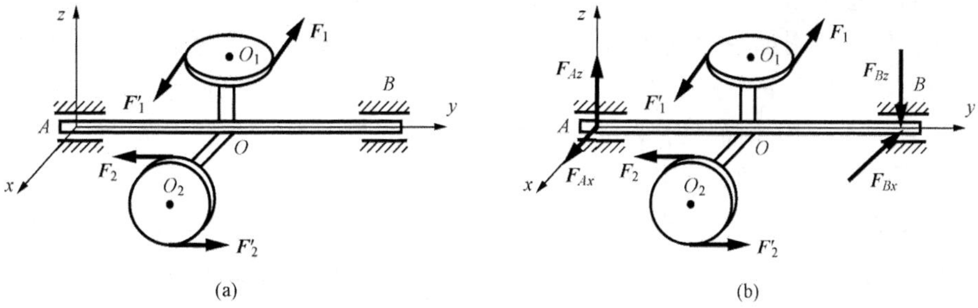

图 2-42 ［例 2-22］图

（a）O_1 和 O_2 圆盘与水平轴 AB 固连；（b）结构受力图

解 取整体为研究对象，由于构件自重不计，主动力为两力偶，由力偶只能由力偶来平衡的性质，轴承 A，B 处的约束力也应形成力偶。设 A，B 处的约束力为 $\boldsymbol{F}_{Ax}$，$\boldsymbol{F}_{Az}$，$\boldsymbol{F}_{Bx}$，$\boldsymbol{F}_{Bz}$，方向如图 2-42（b）所示，由力偶系的平衡方程，有

$$\sum M_x=0,\quad 400F_2-800F_{Az}=0$$

$$\sum M_z=0,\quad 400F_1+800F_{Ax}=0$$

解得

$$F_{Ax}=F_{Bx}=-1.5\text{N},\quad F_{Az}=F_{Bz}=2.5\text{N}$$

【例 2-23】 工件如图 2-43（a）所示，它的四个面上同时钻五个孔，每个孔所受的切削力偶矩均为 80N·m。求工件所受合力偶的矩在 x，y，z 轴上的投影 M_x，M_y，M_z。

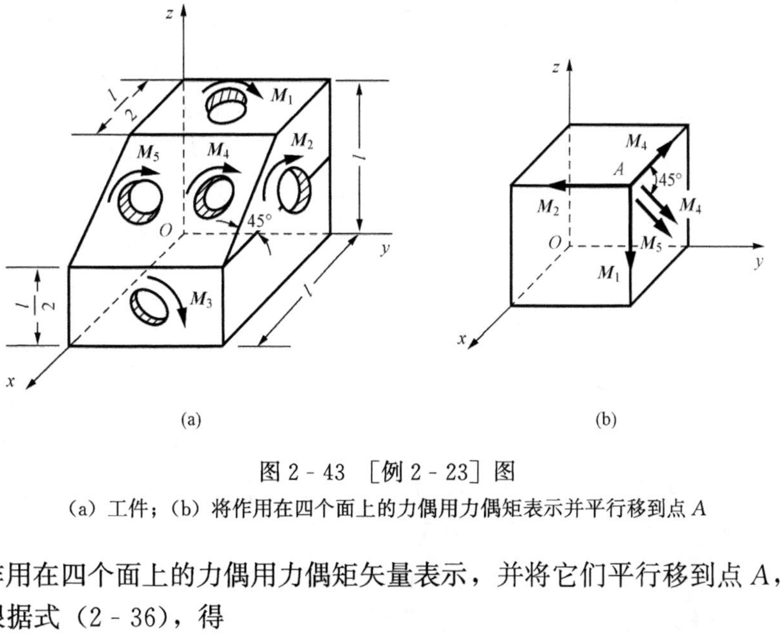

图 2-43 ［例 2-23］图

（a）工件；（b）将作用在四个面上的力偶用力偶矩表示并平行移到点 A

解 将作用在四个面上的力偶用力偶矩矢量表示，并将它们平行移到点 A，如图 2-43（b）所示。根据式（2-36），得

$M_x = \sum M_x = -M_3 - M_4\cos45° - M_5\cos45° \approx -193.1(\text{N}\cdot\text{m})$

$M_y = \sum M_y = -M_2 = -80(\text{N}\cdot\text{m})$

$M_z = \sum M_z = -M_1 - M_4\cos45° - M_5\cos45° = -193.1(\text{N}\cdot\text{m})$

四、空间任意力系的简化

(1) 平面任意力系向一点简化的思想完全可以扩展到空间任意力系。空间中，一力向一点可以平移，但必须附加一力偶才能等效，附加力偶的力偶矩矢量等于该力对平移点的力矩矢量。空间力系（$\boldsymbol{F}_1$，$\boldsymbol{F}_2$，…，$\boldsymbol{F}_n$）简化时，首先选一点 O 作为简化中心；将各力向简化中心 O 平移，得一作用于简化中心的空间汇交力系（$\boldsymbol{F}'_1$，$\boldsymbol{F}'_2$，…，$\boldsymbol{F}'$）及一空间力偶系，各力偶矩矢量分别等于原作用力对简化中心 O 的力矩矢量，$\boldsymbol{M}_1 = \boldsymbol{M}_O(\boldsymbol{F}_1)$，$\boldsymbol{M}_2 = \boldsymbol{M}_O(\boldsymbol{F}_2)$，…，$\boldsymbol{M}_n = \boldsymbol{M}_O(\boldsymbol{F}_n)$。将此空间汇交力系合成一个力，它作用在简化中心 O，大小与方向用矢量 $\boldsymbol{F}_\text{R}$ 表示；将此空间力偶系合成一个力偶，其力偶矩用 $\boldsymbol{M}_O$ 表示，则有

$$\boldsymbol{F}_\text{R} = \sum_{i=1}^{n} \boldsymbol{F}_i, \quad \boldsymbol{M}_O = \sum_{i=1}^{n} \boldsymbol{M}_O(\boldsymbol{F}_i) \tag{2-39}$$

与平面情况相同，$\boldsymbol{F}_\text{R}$ 是空间力系中各力的矢量和，称为力系的主矢量或主矢；$\boldsymbol{M}_O$ 是空间力系中各力对简化中心 O 的力矩的矢量和，称为力系对简化中心 O 的主矩。由此得结论：**空间力系可以简化为任意选定的简化中心上作用的一个力及一个力偶，力矢量及力偶矩分别用空间力系的主矢及主矩描述**。显然，主矢与简化中心的选择无关，主矩则有关。

(2) 飞机受力的简化是空间任意力系向一点简化的实例，飞机飞行中除受重力 $\boldsymbol{P}$ 及发动机推力 $\boldsymbol{F}_\text{T}$ 外，各处表面均受空气动力的作用，是空间分布力系。将空气动力向飞机质心 C 简化，得一力及一力偶；力沿速度坐标系 $Cx'y'z'$ 三轴的分量分别称为侧力、阻力及升力；力偶矩沿机体坐标系 $Cxyz$ 三轴的分量分别称为俯仰力矩、滚动力矩与偏航力矩（见图 2-44）。

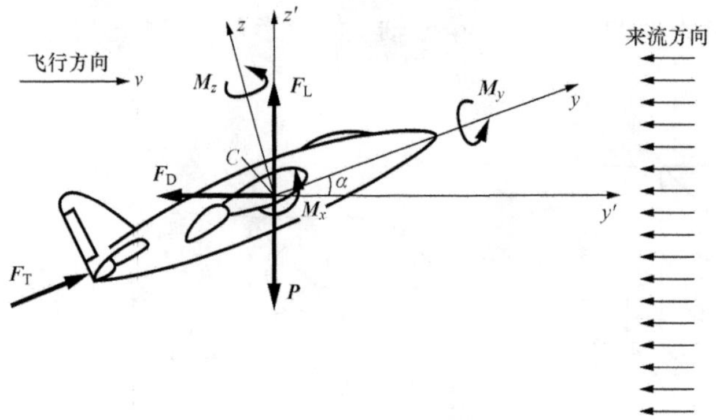

图 2-44 飞机受力的简化

$\boldsymbol{F}_\text{T}$—推力；$\boldsymbol{F}_\text{L}$—升力；$\boldsymbol{F}_\text{D}$—阻力；α—攻角；M_x—俯仰力矩；M_y—滚动力矩；M_z—偏航力矩（沿 x 轴的侧力未示出）

空间插入端或空间固定端约束如图 2-45 (a) 所示，其约束力也是分布力系，因约束限制物体不能有任何位移或转动，故其总效果可用向固定端中心简化的结果表示为三个力分量和三个力偶分量。这种约束方式在工程中广为采用，例如工件固定在车床三爪卡盘上如图 2-45 (b) 所示，飞机机翼的根部固接在机身上如图 2-45 (c) 所示等。还有一些约束能限制物体的空间运动，它们的约束力均可根据约束的性质用向一点简化的方法表示。

(3) 空间任意力系向一点 O 简化为一力（力矢量为主矢量 $\boldsymbol{F}_\text{R}$）及一力偶（力偶矩为主矩 $\boldsymbol{M}_O$）后还可以进一步简化。首先将力偶矩 $\boldsymbol{M}_O$ 分解成为与 $\boldsymbol{F}_\text{R}$ 平行及垂直的两部分 $\boldsymbol{M}'$，$\boldsymbol{M}''$ [见图 2-46 (a)]，由于 $\boldsymbol{M}''$ 与 $\boldsymbol{F}_\text{R}$ 相垂直，可画出力偶矩 $\boldsymbol{M}''$ 所代表的力偶的两个力，并使其中一个 $\boldsymbol{F}''_\text{R}$ 与 $\boldsymbol{F}_\text{R}$ 大小相等方向相反且作用在 O 点，则另一力 $\boldsymbol{F}'_\text{R} = \boldsymbol{F}_\text{R}$ 作用在 O' 点，且

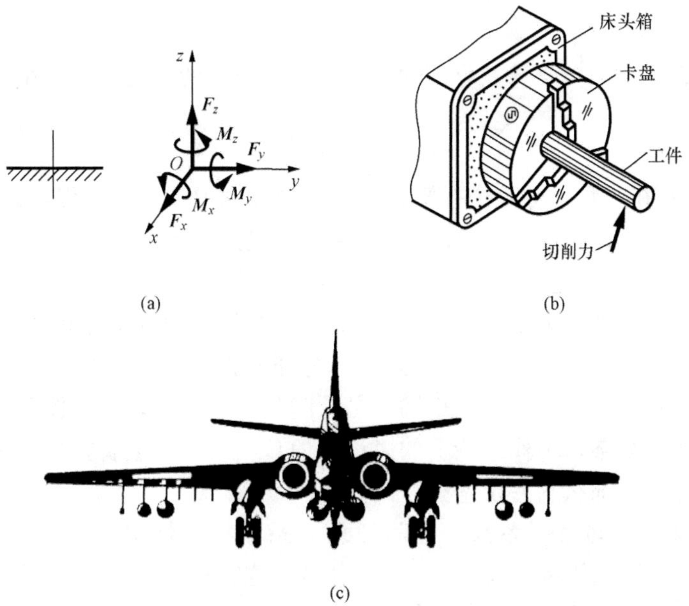

图 2-45 空间插入端或空间固定端约束实例

(a) 空间插入或空间固定端约束；(b) 工件固定在车床三爪卡盘上；

(c) 飞机机翼的根部固接在机身上

线段$\overline{OO'}=d=\dfrac{M''}{F_R}$并垂直于 $\boldsymbol{F}_R$ 与 $\boldsymbol{M}_O$ 形成的平面。力偶矩 $\boldsymbol{M}'$ 是自由矢量，可以移至 O' 点。于是空间任意力系最后可以简化为作用于 O' 点的一个力及一个力偶，力矢量 $\boldsymbol{F}'_R=\boldsymbol{F}_R$，力偶矩 $\boldsymbol{M}'=\boldsymbol{M}_O\boldsymbol{F}_R/|\boldsymbol{F}_R|$；这种力矢量与力偶矩矢量作用线相同的力系称为力螺旋。用螺丝刀旋紧螺丝时，手施加的力就是右力螺旋［见图 2-46 (b)］；飞机的右旋螺旋桨向前推进时，空气对螺旋桨的作用力可简化为左力螺旋。由此得结论：**空间任一力系在一般情况下可以简化为力螺旋**。当然，也可能是其特殊情况：合力，力偶，平衡。

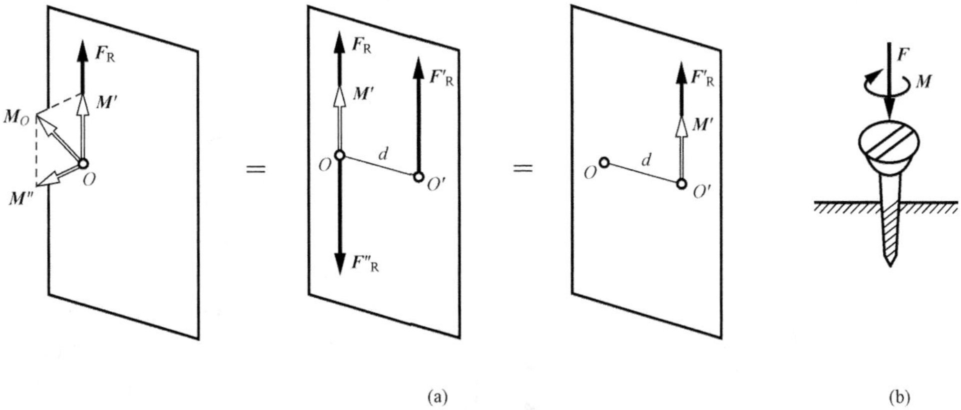

图 2-46 空间任意力系向一点简化

(a) 将力偶矩 $\boldsymbol{M}_O$ 分解；(b) 右力螺旋

五、空间任意力系的平衡条件

1. 空间任意力系的平衡方程

空间任意力系平衡的必要且充分条件是向任一点简化的主矢量及主矩均为零

$$\sum_{i=1}^{n}\boldsymbol{F}_i = 0,\quad \sum_{i=1}^{n}\boldsymbol{M}_O(\boldsymbol{F}_i) = 0 \tag{2-40}$$

将式（2-40）在直角坐标系中投影，可得空间任意力系平衡方程，数目是六个，即

$$\left.\begin{array}{lll}\sum F_x = 0, & \sum F_y = 0, & \sum F_z = 0 \\ \sum M_x = 0, & \sum M_y = 0, & \sum M_z = 0\end{array}\right\} \tag{2-41}$$

为了简化书写，此处略去了下标 i。和平面情况相同，空间力系的平衡方程也有多种形式。式（2-40）是基本形式，或称三矩式；此外还有四矩式、五矩式、六矩式。列写后面这些形式的平衡方程时，投影轴及取矩轴也必须满足一定条件，才能保证各平衡方程彼此的独立，这些条件相当复杂，不作理论上的讨论；但从实用角度上看，如果所列写的平衡方程真能解出新的未知量，那么它一定是独立的。

空间汇交力系与空间力偶系都是空间任意力系的特殊情况，它们的平衡方程式（2-24）、式（2-36）均可由平衡方程（2-41）得出，这时独立的平衡方程是三个（另外三个是 0≡0）。如果是空间平行力系，建立直角坐标系 $Oxyz$ 且使 z 轴与各力平行，则由式（2-41）得三个独立的平衡方程

$$\sum F_z = 0,\quad \sum M_x = 0,\quad \sum M_y = 0 \tag{2-42}$$

2. 空间约束的类型举例

一般情况下，当刚体受到空间任意力作用时，在每个约束处，其约束力的未知量可能有 1～6 个。决定每种约束的约束力未知量个数的基本方法是：观察被约束物体在空间可能的 6 种独立的位移中（沿 x，y，z 三轴的移动和绕此三轴的转动），有哪几种位移被约束所阻碍。阻碍移动的是约束力；阻碍转动的是约束力偶。现将几种常见的约束及其相应的约束力综合列表，如表 2-2 所示。

表 2-2　空间约束的类型及约束力举例

序号	约束力未知量	约 束 类 型
1	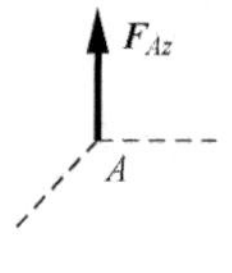	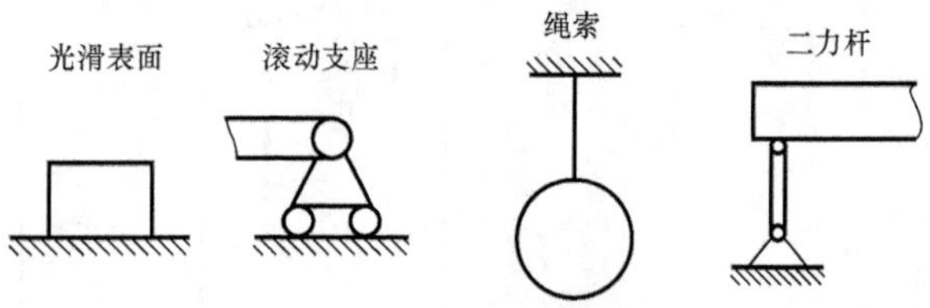
2	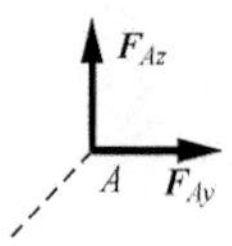	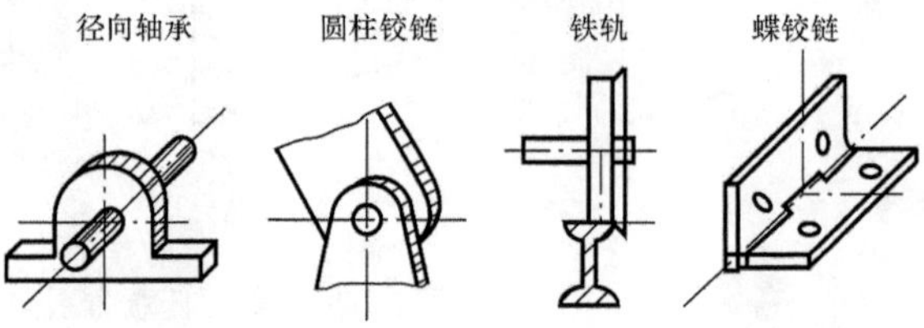

续表

序号	约束力未知量	约 束 类 型
3	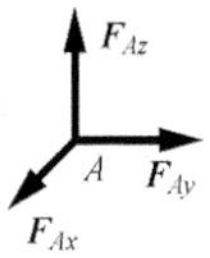	球形铰链 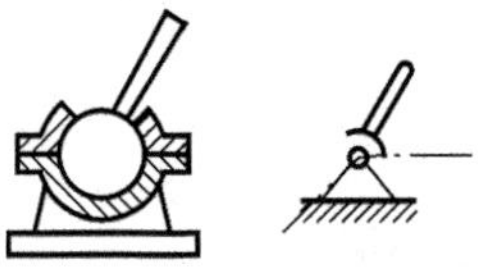 止推轴承 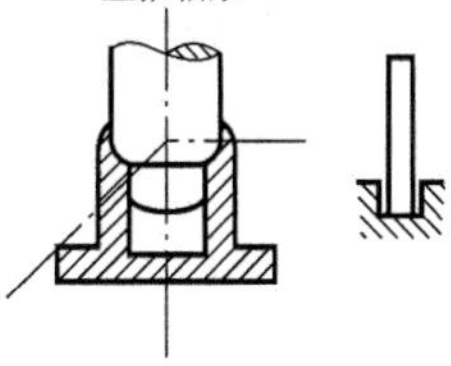
4	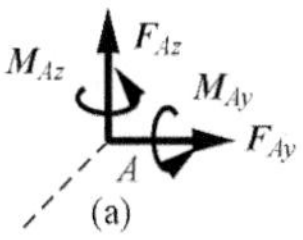 (a) 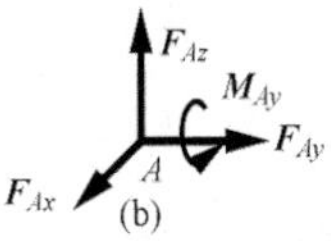 (b)	导向轴承 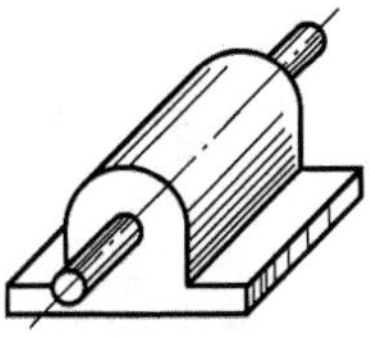 (a) 万向接头 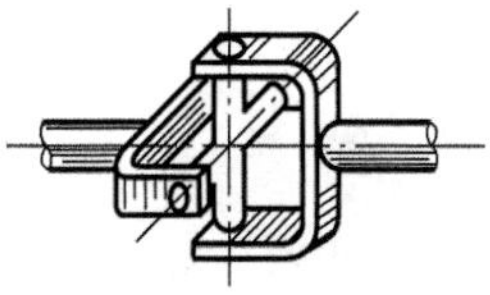 (b)
5	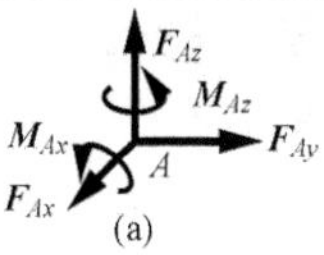 (a) 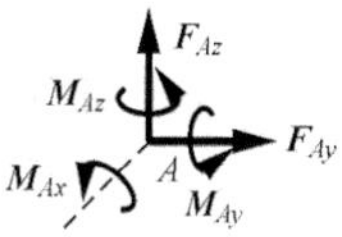 (b)	带有销子的夹板 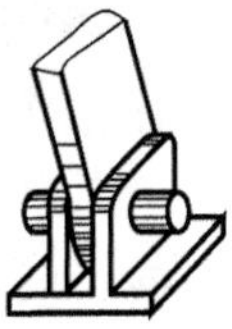 (a) 导轨 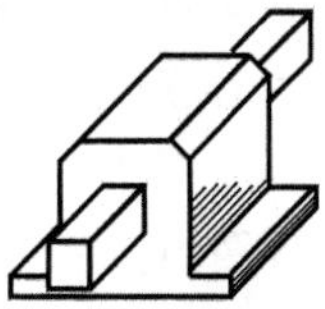 (b)
6	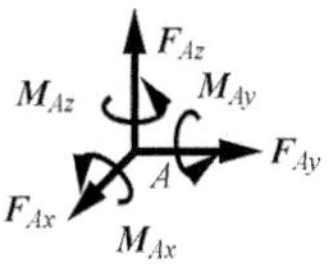	空间的固定端支座 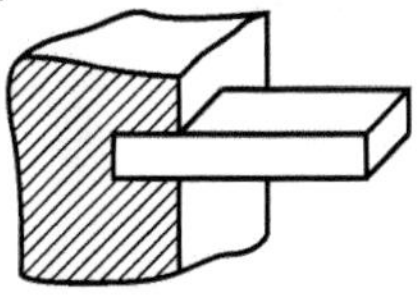

分析实际的约束时，有时要忽略一些次要因素，抓住主要因素，做一些合理的简化。例如，导向轴承能阻碍轴沿 y 轴和 z 轴的移动，并能阻碍绕 y 轴和 z 轴的转动，所以有 4 个约束作用力 $\boldsymbol{F}_{Ay}$，$\boldsymbol{F}_{Az}$，$\boldsymbol{M}_{Ay}$，$\boldsymbol{M}_{Az}$；而径向轴承限制轴绕 y 轴和 z 轴的转动作用很小，故 $\boldsymbol{M}_{Ay}$ 和 $\boldsymbol{M}_{Az}$ 可忽略不计，所以只有两个约束力 $\boldsymbol{F}_{Ay}$ 和 $\boldsymbol{F}_{Az}$。又如，一般柜门都装有两个合页，如表 2-2 中的蝶铰链，它主要限制物体沿 y，z 方向的移动，因而有两个约束力 $\boldsymbol{F}_{Ay}$ 和 $\boldsymbol{F}_{Az}$。合页不限制物体绕转轴的转动，单个合页对物体绕 y，z 轴转动的限制作用也很小，因而没有约束力偶。而当物体受到沿合页轴向力时，则两个合页中的一个将限制物体沿轴向移动，应视为止推轴承。

如果刚体只受到平面力系的作用，则垂直于该平面的约束力和绕平面内两轴的约束力偶都应视为零，相应减少了约束力的数目。例如，在空间任意力系作用下，固定端的约束力共有 6 个，即 $\boldsymbol{F}_{Ax}$，$\boldsymbol{F}_{Ay}$，$\boldsymbol{F}_{Az}$，$\boldsymbol{M}_{Ax}$，$\boldsymbol{M}_{Ay}$，$\boldsymbol{M}_{Az}$；而在 Oyz 平面内受平面任意力系作用时，固定端的约束力就只有 3 个，即 $\boldsymbol{F}_{Ay}$，$\boldsymbol{F}_{Az}$，$\boldsymbol{M}_{Ax}$。

【例 2-24】 小型双缸发动机的曲轴在如图 2-47（a）所示位置平衡，在两曲拐上分别作用有来自活塞连杆的力 $F_1=400\text{N}$，$F_2=800\text{N}$，忽略曲轴的自重，求轴承 A，B 处的约束力及作用在曲轴上的负载力偶 M。

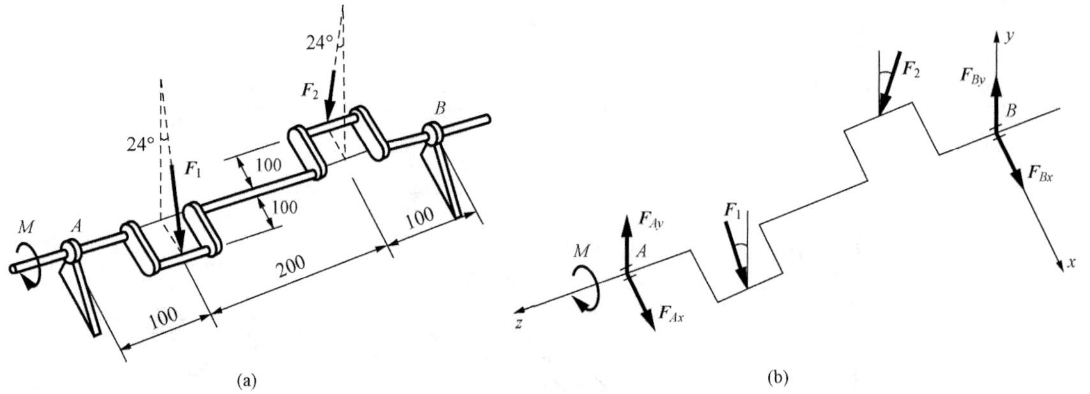

图 2-47 ［例 2-24］图

（a）小型双缸发动机的曲轴的平衡位置；（b）曲轴的受力图

解 （1）研究曲轴的平衡，它只受空间力系作用，建立坐标系 $Bxyz$。

（2）分析受力，轴承 A，B 可简化为两个细环，不能限制曲轴绕三个方向的转动，也不能限制沿 z 轴的位移；故其约束力分别用两个分量 $\boldsymbol{F}_{Ax}$，$\boldsymbol{F}_{Ay}$ 和 $\boldsymbol{F}_{Bx}$，$\boldsymbol{F}_{By}$ 来表示，曲轴的受力图如图 2-47（b）所示。

（3）列写平衡方程式，为使一个方程式只出现一个未知数，按下面的顺序列写求解。

$$\sum M_z=0,\quad -M-100F_1\cos24^\circ+100F_2\cos24^\circ=0$$

$$M=36.54\text{N}\cdot\text{m}$$

$$\sum M_x=0,\quad -400F_{Ay}+300F_1\cos24^\circ+100F_2\cos24^\circ=0$$

$$F_{Ay}=456.8\text{N}$$

$$\sum M_y=0,\quad 400F_{Ax}+300F_1\sin24^\circ-100F_2\sin24^\circ=0$$

$$F_{Ax}=-40.7\text{N}$$

$$\sum F_x=0,\quad F_{Ax}+F_{Bx}+F_1\sin24^\circ-F_2\sin24^\circ=0,\quad F_{Bx}=203.4\text{N}$$

$$\sum F_y=0,\quad F_{Ay}+F_{By}-F_1\cos24^\circ-F_2\cos24^\circ=0,\quad F_{By}=639.5\text{N}$$

（4）讨论。负载力不是约束力，应看成主动力，所以本题的约束力只有 4 个：$\boldsymbol{F}_{Ax}$，$\boldsymbol{F}_{Ay}$，$\boldsymbol{F}_{Bx}$，$\boldsymbol{F}_{By}$，但空间任意力系得平衡方程式是 6 个，有两个平衡方程式中不包含约束力，它们是主动力的平衡条件，如本题的 $\sum M_z=0$，$\sum F_z=0$。这反映了本题中 A，B 轴承对曲轴是一种不完全约束，曲轴可以绕 z 轴转动，也能沿 z 轴滑动。

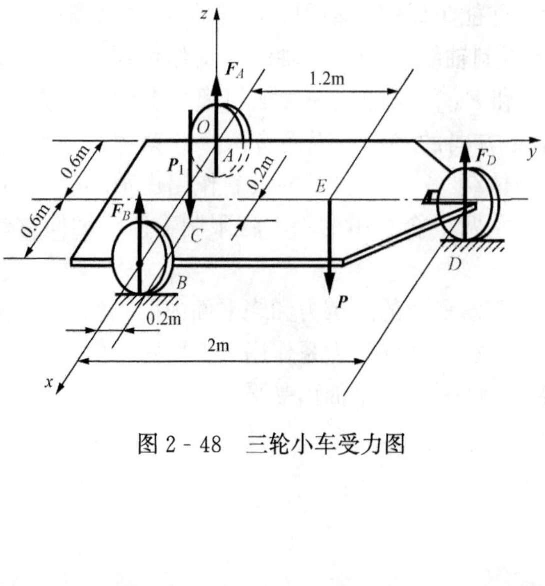

图 2-48 三轮小车受力图

【例 2-25】 如图 2-48 所示的三轮小车，自重 $P=8\text{kN}$，作用于点 E，荷载

$P_1=10\text{kN}$，作用于点 C。求小车静止时地面对车轮的约束力。

解　以小车为研究对象，受力如图 2 - 48 所示。其中 $\boldsymbol{P}$ 和 $\boldsymbol{P}_1$ 是主动力，$\boldsymbol{F}_A$，$\boldsymbol{F}_B$，$\boldsymbol{F}_D$ 为地面的约束力，此 5 个力相互平行，组成空间平行力系。

取坐标系 $Oxyz$ 如图 2 - 48 所示，列出三个平衡方程：

$$\sum F_z=0,\quad -P_1-P+F_A+F_B+F_D=0 \qquad ①$$

$$\sum M_x(F)=0,\quad -0.2P_1-1.2P+2F_D=0 \qquad ②$$

$$\sum M_y(F)=0,\quad 0.8P_1+0.6P-0.6F_D-1.2F_B=0 \qquad ③$$

解得

$$F_D=5.8\text{kN},\quad F_B=7.777\text{kN},\quad F_A=4.423\text{N}$$

【例 2 - 26】　车床主轴如图 2 - 49（a）所示。已知车道对工件的切削力为：径向切削力 $F_x=4.25\text{kN}$，纵向切削力 $F_y=6.8\text{kN}$，主切削力（切向）$F_z=17\text{kN}$，方向如图 2 - 49（a）所示。在直齿轮上有切向力 $\boldsymbol{F}_t$ 和径向力 $\boldsymbol{F}_r$，且 $F_r=0.36F_t$。齿轮 C 的节圆半径为 $R=50\text{mm}$，被切削工件的半径为 $r=30\text{mm}$。卡盘及工件等自重不计，其余尺寸如图 2 - 49（a）所示。当主轴匀速转动时，求：(1) 齿轮啮合力 $\boldsymbol{F}_t$ 及 $\boldsymbol{F}_r$；(2) 径向轴承 A 和止推轴承 B 的约束力；(3) 三爪卡盘 E 在 O 处对工件的约束力。

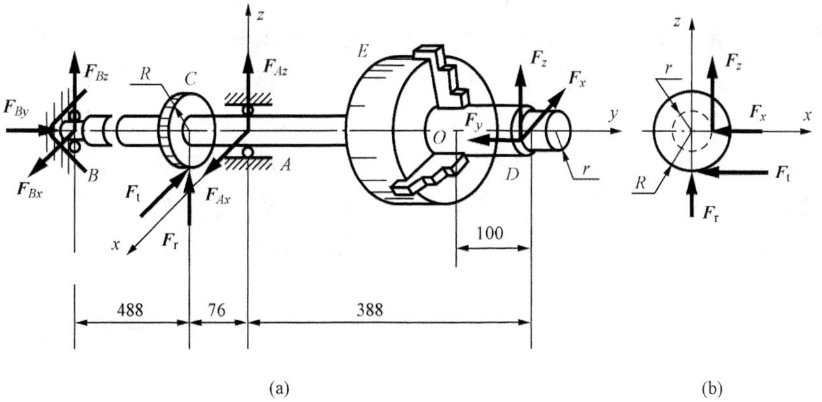

图 2 - 49　[例 2 - 26] 图

（a）车床主轴受力图；（b）车床主轴受力右视图

解　先取主轴、卡盘、齿轮以及工件系统为研究对象，受力如图 2 - 49（a）所示，为一空间任意力系。取坐标系 $Axyz$ 如图 2 - 49（a）所示，列平衡方程

$$\sum F_x=0,\quad F_{Bx}-F_t+F_{Ax}-F_x=0$$

$$\sum F_y=0,\quad F_{By}-F_y=0$$

$$\sum F_z=0,\quad F_{Bz}+F_r+F_{Az}+F_z=0$$

$$\sum M_x(\boldsymbol{F})=0,\quad -(488+76)F_{Bz}-76F_r+388F_z=0$$

$$\sum M_y(\boldsymbol{F})=0,\quad F_tR-F_zr=0$$

$$\sum M_z(\boldsymbol{F})=0,\quad (488+76)F_{Bx}-76F_t-30F_y+388F_x=0$$

又，按题意有

$$F_r=0.36F_t$$

以上共有 7 个方程，可解出全部 7 个未知量，即

$$F_t = 10.2\text{kN}, \quad F_r = 3.67\text{kN}$$
$$F_{Ax} = 15.64\text{kN}, \quad F_{Az} = -31.87\text{kN}$$
$$F_{Bx} = -1.19\text{kN}, \quad F_{By} = 6.8\text{kN}, \quad F_{Bz} = 11.2\text{kN}$$

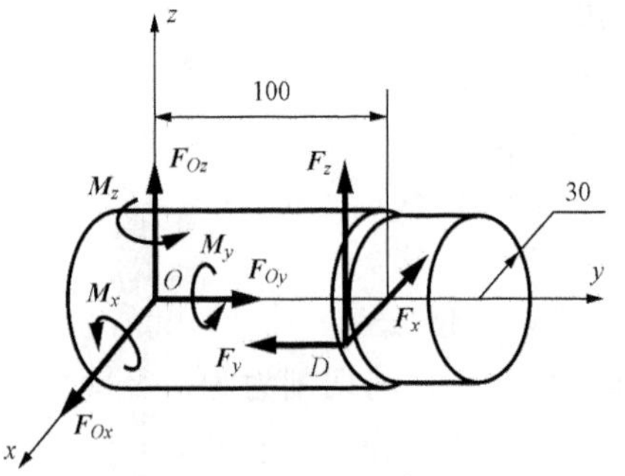

图 2-50 受到卡盘对工件的约束力

再取工件为研究对象，其上除受 3 个切削力外，还受到卡盘（空间插入端约束）对工件的 6 个约束力 $\boldsymbol{F}_{Ox}$，$\boldsymbol{F}_{Oy}$，$\boldsymbol{F}_{Oz}$，$\boldsymbol{M}_x$，$\boldsymbol{M}_y$，$\boldsymbol{M}_z$，如图 2-50 所示。

取坐标轴 $Oxyz$，列平衡方程

$$\sum F_x = 0, \quad F_{Ox} - F_x = 0$$
$$\sum F_y = 0, \quad F_{Oy} - F_y = 0$$
$$\sum F_z = 0, \quad F_{Oz} + F_z = 0$$
$$\sum M_x(\boldsymbol{F}) = 0, \quad M_x + 100F_z = 0$$
$$\sum M_y(\boldsymbol{F}) = 0, \quad M_y - 30F_z = 0$$
$$\sum M_z(\boldsymbol{F}) = 0, \quad M_z + 100F_x - 30F_y = 0$$

求解上述方程，得

$$F_{Ox} = 4.25\text{kN}, \quad F_{Oy} = 6.8\text{kN}, \quad F_{Oz} = -17\text{kN}$$
$$M_x = -1.7\text{kN}\cdot\text{m}, \quad M_y = 0.51\text{kN}\cdot\text{m}, \quad M_z = -0.22\text{kN}\cdot\text{m}$$

空间任意力系有 6 个独立的平衡方程，可求解 6 个未知量，但其平衡方程不局限于式（2-40）所示的形式。为使解题简便，每个方程中最好只包含一个未知量。为此，选投影轴时应尽量与其余未知力垂直；选取矩的轴时应尽量与其余的未知力平行或相交。投影轴不必相互垂直，取矩的轴也不必与投影轴重合，力矩方程的数目可取 3～6 个。

【例 2-27】 均质正方形板 $ABCD$ 组成的方板边长为 l，重量为 $\boldsymbol{P}$，用 6 根重量不计的细杆铰接，如图 2-51（a）所示，在 A 处还作用有水平荷载 $\boldsymbol{F}$。求各杆内力。

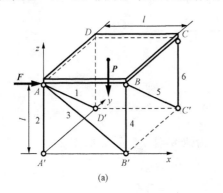

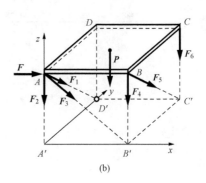

图 2-51 ［例 2-27］图

（a）正方形板结构；（b）方板结构受力图

1～6—杆

解 （1）考虑方板 $ABCD$ 的平衡，它受空间力系作用。作直角坐标系 $A'xyz$，并将各杆编号。

（2）对方板 $ABCD$ 进行受力分析，画受力图。各细杆均在两点受力，因此都是二力杆。它们的受力及给方板的约束力都是沿杆方向；它们的内力也都是沿杆方向，但有拉力与压力之分。先设各杆均受拉力，如果求得结果是负值，即表示杆受压力。方板的受力图如图 2-

51（b）所示。

（3）列写平衡方程，求未知量。平衡方程有多种形式，可以写对任何轴的投影式及力矩式，但应能保证解出未知数，最好是一个方程解出一个未知数。本题可采用下面的方案。

$$\sum M_{AB}=0,\quad -F_6 l - P\frac{l}{2}=0,\quad F_6=-\frac{1}{2}P$$

$$\sum M_{AA'}=0,\quad F_5 l\cos 45^\circ,\quad F_5=0$$

$$\sum F_y=0,\quad F_1\cos 45^\circ + F_5\cos 45^\circ=0,\quad F_1=0$$

$$\sum M_{AD}=0,\quad F_4 l + F_6 l + P\frac{l}{2}=0,\quad F_4=0$$

$$\sum F_x=0,\quad F+F_3\cos 45^\circ=0,\quad F_3=-\sqrt{2}F$$

$$\sum M_{B'C'}=0,\quad -F_2 l + Fl - \frac{1}{2}Pl=0,\quad F_2=F-\frac{1}{2}P$$

由所得结果可知：杆 2 的内力为拉力（如果 $F>\frac{1}{2}P$）；杆 3，6 的内力为压力；杆 1，4，5 为零杆。

（4）校核。可用任一个余下的平衡方程式对所得结果进行校核，校核方程中应包含尽量多的所求量；在本题中可核对 $\sum F_z=0$。

$$\sum F_z=-F_1\cos 45^\circ - F_2 - F_3\cos 45^\circ - F_4 - F_5\cos 45^\circ - F_6 - P$$

将所得结果代入，得 $\sum F_z=0$，因而所得结果无误。

【例 2-28】 如图 2-52 所示均质长方板由 6 根支杆支持于水平位置，直杆两端各用球铰链与板和地面连接。板重量为 $\boldsymbol{P}$，在 A 处作用一水平力 $\boldsymbol{F}$，且 $F=2P$。求各杆的内力。

解 取长方体钢板为研究对象，各支杆均为二力杆，设它们均受拉力。板的受力图如图 2-52 所示。列平衡方程

$$\sum M_{AE}(\boldsymbol{F})=0,\quad F_5=0 \qquad ①$$

$$\sum M_{BF}(\boldsymbol{F})=0,\quad F_1=0 \qquad ②$$

$$\sum M_{AC}(\boldsymbol{F})=0,\quad F_4=0 \qquad ③$$

$$\sum M_{AB}(\boldsymbol{F})=0,\quad P\frac{a}{2}+F_6 a=0 \qquad ④$$

解得

$$F_6=-\frac{P}{2}(\text{压力})$$

由

$$\sum M_{DH}(\boldsymbol{F})=0,\quad Fa+F_3 a\cos 45^\circ=0 \qquad ⑤$$

解得

$$F_3=-2\sqrt{2}P(\text{压力})$$

由

$$\sum M_{FG}(\boldsymbol{F})=0,\quad Fb-F_2 b-P\frac{b}{2}=0 \qquad ⑥$$

解得

$$F_2=1.5P(\text{拉力})$$

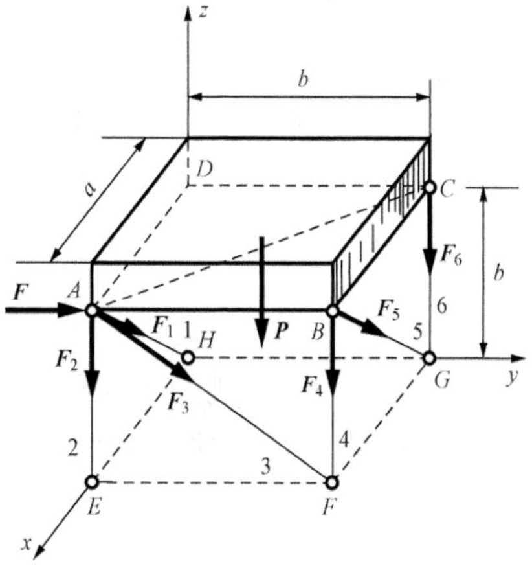

图 2-52 [例 2-28] 图

此例中用 6 个力矩方程求得 6 个杆的内力。一般力矩方程比较灵活，常可使一个方程只包含一个未知量。当然也可以采用其他形式的平衡方程求解。如用$\sum F_x=0$代替式②，同样求得$F_1=0$；又可用$\sum F_y=0$代替式⑤，同样求得$F_3=-2\sqrt{2}P$。读者还可以试用其他方程求解。但无论怎样列方程，独立平衡方程的数目只有 6 个。空间任意力系平衡方程的基本形式为式（2 - 40），即三个投影方程和三个力矩方程，它们是相互独立的。其他不同形式的平衡方程还有很多组，也只有 6 个独立方程，由于空间情况比较复杂，本书不再讨论其独立性条件，但只要各用一个方程逐个求出各未知数，这 6 个方程一定是独立的。

第六节 重 心

本节研究空间力系的特殊情况，即空间平行力系的简化及其重要作用——物体重心位置的确定。

1. 平行力系中心

平行力系中心是平行力系合力通过的一个点。设在刚体上 A，B 两点作用两个平行力 $\boldsymbol{F}_1$，$\boldsymbol{F}_2$，如图 2 - 53 所示，将其合成，得合力矢为

$$\boldsymbol{F}_R=\boldsymbol{F}_1+\boldsymbol{F}_2$$

由合力矩定理可确定合力作用点 C

$$\frac{F_1}{BC}=\frac{F_2}{AC}=\frac{F_R}{AB}$$

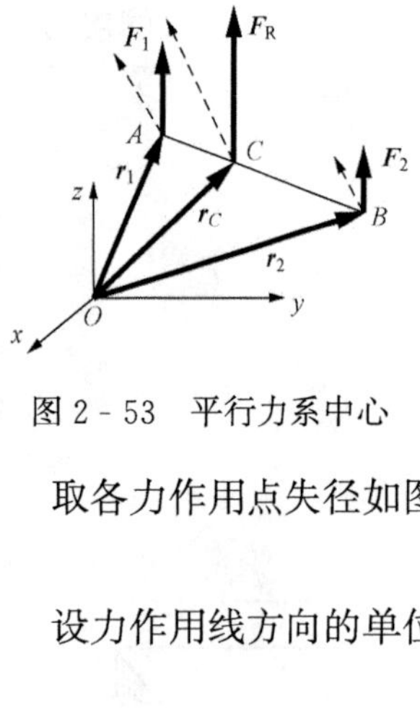

图 2 - 53 平行力系中心

若将原有各力绕其作用点转过同一角度，使它们保持相互平行，则合力 $\boldsymbol{F}_R$ 仍与各力平行也绕点 C 转过相同的角度，且合力的作用点 C 不变，如图 2 - 53 所示。上面的分析对反向平行力也适用。对于多个力组成的平行力系，以上的分析方法和结论仍然适用。

由此可知，平行力系合力作用点的位置仅与各平行力的大小和作用点的位置有关，而与各平行力的方向无关。称该点为此平行力系的中心。

取各力作用点失径如图 2 - 53 所示，由合力矩定理，得

$$\boldsymbol{r}_C\times\boldsymbol{F}_R=\boldsymbol{r}_1\times\boldsymbol{F}_1+\boldsymbol{r}_2\times\boldsymbol{F}_2 \tag{2 - 43}$$

设力作用线方向的单位矢量为 $\boldsymbol{F}^0$，则式（2 - 43）变为

$$\boldsymbol{r}_C\times F_R\boldsymbol{F}^0=\boldsymbol{r}_1\times F_1\boldsymbol{F}^0+\boldsymbol{r}_2\times F_2\boldsymbol{F}^0$$

从而得

$$\boldsymbol{r}_C=\frac{F_1\boldsymbol{r}_1+F_2\boldsymbol{r}_2}{F_R}=\frac{F_1\boldsymbol{r}_1+F_2\boldsymbol{r}_2}{F_1+F_2}$$

若有若干个力组成的平行力系，用上述方法可以求得合力大小 $F_R=\sum F_i$，合力方向与各力方向平行，合力的作用点为

$$\boldsymbol{r}_C=\frac{\sum F_i\boldsymbol{r}_i}{\sum F_i} \tag{2 - 44}$$

显然，只与各力的大小及作用点有关，而与平行力系的方向无关。点 C 即为此平行力

系的中心。

将式（2-44）投影到图 2-53 中所示的直角坐标轴上，得

$$x_C=\frac{\sum F_i x_i}{\sum F_i},\quad y_C=\frac{\sum F_i y_i}{\sum F_i},\quad z_C=\frac{\sum F_i z_i}{\sum F_i}$$

2. 重心

简单形体重心见表 2-3。

表 2-3　　简单形体重心

图　形	重心位置	图　形	重心位置
三角形 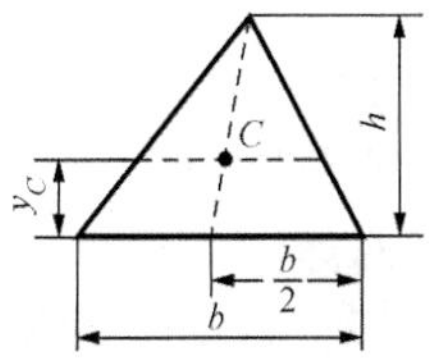	在中线的交点 $y_C=\frac{1}{3}h$	梯形 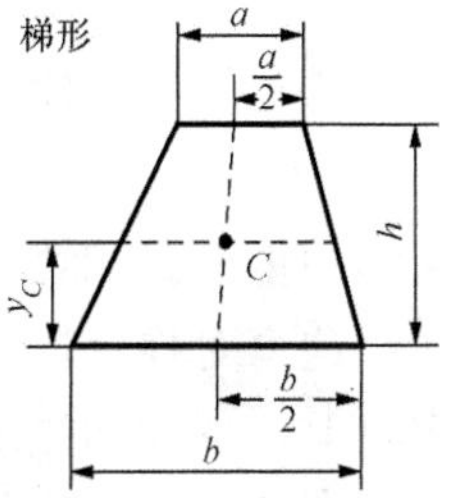	$y_C=\frac{h(2a+b)}{3(a+b)}$
圆弧 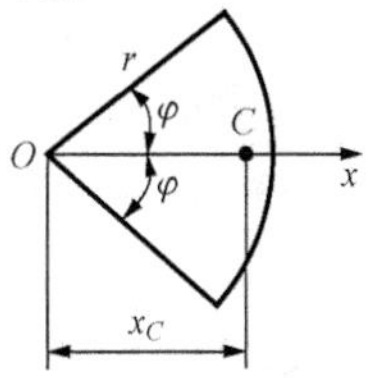	$x_C=\frac{r\sin\varphi}{\varphi}$ 对于半圆弧 $x_C=\frac{2r}{\pi}$	弓形 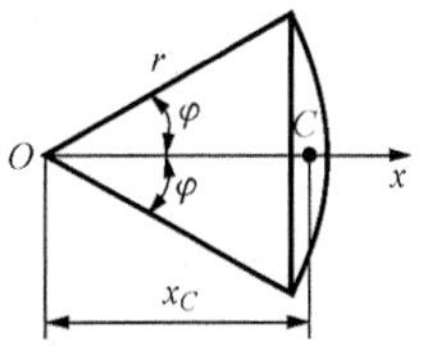	$x_C=\frac{2}{3}\frac{r^3\sin^3\varphi}{A}$ 面积 $A=\frac{r^2(2\varphi-\sin2\varphi)}{2}$
扇形 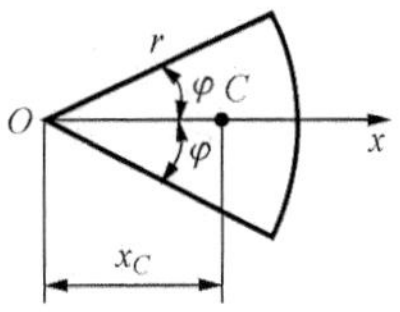	$x_C=\frac{2}{3}\frac{r\sin\varphi}{\varphi}$ 对于半圆 $x_C=\frac{4r}{3\pi}$	部分圆环 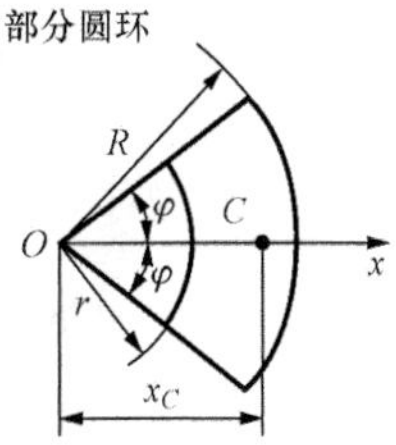	$x_C=\frac{2}{3}\frac{R^3-r^3}{R^2-r^2}\frac{\sin\varphi}{\varphi}$
二次抛物线面 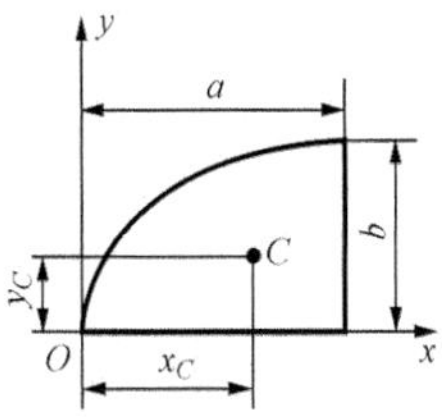	$x_C=\frac{5}{8}a$ $y_C=\frac{2}{5}b$	二次抛物线面 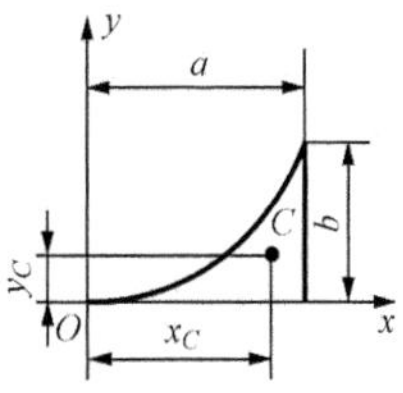	$x_C=\frac{3}{4}a$ $y_C=\frac{3}{10}b$
正圆锥体 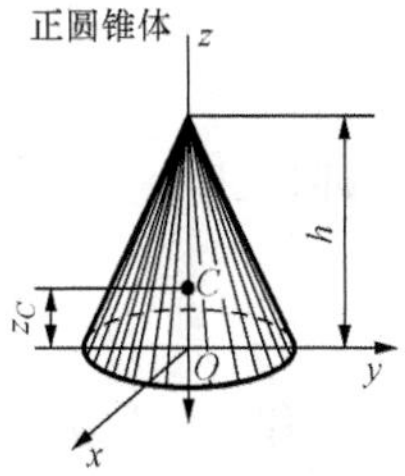	$z_C=\frac{1}{4}h$	正角锥体 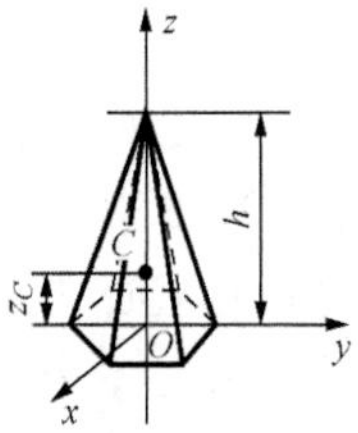	$z_C=\frac{1}{4}h$

地球半径很大，地表物体的**重力**可以看做是平行力系，此平行力系的中心即物体的**重心**。重心有确定的位置，与物体在空间的位置无关。

设物体有若干部分组成，其第 i 部分重量为 P_i，重心为（x_i，y_i，z_i），则由式（2-44）可得物体的重心为

$$x_C=\frac{\sum P_i x_i}{\sum P_i},\quad y_C=\frac{\sum P_i y_i}{\sum P_i},\quad z_C=\frac{\sum P_i z_i}{\sum P_i} \tag{2-45}$$

如果物体是均质的，由式（2-45）可得

$$x_C=\frac{\int_V x\,\mathrm{d}V}{V},\quad y_C=\frac{\int_V y\,\mathrm{d}V}{V},\quad z_C=\frac{\int_V z\,\mathrm{d}V}{V} \tag{2-46}$$

式中：V 为物体的体积。显然，均质物体的**重心**就是几何中心，即**形心**。

3. 确定物体重心的方法

（1）简单几何形状物体的重心。如均质物体有对称面，或对称轴，或对称中心，不难看出，该物体的重心相应地在这个对称面，或对称轴，或对称中心上。如椭球体、椭圆面或三角形的重心都在其几何中心上，平行四边形的重心在其对角线的交点上等。简单形状物体的重心可从工程手册上查到，表 2-3 列出了常见的几种简单形状物体的重心。

表 2-3 列出的重心位置，均可按前述公式积分求得，如［例 2-29］。

【例 2-29】 试求如图 2-54 所示半径为 R、圆心角为 2φ 的扇形面积的重心。

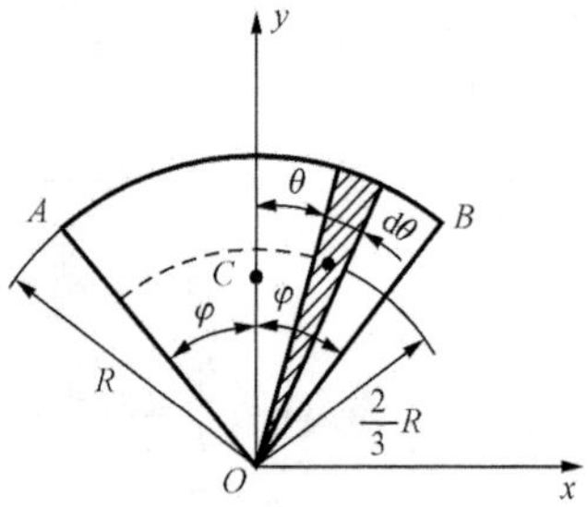

图 2-54 ［例 2-29］图

解 取中心角的平分线为 y 轴。由于对称关系，重心必在这个轴上。即 $x_C=0$，现在只需求出 y_C。

把扇形面积分成无数无穷小的面积素（可看作三角形）、每个小三角形的重心都在距顶点 O 的 $\frac{2}{3}R$ 处。任一位置 θ 处的微小面积 $\mathrm{d}A=\frac{1}{2}R^2\mathrm{d}\theta$，其重心的 y 坐标为 $y=\frac{2}{3}R\cos\theta$。扇形总面积为

$$A=\int \mathrm{d}A=\int_{-\varphi}^{\varphi}\frac{1}{2}R^2\mathrm{d}\theta=R^2\varphi$$

由面积形心坐标公式，可得

$$y_C=\frac{\int y\mathrm{d}A}{A}=\frac{\int_{-\varphi}^{\varphi}\frac{2}{3}R\cos\theta\times\frac{1}{2}R^2\mathrm{d}\theta}{R^2\varphi}=\frac{2}{3}R\frac{\sin\varphi}{\varphi}$$

如以 $\varphi=\frac{\pi}{2}$ 代入，即得半圆形的重心

$$y_C=\frac{4R}{3\pi}$$

（2）用组合法求重心。

1）分割法。若一个物体由几个简单形状的物体组合而成，而这些物体的重心是已知的，那么整个物体的重心即可用式（2-46）求出。

【例 2-30】 试求 Z 形截面重心的位置，其尺寸如图 2-55 所示。

解 取坐标轴如图 2-55 所示，将该图形分割为三个矩形（例如用 ab 和 cd 两线分割）。以 C_1，C_2，C_3 表示这些矩形的重心，而以 A_1，A_2，A_3 表示它们的面积。以 x_1，y_1；x_2，

y_2；x_3，y_3 分别表示 C_1，C_2，C_3 的坐标，由图 2 - 55 得

$$x_1=-15, y_1=45, A_1=300$$

$$x_2=5, y_2=30, A_2=400;\quad x_3=15, y_3=5, A_3=300$$

按式（2 - 45）求得该截面中心的坐标 x_C，y_C 为

$$x_C=\frac{x_1A_1+x_2A_2+x_3A_3}{A_1+A_2+A_3}=2\text{mm}$$

$$y_C=\frac{y_1A_1+y_2A_2+y_3A_3}{A_1+A_2+A_3}=27\text{mm}$$

2）负面积法（负体积法）。若在物体或薄板内切去一部分（例如有空穴或孔的物体），则这类物体的重心，仍可应用与分割法相同的公式来求得，只是切去部分的体积或面积应取负值。

【例 2 - 31】 试求如图 2 - 56 所示振动沉桩器中的偏心块的重心。已知：$R=100\text{mm}$，$r=17\text{mm}$，$b=13\text{mm}$。

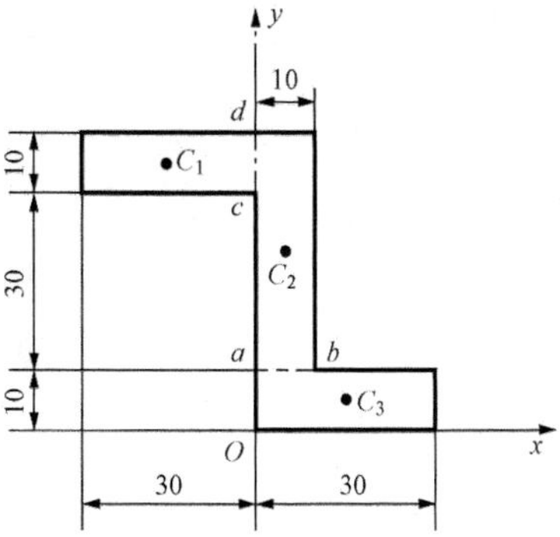

图 2 - 55 ［例 2 - 30］图

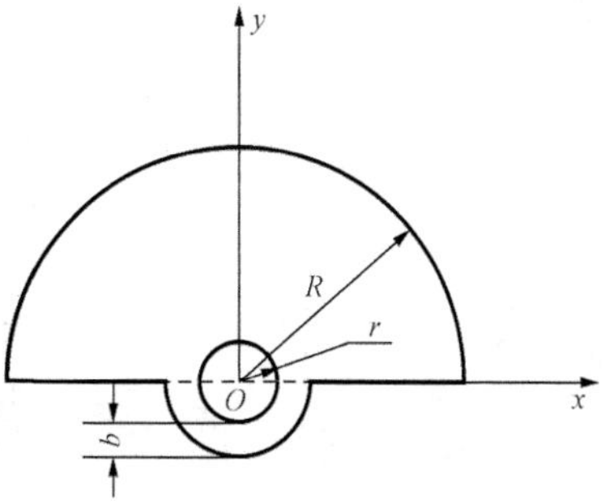

图 2 - 56 ［例 2 - 31］图

解 将偏心块看成是由三部分组成，即半径为 R 的半圆 A_1，半径为 $r+b$ 的半圆 A_2 和半径为 r 的小圆 A_3。因 A_3 是切去的部分，所以面积应取负值。取坐标轴如图 2 - 56 所示，由于对称有 $x_C=0$。设 y_1，y_2，y_3 分别是 A_1，A_2，A_3 重心的坐标，由［例 2 - 30］的结果可知

$$y_1=\frac{4R}{3\pi}=\frac{400}{3\pi}\text{mm},\quad y_2=\frac{-4(r+b)}{3\pi}=-\frac{40}{\pi}\text{mm},\quad y_3=0$$

于是，偏心块重心的坐标为

$$y_C=\frac{A_1y_1+A_2y_2+A_3y_3}{A_1+A_2+A_3}$$

$$=\frac{\frac{\pi}{2}\times100^2\times\frac{400}{3\pi}+\frac{\pi}{2}\times(17+13)^2\times\left(\frac{-40}{\pi}\right)-17^2\pi\times0}{\frac{\pi}{2}\times100^2+\frac{\pi}{2}\times(17+13)^2-17^2\pi}$$

$$\approx40.01(\text{mm})$$

（3）用实验方法测定重心的位置。工程中一些外形复杂或质量分布不均的物体很难用计算方法求其重心，此时可用实验方法测定重心位置。

下面以汽车为例用称重法测定重心。如图 2 - 57 所示，首先称量出汽车的重量 P，测量出前后轮距 l 和车轮半径 r。

设汽车是左右对称的，则重心必在对称面内，只需测定重心 C 距地面的高度 z_C 和距后轮的距离 x_C。

为了测定 x_C，将汽车后轮放在地面上，前轮放在磅秤上，车身保持水平，如图 2 - 57 (a) 所示。这时磅秤上的读数为 F_1。因车身是平衡的，由 $\sum M_A(\boldsymbol{F})=0$，有

$$Px_C = F_1 l$$

于是得

$$x_C = \frac{F_1}{P}l \qquad ①$$

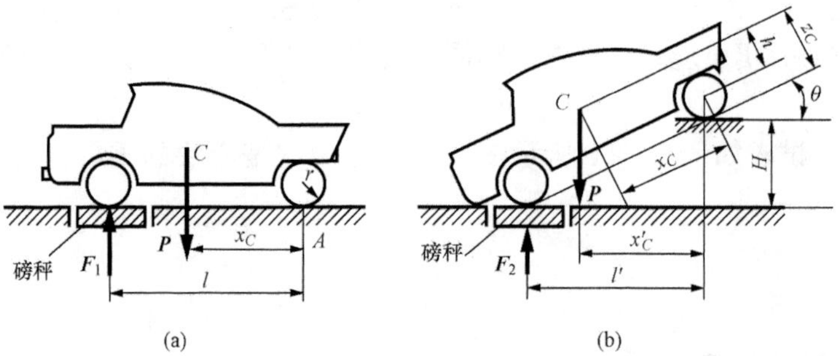

图 2 - 57 测定重心

(a) 测定 x_C；(b) 测定 z_C

欲测定 z_C，需将车的后轮抬到任意高度 H，如图 2 - 57 (b) 所示。这时磅秤的读数为 F_2。同理得

$$x'_C = \frac{F_2}{P}l' \qquad ②$$

由图 2 - 57 中几何关系知

$$l' = l\cos\theta,\quad x'_C = x_C\cos\theta + h\sin\theta,\quad \sin\theta = \frac{H}{l},\quad \cos\theta = \frac{\sqrt{l^2-H^2}}{l}$$

其中 h 为重心与后轮重心的高度差，则

$$h = z_C - r$$

把以上各关系式代入式②中，经整理后得计算高度 z_C 的公式，即

$$z_C = r + \frac{F_2 - F_1}{P} \times \frac{1}{H}\sqrt{l^2-H^2}$$

式中均为已测定的数据。

小 结

(1) 力的平移定理：平移一力的同时必须附加一力偶，附加力偶的矩等于原来的力对新作用点的矩。

(2) 平面任意力系向平面内任选一点 O 简化，一般情况下，可得一个力和一个力偶，这个力等于该力系的主矢，即

$$\boldsymbol{F}'_R = \sum_{i=1}^{n}\boldsymbol{F}_i = \sum_{i=1}^{n}F_x\boldsymbol{i} + \sum_{i=1}^{n}F_y\boldsymbol{j}$$

作用线通过简化中心 O。这个力偶的矩等于该力系对于点 O 的主矩，即

$$\boldsymbol{M}_O=\sum_{i=1}^{n}\boldsymbol{M}_O(\boldsymbol{F}_i)=\sum_{i=1}^{n}(x_iF_{yi}-y_iF_{xi})$$

(3) 平面任意力系向一点简化，可能出现的四种情况（见表 2-4）。

表 2-4　　平面任意力系向一点简化

主　矢	主　矩	合成结果	说　明
$\boldsymbol{F}'_R\neq0$	$\boldsymbol{M}_O=0$	合力	此力为原力系的合力，合力作用线通过简化中心
	$\boldsymbol{M}_O\neq0$	合力	合力作用线离简化中心的距离 $d=\frac{M_O}{F'_R}$
$\boldsymbol{F}'_R=0$	$\boldsymbol{M}_O\neq0$	合力偶	此力偶为原力系的合力偶，在这种情况下，主矩与简化中心的位置无关
	$\boldsymbol{M}_O=0$	平衡	

(4) 平面任意力系平衡的必要和充分条件是：力系的主矢和对于任一点的主矩都等于零，即

$$\boldsymbol{F}'_R=\sum_{i=1}^{n}\boldsymbol{F}_i=0,\quad \boldsymbol{M}_O=\sum_{i=1}^{n}\boldsymbol{M}_O(\boldsymbol{F}_i)=0$$

平面任意力系平衡方程的一般形式为

$$\sum_{i=1}^{n}F_{xi}=0,\quad \sum_{i=1}^{n}F_{yi}=0,\quad \sum_{i=1}^{n}M_O(\boldsymbol{F}_i)=0$$

二矩式为

$$\sum_{i=1}^{n}F_{xi}=0,\quad \sum_{i=1}^{n}M_A(\boldsymbol{F}_i)=0,\quad \sum_{i=1}^{n}M_B(\boldsymbol{F}_i)=0$$

其中：x 轴不得垂直于 A，B 两点连线。

三矩式为

$$\sum_{i=1}^{n}M_A(\boldsymbol{F}_i)=0,\quad \sum_{i=1}^{n}M_B(\boldsymbol{F}_i)=0,\quad \sum_{i=1}^{n}M_C(\boldsymbol{F}_i)=0$$

其中：A，B，C 三点不得共线。

(5) 其他各平面力系都是平面任意力系的特殊情形，它们的平衡方程见表 2-5。

表 2-5　　平 衡 方 程

力系名称	平 衡 方 程	独立方程的数目	力系名称	平 衡 方 程	独立方程的数目
共线力系	$\sum_{i=1}^{n}\boldsymbol{F}_i=0$	1	平面汇交力系	$\sum_{i=1}^{n}F_{xi}=0,\ \sum_{i=1}^{n}F_{yi}=0$	2
平面力偶系	$\sum_{i=1}^{n}\boldsymbol{M}_i=0$	1	平面平行力系	$\sum_{i=1}^{n}\boldsymbol{F}_i=0,\ \sum_{i=1}^{n}\boldsymbol{M}_i=0$	2

(6) 桁架由二力杆铰接构成。求平面静定桁架各杆内力的两种方法：

1) 结点法。逐个考虑桁架中所有结点的平衡，应用平面汇交力系的平衡方程求出各杆的内力。

2) 截面法。截断待求内力的杆件，将桁架截割为两部分，取其中一部分为研究对象，应用平面任意力系的平衡方程求出被截割各杆件的内力。

(7) 空间中的力是三维矢量，力的解析表达式为

$$\boldsymbol{F} = F_x\boldsymbol{i} + F_y\boldsymbol{j} + F_z\boldsymbol{k}$$

求力在坐标轴上的投影 F_x，F_y，F_z 可用直接投影法，二次投影法或按边长比例计算法。

(8) 力矩的计算。

1) 力对点的矩是一个定位矢量。

$$\boldsymbol{M}_O(\boldsymbol{F}) = \boldsymbol{r} \times \boldsymbol{F} = \begin{vmatrix} \boldsymbol{i} & \boldsymbol{j} & \boldsymbol{k} \\ x & y & z \\ F_x & F_y & F_z \end{vmatrix}$$

2) 力对轴的矩是一个代数量，可按下列方法求得。

$$M_x(\boldsymbol{F}) = yF_z - zF_y,\quad M_y(\boldsymbol{F}) = zF_x - xF_z,\quad M_z(\boldsymbol{F}) = xF_y - yF_x$$

3) 力对点的矩与力对通过该点的轴的矩的关系

$$[\boldsymbol{M}_O(\boldsymbol{F})]_x = M_x(\boldsymbol{F}),\quad [\boldsymbol{M}_O(\boldsymbol{F})]_y = M_y(\boldsymbol{F}),\quad [\boldsymbol{M}_O(\boldsymbol{F})]_z = M_z(\boldsymbol{F})$$

(9) 空间力偶及其等效定理。

1) 力偶矩矢。空间力偶对刚体的作用效果决定于三个因素（力偶矩的大小、力偶作用面方位及力偶的转向），它可用力偶矩矢 $\boldsymbol{M}$ 表示。

$$\boldsymbol{M} = \boldsymbol{r}_{BA} \times \boldsymbol{F}$$

力偶矩矢与矩心无关，是自由矢量。

2) 力偶的等效定理：若两个力偶的力偶矩矢相等，则它们彼此等效。

(10) 空间力系的合成。

1) 空间汇交力系合成为一个通过其汇交点的合力，其合力矢为

$$\boldsymbol{F}_R = \sum \boldsymbol{F}_i,\quad 或\quad \boldsymbol{F}_R = \sum F_x\boldsymbol{i} + \sum F_y\boldsymbol{j} + \sum F_z\boldsymbol{k}$$

2) 空间力偶系合成结果为一合力偶，其合力偶矩矢为

$$\boldsymbol{M} = \sum \boldsymbol{M}_i,\quad 或\quad \boldsymbol{M} = \sum M_{ix}\boldsymbol{i} + \sum M_{iy}\boldsymbol{j} + \sum M_{iz}\boldsymbol{k}$$

3) 空间任意力系向点 O 简化得一个作用在简化中心 O 的力 $\boldsymbol{F}'_R$ 和一个力偶，力偶矩矢为 $\boldsymbol{M}_O$，而

$$\boldsymbol{F}'_R = \sum \boldsymbol{F}_i（主矢），\quad \boldsymbol{M}_O = \sum \boldsymbol{M}_O(\boldsymbol{F}_i)（主矩）$$

4) 空间任意力系简化的最终结果，见表 2 - 6：

表 2 - 6　　空间任意力系简化的最终结果

主 矢	主 矩		最后结果	说 明
$\boldsymbol{F}'_R=0$	$\boldsymbol{M}_O=0$		平衡	
	$\boldsymbol{M}_O\neq0$		合力偶	此时主矩与简化中心的位置无关
$\boldsymbol{F}'_R\neq0$	$\boldsymbol{M}_O=0$		合力	合力作用线通过简化中心
	$\boldsymbol{M}_O\neq0$	$\boldsymbol{F}'_R\perp\boldsymbol{M}_O$	合力	合力作用线离简化中心 O 的距离为 $d=\dfrac{\lvert \boldsymbol{M}_O\rvert}{F'_R}$
	$\boldsymbol{M}_O\neq0$	$\boldsymbol{F}'_R /\!/ \boldsymbol{M}_O$	力螺旋	力螺旋的中心轴通过简化中心
		$\boldsymbol{F}'_R$ 与 $\boldsymbol{M}_O$ 成 θ 角	力螺旋	力螺旋的中心轴离简化中心 O 的距离为 $d=\dfrac{\lvert \boldsymbol{M}_O\rvert \sin\theta}{F'_R}$

（11）空间任意力系平衡方程的基本形式。

$$\sum F_x = 0,\quad \sum F_y = 0,\quad \sum F_z = 0$$
$$\sum M_x(\boldsymbol{F}) = 0,\quad \sum M_y(\boldsymbol{F}) = 0,\quad \sum M_z(\boldsymbol{F}) = 0$$

（12）几种特殊力系的平衡方程。

1）空间汇交力系。

$$\sum F_x = 0,\quad \sum F_y = 0,\quad \sum F_z = 0$$

2）空间力偶系。

$$\sum M_x(\boldsymbol{F}) = 0,\quad \sum M_y(\boldsymbol{F}) = 0,\quad \sum M_z(\boldsymbol{F}) = 0$$

3）空间平行力系。若力系中各力与 z 轴平行，其平衡方程的基本形式为

$$\sum F_z = 0,\quad \sum M_x(\boldsymbol{F}) = 0,\quad \sum M_y(\boldsymbol{F}) = 0$$

4）平面任意力系。若力系在 Oxy 平面内，其平衡方程的基本形式为

$$\sum F_x = 0,\quad \sum F_y = 0,\quad \sum M_z(\boldsymbol{F}) = 0$$

上述各式，为便于书写，下标 i 均略去。

（13）物体重心的坐标公式。

$$\boldsymbol{r}_C = \frac{\sum P_i \boldsymbol{r}_i}{P}\quad（其中\ P = \sum \Delta P_i）$$

或

$$x_C = \frac{\sum P_i x_i}{P},\quad y_C = \frac{\sum P_i y_i}{P},\quad z_C = \frac{\sum P_i z_i}{P}$$

思考题

2-1　某平面力系向 A，B 两点简化的主矩皆为零，此力系简化的最终结果可能是一个力吗？可能是一个力偶吗？可能平衡吗？

2-2　平面汇交力系向汇交点以外一点简化，其结果可能是一个力吗？可能是一个力偶吗？可能是一个力和力偶吗？

2-3　某平面力系向平面内任一点简化的结果都相同，此力系简化的最终结果可能是什么？

2-4　用力系向一点简化的分析方法，证明如图 2-58 所示二同向平行力简化的最终结果为一合力 $\boldsymbol{F}_R$。且有 $F_R = F_1 + F_2$，$\dfrac{F_1}{F_2} = \dfrac{l_{CB}}{l_{AC}}$，若 $F_1 > F_2$，且二者方向相反，简化结果又如何？

2-5　在刚体上 A，B，C 三点分别作用三个力 $\boldsymbol{F}_1$，$\boldsymbol{F}_2$，$\boldsymbol{F}_3$，各力的方向如图 2-59 所示，大小恰好与三角形 ABC 的边长成比例。问该力系是否平衡？为什么？

2-6　力系如图 2-60 所示，且 $F_1 = F_2 = F_3 = F_4$。问力系向点 A 和 B 简化的结果是什么？二者是否等效？

2-7　平面汇交力系的平衡方程中，可否取两个力矩方程，或一个力矩方程和一个投影方程？这时，其矩心和投影轴的选择有什么限制？

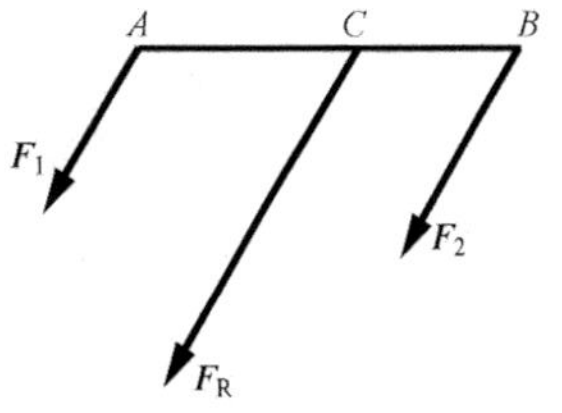

图 2-58　思考题 2-4 图

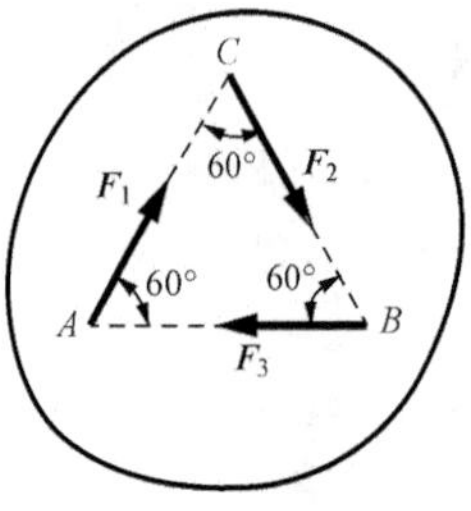

图 2-59 思考题 2-5 图

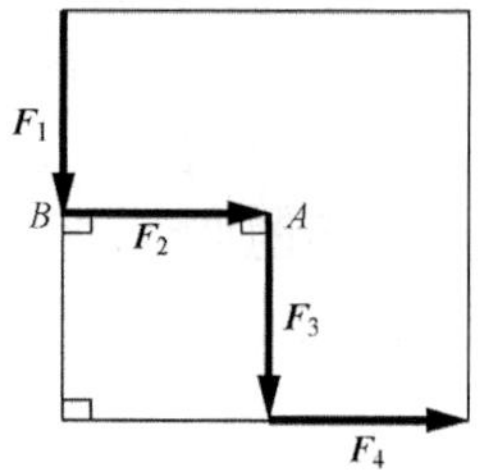

图 2-60 思考题 2-6 图

2-8 从哪些方面去理解平面任意力系只有一个独立的平衡方程？为什么说任何第四个方程只是前三个方程的线性组合？

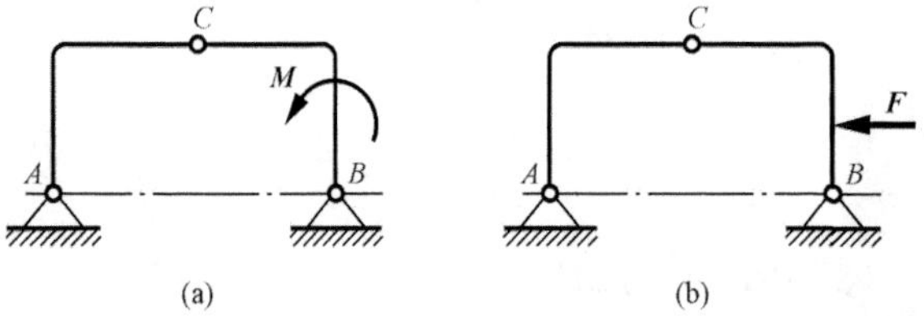

图 2-61 思考题 2-9 图

(a) 在构件 CB 上作用一力偶 M；(b) 在构件 CB 上作用一力 $\boldsymbol{F}$

2-9 如图 2-61 所示三铰拱，在构件 CB 上作用一力偶 M 如图 2-61 (a) 所示，或力 $\boldsymbol{F}$ 如图 2-61 (b) 所示。当求铰链 A，B，C 的约束力时，能否将力偶 M 或力 $\boldsymbol{F}$ 分别移到构件 AC 上？为什么？

2-10 能否直接找出如图 2-62 所示桁架中内力为零的杆件？

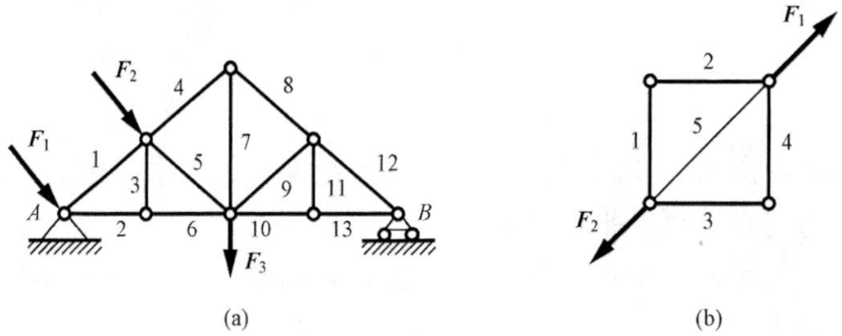

图 2-62 思考题 2-10 图

(a) 桁架 1；(b) 桁架 2

1～13—杆件

2-11 在正方体的顶角 A 和 B 处，分别作用力 $\boldsymbol{F}_1$ 和 $\boldsymbol{F}_2$，如图 2-63 所示。求此两力在 x，y，z 轴上的投影和对 x，y，z 轴的矩。试求图中的力 $\boldsymbol{F}_1$ 和 $\boldsymbol{F}_2$ 向点 O 简化，并用解析式计算其大小和方向。

2-12 作用在刚体上的四个力偶，若其力偶矩矢都位于同一平面内，则一定是平面力偶系吗？若各力偶矩矢自行封闭（见图 2-64），则一定是平衡力系吗？为什么？

2-13 用矢量积 $\boldsymbol{r}_A \times \boldsymbol{F}$ 计算力 $\boldsymbol{F}$ 对点 O 之矩，当力沿其作用线移动，改变了力作用点的坐标 x，y，z 时，其计算结果是否变化？

2-14 试证：空间力偶对任一轴之矩等于其力偶矩矢在该轴上的投影。

2-15 空间平行力系简化的结果是什么？可能合成为力螺旋吗？

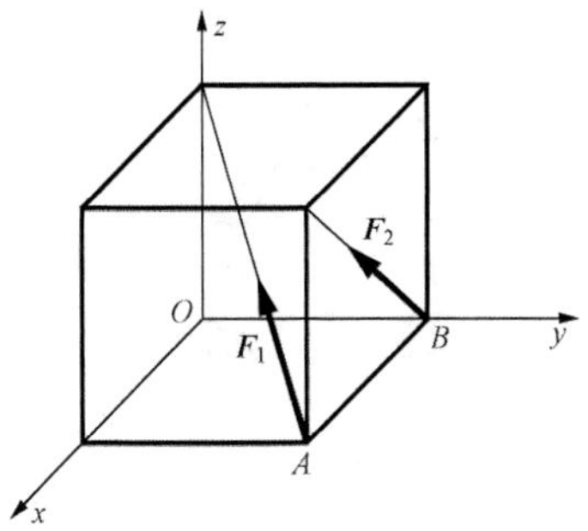

图 2-63　思考题 2-11 图

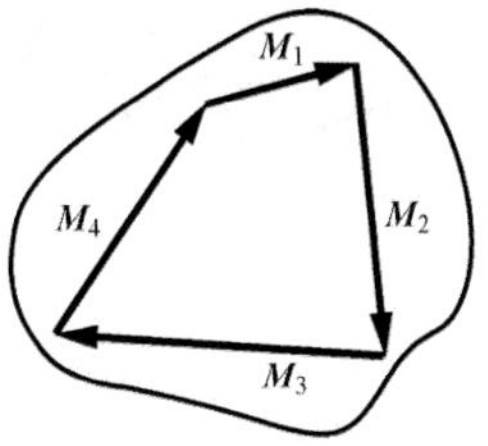

图 2-64　思考题 2-12 图

2-16　(1) 空间力系中各力的作用线平行于某一固定平面；(2) 空间力系中个力的作用线分别汇交于两个固定点。试分析这两种力系最多各有几个独立的平衡方程。

2-17　传动轴用两个止推轴承支持，每个轴承有 3 个未知力，共 6 个未知量。而空间任意力系的平衡方程恰好有 6 个，是否为静定问题？

2-18　空间任意力系总可以用 2 个力来平衡，为什么？

2-19　某一空间力系对不共线的 3 个点的主矩都等于零，问此力系是否一定平衡？

2-20　空间任意力系向两个不同的点简化，试问下述情况是否可能：(1) 主矢相等，主矩也相等；(2) 主矢不相等，主矩相等；(3) 主矢相等，主矩不相等；(4) 主矢、主矩都不相等。

2-21　一均质等截面直杆的重心在哪里？若把它弯成半圆形，重心的位置是否改变？

习　题

2-1　如图 2-65 所示 $\boldsymbol{F}_1$，$\boldsymbol{F}_2$，$\boldsymbol{F}_3$，…，$\boldsymbol{F}_n$ 为一平面力系，若力系平衡，则下列各组平衡方程中互相独立的平衡方程有__________。

(A) $\sum F_y=0$，$\sum M_A(\boldsymbol{F})=0$，$\sum M_B(\boldsymbol{F})=0$；

(B) $\sum F_x=0$，$\sum F_y=0$，$\sum M_O(\boldsymbol{F})=0$；

(C) $\sum M_A(\boldsymbol{F})=0$，$\sum M_B(\boldsymbol{F})=0$，$\sum M_O(\boldsymbol{F})=0$；

(D) $\sum M_A(\boldsymbol{F})=0$，$\sum M_B(\boldsymbol{F})=0$，$\sum M_C(\boldsymbol{F})=0$；

(E) $\sum M_A(\boldsymbol{F})=0$，$\sum M_B(\boldsymbol{F})=0$，$\sum F_x=0$。

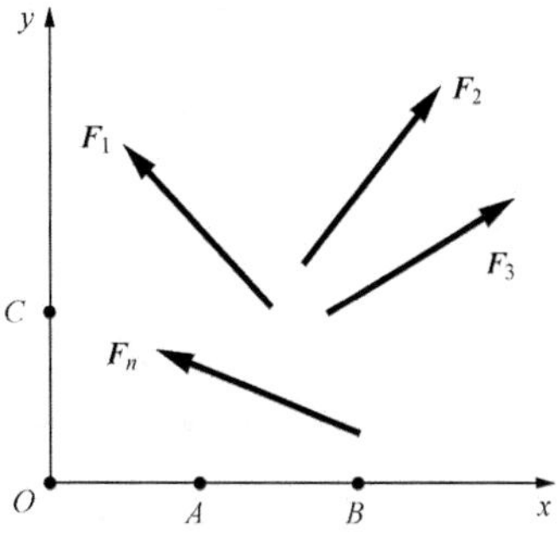

图 2-65　题 2-1 图

2-2　如图 2-66 所示的结构受 3 个已知力作用，分别汇交于点 B 和点 C，平衡时有__________。

(1) $F_{NA}=0$，F_{ND}不一定为零；

(2) $F_{ND}=0$，F_{NA}不一定为零；

(3) $F_{NA}=0$，$F_{ND}=0$；

(4) F_{NA}，F_{ND}均不一定为零。

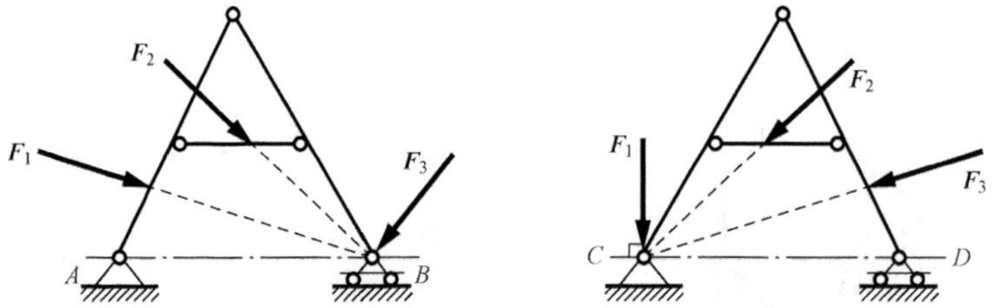

图 2-66 题 2-2 图

2-3 长方形平板如图 2-67 所示。荷载强度分别为 q_1，q_2，q_3，q_4 的均匀分布荷载(亦称剪流)作用在板上，欲使板保持平衡，则荷载强度间必有关系式____________。

2-4 如图 2-68 所示，平面力系有三个力和两个力偶组成，求此力系的合力 $\boldsymbol{F}_R$，并计算合力的作用线与 x 轴交点的坐标。

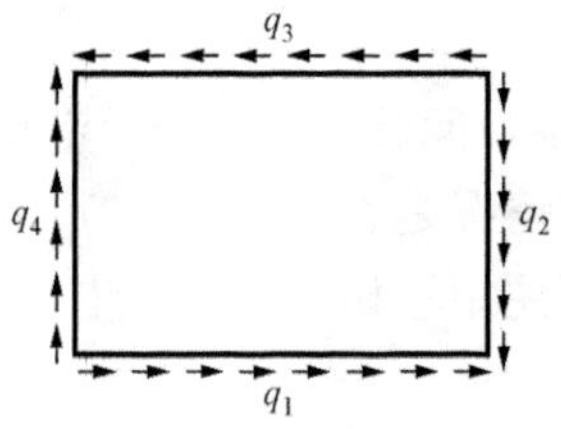

图 2-67 题 2-3 图

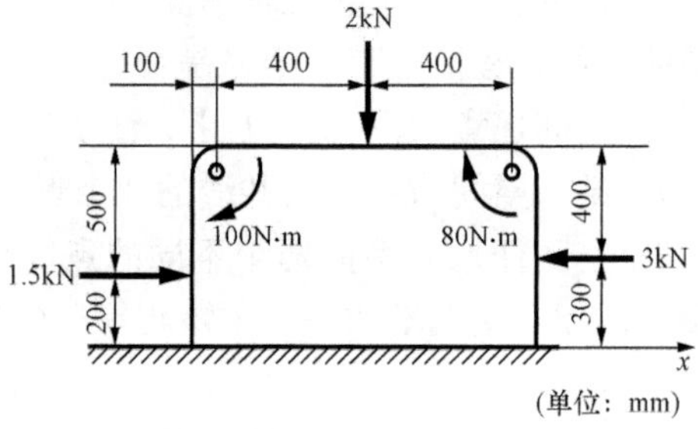

图 2-68 题 2-4 图

2-5 杆 AB，BC 用三个铰链连接如图 2-69 所示，物体重 $P=20$kN，用绳子跨过滑轮 B 连接在绞车 D 上。转动绞车即可将物体提升。设物体处于平衡状态，忽略滑轮的大小、杆重及销轴处摩擦，求铰 A，C 所受的力。

2-6 火箭沿与水平面成 $\beta=25°$角的方向做匀速直线运动，如图 2-70 所示。火箭的推力 $F_1=100$kN 与运动方向成 $\theta=5°$角。如火箭重 $P=200$kN，求空气动力 $\boldsymbol{F}_2$ 和它与飞行方向的交角 γ。

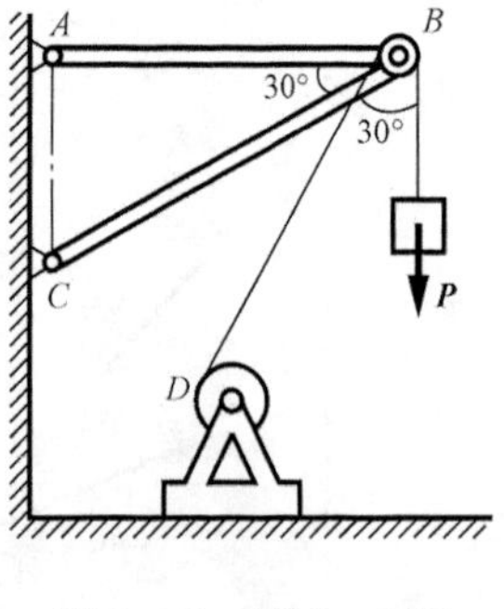

图 2-69 题 2-5 图

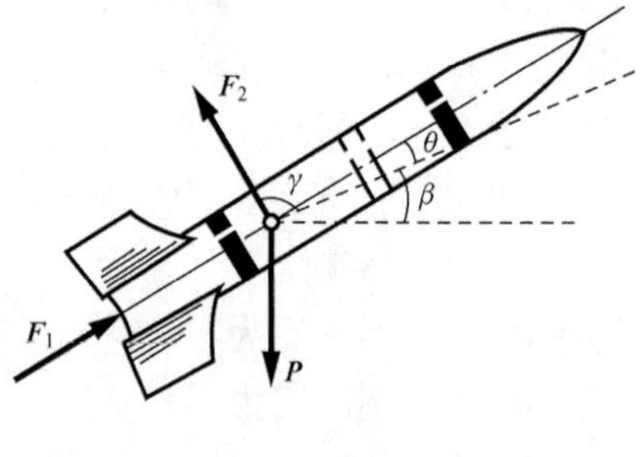

图 2-70 题 2-6 图

2-7 如图 2-71 所示，移动式起重机不计平衡锤重为 $P=500$kN，其重心在离右轨 1.5m 处。起重机的起重量为 $P_1=250$kN，突臂伸出离右轨 10m。跑车重量略去不计，欲使跑车满载或空载时起重机均不致翻倒，求平衡锤的最小起重量 P_2 以及平衡锤到左轨的最大距离 x。

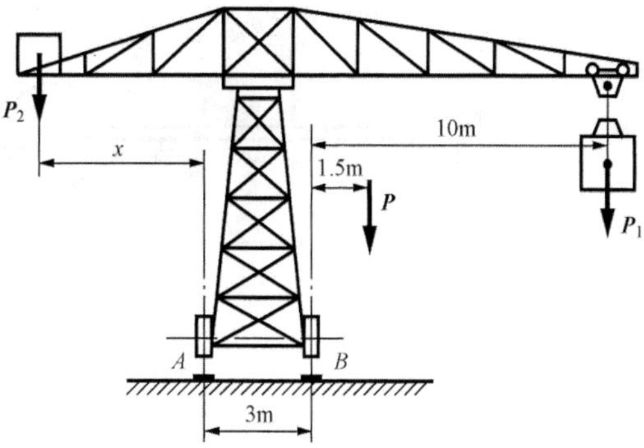

图 2-71 题 2-7 图

2-8 如图 2-72 所示，在力偶 M 作用下，一重 1kN 的均质轮静止地停在粗糙的地面上，且与光滑滚轮 A 紧靠。若 M=60N·m，求轮与滚轮 A 间的作用力。

2-9 某人想称出自己的质量，但手边只有量程为 50kg 的磅秤 A 和量程为 10kg 的弹簧秤 B。借助于如图 2-73 所示装置，他发现，当他给绳子一拉力时，弹簧秤上读数为 9.5kg，磅秤读数为 33.5kg。试问他的质量是多少？

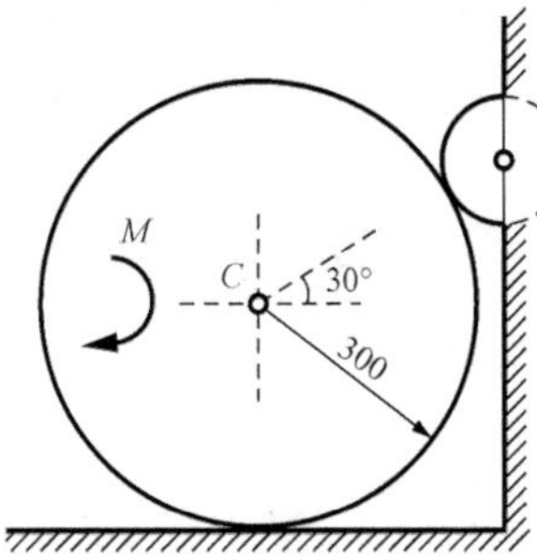

图 2-72 题 2-8 图

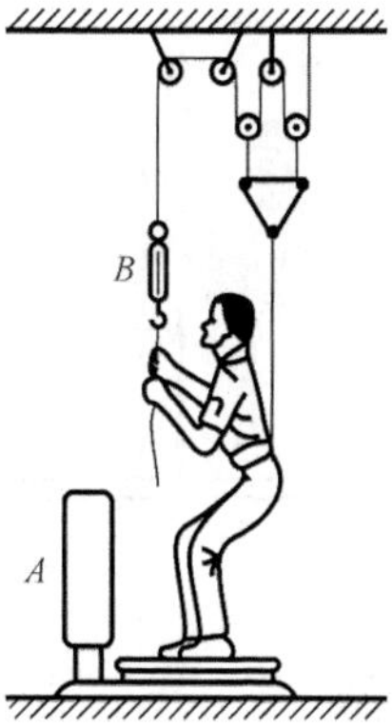

图 2-73 题 2-9 图

2-10 如图 2-74 所示匀质杆 OA 重 P，长为 l，放在宽度为 $b\left(b<\dfrac{l}{2}\right)$ 的光滑槽内。求杆在平衡时的水平倾角 α。

2-11 系统如图 2-75 所示。匀质杆 $AC=BC=0.7\text{m}$，每根杆重 5N，弹簧原长为 0.3m，$AD=BE=0.1\text{m}$，已知系统平衡时 $\theta=30°$。求弹簧的刚度系数 k（单位伸长所需要的力）。

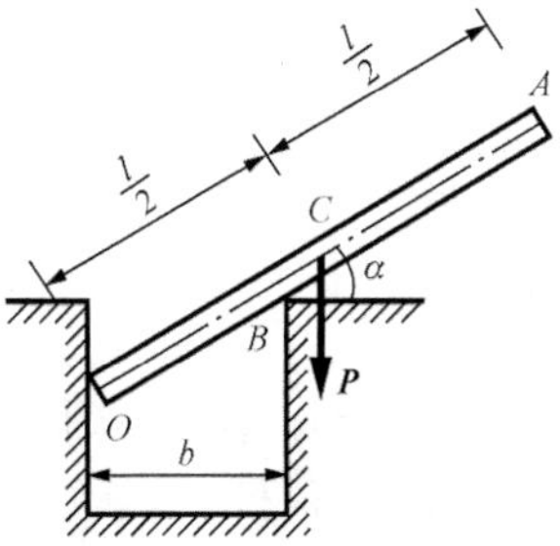

图 2-74 题 2-10 图

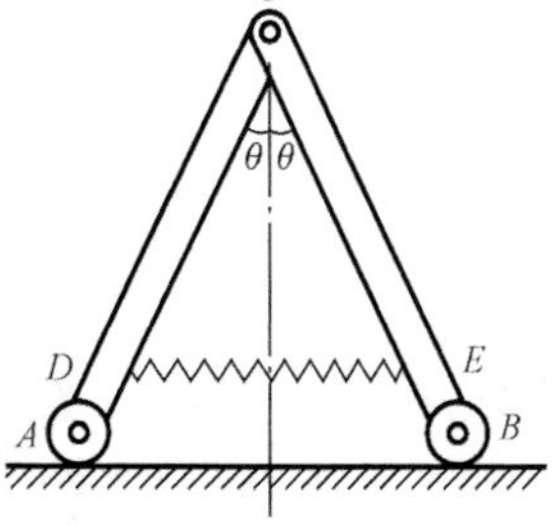

图 2-75 题 2-11 图

2-12 梁支座及荷载如图 2-76 所示，求支座的约束力。

2-13 三铰拱结构及荷载如图 2-77 所示，求支座 A，B 的约束力。

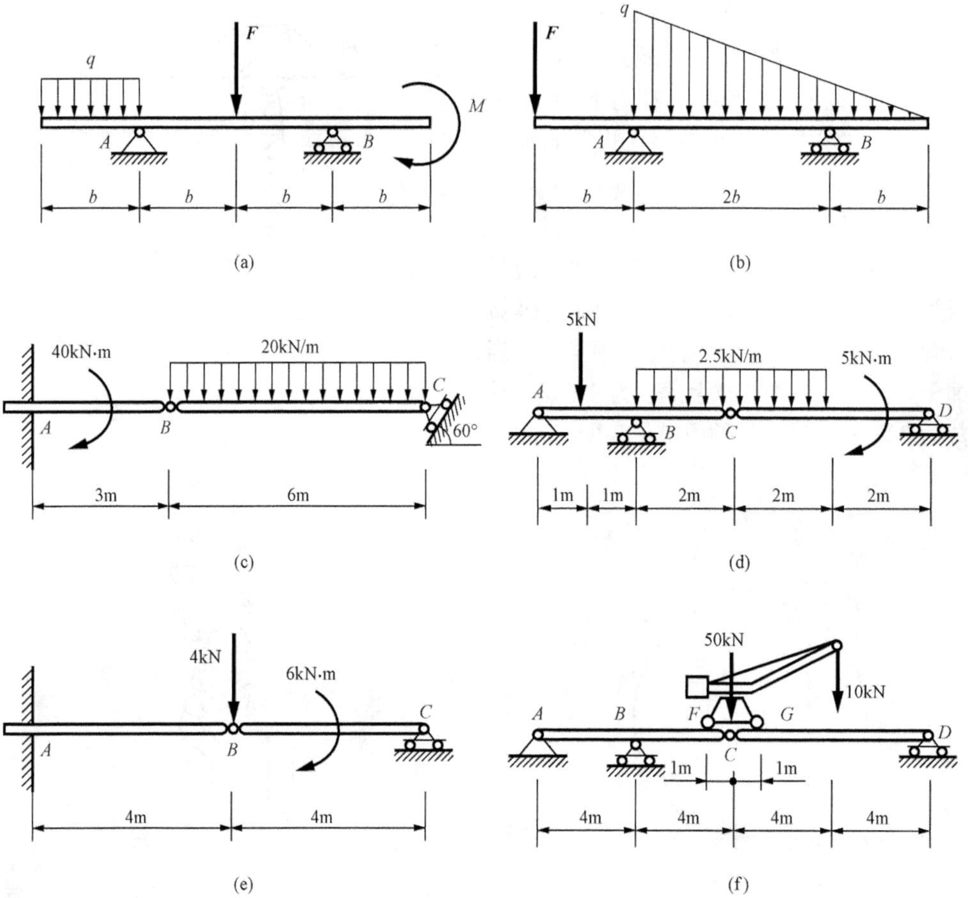

图 2-76 题 2-12 图

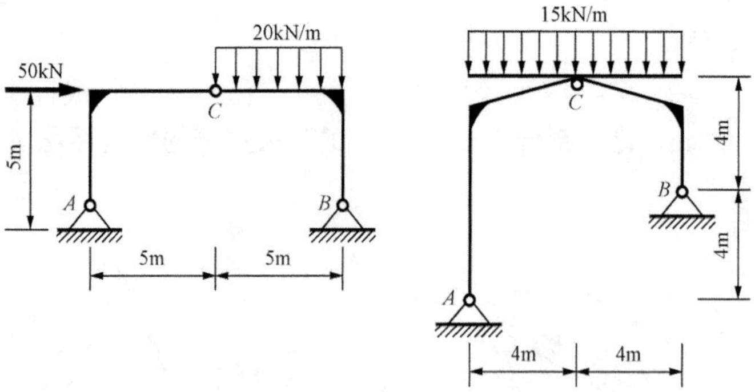

图 2-77 题 2-13 图

2-14 如图 2-78 所示，轧碎机的活动颚板 AB 长 600mm。设机构工作时石块施于板的垂直力 $F=1000\text{N}$，$BC=CD=600\text{mm}$，$OE=100\text{mm}$。略去各杆的重量，试根据平衡条件计算在图 2-78 所示位置时电动机作用力偶矩 M 的大小。

2-15 如图 2-79 所示的传动机构，已知带轮Ⅰ，Ⅱ的半径各为 r_1，r_2，鼓轮半径为 r，物体 A 重为 P，两轮的重心均位于转轴上。求匀速提升 A 物时在Ⅰ轮上所需施加的力偶矩 M 的大小。

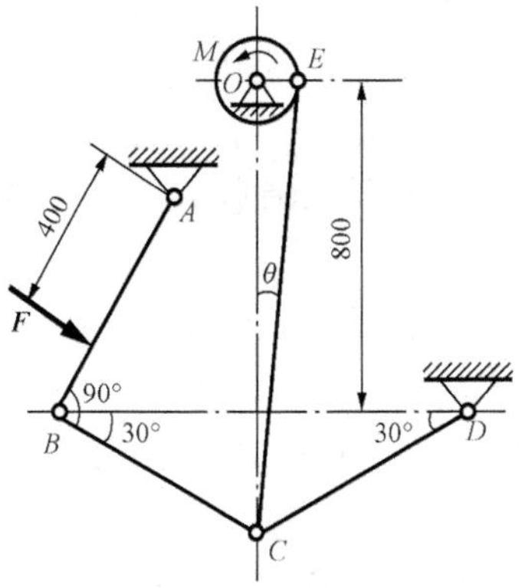

图 2 - 78 题 2 - 14 图

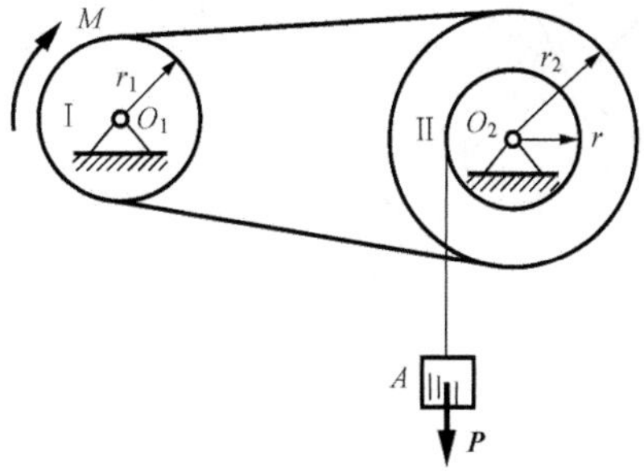

图 2 - 79 题 2 - 15 图

2 - 16 在图 2 - 80 所示系统中，忽略各杆的重量。求各支座的约束力。

2 - 17 框架支承重量为 4kN 的重物，各杆及轮的自重不计，如图 2 - 81 所示。求 A，B，C，D，E 各处的约束力。

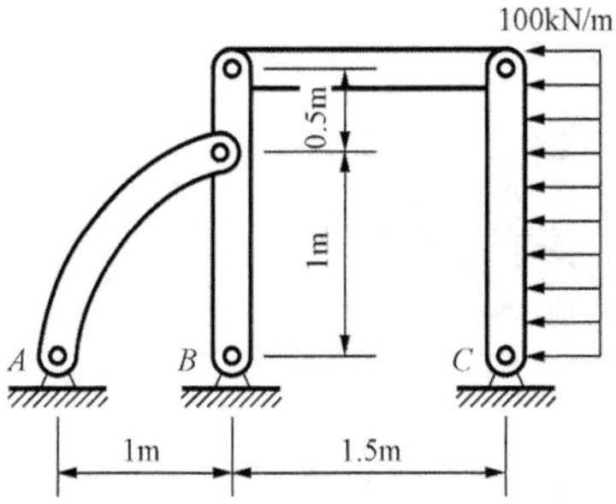

图 2 - 80 题 2 - 16 图

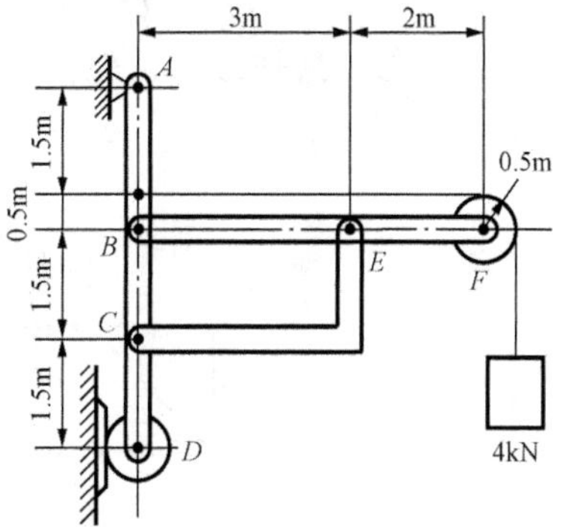

图 2 - 81 题 2 - 17 图

2 - 18 图 2 - 82 所示系统由直杆 AB，BC，CE 和滑轮 E 组成，物块重 1.2kN，$AD=DB=2\text{m}$，$CD=DE=1.5\text{m}$，不计杆及轮重。求支座 A，B 的约束力及杆 BC 的内力。

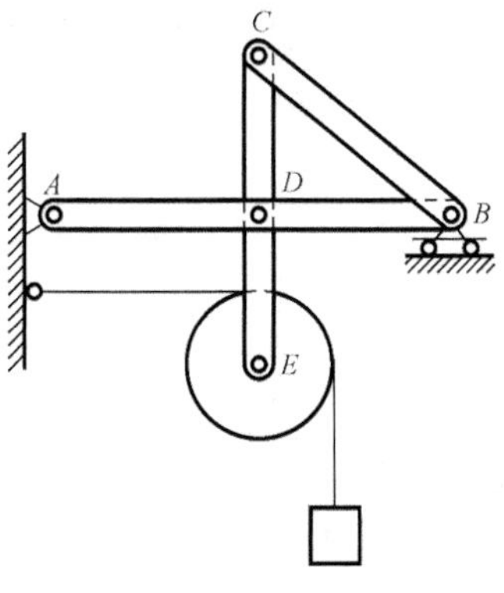

图 2 - 82 题 2 - 18 图

2 - 19 钢剪结构如图 2 - 83 所示。若施加的握力为 150N，那么在距铰 A 为 30mm 处能产生多大的剪切力？

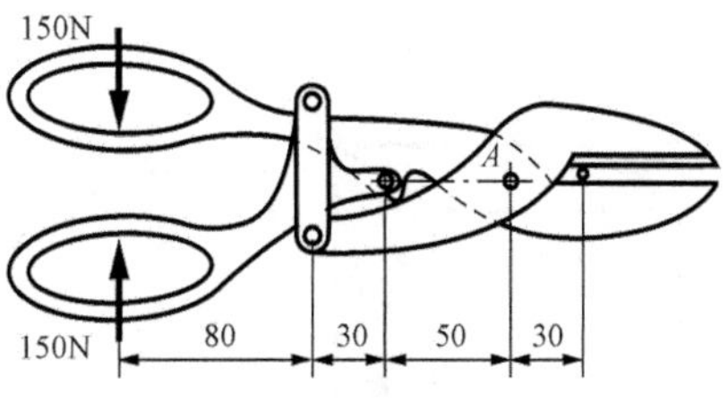

图 2 - 83 题 2 - 19 图

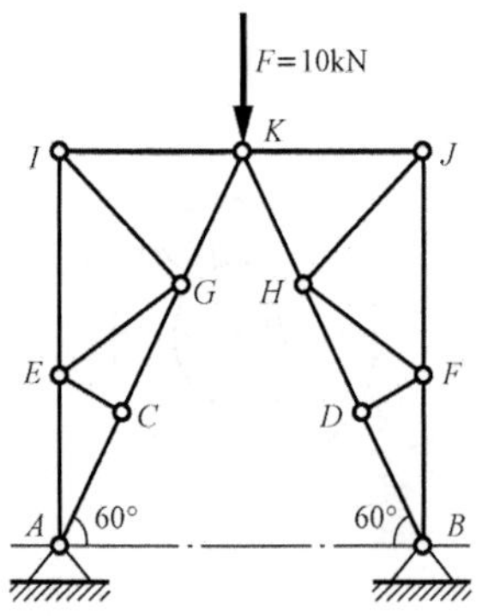

图 2 - 84 题 2 - 20 图

2 - 20 图 2 - 84 所示桁架由两部分组成，用铰 K 连接，在结点 K 上作用有集中荷载 $F=10\text{kN}$，求各杆的内力。

2 - 21 平面悬臂桁架所受的荷载如图 2 - 85 所示，求杆 1，2 及 3 的内力。

2 - 22 平面桁架受力如图 2 - 86 所示。三角形 ABC 为等边三角形，且 $AD=DB$。求杆 CD 的内力。

2 - 23 桁架由 ADF 及 FHK 两部分用三个铰 A，F，K 组成，如图 2 - 87 所示，求杆 EF 和 CF 的内力。

2 - 24 求图 2 - 88 所示桁架中杆 DK 的内力。

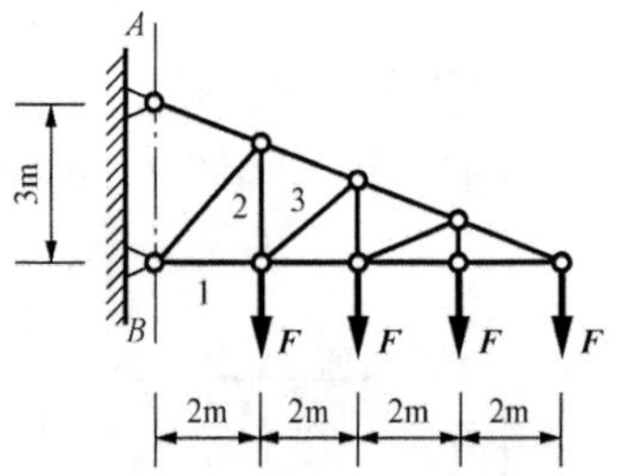

图 2 - 85 题 2 - 21 图

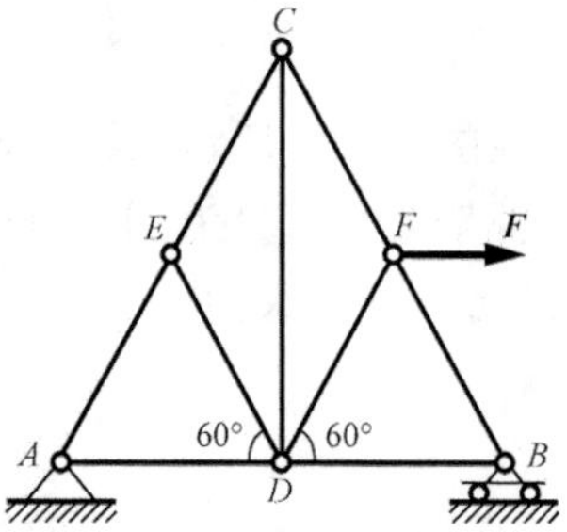

图 2 - 86 题 2 - 22 图

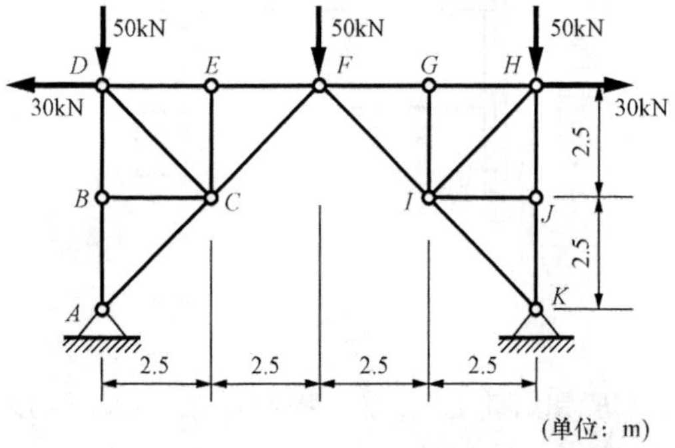

图 2 - 87 题 2 - 23 图

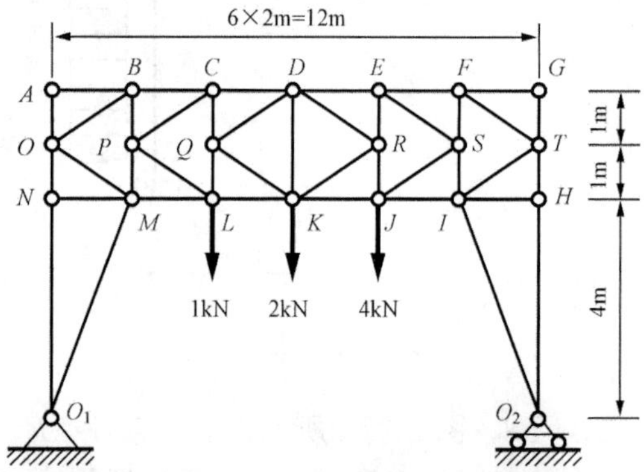

图 2 - 88 题 2 - 24 图

2 - 25 三力 F_1，F_2，F_3 的大小均为 F，作用在正方体的棱边上，正方体的边长为 a，如图 2 - 89 所示。(1) 将力系向原点 O 简化。(2) 力系的最后简化结果。

2 - 26 一平行力系由五个力组成，力的大小和作用线的位置如图 2 - 90 所示。图中小方格的边长为 10mm。求平行力系的合力。

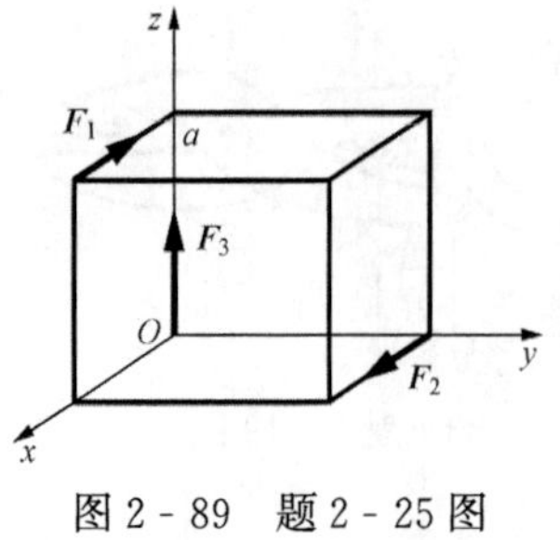

图 2 - 89 题 2 - 25 图

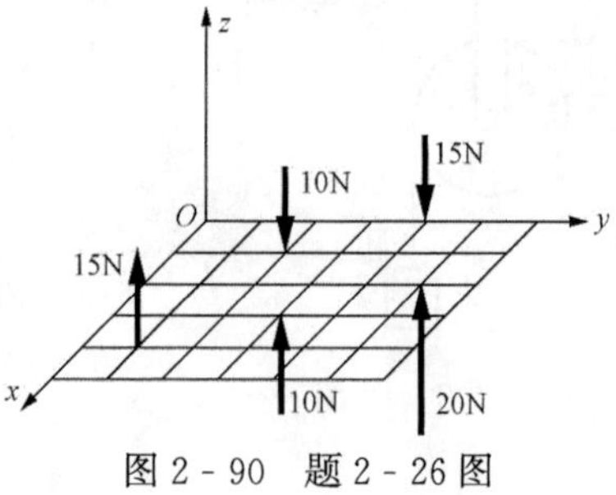

图 2 - 90 题 2 - 26 图

2-27 图2-91所示力系的三力分别为$F_1=350N$、$F_2=400N$和$F_3=600N$，其作用线的位置如图2-91所示。将此力系向原点O简化。

2-28 求图2-92所示的力$F=1000N$对于z轴的力矩M_z。

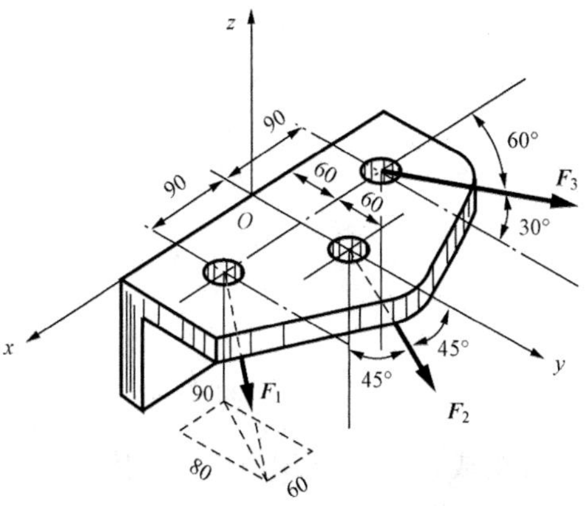

图2-91 题2-27图

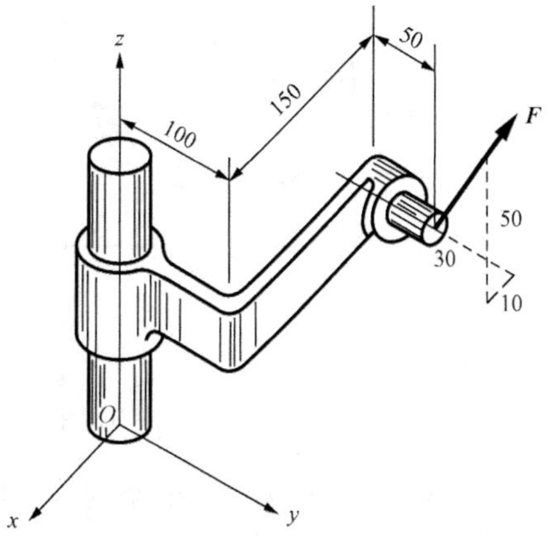

图2-92 题2-28图

2-29 电动机固定在支架上，如图2-93所示。它受到自身重量为160N和轴上的力为120N以及力偶矩为25N·m的作用，求此力系向A点简化的结果。

2-30 轴AB与铅垂线成β角，悬臂CD与轴垂直地固定在轴上，其长为a，并与铅垂面zAB成θ角，如图2-94所示。如在点D作用铅垂向下的力$\boldsymbol{F}$，求此力对轴AB的矩。

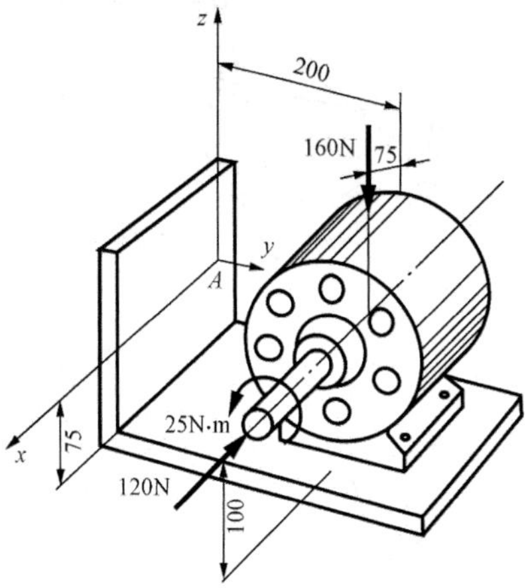

图2-93 题2-29图

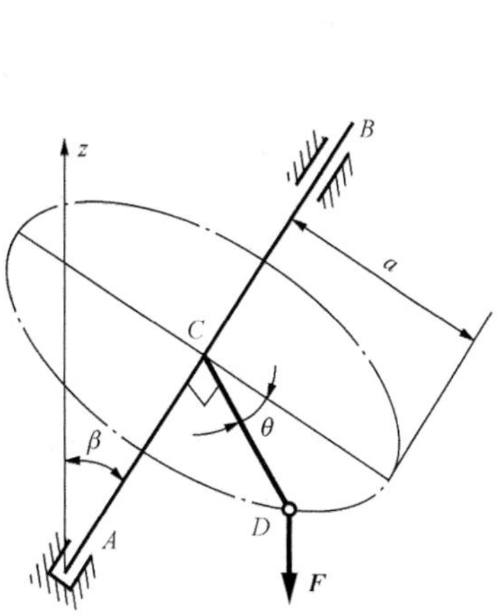

图2-94 题2-30图

2-31 水平圆盘的半径为r，外缘C作用有已知力$\boldsymbol{F}$。力$\boldsymbol{F}$位于圆盘C处的切平面内，且与C处圆盘切线夹角为60°，其他尺寸如图2-95所示。求力$\boldsymbol{F}$对x，y，z轴之矩。

2-32 杆子的一端A用球铰链固定在地面上，如图2-96所示。杆子受到30kN的水平力的作用，用两根钢索拉住，使杆保持在铅锤位置，求钢索的拉力和A的约束力。

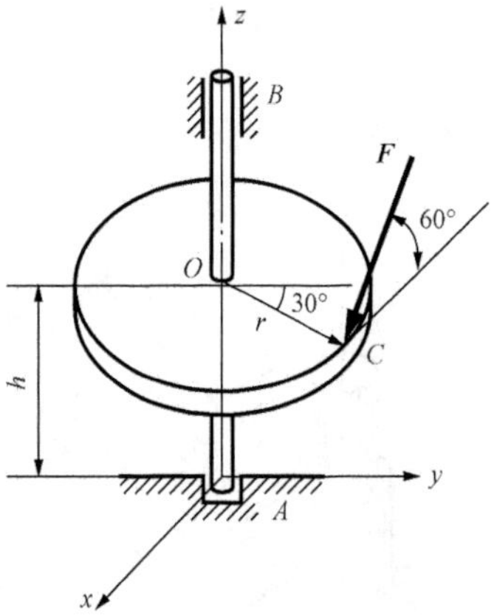

图 2 - 95　题 2 - 31 图

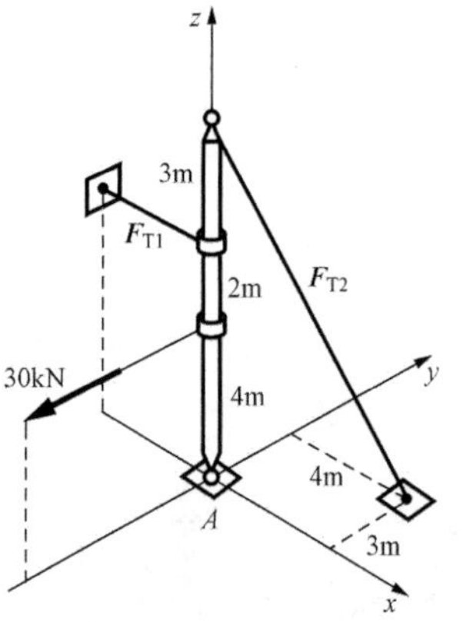

图 2 - 96　题 2 - 32 图

2 - 33　图 2 - 97 所示的空间构架由 3 根无重直杆组成，在 D 端用球铰链连接，如图 2 - 97 所示。A，B 和 C 端则用球铰链固定在水平地板上。如果挂在 D 端的物重 $P=10\text{kN}$，求铰链 A，B 和 C 的约束力。

2 - 34　在图 2 - 98 所示起重机中，已知：$AB=BC=AD=AE$，点 A，B，D 和 E 等均为球铰链连接，如三角形 ABC 在 xy 平面的投影为 AF 线，AF 与 y 轴夹角为 θ，如图 2 - 98 所示。求铅垂支柱和各斜杆的内力。

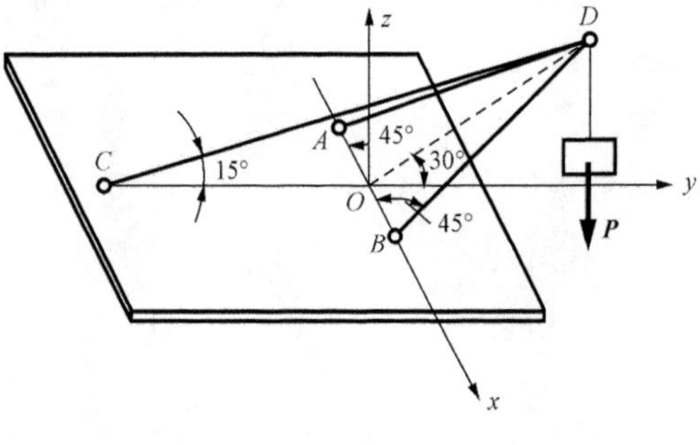

图 2 - 97　题 2 - 33 图

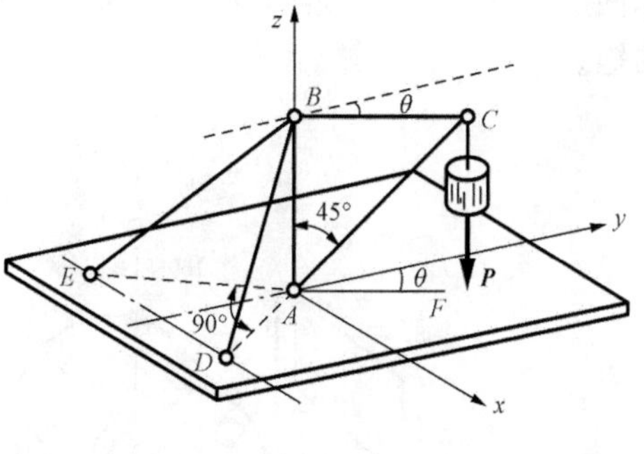

图 2 - 98　题 2 - 34 图

2 - 35　图 2 - 99 所示空间桁架由 6 杆 1，2，3，4，5 和 6 构成。在结点 A 上作用一力 $\boldsymbol{F}$，此力在矩形 $ABDC$ 平面内，且与铅垂线成 45°角。$\triangle EAK=\triangle FBM$。等腰三角形 EAK，FBM 和 NDB 在顶点 A，B 和 D 处均为直角，又 $EC=CK=FD=DM$。若 $F=10\text{kN}$，求各杆的内力。

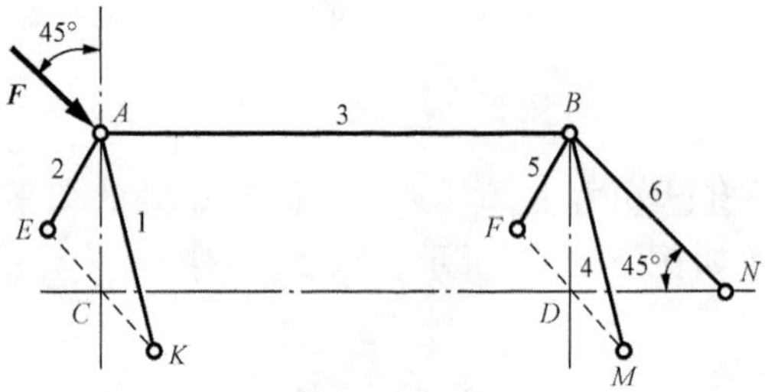

图 2 - 99　题 2 - 35 图

2 - 36　如图 2 - 100 所示，长 $2b$、宽 b 的均质矩形板 $ABCD$ 重量为 W，由 6 根铰接的连杆制成在水平位置，受集中荷载 $\boldsymbol{F}_1$ 和 $\boldsymbol{F}_2$ 的作用，不计杆的重量，求各支撑杆的内力。

2 - 37 如图 2 - 101 所示，三脚圆桌的半径为 $r=500\text{mm}$，重为 $P=600\text{N}$。圆桌的三脚 A，B 和 C 形成一等边三角形。若在中线 CD 上距圆心为 a 的点 M 处作用铅垂力 $F=1500\text{N}$，求使圆桌不致翻倒的最大距离 a。

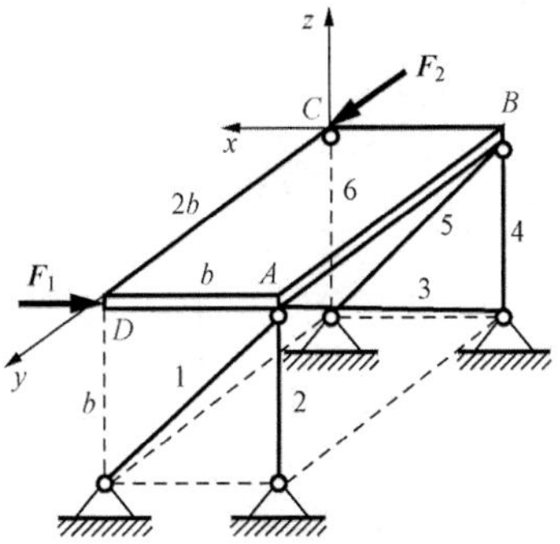

图 2 - 100 题 2 - 36 图

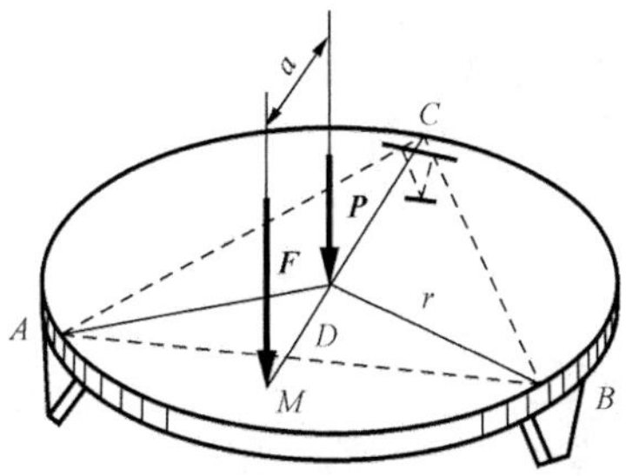

图 2 - 101 题 2 - 37 图

2 - 38 图 2 - 102 所示的三圆盘 A，B 和 C 的半径分别为 150、100mm 和 50mm。3 轴 OA，OB 和 OC 在同一平面内，$\angle AOB$ 为直角。在这三圆盘上分别作用力偶，组成各力偶的力作用在轮缘上，它们的大小分别等于 10，20N 和 F。如果这三圆盘所构成的物系是自由的，不计物系重量，求能使此物系平衡的力 F 的大小和角 θ。

2 - 39 图 2 - 103 所示手摇钻由支点 B、钻头 A 和一个弯曲的手柄组成。当支点 B 处加压力 $\boldsymbol{F}_x$，$\boldsymbol{F}_y$ 和 $\boldsymbol{F}_z$ 以及手柄上加力 $\boldsymbol{F}$ 后，即可带动钻头绕轴 AB 转动而钻孔，已知 $F_z=50\text{N}$，$F=150\text{N}$。求：(1) 钻头受到的阻抗力偶矩 M；(2) 材料给钻头的约束力 $\boldsymbol{F}_{Ax}$，$\boldsymbol{F}_{Ay}$ 和 $\boldsymbol{F}_{Az}$ 的值；(3) 压力 $\boldsymbol{F}_x$ 和 $\boldsymbol{F}_y$ 的值。

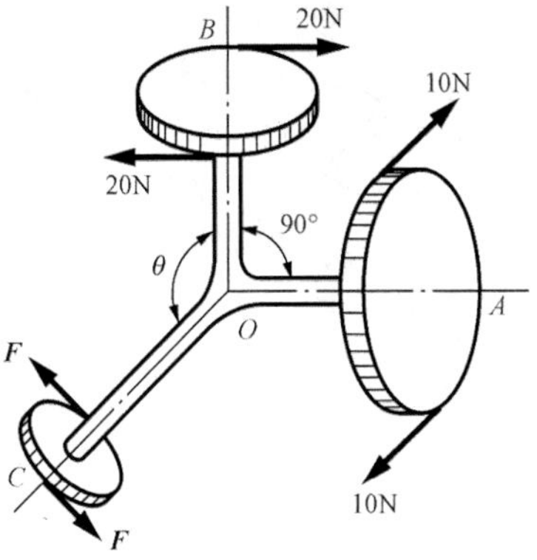

图 2 - 102 题 2 - 38 图

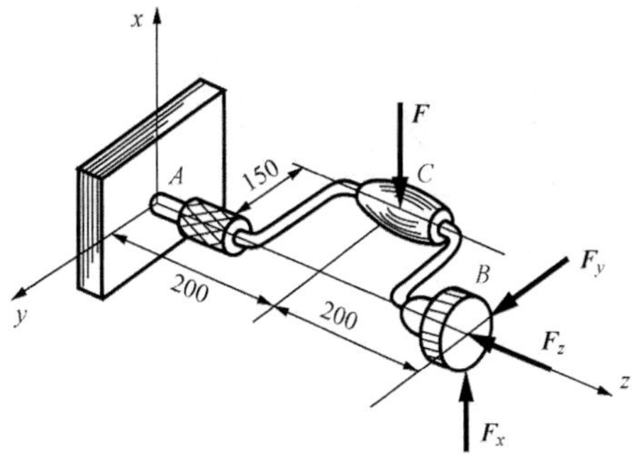

图 2 - 103 题 2 - 39 图

2 - 40 如图 2 - 104 所示，作用于齿轮上的啮合力 $\boldsymbol{F}$ 推动胶带轮绕水平轴 AB 做匀速转动。已知胶带紧边的拉力为 200N，松边的拉力为 100N，尺寸如图，求力 $\boldsymbol{F}$ 的大小和轴承 A，B 的约束力。

2 - 41 如图 2 - 105 所示，已知镗刀杆刀头上受切削力 $F_z=500\text{N}$，径向力 $F_x=150\text{N}$，轴向力 $F_y=75\text{N}$，刀尖位于 Oxy 平面内，其坐标 $x=75\text{mm}$，$y=200\text{mm}$。工件重量不计，试求被切削工件左端 O 处的约束力。

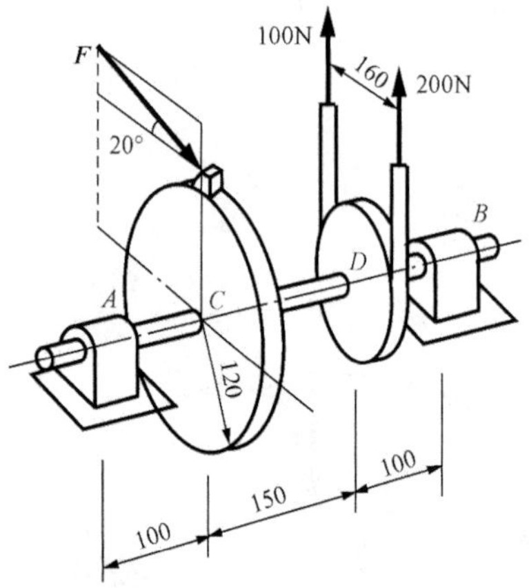

图 2 - 104 题 2 - 40 图

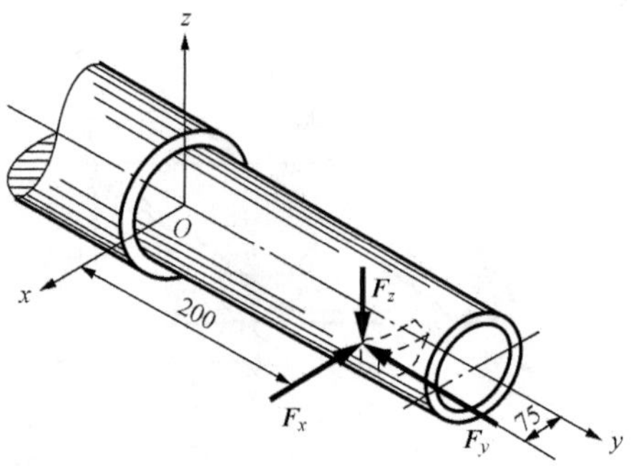

图 2 - 105 题 2 - 41 图

2 - 42 图 2 - 106 所示电动机以转矩 M 通过链条传动将重物 P 等速提起，链条与水平线成 30°角（直线 O_1x_1 平行于直线 Ax）。已知：$r=100$mm，$R=200$mm，$P=10$kN，链条主动边（下边）的拉力为从动边的两倍。轴及轮重不计，求支座 A 和 B 的约束力以及链条的拉力。

2 - 43 某减速箱由三轴组成如图 2 - 107 所示，动力由Ⅰ轴输入，在Ⅰ轴上作用转矩 $M_1=697$N·m。如齿轮节圆直径为 $D_1=160$mm，$D_2=632$mm，$D_3=204$mm，齿轮压力角为 20°。不计摩擦及轮、轴重量，求等速传动时，轴承 A，B，C，D 的约束力。

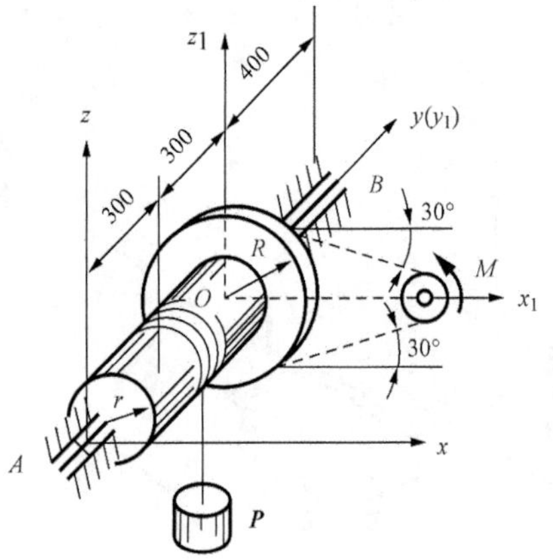

图 2 - 106 题 2 - 42 图

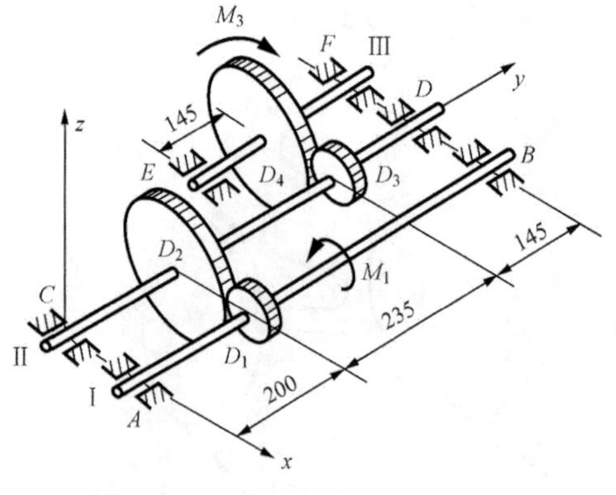

图 2 - 107 题 2 - 43 图

2 - 44 使水涡轮转动的力偶矩为 $M_z=1200$N·m。在锥齿轮 B 处受到的力分解为三个分力：切向力 $\boldsymbol{F}_t$，轴向力 $\boldsymbol{F}_a$ 和径向力 $\boldsymbol{F}_r$。这些力的比例为 $F_t : F_a : F_r=1 : 0.32 : 0.17$。已知水涡轮连同轴和锥齿轮的总重为 $P=12$kN，其作用线沿轴 Cz，锥齿轮的平均半径 $OB=0.6$m，其余尺寸如图 2 - 108 所示。求止推轴承 C 和轴承 A 的约束力。

2 - 45 如图 2 - 109 所示，均质正方形薄板重 $P=200$N，用球铰链 A 和蝶铰链 B 固定在墙上，并用绳子 CE 维持在水平位置。求绳子的拉力和支座约束力。

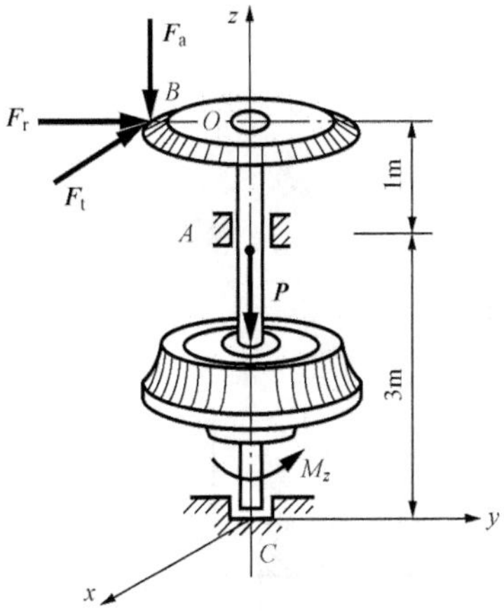

图 2-108 题 2-44 图

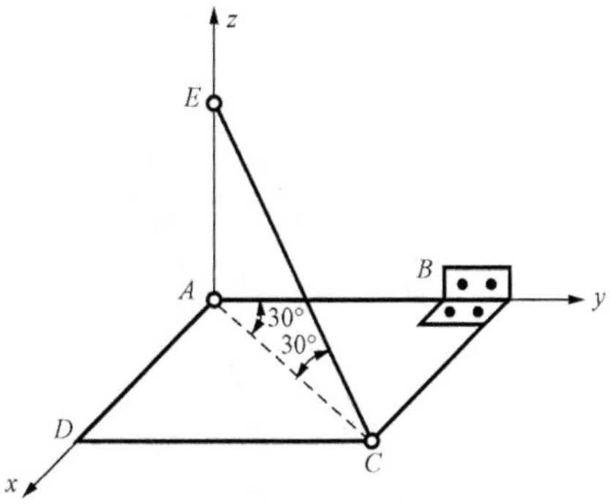

图 2-109 题 2-45 图

2-46 图 2-110 所示的六杆支撑一水平板，在板角处受铅垂力 $\boldsymbol{F}$ 作用。设板和杆自重不计，求各杆的内力。

2-47 无重曲杆 $ABCD$ 有两个直角，且平面 ABC 与平面 BCD 垂直。杆的 D 端为球铰支座，另一端 A 处受轴承支持，如图 2-111 所示。在曲杆的 AB，BC 和 CD 上作用有三个力偶，力偶所在平面分别垂直于 AB，BC 和 CD 三线段。已知力偶矩 M_2 和 M_3，求使曲杆处于平衡的力偶矩 M_1 和支座约束力。

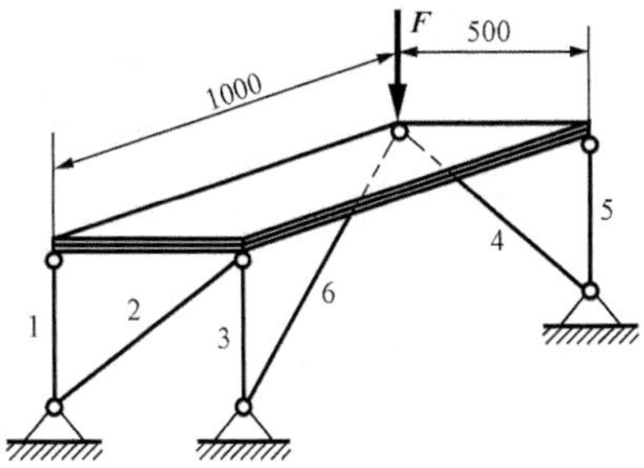

图 2-110 题 2-46 图

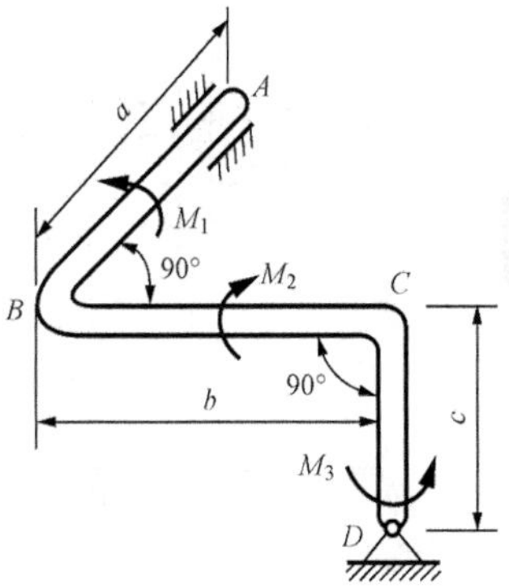

图 2-111 题 2-47 图

2-48 两个均质杆 AB 和 BC 分别重 $\boldsymbol{P}_1$ 和 $\boldsymbol{P}_2$，其端点 A 和 C 用球铰固定在水平面上，另一端 B 由球铰链相连接，靠在光滑的铅垂墙上，墙面与 AC 平行，如图 2-112 所示。如 AB 与水平线交角为 45°，$\angle BAC=90°$，求 A 和 C 的支座约束力以及墙上点 B 所受的压力。

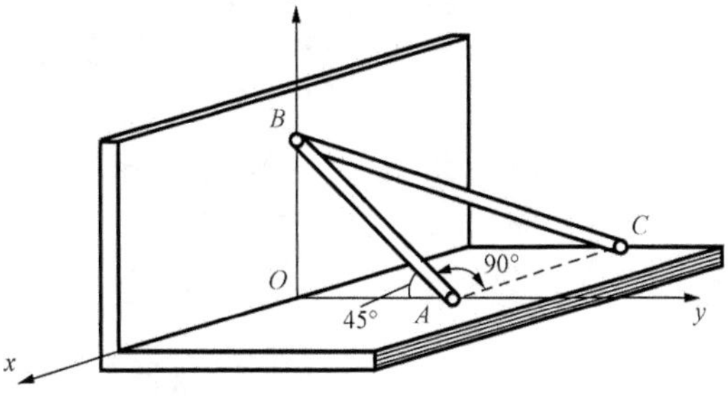

图 2-112 题 2-48 图

2-49 杆系由球铰连接，位于正方体的边和对角线上，如图 2-113 所示。在结点 D 沿对角线 LD 方向作用力 $\boldsymbol{F}_D$。在节点 C 沿 CH 边铅垂向下作用力 $\boldsymbol{F}$。如球铰 B，

L 和 H 是固定的，杆重不计，求各杆的内力。

2 - 50 梁的横断面如图 2 - 114 所示，求此图形形心的位置。

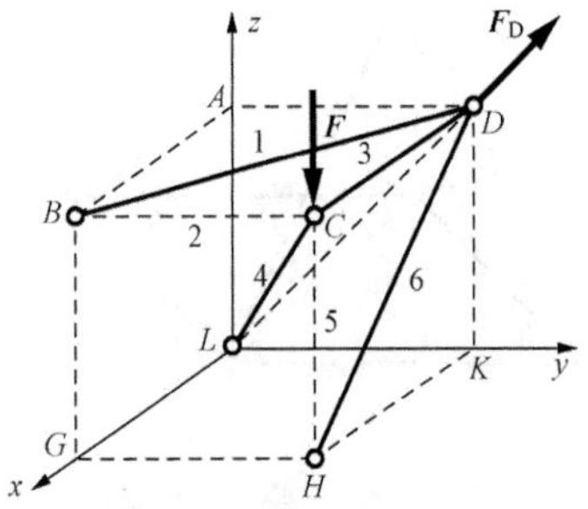

图 2 - 113 题 2 - 49 图

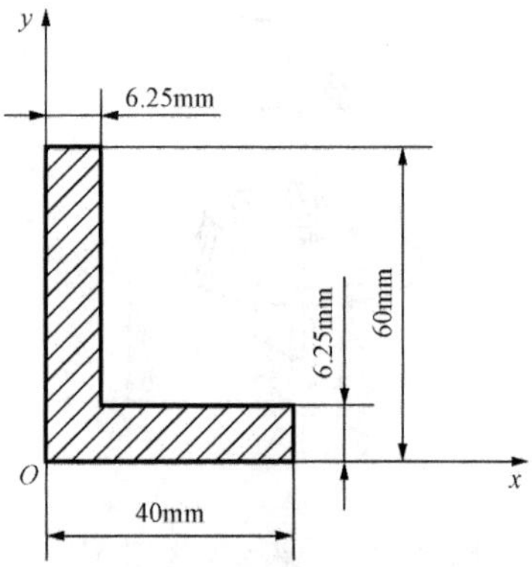

图 2 - 114 题 2 - 50 图

2 - 51 工字钢截面尺寸如图 2 - 115 所示，求此截面的几何中心。

2 - 52 图 2 - 116 所示的均质物体由半径为 r 的圆柱体和半径为 r 的半球体相结合组成。如均质物体的重心位于半球体的大圆的中心点 C，求圆柱体的高。

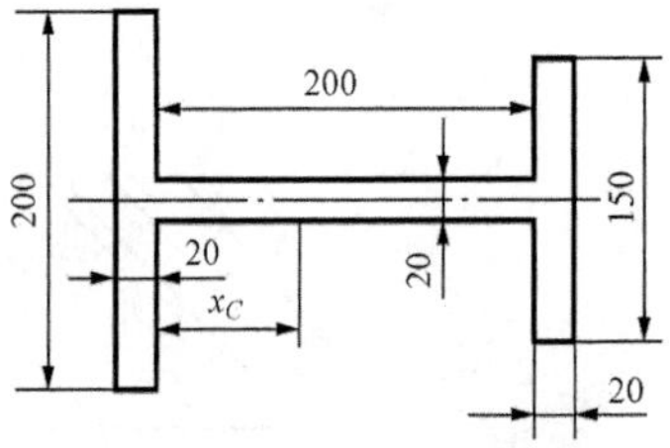

图 2 - 115 题 2 - 51 图

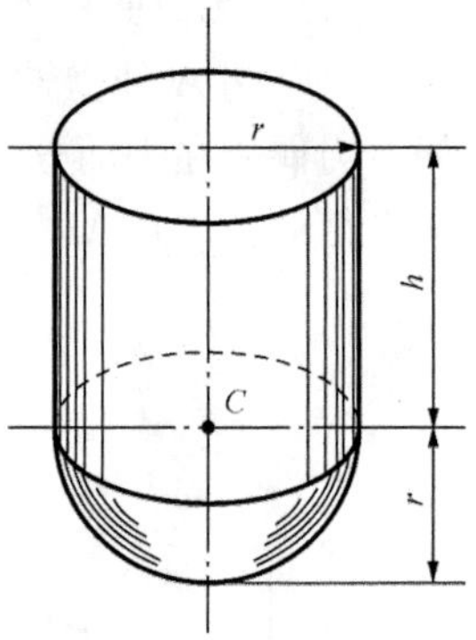

图 2 - 116 题 2 - 52 图

2 - 53 房屋建筑中，为隔音而采用的空心三角形楼梯踏步如图 2 - 117 所示，求其横截面的形心位置。

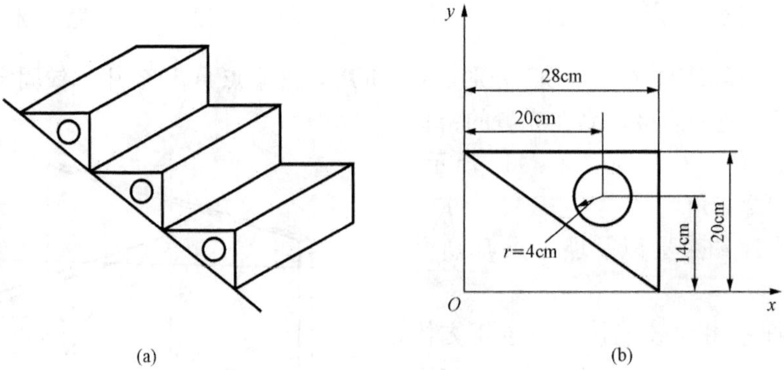

图 2 - 117 题 2 - 53 图

第三章 摩 擦

本章将介绍滑动摩擦及滚动摩阻定律，由于摩擦是一种极其复杂的物理—力学现象，这里仅介绍工程中常用的近似理论，另外将重点研究有摩擦存在时物体的平衡问题。

第一节 滑 动 摩 擦

两个表面粗糙的物体，当其接触表面之间有相对滑动趋势或相对滑动时，彼此作用有阻碍相对滑动的阻力，即滑动摩擦力。摩擦力作用在相互接触处，其方向与相对滑动的趋势或相对滑动的方向相反，它的大小根据主动力作用的不同，可以分为三种情况，即静滑动摩擦力，最大静滑动摩擦力和动滑动摩擦力。

1. 静滑动摩擦力及最大静滑动摩擦力

在粗糙的水平面上放置一重为 $\boldsymbol{P}$ 的物体，该物体在重力 $\boldsymbol{P}$ 和法向反力 $\boldsymbol{F}_N$ 的作用下处于静止状态如图 3 - 1（a）所示。今在该物体上作用一大小可变化的水平拉力 $\boldsymbol{F}$，当拉力 $\boldsymbol{F}$ 由零值逐渐增加但不很大时，物体仅有相对滑动趋势，但仍保持静止。可见支承面对物体除法向约束力 $\boldsymbol{F}_N$ 外，还有一个阻碍物体沿水平面向右滑动的切向约束力，此力即静滑动摩擦力，简称静摩擦力，常以 $\boldsymbol{F}_s$ 表示，方向沿两物体接触面公切线，并与两物体相对滑动趋势方向相反，如图 3 - 1（b）所示。它的大小由平衡条件确定。此时有

$$\sum F_x = 0,\quad F_s = F$$

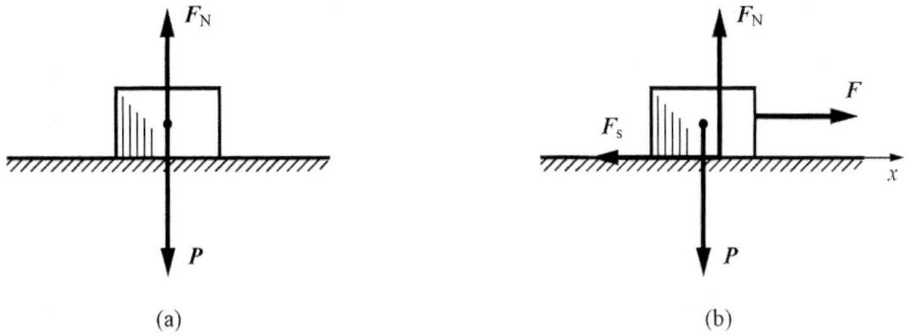

图 3 - 1 静滑动摩擦力

（a）粗糙水平面上放置一重为 $\boldsymbol{P}$ 的物体；（b）在物体上作用一大小可变化的水平拉力 F

由上式可知，静摩擦力的大小随主动力 $\boldsymbol{F}$ 的增大而增大，这是静摩擦力和一般约束力共同的性质。

静摩擦力又与一般约束力不同，它不随主动力 $\boldsymbol{F}$ 的增大而无限度地增大。当主动力 $\boldsymbol{F}$ 的大小达到一定数值时，物块处于平衡的临界状态。这时，静摩擦力达到最大值，即为最大静滑动摩擦力，简称最大静摩擦力，以 $\boldsymbol{F}_{max}$ 表示。此后，如果主动力 $\boldsymbol{F}$ 再继续增大，但静摩擦力不能再随之增大，物体将失去平衡而滑动。这就是静摩擦力的特点。

综上所述可知，静摩擦力的大小随主动力的情况而改变，但介于零与最大值之间，即

$$0 \leqslant F_s \leqslant F_{max} \tag{3-1}$$

实验表明：最大静摩擦力的大小与两物体间的正压力（即法向约束力）成正比，即

$$F_{max} = f_s F_N \tag{3-2}$$

式中：f_s 为比例常数，称为**静摩擦因数**，它是无量纲的量。

式（3-2）称为静摩擦定律（又称**库仑摩擦定律**），是工程中常用的近似理论。

静摩擦因数的大小需由实验测定。它与接触物体的材料和表面情况（如粗糙度、温度和湿度等）有关，而与接触面积的大小无关。

静摩擦因数的数值可在工程手册中查到，表 3-1 中列出了一部分常用材料的摩擦因数。但影响摩擦因数的因素很复杂，如果需用比较准确的数值时，必须在具体条件下进行实验测定。

表 3-1　　常用材料的滑动摩擦因数

材料名称	静摩擦因数		动摩擦因数	
	无润滑	有润滑	无润滑	有润滑
钢—钢	0.15	0.1～0.12	0.15	0.05～0.1
钢—软钢			0.2	0.1～0.2
钢—铸铁	0.3		0.18	0.05～0.15
钢—青铜	0.15	0.1～0.15	0.15	0.1～0.15
软钢—铸铁	0.2		0.18	0.05～0.15
软钢—青铜	0.2		0.18	0.07～0.15
铸铁—铸铁		0.18	0.15	0.07～0.12
铸铁—青铜			0.15～0.2	0.07～0.15
青铜—青铜		0.1	0.2	0.07～0.1
皮革—铸铁	0.3～0.5	0.15	0.6	0.15
橡皮—铸铁			0.8	0.5
木材—木材	0.4～0.6	0.1	0.2～0.5	0.07～0.15

2. *动滑动摩擦力*

当滑动摩擦力已达到最大值时，若主动力 $\boldsymbol{F}$ 再继续加大，接触面之间将出现相对滑动。此时，接触物体之间仍作用有阻碍相对滑动的阻力，这种阻力称为动滑动摩擦力，简称**动摩擦力**，以 $\boldsymbol{F}$ 表示。实验表明：动摩擦力的大小与接触物体间的正压力成正比，即

$$F = fF_N \tag{3-3}$$

式中：f 为**动摩擦因数**，它与接触物体的材料和表面情况有关。

一般情况下，动摩擦因数小于静摩擦因数，即 $f < f_s$。

实际上动摩擦因数还与接触物体间相对滑动的速度大小有关。对于不同材料的物体，动摩擦因数随相对滑动的速度变化规律也不同。多数情况下，动摩擦因数随相对滑动速度的增大而稍减少。但当相对滑动速度不大时，动摩擦因数可近似地认为是个常数，参阅表 3-1。

在机器中，往往用降低接触表面的粗糙度或加入润滑剂等方法，使动摩擦因数 f 降低，以减小摩擦和磨损。

第二节　摩擦角和自锁现象

1. 摩擦角

当有摩擦时，支承面对平衡物体的约束力包含法向约束力 $\boldsymbol{F}_N$ 和切向约束力 $\boldsymbol{F}_s$（即静摩擦力）。这两个分力的矢量和 $\boldsymbol{F}_{RA}=\boldsymbol{F}_N+\boldsymbol{F}_s$ 称为支承面的全约束力，它的作用线与接触面的公法线成一偏角 φ，如图 3 - 2（a）所示。当物块处于平衡的临界状态时，静摩擦力达到由式（3 - 2）确定的最大值，偏角 φ 也达到最大值 φ_f，如图 3 - 2（b）所示。全约束力与法线间的夹角的最大值 φ_f 称为摩擦角。由图 3 - 2（b）可得

$$\tan\varphi_f=\frac{F_{max}}{F_N}=\frac{f_sF_N}{F_N}=f_s \tag{3-4}$$

即：摩擦角的正切等于静摩擦因数。可见，摩擦角与摩擦因数一样，都是表示材料表面性质的量。

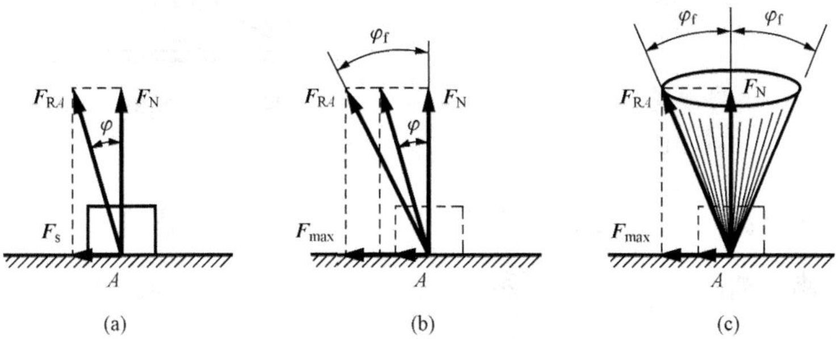

图 3 - 2　摩擦角

（a）偏角 φ；（b）偏角达最大值 φ_f；（c）摩擦锥

当物块的滑动趋势方向改变时，全约束力作用线的方位也随之改变；在临界状态下，$\boldsymbol{F}_{RA}$的作用线将画出一个以接触点 A 为顶点的锥面，如图 3 - 2（c）所示，称为摩擦锥。设物块与支承面间沿任何方向的摩擦因数都相同，即摩擦角都相等，则摩擦锥将是一个顶角为 $2\varphi_f$ 的圆锥。

2. 自锁现象

物块平衡时，静摩擦力不一定达到最大值，可在零与最大值 F_{max}之间变化，所以全约束力与法线间的夹角 φ 也在零与摩擦角 φ_f 之间变化，即

$$0\leqslant\varphi\leqslant\varphi_f \tag{3-5}$$

由于静摩擦力不可能超过最大值，因此全约束力的作用线也不可能超出摩擦角以外，即全约束力必在摩擦角之内。由此可知：

（1）如果作用与物块的全部主动力的合力 $\boldsymbol{F}_R$ 的作用线在摩擦角 φ_f 之内，则无论这个力怎样大，物块必保持静止。这种现象称为自锁现象。因为在这种情况下，主动力的合力 $\boldsymbol{F}_R$ 与法线间的夹角 $\theta<\varphi_f$，因此，$\boldsymbol{F}_R$ 和全约束力 $\boldsymbol{F}_{RA}$必能满足二力平衡条件，且 $\theta=\varphi<\varphi_f$，如图 3 - 3（a）所示。工程实际中常应用自锁条件设计一些机构或夹具，如千斤顶、压榨机、圆锥销等，使它们始终保持在平衡状态下工作。

（2）如果全部主动力的合力 $\boldsymbol{F}_R$ 的作用线在摩擦角 φ_f 之外，则无论这个力怎样小，物块

一定会滑动。因为在这种情况下，$\theta>\varphi_f$，而$\theta\leqslant\varphi_f$，支承面的全约束力 $\boldsymbol{F}_{RA}$ 和主动力的合力 $\boldsymbol{F}_R$ 不能满足二力平衡条件，如图 3-3（b）所示。应用这个道理，可以设法避免发生自锁现象。

利用摩擦角的概念，可用简单的实验方法，测定静摩擦因数。如图 3-4 所示，把要测定的两种材料分别做成斜面和物块，把物块放在斜面上，并逐渐从零起增大斜面的倾角 φ，直到物块刚开始下滑时为止。这时的 φ 角就是要测定的摩擦角 φ_f，因为当物块处于临界状态时，$\boldsymbol{P}=-\boldsymbol{F}_{RA}$，$\varphi=\varphi_f$。由式（3-4）求得摩擦因数，即

$$f_s=\tan\varphi_f=\tan\varphi$$

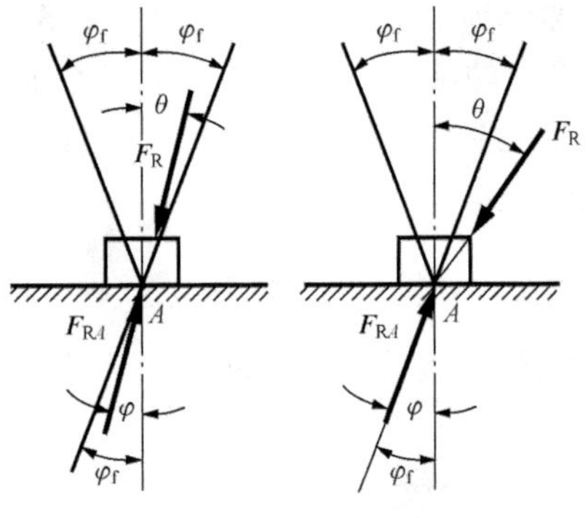

(a)　　(b)

图 3-3　自锁现象

(a) 自锁；(b) 不自锁

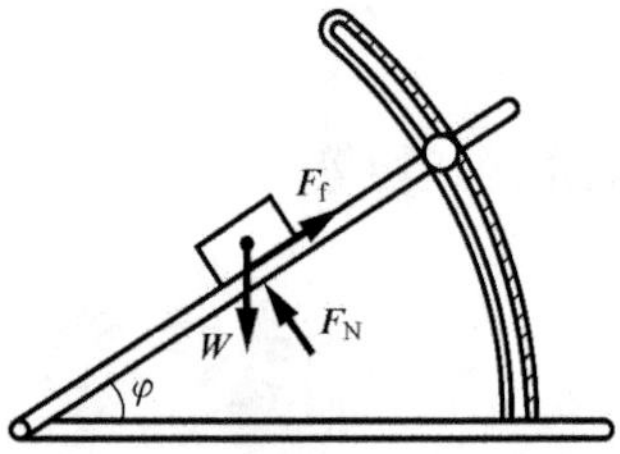

图 3-4　测定静摩擦因数

前面已用解析方法分析了摩擦自锁发生的条件，如果用摩擦锥的概念进行几何分析，则物理概念更为清晰。如图 3-5（a）所示，如果 $\alpha+\varphi_m=\dfrac{\pi}{2}$，则摩擦锥的一边水平，无论作用力 $\boldsymbol{F}$ 多大，物块上主动力的合力 $\boldsymbol{F}_P$ 的作用线永远落在摩擦锥以内，发生摩擦自锁。对 $\alpha+\varphi_m>\dfrac{\pi}{2}$ 情况的论证相同。如果 $\boldsymbol{F}=0$，且有 $\alpha\leqslant\varphi_m$，如图 3-5（b）所示，主动力 $\boldsymbol{W}$ 的作用线落在摩擦锥内，无论物块的重量多大也不能破坏平衡，物块摩擦自锁。

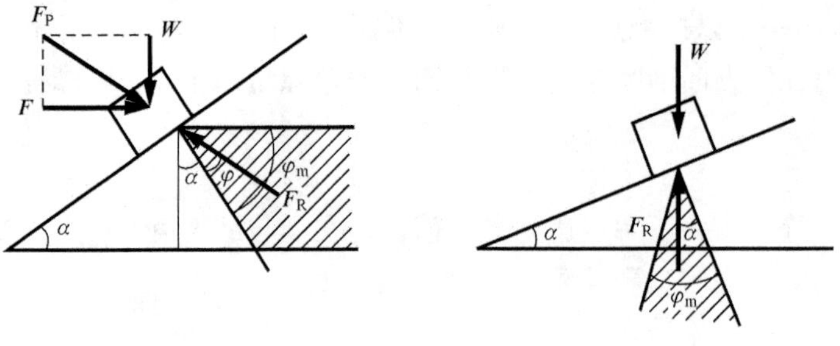

(a)　　(b)

图 3-5　用摩擦锥的概念进行几何分析

(a) $\alpha+\varphi_m=\dfrac{\pi}{2}$；(b) $\alpha+\varphi_m>\dfrac{\pi}{2}$

斜面的自锁条件就是螺纹［见图 3-6（a）］的自锁条件。因为螺纹可以看成为绕在一圆柱体的斜面，如图 3-6（b）所示，螺纹升角 α 就是斜面的倾角，要使螺纹自锁，必须使螺纹的升角 α 小于或等于摩擦角 φ_f。因此螺纹的自锁条件是

$$\alpha\leqslant\varphi_f$$

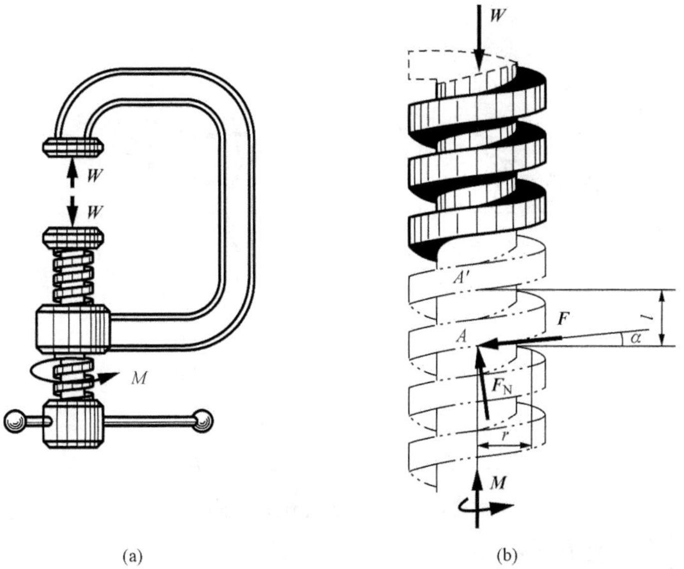

图 3-6 斜面的自锁条件
(a) 螺纹的自锁；(b) 自锁条件

若螺纹千斤顶的螺杆与螺母之间的摩擦因数为 $f_s=0.1$，则

$$\tan\varphi_f = f_s = 0.1$$

得

$$\varphi_f = 5°43'$$

为保证螺旋千斤顶自锁，一般取螺纹升角 $\alpha=4°\sim4°30'$。

第三节 考虑摩擦时物体的平衡问题

考虑摩擦时，求解物体平衡问题的步骤与前几章所述大致相同，但有如下几个特点：①分析物体受力时，必须考虑接触面间切向的摩擦力 $\boldsymbol{F}_s$，通常增加了几个未知量的数目；②为确定这些新增加的未知量，还需列出补充方程，即 $F_s \leqslant f_s F_N$，补充方程的数目与摩擦力的数目相同；③由于物体平衡时摩擦力有一定的范围（即 $0 \leqslant F_s \leqslant f_s F_N$），所以有摩擦时平衡问题的解亦有一定的范围，而不是一个确定的值。

工程中有不少问题只需要分析平衡的临界状态，这时静摩擦力等于其最大值，补充方程只取等号。有时为了计算方便，也先在临界状态下计算，求得结果后再分析，讨论其解的平衡问题。

【例 3-1】 物体重为 $\boldsymbol{P}$，放在倾角为 θ 的斜面上，它与斜面间的摩擦因数为 f_s，如图 3-7 (a) 所示。当物体处于平衡时，试求水平力 $\boldsymbol{F}_1$ 的大小。

解 由经验易知，力 F_1 太大，物块将上滑；力 F_1 太小，物块将下滑，因此 F_1 应在最大值与最小值之间。

先求力 F_1 的最大值。当力 F_1 达到此值时，物体处于将要向上滑动的临界状态。在此情形下，摩擦力 $\boldsymbol{F}_s$ 沿斜面向下，并达到最大值 $\boldsymbol{F}_{max}$。物体共受 4 个力作用：已知力 $\boldsymbol{P}$，未

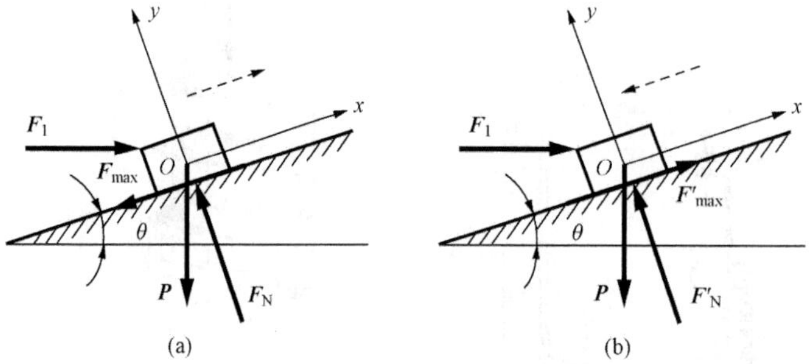

图 3-7 ［例 3-1］图 1

(a) 向上运动趋势时的受力图；(b) 向下运动趋势时的受力图

知力 $\boldsymbol{F}_1$，$\boldsymbol{F}_{\mathrm{N}}$，$\boldsymbol{F}_{\max}$，如图 3-7（a）所示。列平衡方程

$$\sum F_x = 0,\quad F_1\cos\theta - P\sin\theta - F_{\max} = 0$$

$$\sum F_y = 0,\quad F_{\mathrm{N}} - F_1\sin\theta - P\cos\theta = 0$$

此外，还有 1 个补充方程，即

$$F_{\max} = f_s F_{\mathrm{N}}$$

三式联立，可解得水平推力 F_1 的最大值为

$$F_{1\max} = P\frac{\sin\theta + f_s\cos\theta}{\cos\theta - f_s\sin\theta}$$

现再求 F_1 的最小值。当力 F_1 达到此值时，物体处于将要向下滑动的临界状态。在此情形下，摩擦力沿斜面向上，并达到另一最大值，用 $\boldsymbol{F}'_{\max}$ 表示此力，物体的受力情况如图 3-7（b）所示。列平衡方程

$$\sum F_x = 0,\quad F_1\cos\theta - P\sin\theta + F'_{\max} = 0$$

$$\sum F_y = 0,\quad F'_{\mathrm{N}} - F_1\sin\theta - P\cos\theta = 0$$

此外，再列出补充方程

$$F'_{\max} = f_s F'_{\mathrm{N}}$$

三式联立，可解得水平推力 F_1 的最小值为

$$F_{1\min} = P\frac{\sin\theta - f_s\cos\theta}{\cos\theta + f_s\sin\theta}$$

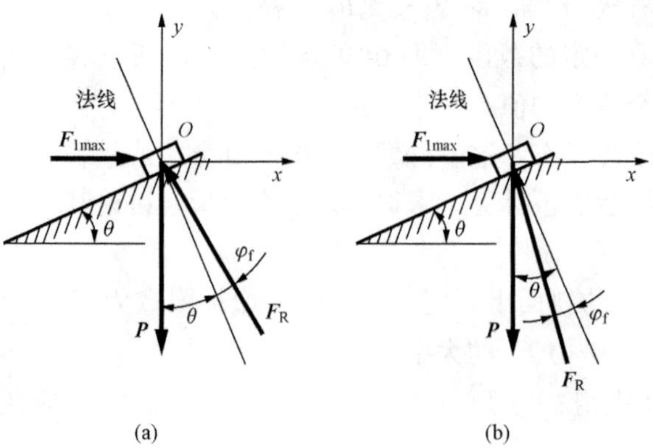

图 3-8 ［例 3-1］图 2

(a) 物体有向上滑动趋势时临界状态的受力图；(b) 物体有向下滑动趋势并且达临界状态时的受力图

综合上述两个结果可知：为使物块静止，力 $\boldsymbol{F}_1$ 必须满足如下条件

$$P\frac{\sin\theta - f_s\cos\theta}{\cos\theta + f_s\sin\theta} \leqslant F_1 \leqslant P\frac{\sin\theta + f_s\cos\theta}{\cos\theta - f_s\sin\theta}$$

本题也可以利用摩擦角的概念，使用全约束力来进行求解。当物块有向上滑动趋势且达临界状态时，全约束力 $\boldsymbol{F}_{\mathrm{R}}$ 与法线夹角为摩擦角 φ_{f}，物块受力如图 3-8（a）所示。这是平面汇交力系，平衡方程如下

$$\sum F_y = 0,\quad F_{\mathrm{R}}\cos(\theta + \varphi_{\mathrm{f}}) - P = 0$$

$$\sum F_x = 0,\quad F_{1\max} - F_{\mathrm{R}}\sin(\theta + \varphi_{\mathrm{f}}) = 0$$

解得

$$F_{1\max} = P\tan(\theta + \varphi_f)$$

同样，当物块有向下滑动趋势且达临界状态时，受力如图 3 - 8（b）所示，平衡方程为

$$\sum F_y = 0,\quad F_R\cos(\theta - \varphi_f) - P = 0$$

$$\sum F_x = 0,\quad F_{1\min} - F_R\sin(\theta - \varphi_f) = 0$$

解得

$$F_{1\min} = P\tan(\theta - \varphi_f)$$

由以上计算知，使物块平衡的力 $\boldsymbol{F}_1$ 应满足

$$P\tan(\theta - \varphi_f) \leqslant F_1 \leqslant P\tan(\theta + \varphi_f)$$

这一结果与用解析法计算的结果是相同的。对图 3 - 8（a）、（b）所示的两个平面汇交力系也可以不列平衡方程，只需用几何法画出封闭的力三角形就可以直接求出 $F_{1\max}$ 和 $F_{1\min}$。

在此例题中，如斜面的倾角小于摩擦角，即 $\theta \leqslant \varphi_f$ 时，水平推力 $F_{1\min}$ 为负值。这说明，此时物块不需要力 F_1 的支持就能静止于斜面上，而且无论重力 $\boldsymbol{P}$ 值多大，物块也不会下滑，这就是自锁现象。

应该强调指出，在临界状态下求解有摩擦的平衡问题时，必须根据相对滑动的趋势，正确判定摩擦力的方向。这是因为解题中引用了补充方程 $F_{\max} = f_s F_N$，由于 f_s 为正值，$F_{\max}$ 与 F_N 必须有相同的符号。法向约束力 $\boldsymbol{F}_N$ 的方向总是确定的，$\boldsymbol{F}_N$ 值永为正，因而 $\boldsymbol{F}_{\max}$ 也应为正值，即摩擦力 $\boldsymbol{F}_{\max}$ 的方向不能假定，必须按真实方向给出。

【例 3 - 2】 图 3 - 9（a）所示梯子 AB 一端靠在铅垂的墙壁上，另一端搁置在水平地面上。假设梯子与墙壁间为光滑约束，而与地面之间存在摩擦。已知摩擦因数为 f_s，梯子重为 $\boldsymbol{W}$。试求：（1）若梯子在倾角 α_1 的位置保持平衡，求约束力 $\boldsymbol{F}_{NA}$，$\boldsymbol{F}_{NB}$ 和摩擦力 $\boldsymbol{F}_A$。（2）若使梯子不置滑倒，求其倾角 α 的范围。

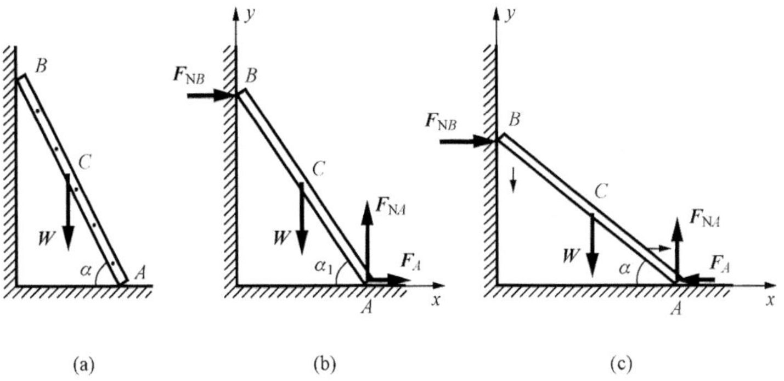

图 3 - 9 ［例 3 - 2］图

（a）梯子 AB 一端靠在铅垂的墙壁上；（b）梯子的受力图；

（c）梯子不滑倒临界状态的受力图

解 本例的（1）和（2）两问，分别属于第一类和第二类问题。为简化计算，将梯子看成均质杆，设 $AB = l$。

（1）梯子的受力图如图 3 - 9（b）所示，其中将摩擦力 $\boldsymbol{F}_A$ 作为一般的约束力，设其方

向如图所示。于是有

$$\sum M_A(\boldsymbol{F})=0,\quad W\frac{l}{2}\cos\alpha_1-F_{NB}l\sin\alpha_1=0$$

$$F_{NB}=\frac{W}{2}\times\frac{\cos\alpha_1}{\sin\alpha_1}$$

$$\sum F_y=0,\quad F_{NA}=W$$

$$\sum F_x=0,\quad F_A+F_{NB}=0,\quad F_A=-\frac{W}{2}\cot\alpha_1$$

与前几章求约束力相类似，$F_A<0$ 的结果表明图 3 - 9（b）中所设的 $\boldsymbol{F}_A$ 方向与实际方向相反。

（2）因此，摩擦力 $\boldsymbol{F}_A$ 的方向必须根据梯子在地面上的滑动趋势预先确定。这种情形下，梯子的受力图如图 3 - 9（c）所示，于是平衡方程和物理条件分别为

$$\sum M_A(\boldsymbol{F})=0,\quad W\times\frac{l}{2}\cos\alpha-F_{NB}l\sin\alpha=0$$

$$\sum F_y=0,\quad F_{NA}-W=0$$

$$\sum F_x=0,\quad F_A-F_{NB}=0$$

物理方程

$$F_A=f_sF_{NA}$$

据此不仅可以解出 A，B 两处的约束力，而且可以确定保持平衡时梯子的临界倾角

$$\alpha=\mathrm{arccot}(2f_s)$$

由常识可知，α 越大，梯子越易保持平衡，故平衡时梯子对地面的倾角范围为

$$\alpha\geqslant\mathrm{arccot}(2f_s)$$

【例 3 - 3】 攀登电线杆的脚套钩如图 3 - 10（a）所示。设电线杆直径为 d，A，B 间的铅垂距离 b。若套钩与电线杆之间摩擦因数 f_s，求工人操作时，为了安全，站在套钩上的最小距离 l 应为多大？

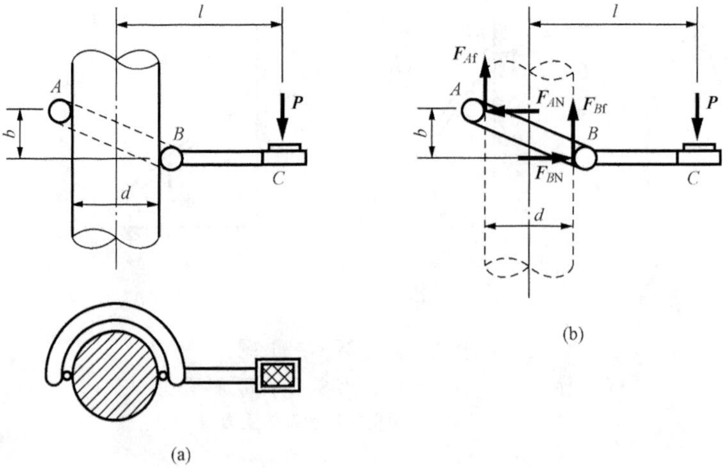

图 3 - 10 ［例 3 - 3］图

（a）攀登电线杆的脚套钩；（b）受力图

解 研究套钩的平衡，受力图如图 3 - 10（b）所示。

由于在人的重力作用下套钩有下滑的趋势，所以 A，B 两点的摩擦力方向均向上。在平衡的极限状态，两摩擦力同时达到最大静摩擦力的数值。列平衡方程

$$\left.\begin{aligned}&\sum F_x = 0, \quad F_{BN} - F_{AN} = 0\\&\sum F_y = 0, \quad F_{Bf} - P + F_{Af} = 0\\&\sum M_A(\boldsymbol{F}) = 0, \quad F_{BN}b + F_{Bf}d - P\left(l + \frac{d}{2}\right) = 0\end{aligned}\right\} \qquad ①$$

补充方程

$$F_{Af} = f_s F_{AN}, \quad F_{Bf} = f_s F_{BN} \qquad ②$$

解得

$$l = \frac{b}{2f_s}$$

由式①和式②知 A，B 处的摩擦力为定值 $F_{Af}=F_{Bf}=P/2$。当 l 加大时 F_{Bf} 也增大，B 处的最大静摩擦力也增大。平衡更加安全。由此平衡极限状态是 l 的下限

$$l_{\min} = \frac{b}{2f_s}$$

所得结果与 P 无关，即不管 P 多大，套钩都能保持平衡，这是摩擦自锁的特征。

【例 3 - 4】 轴的摩擦制动装置简图如图 3 - 11（a）所示，轴上外加的力偶矩 M=1000N·m，制动轮半径 r=250mm，制动轮与制动块间的静摩擦因数 f_s=0.25，试求制动时制动块加在制动轮上正压力的最小值。

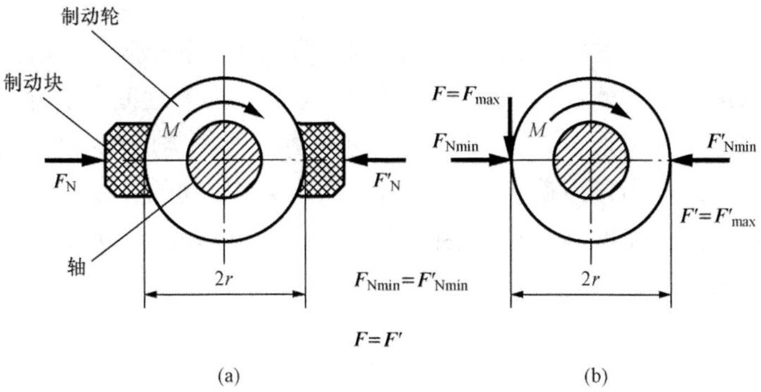

图 3 - 11 ［例 3 - 4］图

（a）轴的摩擦制动装置简图；（b）轴和制动轮组成的系统受力图

解 制动块与制动轮之间的摩擦力与正压力有关，正压力太小，产生的摩擦力不能形成足够大的力偶矩以平衡外加力偶矩，因而达不到制动的目的。

现假设正压力的最小值为 F_{Nmin}，这时加在轴上的主动力偶矩和摩擦力偶矩正好使系统达到转动的临界状态。轴和制动轮组成的系统受力图如图 3 - 11（b）所示。根据对轴心的力矩平衡方程

$$\sum M(F) = 0, \quad F \times 2r - M = 0 \qquad ①$$

而这时的摩擦力达到最大值。即

$$F_{\max} = f_s F_{Nmin} \qquad ②$$

将式②代入式①，得

$$F_{\mathrm{Nmin}}=\frac{M}{2f_s r}=\frac{1000}{2\times 0.25\times 250\times 10^{-3}}=8000(\mathrm{N})$$

【例 3 - 5】 图 3 - 12（a）所示起重用抓具，由弯杆 ABC 和 DEF 组成，两根弯杆由 BE 杆在 B，E 两处用铰链连接，抓具各部分的尺寸如图 3 - 12 所示。这种抓具是靠摩擦力抓取重物的。试求为了抓取重物，抓具与重物之间的静摩擦因数应为多大？

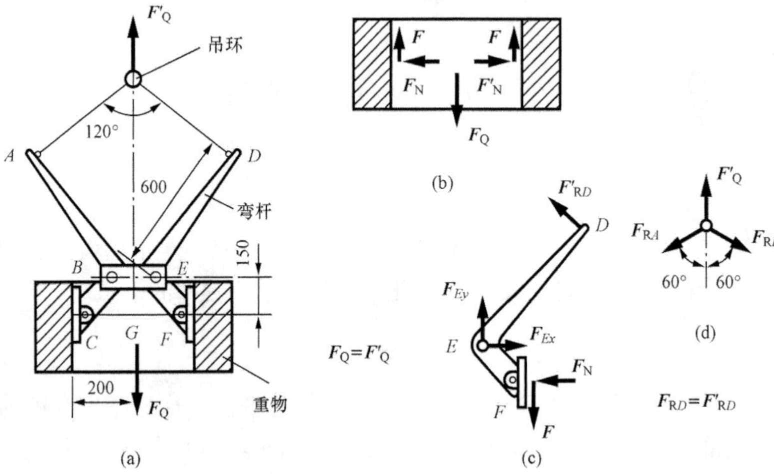

图 3 - 12 ［例 3 - 5］图

（a）起重用抓具；（b）重物的受力图；（c）弯杆 DEF（或 ABC）的受力图；（d）吊环的受力图

解 这是一个具有摩擦的刚体系统平衡问题。只考虑整体或某个局部是不能求得问题的解答的。例如考虑重物的平衡，只能确定重量 $\boldsymbol{F}_Q$ 与摩擦力 $\boldsymbol{F}$ 之间的关系，而摩擦力与正压力有关，在正压力未知的情形下，无法从重物的平衡求得所需的摩擦因数。为求摩擦因数，还必须考虑其他部分的平衡，以确定正压力与已知力 $\boldsymbol{F}_Q$ 之间的关系。

设抓具与重物之间所需的最小摩擦因数为 f_s，重物正好开始下滑，即重物达到临界运动状态。这时摩擦力达到最大值，即

$$F=F_{\max}=f_sF_N \qquad ①$$

将系统拆开，分别以重物、弯杆 DEF（或 ABC）、吊环为平衡对象，其受力分别如图 3 - 12（b）～（d）所示。先考虑重物平衡，求得 f_s 与 F_Q，F_N 的关系，再考虑弯杆 DEF 和吊环的平衡，求得 F_N 与 F_Q 的关系，最后便可求得 f_s。

（1）考虑重物平衡，由图 3 - 12（b）可以写出

$$\sum F_y=0,\quad 2F-F_Q=0,\quad F=\frac{F_Q}{2} \qquad ②$$

将式③代入式①，得

$$2f_sF_N=F_Q$$

$$f_s=\frac{F_Q}{2F_N} \qquad ③$$

其中 F_N 尚为未知。

（2）考虑弯杆 DEF 的平衡，确定 F_N。由图 3 - 12（c）可以写出

$$\sum M_E = 0, F_{RD} \times 600 \times 10^{-3} - F \times 200 \times 10^{-3} - F_N \times 150 \times 10^{-3} = 0 \quad ④$$

将式②代入式①，得

$$F_N = \frac{600 \times 10^{-3} F_{RD} - 100 \times 10^{-3} F_Q}{150 \times 10^{-3}} \quad ⑤$$

（3）考虑吊环的平衡，确定 F_{RD}。由图 3 - 12（d）可以写出

$$\sum F_x = 0, \quad F_{RD}\sin 60° - F_{RA}\sin 60° = 0$$

$$F_{RD} = F_{RA}$$

$$\sum F_y = 0, \quad -F_{RD}\cos 60° - F_{RA}\cos 60° + F_Q = 0$$

$$F_{RA} = F_{RD} = F_Q \quad ⑥$$

将式⑥代入式⑤解出

$$F_N = \frac{50}{15} F_Q$$

将这一结果代入式③便得到需要的最小静摩擦因数

$$f_s = \frac{F_Q}{2F_N} = 0.15$$

【例 3 - 6】 图 3 - 13 所示的均质木箱重 $P=5\text{kN}$，它与地面间的静摩擦因数 $f_s=0.4$。图中 $h=2a=2\text{m}$，$\theta=30°$。求：（1）当 D 处的拉力 $F=1\text{kN}$ 时，木箱是否平衡？（2）能保持木箱平衡的最大拉力。

解　与保持木箱平衡，必须满足两个条件：①不发生滑动，即要求静摩擦力 $F_s \leqslant F_{max} = f_s F_N$；②不绕 A 点翻倒，这时法向约束力 $\boldsymbol{F}_N$ 的作用线应在木箱内，即 $d>0$。

（1）取木箱为研究对象，受力如图 3 - 13 所示，列平衡方程

$$\sum F_x = 0, \quad F_s - F\cos\theta = 0 \quad ①$$

$$\sum F_y = 0, \quad F_N - P + F\sin\theta = 0 \quad ②$$

$$\sum M_A(\boldsymbol{F}) = 0, \quad hF\cos\theta - P\frac{a}{2} + F_N d = 0 \quad ③$$

求解以上各方程，得

$$F_s = 0.866\text{kN}, \quad F_N = 4.5\text{kN}, \quad d = 0.171\text{m}$$

此时木箱与地面间最大摩擦力

$$F_{max} = f_s F_N = 1.8\text{kN}$$

可见，$F_s < F_{max}$，木箱不滑动；又 $d>0$，木箱不会翻倒。因此，木箱保持平衡。

（2）为求保持平衡的最大拉力 $\boldsymbol{F}$，可分别求出木箱将滑动时的临界拉力 $\boldsymbol{F}_h$ 和木箱将绕 A 点翻倒的临界拉力 $\boldsymbol{F}_f$。二者中取其较小者，即为所求。

木箱将滑动的条件为

$$F_s = F_{max} = f_s F_N \quad ④$$

由式①、式②和式④联立解得

$$F_h = \frac{f_s P}{\cos\theta + f_s \sin\theta} = 1.876\text{kN}$$

木箱将绕 A 点翻倒的条件 $d=0$，代入式③，得

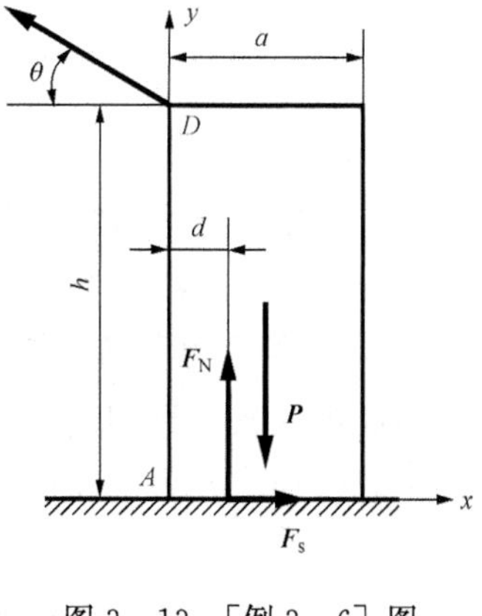

图 3 - 13　[例 3 - 6] 图

$$F_f = \frac{Pa}{2h\cos\theta} = 1.443\text{kN}$$

由于 $F_f < F_h$，所以保持木箱平衡的最大拉力为

$$F = F_f = 1.443\text{kN}$$

这说明，当拉力 F 逐渐增大时，木箱将先翻倒而失去平衡。

第四节 滚动摩阻的概念

由实践可知，使滚子滚动比使它滑动省力。所以在工程中，为了提高效率，减轻劳动强度，常利用物体的滚动代替物体的滑动。设在水平面上有一滚子，重量为 P，半径为 r，在其中心 O 上作用一水平力 $\boldsymbol{F}$，当力 $\boldsymbol{F}$ 不大时，滚子仍保持静止。若滚子的受力情况如图 3 - 14 所示，则滚子不可能保持平衡。因为静滑动摩擦力 $\boldsymbol{F}_s$ 与力 $\boldsymbol{F}$ 组成一力偶，将使滚子发生滚动。但是，实际上当力 $\boldsymbol{F}$ 不大时，滚子是可以平衡的。这是因为滚子和平面实际上并不是刚体，它们在力的作用下都会发生变形，有一个接触面，如图 3 - 15（a）所示。在接触面上，物体受分布力的作用，这些力向点 A 简化，得到一个力 $\boldsymbol{F}_R$ 和一个力偶，力偶的矩为 M_f，如图 3 - 15（b）所示。这个力 $\boldsymbol{F}_R$ 可分解为摩擦力 $\boldsymbol{F}_s$ 和法向约束力 $\boldsymbol{F}_N$，这个矩为 M_f 的力偶称为**滚动摩阻力偶**（简称滚阻力偶），它与力偶（$\boldsymbol{F}$，$\boldsymbol{F}_s$）平衡，它的转向与滚动的趋势相反，如图 3 - 15（c）所示。

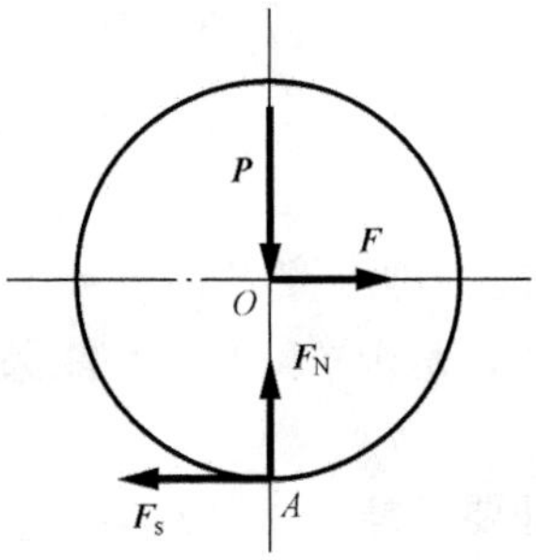

图 3 - 14 滚子的受力情况

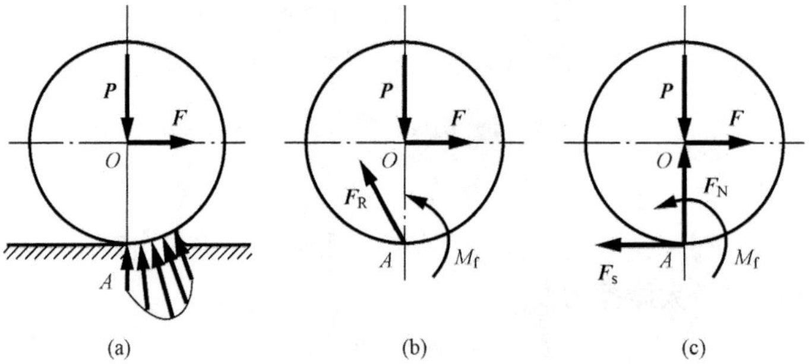

图 3 - 15 滚动摩阻的概念

（a）滚子和平面在力的作用下都会发生变形；（b）接触面上，物体受力向 A 点简化；（c）滚动摩阻力偶

与静滑动摩擦力相似，**滚动摩阻力偶矩** M_f 随着主动力的增加而增大，当力 $\boldsymbol{F}$ 增加到某个值时，滚子处于将滚未滚的临界平衡状态；这时，滚动摩阻力偶矩达到最大值，称为最大滚动摩阻力偶矩，用 M_{max} 表示。若力 F 再增大一点，轮子就会滚动。在滚动过程中，滚动摩阻力偶矩近似等于 M_{max}。

由此可知，滚动摩阻力偶矩 M_f 的大小介于零与最大值之间，即

$$0 \leqslant M_f \leqslant M_{max} \tag{3-6}$$

由实验表明：最大滚动摩阻力偶矩 M_{max} 与滚半径无关，而与支承面的正压力（法向约

束力）$\boldsymbol{F}_N$ 的大小成正比，即

$$M_{max} = \delta F_N \tag{3-7}$$

式中：δ 为比例常数，称为**滚动摩阻系数**，简称滚阻系数。滚动摩阻系数具有长度的量纲，单位一般用 mm。

这就是滚动摩阻定律。

滚动摩阻系数由实验测定，它与滚子和支承面的材料的硬度和湿度等有关，与滚子的半径无关。如表 3 - 2 所示为几种材料的滚动摩阻系数的值。

表 3 - 2　　滚动摩阻系数 δ

材料名称	δ(mm)	材料名称	δ(mm)
铸铁与铸铁	0.5	软钢与钢	0.5
钢质车轮与钢轨	0.05	有滚珠轴承的料车与钢轨	0.09
木与钢	0.3～0.4	无滚珠轴承的料车与钢轨	0.21
木与木	0.5～0.8	钢质车轮与木面	1.5～2.5
软木与软木	1.5	轮胎与路面	2～5
淬火钢珠与钢	0.01		

滚阻系数的物理意义如下：滚子在即将滚动的临界平衡状态时，其受力图如图 3 - 16（a）所示。根据力的平移定理，可将其中的法向约束力 $\boldsymbol{F}_N$ 与最大滚动摩阻力偶 M_{max} 合成为一个力 $\boldsymbol{F}'_N$，且 $F'_N = F_N$。力 $\boldsymbol{F}'_N$ 的作用线距中心线的距离为 d，如图 3 - 16（b）所示。即

$$d = \frac{M_{max}}{F'_N}$$

与式（3 - 7）比较，得

$$\delta = d$$

因而滚动摩阻系数 δ 可看成在即将滚动时，法向约束力 $\boldsymbol{F}'_N$ 离中心线的最远距离，也就是最大滚阻力偶（$\boldsymbol{F}'_N$，$\boldsymbol{P}$）的臂，故它具有长度的量纲。

由于滚动摩阻系数较小，因此，在大多数情况下滚动摩阻是可以忽略不计的。

由图 3 - 16（a）所示，可以分别计算出使滚子滚动或滑动所需要的水平拉力 $\boldsymbol{F}$。

由平衡方程 $\sum M_A(\boldsymbol{F}) = 0$，可以求得

$$F_g = \frac{M_{max}}{R} = \frac{\delta F_N}{R} = \frac{\delta}{R}P$$

由平衡方程 $\sum F_x = 0$，可以求得

$$F_h = F_{max} = f_s F_N = f_s P$$

一般情况下，有

$$\frac{\delta}{R} \ll f_s$$

因而使滚子滚动比滑动省力得多。

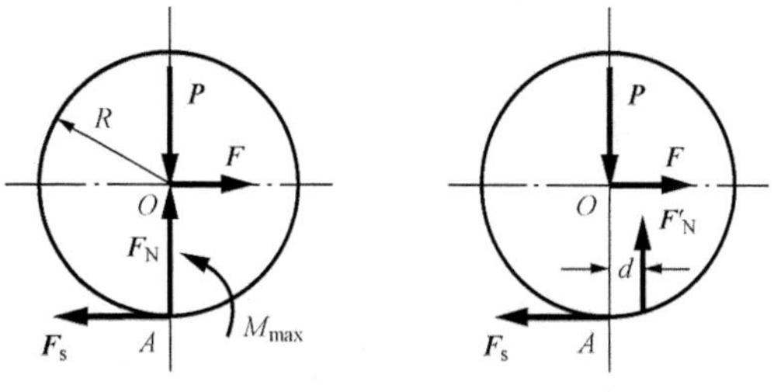

图 3 - 16　滚阻系数的物理意义

（a）受力图；（b）力 $\boldsymbol{F}'_N$ 的作用线距中心线的距离为 d

小 结

（1）摩擦现象分为滑动摩擦和滚动摩阻两类。

（2）滑动摩擦力是在两个物体相互接触的表面之间有相对滑动趋势或有相对滑动时出现的切向约束力。前者称为静滑动摩擦力，后者称为动滑动摩擦力。

1）静摩擦力 $\boldsymbol{F}_s$ 的方向与接触面间相对滑动趋势的方向相反，其值满足

$$0 \leqslant F_s \leqslant F_{max}$$

静摩擦定律为

$$F_{max} = f_s F_N$$

式中：f_s 为静摩擦因数；F_N 为法向约束力。

2）动摩擦力的方向与接触面间相对滑动的速度方向相反，其大小为

$$F = fF_N$$

式中：f 为动摩擦因数，一般情况下略小于静摩擦因数 f_s。

（3）摩擦角 φ_f 为全约束力与法线间夹角的最大值，且有

$$\tan\varphi_f = f_s$$

全约束力与法线间夹角 φ 的变化范围为

$$0 \leqslant \varphi \leqslant \varphi_f$$

当主动力的合力作用线在摩擦角之内时发生自锁现象。

（4）物体滚动时会受到阻碍滚动的滚动摩阻力偶作用。物体平衡时，滚动摩阻力偶矩 M_f 虽主动力的大小变化，范围为

$$0 \leqslant M_f \leqslant M_{max}$$

又

$$M_{max} = \delta F_N$$

式中：δ 为滚动摩阻系数，mm。物体滚动时，滚动摩阻力偶矩近似等于 M_{max}。

思考题

3-1 已知一物块重 P=100N，用水平力 F=500N 压在一铅垂表面上，如图 3-17 所示，其摩擦因数 f_s=0.3，问此时物块所受的摩擦力等于多少？

3-2 如图 3-18 所示，试比较用同样材料、在相同的粗糙度和相同的胶带压力 $\boldsymbol{F}$ 作用下，平胶带与三角胶带所能传递的最大拉力。

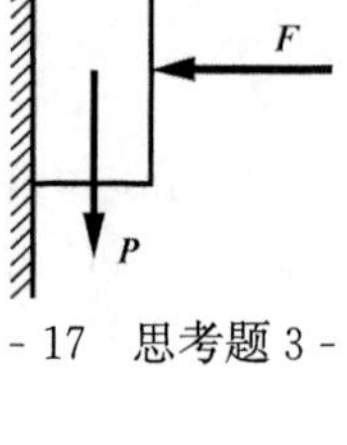

图 3-17 思考题 3-1 图

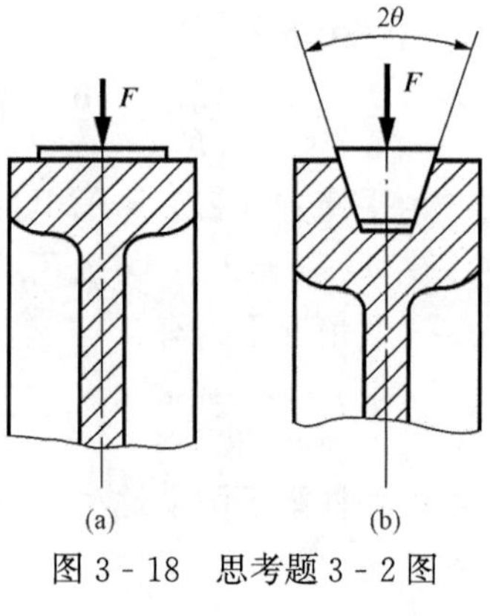

图 3-18 思考题 3-2 图

3-3 为什么传动螺纹多用方牙螺纹（如丝杠）？而锁紧螺纹多用三角螺纹（如螺钉）？

3-4 如图 3-19 所示，砂石与胶带间的静摩擦因数 $f_s=0.5$，试问输送带的最大倾角 θ 为多大？

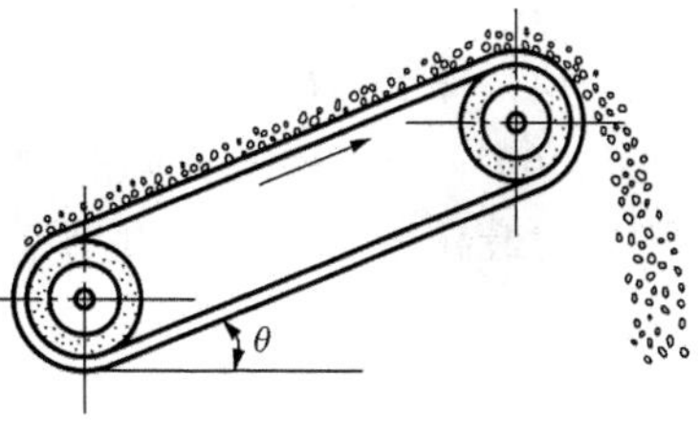

图 3-19 思考题 3-4 图

3-5 物块重 $\boldsymbol{P}$，一力 $\boldsymbol{F}$ 作用在摩擦角之外，如图 3-20 所示。已知 $\theta=25°$，摩擦角 $\varphi_f=20°$，$F=P$。问物块动不动？为什么？

3-6 如图 3-21 所示，用钢楔劈物，接触面间的摩擦角为 φ_f。劈入后欲使楔不滑出，问钢楔两个平面间的夹角 θ 应该为多大？楔重不计。

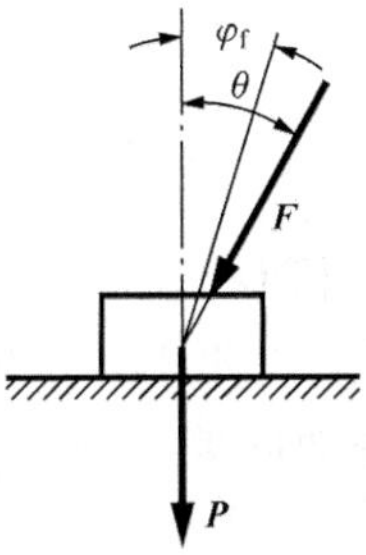

图 3-20 思考题 3-5 图

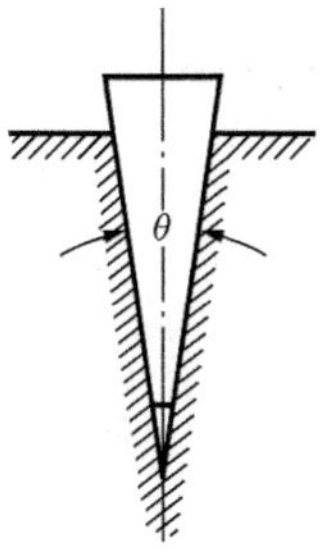

图 3-21 思考题 3-6 图

3-7 已知 π 形物体重为 $\boldsymbol{P}$，尺寸如图 3-22 所示。现以水平力 $\boldsymbol{F}$ 拉此物体，当刚开始拉动时，A、B 两处的摩擦力是否都达到最大值？如 A、B 两处的静摩擦因数均为 f_s，此两处最大静摩擦力是否相等？又如力 $\boldsymbol{F}$ 较小而未能拉动物体时，能否分别求出 A、B 两处的静摩擦力？

3-8 汽车匀速水平行驶时，地面对车轮有滑动摩擦也有滑动摩阻，而车轮只滚不滑。汽车前轮受车身施加的一个向前推力 $\boldsymbol{F}$［见图 3-23（a）］，而后轮受益驱动力偶 M，并受车身向后的反力 $\boldsymbol{F}'$［见图 3-23（b）］。试画全前、后轮的受力图。在同样摩擦情况下，试画出自行车前、后轮的受力图。如何求其滑动摩擦力？是否等于其动滑动摩擦力 fF_N？是否等于其最大静摩擦力？

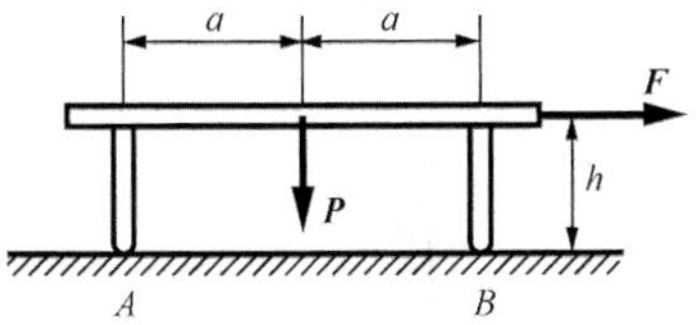

图 3-22 思考题 3-7 图

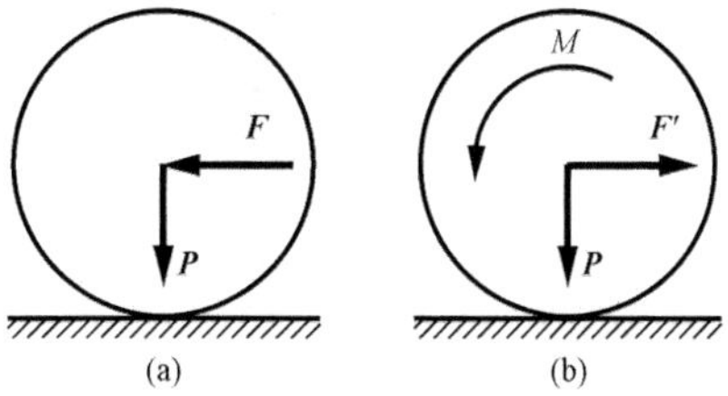

图 3-23 思考题 3-8 图

习 题

3-1 如图 3-24 所示，置于 V 形槽中的棒料上作用一力偶，力偶的矩 $M=15\text{N}\cdot\text{m}$ 时，刚好能转动此棒料。已知棒料重 $P=400\text{N}$，直径 $D=0.25\text{m}$，不计滚动摩阻。求棒料与

V 形槽间的静摩擦因数 f_s。

3-2 梯子 AB 靠在墙上，其重为 $P=200\text{N}$，如图 3-25 所示。梯长为 l，并与水平面交角 $\theta=60°$。已知接触面间的静摩擦因数均为 0.25，今有一重 650N 的人沿梯上爬，问人所能达到的最高点 C 到 A 点的距离 s 应为多少？

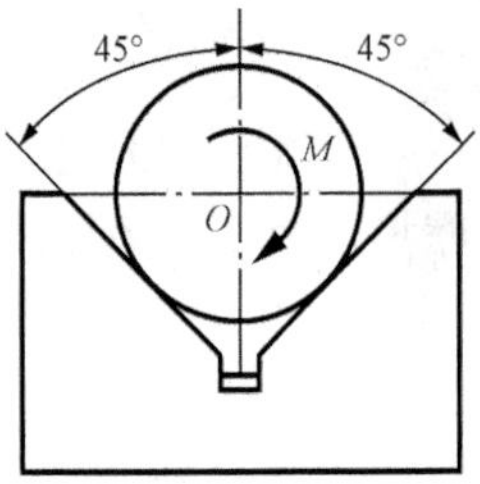

图 3-24 题 3-1 图

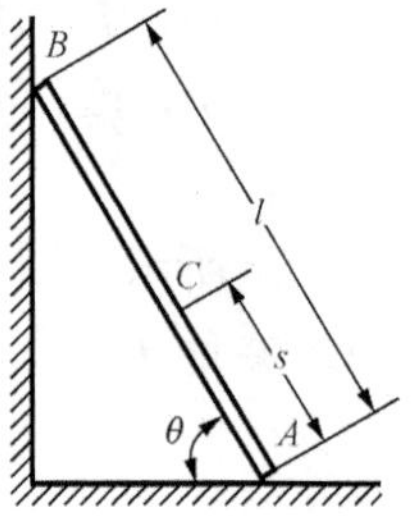

图 3-25 题 3-2 图

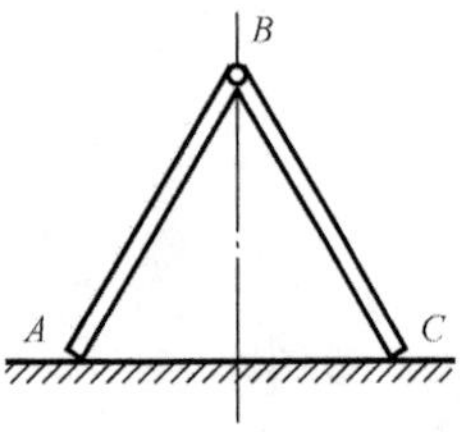

图 3-26 题 3-3 图

3-3 两根相同的匀质杆 AB 和 BC，在端点 B 用光滑铰链连接，A，C 端放在不光滑的水平面上，如图 3-26 所示。当三角形 ABC 成等边三角形时，系统在铅垂面内处于临界平衡状态。求杆端与水平面间的摩擦因数。

3-4 如图 3-27 所示为凸轮机构。已知推杆（不计自重）与滑道间的摩擦因数为 f_s，滑道宽度为 b。设凸轮与推杆接触处的摩擦忽略不计。问 a 为多大，推杆才不致被卡住。

3-5 制动器的构造和主要尺寸如图 3-28 所示。制动块与鼓轮表面间的摩擦因数为 f_s，试求制止鼓轮转动所必需的力 F。

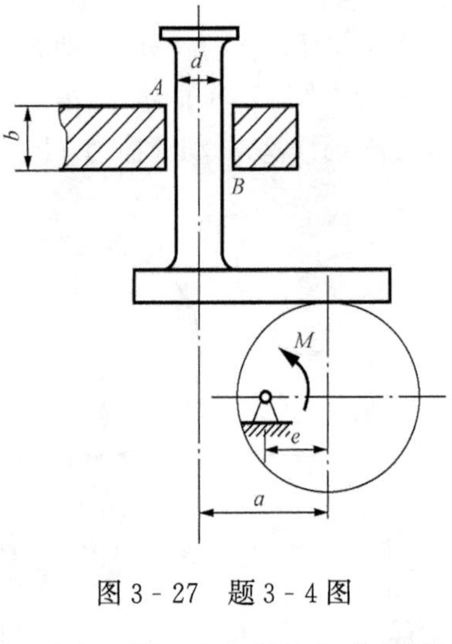

图 3-27 题 3-4 图

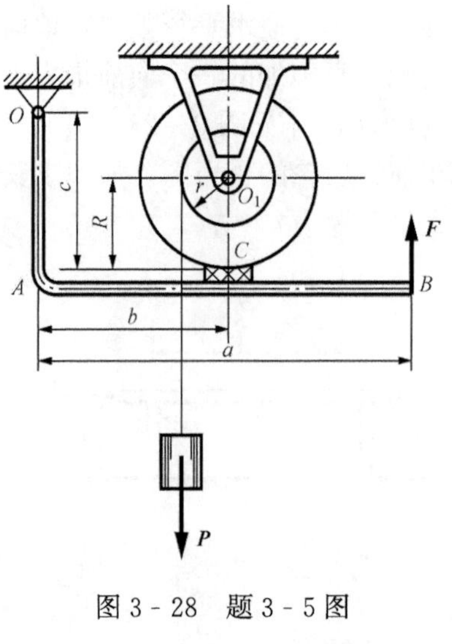

图 3-28 题 3-5 图

3-6 平面曲柄连杆滑块机构如图 3-29 所示。$OA=l$，在曲柄 OA 上作用有一矩为 M 的力偶，OA 水平。连杆 AB 与铅垂线的夹角为 θ，滑块与水平面之间的静摩擦因数为 f_s，不计重量，且 $\tan\theta>f_s$。求机构在图 3-29 所示位置保持平衡时 $\boldsymbol{F}$ 力的值。

3-7 轧压机有两轮构成，两轮的直径均为 $d=500\text{mm}$，轮间的间隙为 $a=5\text{mm}$，两轮反向转动，如图 3 - 30 所示。已知烧红的铁板与铸铁轮间的摩擦因数 $f_s=0.1$，问能轧压的铁板厚度 b 是多少？

提示：欲使机器工作，则铁板必须被两转轮带动，亦即作用在铁板 A，B 处的法向反作用力和摩擦力的合力必须水平向右。

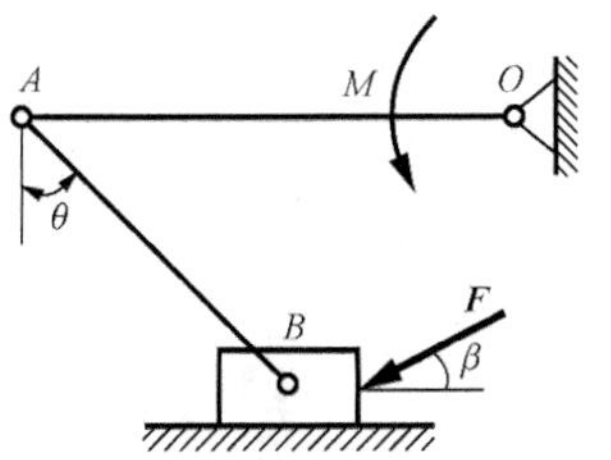

图 3 - 29　题 3 - 6 图

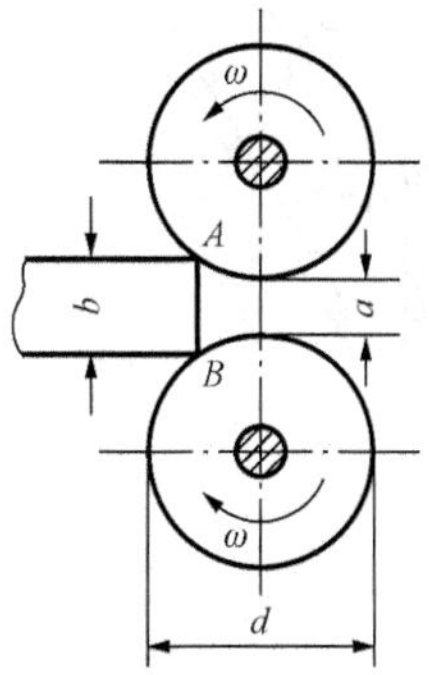

图 3 - 30　题 3 - 7 图

3 - 8　鼓轮利用双闸块制动器制动，设在杠杆的末端作用有大小为 200N 的力 $\boldsymbol{F}$，方向与杠杆相垂直，如图 3 - 31 所示。已知闸块与鼓轮的摩擦因数 $f_s=0.5$，又 $2R=O_1O_2=KD=DC=O_1A=KL=O_2L=0.5\text{m}$，$O_1B=0.75\text{m}$，$AC=O_1D=1\text{m}$，$ED=0.25\text{m}$，自重不计。求作用于鼓轮上的制动力矩。

3 - 9　砖夹的宽度为 0.25m，曲杆 AGB 与 $GCED$ 在 G 点铰接，尺寸如图 3 - 32 所示。设砖重 $P=120\text{N}$，提起砖的力 $\boldsymbol{F}$ 作用在砖夹的中心线上，砖夹与砖间的摩擦因数 $f_s=0.5$。求距离 b 为多大才能把砖夹起。

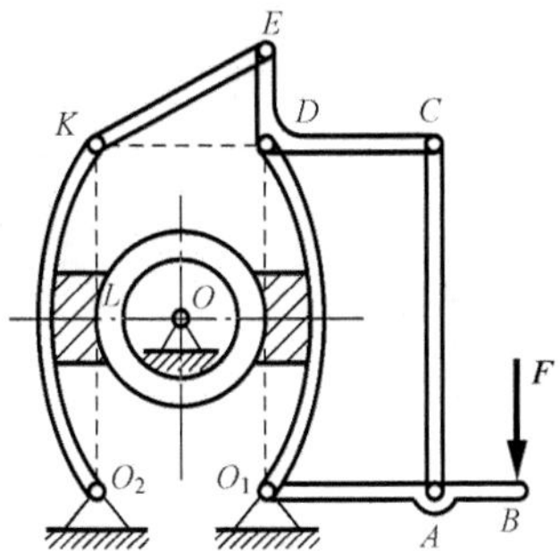

图 3 - 31　题 3 - 8 图

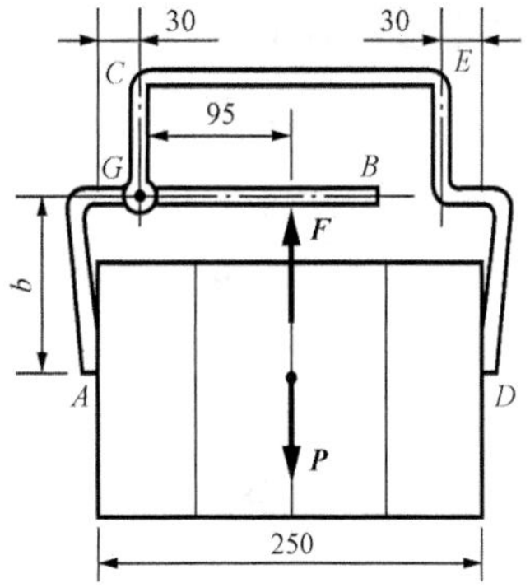

图 3 - 32　题 3 - 9 图

3 - 10　图 3 - 33 所示两无重杆在 B 处用套筒无重滑块连接，在 AD 杆上作用一力偶，其力偶矩 $M_A=40\text{N}\cdot\text{m}$，滑块和 AD 杆间的摩擦因数 $f_s=0.3$。求保持系统平衡时力偶矩 M_C 的范围。

3 - 11　均质箱体 A 的宽度 $b=1\text{m}$，高 $h=2\text{m}$，重 $P=200\text{kN}$，放在倾角 $\theta=20°$ 的斜面上。箱体与斜面之间的摩擦因数 $f_s=0.2$。今在箱体的 C 点系一无重软绳，方向如图 3 - 34 所示，绳的另一端绕过滑轮 D 挂一重物 E。已知 $BC=a=1.8\text{m}$。求使箱体处于平衡状态的重物 E 的重量。

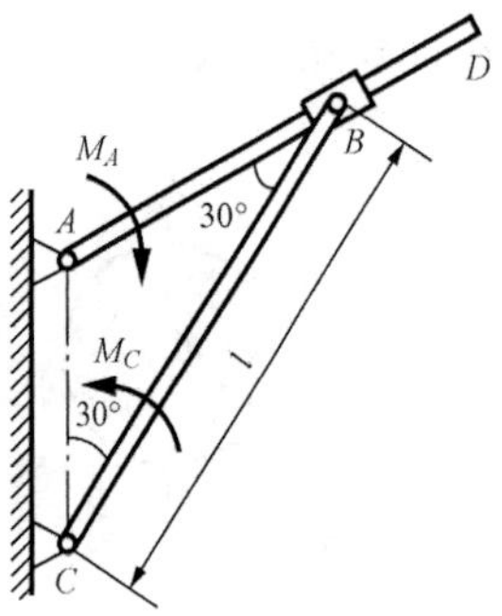

图 3-33 题 3-10 图

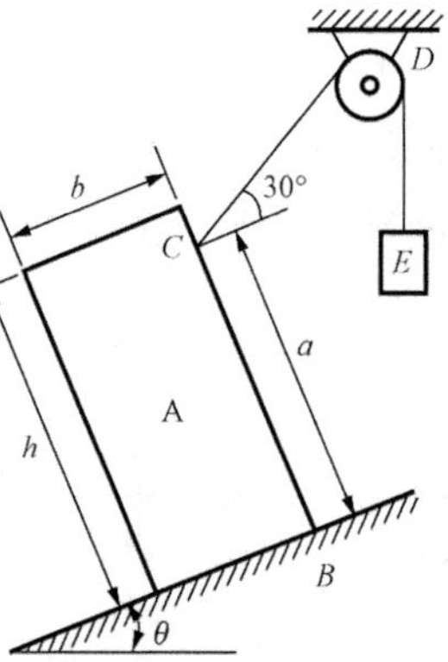

图 3-34 题 3-11 图

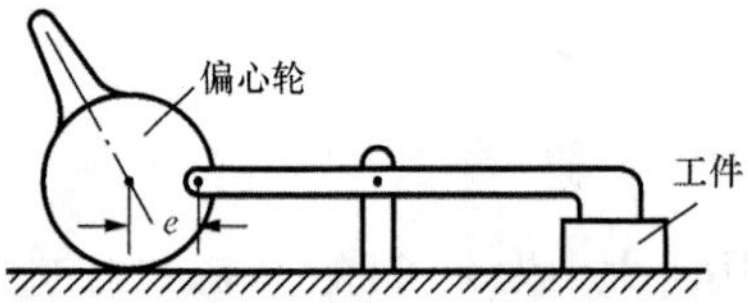

图 3-35 题 3-12 图

3-12 机床上为了迅速装卸工件，常采用如图 3-35 所示的偏心轮夹具。已知偏心轮直径为 D，偏心轮与台面间的摩擦因数 f_s。今欲使偏心轮手柄上的外力去掉后，偏心轮不会自动脱落，求偏心距 e 应为多少？各铰链中的摩擦忽略不计。

3-13 图 3-36 所示为凸轮顶杆机构，在凸轮上作用有力偶，其力偶矩为 M，顶杆上作用有力 $\boldsymbol{F}_Q$。已知顶杆与导轨之间的静摩擦因数为 f_s，偏心矩为 e，凸轮与顶杆之间的摩擦可忽略不计。要是顶杆在导轨中向上运动而不致被卡住，试问滑道的长度 l 为多少？

3-14 均质杆 AB 和 BC 在 B 端铰接，A 端铰接在墙上，C 端靠在墙上，如图 3-37 所示。墙与 C 端接触的摩擦因数 $f=0.5$，两杆长度相等并重力相同，是确定平衡时的最大角 θ。铰链中的摩擦忽略不计。

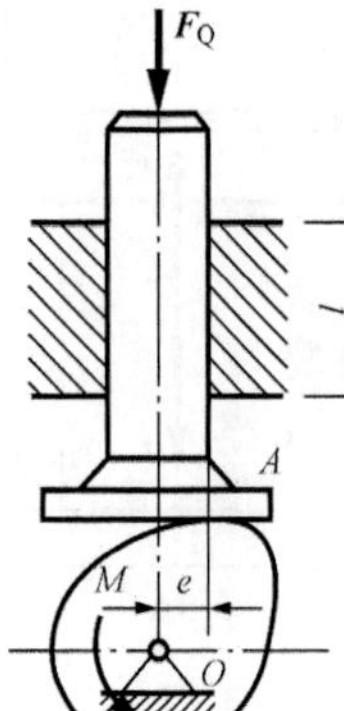

图 3-36 题 3-13 图

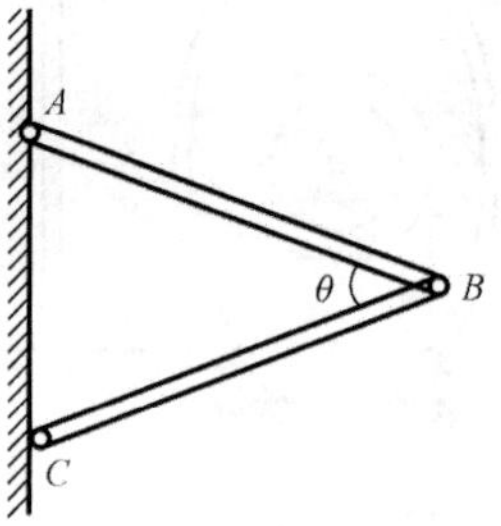

图 3-37 题 3-14 图

3-15 如图 3-38 所示，重量为 $P_1=450\text{N}$ 的均质梁 AB。梁的 A 端为固定铰支座，另一端搁置在重 $P_2=343\text{N}$ 的线圈架的芯轴上，轮心 C 为线圈架的重心。线圈架与 AB 梁和地面间的静滑动摩擦因数分别为 $f_{s1}=0.4$，$f_{s2}=0.2$，不计滚动摩阻，线圈架的半径 $R=0.3\text{m}$，芯轴的半径 $r=0.1\text{m}$。今在线圈架的芯轴上绕一不计重量的软绳，求使线圈架由静止而开始运动的水平拉力 $\boldsymbol{F}$ 的最小值。

3-16　尖劈顶重装置如图 3-39 所示。在 B 块上受力 $\boldsymbol{P}$ 的作用。A 与 B 块间的摩擦因数为 f_s（其他有滚珠处表示光滑）。如不计 A 和 B 块的重量，求使系统保持平衡的力 $\boldsymbol{F}$ 的值。

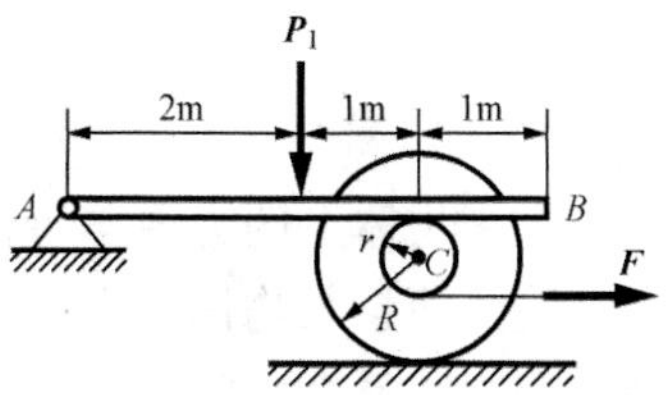

图 3-38　题 3-15 图

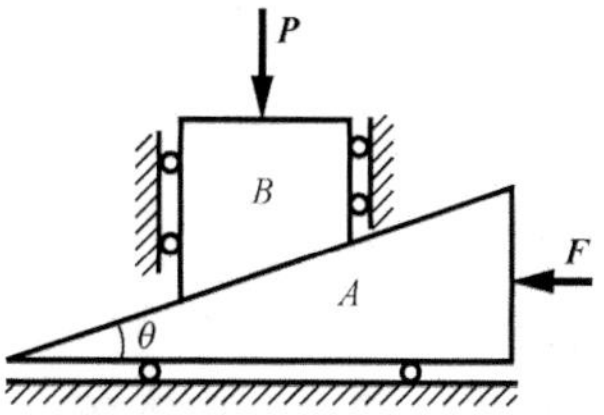

图 3-39　题 3-16 图

3-17　如图 3-40 所示，汽车重为 $P=15\text{kN}$，车轮的直径为 600mm，轮自重不计。问发动机应给予后轮多大的力偶矩，方能使前轮越过高为 80mm 的阻碍物？并问此时后轮与地面的静摩擦因数应为多大才不致打滑？

3-18　如图 3-41 所示，均质圆柱重 W，半径为 r，搁在不计自重的水平杆和固定斜面之间。杆 A 端为光滑铰链，D 端受一铅锤向上的力 F 作用，圆柱上作用一力偶，已知 $F=W$，圆柱与杆和斜面间的静滑动摩擦因数 f_s 皆为 0.3，不计滚动摩擦。当时，$AB=BD$，试求此时能保持系统静止的力偶矩 M 的最小值。

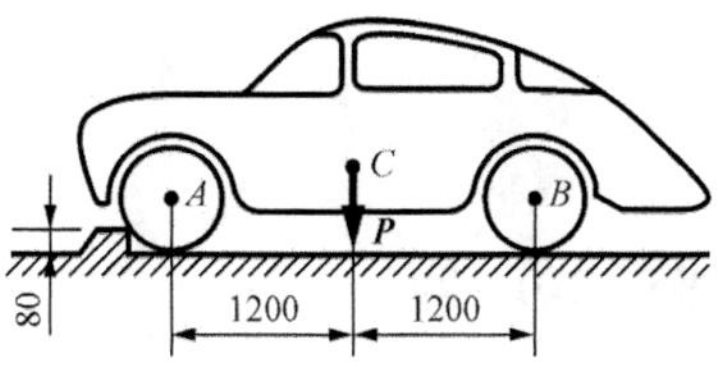

图 3-40　题 3-17 图

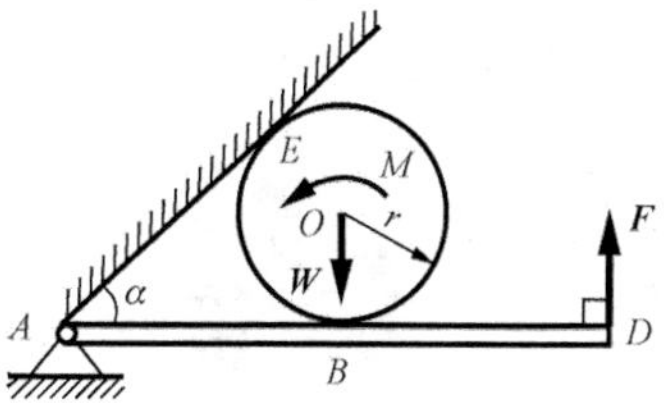

图 3-41　题 3-18 图

第二篇　运　动　学

引　　言

静力学研究作用在物体上的力系的平衡条件。如果作用在物体上的力系不平衡，物体的运动状态将发生变化。物体的运动规律不仅与受力情况有关，而且与物体本身的惯性和原来的运动状态有关。总之，物体在力作用下的运动规律是一个比较复杂的问题。为了学习上的循序渐进，暂不考虑影响物体运动的物理因素，而单独研究物体运动的几何性质（轨迹、运动方程、速度和加速度等），这部分内容为运动学。至于物体的运动规律与力、惯性等的关系将在动力学中研究。因此，运动学是研究物体运动的几何性质的科学。

学习运动学除了为学习动力学打基础外，另外还有独立的意义，为分析机构的运动打基础。因此，运动学作为理论力学中的独立部分也是很必要的。

研究一个物体的机械运动，必须选取另一个物体作为参考，这个参考的物体称为参考体。如果所选的参考体不同，那么物体相对于不同参考体的运动也不同。因此，在力学中，描述任何物体的运动都需要指明参考体。与参考体固连的坐标系称为参考系。一般工程问题中，都取与地面固连的坐标系为参考系。以后，如果不作特别说明，就应如此理解。对于特殊的问题，将根据需要另选参考系，并加以说明。

第四章　点 的 运 动 学

本章研究点的运动的直角坐标法与自然法，包括如何列写运动方程，怎样求速度和加速度。

点的运动学是研究一般物体运动的基础，具有独立的应用意义。本章将研究点的简单运动，研究点相对某一个参考系的几何位置随时间变动的规律，包括动点的运动方程、运动轨迹、速度和加速度等。

第一节　向　量　法

选取参考系上某确定点 O 为坐标原点，自点 O 向动点 M 作向量 $\boldsymbol{r}$，称 $\boldsymbol{r}$ 为点 M 相对原点 O 的位置向量，简称**矢径**。当动点 M 运动时，矢径 $\boldsymbol{r}$ 随时间而变化，并且是时间的单值连续函数，即

$$\boldsymbol{r}=\boldsymbol{r}(t) \tag{4-1}$$

上式称为以向量表示的点的运动方程。动点 M 在运动过程中，其矢径 $\boldsymbol{r}$ 的末端描绘出一条连续曲线，称为矢端曲线。显然，矢径 $\boldsymbol{r}$ 的矢端曲线就是动点 M 的运动轨迹，如图 4-1所示。

点的速度是向量。动点的速度等于它的矢径 $\boldsymbol{r}$ 对时间的一阶导数，即

$$\boldsymbol{v}=\frac{\mathrm{d}\boldsymbol{r}}{\mathrm{d}t} \tag{4-2}$$

动点的速度矢沿着矢径 $\boldsymbol{r}$ 的矢端曲线的切线，即沿动点运动轨迹的切线，并与此点运动的方向一致。速度的大小，即速度矢 $\boldsymbol{v}$ 的模，表明点运动的快慢，在国际单位制中，速度 $\boldsymbol{v}$ 的单位为 m/s。

点的速度矢对时间的变化率称为加速度。点的加速度也是向量，它表征了速度大小和方向的变化。动点的加速度矢等于该点的速度矢对时间的一阶导数，或等于矢径对时间的二阶导数，即

$$\boldsymbol{a}=\frac{\mathrm{d}\boldsymbol{v}}{\mathrm{d}t}=\frac{\mathrm{d}^2\boldsymbol{r}}{\mathrm{d}t^2} \tag{4-3}$$

有时为了方便，在字母上方加“·”表示该量对时间的一阶导数，加“··”表示该量对时间的二阶导数。因此，式（4-2）、式（4-3）亦可记为

$$\boldsymbol{v}=\dot{\boldsymbol{r}},\ \boldsymbol{a}=\dot{\boldsymbol{v}}=\ddot{\boldsymbol{r}}$$

在国际单位制中，加速度 $\boldsymbol{a}$ 的单位为 $\mathrm{m/s^2}$。

如在空间任意取一点 O，把动点 M 在连续不同瞬时的速度矢 $\boldsymbol{v}$，$\boldsymbol{v}'$，$\boldsymbol{v}''$等都平行地移到点 O，连接各向量的端点 M，M'，M''等，就构成了向量 $\boldsymbol{v}$ 端点的连续曲线，称为速度矢端曲线，如图 4-2（a）所示。动点的加速度矢 $\boldsymbol{a}$ 的方向与速度矢端曲线在相应点 M 的切线平行，如图 4-2（b）所示。

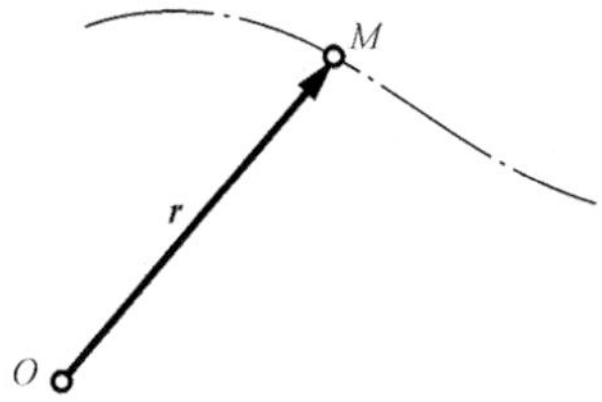

图 4-1 矢径 $\boldsymbol{r}$ 的矢端曲线

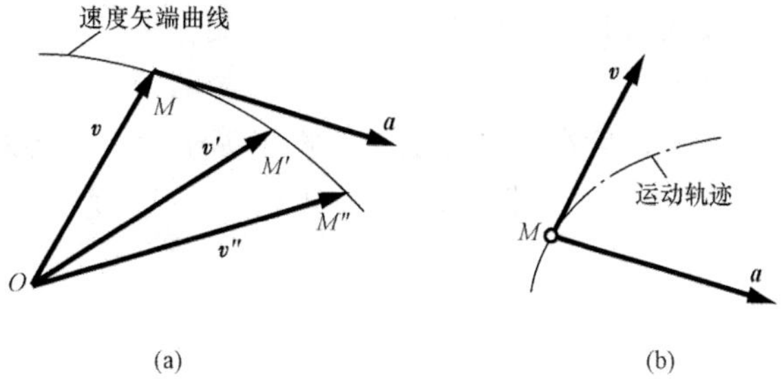

图 4-2 M 的速度和加速度矢量图

（a）速度矢端曲线；（b）加速度矢量图

第二节 直角坐标法

取一固定的直角坐标系 $Oxyz$，则动点 M 在任意瞬时的空间位置既可以用它相对于坐标原点 O 的矢径 $\boldsymbol{r}$ 表示，也可以用它的三个直角坐标 x，y，z 表示，如图 4-3 所示。

由于矢径的原点与直角坐标系的原点重合，因此有如下关系

$$\boldsymbol{r}=x\boldsymbol{i}+y\boldsymbol{j}+z\boldsymbol{k} \tag{4-4}$$

式中：$\boldsymbol{i}$，$\boldsymbol{j}$，$\boldsymbol{k}$ 分别为沿三个定坐标轴的单位向量，如图 4-3 所示。由于 $\boldsymbol{r}$ 是时间的单值连续函数，因此 x，y，z 也是时间的单值连续函数。利用式（4-4）可以将运动方程式（4-1）写为

$$x=f_1(t),\ y=f_2(t),\ z=f_3(t) \tag{4-5}$$

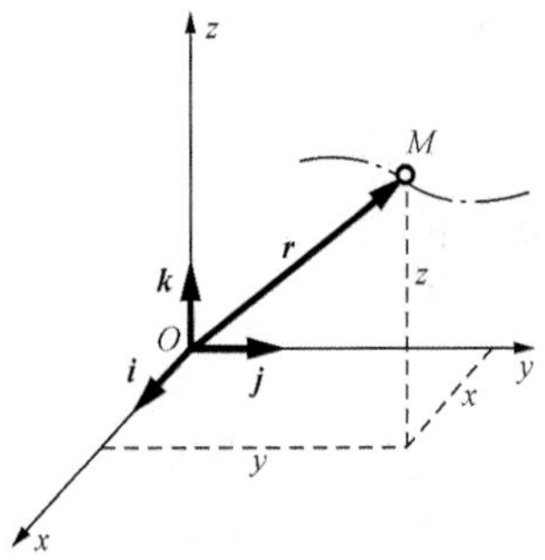

图 4-3 直角坐标点

这些方程称为以直角坐标表示的点的运动方程。如果知道了点的运动方程式（4-5），就可以求出任一瞬时点的坐标 x，y，z 的值，也就完全确定了该瞬时动点的位置。

式（4-5）实际上也是点的轨迹的参数方程，只要给定时间 t 的不同数值，依次得出点的坐标 x，y，z 的相应数值，根据这些数值就可以描绘出动点的轨迹。

因为动点的轨迹与时间无关，如果需要求点的轨迹方程，可将运动方程中的时间 t 消去。

在工程中，经常遇到点在某平面内运动的情形，此时点的轨迹为一平面曲线。取轨迹所在的平面为坐标平面 Oxy，则点的运动方程为

$$x = f_1(t),\ y = f_2(t) \tag{4-6}$$

从上式中消去时间 t，即得轨迹方程

$$f(x,y) = 0 \tag{4-7}$$

将式（4-4）代入到式（4-2）中，由于 $\boldsymbol{i}$，$\boldsymbol{j}$，$\boldsymbol{k}$ 为大小和方向都不变的恒向量，因此有

$$\boldsymbol{v} = \dot{\boldsymbol{r}} = \dot{x}\boldsymbol{i} + \dot{y}\boldsymbol{j} + \dot{z}\boldsymbol{k} \tag{4-8}$$

设动点 M 的速度矢 $\boldsymbol{v}$ 在直角坐标轴上的投影为 v_x，v_y 和 v_z，即

$$\boldsymbol{v} = v_x\boldsymbol{i} + v_y\boldsymbol{j} + v_z\boldsymbol{k} \tag{4-9}$$

比较式（4-8）和式（4-9），得到

$$v_x = \dot{x},\ v_y = \dot{y},\ v_z = \dot{z} \tag{4-10}$$

因此，速度在各坐标轴上的投影等于动点的各对应坐标对时间的一阶导数。

由式（4-10）求得 v_x，v_y 和 v_z 后，速度 $\boldsymbol{v}$ 的大小和方向就可由它的这三个投影完全确定。

同理，设

$$\boldsymbol{a} = a_x\boldsymbol{i} + a_y\boldsymbol{j} + a_z\boldsymbol{k} \tag{4-11}$$

则有

$$a_x = \dot{v}_x = \ddot{x},\ a_y = \dot{v}_y = \ddot{y},\ a_z = \dot{v}_z = \ddot{z} \tag{4-12}$$

因此，加速度在各坐标轴上的投影等于动点的各对应坐标对时间的二阶导数。

加速度 $\boldsymbol{a}$ 的大小和方向由它的三个投影 a_x，a_y 和 a_z 完全确定。

【例 4-1】 在图 4-4（a）所示的机构中，曲柄 OC 以等角速度 ω 转动，$\varphi=\omega t$，滑块 A，B 分别沿水平和垂直滑道滑动，试求连杆 AB 上点 M 的运动方程、速度及加速度。

解 （1）建立直角坐标系 Oxy，并画出任一瞬时系统的位形。

（2）根据图示的几何关系建立点 M 的运动方程

$$x = l\cos\varphi + \frac{l}{2}\cos\varphi = \frac{3}{2}l\cos\varphi,\ y = \frac{l}{2}\sin\varphi$$

$$x = \frac{3}{2}l\cos(\omega t),\ y = \frac{l}{2}\sin(\omega t) \qquad ①$$

消去 t 即得点 M 的轨迹方程

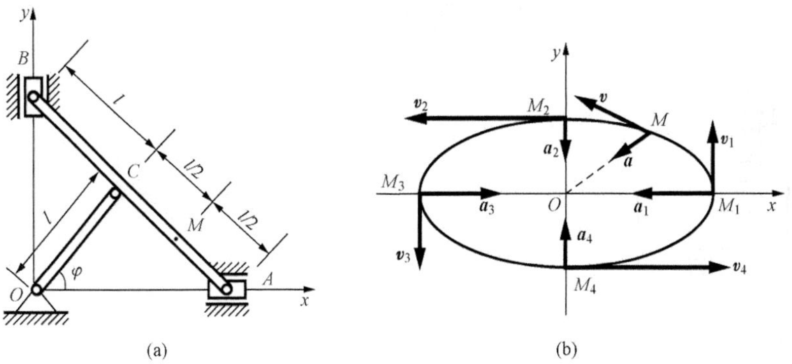

图 4-4 ［例 4-1］图

(a) 曲标 OC 以等角速度 ω 转动；(b) 运动特征分析

$$\frac{4x^2}{9l^2}+\frac{4y^2}{l^2}=1 \quad ②$$

它是以 O 为中心的椭圆，半长轴长 $\frac{3}{2}l$，半短轴长 $\frac{l}{2}$，分别沿 x，y 轴。

(3) 求速度和加速度：对运动方程式①求导得

$$v_x=-\frac{3}{2}l\omega\sin(\omega t),\ v_y=\frac{1}{2}l\omega\cos(\omega t) \quad ③$$

$$a_x=-\frac{3}{2}l\omega^2\cos(\omega t),\ a_y=-\frac{1}{2}l\omega^2\sin(\omega t) \quad ④$$

(4) 运动特性分析：画出轨迹，并研究点 M 在不同瞬时的位置、速度和加速度。例如，$t=0$ 时，位于点 M_1，$v_1=\frac{1}{2}l\omega\boldsymbol{j}$，$a_1=-\frac{3}{2}l\omega^2\boldsymbol{i}$；$t=\frac{\pi}{2\omega}$时，位于点 M_2，$v_2=-\frac{3}{2}l\omega\boldsymbol{i}$，$a_2=-\frac{1}{2}l\omega^2\boldsymbol{j}$ 等如图 4-4 (b) 所示。

由式①，式④可得

$$a_x=-\omega^2x,\ a_y=-\omega^2y$$

或

$$\boldsymbol{a}=-\omega^2\boldsymbol{r}$$

亦即在任一瞬时，点 M 的加速度指向中心，且大小与 OM 成正比。

曲柄转动时，杆 AB 上任一点的运动均与 M 有相似之处，例如，任一点的轨迹均为椭圆，只是长短轴的大小及方向不同；因此该机构常称为椭圆仪。

【例 4-2】 正弦机构如图 4-5 (a) 所示。取曲柄 OM 长为 r，绕 O 轴匀速转动，它与水平线间的夹角为 $\varphi=\omega t+\theta$，其中 θ 为 $t=0$ 时的夹角，ω 为一常数。已知动杆上 A，B 两点间距离为 b。求点 A 和 B 的运动方程及点 B 的速度和加速度。

解 A，B 两点都作直线运动。取 Ox 轴如图 4-5 所示。于是 A，B 两点的坐标分别为

$$x_A=b+r\sin\varphi,\ x_B=r\sin\varphi$$

将坐标写成时间的函数，即得 A，B 两点沿 Ox 轴的运动方程

$$x_A=b+r\sin(\omega t+\theta),\ x_B=r\sin(\omega t+\theta)$$

工程中，为了使点的运动情况一目了然，常常将点的坐标与时间的函数关系绘成图线，

一般取横轴为时间，纵轴为点的坐标，绘出的图线称为运动图线。图 4 - 5（b）所示的曲线分别为 A，B 两点的运动曲线。

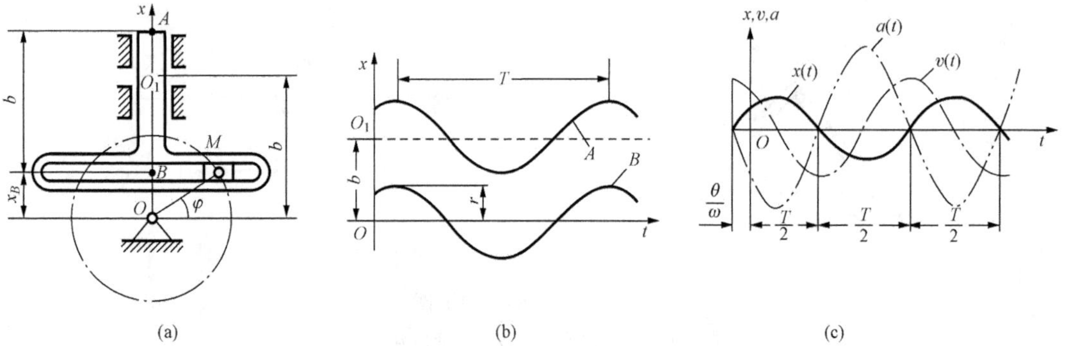

图 4 - 5 ［例 4 - 2］图

（a）正弦机构；（b）运动曲线；（c）速度曲线和加速度曲线

当点作直线往复运动，并且运动方程可写成时间的正弦函数或余弦函数时，这种运动称为直线谐振动。往复运动的中心称为振动中心。动点偏离振动中心最远的距离 r 称为**振幅**。用来确定动点位置的角 $\varphi=\omega t+\theta$ 称为位相，用来确定动点初始位置的角 θ 称为初位相。

动点往复一次所需的时间 T 称为振动的周期。由于时间经过一个周期，位相应增加 2π，即

$$\omega(t+T)+\theta=\omega t+\theta+2\pi$$

故得

$$T=\frac{2\pi}{\omega}$$

周期 T 的倒数 $f=\frac{1}{T}$ 称为频率，表示每秒振动的次数，其单位为 1/s，或称为赫兹（Hz）。ω 称为振动的角频率，因为

$$\omega=\frac{2\pi}{T}=2\pi f$$

所以角频率表示在 2π 秒内振动的次数。

将点 B 的运动方程对时间取一阶导数，即得点 B 的速度

$$v=\dot{x}_B=r\omega\cos(\omega t+\theta)$$

点 B 的加速度为

$$a=\ddot{x}_B=-r\omega^2\sin(\omega t+\theta)=-\omega^2 x_B$$

从上式看出，谐振动的特征之一是加速度的大小与动点的位移成正比，而方向相反。

为了形象地表示动点的速度和加速度随时间变化的规律，将 v 和 a 随 t 变化的函数关系画成曲线，这些曲线分别称为速度曲线和加速度曲线。在图 4 - 5（c）中，表示出谐振动的运动曲线、速度曲线和加速度曲线。从图中可知，动点在振动中心时，速度值最大，加速度值为零；在两端位置时，加速度值最大，速度值为零；又知，点从振动中心向两端运动是减速运动，而从两端回到中心的运动是加速运动。

【例 4 - 3】 如图 4 - 6 所示，当液压减震器工作时，它的活塞在套桶内作直线往复运动。

设活塞的加速度 $\boldsymbol{a}=-kv$（v 为活塞的速度，k 为比例常数），初速度为 v_0，求活塞的运动规律。

解　活塞作直线运动。取坐标轴 Ox 如图所示。

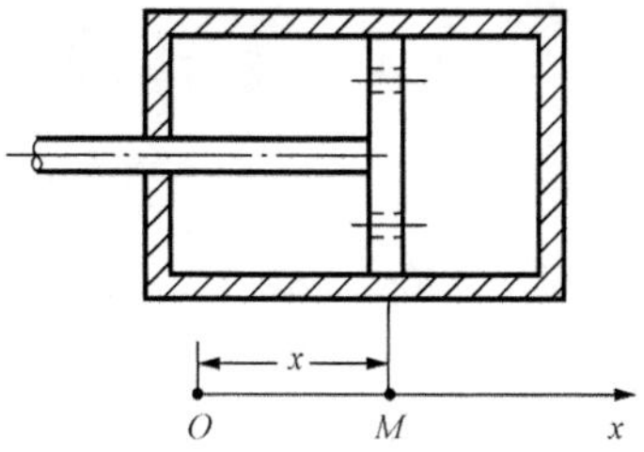

图 4-6 ［例 4-3］图

因

$$\dot{v}=a$$

代入已知条件，得

$$\dot{v}=-kv$$

将变数分离后积分

$$\int_{v_0}^{v}\frac{\mathrm{d}v}{v}=-k\int_0^t\mathrm{d}t$$

得

$$\ln\frac{v}{v_0}=-kt$$

解得

$$v=v_0\mathrm{e}^{-kt}$$

又因

$$v=\dot{x}=v_0\mathrm{e}^{-kt}$$

对上式积分，即

$$\int_{x_0}^{x}\mathrm{d}x=v_0\int_0^t\mathrm{e}^{-kt}\mathrm{d}t$$

解得

$$x=x_0+\frac{v_0}{k}(1-\mathrm{e}^{-kt})$$

【例 4-4】　已知凸轮顶杆机构中的凸轮为一偏心轮如图 4-7 所示，其半径为 R，偏心距为 e，并以等角速度转动。求当 $\angle OCA=\pi/2$ 时，顶杆 AB 上一点的速度与加速度。

解　(1) AB 杆上各点运动规律相同，研究 A 点的运动。A 点作直线运动，建立坐标轴 Ox，画出系统在任一瞬时的位形。

(2) 根据几何关系建立 A 点的运动方程

$$x=e\sin(\omega t)+R\cos\theta \qquad ①$$

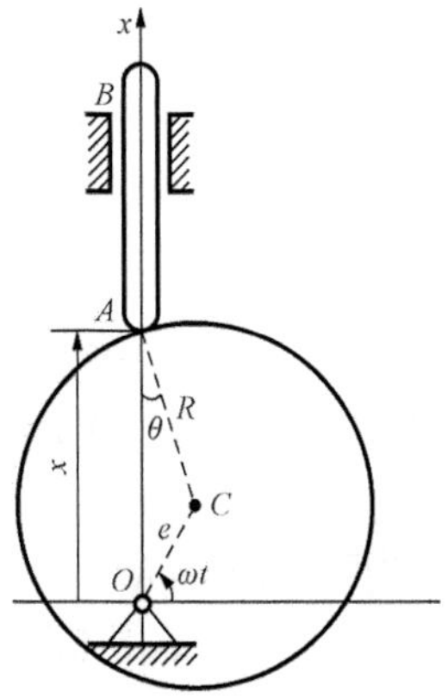

图 4-7 ［例 4-4］图

因为

$$\frac{e}{\sin\theta}=\frac{R}{\cos(\omega t)},\ \sin\theta=\frac{e}{R}\cos(\omega t) \qquad ②$$

所以

$$x=e\sin(\omega t)+R\sqrt{1-\frac{e^2}{R^2}\cos^2(\omega t)} \qquad ③$$

式③即为点 A 的运动方程式。

(3) 求速度时，可直接对运动方程③求导得

$$v=\dot{x}=e\omega\cos(\omega t)+\frac{e}{R}\times\frac{e\omega\sin(\omega t)\cos(\omega t)}{\sqrt{1-\frac{e^2}{R^2}\cos^2(\omega t)}} \qquad ④$$

也可对式①，式②求导，利用中间变数 θ 简化推导

$$v = \dot{x} = e\omega\cos(\omega t) - R\dot{\theta}\sin\theta \qquad ⑤$$

$$\dot{\theta}\cos\theta = -\frac{e}{R}\omega\sin(\omega t),\ \dot{\theta} = -\frac{e}{R}\omega \times \frac{\sin(\omega t)}{\cos\theta} \qquad ⑥$$

当$\angle OCA = \pi/2$时

$$\omega t = \theta,\ t = \frac{\theta}{\omega},\ \cos\theta = \frac{R}{\sqrt{R^2+e^2}},\ \sin\theta = \frac{e}{\sqrt{R^2+e^2}} \qquad ⑦$$

代入式⑤、式⑥或式④即得

$$v = \frac{e}{R}\sqrt{R^2+e^2}\omega$$

(4) 求加速度时，对式⑤和式⑥求导，以利用中间变数简化推导

$$a = \dot{v} = \ddot{x} = -e\omega^2\sin(\omega t) - R\ddot{\theta}\sin\theta - R\dot{\theta}^2\cos\theta \qquad ⑧$$

$$\left.\begin{aligned} \ddot{\theta}\cos\theta - \dot{\theta}^2\sin\theta &= -\frac{e}{R}\omega^2\cos(\omega t) \\ \ddot{\theta} &= \dot{\theta}^2\frac{\sin\theta}{\cos\theta} - \frac{e}{R}\omega^2\frac{\cos(\omega t)}{\cos\theta} \end{aligned}\right\} \qquad ⑨$$

当$\angle OCA = \pi/2$时，将式⑦之值代入式⑧、式⑨和式⑥，即得

$$a = -\frac{e^4}{R^4}\sqrt{R^2+e^2}\omega^2$$

(5) 讨论。本题要求某一特定瞬时（位置）点的速度与加速度，但在用解析法解题时，仍需画出任一瞬时点的位置并根据几何关系列出运动方程，才能对时间求导并求得速度及加速度的一般表达式，再代入题示瞬时（位置）后才可以得到要求的结果。有无可能不经过适用于任何瞬时的运动方程，直接获得特定瞬时（位置）的结果？有！这就是求解运动学问题的几何法，将在第六章中介绍。此外，当运动方程的数学表达式 $x=x(t)$ 比较复杂时，不宜直接求导，宜像式⑤，式⑧那样借助中间变数简化推导。

第三节 自　然　法

利用点的运动轨迹建立弧坐标及自然轴系，并用它们来描述和分析点的运动的方法称为**自然法**。

1. 弧坐标

设动点 M 的轨迹为如图 4-8 所示的曲线，则动点 M 在轨迹上的位置可以这样确定：在轨迹上任选一点 O 为参考点，并设点 O 的某一侧为正向，动点 M 在轨迹上的位置由弧长确定，视弧长 s 为代数量，称它为动点 M 在轨迹上的弧坐标。当动点 M 运动时，s 随着时间变化，它是时间的单值连续函数，即

$$s = f(t) \qquad (4-13)$$

上式称为点沿轨迹的运动方程，或以弧坐标表示的点的运动方程。如果已知点的运动方程式（4-13），可以确定任一瞬时点的弧坐标 s 的值，也就确定了该瞬时动点在轨迹上的位置。

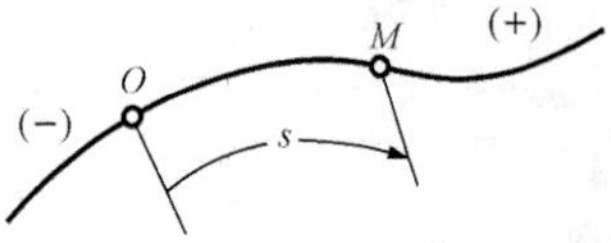

图 4-8　动点 M 的轨迹曲线

2. 自然轴系

在点的运动轨迹曲线上取极为接近的两点 M 和 M_1，其间的弧长为 Δs，这两点切线的单位向量分别为 $\boldsymbol{\tau}$ 和 $\boldsymbol{\tau}_1$，其指向与弧坐标正向一致，如图 4-9 所示。将 $\boldsymbol{\tau}_1$ 平移至点 M，则 $\boldsymbol{\tau}$ 和

τ_1 决定一平面。令 M_1 无限趋近点 M，则此平面趋近于某一极限位置，此极限平面称为曲线在点 M 的**密切面**。过点 M 并与切线垂直的平面称为**法平面**，法平面与密切面的交线称为**主法线**。令主法线的单位向量为 n，指向曲线内凹一侧。过点 M 且垂直于切线及主法线的直线称**副法线**，其单位向量为 $\boldsymbol{b}$，指向与 $\boldsymbol{\tau}$，$\boldsymbol{n}$ 构成右手系，即

$$\boldsymbol{b}=\boldsymbol{\tau}\times\boldsymbol{n}$$

以点 M 为原点，以切线、主法线和副法线为坐标轴组成的正交坐标系称为曲线在点 M 的自然坐标系，这三个轴称为**自然轴**。注意，随着点 M 在轨迹上运动，$\boldsymbol{\tau}$，$\boldsymbol{n}$，$\boldsymbol{b}$ 的方向也在不断变动，自然坐标系是沿曲线而变动的游动坐标系。

在曲线运动中，轨迹的曲率或曲率半径是一个重要的参数，它表示曲线的弯曲程度。如点 M 沿轨迹经过弧长 Δs 到达点 M'，如图 4-10 所示。设点 M 处曲线切向单位向量为 $\boldsymbol{\tau}$，点 M' 处单位向量为 $\boldsymbol{\tau}'$，而切线经过 Δs 时转过的角度为 $\Delta\varphi$。曲率定义为曲线切线的转角对弧长一阶导数的绝对值。曲率的倒数称为曲率半径，如曲率半径以 ρ 表示，则有

$$\frac{1}{\rho}=\lim_{\Delta s\to 0}\left|\frac{\Delta\varphi}{\Delta s}\right|=\left|\frac{\mathrm{d}\varphi}{\mathrm{d}s}\right| \tag{4-14}$$

由图 4-10 可见

$$|\Delta\boldsymbol{\tau}|=2|\boldsymbol{\tau}|\sin\frac{\Delta\varphi}{2}$$

当 $\Delta s\to 0$ 时，$\Delta\varphi\to 0$，$\Delta\boldsymbol{\tau}$ 与 $\boldsymbol{\tau}$ 垂直，且有 $|\boldsymbol{\tau}|=1$，由此可得

$$|\Delta\boldsymbol{\tau}|\doteq\Delta\varphi$$

注意到 Δs 为正时，点沿切向 $\boldsymbol{\tau}$ 的正方向运动，$\Delta\boldsymbol{\tau}$ 指向轨迹内凹一侧；Δs 为负时，点沿切向 $\boldsymbol{\tau}$ 的负方向运动，$\Delta\boldsymbol{\tau}$ 指向轨迹外凸一侧。因此有

$$\frac{\mathrm{d}\boldsymbol{\tau}}{\mathrm{d}s}=\lim_{\Delta s\to 0}\frac{\Delta\boldsymbol{\tau}}{\Delta s}=\lim_{\Delta s\to 0}\frac{\Delta\varphi}{\Delta s}\boldsymbol{n}=\frac{1}{\rho}\boldsymbol{n} \tag{4-15}$$

上式将用于法向加速度的推导。

3. 点的速度

点沿轨迹由点 M 到 M'，经过 Δt 时间，其矢径有增量 $\Delta\boldsymbol{r}$，如图 4-11 所示。当 $\Delta t\to 0$ 时，$|\Delta\boldsymbol{r}|=|\widehat{MM'}|=|\Delta s|$，故有

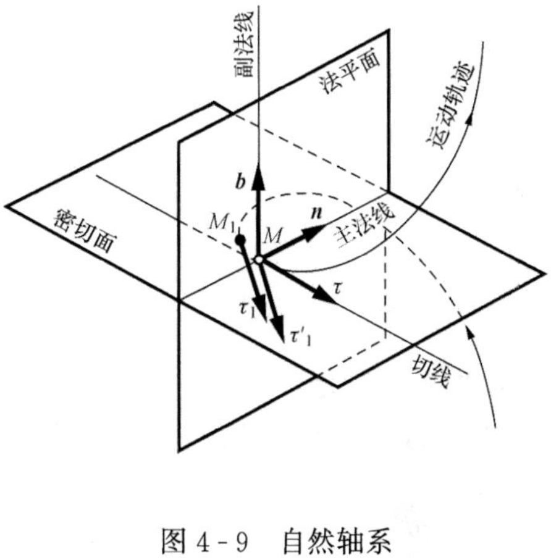

图 4-9　自然轴系

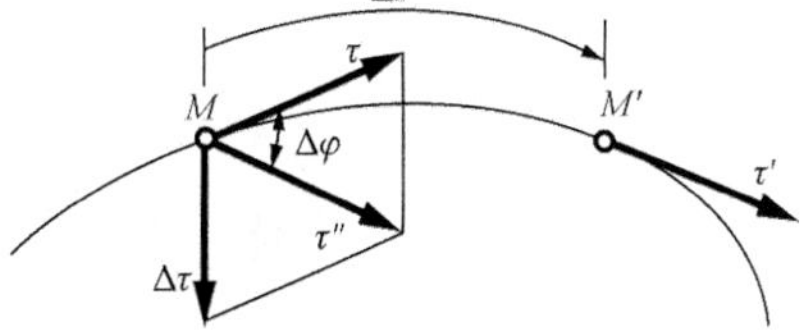

图 4-10　轨迹的曲率半径

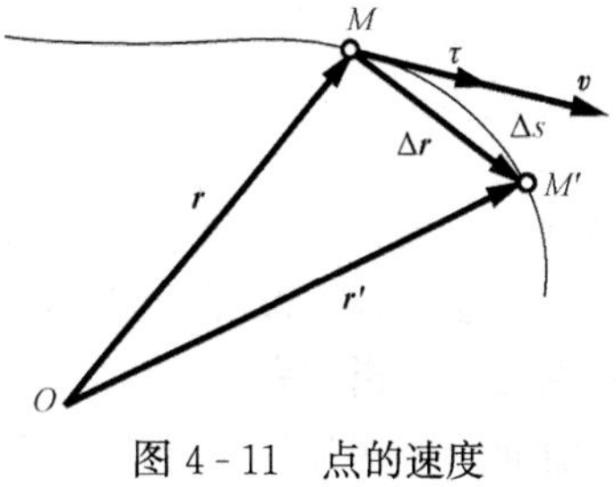

图 4-11　点的速度

$$|\boldsymbol{v}| = \lim_{\Delta t \to 0}\left|\frac{\Delta \boldsymbol{r}}{\Delta t}\right| = \lim_{\Delta t \to 0}\left|\frac{\Delta s}{\Delta t}\right| = \left|\frac{\mathrm{d}s}{\mathrm{d}t}\right|$$

式中：s 是动点在轨迹曲线上的弧坐标。由此可得结论：速度的大小等于动点的弧坐标对时间的一阶导数的绝对值。

弧坐标对时间的一阶导数是一个代数量，以 v 表示

$$v = \frac{\mathrm{d}s}{\mathrm{d}t} = \dot{s} \tag{4-16}$$

如 $\dot{s}>0$，则 s 值随时间增加而增大，点沿轨迹的正向运动；$\dot{s}<0$，则点沿轨迹的负向运动。于是 $\dot{s}$ 的绝对值表示速度的大小，它的正负号表示点沿轨迹运动的方向。

由于 $\boldsymbol{\tau}$ 是切线轴的单位向量，因此点的速度矢可写成

$$\boldsymbol{v} = \boldsymbol{\tau} = \frac{\mathrm{d}s}{\mathrm{d}t}\boldsymbol{\tau} \tag{4-17}$$

4. 点的切向加速度和法向加速度

将式（4-17）对时间取一阶导数，注意到 v，$\boldsymbol{\tau}$ 都是变数，得

$$\boldsymbol{a} = \frac{\mathrm{d}\boldsymbol{v}}{\mathrm{d}t} = \frac{\mathrm{d}v}{\mathrm{d}t}\boldsymbol{\tau} + v\frac{\mathrm{d}\boldsymbol{\tau}}{\mathrm{d}t} \tag{4-18}$$

上式右端两项都是向量，第一项是反映速度大小变化的加速度，记为 $\boldsymbol{a}_{\mathrm{t}}$；第二项是反映速度方向变化的加速度，记为 $\boldsymbol{a}_{\mathrm{n}}$。下面分别求它们的大小和方向。

（1）反映速度大小变化的加速度 $\boldsymbol{a}_{\mathrm{t}}$。

因为

$$\boldsymbol{a}_{\mathrm{t}} = \dot{v}\boldsymbol{\tau} \tag{4-19}$$

显然 $\boldsymbol{a}_{\mathrm{t}}$ 是一个沿轨迹切线的向量，因此称为**切向加速度**。如 $\dot{v}>0$，$\boldsymbol{a}_{\mathrm{t}}$ 指向轨迹的正向；如 $\dot{v}<0$，$\boldsymbol{a}_{\mathrm{t}}$ 指向轨迹的负向。令

$$a_t = \dot{v} = \ddot{s} \tag{4-20}$$

a_{t} 是一个代数量，是加速度 $\boldsymbol{a}$ 沿轨迹切向的投影。

由此可得结论：切向加速度反映点的速度值对时间的变化率，它的代数值等于速度的代数值对时间的一阶导数，或弧坐标对时间的二阶导数，它的方向沿轨迹切线。

（2）反映速度方向变化的加速度 $\boldsymbol{a}_{\mathrm{n}}$。

因为

$$\boldsymbol{a}_{\mathrm{n}} = v\frac{\mathrm{d}\boldsymbol{\tau}}{\mathrm{d}t} \tag{4-21}$$

它反映速度方向 $\boldsymbol{\tau}$ 的变化。上式可改写为

$$\boldsymbol{a}_{\mathrm{n}} = v\frac{\mathrm{d}\boldsymbol{\tau}}{\mathrm{d}s} \times \frac{\mathrm{d}s}{\mathrm{d}t}$$

将式（4-15）及式（4-16）代入上式，得

$$\boldsymbol{a}_{\mathrm{n}} = \frac{v^2}{\rho}\boldsymbol{n} \tag{4-22}$$

由此可见，$\boldsymbol{a}_{\mathrm{n}}$ 的方向与主法线的正向一致，称为**法向加速度**。于是可得结论：法向加速度反映点的速度方向改变的快慢程度，它的大小等于点的速度的平方除以曲率半径，它的方向沿着主法线，指向曲率中心。

正如前面分析的那样，切向加速度表明速度大小的变化率，而法向加速度只反映速度方

向的变化。所以，当速度 $\boldsymbol{v}$ 与切向加速度 $\boldsymbol{a}_t$ 的指向相同时，即 v 与 a_t 的符号相同时，速度的绝对值不断增加，点作加速运动，如图 4-12（a）所示；当速度 $\boldsymbol{v}$ 与切向加速度 $\boldsymbol{a}_t$ 的指向相反时，即 v 与 a_t 的符号相反时，速度的绝对值不断减小，点作减速运动，如图 4-12（b）所示。

将式（4-19）、式（4-21）和式（4-22）代入式（4-18）中，有

$$\boldsymbol{a} = \boldsymbol{a}_t + \boldsymbol{a}_n = a_t\boldsymbol{\tau} + a_n\boldsymbol{n} \tag{4-23}$$

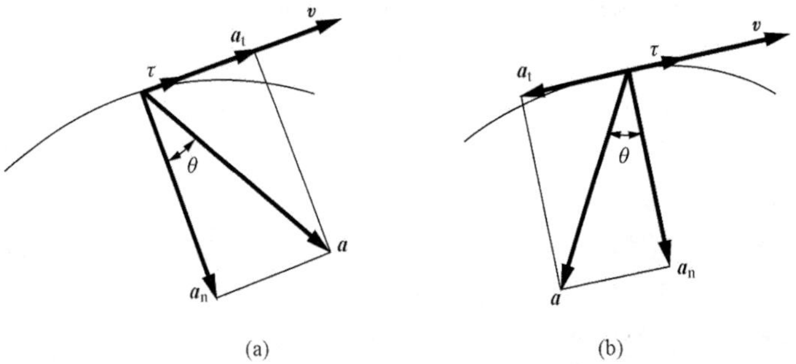

图 4-12　切向加速度表明速度大小的变化率

（a）速度与切向加速度指向相同时的全加速度；（b）速度与切向加速度指向相反时的全加速度

其中

$$a_t = \frac{dv}{dt},\ a_n = \frac{v^2}{\rho} \tag{4-24}$$

由于 $\boldsymbol{a}_t$，$\boldsymbol{a}_n$ 均在密切面内，因此全加速度 $\boldsymbol{a}$ 也在密切面内。这表明加速度沿副法在线的分量为零，即

$$\boldsymbol{a}_b = 0 \tag{4-25}$$

全加速度的大小可由下式求出

$$a = \sqrt{a_t^2 + a_n^2} \tag{4-26}$$

它与法线间的夹角的正切为

$$\tan\theta = \frac{a_t}{a_n} \tag{4-27}$$

当 $\boldsymbol{a}$ 与切向单位向量 $\boldsymbol{\tau}$ 的夹角为锐角时 θ 为正，否则为负如图 4-12（b）所示。

如果动点的切向加速度的代数值保持不变，即 a_t=恒量，则动点的运动称为曲线匀变速运动。现在来求它的运动规律。

由

$$dv = a_t dt$$

积分得

$$v = v_0 + a_t t \tag{4-28}$$

式中：v_0 是在 $t=0$ 时点的速度。

再积分，得

$$s = s_0 + v_0 t + \frac{1}{2}a_t t^2 \tag{4-29}$$

式中：s_0 是在 $t=0$ 时点的弧坐标。

式（4-28）和式（4-29）与物理学中点作匀变速直线运动的公式完全相似，只不过点作曲线运动时，式中的加速度应该是切线加速度 a_t，而不是全加速度 a。这是因为点作曲线运动时，反映运动速度大小变化的只是全加速度的一个分量——切向加速度。

了解上述关系后，容易得到曲线运动的运动规律。例如所谓曲线匀速运动，即动点速度的代数值保持不变，与直线匀速运动的公式相比，即得

$$s = s_0 + vt \tag{4-30}$$

应注意，在一般曲线运动中，除 $v=0$ 的瞬时外，点的法向加速度 a_n 总不等于零。直线运动为曲线运动的一种特殊情况，曲率半径 $\rho\to\infty$，任何瞬时点的法向加速度始终为零。

【例 4-5】 列车沿半径为 $R=800\text{m}$ 的圆弧轨道做匀加速运动。如初速度为零，经过 2min 后，速度达到 54km/h。求列车在起点和末点的加速度。

解 由于列车沿圆弧轨道作匀加速运动，切向加速度 a_t 等于恒量。于是有方程

$$\frac{dv}{dt} = a_t = 常量$$

积分一次，得

$$v = a_t t$$

当 $t=2\text{min}=120\text{s}$ 时，$v=54\text{km/h}=15\text{m/s}$，代入上式，求得

$$a_t = \frac{15}{120} = 0.125(\text{m/s}^2)$$

在起点，$v=0$，因此法向加速度等于零，列车只有切向加速度

$$a_t = 0.125\text{m/s}^2$$

在末点时速度不等于零，既有切向加速度，又有法向加速度，而

$$a_t = 0.125\text{m/s}^2,\ a_n = \frac{v^2}{R} = \frac{15^2}{800} \approx 0.281(\text{m/s}^2)$$

末点的全加速度大小为

$$a = \sqrt{a_t^2 + a_n^2} = 0.308(\text{m/s}^2)$$

末点的全加速度与法向的夹角 θ 为

$$\tan\theta = \frac{a_t}{a_n} = 0.443,\ \theta = 23°54'$$

【例 4-6】 已知点的运动方程为 $x=2\sin4t$ m，$y=2\cos4t$ m，$z=4t$ m。求点运动轨迹的曲率半径 ρ。

解 点的速度和加速度沿 x，y，z 轴的投影分别为

$$\dot{x} = 8\cos4t,\ \ddot{x} = -32\sin4t$$
$$\dot{y} = -8\sin4t,\ \ddot{y} = -32\cos4t$$
$$\dot{z} = 4,\ \ddot{z} = 0$$

点的速度和全加速度大小为

$$v = \sqrt{\dot{x}^2 + \dot{y}^2 + \dot{z}^2} = \sqrt{80}\text{m/s},\ a = \sqrt{\ddot{x}^2 + \ddot{y}^2 + \ddot{z}^2} = 32\text{m/s}^2$$

点的切向加速度与法向加速度大小为

$$a_t = \dot{v} = 0,\ a_n = \frac{v^2}{\rho} = \frac{80}{\rho}$$

由于

$$a = \sqrt{a_t^2 + a_n^2} = 32 = a_n$$

因此

$$\rho = 2.5\text{m}$$

这是在半径为 2m 的圆柱面上的匀速螺旋线运动。点的加速度也是常值，指向此圆柱面的轴线。注意其轨迹的曲率半径并不等于圆柱面的半径。

【例 4 - 7】 半径为 R 的轮子沿直线轨道无滑动的滚动（称为纯滚动），设轮子转角 $\theta=\omega t$（ω 为常值）轮心速度为常数，如图 4 - 13（a）所示。求轮缘上任一点 M 的运动方程，并求该点的速度、加速度及 M 到达最高处时轨迹的曲率半径。

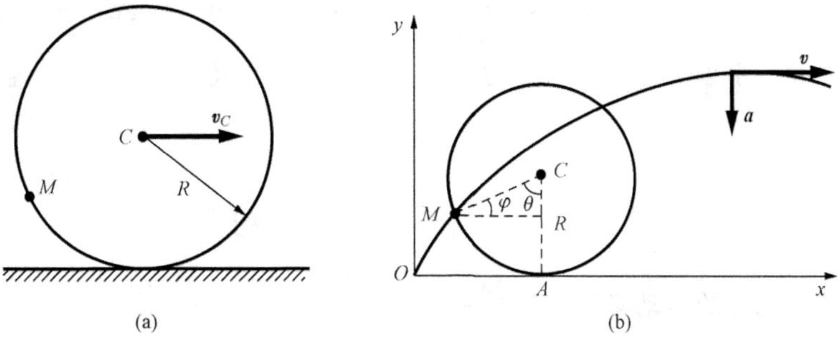

图 4 - 13 ［例 4 - 7］图

（a）轮子沿直线轨道无滑动的滚动；（b）M 的轨迹

解 点 M 轨迹未知，用直角坐标法解题，建立直角坐标系 Oxy，如图 4 - 13（b）所示。原点位于点 M 处于最低点时的起始位置。画出任意瞬时的圆轮位形

$$\overline{OA} = \overset{\frown}{AM} = R\theta = R\omega t = v_C t$$

则，用直角坐标表示的点 M 的运动方程为

$$\left.\begin{aligned} x &= OA - R\sin\theta = R(\omega t - \sin\omega t) \\ y &= CA - R\cos\theta = R(1 - \cos\omega t) \end{aligned}\right\} \quad ①$$

上式对时间求导，即得点 M 的速度沿坐标轴的投影

$$v_x = \dot{x} = R\omega(1 - \cos\omega t),\ v_y = \dot{y} = R\omega\sin\omega t \quad ②$$

M 点的速度为

$$v = \sqrt{v_x^2 + v_y^2} = r\omega\sqrt{2 - 2\cos\omega t} = 2r\omega\sin\frac{\omega t}{2},\ (0 \leqslant \omega t \leqslant 2\pi) \quad ③$$

将式②再对时间求导，即得加速度在直角坐标系上的投影

$$a_x = \ddot{x} = R\omega^2\sin\omega t,\ a_y = \ddot{y} = R\omega^2\cos\omega t \quad ④$$

由此得到全加速度

$$a = \sqrt{a_x^2 + a_y^2} = R\omega^2$$

当 M 位于轨迹最高点时，有 $\theta=\pi$，所以 $t=\dfrac{\pi}{\omega}$，带入式②、式③，得

$$v_x=2R\omega,\ v_y=0,\ v=2v_C$$

$$a_x=0,\ a_y=-R\omega^2,\ a=\frac{v_C^2}{R}$$

由 $a_n=\dfrac{v^2}{\rho}$，得

$$\rho=\frac{v^2}{a_n}=4R$$

再讨论点 M 运动特性分析，点 M 位于轨道接触点时，$\theta=2n\pi$，因而

$$v_x=v_y=0,\ a_x=0,\ a_y=R\omega^2=\frac{v_C^2}{R}$$

即圆轮在接触点的速度为零，加速度与轨道垂直，这两点是纯滚动的重要特点。

点 M 运动到任意位置时，其加速度有下面的性质

$$a=\sqrt{a_x^2+a_y^2}=R\omega^2,\ \tan\frac{a_y}{a_x}=\cot(\omega t)=\cot\theta=\tan\left(\frac{\pi}{2}-\theta\right)=\tan\varphi$$

亦即加速度永远指向轮心，且为常数。这和轮心固定而点 M 作等速圆周运动的情况完全相同。

小 结

(1) 观察物体的运动必须相对某一参考体。

(2) 点的运动方程为动点在空间的几何位置随时间的变化规律。一个点相对于同一个参考体，若采用不同的坐标系，将有不同形式的运动方程。如：

向量形式 $\boldsymbol{r}=\boldsymbol{r}(t)$

直角坐标形式 $x=f_1(t)$，$y=f_2(t)$，$z=f_3(t)$

弧坐标形式 $s=f(t)$

极坐标形式 $\rho=f_1(t)$，$\varphi=f_2(t)$ 等。

(3) 轨迹为动点在空间运动时所经过的一条连续曲线。轨迹方程可由运动方程消去时间 t 得到。

(4) 点的速度和加速度都是向量

$$\boldsymbol{v}=\dot{\boldsymbol{r}},\ \boldsymbol{a}=\dot{\boldsymbol{v}}=\ddot{\boldsymbol{r}}$$

1) 以直角坐标轴上的分量表示

$$v_x=\dot{x},\ v_y=\dot{y},\ v_z=\dot{z}$$

$$a_x=\dot{v}_x=\ddot{x},\ a_y=\dot{v}_y=\ddot{y},\ a_z=\dot{v}_z=\ddot{z}$$

2) 以自然坐标的分量表示

$$v=v\boldsymbol{\tau}=\dot{s}\boldsymbol{\tau},\ \boldsymbol{a}=\boldsymbol{a}_t+\boldsymbol{a}_n=a_t\boldsymbol{\tau}+a_n\boldsymbol{n}$$

$$a_t=\dot{v}=\ddot{s},\ a_n=\frac{v^2}{\rho},\ a=\sqrt{a_t^2+a_n^2}$$

(5) 点的切向加速度只反映速度大小的变化，法向加速度只反映速度方向的变化。当点的速度与切向加速度方向相同时，点作加速运动；反之，点作减速运动。

(6) 几种特殊运动的特点

1) 直线运动

$$a_n \equiv 0, \ \rho \to \infty$$

2) 圆周运动

$$\rho = \text{常数}$$

3) 匀速运动

$$v = \text{常数}, \ a_t \equiv 0$$

4) 匀变速运动

$$a_t = \text{常数}, \ v = v_0 + a_t t, \ s = s_0 + v_0 t + \frac{1}{2} a_t t^2$$

思考题

4-1　$\frac{d\boldsymbol{v}}{dt}$和$\frac{dv}{dt}$，$\frac{d\boldsymbol{r}}{dt}$和$\frac{dr}{dt}$是否相同?

4-2　点沿曲线运动，图 4-14 所示各点所给出的速度 $\boldsymbol{v}$ 和加速度 $\boldsymbol{a}$ 哪些是可能的? 哪些是不可能的?

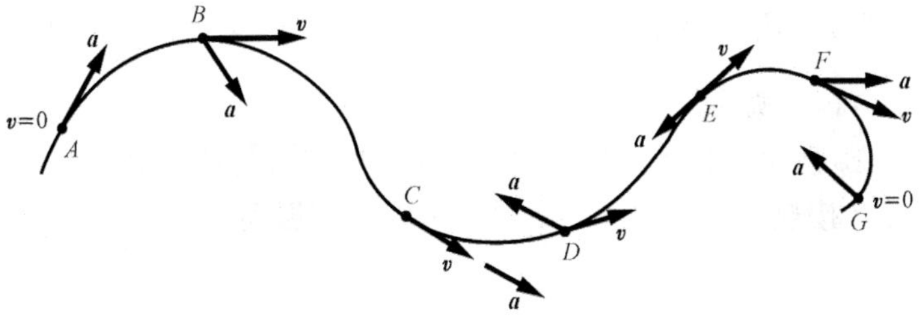

图 4-14　思考题 4-2 图

4-3　点 M 沿螺线自外向内运动，如图 4-15 所示，它走过的弧长与时间的一次方成正比，问点的加速度是越来越大、还是越来越小? 点 M 越跑越快、还是越跑越慢?

4-4　当点作曲线运动时，点的加速度 $\boldsymbol{a}$ 是恒向量，如图 4-16 所示。问点是否作匀变速运动?

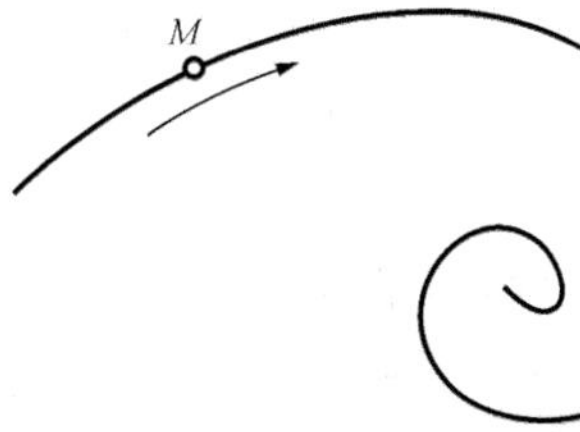

图 4-15　思考题 4-3 图

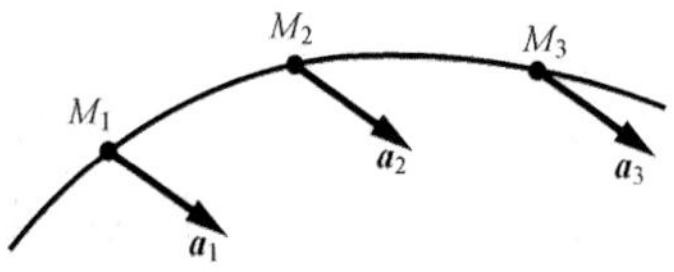

图 4-16　思考题 4-4 图

4-5　作曲线运动的两个动点，初速度相同、运动轨迹相同、运动中两点的法向加速度也相同。判断下述说法是否正确：(1) 任一瞬时两动点的切向加速度必相同；(2) 任一瞬时两动点的速度必相同；（3）两动点的运动方程必相同。

4-6 动点在平面内运动，已知其运动轨迹 $y=f(x)$ 及其速度在 x 轴方向的分量 v_x。判断下述说法是否正确：（1）动点的速度 $\boldsymbol{v}$ 可完全确定；（2）动点的加速度在 x 轴方向的分量 $\boldsymbol{a}_x$ 可完全确定；（3）当 $v_x\neq0$ 时，一定能确定动点的速度 $\boldsymbol{v}$、切向加速度 $\boldsymbol{a}_\mathrm{t}$、法向加速度 $\boldsymbol{a}_\mathrm{n}$ 及全加速度 $\boldsymbol{a}$。

4-7 下述各种情况下，动点的全加速度 $\boldsymbol{a}$、切向加速度 $\boldsymbol{a}_\mathrm{t}$ 和法向加速度 $\boldsymbol{a}_\mathrm{n}$ 三个向量之间有何关系？（1）点沿曲线作匀速运动；（2）点沿曲线运动，在该瞬时其速度为零；（3）点沿直线作变速运动；（4）点沿曲线作变速运动。

4-8 点作曲线运动时，下述说法是否正确：

（1）若切向加速度为正，则点作加速运动；

（2）若切向加速度与速度符号相同，则点作加速运动；

（3）若切向加速度为零，则速度为常向量。

习 题

4-1 图 4-17 所示曲线规尺的各杆，长为 $OA=AB=200\mathrm{mm}$，$CD=DE=AC=AE=50\mathrm{mm}$。如杆 OA 以等角速度 $\omega=\dfrac{\pi}{5}\mathrm{rad/s}$ 绕 O 轴转动，并且当运动开始时，杆 OA 水平向右。求尺上点 D 的运动方程和轨迹。

4-2 如图 4-18 所示，杆 AB 长 l，以等角速度 ω 绕点 B 转动，其转动方程为 $\varphi=\omega t$，而与杆连接的滑块 B 按规律 $s=a+b\sin\omega t$ 沿水平线作谐振动，其中 a 和 b 均为常数。求点 A 的轨迹。

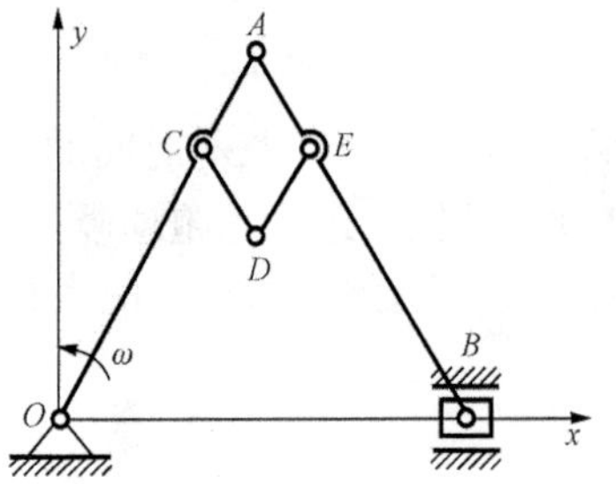

图 4-17 题 4-1 图

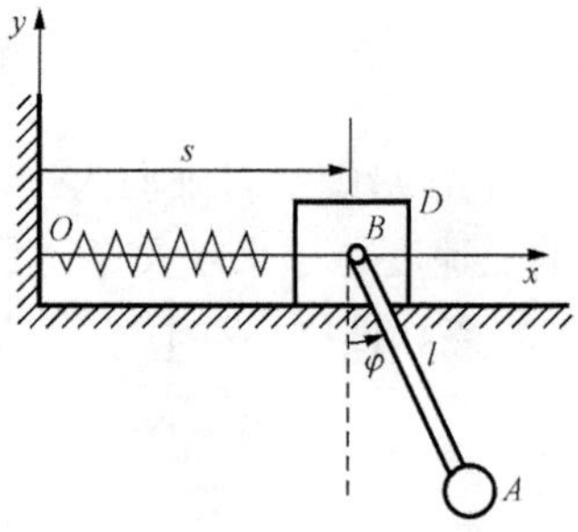

图 4-18 题 4-2 图

4-3 如图 4-19 所示，半圆形凸轮以等速 $v_0=0.01\mathrm{m/s}$ 沿水平方向向左运动，而且活塞杆 AB 沿铅垂方向运动。当运动开始时，活塞杆 A 端在凸轮的最高点上。如凸轮的半径 $R=80\mathrm{mm}$，求活塞 B 相对于地面和相对于凸轮的运动方程和速度。

4-4 图 4-20 所示雷达在距离火箭发射台为 l 的 O 处观察铅垂上升的火箭发射，测得角 θ 的规律为 $\theta=kt$（k 为常数）。写出火箭的运动方程并计算当 $\theta=\dfrac{\pi}{6}$ 和 $\dfrac{\pi}{3}$ 时，火箭的速度和加速度。

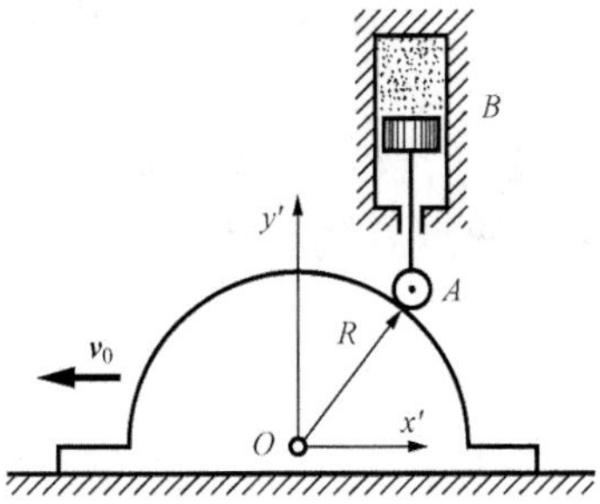

图 4-19 题 4-3 图

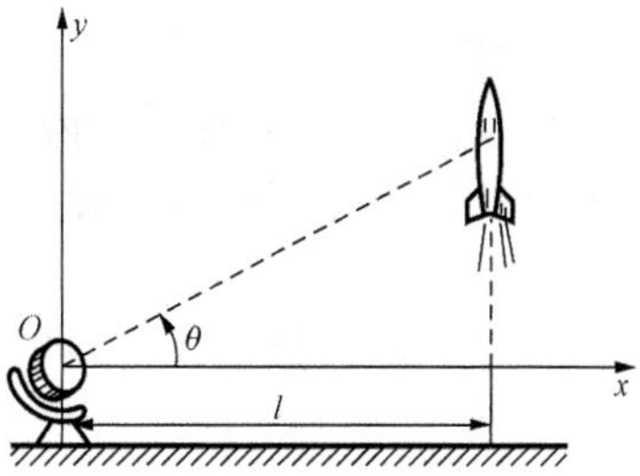

图 4-20 题 4-4 图

4-5 套管 A 由绕过定滑轮 B 的绳索牵引而沿导轨上升，滑轮中心到导轨的距离为 l，如图 4-21 所示。设绳索以等速 v_0 拉下，忽略滑轮尺寸。求套管 A 的速度和加速度与距离 x 的关系式。

4-6 如图 4-22 所示，偏心凸轮半径为 R，绕 O 轴转动，转角 $\varphi=\omega t$（ω 为常量），偏心距 $OC=e$，凸轮带动顶杆 AB 沿铅垂线作往复运动。求顶杆的运动方程和速度。

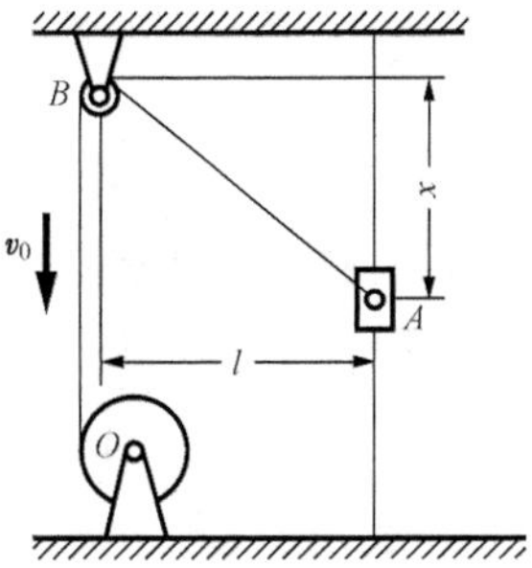

图 4-21 题 4-5 图

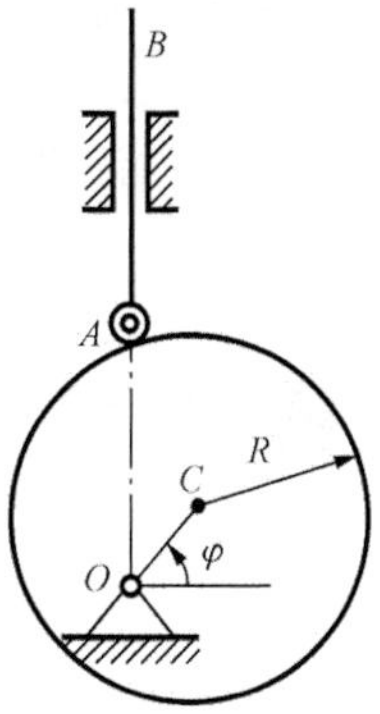

图 4-22 题 4-6 图

4-7 图 4-23 所示摇杆滑道机构中的滑块 M 同时在固定的圆弧槽 BC 和摇杆 OA 的滑道中滑动。如弧 BC 的半径为 R，摇杆 OA 的轴 O 在弧 BC 的圆周上。摇杆绕 O 轴以等角速度 ω 转动，当运动开始时，摇杆在水平位置。分别用直角坐标系法和自然法给出点 M 的运动方程，并求其速度和加速度。

4-8 如图 4-24 所示，OA 和 O_1B 两杆分别绕 O 和 O_1 轴转动，用十字形滑块 D 将

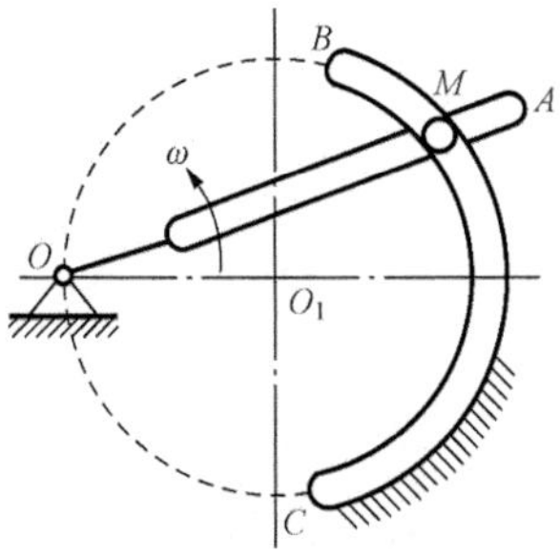

图 4-23 题 4-7 图

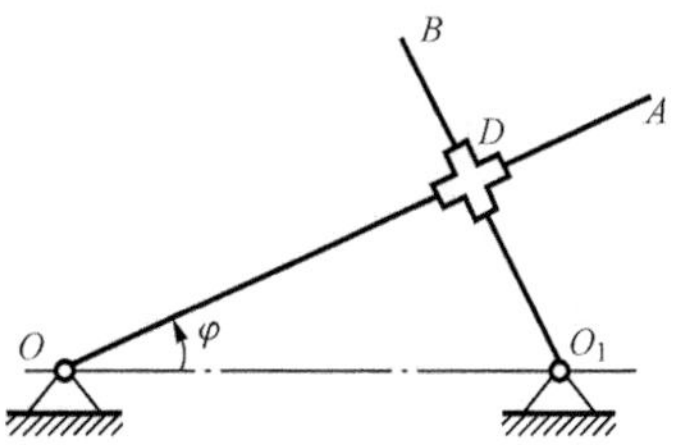

图 4-24 题 4-8 图

两杆连接。在运动过程中，两杆保持相交成直角。已知：$OO_1=a$；$\varphi=kt$，其中k为常数。求滑块D的速度和相对于OA的速度。

4-9 曲柄OA长r，在平面内绕O轴转动，如图4-25所示。杆AB通过固定于点N的套筒与曲柄OA铰接于点A。设$\varphi=\omega t$，杆AB长$l=2r$，求点B的运动方程、速度和加速度。

4-10 点沿空间曲线运动，如图4-26所示，在点M处其速度为$\boldsymbol{v}=4\boldsymbol{i}+3\boldsymbol{j}$，加速度$\boldsymbol{a}$与速度$\boldsymbol{v}$的夹角$\beta=30°$，且$a=10\text{m/s}^2$。求轨迹在该点密切面内的曲率半径$\rho$和切向加速度$a_t$。

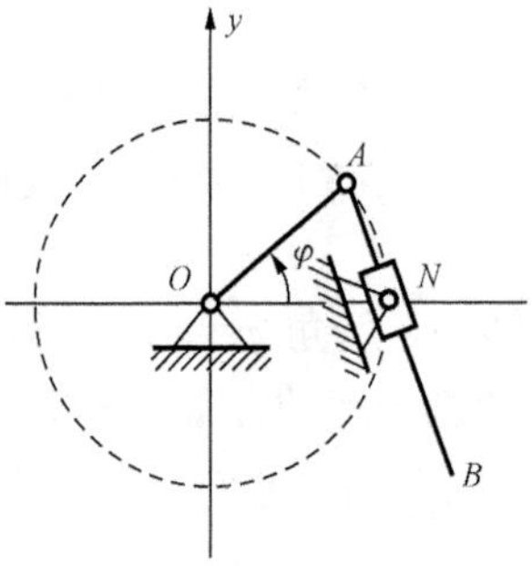

图4-25 题4-9图

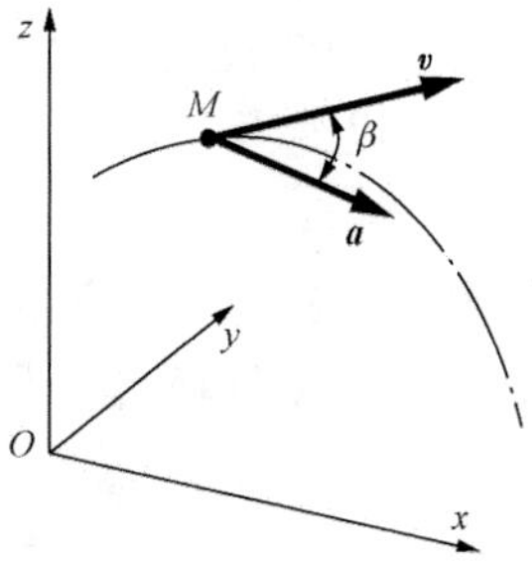

图4-26 题4-10图

4-11 小环M由作平移的丁字形杆ABC带动，沿着图4-27所示曲线轨道运动。设杆ABC以速度$v=$常数向左运动，曲线方程为$y^2=2px$。求环M的速度和加速度的大小（写成杆的位移x的函数）。

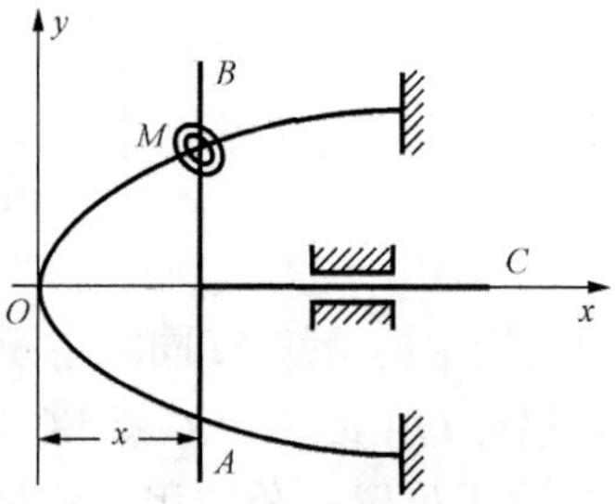

图4-27 题4-11图

第五章 刚体的简单运动

本章将研究刚体的两种简单的运动——平移和定轴转动。这是工程中最常见的运动，也是研究复杂运动的基础。

第一节 刚体的平行移动

工程中某些物体的运动，例如：汽缸内活塞的运动、车床上刀架的运动等，它们有一个共同的特点，即如果在物体内任取一直线段，在运动过程中这条直线段始终与它的最初位置平行，这种运动称为平行移动，简称**平移**。

设刚体作平移。如图 5-1（a）所示，在刚体内任选两点 A 和 B，令点 A 的矢径为 $\boldsymbol{r}_A$，点 B 的矢径为 $\boldsymbol{r}_B$，则两条矢端曲线就是两点的轨迹。由图 5-1（a）可知

$$\boldsymbol{r}_B = \boldsymbol{r}_A + \overrightarrow{AB} \tag{5-1}$$

当刚体平移时，线段 AB 的长度和方向都不改变，所以 $\overrightarrow{AB}$ 是恒矢量。因此只要把点 B 的轨迹沿 $\overrightarrow{BA}$ 方向平行搬移一段距离 BA，就能与点 A 的轨迹完全重合。刚体平移时，其上各点的轨迹不一定是直线，也可能是曲线，但是它们的形状是完全相同的。图 5-1（b）所示就是刚体作平移的实例。

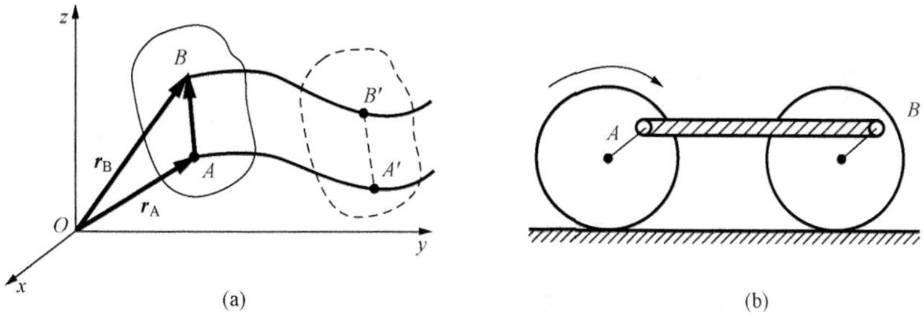

图 5-1 刚体的平行移动

（a）刚体平移；（b）刚体作平移的实例

把式（5-1）对时间 t 求导数，因为恒矢量 $\overrightarrow{AB}$ 的导数等于零，于是得

$$\boldsymbol{v}_A = \boldsymbol{v}_B，\ \boldsymbol{a}_A = \boldsymbol{a}_B$$

式中：$\boldsymbol{v}_A$ 和 $\boldsymbol{v}_B$ 分别表示点 A 和点 B 的速度，$\boldsymbol{a}_A$ 和 $\boldsymbol{a}_B$ 分别表示它们的加速度。因为点 A 和点 B 是任意选择的，因此可得结论：当刚体平行移动时，其上各点的轨迹形状相同；在每一瞬时，各点的速度相同，加速度也相同。

因此，研究刚体的平移，可以归结为研究刚体内任一点（如质心）的运动，也就是归结为前一章里所研究过的点的运动学问题。

第二节 刚体绕定轴的转动

工程中最常见的齿轮、机床的主轴、电机的转子等，它们都有一条固定的轴线，物体绕此固定轴转动。显然，只要轴线上有两点是不动的，这轴线就是固定的。刚体在运动时，其上或其扩展部分有两点保持不动，则这种运动称为刚体绕定轴的转动，简称刚体的转动。通过这两个固定点的一条不动的直线，称为刚体的**转轴**或轴线，简称轴。

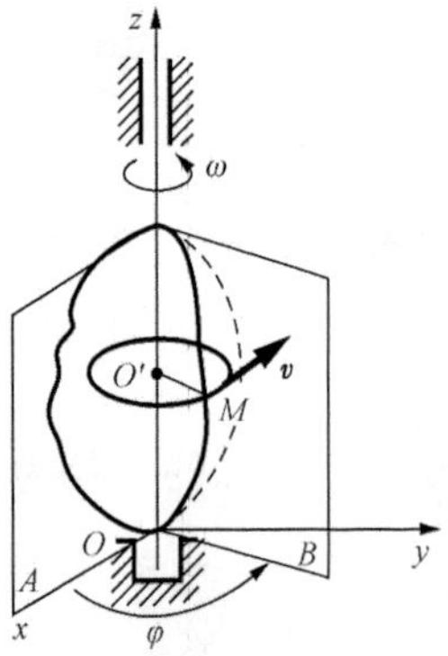

图 5-2 刚体绕定轴的转动

为确定转动刚体的位置，取其转轴为 z 轴，正向如图 5-2 所示。通过轴线作一固定平面 A，此外，通过轴线再作一动平面 B，这个平面与刚体固结，一起转动。两个平面间的夹角用 φ 表示，称为刚体的**转角**。转角 φ 是一个代数量。它确定了刚体的位置，它的符号规定如下：自 z 轴的正端往负端看，从固定面起按逆时针转向计算角 φ，取正值；按顺时针转向计算角 φ，取负值。并用弧度（rad）表示。当刚体转动时，转角 φ 是时间 t 的单值连续函数，即

$$\varphi = f(t) \tag{5-2}$$

这个方程称为刚体绕**定轴转动**的运动方程。绕定轴转动的刚体，只要用一个参变量（转角 φ）就可以决定它的位置，这样的刚体，称它具有一个**自由度**。

转角 φ 对时间的一阶导数，称为刚体的瞬时**角速度**，并用字母 ω 表示，即

$$\omega = \frac{\mathrm{d}\varphi}{\mathrm{d}t} \tag{5-3}$$

角速度表征刚体转动的快慢和方向，其单位一般用 rad/s（弧度/秒）。

角速度是代数量。从轴的正端向负端看，刚体逆时针转动时，角速度取正值，反之取负值。

角速度对时间的一阶导数，称为刚体的瞬时**角加速度**，用字母 α 表示，即

$$\alpha = \frac{\mathrm{d}\omega}{\mathrm{d}t} = \frac{\mathrm{d}^2\varphi}{\mathrm{d}t^2} \tag{5-4}$$

角加速度表征角速度变化的快慢，其单位一般用 rad/s^2（弧度/秒^2）。角速度也是代数量。

如果 ω 与 α 同号，则转动是加速的；如果 ω 与 α 异号，则转动是减速的。

现在讨论两种特殊情形。

(1) 匀速运动。如果刚体的角速度不变，即 ω = 常量，这种转动称为匀速转动。仿照点的匀速运动公式，可得

$$\varphi = \varphi_0 + \omega t \tag{5-5}$$

式中：φ_0 是 $t=0$ 时转角 φ 的值。

机器中的转动部件或零件，一般都在匀速转动情况下工作。转动的快慢常用每分钟转数，即转速 n 来表示，其单位为 r/min（转/分），称为转速。例如车床主轴的转速为 12.5～1200r/min，汽轮机的转速约为 3000r/min 等。

角速度 ω 与转速 n 的关系为

$$\omega=\frac{2\pi n}{60}=\frac{\pi n}{30} \tag{5-6}$$

转速 n 的单位为 r/min，ω 的单位为 rad/s。在粗略的近似计算中，可取 $\pi\approx3$，于是 $\omega\approx 0.1n$。

(2) 匀变速转动。如果刚体的角加速度不变，即 $\alpha=$常量，这种转动称为匀变速转动。仿照点的匀变速运动公式，可得

$$\left.\begin{aligned}\omega&=\omega_0+\alpha t\\ \varphi&=\varphi_0+\omega_0 t+\frac{1}{2}\alpha t^2\end{aligned}\right\} \tag{5-7}$$

式中：ω_0 和 φ_0 分别是 $t=0$ 时的角速度和转角。

由上面一些公式可知：匀变速转动时，刚体的角速度、转角和时间之间的关系与点在匀变速运动中的速度、坐标和时间之间的关系相似。

第三节　转动刚体内各点的速度和加速度

当刚体绕定轴转动时，刚体内任意一点都做圆周运动，圆心在轴线上，圆周所在的平面与轴线垂直，圆周的半径 R 等于该点到轴线的垂直距离，对此，宜采用自然法研究各点的运动。

设刚体由定平面 A 绕定轴 O 转动任一角度 φ，到达 B 位置，其上任一点由 O' 运动到 M，如图 5-3 所示。以固定点 O' 为弧坐标 s 的原点，按 φ 角的正向规定弧坐标 s 的正向，于是

$$s=R\varphi \tag{5-8}$$

式中：R 为点 M 到轴心 O 的距离。

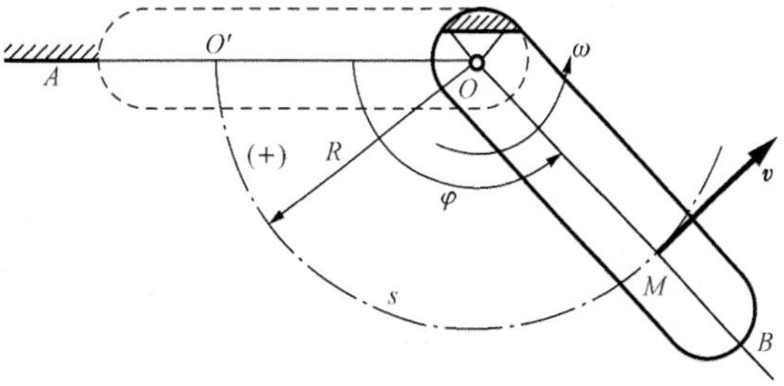

图 5-3　刚体由定平面 A 绕定轴转动到 B

将式 (5-8) 对 t 取一阶导数，得

$$\frac{ds}{dt}=R\frac{d\varphi}{dt}$$

由于 $\frac{d\varphi}{dt}=\omega$，$\frac{ds}{dt}=v$，因此，上式可写成

$$v=R\omega \tag{5-9}$$

即：转动刚体内任一点的速度的大小，等于刚体的角速度与该点到轴线的垂直距离的乘积，它的方向沿圆周的切线而指向转动的一方。

用一垂直于轴线的平面横截刚体，得一截面。根据上述结论，在该截面上的任一条通过轴心的直线上，各点的速度按线性规律分布，如图 5-4 (a) 所示。将速度矢的端点连成直线，此直线通过轴心。

现在求点 M 的加速度。因为点作圆周运动，因此应求切向加速度和法向加速度。根据式 (4-20) 和弧长 s 与转角 φ 的关系，得

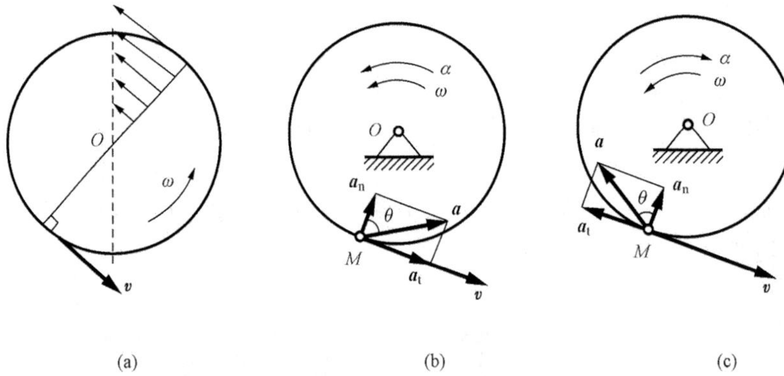

图 5-4 转动刚体内各点的速度与加速度

(a) 截面上任一条通过轴心的直线上的速度分布；(b) ω 与 α 同号时 M 点的 v 和 a；(c) ω 与 α 异号时 M 点的 v 和 a

$$a_t = \ddot{s} = R\,\ddot{\varphi}$$

由 $\ddot{\varphi} = \alpha$，因此

$$a_t = R\alpha \tag{5-10}$$

即：转动刚体内任一点的切向加速度（又称转动加速度）的大小，等于刚体的角加速度与该点到轴线垂直距离的乘积，它的方向由角加速度的符号决定。当 α 是正值时，它沿圆周的切线，指向角 φ 的正向；否则相反。

法向加速度为

$$a_n = \frac{v^2}{\rho} = \frac{(R\omega)^2}{\rho}$$

式中：ρ 是曲率半径，对于圆，$\rho = R$，因此

$$a_n = R\omega^2 \tag{5-11}$$

即：转动刚体内任一点的法向加速度（又称向心加速度）的大小，等于刚体角速度的平方与该点到轴线的垂直距离的乘积，它的方向与速度垂直并指向轴线。

如果 ω 与 α 同号，角速度的绝对值增加，刚体作加速运动，这时点的切向加速度 $\boldsymbol{a}_t$ 与速度 $\boldsymbol{v}$ 的指向相同；如果 ω 与 α 异号，角速度的绝对值增加，刚体作减速运动，$\boldsymbol{a}_t$ 与 $\boldsymbol{v}$ 的指向相反。这两种情况如图 5-4（b），图 5-4（c）所示。

点 M 的加速度 $\boldsymbol{a}$ 的大小可从下式求出

$$a = \sqrt{a_t^2 + a_n^2} = \sqrt{R^2\alpha^2 + R^2\omega^4} \tag{5-12}$$

要确定加速度 $\boldsymbol{a}$ 的方向，只需求出 $\boldsymbol{a}$ 与半径 MO 所成的交角 θ 即可（见图 5-4）。从直角三角形的关系式得

$$\tan\theta = \frac{a_t}{a_n} = \frac{R\alpha}{R\omega^2} = \frac{\alpha}{\omega^2} \tag{5-13}$$

由于在每一瞬时，刚体的 ω 和 α 都只有一个确定的数值，所以从式（5-9）、式（5-12）和式（5-13）得知：

（1）在每一瞬时，转动刚体内所有各点的速度和加速度的大小，分别与这些点到轴线的垂直距离成正比。

(2) 在每一瞬时，刚体内所有各点的加速度 $\boldsymbol{a}$ 与半径间的夹角 θ 都有相同的值。

用一垂直于轴线的平面横截刚体，得一截面。根据上述结论，可画出截面上各点的加速度，如图 5-5 (a) 所示。在通过轴心的直线上各点的加速度按线性分布，将加速度矢的端点连成直线，此直线通过轴心，如图 5-5 (b) 所示。

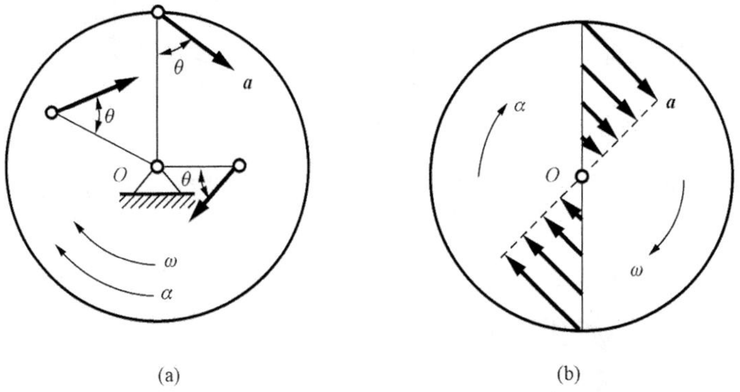

图 5-5　刚体截面上各点的加速度分析

(a) 截面上各点的加速度；(b) 通过轴心的直线上各点的加速度按线性分布

第四节　轮系的传动比

工程中，常利用轮系传动提高或降低机械的转速，最常见的有齿轮系和带轮系。

1. 齿轮传动

机械中常用齿轮作为传动部件，例如，为了要将电动机的转动传到机床的主轴，通常用变速箱降低转速，多数变速箱是由齿轮系组成的。

现以一对啮合的圆柱齿轮为例。圆柱齿轮传动分为外啮合［见图 5-6 (a)］和内啮合［见图 5-6 (b)］两种。

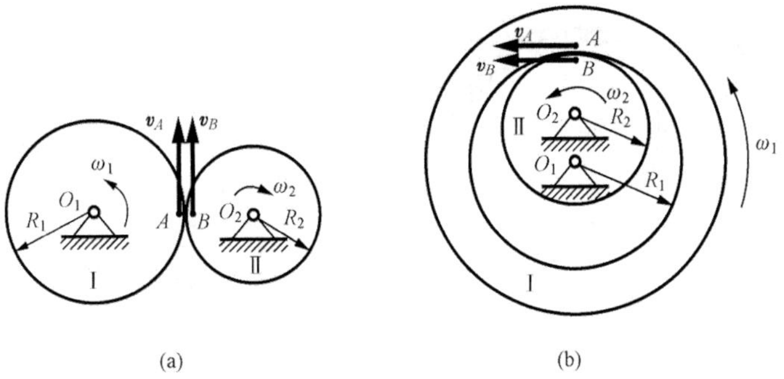

图 5-6　齿轮传动

(a) 外啮合；(b) 内啮合

设两个齿轮各绕固定轴 O_1 和 O_2 转动。已知其啮合圆半径各为 R_1 和 R_2，齿数各为 z_1 和 z_2，角速度各为 ω_1 和 ω_2。令 A 和 B 分别是两个齿轮啮合圆的接触点，因两圆之间没有相对滑动，故

$$v_B = v_A$$

并且速度方向也相同。但 $v_B = R_2\omega_2$，$v_A = R_1\omega_1$，因此

$$R_2\omega_2 = R_1\omega_1$$

或

$$\frac{\omega_1}{\omega_2} = \frac{R_2}{R_1}$$

由于齿轮在啮合圆上的齿距相等，它们的齿数与半径成正比，故

$$\frac{\omega_1}{\omega_2} = \frac{R_2}{R_1} = \frac{z_2}{z_1} \tag{5-14}$$

由此可知：处于啮合中的两个定轴齿轮的角速度与两齿轮的齿数成反比（或与两齿轮的啮合圆半径成反比）。

设轮Ⅰ是主动轮，轮Ⅱ是从动轮。在机械工程中，常常把主动轮和从动轮的两个角速度的比值称为传动比，用附有角标的符号表示

$$i_{12} = \frac{\omega_1}{\omega_2}$$

把式（5-14）代入上式，得计算传动比的基本公式

$$i_{12} = \frac{\omega_1}{\omega_2} = \frac{R_2}{R_1} = \frac{z_2}{z_1} \tag{5-15}$$

式（5-15）定义的传动比是两个角速度大小的比值，与转动方向无关，因此不仅适用于圆柱齿轮传动，也适用于传动轴成任意角度的圆锥齿轮传动、摩擦齿轮传动等。

有些场合为了区分轮系中各轮的转向，对各轮都规定统一的转动正向，这是各轮的角速度可取代数值，从而传动比也取代数值

$$i_{12} = \frac{\omega_1}{\omega_2} = \pm\frac{R_2}{R_1} = \pm\frac{z_2}{z_1}$$

式中：正号表示主动轮与从动轮转向相同（内啮合），如图 5-6（b）所示；负号表示转向相反（外啮合），如图 5-6（a）所示。

2. 带轮传动

在机床中，常用电动机通过胶带使变速箱的轴转动。如图 5-7 所示的带轮装置中，主动轮和从动轮的半径分别为 r_1 和 r_2，角速度分别为 ω_1 和 ω_2。如不考虑胶带的厚度，并假定胶带与带轮间无相对滑动，则应用绕定轴转动的刚体上各点速度的公式，可得到下列关系式

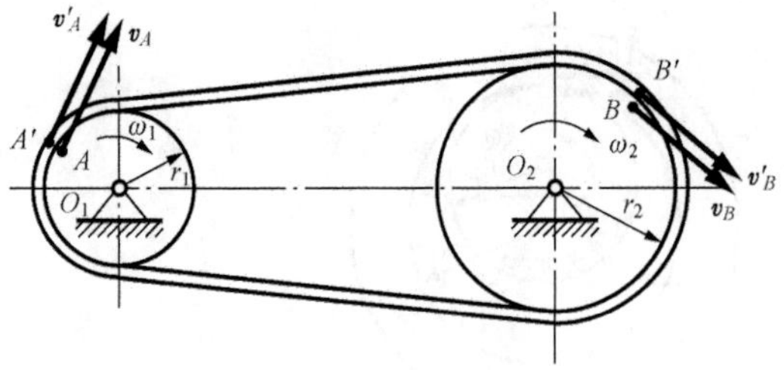

图 5-7　带轮传动

$$r_1\omega_1 = r_2\omega_2$$

于是带轮的传动比公式为

$$i_{12} = \frac{\omega_1}{\omega_2} = \frac{r_2}{r_1} \tag{5-16}$$

即：两轮的角速度与其半径成反比。

第五节　以矢量表示角速度和角加速度、以矢积表示点的速度和加速度

绕定轴转动刚体的角速度可以用矢量表示。角速度矢 $\boldsymbol{\omega}$ 的大小等于角速度的绝对值，即

$$|\boldsymbol{\omega}| = |\omega| = \left|\frac{\mathrm{d}\varphi}{\mathrm{d}t}\right| \tag{5-17}$$

角速度矢 $\boldsymbol{\omega}$ 沿轴线，它的指向表示刚体转动的方向；如果从角速度矢的末端向始端看，则看到刚体作逆时针转向的转动，如图 5-8（a）所示；或按照右手螺旋规则确定：右手的四指代表转动的方向，拇指代表角速度矢 $\boldsymbol{\omega}$ 的指向，如图 5-8（b）所示。至于角速度矢的起点，可在轴线上任意选取，也就是说，角速度矢是滑动矢。

如取转轴为 z 轴，它的正向用单位矢 $\boldsymbol{k}$ 的正向表示，如图 5-9 所示。于是刚体绕定轴转动的角速度矢可写成

$$\boldsymbol{\omega} = \omega\boldsymbol{k} \tag{5-18}$$

式中：ω 是角速度的代数值，它等于 $\dot{\varphi}$。

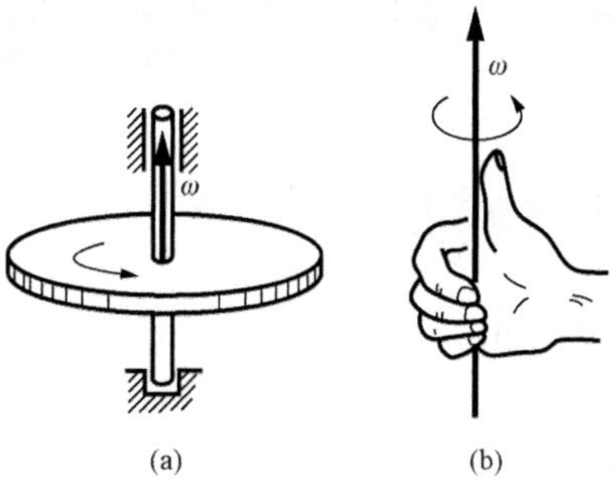

图 5-8　角速度矢

（a）刚体作逆时针转动；（b）右手螺旋规则

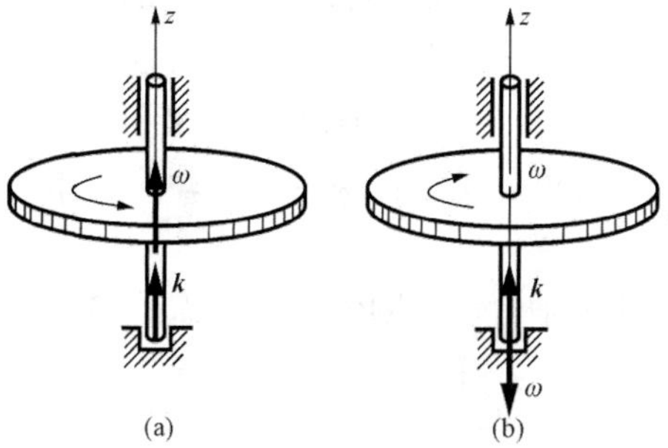

图 5-9　单位矢

（a）刚体绕定轴转动的角加速度矢量方向 1；
（b）刚体绕定轴转动的角加速度矢量方向 2

同样，刚体绕定轴转动的角加速度也可用一个沿轴线的滑动矢量表示

$$\boldsymbol{\alpha} = \alpha\boldsymbol{k} \tag{5-19}$$

式中：α 是角加速度的代数值，它等于 $\dot{\omega}$ 或 $\ddot{\varphi}$。于是

$$\boldsymbol{\alpha} = \frac{\mathrm{d}\omega}{\mathrm{d}t}\boldsymbol{k} = \frac{\mathrm{d}}{\mathrm{d}t}(\omega\boldsymbol{k})$$

或

$$\boldsymbol{\alpha} = \frac{\mathrm{d}\boldsymbol{\omega}}{\mathrm{d}t} \tag{5-20}$$

即角加速度矢 $\boldsymbol{\alpha}$ 为角速度矢 $\boldsymbol{\omega}$ 对时间的一阶导数。

根据上述角速度和角加速度的矢量表示法，刚体内任一点的速度可以用矢积表示。

如在轴线上任选一点 O 为原点，点 M 的矢径以 $\boldsymbol{r}$ 表示，如图 5-10 所示。那么，点 M 的速度可以用角速度矢与它的矢径的矢量积表示，即

$$\boldsymbol{v} = \boldsymbol{\omega} \times \boldsymbol{r} \tag{5-21}$$

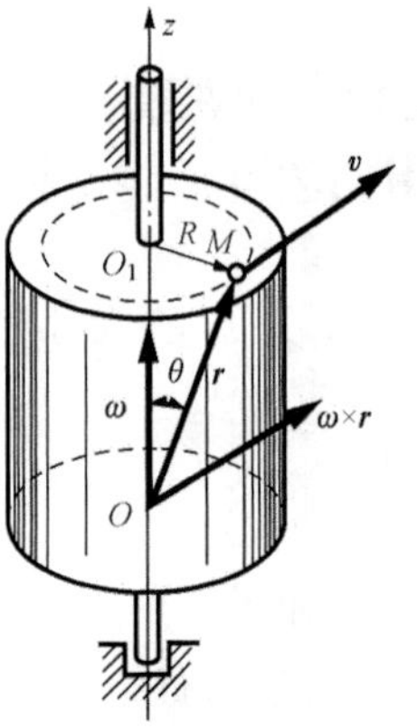

图 5-10 用矢积表示刚体内任一点的速度

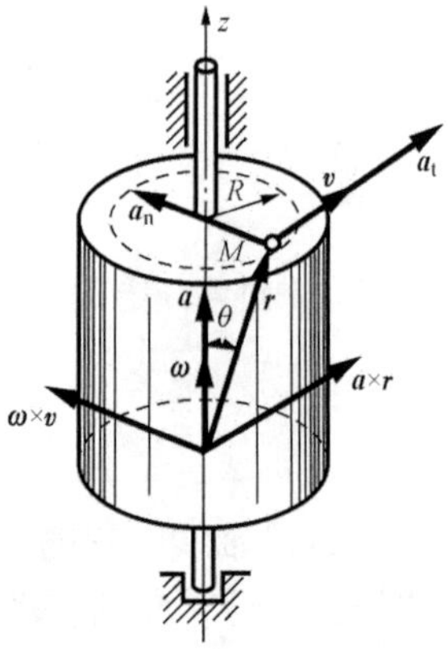

图 5-11 矢积方向

为了证明这一点，需证明矢积 $\boldsymbol{\omega}\times\boldsymbol{r}$ 确实表示点 M 的速度矢的大小和方向。

根据矢积的定义知，$\boldsymbol{\omega}\times\boldsymbol{r}$ 仍是一个矢量，它的大小是

$$|\boldsymbol{\omega}\times\boldsymbol{r}| = |\boldsymbol{\omega}|\times|\boldsymbol{r}|\sin\theta = |\boldsymbol{\omega}|R = |\boldsymbol{v}|$$

式中：θ 是角速度矢 $\boldsymbol{\omega}$ 与矢径 $\boldsymbol{r}$ 间的夹角。于是证明了矢积 $\boldsymbol{\omega}\times\boldsymbol{r}$ 的大小等于速度的大小。

矢积 $\boldsymbol{\omega}\times\boldsymbol{r}$ 的方向垂直于 $\boldsymbol{\omega}$ 和 $\boldsymbol{r}$ 所组成的平面（即图 5-10 中三角形 OMO_1 平面），从矢量 $\boldsymbol{v}$ 的末端向始端看，则见 $\boldsymbol{\omega}$ 按逆时针转向转过角 θ 与 $\boldsymbol{r}$ 重合，由图容易看出，矢积 $\boldsymbol{\omega}\times\boldsymbol{r}$ 的方向正好与点 M 的速度方向相同。

于是可得结论：绕定轴转动的刚体上任一点的速度矢等于刚体的角速度矢与该点矢径的矢积。

绕定轴转动的刚体上任一点的加速度矢也可用矢积表示。

因为点 M 的加速度为

$$\boldsymbol{a}=\frac{\mathrm{d}\boldsymbol{v}}{\mathrm{d}t}$$

把速度的矢积表达式（5-20）代入，得

$$\boldsymbol{a}=\frac{\mathrm{d}}{\mathrm{d}t}\ (\boldsymbol{\omega}\times\boldsymbol{r})\ =\frac{\mathrm{d}\omega}{\mathrm{d}t}\times\boldsymbol{r}+\boldsymbol{\omega}\times\frac{\mathrm{d}\boldsymbol{r}}{\mathrm{d}t}$$

已知 $\dfrac{d\boldsymbol{\omega}}{\mathrm{d}t}=\boldsymbol{\alpha}$，$\dfrac{d\boldsymbol{r}}{\mathrm{d}t}=\boldsymbol{v}$，于是得

$$\boldsymbol{a}=\boldsymbol{\alpha}\times\boldsymbol{r}+\boldsymbol{\omega}\times\boldsymbol{v} \tag{5-22}$$

式中右端第一项的大小为

$$|\boldsymbol{\alpha}\times\boldsymbol{r}|=|\boldsymbol{\alpha}|\cdot|\boldsymbol{r}|\sin\boldsymbol{\theta}=|\boldsymbol{\alpha}|\cdot R$$

这结果恰等于点 M 的切向加速度的大小。而 $\boldsymbol{\alpha}\times\boldsymbol{r}$ 的方向垂直于 $\boldsymbol{\alpha}$ 和 $\boldsymbol{r}$ 所构成的平面，指向如图 5-11 所示，这方向恰与点 M 的切向加速度的方向一致，因此矢积 $\boldsymbol{\alpha}\times\boldsymbol{r}$ 等于切向加速度 $\boldsymbol{a}_{\mathrm{t}}$，即

$$\boldsymbol{a}_t=\boldsymbol{\alpha}\times\boldsymbol{r} \tag{5-23}$$

同理可知，式（5-22）右端的第二项等于点 M 的法向加速度，即

$$\boldsymbol{a}_{\mathrm{n}}=\boldsymbol{\omega}\times\boldsymbol{v} \tag{5-24}$$

于是可得结论：转动刚体内任一点的切向加速度等于刚体的角加速度矢与该点矢径的矢

积；法向加速度等于刚体的角速度矢与该点的速度矢的矢积。

【例 5-1】 刚体绕定轴转动，已知转轴通过坐标原点 O，角速度矢为 $\boldsymbol{\omega}=5\sin\frac{\pi t}{2}\boldsymbol{i}+5\cos\frac{\pi t}{2}\boldsymbol{j}+5\sqrt{3}\boldsymbol{k}$。求 $t=1\text{s}$ 时，刚体上点 M（0，2，3）的速度矢及加速度矢。

解

$$\boldsymbol{v}=\boldsymbol{\omega}\times\boldsymbol{r}=\begin{vmatrix}\boldsymbol{i} & \boldsymbol{j} & \boldsymbol{k}\\ 5\sin\frac{\pi t}{2} & 5\cos\frac{\pi t}{2} & 5\sqrt{3}\\ 0 & 2 & 3\end{vmatrix}$$

$$=-10\sqrt{3}\boldsymbol{i}-15\boldsymbol{j}+10\boldsymbol{k}$$

$$\boldsymbol{a}=\boldsymbol{\alpha}\times\boldsymbol{r}+\boldsymbol{\omega}\times\boldsymbol{v}=\frac{\mathrm{d}\boldsymbol{\omega}}{\mathrm{d}t}\times\boldsymbol{r}+\boldsymbol{\omega}\times\boldsymbol{v}$$

$$=\left(-\frac{15}{2}\pi+75\sqrt{3}\right)\boldsymbol{i}-200\boldsymbol{j}-75\boldsymbol{k}$$

【例 5-2】 某定轴转动刚体的转轴通过点 M_0（2，1，3），其角速度矢 $\boldsymbol{\omega}$ 的方向余弦为 0.6，0.48，0.64，角速度的大小为 $\omega=25\text{rad/s}$。求刚体上点 M（10，7，11）的速度矢。

解 设原坐标系为 $Ox'y'z'$，取新坐标系以 M_0 为原点，记为 M_0xyz，且 x，y，z 三轴分别平行于原坐标系的 x'，y'，z' 轴。在新坐标系中有

$$\boldsymbol{\omega}=\omega\times(0.6\boldsymbol{i}+0.48\boldsymbol{j}+0.64\boldsymbol{k})=15\boldsymbol{i}+12\boldsymbol{j}+16\boldsymbol{k}$$

点 M 在新坐标系中的矢径为 $\boldsymbol{r}=(10-2)\boldsymbol{i}+(7-1)\boldsymbol{j}+(11-3)\boldsymbol{k}$

于是有

$$\boldsymbol{v}=\boldsymbol{\omega}\times\boldsymbol{r}=\begin{vmatrix}\boldsymbol{i} & \boldsymbol{j} & \boldsymbol{k}\\ 15 & 12 & 16\\ 8 & 6 & 8\end{vmatrix}=8\boldsymbol{j}-6\boldsymbol{k}$$

小 结

（1）刚体运动的最简单形式为平行移动和绕定轴转动。

（2）刚体平行移动。

1）刚体内任一直线在运动过程中，始终与它的最初位置平行，此种运动称为刚体平行移动或平移。

2）刚体作平移时，刚体内各点的轨迹形状完全相同，各点的轨迹可能是直线，也可能是曲线。

3）刚体作平移时，在同一瞬时刚体内各点的速度和加速度大小、方向都相同。

（3）刚体绕定轴转动。

1）刚体运动时，其中有两点保持不动，此种运动称为刚体绕定轴转动，或转动。

2）刚体的转动方程 $\varphi=f(t)$ 表示刚体的位置随时间的变化规律。

3）角速度 $\boldsymbol{\omega}$ 表示刚体转动的快慢程度和转向，是代数量

$$\omega=\dot{\varphi}$$

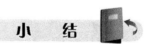

角速度也可用矢量表示 $\boldsymbol{\omega}=\omega\boldsymbol{k}$

4）角加速度表示角速度随时间的变化率，是代数量

$$\alpha=\dot{\omega}=\ddot{\varphi}$$

当 ω 与 α 同号时，刚体作加速运动；当 ω 与 α 异号时，刚体作减速运动。

角加速度也可用矢量表示

$$\boldsymbol{\alpha}=\frac{\mathrm{d}\boldsymbol{\omega}}{\mathrm{d}t}=\alpha\boldsymbol{k}$$

5）绕定轴转动刚体上点的速度、加速度与角速度、角加速度的关系

$$\boldsymbol{v}=\boldsymbol{\omega}\times\boldsymbol{r}，\boldsymbol{a}_{\mathrm{t}}=\boldsymbol{\alpha}\times\boldsymbol{r}，\boldsymbol{a}_{\mathrm{n}}=\boldsymbol{\omega}\times\boldsymbol{v}$$

式中：$\boldsymbol{r}$ 为点矢径。速度、加速度的代数值为

$$v=R\omega，a_{\mathrm{t}}=R\alpha，a_{\mathrm{n}}=R\omega^2$$

6）传动比 $$i_{12}=\frac{\omega_1}{\omega_2}=\frac{R_2}{R_1}=\frac{z_2}{z_1}$$

思考题

5-1 试推导刚体做匀速转动和匀加速转动的转动方程。

5-2 各点都作圆周运动的刚体一定是定轴转动吗？

5-3 “刚体作平移时，各点的轨迹一定是直线或平面曲线；刚体绕定轴转动时，各点的轨迹一定是圆。”这种说法对吗？

5-4 有人说：“刚体绕定轴转动时，角加速度为正，表示加速运动；角加速度为负，表示减速运动”。对吗？为什么？

5-5 试画出图 5-12（a）、图 5-12（b）中标有字母的各点的速度方向和加速度方向。

5-6 这样计算图 5-13 所示鼓轮的角速度对不对？

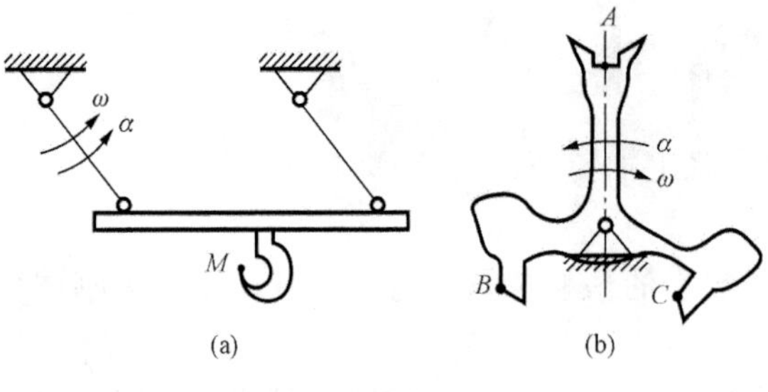

图 5-12 思考题 5-5 图

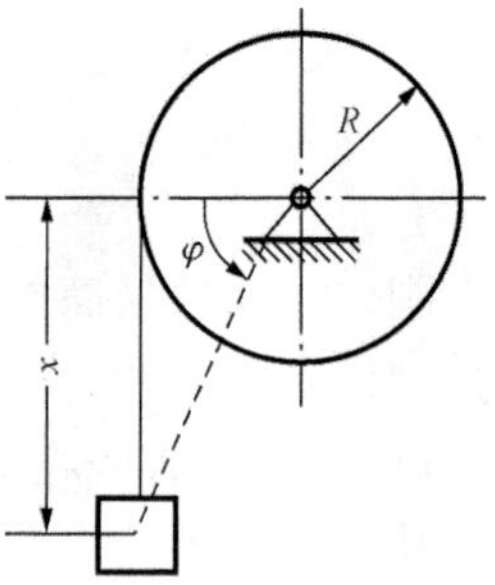

图 5-13 思考题 5-6 图

因为 $$\tan\varphi=\frac{x}{R}$$

所以 $$\omega=\frac{\mathrm{d}\varphi}{\mathrm{d}t}=\frac{\mathrm{d}}{\mathrm{d}t}\left(\arctan\frac{x}{R}\right)$$

5-7 刚体作定轴转动，其上某点 A 到转轴距离为 R。为求出刚体上任意点在某一瞬时的速度和加速度的大小，下述哪组条件是充分的？

（1）已知点 A 的速度及该点的全加速度方向。

（2）已知点 A 的切向加速度及法向加速度。

（3）已知点 A 的切向加速度及该点的全加速度方向。

（4）已知点 A 的法向加速度及该点的速度。

（5）已知点 A 的法向加速度及该点的全加速度方向。

习　题

5-1　图 5-14 所示曲柄滑杆机构中，滑杆上有一圆弧形滑道，其半径 $R=100\text{mm}$，圆心 O_1 在导杆 BC 上。曲柄长 $OA=100\text{mm}$，以等角速度 $\omega=4\ \text{rad/s}$ 绕 O 轴转动。求导杆 BC 的运动规律以及当曲柄与水平线间的夹角 φ 为 30°时，导杆 BC 的速度和加速度。

5-2　图 5-15 所示为把工件送入干燥炉内的机构，叉杆 $OA=1.5\text{m}$ 在铅垂面内转动，杆 $AB=0.8\text{m}$，A 端为铰链，B 端有放置工件的框架。在机构运动时，工件的速度恒为 0.05m/s，杆 AB 始终铅垂。设运动开始时，角 $\varphi=0$。求运动过程中角 φ 与时间的关系以及点 B 的轨迹方程。

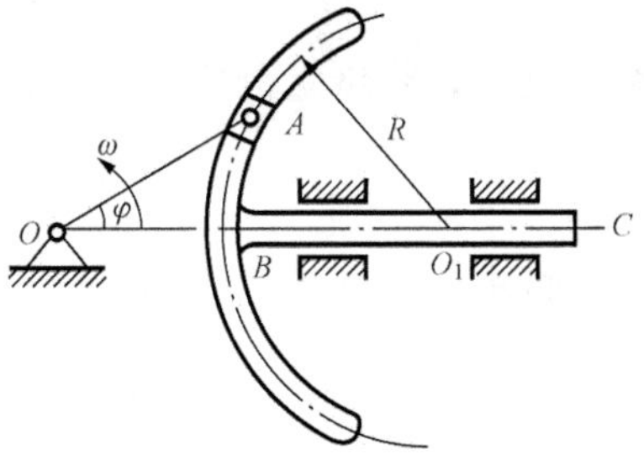

图 5-14　题 5-1 图

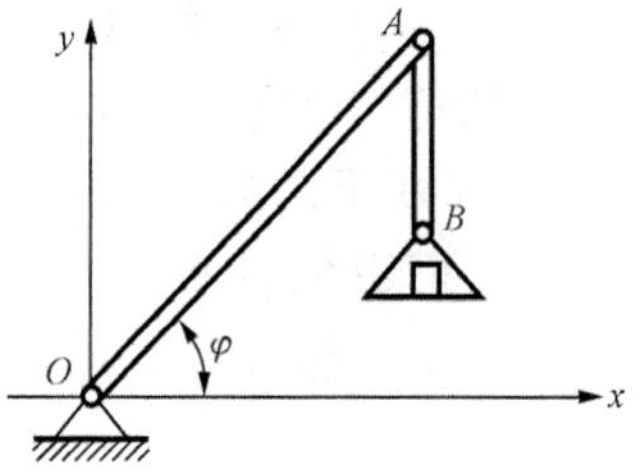

图 5-15　题 5-2 图

5-3　机构如图 5-16 所示，假定杆 AB 以匀速 $\boldsymbol{v}$ 运动，开始时 $\varphi=0$。求当 $\varphi=\frac{\pi}{4}$ 时，摇杆 OC 的角速度和角加速度。

5-4　如图 5-17 所示，曲柄 CB 以等角速度 ω_0 绕 C 转动，其转动方程为 $\varphi=\omega_0 t$。滑块 B 带动摇杆 OA 绕轴 O 转动。设 $OC=h$，$CB=r$。求摇杆的转动方程。

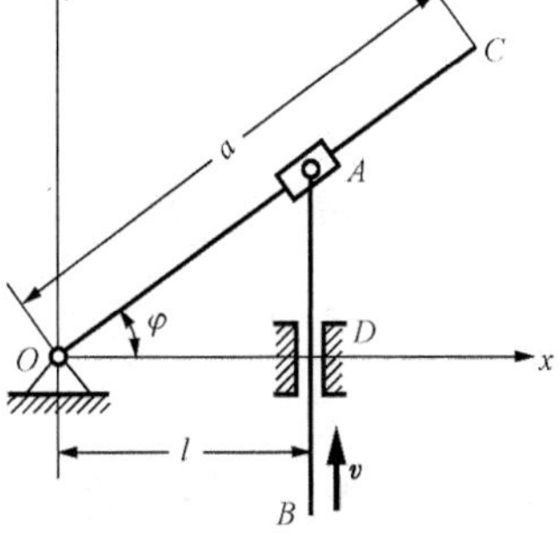

图 5-16　题 5-3 图

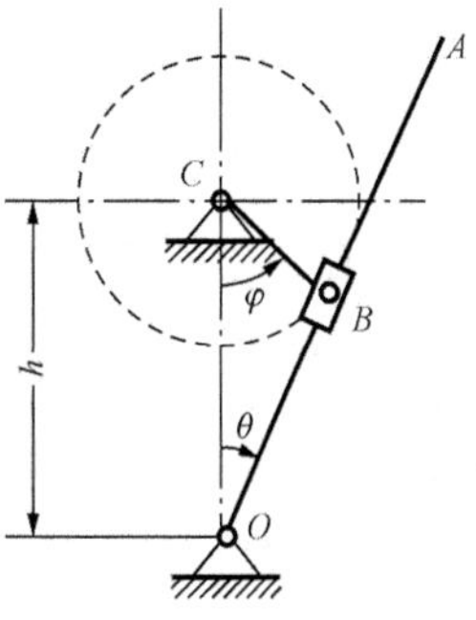

图 5-17　题 5-4 图

5-5　如图 5-18 所示，摩擦传动机构的主动轴 Ⅰ 的转速为 $n=600\text{r/min}$。轴 Ⅰ 的轮盘与轴Ⅱ的轮盘接触，接触点按箭头 A 所示的方向移动。距离 d 的变化规律为 $d=100-5t$，其中 d 的单位为 mm，t 的单位为 s。已知 $r=50$mm，$R=150$mm。求：(1) 以距离 d 表示轴Ⅱ的角加速度；(2) 当 $d=r$ 时，轮 B 边缘上一点的全加速度。

5-6 车床的传动装置如图 5-19 所示。已知各齿轮的齿数分别为 $z_1=40$，$z_2=84$，$z_3=28$，$z_4=80$；带动刀具的丝杠的螺距为 $h_4=12$mm。求车刀切削工件的螺距 h_1。

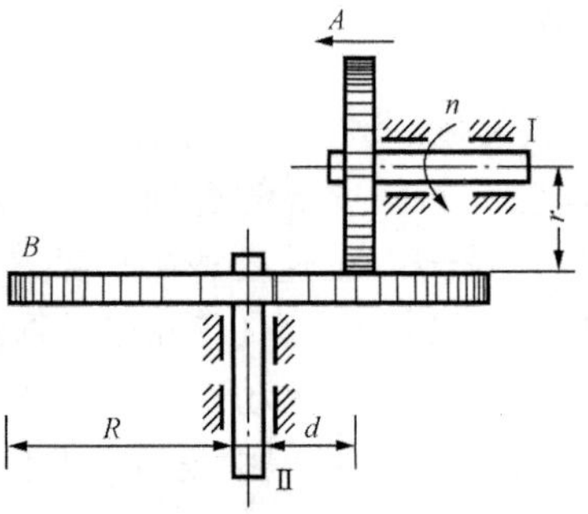

图 5-18 题 5-5 图

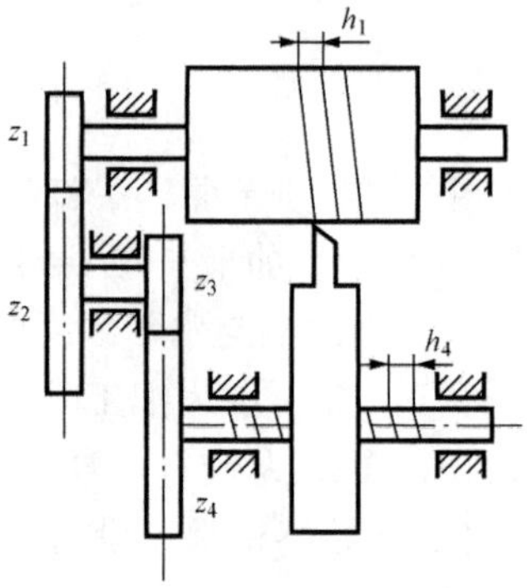

图 5-19 题 5-6 图

5-7 如图 5-20 所示，纸盘由厚度为 a 的纸条卷成，令纸盘的中心不动，而以等速 v 拉纸条。求纸盘的角加速度（以半径 r 的函数表示）。

5-8 图 5-21 所示机构中齿轮 1 紧固在杆 AC 上，$AB=O_1O_2$，齿轮 1 和半径为 r_2 的齿轮 2 啮合，齿轮 2 可绕 O_2 轴转动且和曲柄 O_2B 没有联系。设 $O_1A=O_2B=l$，$\varphi=b\sin\omega t$，试确定 $t=\dfrac{\pi}{2\omega}$ s 时，轮 2 的角速度和角加速度。

5-9 如图 5-21 所示，设机构从静止开始转动，轮 2 的角加速度为常量 α_2。求曲柄 O_1A 的转动规律。

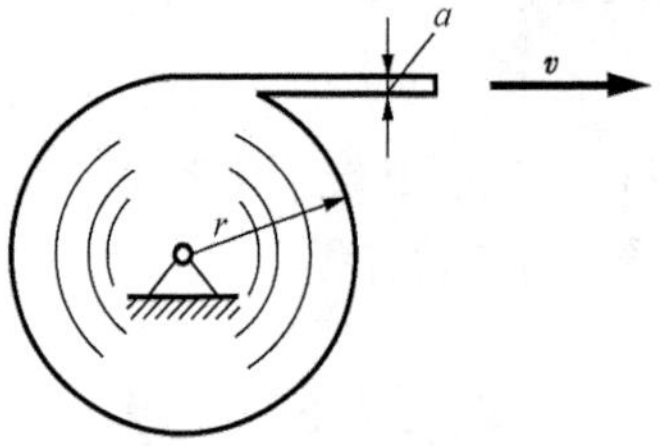

图 5-20 题 5-7 图

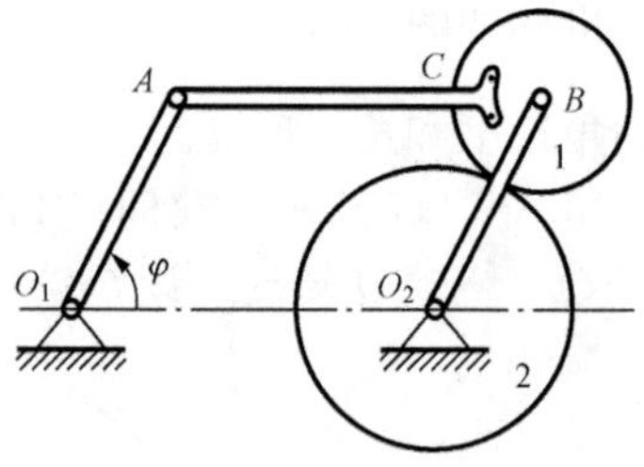

图 5-21 题 5-8、题 5-9 图

5-10 杆 AB 在铅垂方向以恒速 v 向下运动，并由 B 端的小轮带着半径为 R 的圆弧杆 OC 绕轴 O 转动，如图 5-22 所示。设运动开始时，$\varphi=\dfrac{\pi}{4}$，求此后任意瞬时 t，杆 OC 的角速度 ω 和点 C 的速度。

5-11 如图 5-23 所示，一飞轮绕固定轴 O 转动，其轮缘上任一点的全加速度在某段运动过程中与轮半径的交角恒为 60°。当运动开始时，其转角 φ_0 等于零，角速度为 ω_0。求飞轮的转动方程以及角速度与转角的关系。

5-12 半径 $R=100$mm 的圆盘绕其圆心转动，图 5-24 所示瞬时，点 A 的速度为 $v_A=$

$200\boldsymbol{j}$ mm/s，点 B 的切向加速度 $\boldsymbol{a}'_B = 150\boldsymbol{i}$ mm/s^2。求角速度 $\boldsymbol{\omega}$ 和角加速度 $\boldsymbol{\alpha}$，并进一步写出点 C 的加速度的矢量表达式。

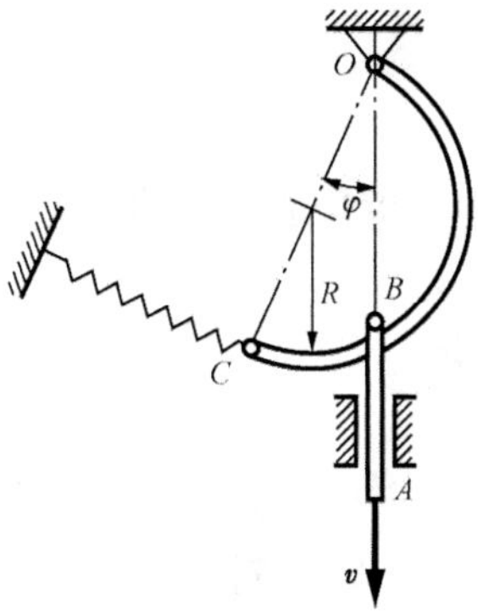

图 5-22　题 5-10 图

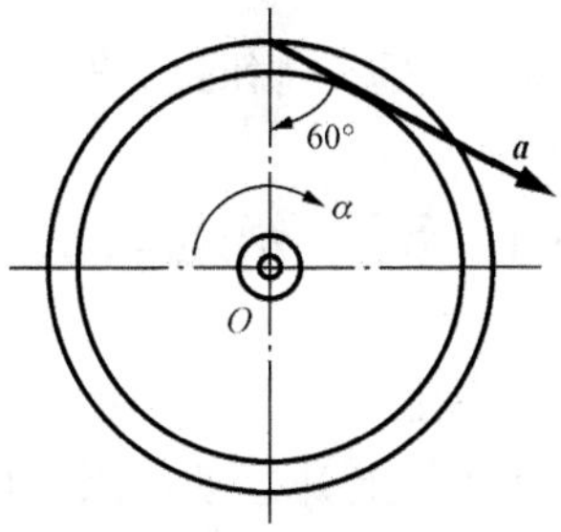

图 5-23　题 5-11 图

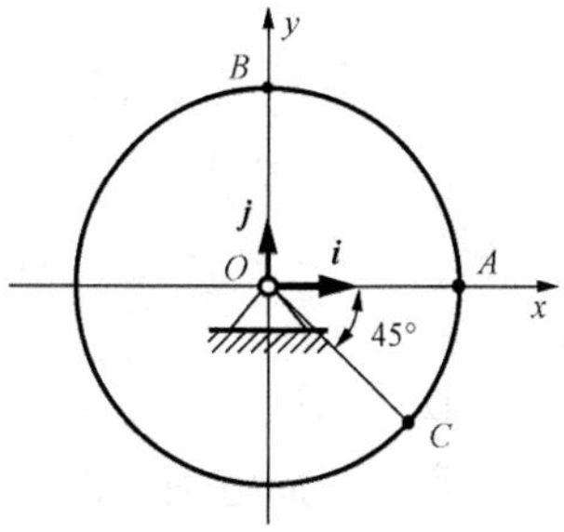

图 5-24　题 5-12 图

第六章　点的合成运动

本章分析点的合成运动。分析运动中某一瞬时点的速度合成和加速度合成的规律。

第一节　相对运动、牵连运动、绝对运动

物体的运动对于不同的参考体来说是不同的。如图 6-1 所示，直升机旋翼上的一点相对机身作圆周运动，而机身相对地面又作上升运动，因而旋翼上的一点 M 相对地面作复合的螺旋运动。又如图 6-2 所示，车床在工作时，车刀刀尖 P 相对于地面是直线运动，但是它相对于旋转的工件来说，却是圆柱面螺旋运动，因此，车刀在工件的表面上切出螺旋线。显然，在上述各例中，动点相对于两个参考体的速度和加速度也都不同。

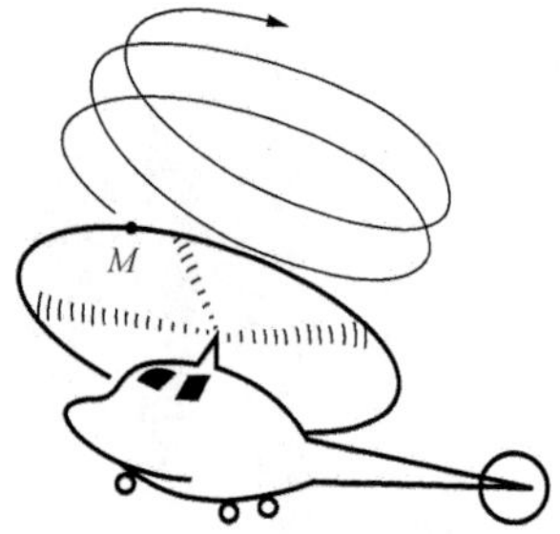

图 6-1　直升机旋翼上的一点相对机身作圆周运动

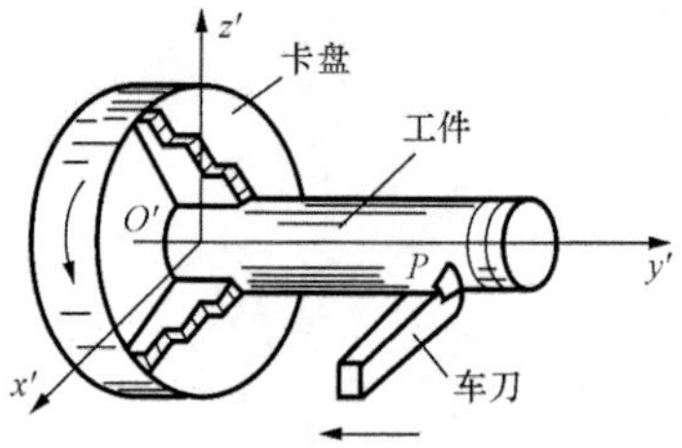

图 6-2　车床工作时的相对运动

通过观察可以发现，物体对一参考体的运动可以由几个运动组合而成，于是，相对于某一参考体的运动可由相对于其他参考体的几个运动组合而成，称这种运动为**合成运动**。

习惯上把固定在地球上的坐标系称为**定参考系**，简称定系，以 $Oxyz$ 坐标系表示；固定在其他相对于地球运动的参考体上的坐标系称为**动参考系**，简称动系，以 $O'x'y'z'$ 坐标系表示。在上述的前一例中，动参考系固定在飞机上；在后一例中，动参考系则固定在工件上。

用点的合成运动理论分析点的运动时，必须选定两个参考系，区分三种运动：①动点相对于定参考系的运动，称为**绝对运动**；②动点相对于动参考系的运动，称为**相对运动**；③动参考系相对于定参考系的运动，称为**牵连运动**。

注意，在分析这三种运动时，必须明确：①站在什么地方看物体的运动？②看什么物体的运动？

应该指出，动点的绝对运动和相对运动都是指点的运动，它可能作直线运动或曲线运动；而牵连运动则是参考体的运动，实际上是刚体的运动，它可能作平移、转动或其他较复杂的运动。

动点在相对运动中的轨迹、速度和加速度，称为相对轨迹、相对速度和相对加速度。动

点在绝对运动中的轨迹、速度和加速度，称为绝对轨迹、绝对速度和绝对加速度。至于动点的牵连速度和牵连加速度的定义，必须特别注意。由于动参考系的运动是刚体的运动而不是一个点的运动，所以除非动参考系作平移，否则其上各点的运动都不完全相同。因为动参考系与动点直接相关的是动参考系上与动点相重合的那一点（此点称“牵连点”），因此定义：在动参考系上与动点相重合的那一点（牵连点）的速度和加速度称为动点的牵连速度和牵连加速度。

今后，用 $\boldsymbol{v}_r$ 和 $\boldsymbol{a}_r$ 分别表示相对速度和相对加速度，用 $\boldsymbol{v}_a$ 和 $\boldsymbol{a}_a$ 分别表示绝对速度和绝对加速度，用 $\boldsymbol{v}_e$ 和 $\boldsymbol{a}_e$ 分别表示牵连速度和牵连加速度。

现在举例说明牵连速度和牵连加速度的概念。设水从喷管射出，喷管又绕 O 轴转动，转动角速度为 ω，角加速度为 α，如图 6-3 所示。将动参考系固定在喷管上，取水滴 M 为动点。显然，动点相对于喷管的运动为直线运动，因此，相对轨迹为直线 OA，相对速度 $\boldsymbol{v}_r$ 和相对加速度 $\boldsymbol{a}_r$ 都沿喷管 OA 方向。至于牵连速度 $\boldsymbol{v}_e$ 和牵连加速度 $\boldsymbol{a}_e$，则是喷管上与动点 M 重合的那一点（牵连点）的速度和加速度。喷管绕 O 轴转动，因此，牵连速度 $\boldsymbol{v}_e$ 的大小为

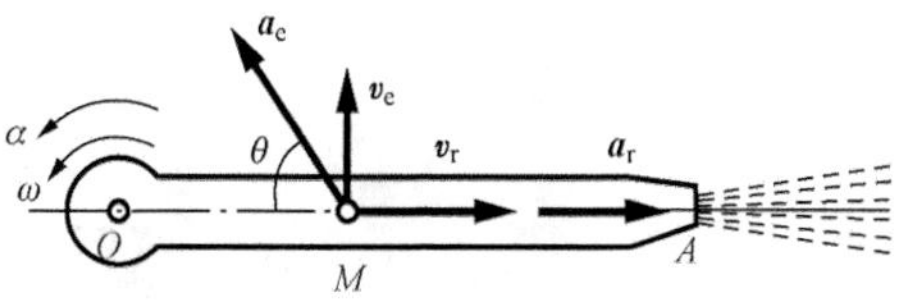

图 6-3　牵连速度和牵连加速度

$$v_e = OM \times \omega$$

方向垂直于喷管，指向转动的一方。牵连加速度 $\boldsymbol{a}_e$ 的大小为

$$a_e = OM \times \sqrt{\alpha^2 + \omega^4}$$

它的方向与喷管成夹角，大小为

$$\theta = \arctan \frac{\alpha}{\omega^2}$$

θ 偏向 α 所指的一边。

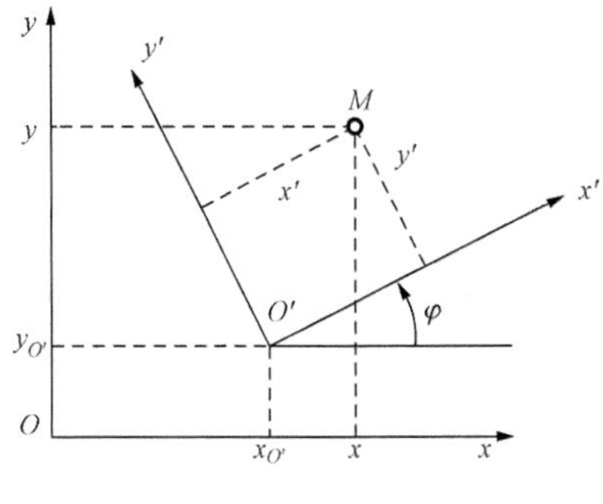

图 6-4　定参考系与动参考系

定参考系与动参考系是两个不同的坐标系，可以利用坐标变换来建立绝对、相对和牵连运动之间的关系。以平面问题为例，设 Oxy 是定系，$O'x'y'$ 是动系，M 是动点，如图 6-4 所示。动点 M 的绝对运动方程为

$$x = x(t),\ y = y(t)$$

动点 M 的相对运动方程为

$$x' = x'(t),\ y' = y'(t)$$

动系 $O'x'y'$ 相对于定系 Oxy 的运动可由如下三个方程完全描述

$$x_{O'} = x_{O'}(t),\ y_{O'} = y_{O'}(t),\ \varphi = \varphi(t)$$

这三个方程称为牵连运动方程，其中 φ 角是从 x 轴到 x' 轴的转角，以逆时针方向为正值。

由图 6-4 可得动系 $O'x'y'$ 与定系 Oxy 之间的坐标变换关系为

$$\left.\begin{aligned} x &= x_{O'} + x'\cos\varphi - y'\sin\varphi \\ y &= y_{O'} + x'\sin\varphi + y'\cos\varphi \end{aligned}\right\} \tag{6-1}$$

在点的绝对运动方程中消去时间 t，即得点的绝对运动轨迹；在点的相对运动方程中消

去时间 t，即得点的相对运动轨迹。

【例 6-1】 已知点 M 在平面内运动，其绝对运动方程为

$$x = 5t^2 + 2t\cos 4t - 6t^2\sin 4t,\quad y = 3t + 2t\sin 4t + 6t^2\cos 4t$$

点 M 相对于动坐标系 $O'x'y'$ 的相对运动方程为

$$x' = 2t,\quad y' = 6t^2$$

求动坐标系原点 O' 的运动方程和动坐标轴的转动方程（牵连运动方程）。

解 将 x，y 和 x'，y' 代入坐标变换关系式（6-1），得

$$5t^2 + 2t\cos 4t - 6t^2\sin 4t = x_{O'} + 2t\cos\varphi - 6t^2\sin\varphi$$

$$3t + 2t\sin 4t + 6t^2\cos 4t = y_{O'} + 2t\sin\varphi + 6t^2\cos\varphi$$

比较上式两端，可知牵连运动方程为

$$x_{O'} = 5t^2,\quad y_{O'} = 3t,\quad \varphi = 4t$$

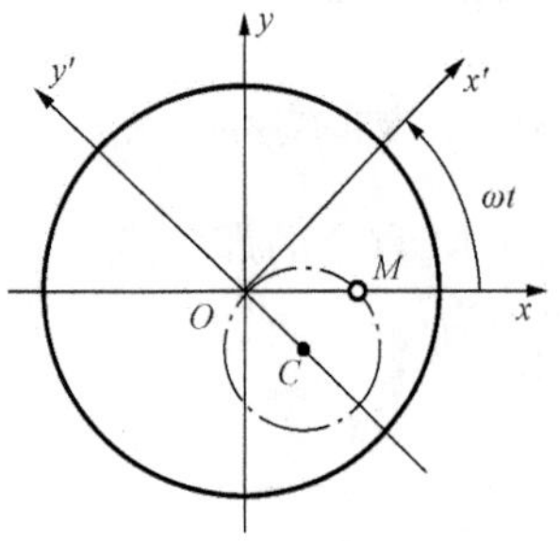

图 6-5 ［例 6-2］图

【例 6-2】 用车刀切削工件的直径端面，车刀刀尖 M 沿水平轴 x 作往复运动，如图6-5所示。设 Oxy 为定坐标系，刀尖的运动方程为 $x = b\sin\omega t$。工件以等角速度 ω 逆时针转向转动。求车刀在工件圆端面上切出的痕迹。

解 根据题意，需求车刀刀尖 M 相对于工件的轨迹方程。

设刀尖 M 为动点，动参考系固定在工件上。则动点 M 在动坐标系 $O'x'y'$ 和定坐标系 Oxy 中的坐标关系为

$$x' = x\cos\omega t,\quad y' = -x\sin\omega t \qquad ①$$

将点 M 的绝对运动方程代入式①中，得

$$\left.\begin{aligned} x' &= b\sin\omega t\cos\omega t = \frac{b}{2}\sin 2\omega t \\ y' &= -b\sin^2\omega t = -\frac{b}{2}(1-\cos 2\omega t) \end{aligned}\right\} \qquad ②$$

式②就是车刀相对于工件的运动方程。

从式②中消去时间 t，得刀尖的相对轨迹方程

$$(x')^2 + \left(y' + \frac{b}{2}\right)^2 = \frac{b^2}{4}$$

可见，车刀在工件上切出的痕迹是一个半径为 $\frac{b}{2}$ 的圆，该圆的圆心 C 在动坐标轴 Oy' 上，圆周通过工件的中心 O。

第二节 点的速度合成定理

下面研究点的相对速度、牵连速度和绝对速度三者之间的关系。

图 6-6 所示的 $Oxyz$ 为定参考系，$O'x'y'z'$ 为动参考系。动系坐标原点 O' 在定系中的矢径为 $r_{O'}$，动系的三个单位矢量分别为 $\boldsymbol{i}'$，$\boldsymbol{j}'$，$\boldsymbol{k}'$。动点 M 在定系中的矢径为 $\boldsymbol{r}_M$，在动系中的矢径为 $\boldsymbol{r}'$。动系上与动点重合的点（即牵连点）记为 $\boldsymbol{M}'$，它在定系中的矢径为 $\boldsymbol{r}_{M'}$，有如下关系

$$\boldsymbol{r}_M = \boldsymbol{r}_{O'} + \boldsymbol{r}'$$

$$\boldsymbol{r}' = x'\boldsymbol{i}' + y'\boldsymbol{j}' + z'\boldsymbol{k}'$$

在图示瞬时还有

$$\boldsymbol{r}_M = \boldsymbol{r}_{M'}$$

动点的相对速度 $\boldsymbol{v}_r$ 为

$$\boldsymbol{v}_r = \frac{\tilde{d}\boldsymbol{r}'}{dt} = \dot{x}'\boldsymbol{i}' + \dot{y}'\boldsymbol{j}' + \dot{z}'\boldsymbol{k}' \qquad (6-2)$$

由于相对速度 $\boldsymbol{v}_r$ 是动点相对于动参考系的速度，因此在求导时将动系的三个单位矢量 $\boldsymbol{i}'$，$\boldsymbol{j}'$，$\boldsymbol{k}'$ 视为常矢量。这种导数称为相对导数，在导数符号上加“～”表示，以下凡是用这一符号均代表相对导数。

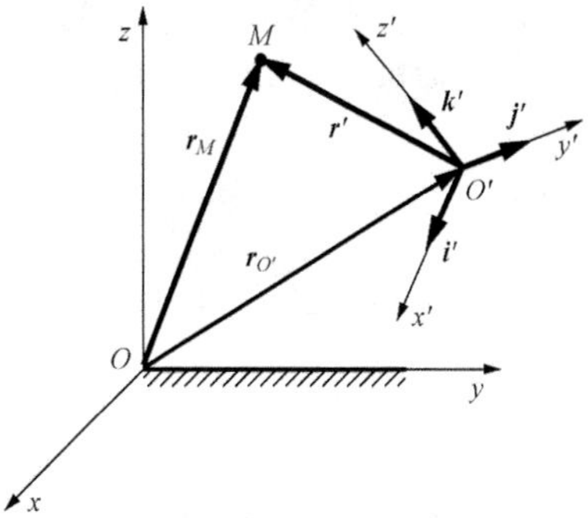

图 6-6　点的速度合成定理

动点的牵连速度 $\boldsymbol{v}_e$ 为

$$\boldsymbol{v}_e = \frac{d\boldsymbol{r}_{M'}}{dt} = \dot{\boldsymbol{r}}_{O'} + x'\dot{\boldsymbol{i}}' + y'\dot{\boldsymbol{j}}' + z'\dot{\boldsymbol{k}}' \qquad (6-3)$$

牵连速度是牵连点 M' 的速度，该点是动系上的点，因此它在动系上的坐标 x'，y'，z' 是常量。

动点的绝对速度 $\boldsymbol{v}_a$ 为

$$\boldsymbol{v}_a = \frac{d\boldsymbol{r}_M}{dt} = \dot{\boldsymbol{r}}_{O'} + x'\dot{\boldsymbol{i}}' + y'\dot{\boldsymbol{j}}' + z'\dot{\boldsymbol{k}}' + \dot{x}'\boldsymbol{i}' + \dot{y}'\boldsymbol{j}' + \dot{z}'\boldsymbol{k}' \qquad (6-4)$$

绝对速度是动点相对于定系的速度，动点在动系中的三个坐标 x'，y'，z' 是时间的函数；同时由于动系在运动，动系的三个单位矢量的方向也在不断变化，因此 $\boldsymbol{i}'$，$\boldsymbol{j}'$，$\boldsymbol{k}'$ 也是时间的函数。

由于动点 M 与牵连点 M' 仅在该瞬时重合，其他瞬时并不重合，因此 $\boldsymbol{r}_M$ 与 $\boldsymbol{r}_{M'}$ 对时间的导数是不同的。

将式（6-2）、式（6-3）代入式（6-4），得

$$\boldsymbol{v}_a = \boldsymbol{v}_e + \boldsymbol{v}_r \qquad (6-5)$$

由此得到点的速度合成定理：动点在某瞬时的绝对速度等于它在该瞬时的牵连速度与相对速度的矢量和。即动点的绝对速度可以由牵连速度与相对速度所构成的平行四边形的对角线来确定。这个平行四边形成为速度平行四边形。

应该指出：在推导速度合成定理时，并未限制参考系作什么样的运动，因此这个定理适用于牵连运动是任何运动的情况，即动参考系可作平移、转动或其他任何较复杂的运动。

下面举例说明点的速度合成定理的应用。

【例 6-3】　刨床的急回机构如图6-7 所示。曲柄 OA 的一端 A 与滑块用铰链连接。当曲柄 OA 以匀角速度 ω 绕固定轴 O 转动时，滑块在摇杆 O_1B 上滑动，并带动摇杆 O_1B 绕固定轴 O_1 摆动。设曲柄长 $OA=r$，两轴间距离 $OO_1=l$。求当曲柄在水平位置时摇杆的角速度 ω_1。

解　在本题中应选取曲柄端点 A 作为研究的动点，把动参考系 $O_1x'y'$ 固定在摇杆 O_1B 上，并与 O_1B 一起绕 O_1 轴摆动。点 A 的绝对运动是以点 O 为圆心的圆周运动，相对运动是沿 O_1B 方向的直线运动，而牵连运动则是摇杆绕 O_1 轴的摆动。

于是，绝对速度 $\boldsymbol{v}_a$ 的大小和方向都是已知的，它的大小等于 $r\omega$，方向与曲柄 OA 垂直；相对速度 $\boldsymbol{v}_r$ 的方向是已知的，即沿 O_1B；而牵连速度 $\boldsymbol{v}_e$ 是杆 O_1B 上与点 A 重合的那一点的速度，它的方向垂直于 O_1B，也是已知的。共计有四个要素已知。由于 $\boldsymbol{v}_a$ 的大小和方向都

已知，因此，这是一个速度分解的问题。

根据速度合成定理，作出速度平行四边形，如图 6 - 7 所示。由其中的直角三角形可求得

$$v_e = v_a \sin\varphi$$

又 $\sin\varphi = \dfrac{r}{\sqrt{l^2 + r^2}}$，且 $v_a = r\omega$，所以

$$v_e = \frac{r^2\omega}{\sqrt{l^2 + r^2}}$$

设摇杆在此瞬时的角速度为 ω_1，则

$$v_e = O_1A \times \omega_1 = \frac{r^2\omega}{\sqrt{l^2 + r^2}}$$

其中 $$O_1A = \sqrt{l^2 + r^2}$$

由此得出此瞬时摇杆的角速度为

$$\omega_1 = \frac{r^2\omega}{l^2 + r^2}$$

方向如图 6 - 7 所示。

【例 6 - 4】 如图6 - 8 所示，半径为 R、偏心距为 e 的凸轮，以匀角速度 ω 绕 O 轴转动，杆 AB 能在滑槽中上下平移，杆的端点 A 始终与凸轮接触，且 OAB 成一直线。求在图 6 - 8 所示位置时，杆 AB 的速度。

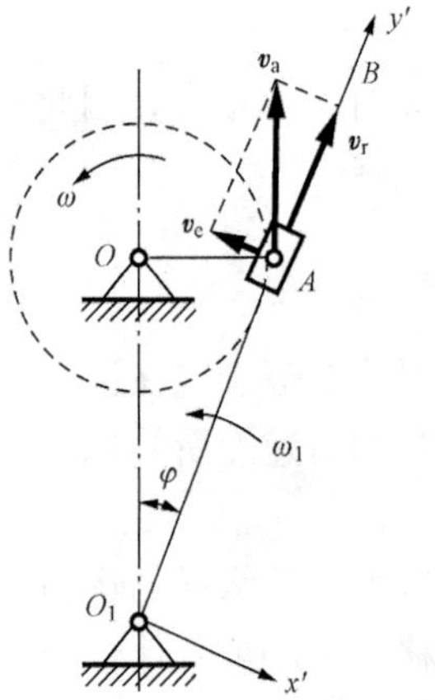

图 6 - 7 ［例 6 - 3］图

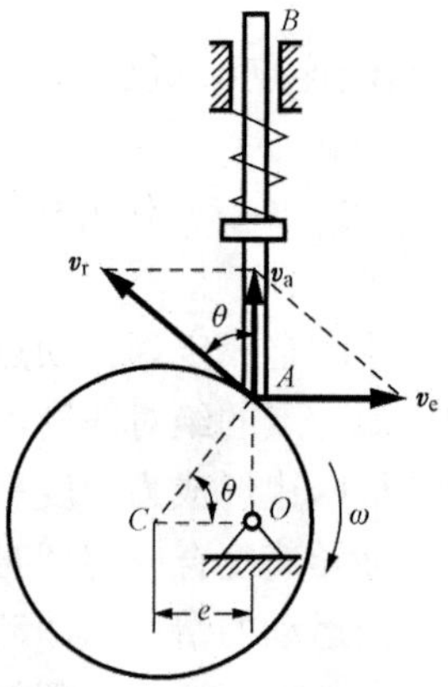

图 6 - 8 ［例 6 - 4］图

解 因为杆 AB 作平移，各点速度相同，因此只要求出其上任一点的速度即可。选取杆 AB 的端点 A 作为研究的动点，动参考系随凸轮一起绕 O 轴转动。

点 A 的绝对运动是直线运动，相对运动是以凸轮中心 C 为圆心的圆周运动，牵连运动则是凸轮绕 O 轴转动。

于是，绝对速度方向沿 AB，相对速度方向沿凸轮圆周的切线，而牵连速度为凸轮上与杆端 A 点重合的那一点的速度，它的方向垂直于 OA，它的大小 $v_e = \omega \times OA$。根据速度合成定理，已知四个要素，即可作出速度平行四边形，如图 6 - 8 所示。由三角关系求得杆的绝对速度为

$$v_a = v_e \cot\theta = \omega \times OA \frac{e}{OA} = \omega e$$

【例 6-5】　矿砂从传送带 A 落到另一传送带 B 上，如图 6-9（a）所示。站在地面上观察矿砂下落的速度为 $v_1 = 4\text{m/s}$，方向与铅垂线成 30°。已知传送带 B 水平传动速度 $v_2 = 3\text{m/s}$。求矿砂相对于传送带 B 的速度。

解　以矿砂 M 为动点，动参考系固定在传送带 B 上。矿砂相对地面的速度 $\boldsymbol{v}_1$ 为绝对速度；牵连速度应为动参考系上与动点相重合的那一点的速度。因为动参考系为无限大，由于它作平移，各点速度都等于 $\boldsymbol{v}_2$。于是 $\boldsymbol{v}_2$ 等于动点 M 的牵连速度。

由速度合成定理知，三种速度形成平行四边形，绝对速度必须是对角线，因此作出的速度平行四边形如图 6-9（b）所示。根据几何关系求得

$$v_r = \sqrt{v_e^2 + v_a^2 - 2v_e v_a \cos 60^\circ} = 3.6\text{m/s}$$

$\boldsymbol{v}_r$ 与 $\boldsymbol{v}_a$ 间的夹角为

$$\beta = \arcsin\left(\frac{v_e}{v_r}\sin 60^\circ\right) = 46^\circ 12'$$

【例 6-6】　圆盘半径为 R，以角速度 ω_1 绕水平轴 CD 转动，支承 CD 的框架又以角速度 ω_2 绕铅垂的 AB 轴转动，如图 6-10 所示。圆盘垂直于 CD，圆心在 CD 与 AB 的交点 O 处。求当连线 OM 在水平位置时，圆盘边缘上的点 M 的绝对速度。

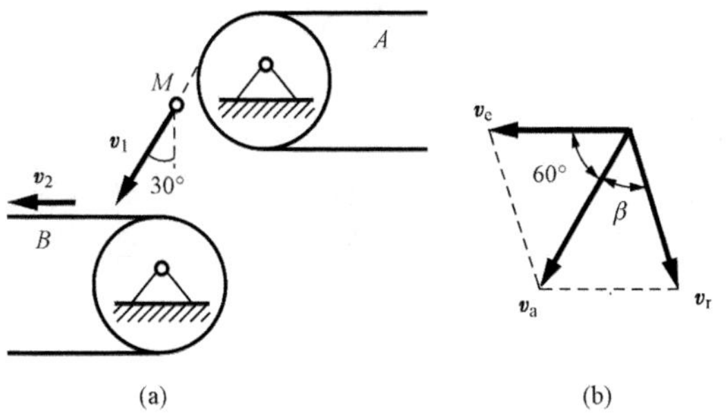

图 6-9 ［例 6-5］图

（a）矿砂从传送带 A 落到另一传送带 B 上；

（b）速度合成定理

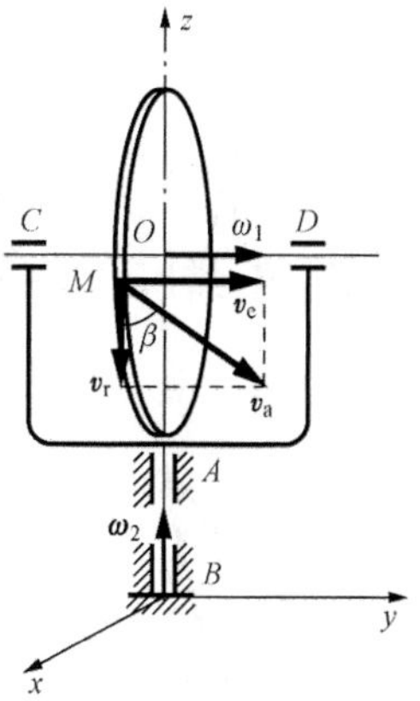

图 6-10 ［例 6-6］图

解　以点 M 为动点，动参考系与框架固结。点 M 的相对运动是以 O 为圆心、在铅垂平面内的圆周运动，相对速度垂直于 OM，方向朝下，大小为

$$v_r = R\omega_1$$

点 M 的牵连速度应为动参考系上与动点 M 相重合的那一点的速度，即绕 z 轴以角速度 ω_2 转动的动参考系上该点的速度，因此

$$v_e = R\omega_2$$

速度矢 $\boldsymbol{v}_e$ 在水平面内，垂直于半径 OM。于是 $\boldsymbol{v}_e$ 垂直 $\boldsymbol{v}_r$。根据点的速度合成定理，有

$$\boldsymbol{v}_a = \boldsymbol{v}_e + \boldsymbol{v}_r$$

得

$$v_{a}=\sqrt{v_{e}^{2}+v_{r}^{2}}=R\sqrt{\omega_{2}^{2}+\omega_{1}^{2}}$$

$$\tan\beta=\frac{v_{e}}{v_{r}}=\frac{\omega_{2}}{\omega_{1}}$$

式中：β 为 $\boldsymbol{v}_{a}$ 与铅垂线间的夹角。

总结以上各例的解题步骤如下：

（1）选取动点、动参考系和定参考系。所选的参考系应能将动点的运动分解成为相对运动和牵连运动。因此，动点和动参考系不能选在同一个物体上；一般应使相对运动易于看清。

（2）分析三种运动和三种速度。相对运动是怎样的一种运动（直线运动、圆周运动或其他某种曲线运动）？牵连运动是怎样一种运动（平移、转动或其他某一种刚体运动）？绝对运动是怎样的一种运动（直线运动、圆周运动或其他某一种曲线运动）？各种运动的速度都有大小和方向两个要素，只有已知四个要素时才能画出速度平行四边形。

（3）应用速度合成定理，作出速度平行四边形。必须注意，作图时要使绝对速度成为平行四边形的对角线。

（4）利用速度平行四边形中的几何关系解出未知数。

第三节　点的加速度合成定理

为便于推导，先分析动参考系为定轴转动时，其单位矢量 $\boldsymbol{i}'$，$\boldsymbol{j}'$，$\boldsymbol{k}'$ 对时间的导数。

设动参考系 $O'x'y'z'$ 以角速度 ω_{e} 绕定轴转动，角速度矢为 $\boldsymbol{\omega}_{e}$。不失一般性，可把定轴取为定坐标轴的 z 轴，如图 6-11 所示。

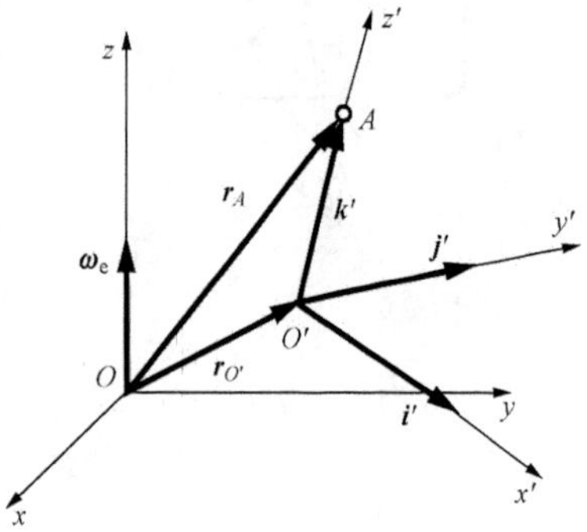

图 6-11　点的加速度合成定理

先分析 $\boldsymbol{k}'$ 对时间的导数。设 $\boldsymbol{k}'$ 的矢端点 A 的矢径为 $\boldsymbol{r}_{A}$，则点 A 的速度即等于矢径 $\boldsymbol{r}_{A}$ 对时间的一阶导数，又可用角速度矢 $\boldsymbol{\omega}_{e}$ 和矢径 $\boldsymbol{r}_{A}$ 的矢积表示，即

$$\boldsymbol{v}_{A}=\frac{\mathrm{d}\boldsymbol{r}_{A}}{\mathrm{d}t}=\boldsymbol{\omega}_{e}\times\boldsymbol{r}_{A}$$

由图 6-11，有

$$\boldsymbol{r}_{A}=\boldsymbol{r}_{O'}+\boldsymbol{k}'$$

其中 $\boldsymbol{r}_{O'}$ 为动系原点 O' 的矢径，将上式代入前式。得

$$\frac{\mathrm{d}\boldsymbol{r}_{O'}}{\mathrm{d}t}+\frac{\mathrm{d}\boldsymbol{k}'}{\mathrm{d}t}=\boldsymbol{\omega}_{e}\times(\boldsymbol{r}_{O'}+\boldsymbol{k}')$$

由于动系原点 O' 的速度为

$$\boldsymbol{v}_{O'}=\frac{\mathrm{d}\boldsymbol{r}_{O'}}{\mathrm{d}t}=\boldsymbol{\omega}_{e}\times\boldsymbol{r}_{O'}$$

代入前式，得

$$\frac{\mathrm{d}\boldsymbol{k}'}{\mathrm{d}t}=\boldsymbol{\omega}_{e}\times\boldsymbol{k}'$$

$\boldsymbol{i}'$，$\boldsymbol{j}'$ 的导数与上式相似，合写为

$$\dot{\boldsymbol{i}}'=\boldsymbol{\omega}_{e}\times\boldsymbol{i}',\ \dot{\boldsymbol{j}}'=\boldsymbol{\omega}_{e}\times\boldsymbol{j}',\ \dot{\boldsymbol{k}}'=\boldsymbol{\omega}_{e}\times\boldsymbol{k}' \tag{6-6}$$

式（6-6）是在动系做定轴转动情况下证明的。当动参考系作任意运动时，可以证明式（6-6）仍然是正确的，这时 $\boldsymbol{\omega}_e$ 为动系在该瞬时的角速度矢。

下面推导点的加速度合成定理。观察上一节的图 6-6，各符号及字母的意义与上节相同，并设动系在该瞬时的角速度矢为 $\boldsymbol{\omega}_e$。

动点的相对加速度为

$$\boldsymbol{a}_r = \frac{\tilde{d}^2\boldsymbol{r}'}{dt^2} = \ddot{x}'\boldsymbol{i}' + \ddot{y}'\boldsymbol{j}' + \ddot{z}'\boldsymbol{k}' \tag{6-7}$$

由于相对加速度是动点相对于动系的加速度，即在动系上观察的动点的加速度，因此使用相对导数，$\boldsymbol{i}'$，$\boldsymbol{j}'$，$\boldsymbol{k}'$为常矢量。

动点的牵连加速度为

$$\boldsymbol{a}_e = \frac{d^2\boldsymbol{r}_M}{dt^2} = \ddot{\boldsymbol{r}}_{O'} + x'\ddot{\boldsymbol{i}}' + y'\ddot{\boldsymbol{j}}' + z'\ddot{\boldsymbol{k}}' \tag{6-8}$$

由于牵连加速度是动系上与动点重合的那一点即牵连点 M' 的加速度，该点是动系上的点，因此点 M' 在动系上的坐标 x'，y'，z' 是常量。

动点的绝对加速度为

$$\begin{aligned}\boldsymbol{a}_a = \frac{d^2\boldsymbol{r}_M}{dt^2} &= \ddot{\boldsymbol{r}}_{O'} + x'\ddot{\boldsymbol{i}}' + y'\ddot{\boldsymbol{j}}' + z'\ddot{\boldsymbol{k}}' + \ddot{x}'\boldsymbol{i}' + \ddot{y}'\boldsymbol{j}' + \ddot{z}'\boldsymbol{k}' \\ &\quad + 2(\dot{x}'\dot{\boldsymbol{i}}' + \dot{y}'\dot{\boldsymbol{j}}' + \dot{z}'\dot{\boldsymbol{k}}')\end{aligned} \tag{6-9}$$

绝对加速度是动点相对于定系的加速度，动点在动系中的坐标 x'，y'，z'是时间的函数；同时由于动系在运动，动系的三个单位矢 $\boldsymbol{i}'$，$\boldsymbol{j}'$，$\boldsymbol{k}'$的方向也在不断变化，它们也是时间的函数，因此有式（6-9）的结果。

由式（6-6）及式（6-2），有

$$\begin{aligned}2(\dot{x}'\dot{\boldsymbol{i}}' + \dot{y}'\dot{\boldsymbol{j}}' + \dot{z}'\dot{\boldsymbol{k}}') &= 2[\dot{x}'(\boldsymbol{\omega}_e \times \boldsymbol{i}') + \dot{y}'(\boldsymbol{\omega}_e \times \boldsymbol{j}') + \dot{z}'(\boldsymbol{\omega}_e \times \boldsymbol{k}')] \\ &= 2\boldsymbol{\omega}_e \times (\dot{x}'\boldsymbol{i}' + \dot{y}'\boldsymbol{j}' + \dot{z}'\boldsymbol{k}') \\ &= 2\boldsymbol{\omega}_e \times \boldsymbol{v}_r\end{aligned} \tag{6-10}$$

将式（6-7）、式（6-8）及式（6-10）代入式（6-9），得

$$\boldsymbol{a}_a = \boldsymbol{a}_e + \boldsymbol{a}_r + 2\boldsymbol{\omega}_e \times \boldsymbol{v}_r$$

令

$$\boldsymbol{a}_C = 2\boldsymbol{\omega}_e \times \boldsymbol{v}_r \tag{6-11}$$

称 $\boldsymbol{a}_C$ 为**科氏加速度**，其等于动系角速度矢与点的相对速度矢的矢积的两倍。于是，有

$$\boldsymbol{a}_a = \boldsymbol{a}_e + \boldsymbol{a}_r + \boldsymbol{a}_C \tag{6-12}$$

上式表示点的加速度合成定理：动点在某瞬时的绝对加速度等于该瞬时它的牵连加速度、相对加速度与科氏加速度的矢量和。

当牵连运动为任意运动时式（6-12）都成立，它是点的加速度合成定理的普遍形式。

根据矢积运算规则，$\boldsymbol{a}_C$ 的大小为

$$a_C = 2\omega_e v_r \sin\theta$$

式中：θ 为 $\boldsymbol{\omega}_e$ 与 $\boldsymbol{v}_r$ 两矢量间的最小夹角。矢 $\boldsymbol{a}_C$ 垂直于 $\boldsymbol{\omega}_e$ 与 $\boldsymbol{v}_r$，指向按右手法则确定，如图 6-12 所示。

当 $\boldsymbol{\omega}_e$ 与 $\boldsymbol{v}_r$ 平行时（$\theta=0°$或 $180°$），$\boldsymbol{a}_C=0$；当 $\boldsymbol{\omega}_e$ 与 $\boldsymbol{v}_r$ 垂直时，$a_C=2\omega_e v_r$。

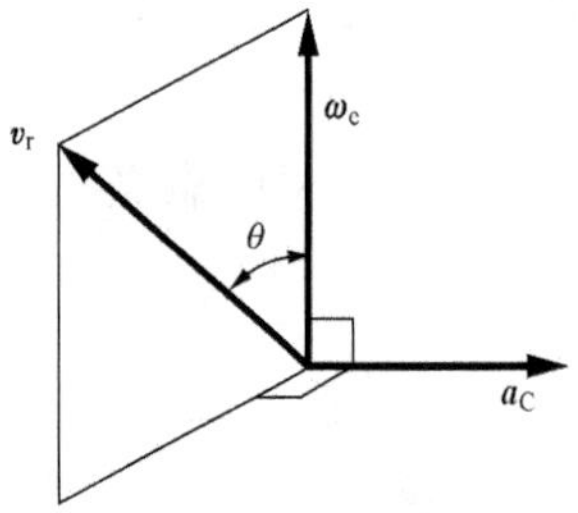

图 6-12　右手法则确定矢 $\boldsymbol{a}_C$ 方向

工程常见的平面机构中，$\boldsymbol{\omega}_e$ 是与 $\boldsymbol{v}_r$ 垂直的，此时，$a_C = 2\omega_e v_r$；且 $\boldsymbol{v}_r$ 按 $\boldsymbol{\omega}_e$ 转向转动 90°就是 $\boldsymbol{a}_C$ 的方向。

当牵连运动为平移时，$\boldsymbol{\omega}_e = 0$，因此 $\boldsymbol{a}_C = 0$，此时有

$$\boldsymbol{a}_a = \boldsymbol{a}_e + \boldsymbol{a}_r \qquad (6-13)$$

这表明，当牵连运动为平移时，动点在某瞬时的绝对加速度等于该瞬时它的牵连加速度与相对加速度的矢量和。式（6-13）称为牵连运动为平移时点的加速度合成定理。

科氏加速度是由于动系为转动时，牵连运动与相对运动相互影响而产生的。现通过一例给予形象地说明。

如图 6-13（a）所示，动点沿直杆 AB 运动，而杆又绕 A 轴匀速转动。设动系固结在杆 AB 上。在瞬时 t，动点在 M 处，它的相对速度和牵连速度分别为 $\boldsymbol{v}_r$ 和 $\boldsymbol{v}_e$。经过时间间隔 Δt 后，杆转到位置 AB'，动点移动到 M_3，这时它的相对速度为 $\boldsymbol{v}'_r$，牵连速度为 $\boldsymbol{v}'_e$。

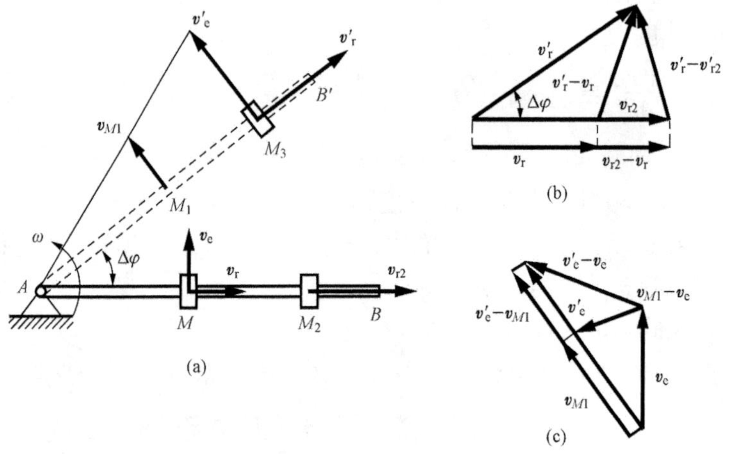

图 6-13　速度分解图

（a）动点沿直杆 AB 转动；（b）设杆 AB 不转动速度矢量图；（c）设没有相对运动速度矢量图

如果杆 AB 不转动，则 $t+\Delta t$ 时刻动点的相对速度是图 6-13（b）中的 $\boldsymbol{v}_{r2}$；由于牵连运动是转动，使 $t+\Delta t$ 时刻动点的相对速度的方向又发生变化，变为图 6-13（b）中的 $\boldsymbol{v}'_r$。相对加速度是在动系 AB 上观察的，只反映出由 $\boldsymbol{v}_r$ 到 $\boldsymbol{v}_{r2}$ 的速度变化，而由 $\boldsymbol{v}_{r2}$ 变为 $\boldsymbol{v}'_r$，则反映为科氏加速度的一部分，如图 6-13（b）所示。

如果没有相对运动，则 $t+\Delta t$ 时刻点 M 移到 M_1，牵连速度应为图 6-13（c）中的 $\boldsymbol{v}_{M1}$；由于有相对运动，使 $t+\Delta t$ 时刻的牵连速度不同于 $\boldsymbol{v}_{M1}$ 而变为图 6-13（c）中的 $\boldsymbol{v}'_e$。牵连加速度是动系上 M 点的加速度，只反映出由 $\boldsymbol{v}_e$ 到 $\boldsymbol{v}_{M1}$ 的速度变化，而由 $\boldsymbol{v}_{M1}$ 变为 $\boldsymbol{v}'_e$，则反映为科氏加速度的另一部分，如图 6-13（c）所示。

上面的分析表明

$$\boldsymbol{a}_e = \lim_{\Delta t \to 0} \frac{\boldsymbol{v}_{M1} - \boldsymbol{v}_e}{\Delta t},\quad \frac{d\boldsymbol{v}_e}{dt} = \lim_{\Delta t \to 0} \frac{\boldsymbol{v}'_e - \boldsymbol{v}_e}{\Delta t}$$

$$\boldsymbol{a}_r = \lim_{\Delta t \to 0} \frac{\boldsymbol{v}_{r2} - \boldsymbol{v}_r}{\Delta t},\quad \frac{d\boldsymbol{v}_r}{dt} = \lim_{\Delta t \to 0} \frac{\boldsymbol{v}'_r - \boldsymbol{v}_r}{\Delta t}$$

科氏加速度 $\boldsymbol{a}_C$，正是由此产生。下面两个等式可自行证明。

$$\frac{d\boldsymbol{v}_r}{dt}=\boldsymbol{a}_r+\boldsymbol{\omega}_e\times\boldsymbol{v}_r \qquad \frac{d\boldsymbol{v}_e}{dt}=\boldsymbol{a}_e+\boldsymbol{\omega}_e\times\boldsymbol{v}_e$$

科氏加速度是1832年由科利奥里发现的。因而命名为科利奥里加速度，简称科氏加速度。科氏加速度在自然现象中是有所表现的。

地球绕地轴转动，地球上物体相对于地球运动，这都是牵连运动为转动的合成运动。地球自转角速度很小，一般情况下其自转的影响可略去不计；但是在某些情况下，却必须给予考虑。

例如，在北半球，自南向北行驶的火车将使右侧铁轨磨损得厉害，火车的科氏加速度 $\boldsymbol{a}_C$ 向西，即指向左侧，如图6-14所示。由动力学可知，有向左的加速度，火车必受有铁轨对它的向左的作用力。根据作用与反作用定律，右侧铁轨也要受到向右的侧压力。因此，在北半球自南向北行驶的火车将使右侧铁轨磨损得厉害。

【例6-7】　求[例6-3]中摇杆 O_1B 在图6-15所示的位置时的角加速度。

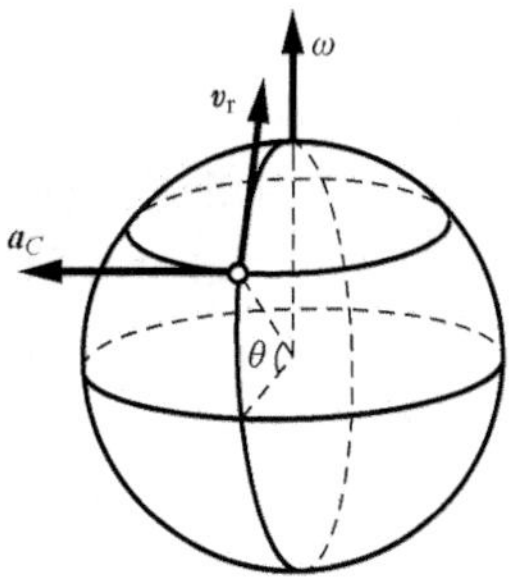

图6-14　北半球由南向北行驶的火车

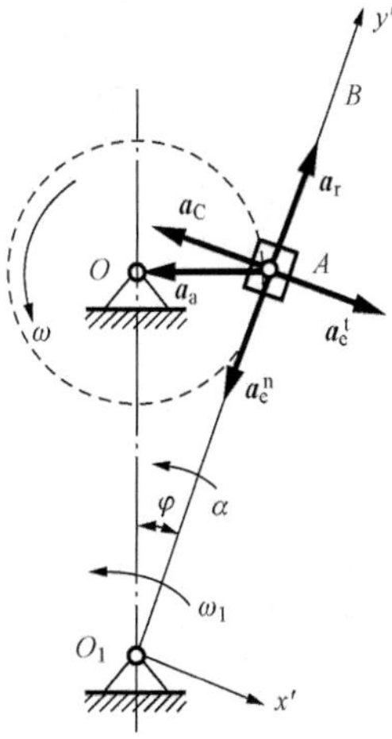

图6-15　[例6-7]图

解　动点和动参考系选择同[例6-3]。因为动参考系作转动，因此加速度合成定理为

$$\boldsymbol{a}_a=\boldsymbol{a}_e+\boldsymbol{a}_r+\boldsymbol{a}_C \tag{6-14}$$

由于 $a_e^t=\alpha\times O_1A$，欲求摇杆 O_1B 的角加速度 α，只需求出 a_e^t 即可。

现在分别分析式（6-14）中的各项。

$\boldsymbol{a}_a$：因为动点的绝对运动是以 O 为圆心的匀速圆周运动，故只有法向加速度，方向如图所示，大小为

$$a_a=r\omega^2$$

$\boldsymbol{a}_e$：摇杆上与动点相重合的那一点的加速度。摇杆摆动，其上点 A 的切向加速度为 $\boldsymbol{a}_e^t$ 垂直于杆 O_1A，假设指向如图6-15所示；法向加速度 $\boldsymbol{a}_e^n$，它的大小为

$$a_e^n=\omega_1^2\times O_1A$$

方向如图6-15所示。在[例6-3]中已求得 $\omega_1=\dfrac{r^2\omega}{l^2+r^2}$，且 $O_1A=\sqrt{l^2+r^2}$，故有

$$a_e^n=\frac{r^4\omega^2}{(l^2+r^2)^{\frac{3}{2}}}$$

$\boldsymbol{a}_r$：因相对轨迹为直线，故 $\boldsymbol{a}_r$ 沿 O_1A，大小未知。

$\boldsymbol{a}_C$：由 $\boldsymbol{a}_C = 2\boldsymbol{\omega}_e \times \boldsymbol{v}_r$ 知

$$a_C = 2\omega_1 v_r \sin 90°$$

由［例 6 - 3］知

$$v_r = v_a \cos\varphi = \frac{\omega r l}{\sqrt{l^2 + r^2}}$$

方向如图 6 - 15 所示。

为了求得 $\boldsymbol{a}_e^t$，应将加速度合成定理向 O_1x' 轴投影

即

$$a_{ax'} = a_{ex'} + a_{rx'} + a_{Cx'}$$

或

$$-a_a \cos\varphi = a_e^t - a_C$$

解得

$$a_e^t = -\frac{rl(l^2 - r^2)}{(l^2 + r^2)^{\frac{3}{2}}}\omega^2$$

式中：$l^2 - r^2 > 0$，故 a_e^t 为负值。负号表示真实方向与图 6 - 26 所示中假设的指向相反。

摇杆 O_1A 的角加速度

$$\alpha = \frac{a_e^t}{O_1A} = -\frac{rl(l^2 - r^2)}{(l^2 + r^2)^2}\omega^2$$

负号表示与图 6 - 15 所示方向相反，α 的真实转向应为逆时针转向。

【例 6 - 8】 图6 - 16（a）所示平面机构中，曲柄 $OA = r$，以匀角速度 ω_O 转动。套筒 A 可沿 BC 杆滑动。已知 $BC = DE$，且 $BD = CE = l$。求：在图 6 - 16（a）所示位置时，杆 BD 的角速度和角加速度。

解 由于 $DBCE$ 为平行四边形，因而杆 BC 作平移。以套筒 A 为动点，绝对速度 $v_a = r\omega_O$。以杆 BC 为动系，牵连速度 $\boldsymbol{v}_e$ 等于点 B 速度 $\boldsymbol{v}_B$。其速度合成关系如图 6 - 16（a）所示。

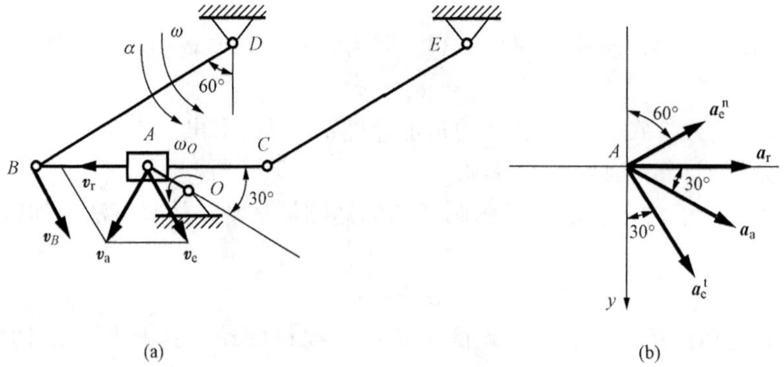

图 6 - 16 ［例 6 - 8］图

（a）平面机构；（b）加速度合成

由图示几何关系解出

$$v_e = v_r = v_a = r\omega_O$$

因而杆 BD 的角速度 ω 方向如图 6 - 16（a）所示，大小为

$$\omega=\frac{v_B}{l}=\frac{v_e}{l}=\frac{r\omega_O}{l} \quad ①$$

动系 BC 为曲线平移，因此科氏加速度 $a_C=0$；牵连加速度与点 B 加速度相同，应分解为 $\boldsymbol{a}_e^t$ 和 $\boldsymbol{a}_e^n$ 两项。由加速度合成定理，有

$$\boldsymbol{a}_a=\boldsymbol{a}_e+\boldsymbol{a}_r=\boldsymbol{a}_e^t+\boldsymbol{a}_e^n+\boldsymbol{a}_r \quad ②$$

其中

$$a_a=\omega_O^2 r \qquad a_e^n=\omega^2 l=\frac{\omega_O^2 r^2}{l}$$

而 a_e^t 和 a_r 为未知量，暂设 $\boldsymbol{a}_e^t$ 和 $\boldsymbol{a}_r$ 的指向如图 6-16（b）所示。

将式②两端向 y 轴投影，得

$$a_a\sin30°=a_e^t\cos30°-a_e^n\sin30°$$

解出

$$a_e^t=\frac{(a_a+a_e^n)\sin30°}{\cos30°}=\frac{\sqrt{3}\omega_O^2 r(l+r)}{3l}$$

解得 a_e^t 为正，表明所设 $\boldsymbol{a}_e^t$ 指向正确。

动系平移，点 B 的加速度等于牵连加速度，因而杆 BD 的角加速度方向如图 6-16（b）所示，值为

$$\alpha=\frac{a_e^t}{l}=\frac{\sqrt{3}\omega_O^2 r(l+r)}{3l^2}$$

【例 6-9】　图6-17（a）所示凸轮机构中，凸轮以匀角速度 ω 绕水平 O 轴转动，带动直杆 AB 沿铅垂上、下运动，且 O，A，B 共线。凸轮上与点 A 接触的点 A'，图 6-17（a）所示瞬时凸轮上点 A' 的曲率半径为 ρ_A，点 A' 的法线与 OA 的夹角为 θ，$OA=l$。求该瞬时杆 AB 的速度及加速度。

解　如果取凸轮上点 A' 作为动点，动系固结在杆 AB 上，所看到的相对运动轨迹是不清楚的。因此取杆 AB 上的点 A 为动点，动系固结在凸轮上。绝对运动是点 A 的直线运动，牵连运动是凸轮绕 O 轴的定轴转动，相对运动是点 A 沿凸轮边缘的运动。各速度矢方向很容易画出，如图 6-17（a）所示。由点的速度合成定理

$$\boldsymbol{v}_a=\boldsymbol{v}_e+\boldsymbol{v}_r$$

其中 $\boldsymbol{v}_e=\omega l$，可求得

$$v_a=\omega l\ \tan\theta,\ v_r=\omega l/\cos\theta$$

绝对运动是直线运动，因此 $\boldsymbol{a}_a$ 沿直线 AB 方向；牵连运动是匀速定轴转动，因此 $\boldsymbol{a}_e$ 指向点 O；相对加速度有切向加速度 $\boldsymbol{a}_r^t$ 及法向加速度 $\boldsymbol{a}_r^n$ 两项组成。其中

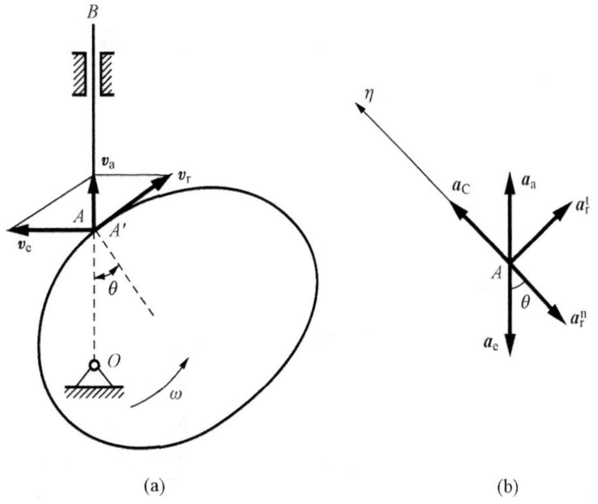

图 6-17　[例 6-9] 图
（a）凸轮机构；（b）加速度矢量图

$$a_e = l\omega^2 \quad , a_r^n = \frac{v_r^2}{\rho_A} = \frac{\omega^2 l^2}{\rho_A \cos^2\theta}$$

由于牵连运动为转动，因此有科氏加速度 $\boldsymbol{a}_C$

$$\boldsymbol{a}_C = 2\boldsymbol{\omega}_e \times \boldsymbol{v}_r$$

大小为

$$a_C = 2\omega v_r = 2\omega^2 l/\cos\theta$$

各加速度方向如图 6-17（b）所示。点的加速度合成定理为

$$\boldsymbol{a}_a = \boldsymbol{a}_e + \boldsymbol{a}_r^t + \boldsymbol{a}_r^n + \boldsymbol{a}_C$$

在此时矢量方程中，只有 $\boldsymbol{a}_a$ 的大小及 $\boldsymbol{a}_r^t$ 的大小未知。欲求 a_a，可将此矢量方程向垂直于 $\boldsymbol{a}_r^t$ 的 η 轴上投影

$$a_a\cos\theta = -a_e\cos\theta - a_r^n + a_C$$

解得

$$a_a = -\omega^2 l\left(1 + \frac{l}{\rho_A\cos^3\theta} - \frac{2}{\cos^2\theta}\right)$$

【例 6-10】 圆盘半径 $R=50$mm，以匀角速度 ω_1 绕水平轴 CD 转动，同时框架和轴 CD 一起以匀角速度 ω_2 绕通过圆盘中心 O 的铅垂轴 AB 转动，如图 6-18 所示。如 $\omega_1=5$rad/s，$\omega_2=3$rad/s，求圆盘上 1 和 2 两点的绝对加速度。

解 （1）首先计算点 1 的加速度。取圆盘上的点 1 为动点，动参考系与框架固结，则动参考系绕轴 AB 转动，应用加速度合成定理

$$\boldsymbol{a}_a = \boldsymbol{a}_e + \boldsymbol{a}_r + \boldsymbol{a}_C$$

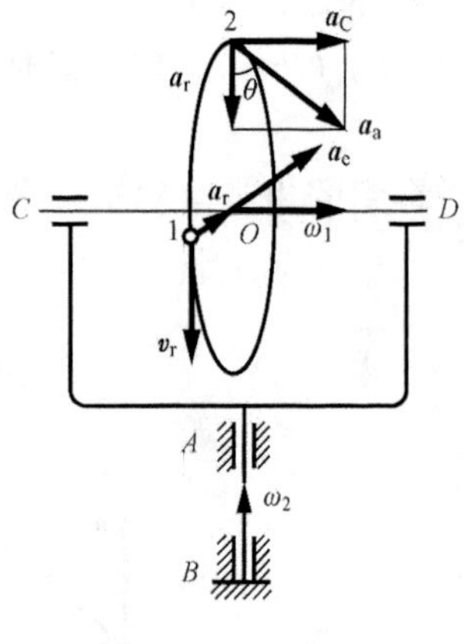

图 6-18 ［例 6-10］图

$\boldsymbol{a}_e$：是动参考系上与动点相重合的那一点（牵连点）的加速度。动参考系是无限大体，其上与动点相重合的点以 O 为圆心在水平面内作匀速圆周运动，因此这点只有法向加速度，它的大小为

$$a_e = \omega_2^2 R = 3^2 \times 50 = 450(\text{mm/s}^2)$$

方向如图 6-18 所示。

$\boldsymbol{a}_r$：动点的相对运动以 O 为圆心，在铅垂平面内作匀速圆周运动，因此也只有法向加速度，它的大小为

$$a_r = \omega_1^2 R = 5^2 \times 50 = 1250(\text{mm/s}^2)$$

方向如图 6-18 所示。

$\boldsymbol{a}_C$：由 $\boldsymbol{a}_C = 2\boldsymbol{\omega}_e \times \boldsymbol{v}_r$ 确定 $\boldsymbol{a}_C$ 的大小为

$$a_C = 2\omega_1 v_r \sin 180° = 0$$

于是点 1 的绝对加速度的大小为

$$a_a = a_e + a_r = 1700\text{mm/s}^2$$

它的方向与 $\boldsymbol{a}_e$，$\boldsymbol{a}_r$ 同向，指向轮心 O。

（2）现在计算点 2 的加速度。仍将动参考系固结在框架上。

$\boldsymbol{a}_e$：因动参考系上与点 2 相重合的点是轴线上的一个点，这点的加速度等于零，因此

$$a_e = 0$$

$\boldsymbol{a}_r$：相对加速度的大小为

$$a_r = \omega_1^2 R = 5^2 \times 50 = 1250(\mathrm{mm/s^2})$$

方向指向轮心 O。

$$\boldsymbol{a}_C：a_C = 2\omega_e v_r \sin 90° = 2\omega_2\omega_1 R = 2\times3\times5\times50 = 1500\ (\mathrm{mm/s^2})$$

$\boldsymbol{a}_C$ 垂直于圆盘平面，方向如图 6 - 18 所示。

于是，点 2 的绝对加速度的大小为

$$a_a = \sqrt{a_r^2 + a_C^2} = 1953\mathrm{mm/s^2}$$

它与铅垂线形成的夹角为

$$\theta = \arctan\frac{a_C}{a_r} = 50°12'$$

总结以上各例的解题步骤可见，应用加速度合成定理求解点的加速度，其步骤基本上与应用速度合成定理求解点的速度相同，但要注意以下几点：

（1）选取动点和动参考系后，应根据动参考系有无转动，确定是否有科氏加速度。

（2）因为点的绝对运动轨迹和相对运动轨迹可能都是曲线，因此点的加速度合成定理一般可写成如下形式

$$\boldsymbol{a}_a^t + \boldsymbol{a}_a^n = \boldsymbol{a}_e^t + \boldsymbol{a}_e^n + \boldsymbol{a}_r^t + \boldsymbol{a}_r^n + \boldsymbol{a}_C \tag{6-15}$$

式中每一项都有大小和方向两个要素，必须认真分析每一项，才可能正确地解决问题。在平面问题中，一个矢量方程相当于两个代数方程，因而可求解两个未知量。式（6 - 15）中各项法向加速度的方向总是指向相应曲线的曲率中心，它们的大小总是可以根据相应的速度大小和曲率半径求出。因此在应用加速度合成定理时，一般应先进行速度分析，这样各项法向加速度都是已知量。科氏加速度 $\boldsymbol{a}_C$ 的大小和方向有牵连角速度 $\boldsymbol{\omega}_e$ 和相对速度 $\boldsymbol{v}_r$ 确定，它们也完全可通过速度分析求出，因此 $\boldsymbol{a}_C$ 的大小和方向两个要素也是已知的。这样，在加速度合成定理中只有三项切向加速度的六个要素可能是待求量，若知其中的四个要素，则余下的两个要素就完全可求了。

在应用加速度合成定理时，正确地选取动点和动系是很重要的。动点相对于动系是运动的，因此它们不能处于同一刚体上。选择动点、动系时还要注意相对运动轨迹是否清楚。若相对运动轨迹不清楚，则相对加速度 $\boldsymbol{a}_r^t$，$\boldsymbol{a}_r^n$ 的方向就难以确定，从而使待求量个数增加，致使求解困难。

小　结

（1）点的绝对运动为点的牵连运动和相对运动的合成结果。

1）绝对运动：动点相对于定参考系的运动。

2）相对运动：动点相对于动参考系的运动。

3）牵连运动：动参考系相对于定参考系的运动。

（2）点的速度合成定理

$$\boldsymbol{v}_a = \boldsymbol{v}_e + \boldsymbol{v}_r$$

1）绝对速度 $\boldsymbol{v}_a$：动点相对于定参考系运动的速度。

2）相对速度 $\boldsymbol{v}_r$：动点相对于动参考系运动的速度。

3）牵连速度 $\boldsymbol{v}_e$：动参考系上与动点相重合的那一点（牵连点）相对于定参考系运动的

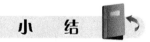

速度。

（3）点的加速度合成定理

$$\boldsymbol{a}_a = \boldsymbol{a}_e + \boldsymbol{a}_r + \boldsymbol{a}_C$$

1）绝对加速度 $\boldsymbol{a}_a$：动点相对于定参考系运动的加速度。

2）相对加速度 $\boldsymbol{a}_r$：动点相对于动参考系运动的加速度。

3）牵连加速度 $\boldsymbol{a}_e$：动参考系上与动点相重合的那一点（牵连点）相对于定参考系运动的加速度。

4）科氏加速度 $\boldsymbol{a}_C$：牵连运动为转动时，牵连运动和相对运动相互影响而出现的一项附加的加速度。

$$\boldsymbol{a}_C = 2\boldsymbol{\omega}_e \times \boldsymbol{v}_r$$

当动参考系作平移时或 $\boldsymbol{v}_r=0$，或 $\boldsymbol{\omega}_e$ 与 $\boldsymbol{v}_r$ 平行时，$\boldsymbol{a}_C=0$。

思考题

6-1　如何选择动点和动参考系？在［例 6-3］中以滑块 A 为动点。为什么不宜以曲柄 OA 为动参考系？若以 O_1B 上的点 A 为动点，以曲柄 OA 为动参考系，是否可求出 O_1B 的角速度、角加速度？

6-2　图 6-19 所示的速度平行四边形有无错误？错在哪里？

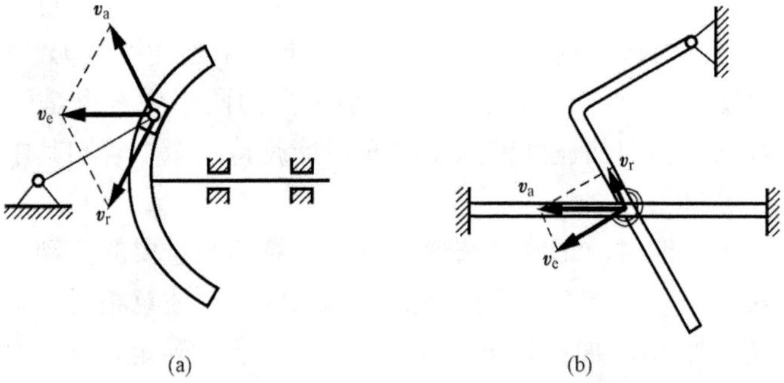

图 6-19　思考题 6-2 图

6-3　如下计算对不对？错在哪里？

（1）如图 6-20（a）所示，取动点为滑块 A，动参考系为杆 OC，则

$$v_e = \omega \times OA,\quad v_a = v_e\cos\varphi$$

（2）如图 6-20（b）所示　　$v_{BC} = v_e = v_a\cos 60^\circ$

$$v_a = \omega r$$

因为　$\omega =$ 常量

所以　$v_{BC} =$ 常量，$a_{BC} = \dfrac{\mathrm{d}v_{BC}}{\mathrm{d}t} = 0$

（3）如图 6-20（c）所示，为了求 $\boldsymbol{a}_a$ 的大小，取加速度在 η 轴上的投影式

$$a_a\cos\varphi - a_C = 0$$

所以　$a_a = \dfrac{a_C}{\cos\varphi}$

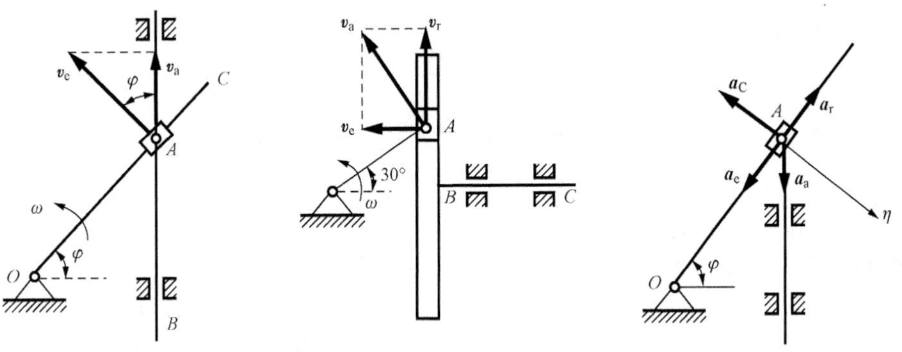

(a)　(b)　(c)

图 6-20　思考题 6-3 图

6-4　点的速度合成定理 $\boldsymbol{v}_a=\boldsymbol{v}_e+\boldsymbol{v}_r$ 对牵连运动是平移或转动都成立，将其两端对时间求导，得

$$\frac{\mathrm{d}\boldsymbol{v}_a}{\mathrm{d}t}=\frac{\mathrm{d}\boldsymbol{v}_e}{\mathrm{d}t}+\frac{\mathrm{d}\boldsymbol{v}_r}{\mathrm{d}t}$$

从而有

$$\boldsymbol{a}_a=\boldsymbol{a}_e+\boldsymbol{a}_r$$

因而此式对牵连运动是平移或转动都应该成立。

试指出上面的推导错在哪里？

6-5　如下计算对吗？

$$a_a^t=\frac{\mathrm{d}v_a}{\mathrm{d}t},\ a_a^n=\frac{v_a^2}{\rho_a};\ a_e^t=\frac{\mathrm{d}v_e}{\mathrm{d}t},\ a_e^n=\frac{v_e^2}{\rho_e};\ a_r^t=\frac{\mathrm{d}v_r}{\mathrm{d}t},\ a_e^n=\frac{v_r^2}{\rho_r}$$

式中：ρ_a，ρ_r 分别是绝对轨迹、相对轨迹上该处的曲率半径，ρ_e 为动参考系上与动点相重合的那一点的轨迹在重合位置的曲率半径。

6-6　图 6-21 所示的曲柄 OA 以匀角速度转动，图 6-21（a），图 6-21（b）两图中哪一种分析对？（a）以 OA 上的点 A 为动点，以 BC 为动参考体；（b）以 BC 上的点 A 为动点，以 OA 为动参考体。

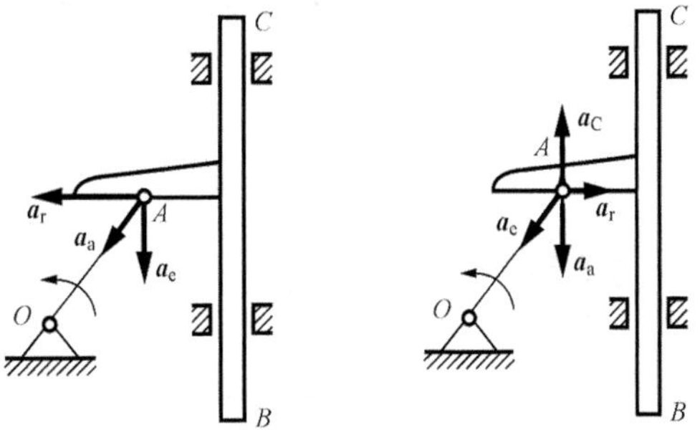

(a)　(b)

图 6-21　思考题 6-6 图

6-7　按点的合成运动理论导出速度合成定理及加速度合成定理氏，定参考系是固定不动的。如果定参考系本身也在运动（平移或转动），对这类问题该如何求解？

6-8　试引用点的合成运动的概念，证明在极坐标中点的加速度公式为

$$a_\rho=\ddot{\rho}-\rho\dot{\varphi}^2,\ a_\varphi=\ddot{\varphi}\rho+2\dot{\varphi}\dot{\rho}$$

式中：ρ 和 φ 是用极坐标表示的点的运动方程；a_ρ 和 a_φ 是点的加速度沿极径和其垂直方向的投影。

习 题

6-1 如图 6-22 所示，点 M 在平面 $Ox'y'$ 中运动，运动方程为

$$x' = 40(1 - \cos t),\ y' = 40\sin t$$

式中：t，s；x'和 y'，mm。

平面 $Ox'y'$ 又绕垂直于该平面的 O 轴转动，转动方程为 $\varphi = t$，式中：角 φ 为动坐标系的 x' 轴与定坐标系的 x 轴间的夹角，rad。求点 M 的相对轨迹和绝对轨迹。

6-2 如图 6-23 所示，瓦特离心调速器以角速度 ω 绕铅垂轴转动。由于机器负荷的变化，调速器重球以角速度 ω_1 向外张开。如 $\omega = 10$ rad/s，$\omega_1 = 1.2$ rad/s，球柄长 $l = 500$mm，悬挂球柄的支点到铅垂轴的距离为 $e = 50$mm，球柄与铅垂轴间所成的交角 $\beta = 30°$。求此时重球的绝对速度。

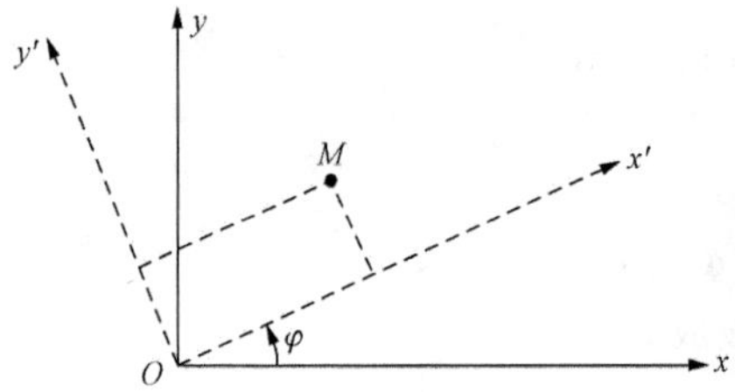

图 6-22 题 6-1 图

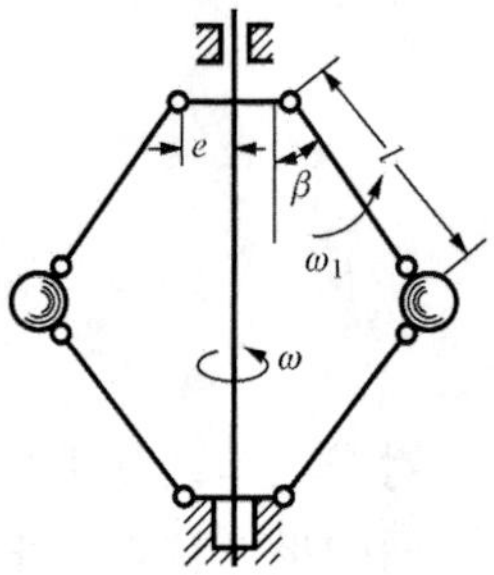

图 6-23 题 6-2 图

6-3 车床主轴的转速 $n = 30$r/min，工件的直径 $d = 40$mm，如图 6-24 所示。如车刀横向走刀速度为 $v = 10$mm/s，求车刀对工件的相对速度。

6-4 在图 6-25（a）和图 6-25（b）所示的两种机构中，已知 $O_1O_2 = a = 200$mm，$\omega_1 = 3$rad/s。求图示位置时杆 O_2A 的角速度。

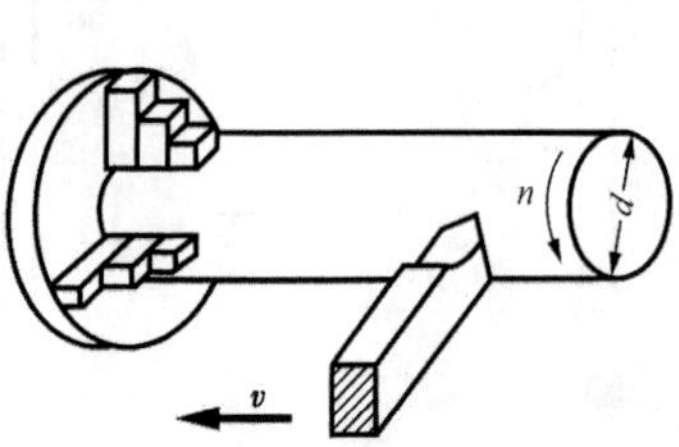

图 6-24 题 6-3 图

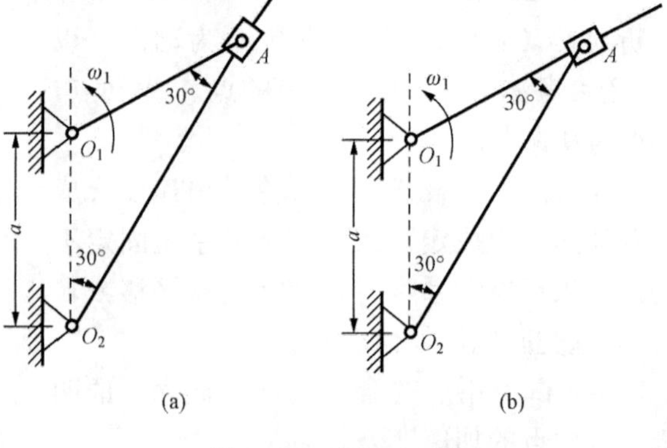

图 6-25 题 6-4 图

6-5 图 6-26 所示曲柄滑道机构中，曲柄长 $OA = r$，并以等角速度 ω 绕 O 轴转动。装在水平杆上的滑道 DE 与水平线成 60°角。求当曲柄与水平线的交角分别为 $\varphi = 0°$，30°，60°时，杆 BC 的速度。

6-6 如图 6-27 所示，摇杆机构的滑杆 AB 以等速 v 向上运动，初瞬时摇杆 OC 水平，摇杆长 $OC=a$，距离 $OD=l$。求当 $\varphi=\frac{\pi}{4}$ 时，点 C 的速度的大小。

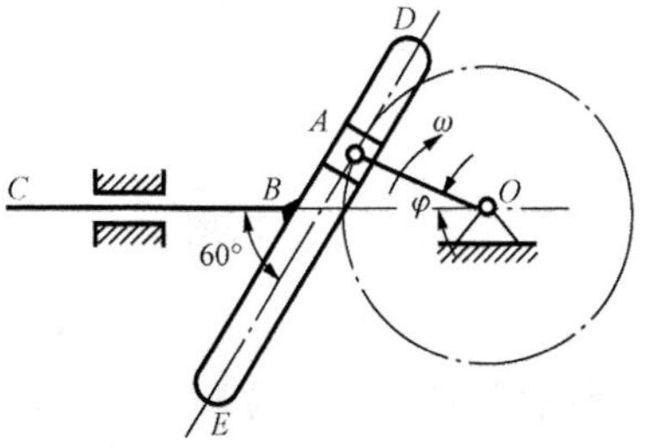

图 6-26 题 6-5 图

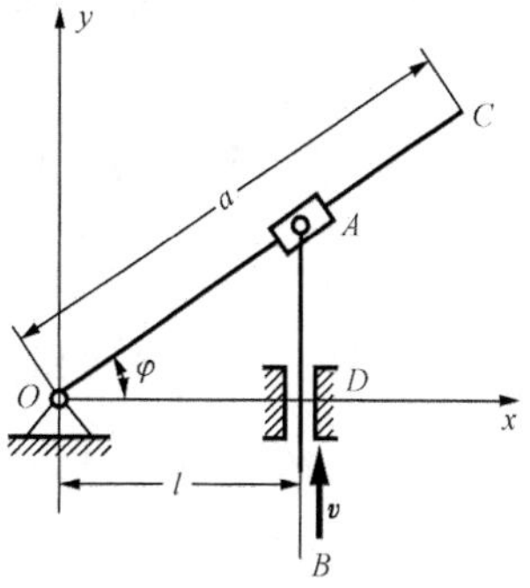

图 6-27 题 6-6 图

6-7 平底顶杆凸轮机构如图 6-28 所示，顶杆 AB 可沿导槽上下移动，偏心圆盘绕轴 O 转动，轴 O 位于顶杆轴线上。工作时顶杆的平底始终接触凸轮表面。该凸轮半径为 R，偏心距 $OC=e$，凸轮绕轴 O 转动的角速度为 ω，OC 与水平线所成夹角 φ。求当 $\varphi=0°$时顶杆的速度。

6-8 绕轴 O 转动的圆盘及直杆 OA 上均有一导槽，两导槽间有一活动销子 M，如图 6-29所示，$b=0.1\text{m}$。设在图 6-29 所示位置时，圆盘及直杆的角速度分别为 $\omega_1=9\text{rad/s}$，$\omega_2=3\text{rad/s}$。求此瞬时销子 M 的速度。

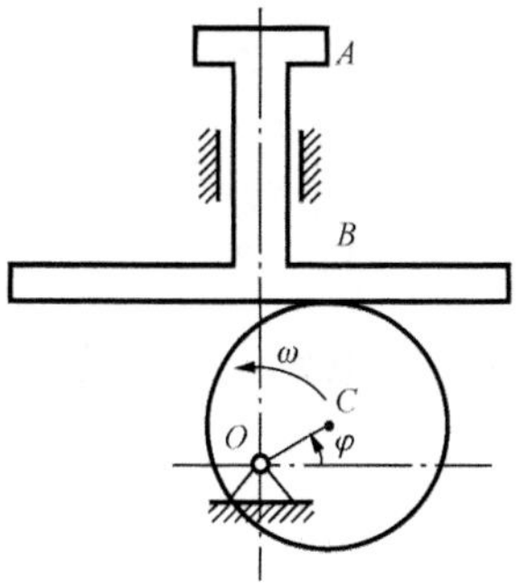

图 6-28 题 6-7 图

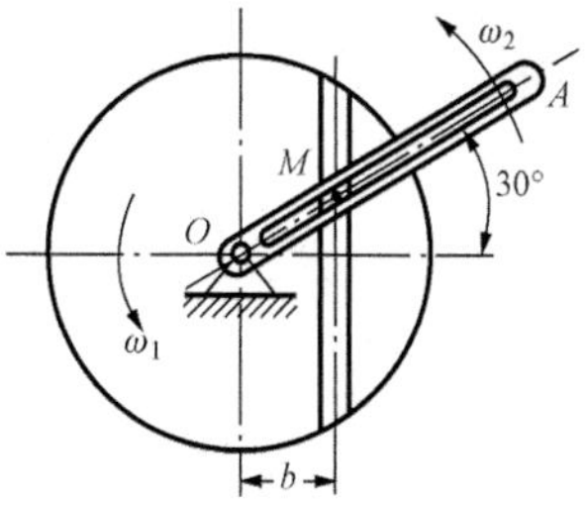

图 6-29 题 6-8 图

6-9 图 6-30 所示为叶片泵的示意图。当转子转动时，叶片端点 B 将沿固定的定子曲线运动，同时叶片 AB 将在转子上的槽 CD 内滑动。已知转子转动的角速度为 ω，槽 CD 不通过轮心 O 点，此时 AB 和 OB 间的夹角为 β，OB 和定子曲线的法线间成 θ 角，$OB=\rho$。求叶片在转子槽内的滑动速度。

6-10 直线 AB 以大小为 v_1 的速度沿垂直于 AB 的方向向上移动；直线 CD 以大小为 v_2 的速度沿垂直于 CD 的方向向左上方移动，如图 6-31 所示。如两直线间的交角为 θ，求两直线交点 M 的速度。

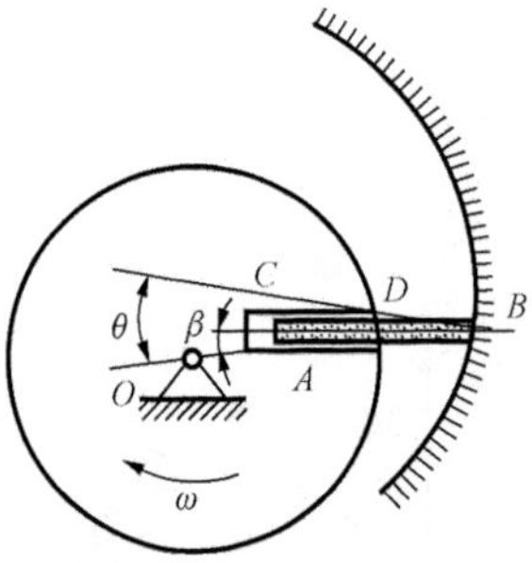

图 6-30 题 6-9 图

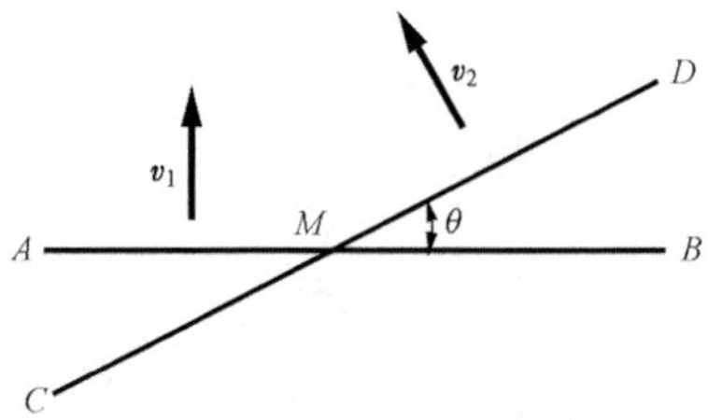

图 6-31 题 6-10 图

6-11 图 6-32 所示两盘匀速转动的角速度分别为 $\omega_1=1\text{rad/s}$，$\omega_2=2\text{rad/s}$，两盘半径均为 $R=50\text{mm}$，两盘转轴距离 $l=250\text{mm}$。图 6-32 所示瞬时，两盘位于同一平面内。求此时盘 2 上的点 A 相对于盘 1 的速度和加速度。

6-12 图 6-33 所示为公路上行驶的两车，速度都恒为 72km/h。图 6-33 所示瞬时，在 A 车中观察者看来，车 B 的速度、加速度为多大？

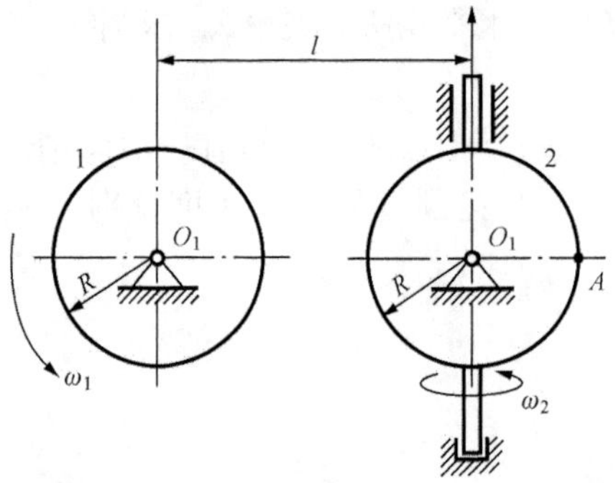

图 6-32 题 6-11 图

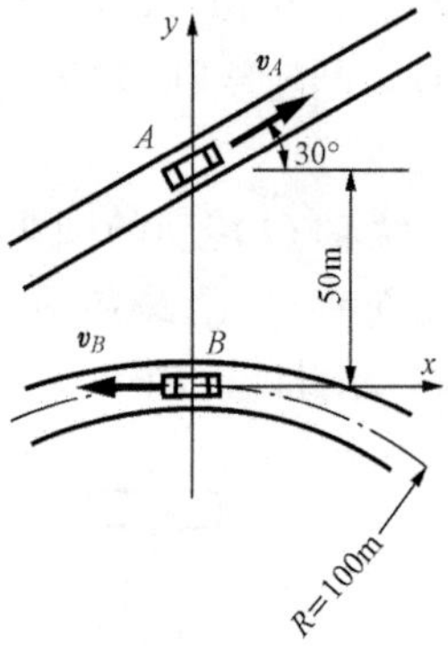

图 6-33 题 6-12 图

6-13 图 6-34 所示小环 M 沿杆 OA 运动，杆 OA 绕 O 轴转动，从而使小环在 Oxy 平面内具有如下运动方程

$$x=10\sqrt{3}t,\ y=10\sqrt{3}t^2$$

式中：t，s；x，y，mm。求 $t=1\text{s}$ 时，小环 M 相对于杆 OA 的速度和加速度，杆 OA 转动的角速度及角加速度。

6-14 图 6-35 所示铰接四边形机构中，$O_1A=O_2B=100\text{mm}$，又 $O_1O_2=AB$，杆 O_1A 以等角速度 $\omega=2\text{rad/s}$ 绕轴 O_1 转动。杆 AB 上有一套筒 C，此套筒与杆 CD 相铰接，机构的各部件都在同一铅垂面内。求当 $\varphi=60°$ 时，杆 CD 的速度和加速度。

6-15 如图 6-36 所示，曲柄 OA 长 0.4m，以等角速度 $\omega=0.5\text{rad/s}$ 绕 O 轴逆时针转向转动。由于曲柄的 A 端推动水平板 B，而使滑杆 C 沿铅垂方向上升，求当曲柄与水平线间的夹角 $\theta=30°$ 时，滑杆 C 的速度和加速度。

6-16 图 6-37 所示偏心轮摇杆机构中，摇杆 O_1A 借助弹簧压在半径为 R 的偏心轮 C 上。偏心轮 C 绕轴 O 往复摆动，从而带动摇杆绕轴 O_1 摆动。设 $OC\perp OO_1$ 时，轮 C 的角速度为 ω，角加速度为零，$\theta=60°$。求此时摇杆 O_1A 的角速度 ω_1 和角加速度 α_1。

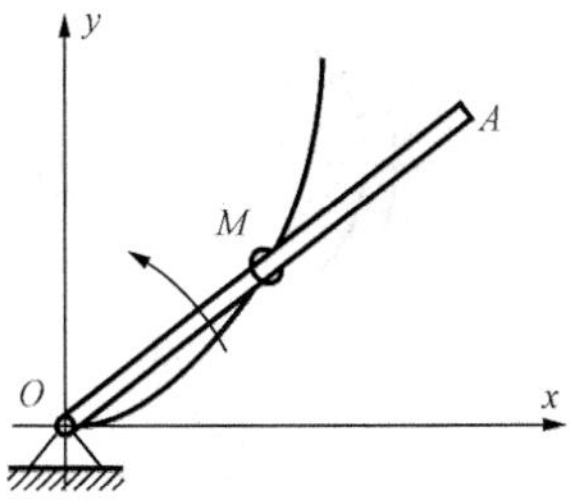

图 6-34 题 6-13 图

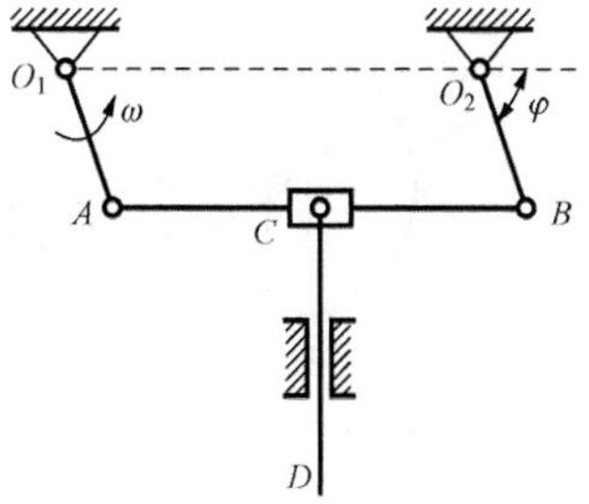

图 6-35 题 6-14 图

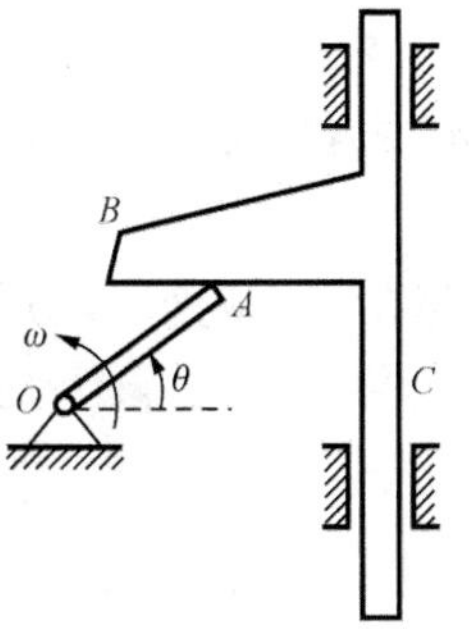

图 6-36 题 6-15 图

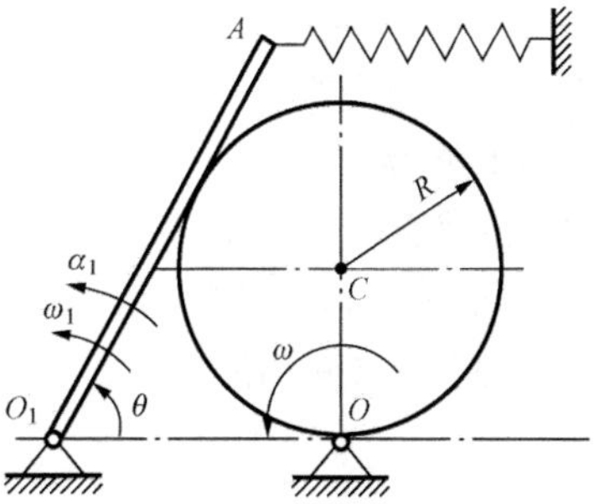

图 6-37 题 6-16 图

6-17 半径为 R 的半圆形凸轮 D 以等速 v_0 沿水平线向右运动，带动从动杆 AB 沿铅垂方向上升，如图 6-38 所示。求 $\varphi=30°$时杆 AB 相对于凸轮的速度和加速度。

6-18 如图 6-39 所示，斜面 AB 与水平面间成 45°角，以 0.1m/s^2 的加速度沿 Ox 轴向右运动。物块 M 以匀相对加速度 $0.1\sqrt{2}\ \text{m/s}^2$ 沿斜面滑下，斜面与物块的初速度都是零。物块的初位置为：坐标 $x=0$，$y=h$。求物块的绝对运动方程、运动轨迹、速度和加速度。

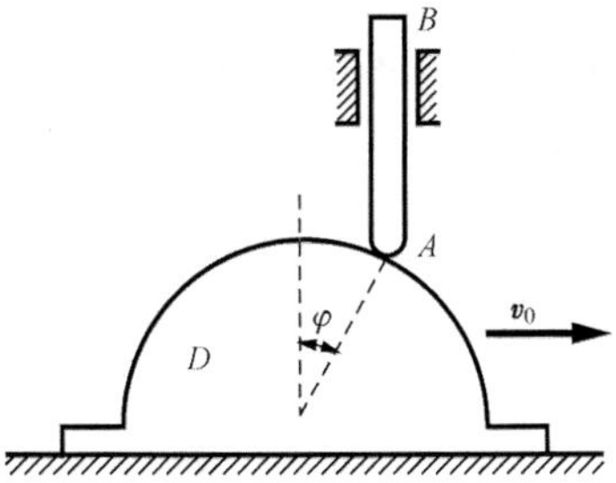

图 6-38 题 6-17 图

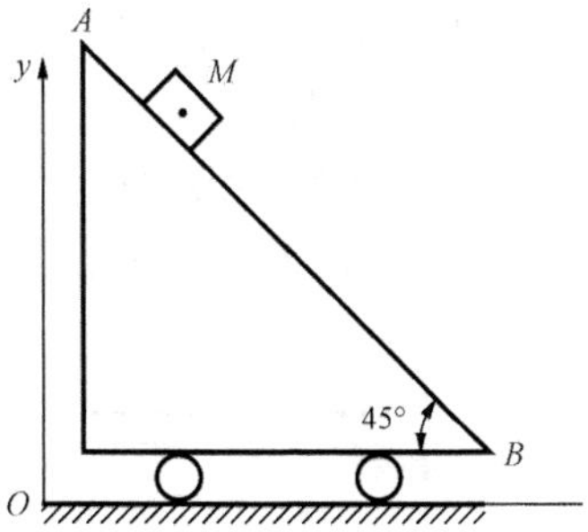

图 6-39 题 6-18 图

6-19 如图 6-40 所示，小车沿水平方向向右作加速运动，其加速度 $a=0.493\text{m/s}^2$。在小车上有一轮绕 O 轴转动，转动的规律为 $\varphi=t^2$（t 以 s 计，φ 以 rad 计）。当 $t=1\text{s}$ 时，轮缘上点 A 的位置如图所示。如轮的半径 $r=0.2\text{m}$，求此时点 A 的绝对速度。

6-20 如图 6-41 所示，半径为 r 的圆环内充满液体，液体按箭头方向以相对速度 $\boldsymbol{v}_r$ 在环内作匀速运动。如圆环以等角速度 ω 绕 O 轴转动，求在圆环内点 1 和 2 处液体的绝对加速度的大小。

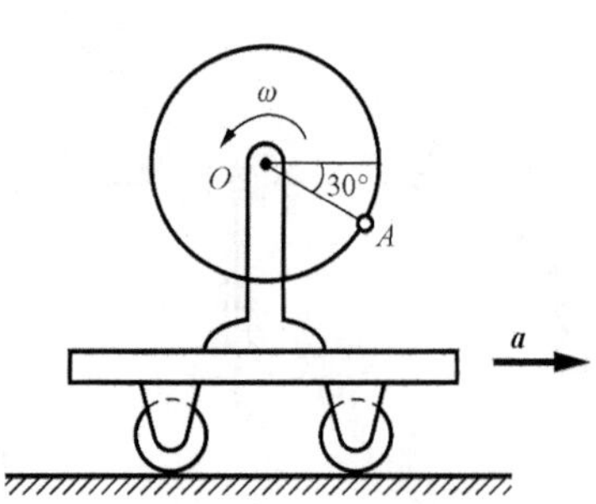

图 6-40 题 6-19 图

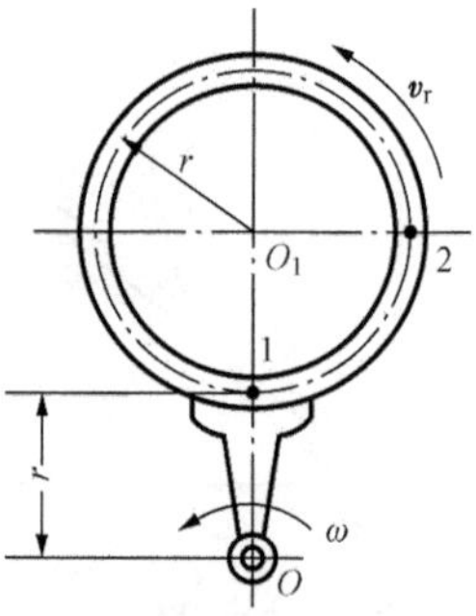

图 6-41 题 6-20 图

6-21 图 6-42 所示圆盘绕 AB 轴转动，其角速度 $\omega=2t\text{rad/s}$。点 M 沿圆盘直径离开中心向外缘运动，其运动规律为 $OM=40t^2\text{mm}$。半径 OM 与 AB 轴间成 60°角。求当 $t=1\text{s}$ 时点 M 的绝对加速度的大小。

6-22 图 6-43 所示直角曲杆 OBC 绕 O 轴转动，使套在其上的小环 M 沿固定直杆 OA 滑动。已知：$OB=0.1\text{m}$，OB 与 BC 垂直，曲杆的角速度 $\omega=0.5\text{rad/s}$，角加速度为零。求当 $\varphi=60°$时，小环 M 的速度和加速度。

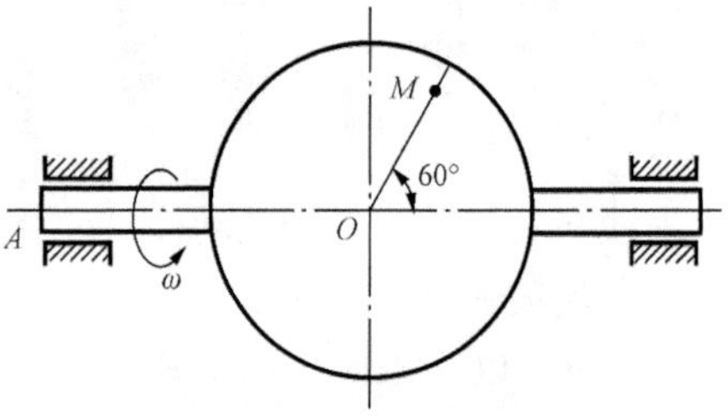

图 6-42 题 6-21 图

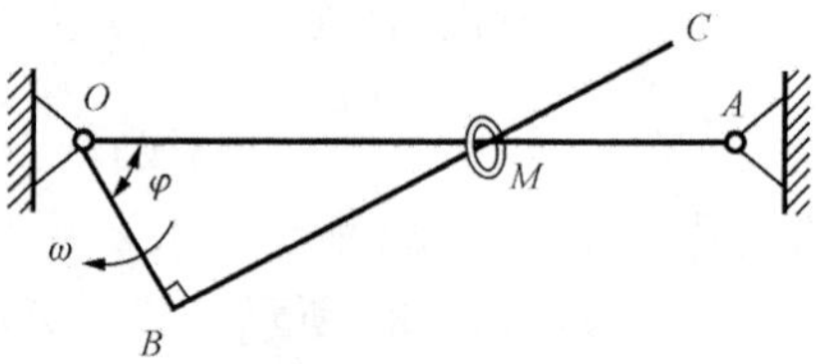

图 6-43 题 6-22 图

6-23 牛头刨床机构如图 6-44 所示。已知 $O_1A=200\text{mm}$，角速度 $\omega_1=2\text{rad/s}$，角加速度 $\alpha=0$。求图示位置滑枕 CD 的速度和加速度。

6-24 如图 6-45 所示，点 M 以不变的相对速度 v_r 沿圆锥体的母线向下运动。此圆锥体以角速度 ω 绕 OA 轴作匀速运动。如$\angle MOA=\theta$，且当 $t=0$ 时点在 M_0 处，此时距离 $OM_0=b$。求在 $t\text{s}$ 时，点 M 的绝对加速度的大小。

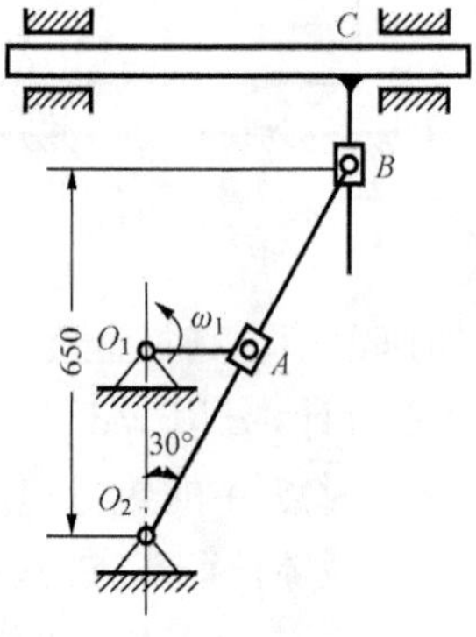

图 6-44 题 6-23 图

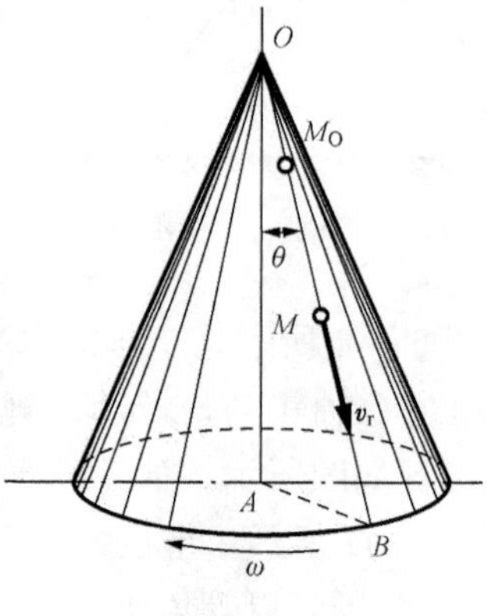

图 6-45 题 6-24 图

第七章　刚体的平面运动

本章将分析刚体平面运动的分解，平面运动刚体的角速度、角加速度，以及刚体上各点的速度和加速度。

第一节　刚体平面运动的概述和运动分解

工程中有很多零件的运动，例如行星齿轮机构中动齿轮的运动［图 7 - 1（a)］、曲柄连杆机构中连杆的运动［见图 7 - 1（b)］以及沿直线轨道滚动的轮子的运动［图 7 - 1（c)］等，这些刚体的运动既不是平移，又不是绕定轴的转动，但它们有一个共同的特点，即在运动中，刚体上的任意一点与某一固定平面始终保持相等的距离，这种运动称为**平面运动**。平面运动刚体上的各点都在平行于某一固定平面的平面内运动。

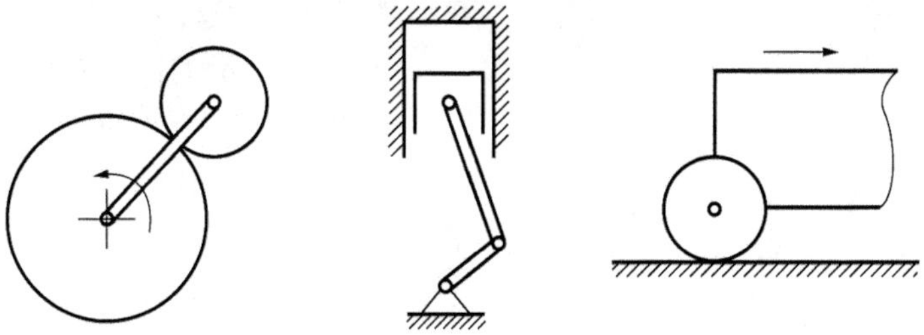

(a)　(b)　(c)

图 7 - 1　刚体平面运动

（a）行星齿轮机构中动齿轮的运动；（b）曲柄连杆机构中连杆的运动；

（c）沿直线轨道滚动的轮子的运动

图 7 - 2 所示为作平面运动的一般刚体，平面图形上各点的运动可以代表刚体内所有点的运动。因此，刚体的平面运动可简化为平面图形在它自身平面内的运动。

平面图形在其平面上的位置完全可由图形内任意线段 AB 的位置来确定，如图 7 - 3 所示，而要确定此线段在平面内的位置，只需确定线段上任一点 A 的位置和线段 AB 与固定坐标轴 Ox 间的夹角 φ 即可。

点 A 的坐标和 φ 角都是时间的函数，即

$$x_A = f_1(t),\ y_A = f_2(t),\varphi = f_3(t) \tag{7 - 1}$$

式（7 - 1）就是平面图形的运动方程。

平面运动的这种分解也可以按上一章合成运动的观点加以解释。以沿直线轨道滚动的车轮为例，如图 7 - 4（a）所示。取车厢为动参考体，以轮心点 O' 为原点取动参考系 $O'x'y'$，则车厢的平移是牵连运动，车轮绕平移参考系原点 O' 的转动是相对运动，二者的合成就是车轮的平面运动（绝对运动）。单独轮子作平面运动时，可以轮心 O' 为原点，建立一个平移参考系 $O'x'y'$，如图 7 - 4（b）所示，同样可把轮子这种较为复杂的平面运动分解为平移和

转动两种简单的运动。

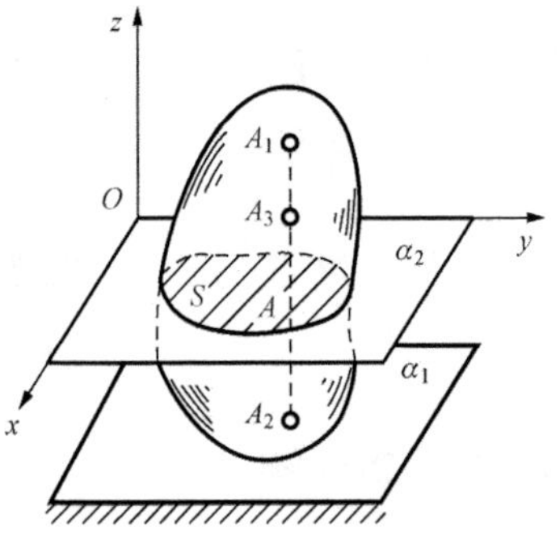

图 7 - 2 作平面运动的一般刚体

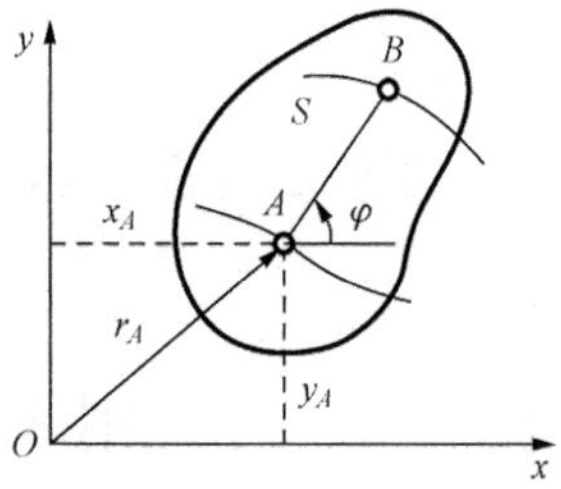

图 7 - 3 由平面内任意线段的位置来确定平面图形位置

对于任意的平面运动，可在平面图形上任取一点 O'，称为**基点**。在这一点假想的安上一个平移参考系 $O'x'y'$，平面图形运动时，动坐标轴方向始终保持不变，可令其分别平行于定坐标轴 Ox 和 Oy，如图 7 - 5 所示。于是，平面图形的平面运动可看成为随同基点的平移和绕基点转动这两部分运动的合成。

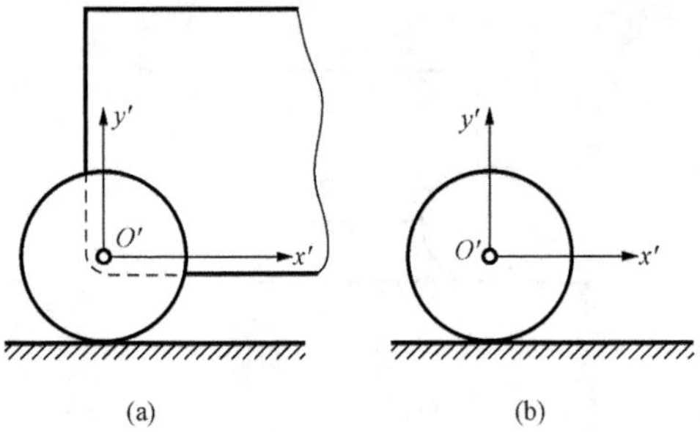

图 7 - 4 沿直线轨道滚动的车轮

(a) 动参考系；(b) 平移参考系

图 7 - 6 所示的曲柄连杆机构中，曲柄 OA 为定轴转动，滑块 B 为直线平移，而连杆 AB 则作平面运动。如以 B 为基点，即在滑块 B 上建立一个平移参考系，以 $Bx'y'$ 表示，则杆 AB 的平面运动可分解为随同基点 B 的直线平移和在动系 $Bx'y'$ 内绕基点 B 的转动。同样，还可以 A 为基点，在点 A 安上一个平移参考系 $Ax''y''$，杆 AB 的平面运动又可分解为随同基点 A 的平移和绕基点 A 的转动。

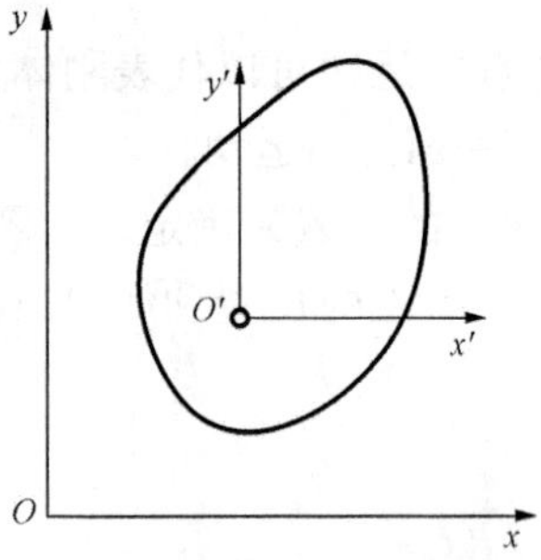

图 7 - 5 假想的平移参考系

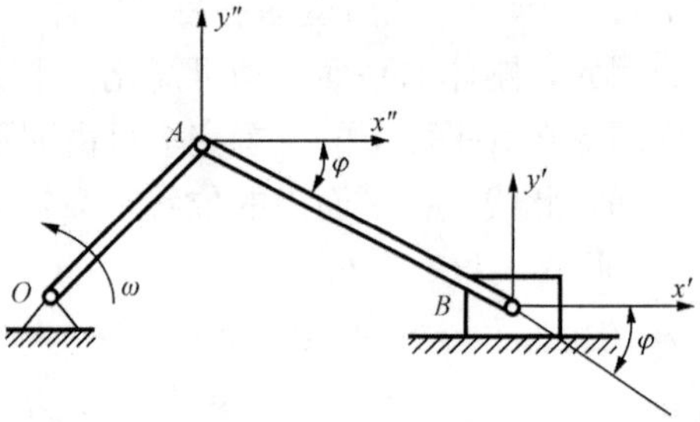

图 7 - 6 曲柄连杆机构

必须指出，上述分解中，总是以选定的基点为原点，建立一个平移的动参考系（实际机构中可以不存在这个平移物体），所谓绕基点的转动，是指相对于这个平移参考系的转动。

研究平面运动时，可以选择不同的点作为基点。一般平面图形上各点的运动情况是不相同的，例如图 7 - 6 所示连杆上的点 B 作直线运动，点 A 作圆周运动。因此，在平面图形上选取不同的基点，其动参考系的平移是不一样的，其速度和加速度是不相同的。由图 7 - 6 还可以看出：如果运动起始时 OA 和 AB 都位于水平位置，运动中的任一时刻，AB 连线绕点 A 或绕点 B 的转角，相对于各自的平移参考系 $Ax''y''$ 或 $Bx'y'$，都是一样的，都等于相对于固定参考系的转角 φ。由于任一时刻的转角相同，其角速度、角加速度也必然相同。于是可得结论：平面运动可取任意基点而分解为平移和转动，其中平移的速度和加速度与基点的选择有关，而平面图形绕基点转动的角速度和角加速度与基点的选择无关。这里所谓的角速度和角加速度是相对于各基点处的平移参考系而言的。平面图形相对于各平移参考系（包括固定参考系），其转动运动都是一样的，角速度、角加速度都是共同的，无需标明绕哪一点转动或选哪一点为基点。

第二节　求平面图形内各点速度的基点法

现在讨论平面图形内各点的速度。

由前一节分析可知，任何平面图形的运动可分解为两个运动：

（1）牵连运动，即随同基点 O' 的平移。

（2）相对运动，即绕基点 O' 的转动。

于是，平面图形内任一点 M 的运动也是两个运动的合成，因此可用速度合成定理来求它的速度，这种方法称为**基点法**。

因为牵连运动是平移，所以点 M 的牵连速度等于基点的速度 $\boldsymbol{v}_{O'}$，如图 7 - 7 所示。又因为点 M 的相对运动是以点 O' 为圆心的圆周运动，所以点 M 的相对速度就是平面图形绕点 O' 转动时点 M 的速度，以 $\boldsymbol{v}_{MO'}$ 表示，它垂直于 $O'M$ 而朝向图形的转动方向，大小为

$$v_{MO'} = O'M \times \omega$$

式中：ω 为平面图形角速度的绝对值（以下同）。以速度 $\boldsymbol{v}_{O'}$ 和 $\boldsymbol{v}_{MO'}$ 为边作平行四边形，于是，点 M 的绝对速度就由这个平行四边形的对角线确定，即

$$\boldsymbol{v}_M = \boldsymbol{v}_{O'} + \boldsymbol{v}_{MO'} \tag{7 - 2}$$

式（7 - 2）是平面图形内任意点 M 的速度分解式。根据此式，可作出平面图形内直线 $O'M$ 上各点速度的分布图，如图 7 - 8 所示。

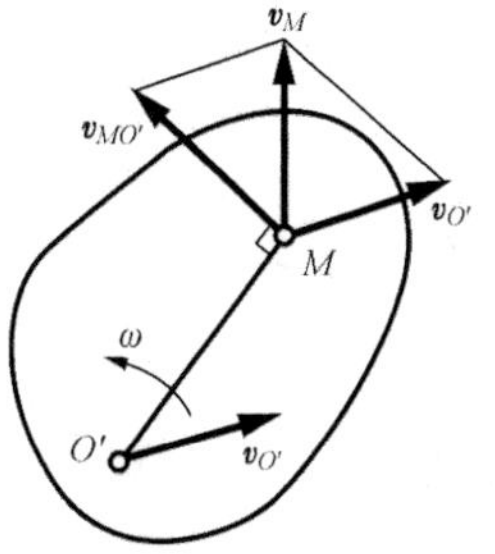

图 7 - 7　牵连运动

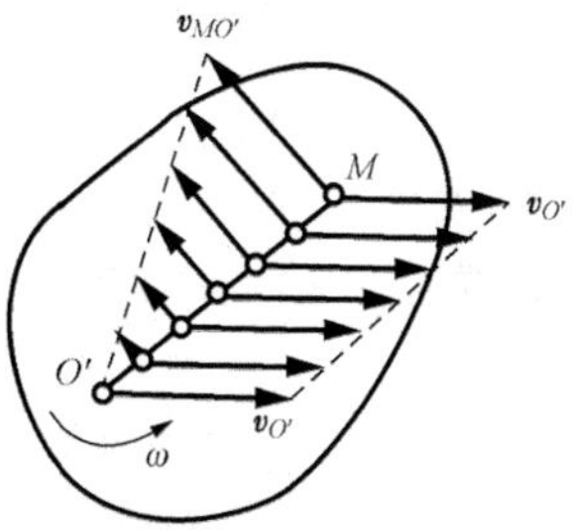

图 7 - 8　直线 $O'M$ 上各速度的分布图

于是得结论：平面图形内任一点的速度等于基点的速度与该点随图形绕基点转动速度的矢量和。

根据这个结论，平面图形内任意两点 A 和 B 的速度 $\boldsymbol{v}_A$ 和 $\boldsymbol{v}_B$ 必存在一定的关系。如果

选取点 A 为基点，以 $\boldsymbol{v}_{BA}$ 表示点 B 相对点 A 的相对速度，根据上述结论，得

$$\boldsymbol{v}_B = \boldsymbol{v}_A + \boldsymbol{v}_{BA} \tag{7-3}$$

式中：$\boldsymbol{v}_A$ 为相对速度，$\boldsymbol{v}_{BA}$ 的大小为

$$v_{BA} = AB \times \omega$$

它的方向垂直于 AB，且朝向图形转动的一方。

在解题时常用式（7-3）。与前一章的分析相同，在这里 $\boldsymbol{v}_A$，$\boldsymbol{v}_B$ 和 $\boldsymbol{v}_{BA}$ 各有大小和方向两个要素，共计六个要素，要使问题可解，一般应有四个要素是已知的。在平面图形的运动中，点的相对速度 $\boldsymbol{v}_{BA}$ 的方向总是已知的，它垂直于线段 AB。于是，只需知道任何其他三个要素，便可作出速度平行四边形。

根据式（7-3）容易导出**速度投影定理**：同一平面图形上任意两点的速度在这两点连线上的投影相等。

证明 在图形上任取两点 A 和 B，它们的速度分别为 $\boldsymbol{v}_A$ 和 $\boldsymbol{v}_B$，如图 7-9 所示，则两点的速度必须符合如下关系

$$\boldsymbol{v}_B = \boldsymbol{v}_A + \boldsymbol{v}_{BA}$$

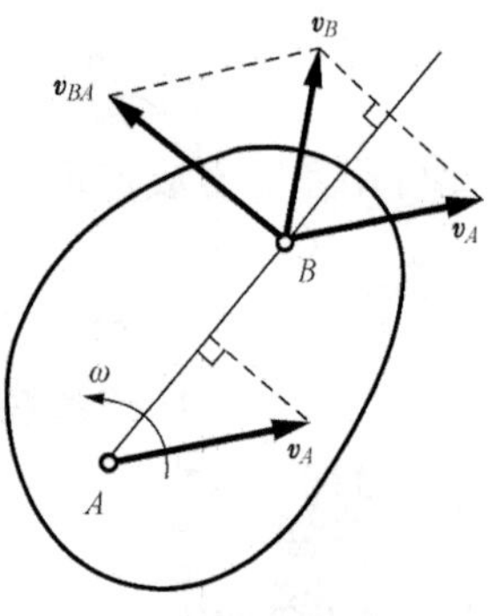

图 7-9 证明速度投影定理

将上式两端投影到直线 AB 上，并分别用 $(\boldsymbol{v}_B)_{AB}$，$(\boldsymbol{v}_A)_{AB}$，$(\boldsymbol{v}_{BA})_{AB}$，表示 $\boldsymbol{v}_B$，$\boldsymbol{v}_A$，$\boldsymbol{v}_{BA}$ 在线段 AB 上的投影，则

$$(\boldsymbol{v}_B)_{AB} = (\boldsymbol{v}_A)_{AB} + (\boldsymbol{v}_{BA})_{AB}$$

由于 $\boldsymbol{v}_{BA}$ 垂直于线段 AB，因此 $(\boldsymbol{v}_{BA})_{AB}=0$。于是得到

$$(\boldsymbol{v}_B)_{AB} = (\boldsymbol{v}_A)_{AB} \tag{7-4}$$

这就证明了上述定理。

这个定理也可以由下面的理由来说明：因为 A 和 B 是刚体上的两点，它们之间的距离应保持不变，所以两点的速度在 AB 方向的分量必须相同。否则，线段 AB 不是伸长，便要缩短。因此，这定理不仅适用于刚体作平面运动，也适合于刚体作其他任意的运动。

【例 7-1】 椭圆规尺的 A 端以速度 $\boldsymbol{v}_A$ 沿 x 轴的负向运动，如图 7-10 所示，$AB=l$。求 B 端的速度以及尺 AB 的角速度。

解 尺 AB 作平面运动，因而可用公式［式（7-4）］

$$\boldsymbol{v}_B = \boldsymbol{v}_A + \boldsymbol{v}_{BA}$$

在本题中 $\boldsymbol{v}_A$ 的大小和方向，以及 $\boldsymbol{v}_B$ 的方向都是已知的（因 B 端在 y 轴上作直线运动）。共计有三个要素都是已知的，再加上 $\boldsymbol{v}_{BA}$ 的方向垂直于 AB 这一要素，可以作出速度平行四边形如图 7-10 所示。作图时，应注意使 $\boldsymbol{v}_B$ 位于平行四边形的对角线上。

由图 7-10 所示的几何关系可得

$$v_B = v_A \cot\varphi$$

此外

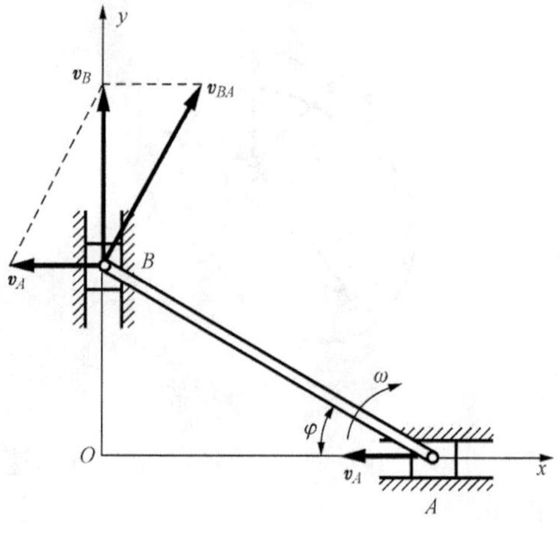

图 7-10 ［例 7-1］图

$$v_{BA} = \frac{v_A}{\sin\varphi}$$

但另一方面，$v_{BA}=AB\times\omega$，此处 ω 是尺 AB 的角速度，由此，得

$$\omega = \frac{v_{BA}}{AB} = \frac{v_{BA}}{l} = \frac{v_A}{l\sin\varphi}$$

【例 7 - 2】 图 7 - 11 所示平面机构中，$AB=BD=DE=l=300\text{mm}$。在图 7 - 11 所示位置，$BD/\!/AE$，杆 AB 的角速度为 $\omega=5\text{rad/s}$。求此瞬时杆 DE 的角速度和杆 BD 中点 C 的速度。

解 杆 DE 绕点 E 转动，为求其角速度可先求点 D 的速度。杆 BD 作平面运动，而点 B 也是转动刚体 AB 上一点，其速度为

$$v_B = \omega l = 300\times 5 = 1.5(\text{m/s})$$

方向如图 7 - 11 所示。

对平面运动的杆 BD，可以点 B 为基点，按式（7 - 3）得

$$v_D = v_B + v_{DB}$$

其中 v_B 大小和方向均为已知，相对速度 v_{DB} 的方向与 BD 垂直，点 D 的速度 v_D 与 DE 垂直。由于上式中四个要素是已知的，可以作出其速度平行四边形如图 7 - 11所示，其中 v_D 位于平行四边形的对角线。由此瞬时的几何关系，得知

$$v_D = v_{DB} = v_B = 1.5\text{m/s}$$

于是解出此瞬时杆 DE 的角速度为

$$\omega_{DE} = v_D/l = \frac{1.5}{0.3} = 5(\text{rad/s})$$

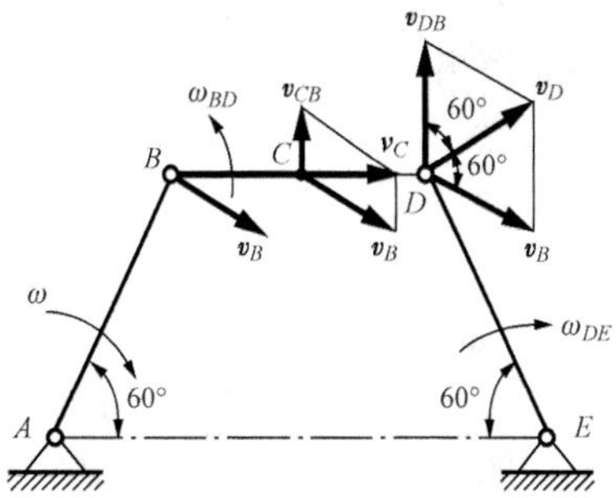

图 7 - 11 ［例 7 - 2］图

方向如图 7 - 11 所示。

v_{DB} 为点 D 相对 B 的速度，应有

$$v_{DB} = \omega_{BD}\times BD$$

由此可得此瞬时杆 BD 的角速度

$$\omega_{BD} = v_{DB}/l = \frac{1.5}{0.3} = 5(\text{rad/s})$$

方向如图 7 - 11 所示。在求得杆 BD 角速度的基础上，可以点 B 或 D 为基点，求出杆 BD 上任一点的速度。如仍以点 B 为基点，杆 BD 中点 C 的速度为

$$v_C = v_B + v_{CB}$$

其中 v_B 大小和方向均为已知，v_{CB} 的方向与杆 BD 垂直，大小为 $v_{CB}=\omega_{BD}\times\dfrac{l}{2}=0.75\text{m/s}$。已知四个要素，可作出上式的速度平行四边形如图 7 - 11 所示。由此瞬时速度矢的几何关系，得出此时 v_C 的方向恰好沿杆 BD，大小为

$$v_C = \sqrt{v_B^2 - v_{CB}^2} \approx 1.299\text{m/s}$$

【例 7 - 3】 曲柄连杆机构如图 7 - 12（a）所示，$OA=r$，$AB=\sqrt{3}r$。如曲柄 OA 以匀角速度 ω 转动，求当 $\varphi=60°$，0°和 90°时点 B 的速度。

解 连杆 AB 作平面运动，以点 A 为基点，点 B 的速度为

$$v_B = v_A + v_{BA}$$

其中 $v_A=\omega r$，方向与 OA 垂直，v_B 沿 OB 方向，v_{BA} 与 AB 垂直。上式中四个要素是已知的，可以作出其速度平行四边形。

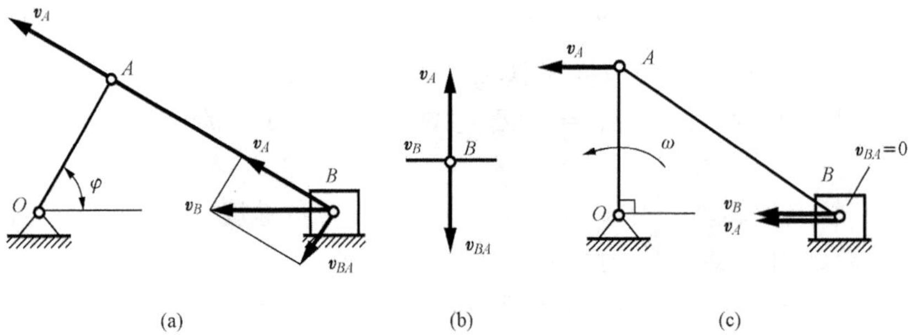

图 7 - 12 ［例 7 - 3］图

(a) 曲柄连杆机构，$\varphi=60°$时速度矢量图；(b) $\varphi=0°$时速度矢量图；(c) $\varphi=90°$时速度矢量图

当 $\varphi=60°$时，由于 $AB=\sqrt{3}OA$，OA 恰与 AB 垂直，其速度平行四边形如图 7 - 12（a）所示，解出

$$v_B = v_A/\cos30° = \frac{2\sqrt{3}}{3}\omega r$$

当 $\varphi=0°$时，v_A 与 v_{BA} 均垂直于 OB，也垂直于 v_B，按速度平行四边形合成法则，应有 $v_B=0$，如图 7 - 12（b）所示。

当 $\varphi=90°$时，v_A 与 v_B 方向一致，而 v_{BA} 又垂直于 AB，其速度平行四边形应为一直线段，如图 7 - 12（c）所示，显然有

$$v_B = v_A = \omega r$$

而 $v_{BA}=0$。此时杆 AB 的角速度为零，A，B 两点的速度大小与方向都相同，连杆 AB 具有平移刚体的特征。当杆 AB 只在此瞬时有 $v_B=v_A$，其他时刻则不然，因而称此时的连杆为**瞬时平移**。

【例 7 - 4】 图 7 - 13 所示的行星轮系中，大齿轮Ⅰ固定，半径为 r_1；行星齿轮Ⅱ沿轮Ⅰ只滚而不滑动，半径为 r_2。系杆 OA 角速度为 ω_O。求轮Ⅱ的角速度 $\omega_{\text{Ⅱ}}$ 及其上 B，C 两点的速度。

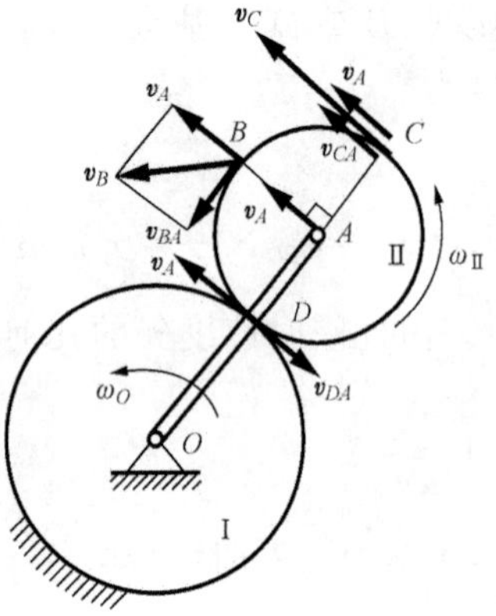

图 7 - 13 ［例 7 - 4］图

解 行星轮Ⅱ作平面运动，其上点 A 的速度可由系杆 OA 的转动求得

$$v_A = \omega_O \times OA = \omega_O(r_1 + r_2)$$

方向如图 7 - 13 所示。

以 A 为基点，轮Ⅱ上与轮Ⅰ接触的点 D 的速度应为

$$v_D = v_A + v_{DA}$$

由于齿轮Ⅰ固定不动，接触点 D 不滑动，显然 $v_D=0$，因而有 $v_{DA}=v_A=\omega_O$（r_1+r_2），方向与 v_A 相反，如图 7 - 13 所示。v_{DA} 为点 D 相对基点 A 的速度，应有 $v_{DA}=\omega_{\text{Ⅱ}}\times DA$。由此可得

$$\omega_{\mathrm{II}}=\frac{v_{DA}}{DA}=\frac{\omega_O(r_1+r_2)}{r_2}$$

为逆时针转向，如图 7 - 13 所示。

以 A 为基点，点 B 的速度为

$$\boldsymbol{v}_B=\boldsymbol{v}_A+\boldsymbol{v}_{BA}$$

而 $v_{BA}=\omega_{\mathrm{II}}\times BA=\omega_O(r_1+r_2)=v_A$，方向与 $\boldsymbol{v}_A$ 垂直，如图 7 - 13 所示。因此，$\boldsymbol{v}_B$ 与 $\boldsymbol{v}_A$ 的夹角为 45°，指向如图 7 - 13 所示，大小为

$$v_B=\sqrt{2}v_A=\sqrt{2}\omega_O(r_1+r_2)$$

以 A 为基点，点 C 的速度为

$$\boldsymbol{v}_C=\boldsymbol{v}_A+\boldsymbol{v}_{CA}$$

而 $v_{CA}=\omega_{\mathrm{II}}\times AC=\omega_O(r_1+r_2)=v_A$，方向与 $\boldsymbol{v}_A$ 一致，由此

$$v_C=v_A+v_{CA}=2\omega_O(r_1+r_2)$$

【例 7 - 5】 图 7 - 14 所示的平面机构中，曲柄 OA 长 100mm，以角速度 $\omega=2\text{rad/s}$ 转动。连杆 AB 带动摇杆 CD，并拖动轮 E 沿水平面滚动。已知 $CD=3CB$，图 7 - 14 所示位置 A，B，E 三点恰在一水平线上，且 $CD\perp ED$。求此瞬时点 E 的速度。

解 A 的速度为

$$v_A=\omega\times OA=2\times 100=0.2(\text{m/s})$$

由速度投影定理，杆 AB 上点 A，B 的速度在 AB 线上投影相等，即

$$v_B\cos 30^\circ=v_A$$

解出

$$v_B=0.2309\text{m/s}$$

摇杆 CD 绕点 C 转动，有

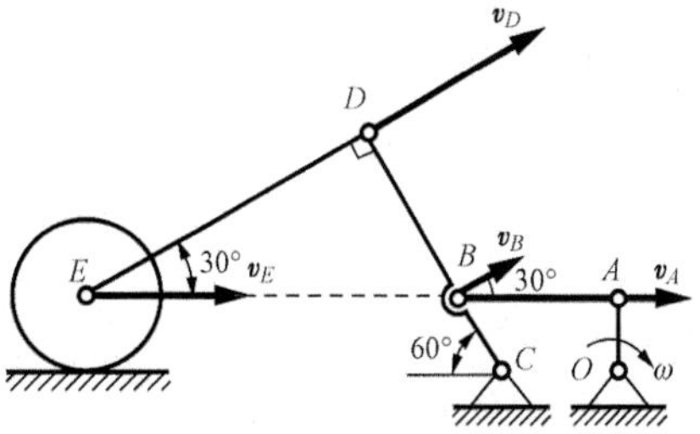

图 7 - 14 ［例 7 - 5］图

$$v_D=\frac{v_B}{CB}\times CD=3v_B=0.6928\text{m/s}$$

轮 E 沿水平面滚动，轮心 E 的速度方向为水平，由速度投影定理，D，E 两点的速度关系为

$$v_E\cos 30^\circ=v_D$$

解出

$$v_E=0.8\text{m/s}$$

【例 7 - 6】 图 7 - 15 所示平面机构，滑块 B 可沿杆 OA 滑动。杆 BE 与 BD 分别与滑块 B 铰接，BD 杆可沿水平导杆运动。滑块 E 以匀速 $\boldsymbol{v}$ 沿铅垂导轨向上运动，杆 BE 长为 $\sqrt{2}l$。图 7 - 15 所示瞬时杆 OA 铅垂，且与杆 BE 夹角为 45°。求该瞬时杆 OA 的角速度与角加速度。

解 BE 杆作平面运动，可先求出点 B 的速度和加速度。点 B 连同滑块在 OA 杆上滑动，并带动杆 OA 转动，可按合成运动方法求解杆 OA 的角速度和角加速度。

BE 杆作平面运动，在图 7 - 15 中，由 $\boldsymbol{v}$ 和 $\boldsymbol{v}_B$ 方向可知瞬时点 O 为 BE 的速度瞬心，因此

$$\omega_{BE}=\frac{v}{OE}=\frac{v}{l}\quad v_B=\omega_{BE}\times OB=v$$

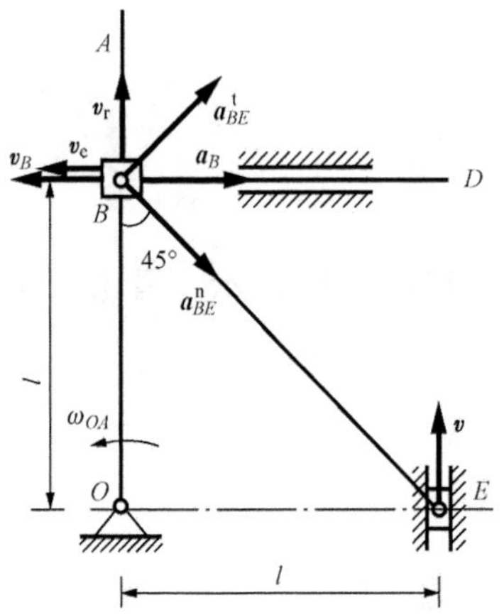

图 7-15 [例 7-6] 图 1

以 E 为基点，点 B 的加速度为

$$\boldsymbol{a}_B = \boldsymbol{a}_E + \boldsymbol{a}_{BE}^t + \boldsymbol{a}_{BE}^n \tag{7-5}$$

式（7-5）中各矢量的方向如图 7-15 所示。由于点 E 作匀速直线运动，故 $\boldsymbol{a}_E=0$。$\boldsymbol{a}_{BE}^n$ 的大小为

$$\boldsymbol{a}_{BE}^n = \omega_{BE}^2 \times BE = \frac{\sqrt{2}\boldsymbol{v}^2}{l}$$

将式（7-5）投影到沿 BE 方向的轴上，得

$$a_B \cos 45^\circ = a_{BE}^n$$

因此

$$a_B = \frac{a_{BE}^n}{\cos 45^\circ} = \frac{2\boldsymbol{v}^2}{l}$$

上面用刚体平面运动方法求得了滑块 B 的速度和加速度。由于滑块 B 可以沿杆 OA 滑动，因此应利用点的合成运动方法求杆 OA 的角速度及角加速度。

取滑块 B 为动点，动系固结在杆 OA 上，点的速度合成定理为

$$\boldsymbol{v}_a = \boldsymbol{v}_e + \boldsymbol{v}_r$$

式中：$\boldsymbol{v}_a=\boldsymbol{v}_B$；牵连速度 $\boldsymbol{v}_e$ 是 OA 杆上与滑块 B 重合的那一点的速度，其方向垂直于 OA，因此与 $\boldsymbol{v}_a$ 同向；相对速度 $\boldsymbol{v}_r$ 沿 OA 杆，即垂直于 $\boldsymbol{v}_a$。显然有

$$\boldsymbol{v}_a = \boldsymbol{v}_e, \boldsymbol{v}_r = 0$$

即

$$\boldsymbol{v}_e = \boldsymbol{v}_B = \boldsymbol{v}$$

于是得杆 OA 的角速度

$$\omega_{OA} = \frac{\boldsymbol{v}_e}{OB} = \frac{\boldsymbol{v}}{l}$$

其转向如图 7-15 所示。

滑块 B 的绝对加速度 $\boldsymbol{a}_a=\boldsymbol{a}_B$，其牵连加速度有法向及切向两项，其法向部分

$$a_e^n = \omega_{OA}^2 \times OB = \frac{\boldsymbol{v}^2}{l}$$

由于滑块 B 的相对运动是沿 OA 杆的直线运动，因此其相对加速度 $\boldsymbol{a}_r$ 也沿 OA 方向。这样，有

$$\boldsymbol{a}_a = \boldsymbol{a}_r + \boldsymbol{a}_e^t + \boldsymbol{a}_e^n + \boldsymbol{a}_C \tag{7-6}$$

因为此瞬时 $v_r=0$，故 $a_C=0$。在此矢量式中，各矢量方向已知，如图 7-16 所示；未知量为 $\boldsymbol{a}_r$ 及 $\boldsymbol{a}_e^t$ 的大小，共两个。将式（7-6）投影到与 $\boldsymbol{a}_r$ 垂直的 BD 线上，得

$$a_a = a_e^t$$

因此

$$a_a = a_e^t = a_B = \frac{2\boldsymbol{v}^2}{l}$$

杆 OA 的角加速度为

$$\alpha_{OA} = \frac{a_e^t}{OB} = \frac{2v^2}{l^2}$$

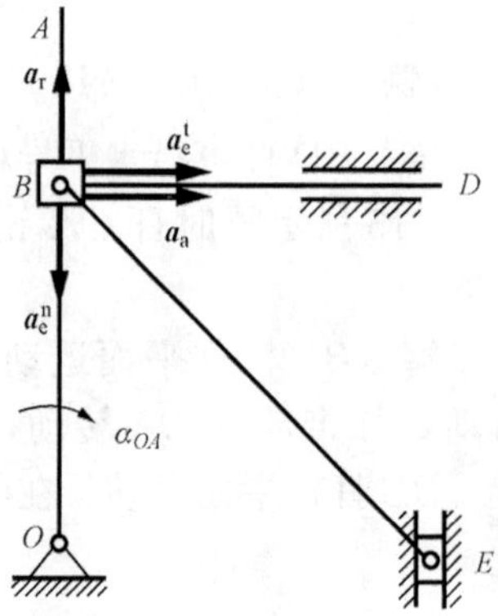

图 7-16 [例 7-6] 图 2

角加速度方向如图 7-16 所示。

上面的求解方法是依次应用刚体平面运动及点的合成运动方法求解，这是机构运动分析中较常用的方法之一。

【例 7-7】 在图 7-17（a）所示平面机构中，杆 AC 在导轨中以匀速 $\boldsymbol{v}$ 平移，通过铰链 A 带动杆 AB 沿导套 O 运动，导套 O 与杆 AC 距离为 l，图 7-17（a）所示瞬时杆 AB 与杆 AC 交角为 $\varphi=60°$，求此瞬时杆 AB 的角速度及角加速度。

解 以 A 为动点，动系固结在导套 O 上，牵连运动为绕 O 的转动。点 A 的绝对运动为以匀速 $\boldsymbol{v}$ 沿 AC 方向的运动，相对运动是点 A 沿导套 O 的运动，各速度矢如图 7-17（b）所示。

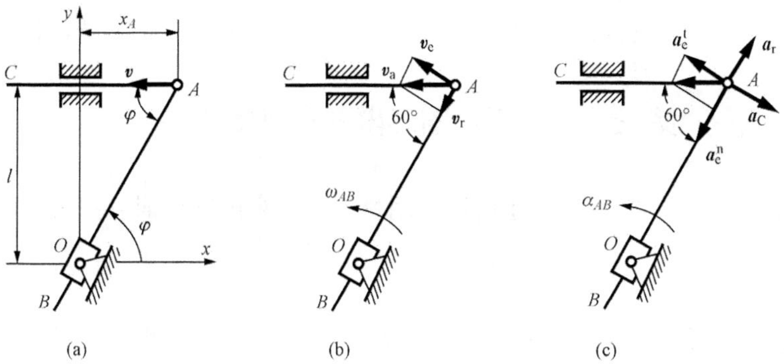

图 7-17 ［例 7-7］图

（a）平面机构；（b）速度矢量图；（c）加速度矢量图

由

$$\boldsymbol{v}_a=\boldsymbol{v}_e+\boldsymbol{v}_r=\boldsymbol{v}$$

可得

$$\boldsymbol{v}_e=\boldsymbol{v}_a\sin 60°=\frac{\sqrt{3}}{2}\boldsymbol{v}\quad \boldsymbol{v}_r=\boldsymbol{v}_a\cos 60°=\frac{\boldsymbol{v}}{2}$$

由于杆 AB 在导套 O 中滑动，因此杆 AB 与导套 O 具有相同的角速度及角加速度。其角速度为

$$\omega_{AB}=\frac{\boldsymbol{v}_e}{AO}=\frac{3\boldsymbol{v}}{4l}$$

由于点 A 作匀速直线运动，故绝对加速度为零。点 A 的相对运动为沿导套 O 的直线运动，因此 $\boldsymbol{a}_r$ 沿杆 AB 方向，故有

$$0=\boldsymbol{a}_r+\boldsymbol{a}_e^t+\boldsymbol{a}_e^n+\boldsymbol{a}_C \tag{7-7}$$

式中：$\boldsymbol{a}_C=2\boldsymbol{\omega}_e\times\boldsymbol{v}_r$，其方向如图 7-17（c）所示，大小为

$$a_C=2\omega_e v_r=\frac{3v^2}{4l}$$

$\boldsymbol{a}_e^t$，$\boldsymbol{a}_e^n$ 及 $\boldsymbol{a}_r$ 的方向如图 7-17（c）所示。将矢量方程式（7-7）投影到 $\boldsymbol{a}_e^t$ 方向，得

$$a_e^t=a_C=\frac{3v^2}{4l}$$

杆 AB 的角加速度方向如图，大小为

$$\alpha_{AB}=\frac{a_{\mathrm{e}}^{\mathrm{t}}}{AO}=\frac{3\sqrt{3}v^2}{8l^2}$$

总结［例 7 - 1］～［例 7 - 7］的解题步骤如下：

(1) 分析题中各物体的运动，哪些物体作平移，哪些物体作转动，哪些物体作平面运动。

(2) 研究作平面运动的物体上哪一点的速度大小和方向是已知的，哪一点的速度的某一要素（一般是速度方向）是已知的。

(3) 选定基点（设为 A），而另一点（设为 B）可应用公式 $\boldsymbol{v}_B=\boldsymbol{v}_A+\boldsymbol{v}_{BA}$，作速度平行四边形。必须注意，作图时要使 $\boldsymbol{v}_B$ 成为平行四边形的对角线。

(4) 利用几何关系，求解平行四边形中的未知量。

(5) 如果需要再研究另一个作平面运动的物体，可按上述步骤继续进行。

第三节　求平面图形内各点速度的瞬心法

研究平面图形上各点的速度，还可以采用瞬心法。求解问题时，瞬心法形象性更好，有时更为方便。

1. 定理

一般情况下，在每一瞬时，平面图形上都唯一地存在一个速度为零的点。

证明　设有一个平面图形 S，如图 7 - 18 所示。取图形上的点 A 为基点，它的速度为 $\boldsymbol{v}_A$，图形的角速度的绝对值为 ω，转向如图 7 - 18 所示。图形上任一点 M 的速度可按下式计算

$$\boldsymbol{v}_M=\boldsymbol{v}_A+\boldsymbol{v}_{MA}$$

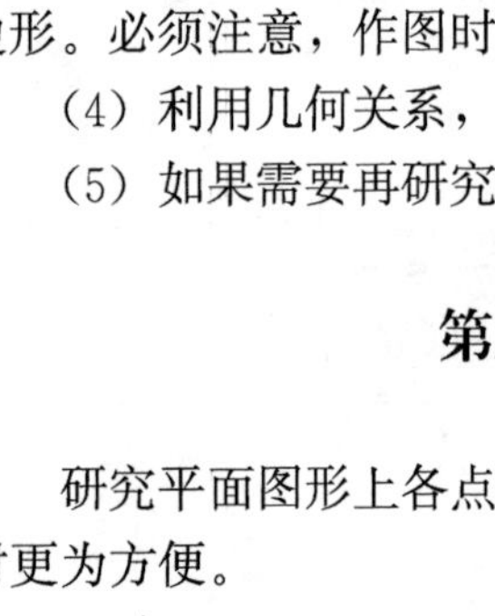

图 7 - 18　证明定理

如果点 M 在 $\boldsymbol{v}_A$ 的垂线 AN 上（由 $\boldsymbol{v}_A$ 到 AN 的转向与图形的转向一致），由图 7 - 18 中看出，$\boldsymbol{v}_A$ 和 $\boldsymbol{v}_{MA}$ 在同一直线上，而方向相反，故 $\boldsymbol{v}_M$ 的大小为

$$v_M=v_A-\omega\times AM$$

由上式可知，随着点 M 在垂线 AN 上的位置不同，v_M 的大小也不同，因此总可以找到一点 C，这点的瞬时速度等于零。如令

$$AC=\frac{v_A}{\omega}$$

则

$$v_C=v_A-\omega\times AC=0$$

于是定理得到证明。在某一瞬时，平面图形内速度等于零的点称为瞬时速度中心，或简称为**速度瞬心**。

2. 平面图形内各点的速度及其分布

根据上述定理，每一瞬时在图形内都存在速度等于零的一点 C，即 $v_C=0$。选取点 C 作为基点，图 7 - 19 (a) 所示 A，B，D 等各点的速度为

$$\boldsymbol{v}_A=\boldsymbol{v}_C+\boldsymbol{v}_{AC}=\boldsymbol{v}_{AC}$$

$$v_B = v_C + v_{BC} = v_{BC}$$

$$v_D = v_C + v_{DC} = v_{DC}$$

由此得结论：平面图形内任一点的速度等于该点随图形绕瞬时速度中心转动的速度。

由于平面图形绕任意点转动的角速度都相等（参看第一节），因此图形绕速度瞬心 C 转动的角速度等于图形绕任一基点转动的角速度，以 ω 表示这个角速度，于是有

$$v_A = v_{AC} = \omega \times AC,\ v_B = v_{BC} = \omega \times BC,\ v_D = v_{DC} = \omega \times DC$$

由此可见，图形内各点速度的大小与该点到速度瞬心的距离成正比。速度的方向垂直于该点到速度瞬心的连线，指向图形转动的一方，如图 7 - 19（a）所示。这样求出的速度的分布情况，可得到一个简单而清晰的概念。

平面图形上各点速度在某瞬时的分布情况，与图形绕定轴转动时各点速度的分布情况类似，如图 7 - 19（b）所示。于是，平面图形的运动可看成绕速度瞬心的瞬时转动。

应该强调指出，刚体作平面运动时，一般情况下在每一瞬时，图形内必有一点成为速度瞬心；但是，在不同的瞬时，速度瞬心在图形内的位置是不同的。

综上所述可知，如果已知平面图形在某一瞬时的速度瞬心位置和角速度，则在该瞬时，图形内任一点的速度可以完全确定。在解题时，根据机构的几何条件，确定速度瞬心位置的方法有下列几种：

（1）平面图形沿固定表面作无滑动的滚动，如图 7 - 20 所示。图形与固定面的接触点 C 就是图形的速度瞬心，因为在这一瞬时，点 C 相对于固定面的速度为零，所以它的绝对速度等于零。车轮滚动的过程中，轮缘上的各点相继与地面接触而成为车轮在不同时刻的速度瞬心。

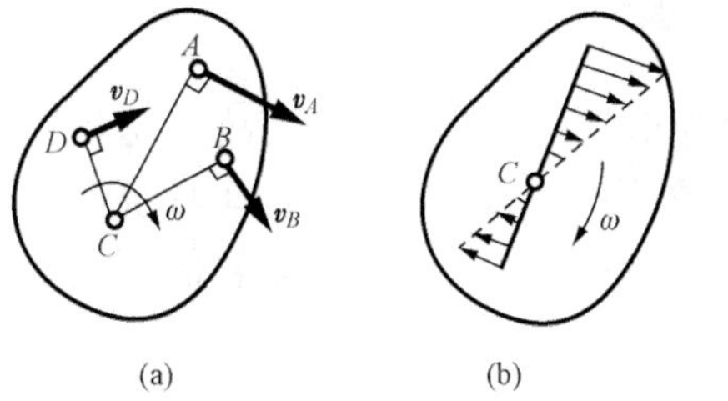

图 7 - 19　平面圆形内各点的速度及其分布

（a）速度的方向；（b）绕速度瞬心的瞬时转动

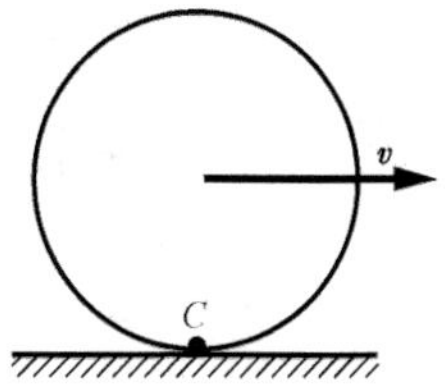

图 7 - 20　平面图形沿固定表面作无滑动的流动的速度瞬心位置

（2）已知图形内任意两点 A 和 B 的速度方向，如图 7 - 21（a）所示，速度瞬心 C 的位置必在每一点速度的垂线上。因此在图 7 - 21 中，通过点 A，作垂直于 v_A 方向的直线 Aa；再通过点 B，作垂直于 v_B 方向的直线 Bb，设两条直线交于点 C，则点 C 就是平面图形的速度瞬心。

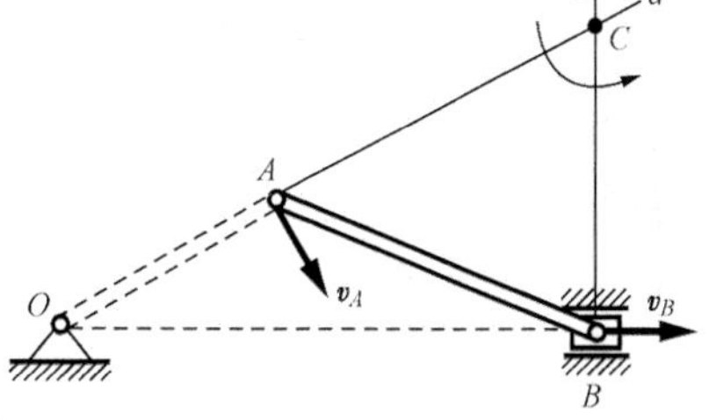

图 7 - 21　已知图形内任意两点 A，B 的速度方向的速度瞬心位置

（3）已知图形上两点 A 和 B 的速度相互平行，并且速度的方向垂直于两点的连线 AB，如图 7 - 22（a）所示，则速度瞬心必定在连线 AB 与速度矢 v_A 和 v_B 端点连线的交点 C 上如图 7 - 19（b）所示。因此，欲确定图 7 - 22 所示齿轮的速度瞬心 C 的位

置，不仅需要知道 v_A 和 v_B 的方向，而且还需要知道它们的大小。

当 v_A 和 v_B 同向时，图形的速度瞬心在 AB 的延长线上如图 7-22（a）所示；当 v_A 和 v_B 反向时，图形的速度瞬心在 A，B 两点之间如图 7-22（b）所示。

（4）某一瞬时，图形上 A，B 两点的速度相等，即 $v_A=v_B$ 时，如图 7-23 所示，图形的速度瞬心在无限远处。在该瞬时，图形上各点的速度分布如同图形作平移的情形一样，故称瞬时平移。必须注意，此瞬时各点的速度虽然相同，但加速度不同。

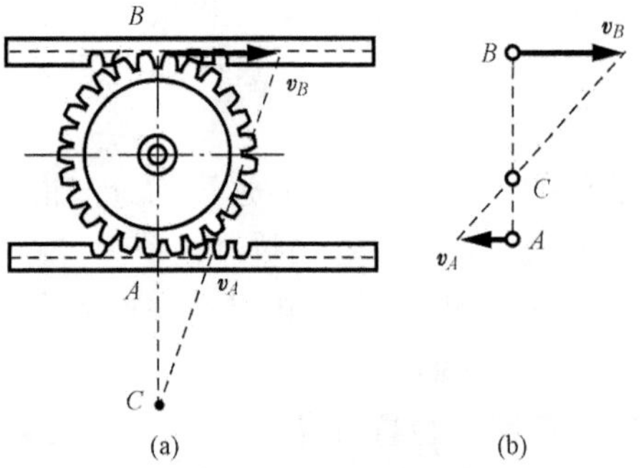

图 7-22 图形上两点 A，B 的速度相反平行的速度瞬心位置

（a）速度平行；（b）速度瞬心位置

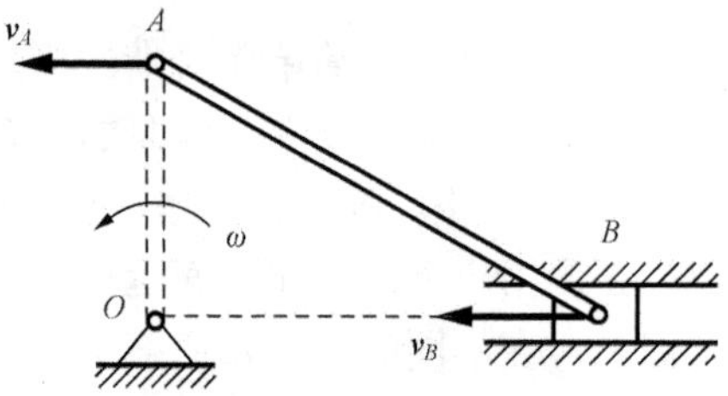

图 7-23 某一瞬时 $v_A=v_B$，速度瞬心在无限远处

【例 7-8】 车厢的轮子沿直线轨道滚动而无滑动，如图 7-24 所示。已知车轮中心 O 的速度为 v_O。如半径 R 和 r 都是已知的，求轮上 A_1，A_2，A_3，A_4 各点的速度，其中 A_2，O，A_4 三点在同一水平线上，A_1，O，A_3 三点在同一铅垂线上。

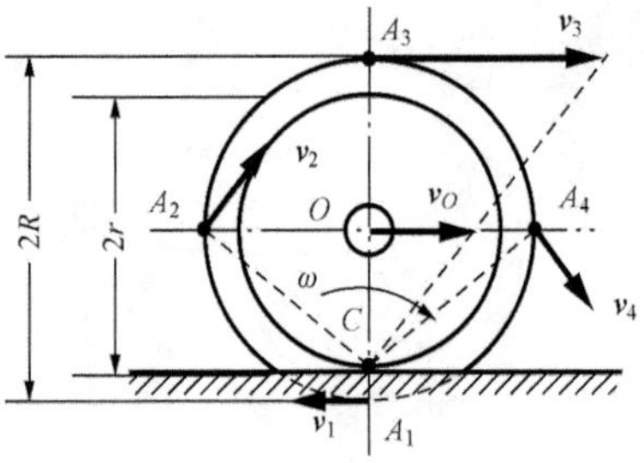

图 7-24 ［例 7-8］图

解 因为车轮只滚动无滑动，故车轮与轨道的接触点 C 就是车轮的速度瞬心。令 ω 为车轮绕速度瞬心转动的角速度，因 $v_O=r\omega$，从而求得车轮的角速度的转向如图 7-24 所示，大小为

$$\omega=\frac{v_O}{r}$$

图 7-24 中各点的速度分别计算如下

$$v_1=A_1C\times\omega=\frac{R-r}{r}v_O,\ v_2=A_2C\times\omega=\frac{\sqrt{R^2+r^2}}{r}v_O$$

$$v_3=A_3C\times\omega=\frac{R+r}{r}v_O,\ v_4=A_4C\times\omega=\frac{\sqrt{R^2+r^2}}{r}v_O$$

这些速度的方向分别垂直于 A_1C，A_2C，A_3C 和 A_4C，指向如图 7-24 所示。

【例 7-9】 用瞬心法解［例 7-1］。

解 分别作 A 和 B 两点速度的垂线，两条直线的交点 C 就是图形 AB 的速度瞬心，如图 7-25 所示。于是图形的角速度为

$$\omega=\frac{v_A}{AC}=\frac{v_A}{l\sin\varphi}$$

点 B 的速度为

$$v_B = BC \times \omega = \frac{BC}{AC}v_A = v_A\cot\varphi$$

以上结果与［例 7 - 1］求得的结果完全一样。

用瞬心法也可以求图形内任一点的速度。例如杆 AB 中心点 D 的速度为

$$v_D = DC \times \omega = \frac{l}{2} \times \frac{v_A}{l\sin\varphi} = \frac{v_A}{2\sin\varphi}$$

它的方向垂直于 DC，且朝向图形转动的一方。

由［例 7 - 8］和［例 7 - 9］可以看出，用瞬心法解题，其步骤与基点法类似。前两步完全相同，只是第三步要根据已知条件，求出图形的速度瞬心的位置和平面图形转动的角速度，最后求出各点的速度。

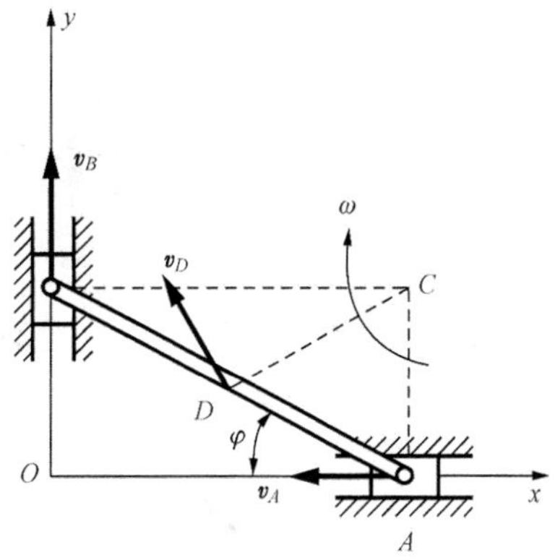

图 7 - 25 ［例 7 - 9］图

如果需要研究由几个图形组成的平面机构，则可依次对每一图形按上述步骤进行，直到求出所需的全部未知量为止。应该注意，每一个平面图形有他自己的速度瞬心和角速度，因此，每求出一个瞬心和角速度，应该明确标出它是哪一个图形的瞬心和角速度，绝不可混淆。

【例 7 - 10】 矿石轧碎机的活动夹板 AB 长 600mm，由曲柄 OE 借连杆组带动，使它绕 A 轴摆动，如图 7 - 26 所示。曲柄 OE 长 100mm，角速度为 10rad/s。连杆组由杆 BG，GD 和 GE 组成，杆 BG 和 GD 各长 500mm。求当机构在图示位置时，夹板 AB 的角速度。

解 此机构由五个刚体组成：杆 OE，GD 和 AB 绕固定轴转动，杆 GE 和 BG 作平面运动。

欲求杆 AB 的角速度 ω_{AB}，必须先求出点 B 的速度大小，因为 $\omega_{AB} = \frac{v_B}{AB}$；而欲求 v_B，则应先求点 G 的速度。

杆 GE 作平面运动，点 E 的速度方向垂直于 OE，点 G 在以 D 为圆心的圆弧上运动，因此速度方向垂直于 GD。作 G，E 两点速度矢量的垂线，得交点 C_1，这就是在图 7 - 26 所示瞬时杆 GE 的速度瞬心。

由图中几何关系知

$$OG = 800 + 500\sin15^\circ \approx 929.4(\text{mm})$$
$$EC_1 = OC_1 - OE = OG \times \cot15^\circ - OE = 3369\text{mm}$$
$$GC_1 = \frac{OG}{\sin15^\circ} \approx 3591\text{mm}$$

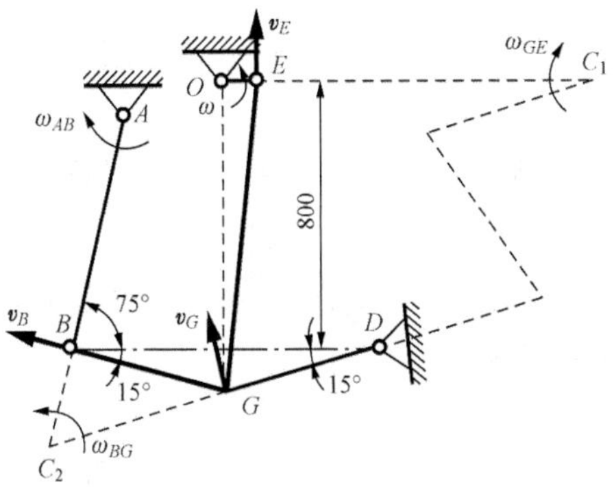

图 7 - 26 ［例 7 - 10］图

于是，杆 GE 的角速度为

$$\omega_{GE} = \frac{v_E}{EC_1} = \frac{\omega \times OE}{EC_1} = 0.2968\text{rad/s}$$

点 G 的速度为

$$v_G = \omega_{GE} \times GC_1 = 1.066\text{m/s}$$

杆 BG 也作平面运动，已知点 G 的速度大小和方向，并知点 B 的速度必垂直于 AB，作两速度矢量的垂线交于点 C_2，这点就是杆 BG 在图 7 - 26 所示瞬时的速度瞬心。按照上面的计算方法可求得

$$\omega_{BG}=\frac{v_G}{GC_2}$$

$$v_B=\omega_{BG}\times BC_2=v_G\frac{BC_2}{GC_2}=v_G\cos 60^\circ$$

$$\omega_{AB}=\frac{v_B}{AB}=\frac{v_G\cos 60^\circ}{AB}=0.888\mathrm{rad/s}$$

由此可以看出：①机构的运动都是通过各部件的连接点来传递的；②在每一瞬时，机构中作平面运动的各刚体有各自的速度瞬心和角速度。

第四节 用基点法求平面图形内各点的加速度

现在讨论平面图形内各点的加速度。根据第一节所述，如图 7 - 27 所示平面图形 S 的运动可分解为两部分：①随同基点 A 的平移（牵连运动）；②绕基点 A 的转动（相对运动）。于是，平面图形内任一点 B 的运动也可由两个运动合成，它的加速度可以用加速度合成定理求出。因为牵连运动为平移，点 B 的绝对加速度等于牵连加速度与相对加速度的矢量和。

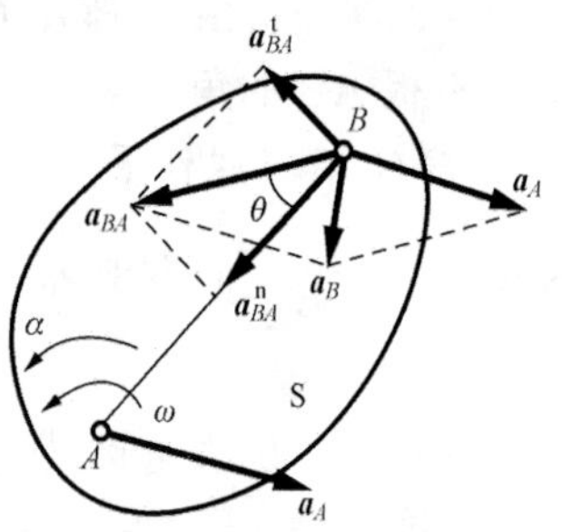

图 7 - 27 基点法求加速度矢量

由于牵连运动为平移，点 B 的牵连加速度等于基点 A 的加速度 $\boldsymbol{a}_A$；点 B 的相对加速度 $\boldsymbol{a}_{BA}$ 是该点随图形绕基点 A 转动的加速度，可分为切向加速度与法向加速度两部分。于是用基点法求点的加速度合成公式为

$$\boldsymbol{a}_B=\boldsymbol{a}_A+\boldsymbol{a}_{BA}^{t}+\boldsymbol{a}_{BA}^{n} \qquad (7-8)$$

即：平面图形内任一点的加速度等于基点的加速度与该点随图形绕基点转动的切向加速度和法向加速度的矢量和。

式（7 - 8）中，$\boldsymbol{a}_{BA}^{t}$ 为点 B 绕基点 A 转动的切向加速度，方向与 AB 垂直，大小为

$$a_{BA}^{t}=AB\times\alpha$$

式中：α 为平面图形的角加速度。$\boldsymbol{a}_{BA}^{n}$ 为点 B 绕基点 A 转动的法向加速度，指向基点 A，大小为

$$a_{BA}^{n}=AB\times\omega^2$$

式中：ω 为平面图形的角速度。

式（7 - 8）为平面内的矢量式，通常可向两个相交的坐标轴投影，得到两个代数方程，用以求解两个未知量。

【例 7 - 11】 如图 7 - 28 所示，在外啮合行星齿轮机构中，系杆 $O_1O=l$，以匀角速度 ω_1 绕 O_1 转动。大齿轮Ⅱ固定，行星轮Ⅰ半径为 r，在轮Ⅱ上只滚不滑。设 A 和 B 是轮缘上的两点，点 A 在 O_1O 的延长线上，而点 B 则在垂直于 O_1O 的半径上。求点 A 和 B 的加速度。

解 轮Ⅰ作平面运动，其中心 O 的速度和加速度分别为

$$v_O=l\omega_1, a_O=l\omega_1^2$$

选点 O 作为基点。由题意知，轮Ⅰ的瞬心在两轮的接触点 C 处。设轮Ⅰ的角速度为 ω，有

$$\omega = \frac{v_O}{r} = \frac{l}{r}\omega_1$$

因为 ω_1 为不变的恒量，所以 ω 也是衡量，则轮Ⅰ的角加速度等于零，于是有

$$a_{AO}^{t} = a_{BO}^{t} = 0$$

A，B 两点相对于基点 O 的法向加速度分别沿半径 OA 和 OB，指向中心 O，它们的大小为

$$a_{AO}^{n} = a_{BO}^{n} = r\omega^2 = \frac{l^2}{r}\omega_1^2$$

按照式（7 - 8）将这些加速度与 $\boldsymbol{a}_O$ 合成，得点 A 的加速度的方向沿 OA，指向中心 O，它的大小为

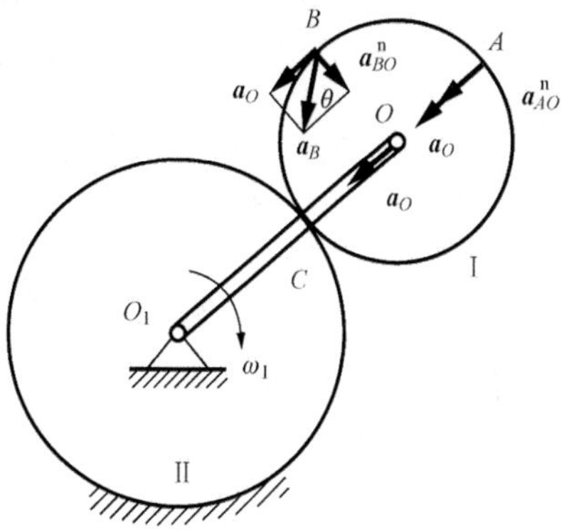

图 7 - 28 ［例 7 - 11］图

$$a_A = a_O + a_{AO}^{n} = l\omega_1^2 + \frac{l^2}{r}\omega_1^2 = l\omega_1^2\left(1 + \frac{l}{r}\right)$$

点 B 的加速度大小为

$$a_B = \sqrt{a_O^2 + (a_{BO}^{n})^2} = l\omega_1^2\sqrt{1 + \left(\frac{l}{r}\right)^2}$$

它与半径 OB 间的夹角为

$$\theta = \arctan\frac{a_O}{a_{BO}^{n}} = \arctan\frac{l\omega_1^2}{\frac{l^2}{r}\omega_1^2} = \arctan\frac{r}{l}$$

【例 7 - 12】 如图 7 - 29 所示，在椭圆规的机构中，曲柄 OD 以匀角速度 ω 绕 O 轴转动，$OD=AD=BD=l$。求当 $\varphi=60°$时，尺 AB 的角加速度和点 A 的加速度。

解 先分析机构各部分的运动：曲柄 OD 绕 O 轴转动，尺 AB 作平面运动。

取尺 AB 上的点 D 为基点，其加速度为

$$a_D = l\omega^2$$

它的方向沿 OD 指向点 O。

点 A 的加速度为

$$\boldsymbol{a}_A = \boldsymbol{a}_D + \boldsymbol{a}_{AD}^{t} + \boldsymbol{a}_{AD}^{n}$$

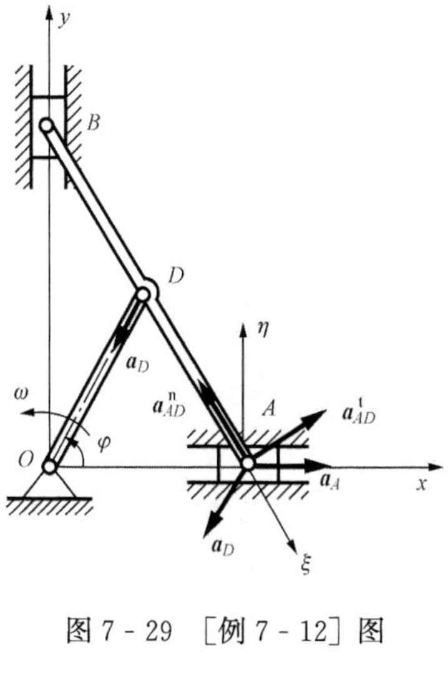

图 7 - 29 ［例 7 - 12］图

其中 $\boldsymbol{a}_D$ 的大小和方向以及 $\boldsymbol{a}_{AD}^{n}$ 的大小和方向都是已知的。因为点 A 作直线运动，可设 $\boldsymbol{a}_A$ 的方向如图 7 - 29 所示；$\boldsymbol{a}_{AD}^{t}$ 垂直于 AD，其方向暂设如图 7 - 29 所示。$\boldsymbol{a}_{AD}^{n}$ 沿 AD 指向点 D，它的大小为

$$a_{AD}^{n} = \omega_{AB}^2 \times AD$$

式中：ω_{AB} 为尺 AB 的角速度，可用基点法或瞬心法求得

$$\omega_{AB} = \omega$$

则

$$a_{AD}^{n} = \omega^2 \times AD = l\omega^2$$

现在求两个未知量：$\boldsymbol{a}_A$ 和 $\boldsymbol{a}_{AD}^{t}$ 的大小。取 ξ 轴垂直于 $\boldsymbol{a}_{AD}^{t}$，取 η 轴垂直于 $\boldsymbol{a}_A$，η 和 ξ 的正方向如图所示。将 $\boldsymbol{a}_A$ 的矢量合成式分别在 ξ 和 η 轴上投影，得

$$a_A\cos\varphi = a_D\cos(\pi - 2\varphi) - a_{AD}^{n}$$
$$0 = -a_D\sin\varphi + a_{AD}^{t}\cos\varphi + a_{AD}^{n}\sin\varphi$$

解得

$$a_A = \frac{a_D\cos(\pi - 2\varphi) - a_{AD}^{n}}{\cos\varphi} = \frac{\omega^2 l\cos60^\circ - \omega^2 l}{\cos60^\circ} = -\omega^2 l$$
$$a_{AD}^{t} = \frac{a_D\sin\varphi - a_{AD}^{n}\sin\varphi}{\cos\varphi} = \frac{(\omega^2 l - \omega^2 l)\sin\varphi}{\cos60^\circ} = 0$$

于是有

$$a_{AB} = \frac{a_{AD}^{t}}{AD} = 0$$

由于 a_A 为负值，故 $\boldsymbol{a}_A$ 的实际方向与原假设的方向相反。

【例 7 - 13】 车轮沿直线滚动如图 7 - 30（a）所示。已知车轮半径为 R，中心 O 的速度为 $\boldsymbol{v}_O$，加速度为 $\boldsymbol{a}_O$。设车轮与地面接触无相对滑动。求车轮上速度瞬心的加速度。

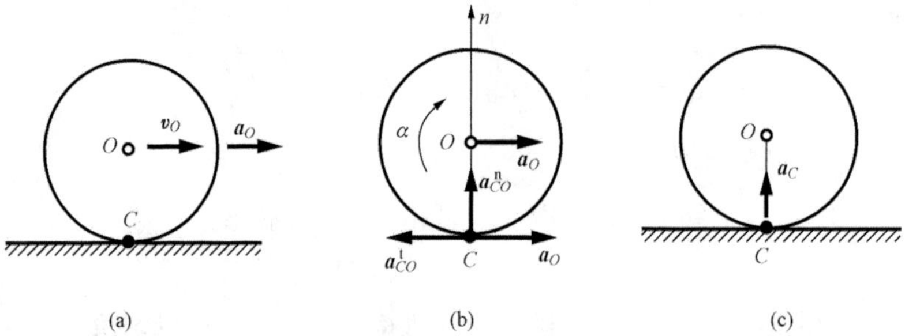

图 7 - 30 ［例 7 - 13］图

（a）车轮沿直线滚动；（b）C 点的加速度方向矢量图；（c）C 点上的加速度矢量 $\boldsymbol{a}_C$

解 只滚不滑时，车轮的角速度可按下式计算

$$\omega = \frac{v_O}{R}$$

车轮的角加速度 α 等于角速度对时间的一阶导数。上式对任何瞬时均成立，故可对时间求导，得

$$\alpha = \frac{\mathrm{d}\omega}{\mathrm{d}t} = \frac{\mathrm{d}}{\mathrm{d}t}\left(\frac{\boldsymbol{v}_O}{R}\right)$$

因为 R 是常量，于是有

$$\alpha = \frac{1}{R} \times \frac{\mathrm{d}\boldsymbol{v}_O}{\mathrm{d}t}$$

因为轮心 O 作直线运动，所以它的速度 v_O 对时间的一阶导数等于这一点的加速度 a_O。于是

$$\alpha = \frac{a_O}{R}$$

车轮作平面运动。取中心 O 为基点，按照式（7 - 8）求点 C 的加速度为

$$\boldsymbol{a}_C = \boldsymbol{a}_O + \boldsymbol{a}_{CO}^{t} + \boldsymbol{a}_{CO}^{n}$$

其中

$$a_{CO}^{t}=R\alpha=a_O,\ a_{CO}^{n}=R\omega^2=\frac{v_O^2}{R}$$

它们的方向如图 7 - 30（b）所示。

由于 $\boldsymbol{a}_O$ 与 $\boldsymbol{a}_{CO}^{t}$ 的大小相等，方向相反，于是有

$$a_C=a_{CO}^{n}$$

由此可知，速度瞬心 C 的加速度不等于零。当车轮在地面上只滚不滑时，速度瞬心 C 的加速度指向轮心 O，如图 7 - 30（c）所示。

由以上各例可见，用基点法求平面图形上点的加速度的步骤与用基点法求点的速度的步骤相同。但由于在公式 $\boldsymbol{a}_B=\boldsymbol{a}_A+\boldsymbol{a}_{BA}^{t}+\boldsymbol{a}_{BA}^{n}$ 中有八个要素，所以必须已知其中六个，问题才是可解的。

小　结

（1）刚体内任意一点在运动过程中始终与某一固定平面保持不变的距离，这种运动称为刚体的平面运动。平行于固定平面所截出的任何平面图形都可代表此刚体的运动。

（2）基点法。

1）平面图形的运动可分解为随基点的平移和绕基点的转动。平移为牵连运动，它与基点的选择有关；转动为相对于平移参考系的运动，它与基点的选择无关。

2）平面图形上任意两点 A 和 B 的速度、加速度的关系为

$$\boldsymbol{v}_B=\boldsymbol{v}_A+\boldsymbol{v}_{BA},(\boldsymbol{v}_B)_{AB}=(\boldsymbol{v}_A)_{AB}$$

$$\boldsymbol{a}_B=\boldsymbol{a}_A+\boldsymbol{a}_{BA}^{t}+\boldsymbol{a}_{BA}^{n}$$

（3）瞬心法。此方法仅用来求解平面图形上点的速度问题。

1）平面图形内某一瞬时绝对速度等于零的点称为该瞬时的瞬时速度中心，简称速度瞬心。

2）平面图形的运动可看成为绕速度瞬心作瞬时转动。

3）平面图形上任一点 M 的速度大小为

$$v_M=\omega CM$$

式中：CM 为点 M 到速度瞬心 C 的距离，$\boldsymbol{v}_M$ 垂直于 M 与 C 两点的连线，指向图形转动的方向。

4）平面图形绕速度瞬心转动的角速度等于绕任意基点转动的角速度。

思考题

7 - 1　如图 7 - 31 所示，平面图形上两点 A，B 的速度方向可能是这样吗？为什么？

7 - 2　如图 7 - 32 所示，已知 $v_A=\omega_1 O_1A$，方向如图 7 - 32 所示，$\boldsymbol{v}_D$ 垂直于 O_2D，于是可确定速度瞬心 C 的位置，求得

$$v_D=\frac{v_A}{AC}CD,\ \omega_2=\frac{v_D}{O_2D}=\frac{v_A}{AC}\times\frac{CD}{O_2D}$$

这样做对吗？为什么？

7 - 3　如图 7 - 33 所示，O_1A 杆的角速度为 ω_1，板 ABC 和杆 O_1A 铰接。问图

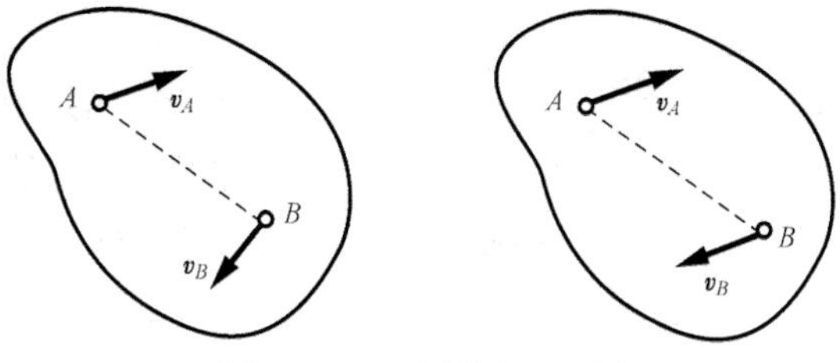

图 7 - 31　思考题 7 - 1 图

中 O_1A 和 AC 上各点的速度分布规律对不对？

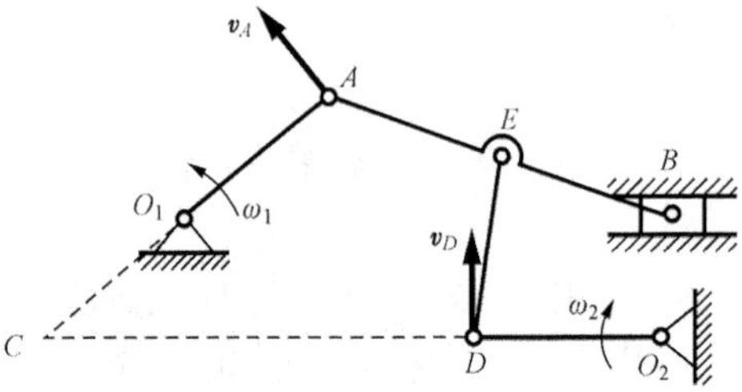

图 7 - 32 思考题 7 - 2 图

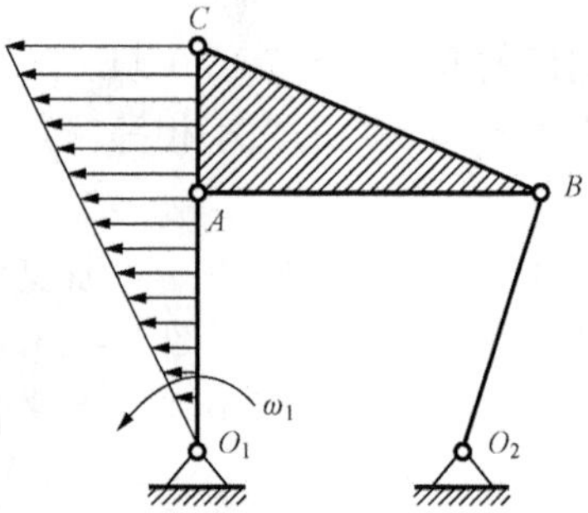

图 7 - 33 思考题 7 - 3 图

7 - 4 平面图形在其平面内运动，某瞬时其上有两点的加速度矢相同。试判断下述说法是否正确：(1) 其上各点速度在该瞬时一定相等。(2) 其上各点加速度在该瞬时一定相等。

7 - 5 在图 7 - 34 所示瞬时，已知 $O_1A \mathrel{\underline{\mathbin{/\!/}}} O_2B$，问 ω_1 与 ω_2，α_1 与 α_2 是否相等？

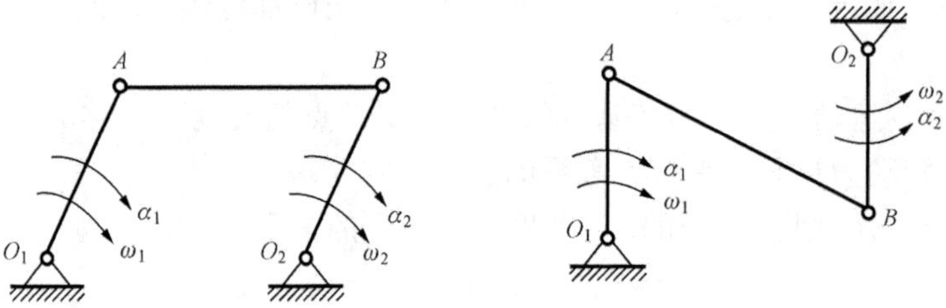

(a) (b)

图 7 - 34 思考题 7 - 5 图

7 - 6 如图 7 - 35 所示，车轮沿曲面滚动。已知轮心 O 在某一瞬时的速度 $\boldsymbol{v}_O$ 和加速度 $\boldsymbol{a}_O$。问车轮的角加速度是否等于 $a_O\cos\beta/R$？速度瞬心 C 的加速度大小和方向如何确定？

7 - 7 试证：当 $\omega=0$ 时，平面图形上两点的加速度在此两点连线上的投影相等。

7 - 8 如图 7 - 36 所示各平面图形均作平面运动，问图示各种运动状态是否可能？

(1) 图 (a) 中，$\boldsymbol{a}_A$ 与 $\boldsymbol{a}_B$ 平行，且 $\boldsymbol{a}_A=-\boldsymbol{a}_B$。

(2) 图 (b) 中，$\boldsymbol{a}_A$ 与 $\boldsymbol{a}_B$ 都与 A，B 连线垂直，且 $\boldsymbol{a}_A$，$\boldsymbol{a}_B$ 反向。

(3) 图 (c) 中，$\boldsymbol{a}_A$ 沿 A，B 连线，$\boldsymbol{a}_A$ 与 AB 连线垂直。

(4) 图 (d) 中，$\boldsymbol{a}_A$，$\boldsymbol{a}_B$ 都沿 A，B 连线，且 $\boldsymbol{a}_B>\boldsymbol{a}_A$。

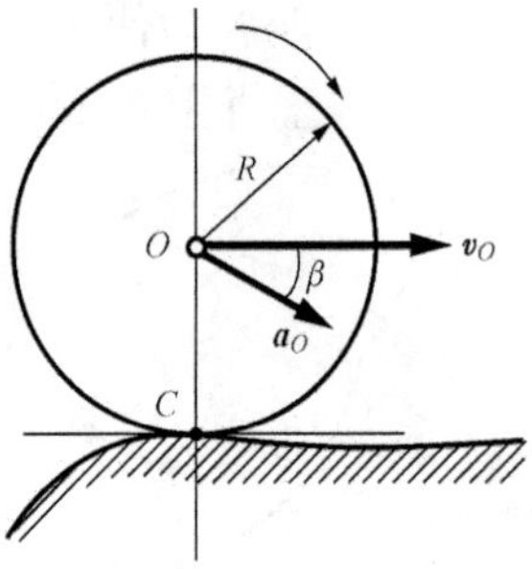

图 7 - 35 思考题 7 - 6 图

(5) 图 (e) 中，$\boldsymbol{a}_A$，$\boldsymbol{a}_B$ 都沿 A，B 连线，且 $\boldsymbol{a}_A>\boldsymbol{a}_B$。

(6) 图 (f) 中，$\boldsymbol{a}_A$ 沿 A，B 连线方向。

(7) 图 (g) 中，$\boldsymbol{a}_A$，$\boldsymbol{a}_B$ 都与 AC 连线垂直，且 $\boldsymbol{a}_B>\boldsymbol{a}_A$。

(8) 图 (h) 中，$AB\perp AC$，$\boldsymbol{a}_A$ 沿 A，B 连线，$\boldsymbol{a}_B$ 在 AB 线上的投影与 $\boldsymbol{a}_A$ 相等。

(9) 图 (i) 中，$\boldsymbol{a}_A$ 与 $\boldsymbol{a}_B$ 平行且相等，即 $\boldsymbol{a}_A=\boldsymbol{a}_B$。

(10) 图 (j) 中，$\boldsymbol{a}_A$，$\boldsymbol{a}_B$ 都与 AB 垂直，且 $\boldsymbol{v}_A$，$\boldsymbol{v}_B$ 在 AB 连线上的投影相等。

(11) 图 (k) 中，$\boldsymbol{v}_A$ 与 $\boldsymbol{v}_B$ 平行且相等，$\boldsymbol{a}_B$ 与 AB 垂直，$\boldsymbol{a}_A$ 与 $\boldsymbol{v}_A$ 共线。

(12) 图 (l) 中，矢量 $\boldsymbol{BC}$ 与 $\boldsymbol{AD}$ 在 AB 线上的投影相等，$\boldsymbol{BC}$ 在 AB 线上。$\boldsymbol{a}_B=\boldsymbol{v}_B=\boldsymbol{BC}$，$\boldsymbol{a}_A=\boldsymbol{v}_A=\boldsymbol{AD}$。

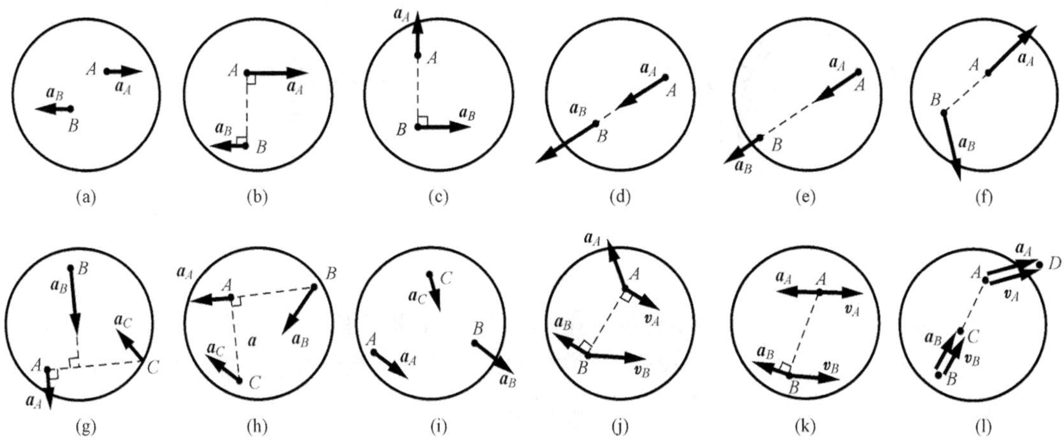

图 7-36　思考题 7-8 图

习　题

7-1　椭圆规尺 AB 由曲柄 OC 带动，曲柄以角速度 ω_O 绕 O 轴匀速转动，如图 7-37 所示。如 $OC=BC=AC=r$，并取 C 为基点，求椭圆规尺 AB 的平面运动方程。

7-2　如图 7-38 所示，圆柱 A 缠以细绳，绳的 B 端固定在天花板上。圆柱自静止落下，其轴心的速度为 $v=\dfrac{2}{3}\sqrt{3gh}$，其中 g 为常量，h 为圆柱轴心到初始位置的距离。如圆柱半径为 r，求圆柱的平面运动方程。

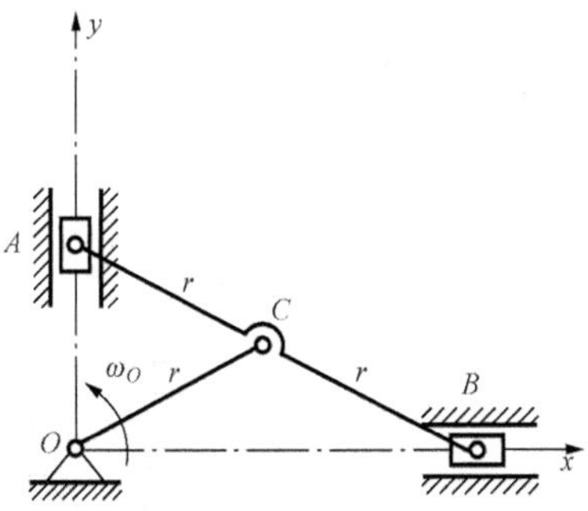

图 7-37　题 7-1 图

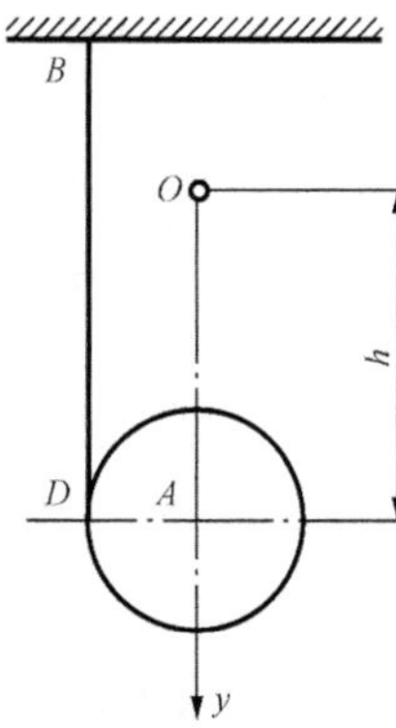

图 7-38　题 7-2 图

7-3　半径为 r 的齿轮由曲柄 OA 带动，沿半径为 R 的固定齿轮滚动，如图 7-39 所示。如曲柄 OA 以等角加速度 α 绕 O 轴转动，当运动开始时，角速度 $\omega_O=0$，转角 $\varphi=0$。求动齿轮以中心 A 为基点的平面运动方程。

7-4 杆 AB 斜靠于高为 h 的台阶角 C 处，一端 A 以匀速 $\boldsymbol{v}_0$ 沿水平向右运动，如图 7-40 所示，试以杆与铅垂线的夹角 θ 表示杆的角速度。

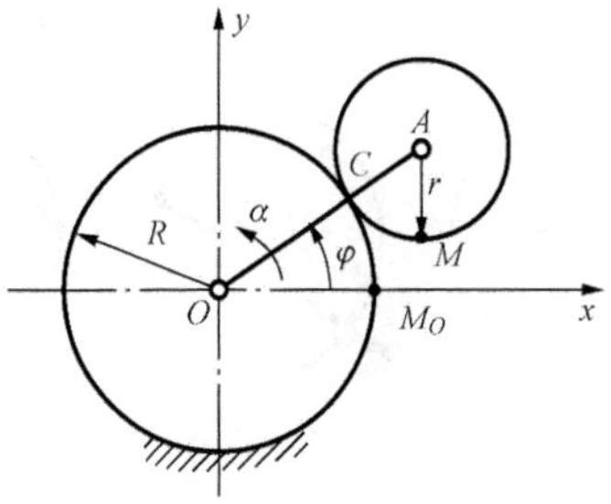

图 7-39 题 7-3 图

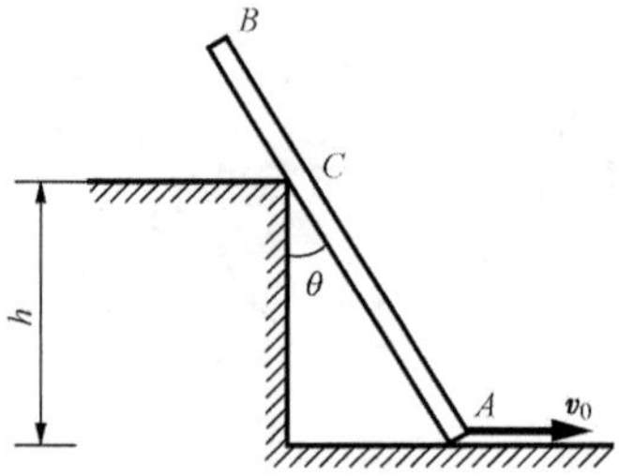

图 7-40 题 7-4 图

7-5 如图 7-41 所示，直径为 $60\sqrt{3}$mm 的滚子在水平面上作纯滚动，杆 BC 一端与滚子铰接，另一端与滑块 C 铰接。设杆 BC 在水平位置时，滚子的角速度 $\omega=12$rad/s，$\theta=30°$，$BC=270$mm。试求该瞬时杆 BC 的角速度和点 C 的速度。

7-6 杆 AB 的 A 端沿水平线以等速 $\boldsymbol{v}$ 运动，运动时杆恒与一半圆相切，半圆周的半径为 R，如图 7-42 所示。如杆与水平线间的夹角为 θ，试以角 θ 表示杆的角速度。

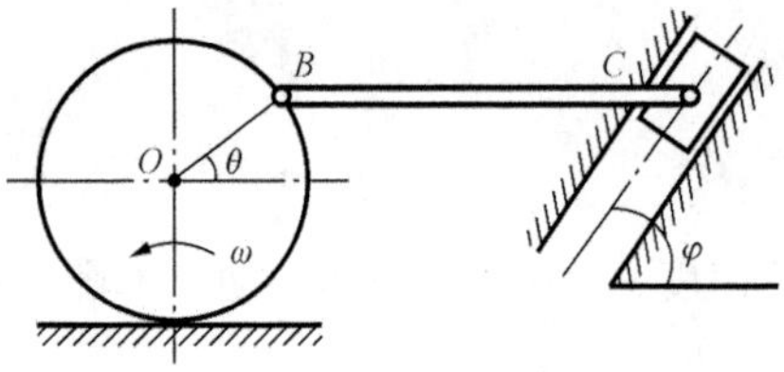

图 7-41 题 7-5 图

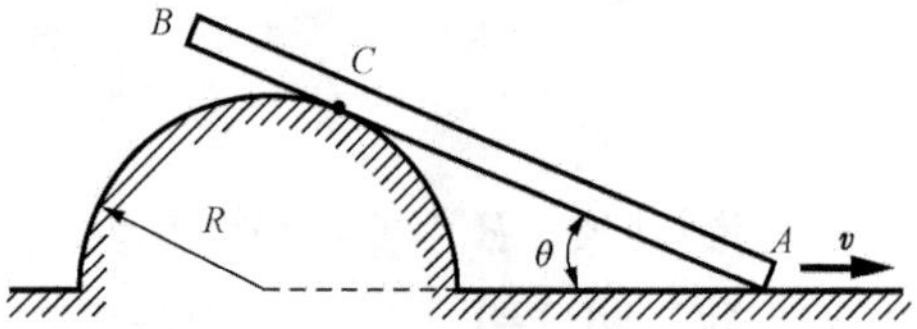

图 7-42 题 7-6 图

7-7 如图 7-43 所示在筛动机构中，筛子的摆动是由曲柄连杆机构所带动。已知曲柄 OA 的转速 $n_{OA}=40$r/min，$OA=0.3$m。当筛子 BC 运动到与点 O 在同一水平线上时 $\angle BAO=90°$。求此瞬时筛子 BC 的速度。

7-8 四连杆机构中，连杆 AB 上固连一块三角板 ABD，如图 7-44 所示。机构由曲柄 O_1A 带动。已知：曲柄的角速度 $\omega_{O_1A}=2$rad/s；曲柄 $O_1A=0.1$m，水平距离 $O_1O_2=0.05$m，$AD=0.05$m；当 $O_1A\perp O_1O_2$ 时，AB 平行于 O_1O_2，且 AD 与 AO_1 在同一直线上；角 $\varphi=30°$。求三角板 ABD 的角速度和点 D 的速度。

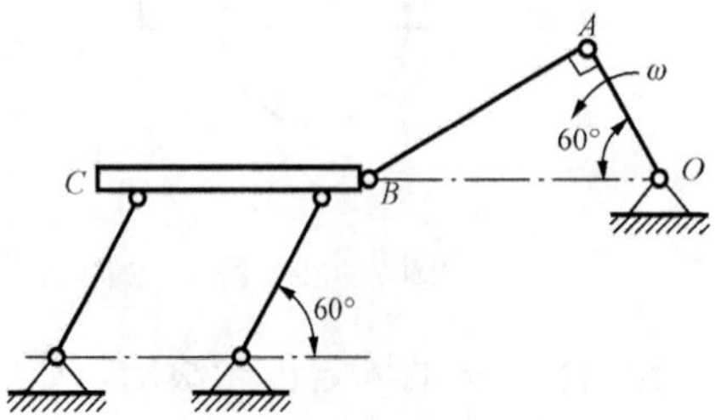

图 7-43 题 7-7 图

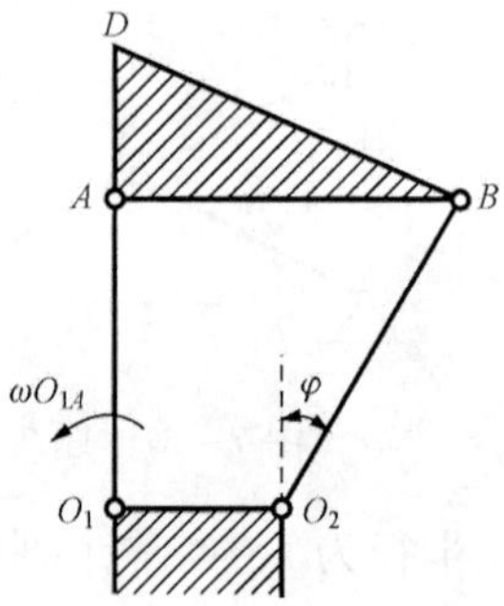

图 7-44 题 7-8 图

7-9　图 7-45 所示双曲柄连杆机构的滑块 B 和 E 用杆 BE 连接。主动曲柄 OA 和从动曲柄 OD 都绕 O 轴转动。主动曲柄 OA 以等角速度 $\omega_O=12\text{rad/s}$ 转动。已知机构的尺寸为：$OA=0.1\text{m}$，$OD=0.12\text{m}$，$AB=0.26\text{m}$，$BE=0.12\text{m}$，$DE=0.12\sqrt{3}\text{m}$。求当曲柄 OA 垂直于滑块的导轨方向时，从动曲柄 OD 和连杆 DE 的角速度。

7-10　图 7-46 所示机构中，已知：$OA=0.1\text{m}$，$BD=0.1\text{m}$，$DE=0.1\text{m}$，$EF=0.1\sqrt{3}\text{m}$；曲柄 OA 的角速度 $\omega=4\text{rad/s}$。图示位置时，曲柄 OA 与水平线 OB 垂直；且 B，D 和 F 在同一铅垂线上，又 DE 垂直于 EF。求杆 EF 的角速度和点 F 的速度。

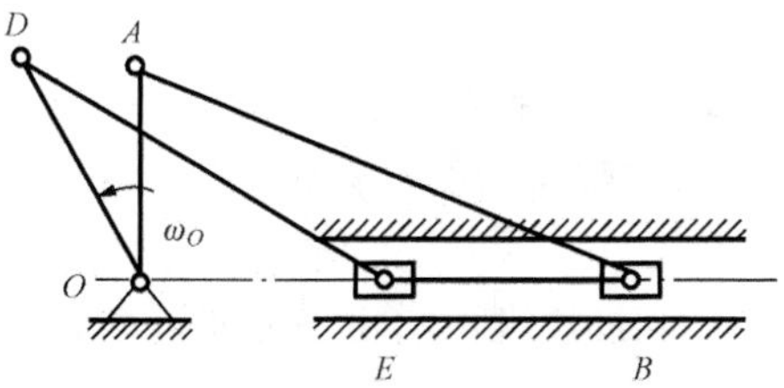

图 7-45　题 7-9 图

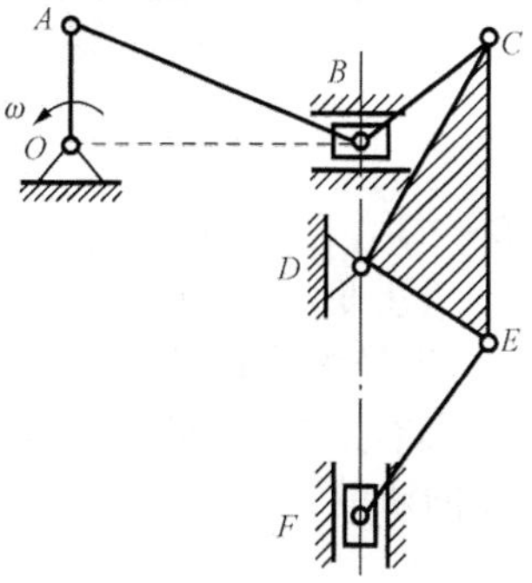

图 7-46　题 7-10 图

7-11　图 7-47 所示配汽机构中，曲柄 OA 的角速度 $\omega=20\text{rad/s}$，为常量。已知 $OA=0.4\text{m}$，$AC=BC=0.2\sqrt{37}\text{m}$。求当曲柄 OA 在两铅垂直线位置和两水平位置时，配汽机构中气阀推杆 DE 的速度。

7-12　在瓦特行星传动机构中，平衡杆 O_1A 绕 O_1 轴转动，并借连杆 AB 带动曲柄 OB；而曲柄 OB 活动地装置在 O 轴上，如图 7-48 所示。在 O 轴上装有齿轮Ⅰ，齿轮Ⅱ与连杆 AB 固连于一体。已知：$r_1=r_2=0.3\sqrt{3}\text{m}$，$O_1A=0.75\text{m}$，$AB=1.5\text{m}$；又平衡杆的角速度 $\omega=6\text{rad/s}$。求当 $\gamma=60°$ 且 $\beta=90°$ 时，曲柄 OB 和齿轮Ⅰ的角速度。

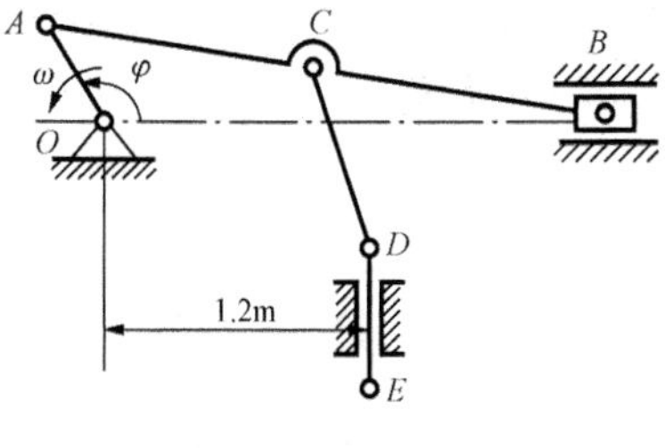

图 7-47　题 7-11 图

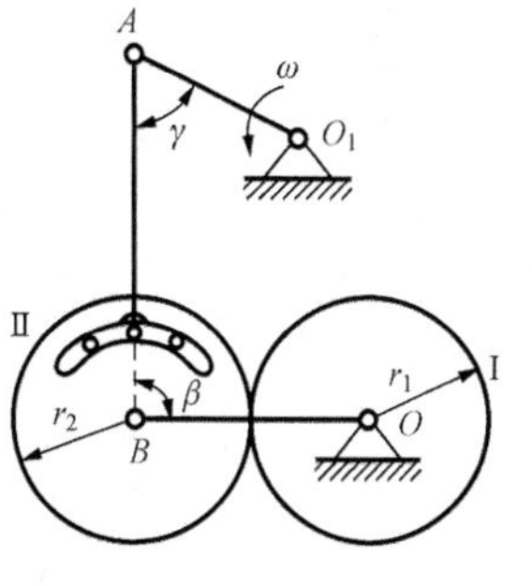

图 7-48　题 7-12 图

7-13　图 7-49 所示两齿条以速度 $\boldsymbol{v}_1$ 和 $\boldsymbol{v}_2$ 作同方向运动，在两齿条间夹一齿轮，其半径为 r，求齿轮的角速度及其中心 O 的速度。

7-14　使砂轮高速转动的装置如图 7-50 所示。杆 O_1O_2 绕 O_1 轴转动，转速为 n_4。O_2 处用铰链连接一半径为 r_2 的活动齿轮Ⅱ，杆 O_1O_2 转动时轮Ⅱ在半径为 r_3 的固定内齿轮上滚动，并使半径为 r_1 的轮Ⅰ绕 O_1 轴转动。轮Ⅰ上装有砂轮，随同轮Ⅰ高速转动。已知 $r_3/$

$r_1=11$，$n_4=900\text{r/min}$，求砂轮的转速。

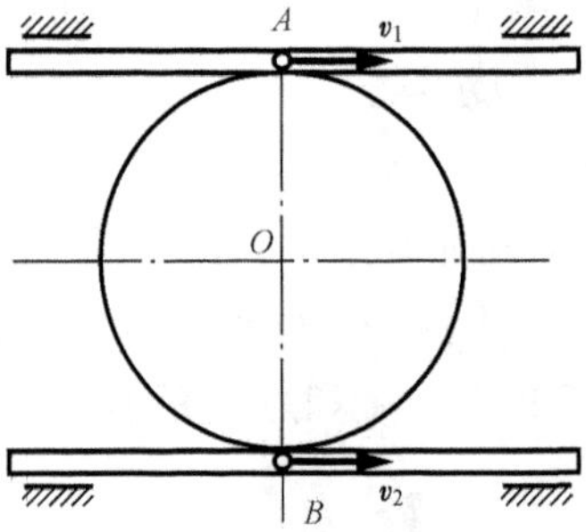

图 7-49 题 7-13 图

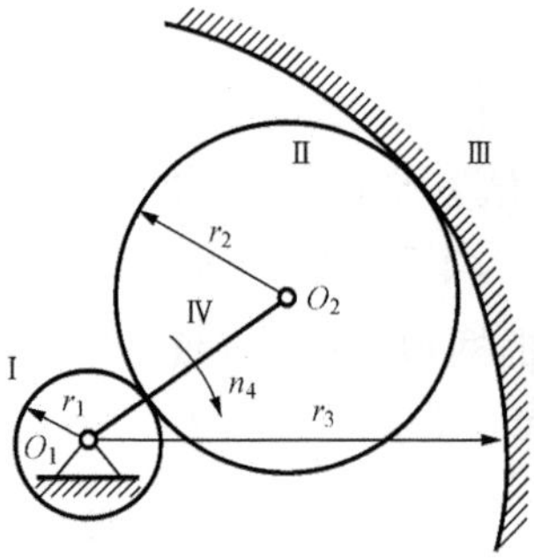

图 7-50 题 7-14 图

7-15 如图 7-51 所示，齿轮Ⅰ在齿轮Ⅱ内滚动，其半径分别为 r 和 $R=2r$。曲柄 OO_1 绕 O 轴以等角速度 ω_O 转动，并带动行星齿轮Ⅰ。求该瞬时轮Ⅰ上瞬时速度中心 C 的加速度。

7-16 半径为 R 的轮子沿水平面滚动而不滑动，如图 7-52 所示。在轮上有圆柱部分，其半径为 r。将线绕于圆柱上，线的 B 端以速度 $\boldsymbol{v}$ 和加速度 a 沿水平方向运动。求轮的轴心 O 的速度和加速度。

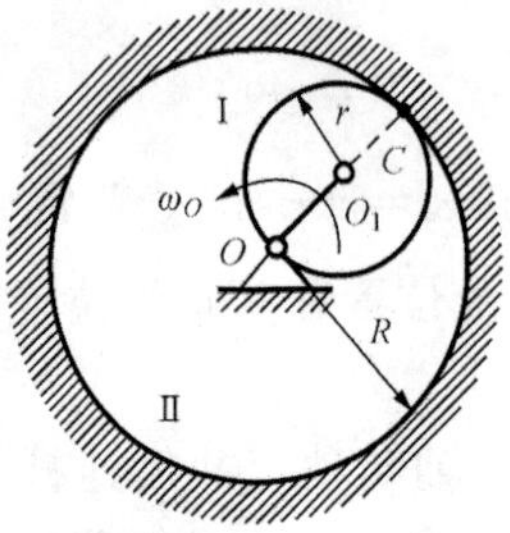

图 7-51 题 7-15 图

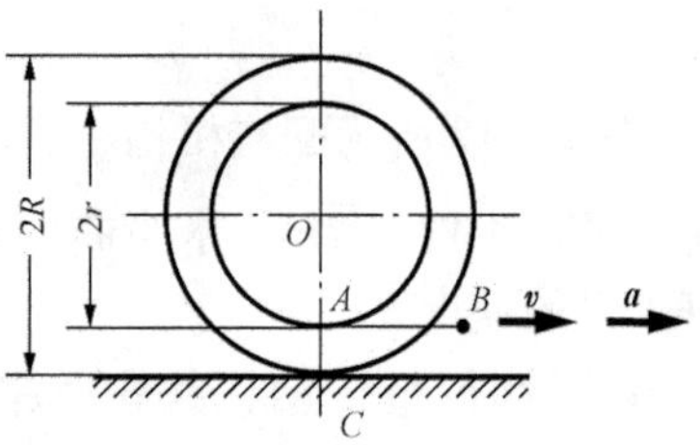

图 7-52 题 7-16 图

7-17 图 7-53 所示机构由直角形曲杆 ABC，等腰直角三角形板 CEF，直杆 DE 等三个刚体和两个链杆铰接而成，DE 杆绕 D 轴匀速转动，角速度为 ω_o，求图示瞬时（AB 水平，DE 铅垂）点 A 的速度和三角板 CEF 的角加速度。

7-18 如图 7-54 所示，曲柄 OA 以恒定的角速度 $\omega=2\text{rad/s}$ 绕轴 O 转动，并借助连杆 AB 驱动半径为 r 的轮子在半径为 R 的圆弧槽中作无滑动的滚动。设 $OA=AB=R=2r=1\text{m}$，求图示瞬时点 B 和点 C 的速度和加速度。

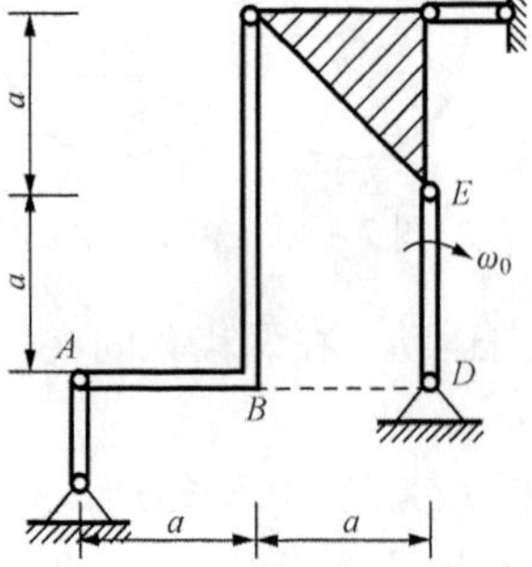

图 7-53 题 7-17 图

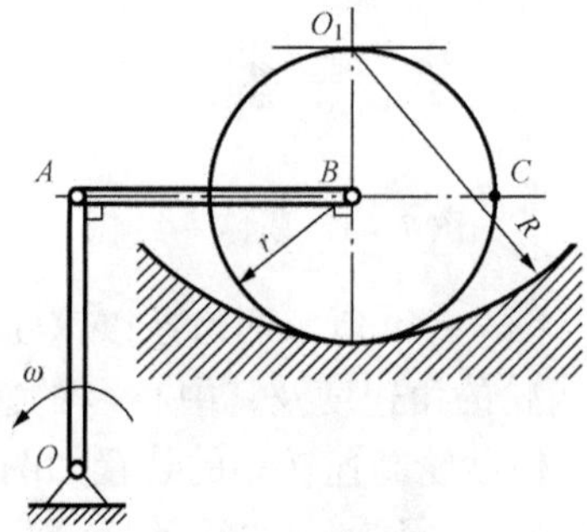

图 7-54 题 7-18 图

7 - 19　在曲柄齿轮椭圆规中，齿轮 A 和曲柄 O_1A 固结为一体，齿轮 C 和齿轮 A 半径均为 r 并互相啮合，如图 7 - 55 所示。图中 $AB=O_1O_2$，$O_1A=O_2B=0.4\text{m}$，O_1A 以恒定的角速度 ω 绕轴 O_1 转动，$\omega=0.2\text{rad/s}$。M 为轮 C 上一点，$CM=0.1\text{m}$。在图示瞬时，CM 为铅垂，求此时 M 点的速度和加速度。

7 - 20　平面机构如图 7 - 56 所示。已知：$OA=AB=20\text{cm}$，半径 $r=5\text{cm}$ 的圆轮可沿铅垂面作纯滚动。在图示位置时，OA 水平，其角速度 $\omega=2\text{rad/s}$，角加速度为零，杆 AB 处于铅垂。试求：(1) 该瞬时圆轮的角速度和角加速度；(2) 该瞬时杆 AB 的角加速度。

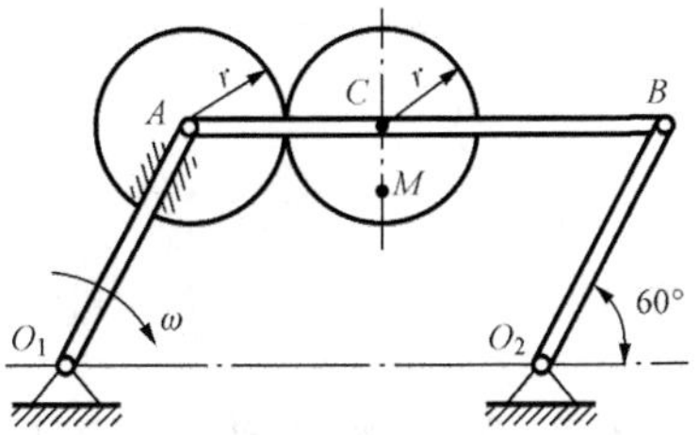

图 7 - 55　题 7 - 19 图

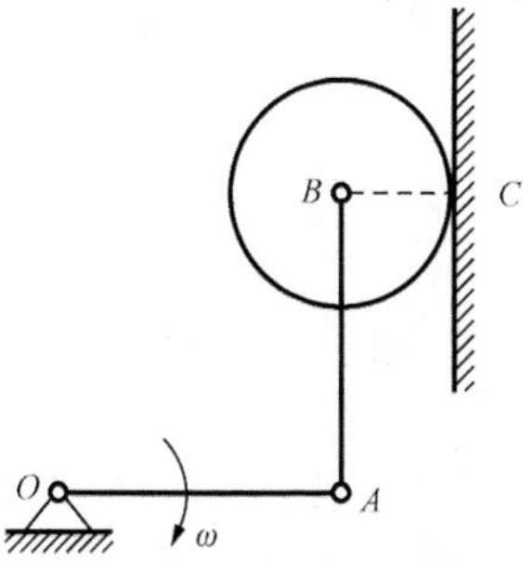

图 7 - 56　题 7 - 20 图

7 - 21　在图 7 - 57 所示曲柄连杆机构中，曲柄 OA 绕 O 轴转动，其角速度为 ω_O，角加速度为 α_O。在某瞬时曲柄与水平线间成 60°，而连杆 AB 与曲柄 OA 垂直。滑块 B 在圆形槽内滑动，此时半径 O_1B 与连杆 AB 间成 30°。如 $OA=r$，$AB=2\sqrt{3}r$，$O_1B=2r$，求在该瞬时，滑块 B 的切向和法向加速度。

7 - 22　在图 7 - 58 所示机构中，曲柄 OA 长为 r，绕 O 轴以等角速度 ω_O 转动，$AB=6r$，$BC=3\sqrt{3}r$。求图示位置时，滑块 C 的速度和加速度。

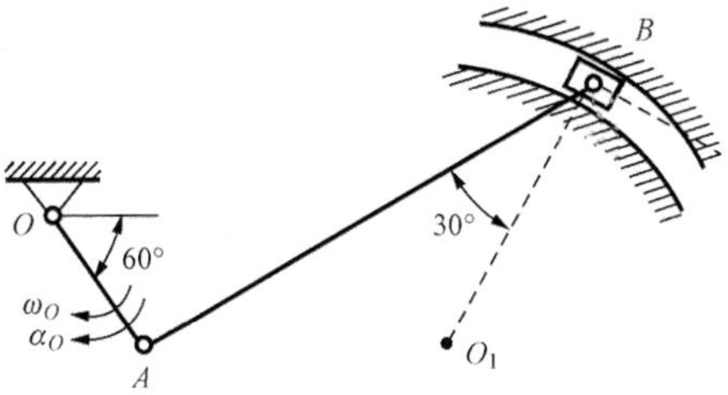

图 7 - 57　题 7 - 21 图

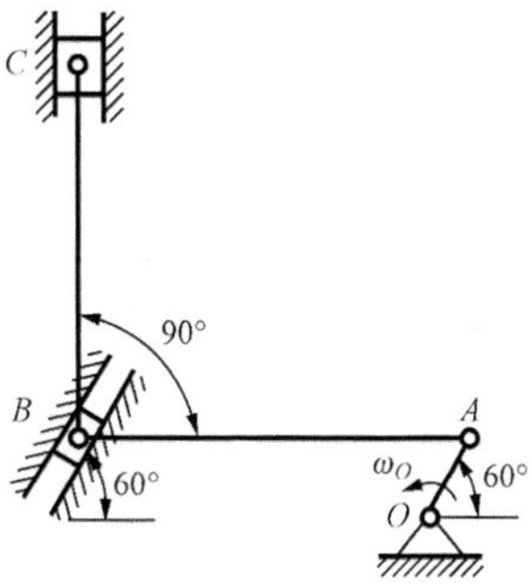

图 7 - 58　题 7 - 22 图

7 - 23　如图 7 - 59 所示平面机构，AB 长为 l，滑块 A 可沿摇杆 OC 的长槽滑动。摇杆 OC 以匀角速度 ω 绕轴 O 转动，滑块 B 以匀速 $\boldsymbol{v}=l\omega$ 沿水平导轨滑动。图示瞬时 OC 铅垂，AB 与水平线 OB 夹角为 30°，求此瞬时 AB 杆的角速度及角加速度。

7 - 24　如图 7 - 60 所示平面机构中，杆 AC 铅垂运动，杆 BD 水平运动，A 为铰链，滑块 B 可沿槽杆 AE 中的直槽滑动。图示瞬时 $AB=60\text{mm}$，$\theta=30°$，$\boldsymbol{v}_A=10\sqrt{3}\text{mm/s}$，$a_A=10\sqrt{3}\text{mm/s}^2$，$\boldsymbol{v}_B=50\text{mm/s}$，$a_B=10\text{mm/s}^2$。求该瞬时槽杆 AE 的角速度、角加速度及滑块

B 相对 AE 的加速度。

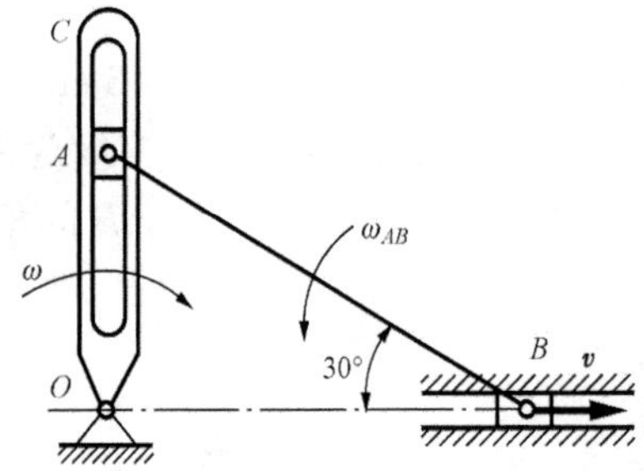

图 7-59 题 7-23 图

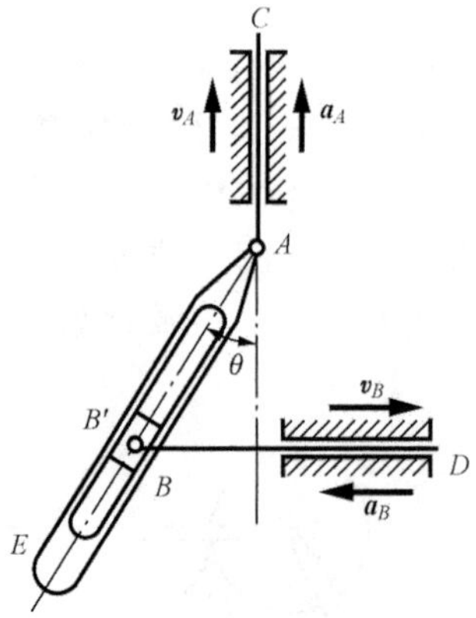

图 7-60 题 7-24 图

7-25 图 7-61 所示曲柄连杆机构带动摇杆 O_1C 绕 O_1 轴摆动。在连杆 AB 上装有两个滑块，滑块 B 在水平槽内滑动，而滑块 D 则在摇杆 O_1C 的槽内滑动。已知：曲柄长$OA=50\text{mm}$，绕 O 轴转动的匀角速度 $\omega=10\text{rad/s}$。在图示位置时曲柄与水平线间成 90°，$\angle OAB=60°$，摇杆与水平线间成 60°，距离 $O_1D=70\text{mm}$。求摇杆的角速度和角加速度。

7-26 如图 7-62 所示，轮 O 在水平面上滚动而不滑动，轮心以匀速 $v_O=0.2\text{m/s}$ 运动。轮缘上固连销钉 B，此销钉在摇杆 O_1A 的槽内滑动，并带动摇杆绕 O_1 轴转动。已知：轮的半径 $R=0.5\text{m}$，在图示位置时，AO_1 是轮的切线，摇杆与水平面间的夹角为 60°。求摇杆在该瞬时的角速度和角加速度。

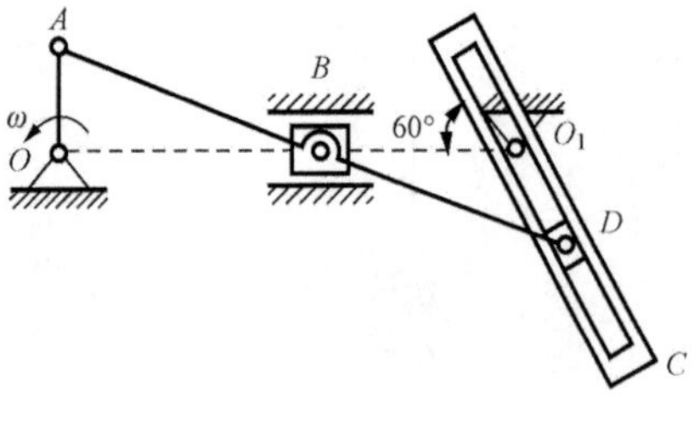

图 7-61 题 7-25 图

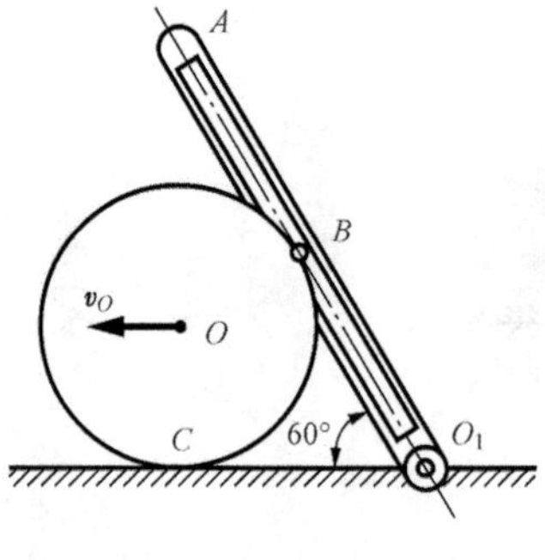

图 7-62 题 7-26 图

7-27 平面机构的曲柄 OA 长为 $2l$，以匀角速度 ω_O 绕 O 轴转动。在图 7-63 所示位置时，$AB=BO$，并且$\angle OAD=90°$。求此时套筒 D 相对于杆 BC 的速度和加速度。

7-28 已知图 7-64 所示机构中滑块 A 的速度为常值，$v_A=0.2\text{m/s}$，$AB=0.4\text{m}$。求当 $AC=CB$，$\theta=30°$时杆 CD 的速度和加速度。

7-29 轻型杠杆式推钢机，曲柄 OA 借连杆 AB 带动摇杆 O_1B 绕 O_1 轴摆动，杆 EC 以铰链与滑块 C 相连，滑块 C 可沿杆 O_1B 滑动；摇杆摆动时带动杆 EC 推动钢材，如图

7-65 所示。已知 $OA=r$，$AB=\sqrt{3}r$，$O_1B=\frac{2}{3}l$（$r=0.2\text{m}$，$l=1\text{m}$），$\omega_{OA}=\frac{1}{2}\text{rad/s}$，$\alpha_{OA}=0$。在图示位置时，$BC=\frac{4}{3}l$。求：(1) 滑块 C 的绝对速度和相对于摇杆 O_1B 的速度；(2) 滑块 C 的绝对加速度和相对于摇杆 O_1B 的加速度。

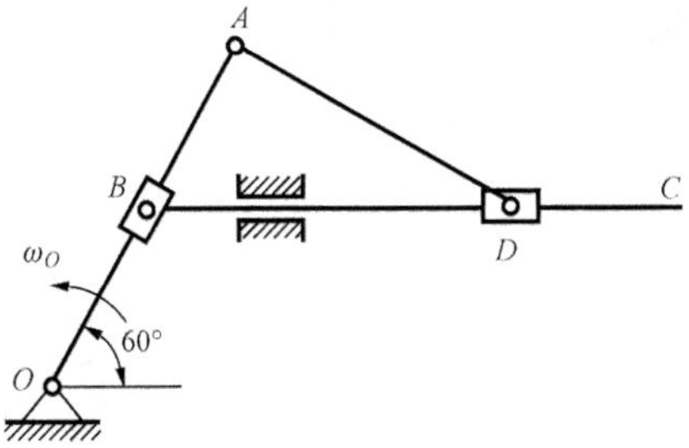

图 7-63 题 7-27 图

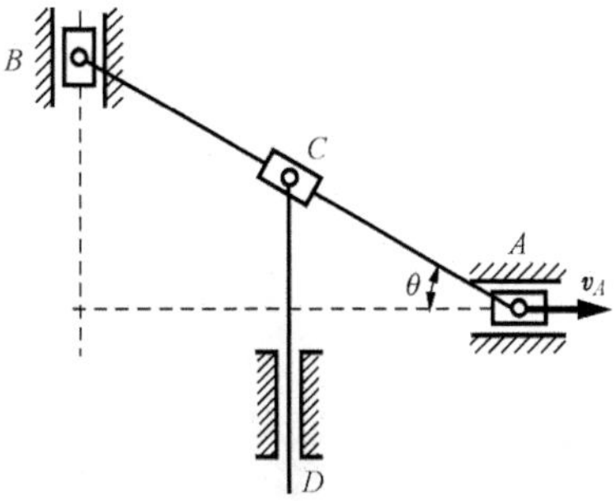

图 7-64 题 7-28 图

7-30 图 7-66 所示平面机构中，杆 AB 以不变的速度 $\boldsymbol{v}$ 沿水平方向运动，套筒 B 与杆 AB 的端点铰接，并套在绕 O 轴转动的杆 OC 上，可沿该杆滑动。已知 AB 和 OE 两平行线间的垂直距离为 b。求在图示位置（$\gamma=60°$，$\beta=30°$，$OD=BD$）时，杆 OC 的角速度和角加速度、滑块 E 的速度和加速度。

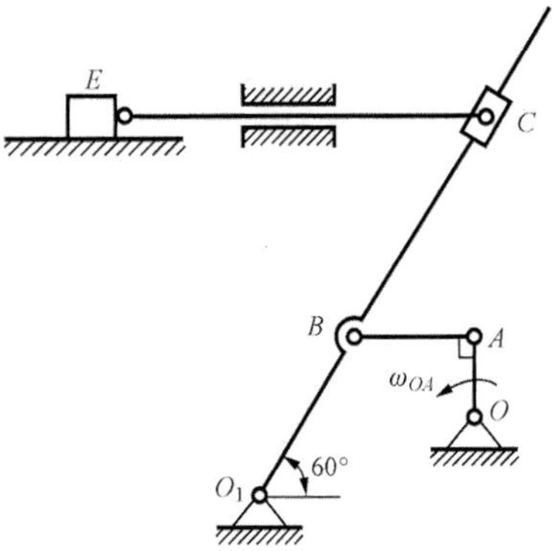

图 7-65 题 7-29 图

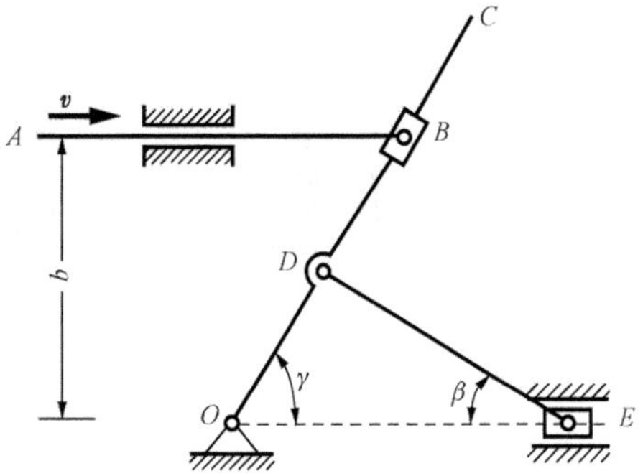

图 7-66 题 7-30 图

7-31 图 7-67 所示曲柄滑块机构中，曲柄 OA 以角速度 ω_O 绕 O 轴转动，带动连杆 AC 在摇块 B 内滑动，摇块及于其刚性连接得 BD 杆则绕 B 铰转动，杆 BD 长 l。求在图示位置时，摇块的角速度及 D 点的速度。

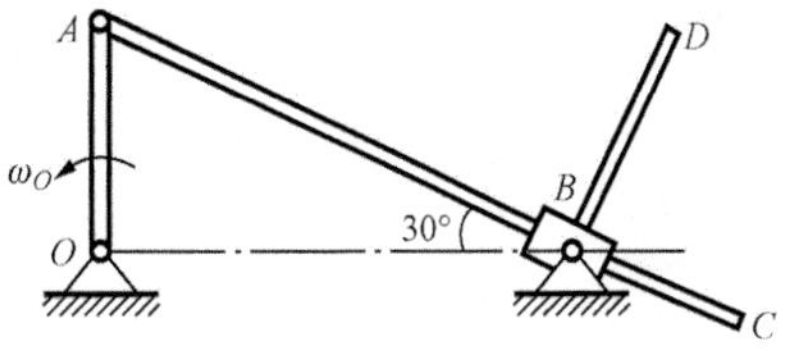

图 7-67 题 7-31 图

7-32 图 7-68 所示四种刨床机构，已知曲柄 $O_1A=r$，以匀角速度 ω 转动，图 7-68 (a) ～图 7-68 (c) 中 $l=4r$，图 7-68 (d) 中 $l=2r$。求在图示位置时，水平杆的速度及加速度。

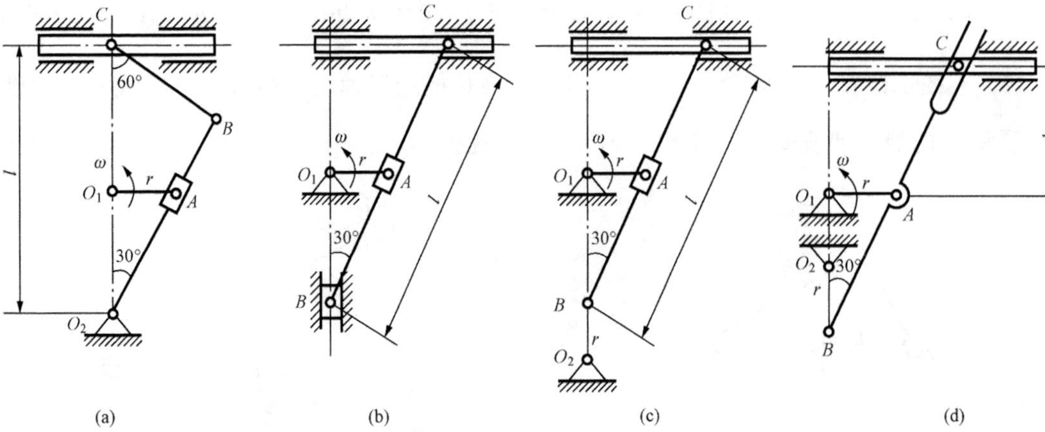
C
60°
B
l
ω
O1
r
A
30°
O2
(a)
C
ω
O1
r
A
l
30°
B
(b)
C
ω
O1
r
A
l
30°
B
r
O2
(c)
C
l
ω
O1
r
A
O2
30°
r
B
(d)

图 7 - 68 题 7 - 32 图

第三篇 材 料 力 学

引 言

一、材料力学的基本任务

材料力学是一门研究各种构件的抗力性能的科学。

任何机械，各种结构物，在正常工作状态下组成它们的每一个构件都要受到从相邻件或从其他构件传递来的外力——荷载的作用。为了使结构或机械能够正常工作，所有构件应有足够的能力负担起应当承受的荷载，因此它应满足以下要求：

（1）具有足够的强度。就是能够安全地承受所担负的荷载，不至于发生断裂或产生严重的永久变形。例如，冲床的曲轴，在工作冲压力作用下不应折断。又如，储气罐或氧气瓶，在规定压力下不应爆破。可见，所谓**强度**是指构件在荷载作用下抵抗破坏的能力。

（2）具有足够的刚度。在荷载作用下，构件的最大变形不超过实际使用中所能容许的数值。某些结构的变形，不能超过正常工作允许的限度。以机床的主轴为例，即使它有足够的强度，若变形过大时，将使轴上的齿轮啮合不良，并引起轴承的不均匀磨损。因而，所谓**刚度**是指构件在外力作用下抵抗变形的能力。

（3）具有足够的稳定性。当受力时能够保持原有的平衡形式，不至于突然偏侧而丧失承载能力。有些细长杆，如房屋中的受压柱、千斤顶中的螺杆等，在压力作用下，有被压弯的可能。为了保证其正常工作，要求这类杆件始终保持直线形式，亦即要求原有的直线平衡形态保持不变。所以，所谓**稳定性**是指构件保持其原有平衡状态的能力。

这三方面的要求统称为构件的承载能力。实际工程问题中，构件都应有足够的强度、刚度和稳定性。但就一个具体构件而言，对上述三项要求往往有所侧重。例如，氧气瓶以强度要求为主，车床主轴以刚度要求为主。此外，对某些特殊构件，还往往有相反的要求。例如，为了保证机器不致因超载而造成重大事故，当荷载到达某一限度时，要求安全销立即破坏。又如，用于缓冲设备的弹簧、钟表的发条等，要力求这些构件具有较大的弹性变形。

若构件的截面尺寸过小，或截面形状不合理，或材料选用不当，在外力作用下将不能满足上述要求，从而影响机械或工程结构的正常工作。反之，如果构件尺寸过大、质量太好，虽然满足了上述要求，但构件的承载能力难以充分发挥。这样，既浪费了材料，又增加了成本和重量。材料力学的任务就是在满足强度、刚度和稳定性的要求下，以最经济的代价，为构件确定合理的形状和尺寸，选择适宜的材料，为构件设计提供必要的理论基础和计算方法。

构件的强度、刚度和稳定性，显然都与材料的力学性能（材料在外力作用下表现出来的变形和破坏等方面的特性）有关。材料的力学性能需要通过实验来测定。材料力学中的一些理论分析方法，大多是在某些假设条件下得到的，是否可靠，还需要通过实验检验其正确性。此外，有些问题尚无理论分析结果，也需借助实验的方法来解决。因此，材料力学是一门理论与实验相结合的学科。

二、变形固体的基本假设

材料力学所研究的构件，由各种材料所制成，材料的物质结构和性质虽然各不相同，但都为固体。任何固体在外力作用下都会发生形状和尺寸的改变——变形。因此，这些材料统称为变形固体。

变形固体的性质是很复杂的，在对由变形固体加工而成的构件进行强度、刚度和稳定性计算时，为了简化计算，经常略去材料的次要性质，并根据其主要性质做出假设，将它们抽象为一种理想模型，作为材料力学理论分析的基础。下面是材料力学对变形固体常采用的几个基本假设。

1. 均匀连续假设

假设变形固体在其整个体积内毫无空隙地充满了物质，并且物体各部分材料力学性能完全相同。

变形固体是由很多微粒或晶体组成的，各微粒或晶体之间是有空隙的，且各微粒或晶体彼此的性质并不完全相同。但是由于这些空隙与构件的尺寸相比是极微小的，因此这些空隙的存在以及由此引起的性质上的差异，在研究构件受力和变形时可以略去不计。

2. 各向同性假设

假设变形固体沿各个方向的力学性能均相同。实际上，组成固体的各个晶体在不同方向上有着不同的性质。但由于构件所包含的晶体数量极多，且排列也完全没有规则，变形固体的性质是这些晶粒性质的统计平均值。这样，在以构件为对象的研究问题中，就可以认为是各向同性的。工程中使用的大多数材料，如钢材、玻璃、铜和浇灌好的混凝土，可以认为是各向同性的材料。但也有一些材料，如轧制钢材、木材和复合材料等，沿其各方向的力学性能显然是不同的，称为各向异性材料。

根据上述假设，可以认为，在物体内的各处，沿各方向的变形和位移等是连续的，可用连续函数来表示，可从物体任一部分中取出一体积单元来研究物体的性质，也可将那些大尺寸构件的试验结果用于体积单元。

3. 小变形假设

在实际工程中，构件在荷载作用下，其变形与构件的原尺寸相比通常很小，可忽略不计，所以在研究构件的平衡和运动时，可按变形前的原始尺寸和形状进行计算。这样做，可使计算工作大为简化，而又不影响计算结果的精度。

试验结果表明，如外力不超过一定限度，绝大多数材料在外力作用下发生变形，外力解除后又可恢复原状，这种变形称为弹性变形。但如外力过大，超过一定限度，则外力解除后变形只能部分复原，而遗留下一部分不能消失的变形称为塑性变形，也称为残余变形或永久变形。随外力的解除而消失的变形称为弹性变形。一般情况下，要求构件只发生弹性变形，而不允许发生塑性变形。

总的来说，在材料力学中是把实际材料看做是连续、均匀、各向同性的变形固体，且限于小变形范围。

三、构件的基本形式

实际构件的几何形状各种各样，大致可以归纳为下列三种基本形式：

(1) 杆件。杆件是纵向尺寸（长度）比横向尺寸（厚度、宽度）大得很多的构件。杆件的几何形状可以用一根轴线和垂直于轴线的任一截面（称为横截面）来表示。轴线是杆件各个横截面形心的连线。轴线是直线的杆件称为直杆；轴线为曲线的杆件称为曲杆。杆件横截面可以是不改变的，称为等截面杆；也有沿轴线改变横截面的杆件，称为变截面杆。平行于杆件轴线的截面，称为纵截面；既不平行也不垂直于杆件轴线的截面，称为斜截面。材料力学的主要研究对象是直杆。

（2）板件。厚度比其他两方向的尺寸小得很多的构件称为板件。板件的几何形状可用它在厚度中间的一个面（称为中面）和垂直于该面的厚度来表示。板件的中面如果是平面，称为平板；中面如果是曲面，称为壳。这类构件在飞机、船舶、建筑物、仪表、各种容器和武器中用得较多。

（3）块件。各方面的尺寸都差不多的构件称为块件，例如机器底座、房屋基础、堤坝等。

四、杆件变形的基本形式

工程实际中的杆件可能受到各式各样的外力作用，故杆件的变形也可能是各种各样的，但根据任一空间力向截面形心简化和在轴线上投影可以看出，杆件变形总不外乎是以下四种基本形式中的一种或是其中任意几种的组合。

（1）拉伸［见图 1（a）］与压缩［见图 1（b）］，杆的这种基本变形是由作用线与杆轴线重合的外力所引起的。例如吊索、桁架的杆件、拉杆、柱等。

（2）剪切。剪切变形是由一对相距很近、方向相反的横向外力所引起的（见图 2）。例如螺栓、铆钉。

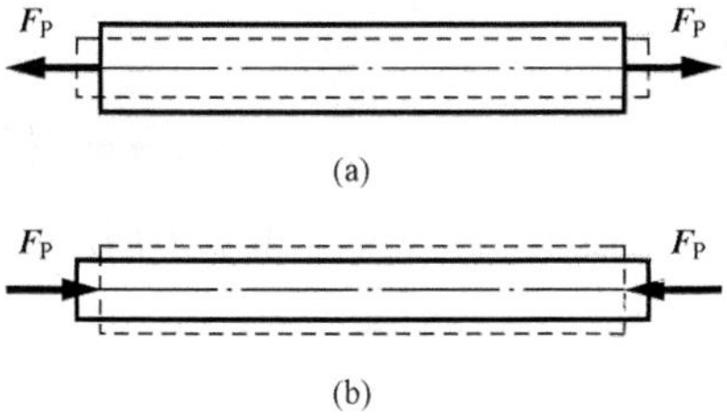

图 1　拉伸与压缩

（a）拉伸；（b）压缩

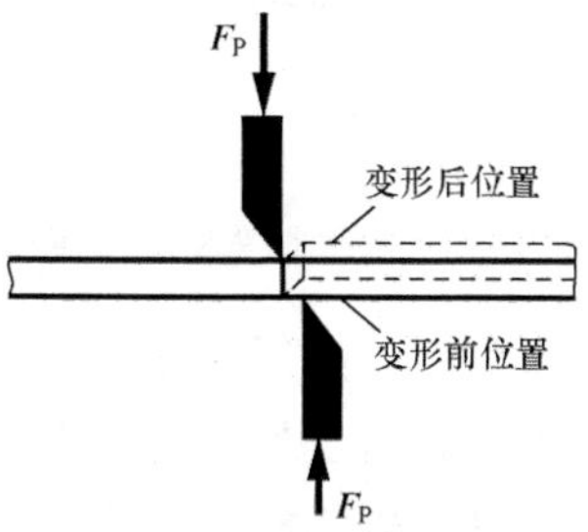

图 2　剪切

（3）扭转。扭转变形是由一对转向相反、作用在垂直于杆轴线的平面内的力偶所引起的（见图 3）。例如传动轴、扭杆、驾驶盘轴、钻头等。

（4）弯曲。弯曲变形是由一对方向相反、作用在杆的纵向对称平面内的力偶［见图 4（a）］或垂直于杆轴线的横向外力［见图 4（b）］所引起的。弯曲变形的构件在机械和建筑物中用得最多，一般称为梁。

当杆件的变形是两种或两种以上基本变形的组合时，称为组合变形。

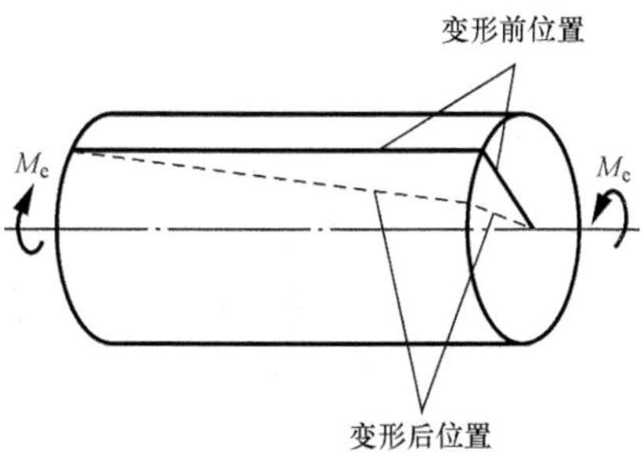

图 3　扭转

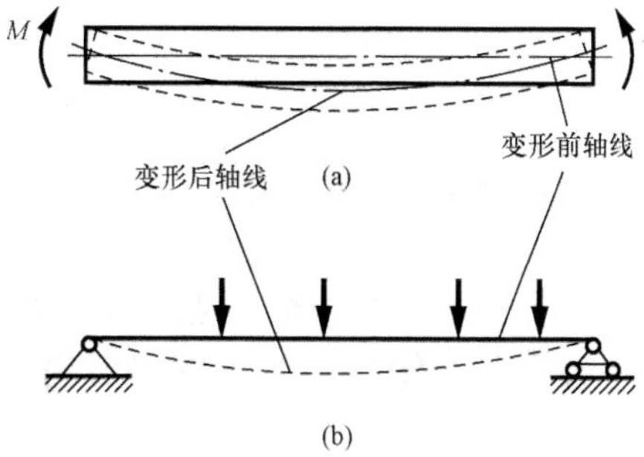

图 4　弯曲

（a）作用在杆的纵向对称平面内的力偶；

（b）作用在垂直于杆轴线的横向外力

第八章　轴向拉伸和压缩

第一节　轴向拉伸和压缩的概念与实例

工程中存在着很多承受拉伸或压缩的杆件。例如钢木组合桁架中的钢拉杆（见图 8 - 1）、组成起重机塔架的杆件（见图 8 - 2）等。

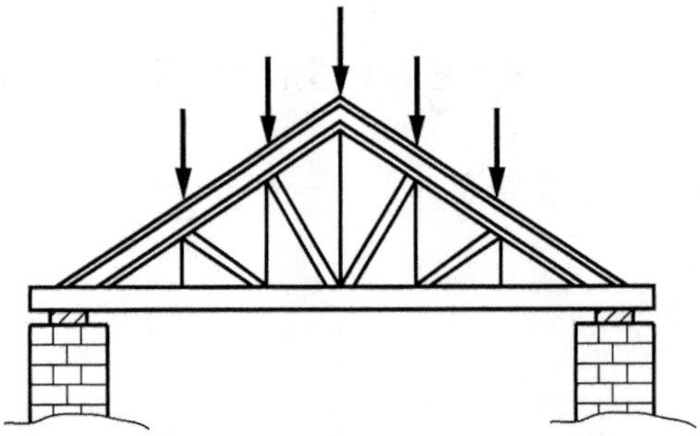

图 8 - 1　钢木组合桁架中的钢拉杆

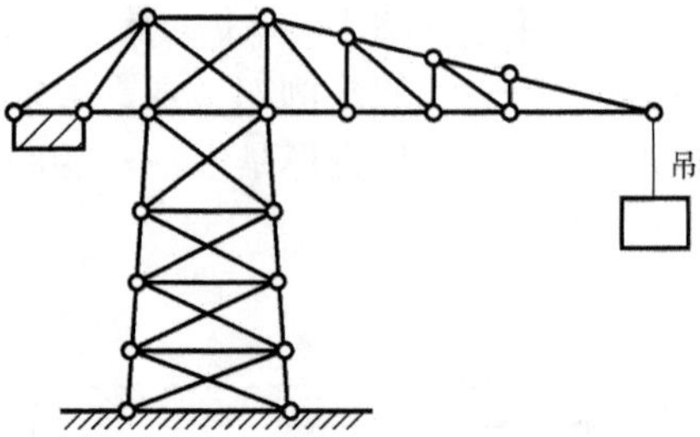

图 8 - 2　组成起重机塔架的杆件

虽然这些杆件的形状和加载方式等并不相同，但就杆长的主要部分来看却有着相同的特点：都是直杆，所受外力的合力与杆轴线重合，沿轴线方向发生伸长或缩短变形。这种变形形式称为直杆的**轴向拉伸或压缩**，简称**拉伸或压缩**。

在材料力学中，把工程中承受拉伸或压缩的杆件均表示为如图 8 - 3 所示的计算简图。图 8 - 3 所示用实线表示变形前杆件的外形，用虚线表示变形后杆件的形状。

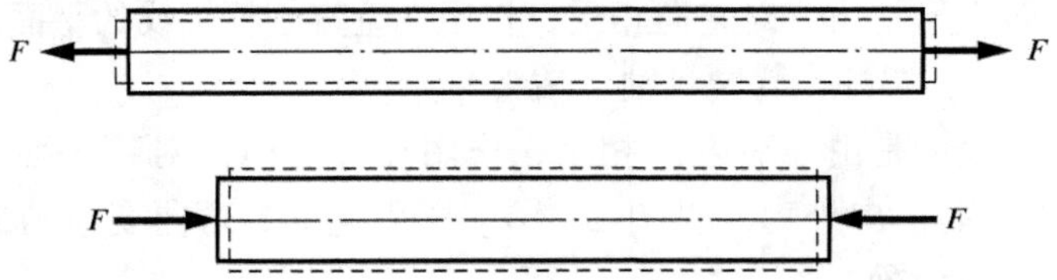

图 8 - 3　计算简图

第二节　内力、轴力、轴力图

一、内力的概念、截面法

物体是由质点组成的，物体在没有受到外力作用时，各质点间本来就有相互作用力。物体在外力作用下，内部各质点的相对位置将发生改变，其质点的相互作用力也会发生变化。这种由于物体受到外力作用而引起的内部相互作用力的改变量，称为附加内力，简称**内力**。

内力随外力、变形的增大而增大，当内力达到某一限度时，就会引起构件的破坏。因此，要进行构件的强度计算就必须先分析构件的内力。

任一截面上的内力值的确定，通常采用截面法。

要确定内力就得先把内力暴露出来，假想用一横截面将杆沿截面 $m—m$ 截开［见图 8-4 (a)］，取左段为研究对象［见图 8-4 (b)］。由于整个杆件是处于平衡状态的，所以左段也保持平衡，由平衡条件 $\sum F_x=0$ 可知，截面 $m—m$ 上的分布内力的合力必是与杆轴线相重合的一个力 F_N，且 $F_N=F$，其指向背离截面。同样，若取右段为研究对象［见图 8-4 (c)］，可得出相同的结果。这种应用假想截面从需求内力处将构件截开，分成两部分，把内力转化为外力而显示出来，并用静力平衡方程确定截面内力的方法，称为**截面法**。

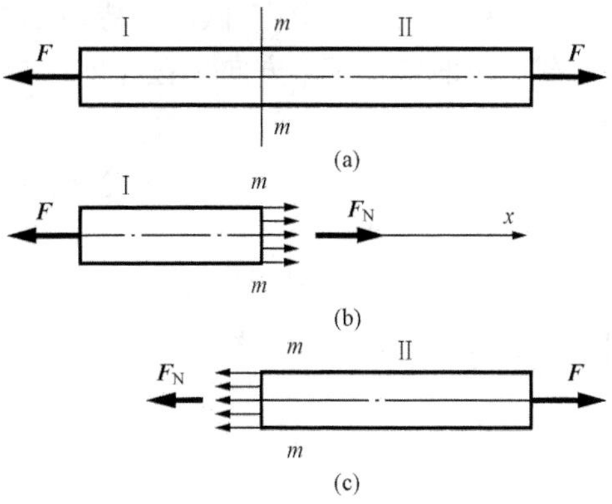

图 8-4　截面法

(a) 用假想截面 $m—m$ 将杆截开；(b) 取左段为研究对象；(c) 取右段为研究对象

综上所述，截面法包括以下三个步骤：

(1) 截开：沿所求内力的截面假想地将杆件截成两部分。

(2) 代替：取出任一部分为研究对象，并在截开面上用内力代替弃去部分对该部分的作用。

(3) 平衡：列出研究对象的平衡方程，并求解内力。

二、轴力、轴力图

当所有外力的合力作用线与构件的轴线重合时，杆件的横截面上的内力也沿轴线方向，这种内力叫轴力，用 F_N 表示。习惯上，把拉伸时的轴力规定为正，压缩时的轴力规定为负。

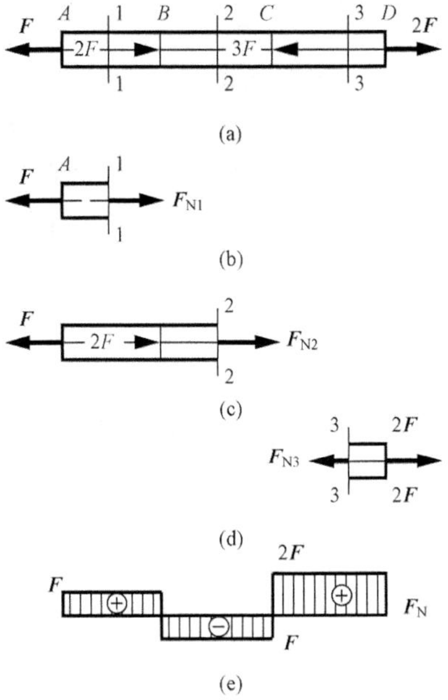

图 8-5　［例 8-1］图

(a) 直杆受力图；(b) 1—1 截面左边部分受力图；(c) 2—2 截面左边部分受力图；(d) 3—3 截面右边部分受力图；(e) 轴力图

当杆件受到多于两个的轴向外力作用时，在杆的不同截面上轴力将不相同，在这种情况下，对杆件进行强度计算时，必须知道杆的各个横截面上的轴力、最大轴力的数值及其所在截面的位置。为了直观地看出轴力沿横截面位置的变化情况，可按选定的比例尺，用平行于轴线的坐标表示横截面的位置，用垂直于杆轴线的坐标表示各横截面轴力的大小，绘出表示轴力与截面位置关系的图线，该图线就称为轴力图。作轴力图时应注意以下几点：

(1) 轴力图的位置应和杆件的位置相对应。轴力的大小，按比例画在坐标上，并在图上标出代表点数值。

(2) 习惯上将正值（拉力）的轴力图画在坐标的正向；负值（压力）的轴力图画在坐标的负向。

【例 8-1】　直杆受力如图8-5 (a) 所示。作直杆的轴力图。

解　注意到直杆受到多个外力作用，内力将随着横截面位置的不同而发生变化。需将直杆分为 AB，BC 和 CD 三段，分别来计算内力。

应用截面法，沿1—1截面假想地把直杆截开为两部分，去掉右边部分，保留左边部分，并设截面上的轴力 F_{N1} 方向为正，即为拉力。保留部分的受力如图8-5（b）所示。根据平衡方程

$$\sum F_x = 0,\ F_{N1} - F = 0$$

故 AB 段的轴力为

$$F_{N1} = F$$

用同样的方法，将杆件从2—2截面截开，保留左段，其受力如图8-5（c）所示。根据平衡方程

$$\sum F_x = 0,\ F_{N2} + 2F - F = 0$$

故 BC 段的轴力为

$$F_{N2} = -F$$

负号表示该横截面上的轴力的实际方向与所设方向相反，即为压力。

从3—3截面处截开杆件，由于右段外力少，计算简便，故保留右段，受力如图8-5（d）所示，根据平衡方程

$$\sum F_x = 0,\ F_{N3} - 2F = 0$$

故 CD 段轴力为

$$F_{N3} = 2F$$

最后，综合以上计算结果，按比例绘制轴力图，如图8-5（e）所示。

第三节 拉（压）杆内的应力

用截面法可求出拉（压）杆横截面上的轴力，但只根据轴力的大小，还不能判断杆件是否会因强度不足而破坏，例如，两根材料相同、截面面积不同的杆，受同样大小的轴向拉力 F 作用，显然两根杆件横截面上的内力是相等的，随着外力的增加，截面面积小的杆件必然先断。这是因为轴力只是杆横截面上分布内力的合力，而要判断杆的强度问题，还必须知道内力在截面上分布的密集程度。

一、应力的概念

内力在一点处的聚集程度称为**应力**。为了说明截面上某一点 M 处的应力，可绕 M 点取一微小面积 ΔA，作用在 ΔA 上的内力合力记为 ΔF［见图8-6（a）］，则面积 ΔA 上的平均应力为

$$p_m = \frac{\Delta F}{\Delta A}$$

一般情况下，截面上各点处的内力虽然是连续分布的，但并不一定均匀。当 ΔA 无限缩小并趋于零时，其极限值为

$$p = \lim_{\Delta A \to 0} \frac{\Delta F}{\Delta A} = \frac{dF}{dA}$$

p 为 M 点处的内力集度，称为 M 点处的应力。通常应力 p 与截面既不垂直也不相切，可将它分解为垂直于截面和相切于截面的两个分量［见图8-6（b）］。与截面垂直的应力分量称为正应力，用 σ 表示；与截面相切的应力分量称为切应力，用 τ 表示。

应力的单位是帕斯卡，简称为帕，符号为 Pa，$1Pa=1N/m^2$（1 帕=1 牛/米^2）。工程实际中应力数值较大，常用兆帕（MPa）及吉帕（GPa）作为单位。$1MPa=10^6Pa$，$1GPa=10^9Pa$。

工程图纸上，长度尺寸常以 mm 为单位，则

$1MPa=1\times10^6N/m^2=1\times10^6N/1\times10^6mm^2=1N/mm^2$

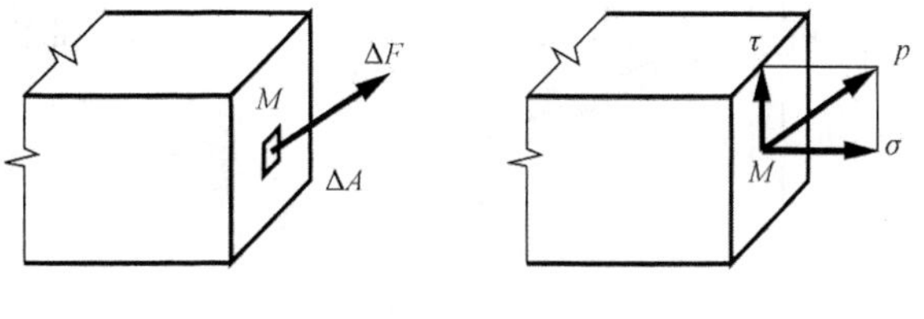

(a) (b)

图 8-6 应力

(a) 绕 M 点取一微小面积 ΔA；(b) 分解应力

二、拉（压）杆横截面上的应力

在拉（压）杆的横截面上，与轴力 F_N 对应的应力是正应力 σ。根据连续性假设，横截面上到处都存在着内力。若以 A 表示横截面面积，则微面积 dA 上的微内力 σdA 组成一个垂直于横截面的平行力系，其合力就是轴力 F_N。于是得静力关系

$$F_N=\int_A \sigma dA \tag{8-1}$$

因为还不知道 σ 在横截面上的分布规律，只由式（8-1）并不能确定 F_N 与 σ 之间的关系。因而必须从研究杆件的变形入手，以确定应力 σ 的分布规律。

取一等直杆，拉伸变形前，在等直杆的侧面上画垂直于杆轴的直线 ab 和 cd（见图 8-7）。拉伸变形后 ab 和 cd 仍为直线，且仍然垂直于轴线，只是分别平行地移至 $a'b'$ 和 $c'd'$。根据这一现象，提出如下的假设：变形前原为平面的横截面，变形后仍然保持为平面。这就是轴向拉伸或压缩时的**平面假设**。由这一假设可以推断，拉杆所有纵向纤维的伸长都相等。又因为材料是均匀的，各纵向纤维的性质相同，因而其受力也就相同。所以杆件横截面上的内力是均匀分布的，即在横截面上各点处的正应力都相等，即 σ 等于常量。于是由式（8-1）得出

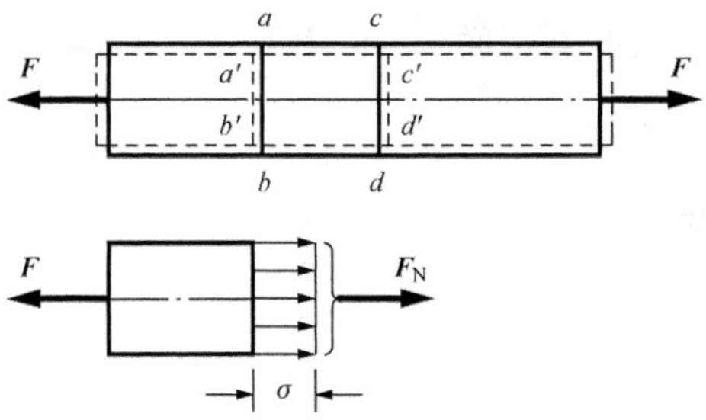

图 8-7 拉（压）杆横截面上的应力

$$\sigma=\frac{F_N}{A} \tag{8-2}$$

这就是拉杆横截面上正应力 σ 的计算公式。当 F_N 为压力时，它同样可用于压应力计算。关于正应力的符号，一般规定拉应力为正，压应力为负。

式（8-2）是根据正应力在横截面上各点处相等这一结论导出的，应该指出，这一结论实际上只在杆上离外力作用点稍远处的部分才正确，而在外力作用点附近，由于杆端连接方式的不同，其应力情况较为复杂。但圣维南原理指出：力作用于杆端方式的不同，只会使与杆端距离不大于杆的横向尺寸的范围内受到影响。这一原理已被实验所证实，故在拉（压）杆的应力计算中都以式（8-2）为准。

【例 8-2】 如图8-8（a）所示为一悬臂吊车的简图，斜杆 AB 为钢杆，直径 $d=20mm$。荷载 $F=15kN$，当 F 移到 A 点时，求斜杆 AB 横截面上的应力。

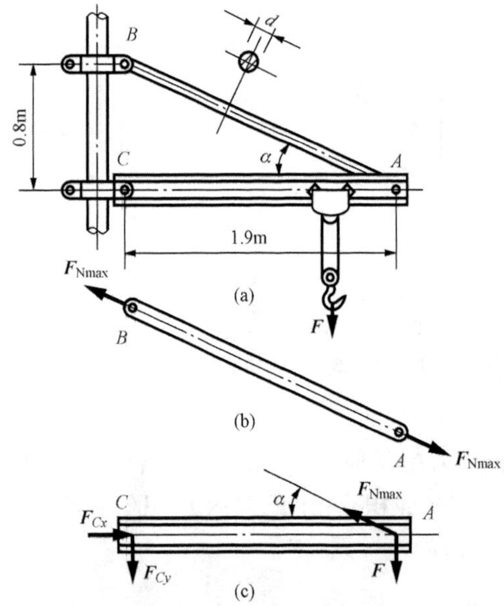

图 8-8 [例 8-2] 图

(a) 一悬臂吊车的简图；(b) AB 杆受力图；(c) AC 杆受力图

解 当荷载 F 移到 A 点时，斜杆 AB 受到的拉力最大，设其值为 F_{Nmax}。如图 8-8 (c) 所示，根据横梁的平衡条件 $\sum M_C=0$，得

$$F_{Nmax}\sin\alpha\,\overline{AC}-F\,\overline{AC}=0 \quad ①$$

$$F_{Nmax}=\frac{F}{\sin\alpha} \quad ②$$

由三角形 ABC 求出

$$\sin\alpha=\frac{\overline{BC}}{\overline{AB}}=\frac{0.8}{\sqrt{0.8^2+1.9^2}}=0.388$$

代入式②，得

$$F_{Nmax}=\frac{F}{\sin\alpha}=\frac{15}{0.388}\text{kN}=38.7(\text{kN})$$

斜杆 AB 的轴力为

$$F_N=F_{Nmax}=38.7(\text{kN})$$

由此求得 AB 杆横截面上的应力为

$$\sigma=\frac{F_N}{A}=\frac{38.7\times10^3\text{N}}{\frac{\pi}{4}\times(20\times10^{-3})^2\text{m}^2}=123(\text{MPa})$$

三、拉（压）杆斜截面上的应力

前面分析了拉（压）杆横截面上的应力，下面进一步研究其斜截面上的应力。如图 8-9 (a) 所示拉杆，利用截面法，沿任一斜截面 m—m 将杆截开，取左段杆为研究对象，该截面的方位以其外法线与 x 轴的夹角 α 表示。由平衡条件可得斜截面 m—m 上的内力 F_α 为

$$F_\alpha=F \quad (8-3)$$

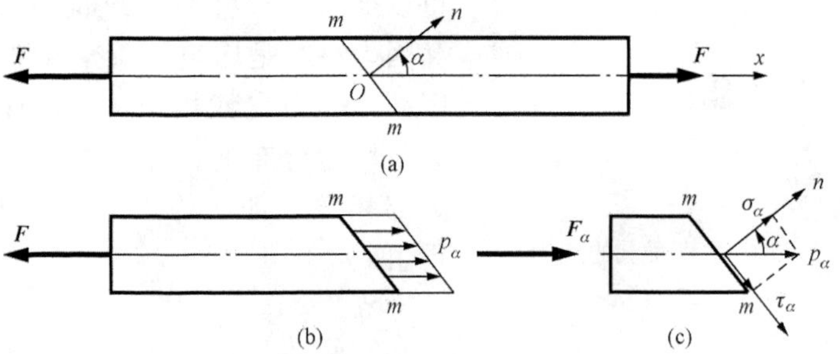

图 8-9 拉（压）杆斜截面上的力

(a) 用斜截面 m—m 将杆截开；(b) 斜截面 m—m 上的总应力 p_α 均匀分布；(c) 分解总应力 p_α

由前述分析可知，杆件横截面上的应力均匀分布，由此可以推断，斜截面 m—m 上的总应力 p_α 也为均匀分布 [见图 8-9 (b)]，且其方向必与杆轴平行。设斜截面的面积为 A_α，A_α 与横截面面积 A 的关系为 $A_\alpha=A/\cos\alpha$。于是

$$\left.\begin{aligned}p_\alpha&=\frac{F_\alpha}{A_\alpha}=\frac{F}{A}\cos\alpha=\sigma_0\cos\alpha\\ \sigma_0&=\frac{F}{A}\end{aligned}\right\} \quad (8-4)$$

式中：σ_0 为拉杆在横截面（$\alpha = 0$）上的正应力。

将总应力 p_α 沿截面法向与切向分解［见图 8-9（c）］，得斜截面上的正应力与切应力分别为

$$\sigma_\alpha = p_\alpha \cos\alpha = \sigma_0 \cos^2\alpha \tag{8-5}$$

$$\tau_\alpha = p_\alpha \sin\alpha = \frac{\sigma_0}{2}\sin 2\alpha \tag{8-6}$$

式（8-5）、式（8-6）表达了通过拉（压）杆内任一点处不同方位截面上的正应力 σ_α 和切应力 τ_α 随截面方位角 α 的变化而变化。通过一点的所有不同方位截面上的应力的集合，称为该点处的**应力状态**。由式（8-5）和式（8-6）可知，在所研究的拉杆中，一点处的应力状态由其横截面上的正应力 σ_0 即可完全确定。通过拉（压）杆内任一点不同方位截面上的正应力 σ_α 和切应力 τ_α，随 α 角作周期性变化。

（1）当 $\alpha = 0$ 时，正应力最大，其值为

$$\sigma_{\max} = \sigma_0 \tag{8-7}$$

即拉（压）杆的最大正应力发生在横截面上。

（2）当 $\alpha = 45°$ 时，切应力最大，其值为

$$\tau_{\max} = \frac{\sigma_0}{2} \tag{8-8}$$

即拉（压）杆的最大切应力发生在与杆轴线成 45° 的斜截面上。

第四节　拉（压）杆的变形

实验表明，当拉杆沿其轴向伸长时，其横向将缩短；压杆则相反，轴向缩短时，横向增大。

如图 8-10 所示，设 l 为杆件原长，在轴向拉力 F 的作用下长度由 l 变为 l_1，则杆件的纵向变形为

$$\Delta l = l_1 - l$$

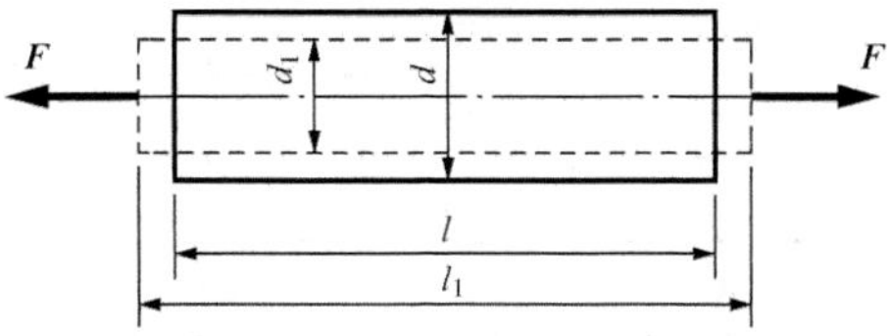

图 8-10　拉（压）杆的变形

由于拉杆的伸长是均匀的，拉杆的纵向线应变为

$$\varepsilon = \frac{\Delta l}{l} \tag{8-9}$$

实验结果表明：如果所施加的荷载使杆件的变形处于弹性范围内，杆的轴向变形 Δl 与杆所承受的轴向荷载 $\boldsymbol{F}$、杆的原长 l 成正比，而与其横截面面积 A 成反比，写成关系式为

$$\Delta l \propto \frac{Fl}{A}$$

引进比例常数 E，则有

$$\Delta l = \frac{Fl}{EA} \tag{8-10}$$

由于 $F = F_N$，故式（8-10）可改写为

$$\Delta l = \frac{F_N l}{EA} \tag{8-11}$$

式中：E 为比例常数。

式（8-11）称为**胡克定律**。式（8-11）中 E 称为杆材料的**弹性模量**，其量纲为 $ML^{-1}T^{-2}$，其单位为 Pa。E 的数值随材料而异，是通过实验测定的，其值表征材料抵抗弹性变形的能力。EA 称为杆的**拉伸（压缩）刚度**，对于长度相等且受力相同的杆件，其拉伸（压缩）刚度越大则杆件的变形越小。Δl 的正负与轴力 $\boldsymbol{F}_N$ 一致。

将式（8-2）、式（8-9）代入式（8-11）可得胡克定律的另一种表达形式

$$\sigma = E\varepsilon \tag{8-12}$$

设 d 为直杆变形前的横向尺寸，d_1 为直杆变形后的横向尺寸，则横向变形为

$$\Delta d = d_1 - d$$

在均匀变形的前提下，拉杆的横向线应变为

$$\varepsilon' = \frac{\Delta d}{d} \tag{8-13}$$

由于 Δl 与 Δd 具有相反符号，因此 ε 与 ε' 也具有相反的符号。

实验表明，当拉（压）杆内应力不超过某一限度时，横向线应变 ε' 与纵向线应变 ε 之比的绝对值为一常数，即

$$\mu = \left|\frac{\varepsilon'}{\varepsilon}\right| \tag{8-14}$$

μ 称为**横向变形因数**或**泊松**（Poisson）**比**，其数值随材料而异，是通过实验测定的。

弹性模量 E 和泊松比 μ 都是材料的弹性常数。几种常用材料的 E 和 μ 值可参阅表 8-1。

表 8-1　几种常用材料的 E，μ 的数值

材料名称	E（GPa）	μ	材料名称	E（GPa）	μ
低碳钢	196～216	0.25～0.33	铜及其合金	72.6～128	0.31～0.742
中碳钢	205		铝合金	70	0.33
合金钢	186～216	0.24～0.33	混凝土	15.2～36	0.16～0.18
灰口铸铁	78.5～157	0.23～0.27	木材（顺纹）	9～12	
球墨铸铁	150～180				

【例 8-3】 已知阶梯形直杆受力如图8-11（a）所示，材料的弹性模量 $E = 200$GPa，杆各段的横截面面积分别为 $A_{AB} = A_{BC} = 1500\text{mm}^2$，$A_{CD} = 1000\text{mm}^2$。（1）作轴力图；（2）计算杆的总伸长量。

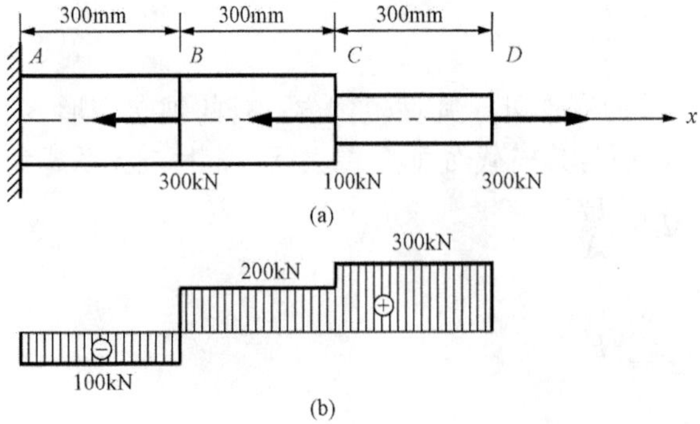

图 8-11 ［例 8-3］图

（a）阶梯形直杆受力图；（b）轴力图

解 （1）画轴力图。因为在 A，B，C，D 处都有集中力作用，所以 AB，BC 和 CD 三段杆的轴力各不相同。应用截面法得

$$F_{NAB} = 300 - 100 - 300 = -100(\text{kN})$$

$$F_{NBC} = 300 - 100 = 200(\text{kN})$$

$$F_{NCD} = 300(\text{kN})$$

轴力图如图 8-11（b）所示。

(2) 求杆的总伸长量。因为杆各段轴力不等，且横截面面积也不完全相同，因而必须分段计算各段的变形，然后求和。各段杆的轴向变形分别为

$$\Delta l_{AB}=\frac{F_{NAB}l_{AB}}{EA_{AB}}=\frac{-100\times10^3\times300\times10^{-3}}{200\times10^9\times1500\times10^{-6}}=-0.1(\text{mm})$$

$$\Delta l_{BC}=\frac{F_{NBC}l_{BC}}{EA_{BC}}=\frac{200\times10^3\times300\times10^{-3}}{200\times10^9\times1500\times10^{-6}}=0.2(\text{mm})$$

$$\Delta l_{CD}=\frac{F_{NCD}l_{CD}}{EA_{CD}}=\frac{300\times10^3\times300\times10^{-3}}{200\times10^9\times1000\times10^{-6}}=0.45(\text{mm})$$

杆的总伸长量为

$$\Delta l=\sum_{i=1}^{3}\Delta l_i=-0.1+0.2+0.45=0.55(\text{mm})$$

【例 8-4】 如图8-12 (a) 所示托架，已知 $F=40\text{kN}$，圆截面钢杆 AB 的直径 $d=20\text{mm}$，杆 BC 是工字钢，其横截面面积为 1430mm^2，钢材的弹性模量 $E=200\text{GPa}$。求托架在 F 力作用下，结点 B 的铅垂位移和水平位移。

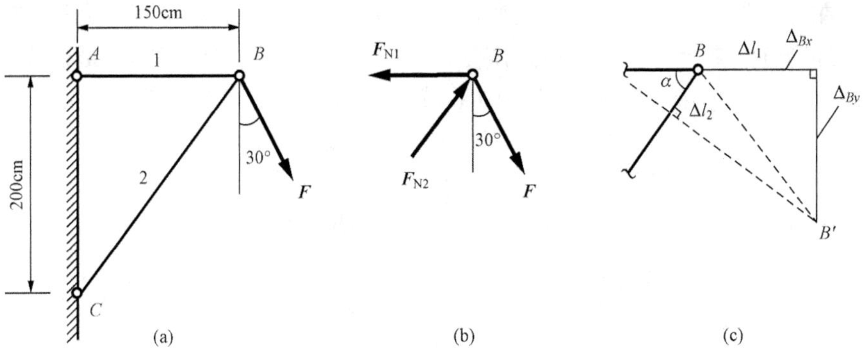

图 8-12 [例 8-4] 图

(a) 托架；(b) 取结点 B 为研究对象，求两杆轴力；(c) 求 B 点位移，作变形图

解 (1) 取结点 B 为研究对象，求两杆轴力，如图 8-12 (b) 所示。

$$\sum F_x=0,\ -F_{N1}+F_{N2}\times\frac{3}{5}+F\sin30^\circ=0$$

$$\sum F_y=0,\ F_{N2}\times\frac{4}{5}-F\cos30^\circ=0$$

$$F_{N2}=F\cos30^\circ\times\frac{5}{4}=40\times\frac{\sqrt{3}}{2}\times\frac{5}{4}=43.3(\text{kN})(\text{压})$$

$$F_{N1}=F_{N2}\times\frac{3}{5}+F\sin30^\circ=43.3\times\frac{3}{5}+40\times\frac{1}{2}=46(\text{kN})(\text{拉})$$

(2) 求 AB，BC 杆变形。

$$\Delta l_1=\frac{F_{N1}l_1}{EA_1}=\frac{46\times10^3\times150\times10^{-2}}{200\times10^9\times\frac{\pi}{4}\times20^2\times10^{-6}}=1.1(\text{mm})$$

$$\Delta l_2=\frac{F_{N2}l_2}{EA_2}=\frac{43.3\times10^3\times250\times10^{-3}}{200\times10^9\times1430\times10^{-6}}=0.38(\text{mm})$$

（3）求 B 点位移，作变形图，利用几何关系求解，如图 8 - 12（c）所示。

以 A 点为圆心，（$l_1+\Delta l_1$）为半径作圆，再以 C 点为圆心，（$l_2+\Delta l_2$）为半径作圆，两圆弧线交点即为 B 点变形后的位置。因为 Δl_1 和 Δl_2 与原杆相比非常小，属于小变形，可以采用切线代圆弧的近似方法，两切线交于 B' 点，可看作是 B 点变形后的位置。利用三角关系求出 B 点的水平位移和铅垂位移。

水平位移 $$\Delta_{Bx}=\Delta l_1=1.1(\text{mm})$$

铅垂位移 $$\Delta_{By}=\left(\frac{\Delta l_2}{\cos\alpha}+\Delta l_1\right)\cot\alpha$$

$$=\left(0.38\times\frac{5}{3}+1.1\right)\times\frac{3}{4}=1.3(\text{mm})$$

总位移 $$\Delta_B=\sqrt{\Delta_{Bx}^2+\Delta_{By}^2}=\sqrt{1.1^2+1.3^2}=1.7(\text{mm})$$

第五节 拉（压）杆内的应变能

弹性体在外力作用下发生变形。在变形过程中，外力所做的功将转变为储存于弹性体内的能量。当外力逐渐减小时，变形逐渐恢复，变形体又将释放出储存的能量而作功。例如钟表的发条被拧紧以后，在它放松的过程中将带动齿轮系，使指针转动，这样，发条就做了功。这说明拧紧了的发条具有做功的本领，这是因为发条在拧紧状态下积蓄有能量。弹性体在外力作用下，因变形而储存的能量称为**应变能**。

设受拉杆件一端固定［见图 8 - 13（a）］，另一端拉力由零开始缓慢增加。在静荷载 F 的作用下，杆件伸长了 Δl，这就是拉力 F 的作用点的位移。力 F 对此位移所做的功可以用 F 与 Δl 的关系图线下的面积来计算。在弹性变形范围内，F 与 Δl 呈线性关系，如图 8 - 13（b）所示，于是可求得 F 力所做的功 W 为

$$W=\frac{1}{2}F\Delta l$$

根据功能原理，拉力所完成的功应等于杆件储存的能量。对缓慢增加的静荷载，杆件的动能并无明显变化，略去其他微小的能量损耗不计，杆件内只储存了应变能 V_ε，其在数值上等于外力所作的功，故有

$$V_\varepsilon=W=\frac{1}{2}F\Delta l \tag{8-15}$$

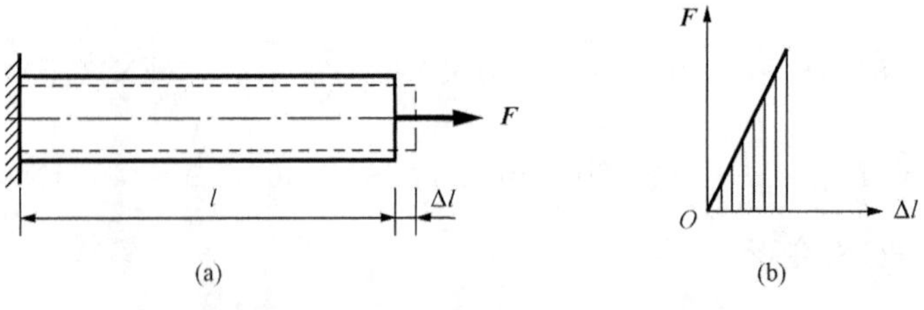

图 8 - 13 拉（压）杆内的应变能

（a）受拉杆件一端固定；（b）F 与 Δl 关系图

又因 $F_N=F$，故式（8 - 15）可写成

$$V_\varepsilon = W = \frac{1}{2}F_N\Delta l \tag{8-16}$$

由胡克定律 $\Delta l = \frac{F_N l}{EA}$[式(8-11)]，式（8-16）又可写成

$$V_\varepsilon = \frac{1}{2}F_N\Delta l = \frac{F_N^2 l}{2EA} \tag{8-17}$$

由于在拉杆的各横截面上所有点处的应力均相同，故杆的单位体积内所积蓄的应变能，可由杆的应变能除以杆的体积来计算。单位体积内的应变能，称为**应变能密度**，用 ν_ε 表示，于是有

$$\nu_\varepsilon = \frac{V_\varepsilon}{V} = \frac{\frac{1}{2}F_N\Delta l}{Al} = \frac{1}{2}\sigma\varepsilon \tag{8-18}$$

由胡克定律 $\sigma = E\varepsilon$[式(8-12)]，式（8-18）又可写成

$$\nu_\varepsilon = \frac{1}{2}\sigma\varepsilon = \frac{E\varepsilon^2}{2} = \frac{\sigma^2}{2E} \tag{8-19}$$

注意，以上公式［式（8-15）～式（8-19）］只适用于线弹性范围内。

利用应变能的概念可以解决一些与结构或构件的弹性变形有关的问题。这种方法称为能量法。

【例 8-5】　如图8-14（a）所示实心圆钢杆 AB 和 AC 在杆端 A 铰接，在 A 点作用有铅垂向下的力 F。已知 $F = 30\text{kN}$，$d_{AB} = 10\text{mm}$，$d_{AC} = 14\text{mm}$，钢的弹性模量 $E = 200\text{GPa}$。试求 A 点在铅垂方向的位移。

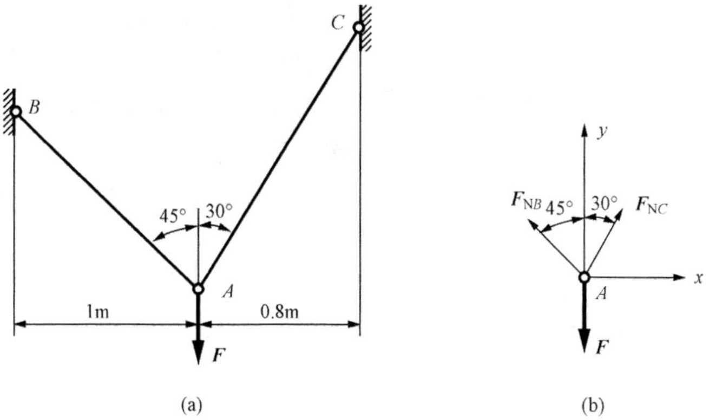

图 8-14　［例 8-5］图

（a）在 A 点作用有铅垂向下的力 F；（b）受力图

解　（1）利用静力平衡条件求二杆的轴力。以结点 A 为研究对象，受力如图 8-14（b）所示，由结点 A 的平衡条件，有

$$\sum F_x = 0,\ F_{NC}\sin30° - F_{NB}\sin45° = 0$$

$$\sum F_y = 0,\ F_{NC}\cos30° + F_{NB}\cos45° - F = 0$$

解得各杆的轴力为

$$F_{NB} = 0.518F = 15.53(\text{kN}),\ F_{NC} = 0.732F = 21.96(\text{kN})$$

（2）将结构视为由杆 AB 和 AC 所组成的简单弹性杆系，在变形过程中，力 F 所完成的

功为

$$W=\frac{1}{2}F\Delta$$

F 所完成的功在数值上应等于杆系的应变能，故有

$$\frac{1}{2}F\Delta=\frac{F_{NB}^2 l_{AB}}{2EA}+\frac{F_{NC}^2 l_{AC}}{2EA}$$

$$=\frac{15.53^2\times10^6\times1.414}{2\times200\times10^9\times\frac{\pi}{4}\times10^2\times10^{-6}}+\frac{21.96^2\times10^6\times1.6}{2\times200\times10^9\times\frac{\pi}{4}\times14^2\times10^{-6}}$$

所以点 A 的铅垂位移为

$$\Delta=1.765\times10^{-3}\,\text{m}$$

第六节　材料在拉伸和压缩时的机械性质

为了解决构件的强度、刚度及稳定性等问题，不仅要研究构件的内力、应力和变形，还必须研究材料的力学性能。**材料的力学性能**，是指材料在外力作用下表现出来的变形、破坏等方面的特性。不同的材料具有不同的力学性能；同一种材料在不同的工作条件下（如加载速率和温度等）也有不同的力学性能。材料的力学性能可以通过试验来测定。

在室温下，以缓慢平稳加载的方式进行的试验，称为常温、静载试验。它是确定材料力学性能的基本试验。拉伸试件的形状如图 8 - 15 所示，中间为较细的等直部分，两端加粗。在中间等直部分取长为 l 的一段作为工作段，l 称为标距。为了比较不同材料的试验结果，应将试件加工成标准尺寸，对圆截面试件，标距 l 与横截面直径 d 有两种比例

$$l=10d \text{ 和 } l=5d \qquad (8-20)$$

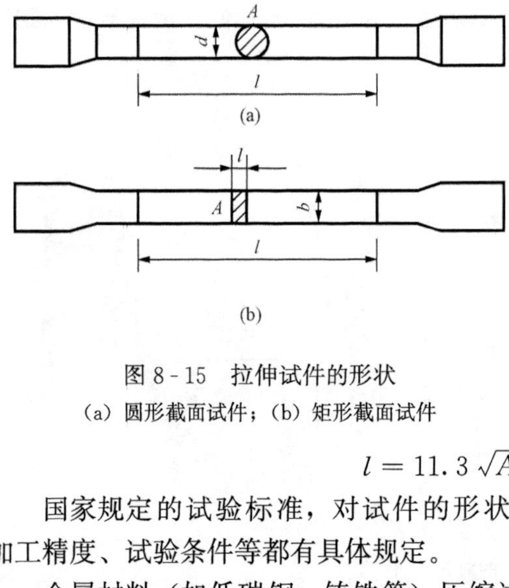

图 8 - 15　拉伸试件的形状
（a）圆形截面试件；（b）矩形截面试件

对矩形截面杆件，标距 l 与横截面面积 A 之间的关系规定为

$$l=11.3\sqrt{A} \text{ 和 } l=5.65\sqrt{A} \qquad (8-21)$$

国家规定的试验标准，对试件的形状、加工精度、试验条件等都有具体规定。

金属材料（如低碳钢、铸铁等）压缩试验的试件为圆柱形，高约为直径的 1.5～3 倍，高度不能太大，否则受压后容易发生弯曲变形；非金属材料（如混凝土、石料等）试件为立方块，如图 8 - 16 所示。

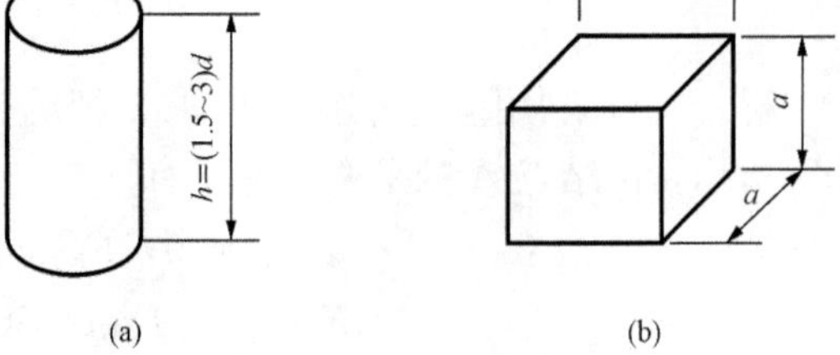

图 8 - 16　压缩试件形状
（a）金属材料试件；（b）非金属材料试件

工程中使用的材料种类很多，可根据试件在拉断时塑性变形的大小，区分为塑性材

料和脆性材料。塑性材料在拉断时具有较大的塑性变形，如低碳钢、合金钢、铅、铝等；脆性材料在拉断时，塑性变形很小，如铸铁、砖、混凝土等。这两类材料其力学性能有明显的不同。实验研究中常把工程上用途较广泛的低碳钢和铸铁作为两类材料的代表进行试验。

一、低碳钢的拉伸试验

低碳钢是指含碳量在 0.3%以下的碳素钢。这类钢材在工程中使用较为广泛，而且在拉伸试验中表现出来的力学性能也最为典型。

试验时，试件装在试验机上，受到缓慢增加的拉力作用。对应着每一个拉力 F，试件标距 l 有一个伸长量 Δl。表示 F 和 Δl 关系的曲线，称为拉伸图或 F—Δl 曲线，如图 8 - 17 所示。

F—Δl 曲线与试件尺寸有关。为了消除试件尺寸的影响，将拉力 F 除以试件横截面的原始面积 A，得出试件横截面上的正应力 $\sigma=\dfrac{F}{A}$；同时，将伸长量 Δl 除以标距的原始长度 l，得到试件在工作段内的应变 $\varepsilon=\dfrac{\Delta l}{l}$。以 σ 为纵坐标，ε 为横坐标，作图表示 σ 与 ε 的关系，称应力—应变图或 σ—ε 曲线，如图 8 - 18 所示。

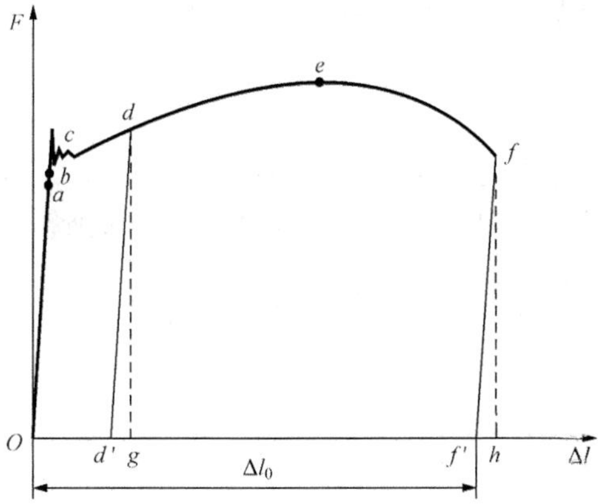

图 8 - 17 拉伸图

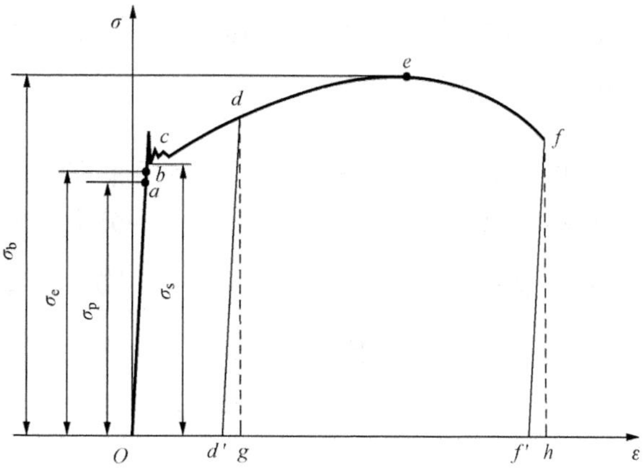

图 8 - 18 应力—应变图

根据试验结果，低碳钢的力学性能大致如下：

1. 弹性阶段

如图 8 - 18 所示，在试件的应力不超过 b 点所对应的应力时，材料的变形全部是弹性的，即卸除荷载时，试件的变形可全部消失。与这段图线的最高点 b 相对应的应力值称为材料的**弹性极限**，以 σ_e 表示。

在弹性阶段，拉伸的初始阶段 Oa 为直线，表明 σ 与 ε 成正比。a 点对应的应力称为材料的**比例极限**，用 σ_p 表示。

根据胡克定律可知，图 8 - 18 所示直线 Oa 与横坐标 ε 的夹角 α 正切就是材料的弹性模量，即

$$E=\frac{\sigma}{\varepsilon}=\tan\alpha$$

弹性极限 σ_e 与比例极限 σ_p 二者意义不同，但由于试验得出的数值很接近，因此，通常

工程上对它们不加严格区分，常近似认为在弹性范围内材料服从胡克定律。

2. 屈服阶段

如图 8-18 所示，当应力超过 b 点增加到某一数值时，应变有非常明显的增加，而应力先是下降，然后作微小的波动，在 σ—ε 曲线上出现接近水平线的小锯齿形线段。这种应力基本保持不变，而应变显著增加的现象，称为**屈服**或**流动**。在屈服阶段内的最高应力和最低应力分别称为**上屈服极限**和**下屈服极限**。上屈服极限的数值与试件形状、加载速度等因素有关，一般是不稳定的；下屈服极限则有比较稳定的数值，能够反映材料的性能。通常把下屈服极限称为**屈服极限**，用 σ_s 来表示。

表面磨光的试件屈服时，表面将出现与轴线大致成 45° 倾角的条纹（见图 8-19）。这是由于材料内部晶格之间相对滑动而形成的，称为**滑移线**。因为拉伸时在与杆轴成 45° 倾角的斜截面上，切应力为最大值，可见屈服现象的出现与最大切应力有关。

材料屈服表现为显著的塑性变形，而构件的塑性变形将影响机械或结构的正常工作，所以屈服极限 σ_s 是衡量材料强度的重要指标。

3. 强化阶段

过屈服阶段后，材料又恢复了对变形的抵抗能力，要使其继续变形必须增加拉力。这种现象称为材料的**强化**。如图 8-18 所示，强化阶段中的最高点 e 所对应的应力 σ_b 是材料所能承受的最大应力，称为**强度极限**。它是衡量材料强度的另一重要指标。在强化阶段中，试件的横向尺寸有明显的缩小。

4. 局部变形阶段

如图 8-18 所示，过 e 点后，在试件的某一局部范围内，横向尺寸突然急剧缩小，形成**颈缩**现象（见图 8-20）。由于在颈缩部分横截面面积迅速减小，使试件尺寸继续伸长所需要的拉力也相应减小。在 σ—ε 曲线中，用横截面原始面积 A 计算出的应力 $\sigma=\dfrac{F}{A}$ 随之下降，降到 f 点时，试件被拉断。

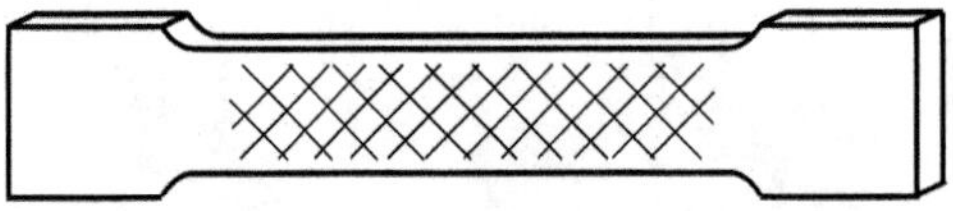

图 8-19 滑移线

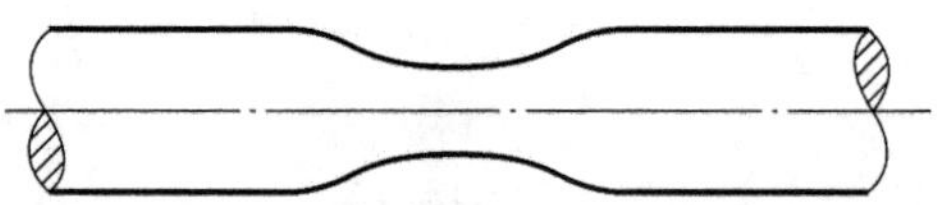

图 8-20 颈缩

5. 伸长率和断面收缩率

试件拉断后，由于保留了塑性变形，试件长度由原来的 l 变为 l_1。用百分比表示的比值为

$$\delta=\frac{l_1-l}{l}\times 100\% \tag{8-22}$$

δ 称为**伸长率**。试件的塑性变形（l_1-l）越大，δ 也就越大。因此，伸长率是衡量材料塑性的指标。低碳钢的伸长率很高，其平均值为 20%～30%，这说明低碳钢的塑性性能很好。

工程上通常按伸长率的大小把材料分成两大类。$\delta>5\%$ 的材料称为**塑性材料**，如碳钢、黄铜、铝合金等，而把 $\delta<5\%$ 的材料称为**脆性材料**，如灰铸铁、玻璃、陶瓷等。

原始横截面面积为 A 的试件，拉断后缩颈处的最小截面面积变为 A_1，用百分比表示的

比值为

$$\psi=\frac{A-A_1}{A}\times 100\% \tag{8-23}$$

ψ 称为**断面收缩率**。ψ 也是衡量材料塑性的指标。

6. 卸载定律及冷作硬化

如把试件拉到超过屈服极限的 d 点（见图 8-18），然后逐渐卸除拉力，σ—ε 曲线将沿着斜直线 dd' 回到 d' 点，斜直线 dd' 近似平行于 Oa。这说明：在卸载过程中，应力和应变按直线规律变化。这就是**卸载定律**。拉力完全卸除后，应力—应变图中，$d'g$ 表示消失了的弹性变形，而 Od' 表示不再消失的塑性变形。

卸载后，如在短期内再次加载，则应力和应变大致上沿卸载时的斜直线 $d'd$ 变化，直到 d 点后，又沿曲线 def 变化。可见再次加载时，直到 d 点以前材料的变形是线性的，过 d 点后才开始出现塑性变形。比较图 8-18 中的 $Oabcdef$ 和 $d'def$ 两条曲线，可见在第二次加载时，其比例极限（亦即弹性阶段）得到了提高，但塑性变形和伸长率却有所下降。这种现象称为**冷作硬化**。冷作硬化现象经退火后可以消除。

工程上经常利用冷作硬化来提高材料的弹性极限。如起重用的钢索和建筑用的钢筋，常用冷拔工艺以提高强度；但另一方面，零件初加工后，由于冷作硬化使材料变脆变硬，给下一步加工造成困难，且容易产生裂纹，往往需要在工序之间安排退火，以消除冷作硬化的影响。

二、其他塑性材料拉伸时的力学性能

工程上常用的塑性材料，除低碳钢外，还有中碳钢、某些高碳钢、合金钢、铝合金、青铜、黄铜等。如图 8-21 所示为几种塑性材料的 σ—ε 曲线。其中某些材料，如 16Mn 和低碳钢一样，有明显的弹性阶段、屈服阶段、强化阶段和局部变形阶段。有些材料，如黄铜 H62，没有屈服阶段，但其他三个阶段却都很明显。还有些材料，如高碳钢 T10A，没有屈服阶段和局部变形阶段，只有弹性阶段和强化阶段。

对于没有明显屈服阶段的塑性材料，通常以产生 0.2%塑性应变时的应力作为屈服极限，用 $\sigma_{0.2}$ 表示（见图 8-22）。

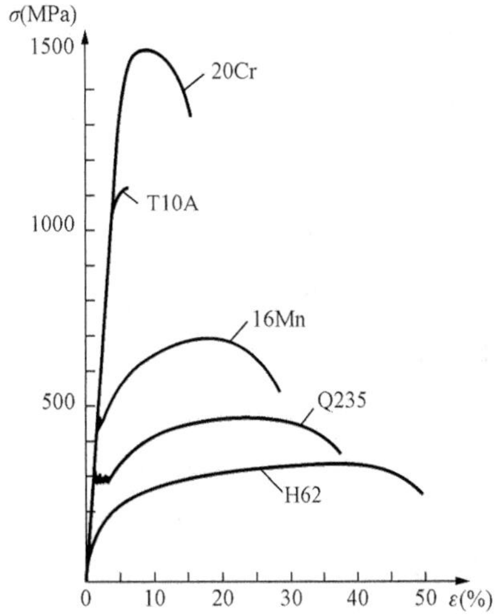

图 8-21　几种塑料材料的 σ—ε 曲线

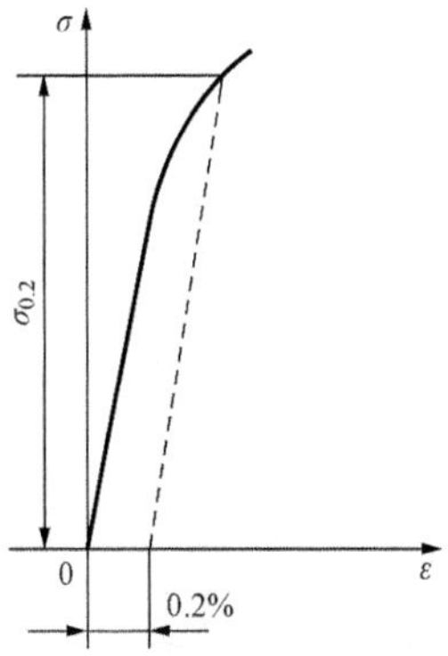

图 8-22　以产生 0.2%塑性应变时的应力作为屈服极限

各类碳素钢随含碳量的增加，屈服极限和强度极限相应增高，但伸长率降低。例如合金钢、工具钢等高强度钢，其屈服极限较高，但塑性性能却较差。

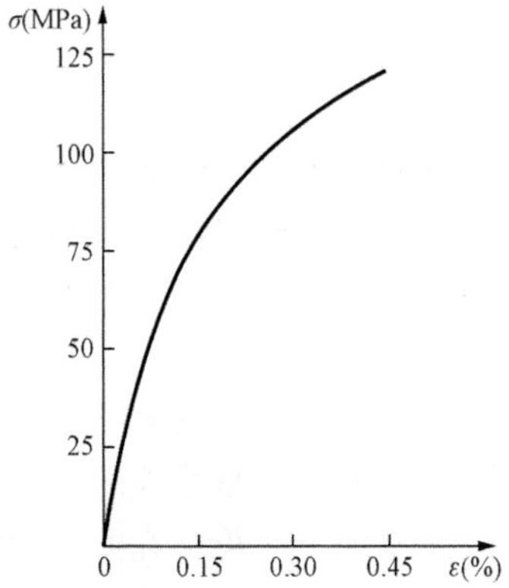

图 8-23 灰口铸铁拉伸时的应力—应变关系

三、铸铁拉伸时的力学性能

灰口铸铁拉伸时的应力—应变关系是一段微弯曲线，如图 8-23 所示，没有明显的直线部分。铸铁试件在较小的拉力下就被拉断，没有屈服和缩颈现象，拉断前的应变很小，伸长率也很小。所以，灰口铸铁是典型的脆性材料。

由于铸铁的应力—应变图没有明显的直线部分，所以弹性模量 E 的数值随应力的大小而变。但在工程中铸铁的拉应力不能很高，而在较低的拉力下，则可近似地认为变形服从胡克定律。通常取 σ—ε 曲线的割线代替曲线的开始部分，并以割线的斜率作为弹性模量，称为**割线弹性模量**。

铸铁拉断时的最大应力即为其抗拉强度极限，因为没有屈服现象，抗拉强度极限 σ_b 是衡量强度的唯一指标。铸铁等脆性材料抗拉强度很低，不宜作为抗拉构件的材料。

四、压缩时材料的力学性能

低碳钢压缩时的 σ—ε 曲线如图 8-24 所示。试验表明：低碳钢压缩时的弹性模量 E 和屈服极限 σ_s，都与拉伸时大致相同。屈服阶段以后，试件越压越扁，横截面面积不断增大，试件抗压能力也继续提高，因而得不到压缩时的抗压强度极限。由于可以从拉伸试验测定低碳钢压缩时的主要性能，所以一般不作低碳钢的压缩试验。

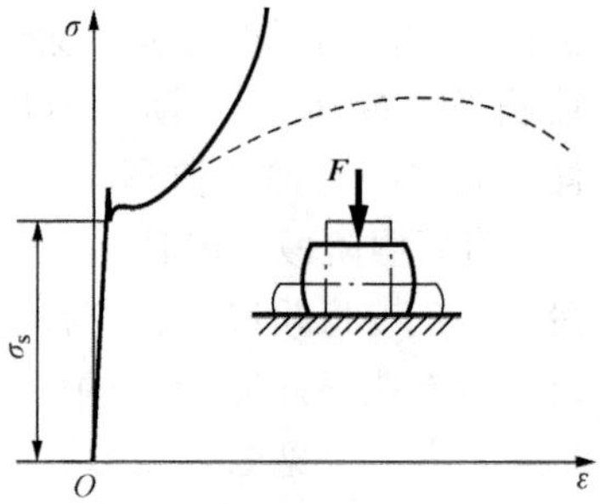

图 8-24 低碳钢压缩时的 σ—ε 曲线

如图 8-25 所示为铸铁压缩时的 σ—ε 曲线。试件仍然在较小的变形下突然破坏。破坏断面的法线与轴线大致成 45°～55°的倾角，表明试件沿斜截面因剪切而破坏。铸铁的抗压强度极限比它的抗拉强度极限高 4～5 倍。其他脆性材料，如混凝土、石料等，抗压强度也远高于其抗拉强度。

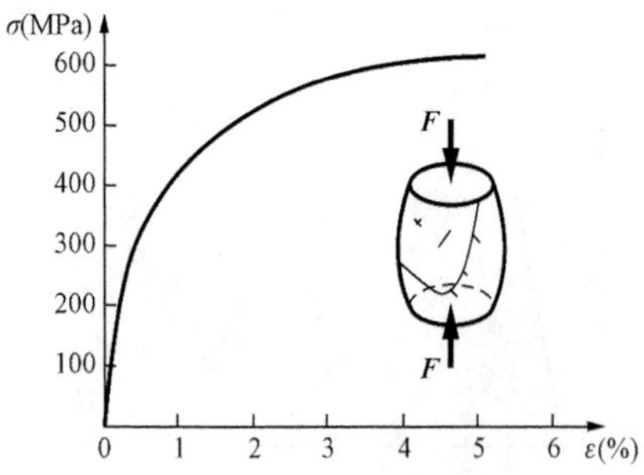

图 8-25 铸铁压缩时的 σ—ε 曲线

脆性材料抗拉强度低，塑性性能差，但抗压能力强，而且价格低廉，宜于作为抗压构件的材料。因此，脆性材料的压缩试验比拉伸试验更为重要。

综上所述，衡量材料力学性能的指标主要有：比例极限（或弹性极限）σ_p（或 σ_e）、屈服极限 σ_s、强度极限 σ_b、弹性模量 E、伸长率 δ 和断面收缩率 ψ 等。对很多金属材料来说，这些量往往受温度、加载方式等条件的影响。表 8-2 中列出了几种常用材料在常温、静载下 σ_s，σ_b 和 δ 的数值。

表 8-2 几种常用材料的主要力学性能

材料名称	牌　　号	σ_s(MPa)	σ_b(MPa)	δ(%)
普通碳素钢	Q235 Q275	216～235 255～275	373～461 490～608	25～27 19～21
优质碳素结构钢	40 45	333 353	569 598	19 16
普通低合金结构钢	16Mn 15MnV	274～343 333～412	471～510 490～549	19～21 17～19
合金结构钢	20Cr 40Cr	539 785	834 981	10 9
铸造碳钢	ZG340-640	340	640	10
可锻铸铁	KTZ450-06	270	450	6
球墨铸铁	QT450-10	310	450	10
灰铸铁	HT150		150	

五、两类材料力学性能的比较

通过上面试验分析，塑性材料和脆性材料在力学性能上的主要差别如下：

（一）强度方面

塑性材料拉伸和压缩的弹性极限、屈服极限基本相同。脆性材料压缩时的强度极限远比拉伸时大，因此，一般适用于受压构件。塑性材料在应力超过弹性极限后有屈服现象；而脆性材料没有屈服现象，破坏是突然的。

（二）变形方面

塑性材料的 δ 和 ψ 值都比较大，构件破坏前有较大的塑性变形，材料的可塑性大，便于加工和安装时的矫正。脆性材料的 δ 和 ψ 较小，难以加工，在安装时的矫正中易产生裂纹和损坏。

必须指出，上述关于塑性材料和脆性材料的概念是指常温、静载时的情况。实际上，材料是塑性的还是脆性并非一成不变，它将随条件而变化，如加载速度、温度高低、受力状态都能使其发生变化。例如低碳钢在低温时也会变得很脆。

第七节 许用应力 安全因数 强度条件

一、许用应力 安全因数

由第六节的试验可知，对于脆性材料，当应力达到其强度极限 σ_b 时，构件会断裂而破坏；对于塑性材料，当应力达到屈服极限 σ_s 时，将产生显著的塑性变形，常会使构件不能正常工作。工程中，把构件断裂或出现显著的塑性变形统称为破坏。材料破坏时的应力称为**极限应力**，用 σ_u 表示。对于脆性材料，强度极限是唯一强度指标，因此以强度极限作为极限应力；对于塑性材料，由于其屈服应力 σ_s 小于强度极限 σ_b，故通常以屈服应力作为极限应力。对于无明显屈服阶段的塑性材料，则用 $\sigma_{0.2}$ 作为 σ_u。

在理想情况下，为了充分利用材料的强度，应使材料的工作应力接近于材料的极限应力，但实际上这是不可能的，其原因是：

(1) 作用在构件上的外力常常估计不准确。

(2) 计算简图往往不能精确地符合实际构件的工作情况。

(3) 实际材料的组成与品质等难免存在差异，不能保证构件所用材料完全符合计算时所作的理想均匀假设。

(4) 结构在使用过程中偶尔会遇到超载的情况，即受到的荷载超过设计时所规定的荷载。

(5) 极限应力值是根据材料试验结果按统计方法得到的，材料产品的合格与否也只能凭抽样检查来确定，所以实际使用材料的极限应力有可能低于给定值。

所有这些不确定的因素，都有可能使构件的实际工作条件比设想的要偏于危险。除以上原因外，为了确保安全，构件还应具有适当的强度储备，特别是对于因破坏将带来严重后果的构件，更应给予较大的强度储备。

由此可见，杆件的最大工作应力 σ_{max} 应小于材料的极限应力 σ_u，而且还要有一定的安全裕度。因此，在选定材料的极限应力后，除以一个大于 1 的系数 n，所得结果称为**许用应力**，即

$$[\sigma]=\frac{\sigma_u}{n}$$

式中，n 为**安全因数**。它是一个无量纲的量，应考虑的因素，一般有以下几点：

(1) 材料的质量，包括材料的均匀程度、质地好坏、是塑性的还是脆性的等。

(2) 荷载情况，包括对荷载的估计是否准确，是静荷载还是动荷载等。

(3) 实际构件简化过程和计算方法的精确程度。

(4) 构件在设备中的重要性、工作条件、损坏后造成后果的严重程度、制造和修配的难易程度等。

(5) 对减轻设备自重和提高设备机动性的要求。

上述这些因素都足以影响安全系数的确定。安全因数定低了，构件不安全，定高了则浪费材料。各种材料在不同工作条件下的安全因数或许用应力，可从有关规范或设计手册中查到。在一般常温、静载强度计算中，对于塑性材料，按屈服应力所规定的安全因数 n_s，通常取为 1.2～2.5；对于脆性材料，按强度极限所规定的安全因数 n_b，通常取为 2.0～3.5，甚至更大。

二、强度条件

根据以上分析，为了保证拉（压）杆在工作时不致因强度不够而破坏，杆内的最大工作应力 σ_{max} 不得超过材料的许用应力 $[\sigma]$，即

$$\sigma_{max}=\left(\frac{F_N}{A}\right)_{max}\leqslant[\sigma] \tag{8-24}$$

式（8-24）即为拉（压）杆的**强度条件**。对于等截面杆，式（8-24）即变为

$$\sigma_{max}=\frac{F_{Nmax}}{A}\leqslant[\sigma] \tag{8-25}$$

利用上述强度条件，可以解决下列三类强度计算问题。

(1) 强度校核。已知荷载、杆件尺寸及材料的许用应力，根据强度条件校核是否满足强度要求。

(2) 选择截面尺寸。已知荷载及材料的许用应力，确定杆件所需的最小横截面面积。对于等截面拉（压）杆，其所需横截面面积为

$$A \geqslant \frac{F_{\mathrm{Nmax}}}{[\sigma]}$$

(3) 确定承载能力。已知杆件的横截面面积及材料的许用应力，根据强度条件可以确定杆件能承受的最大轴力，即

$$F_{\mathrm{Nmax}} \leqslant A[\sigma]$$

然后即可求出承载力。

最后还需指出，如果最大工作应力 $\sigma_{\max}$ 超过了许用应力 $[\sigma]$，但只要不超过许用应力的5%，在工程计算中仍然是允许的。

在以上强度条件计算中，都要用到材料的许用应力。几种常用材料在一般情况下的许用应力值见表 8-3。

表 8-3　几种常用材料的许用应力约值

材料名称	牌　号	轴向拉伸（MPa）	轴向压缩（MPa）
低碳钢	Q235	140～170	140～170
低合金钢	16Mn	230	230
灰口铸铁		35～55	160～200
木材（顺纹）		5.5～10.0	8～16
混凝土	C20	0.44	7
混凝土	C30	0.6	10.3

注　适用于常温、静载和一般工作条件下的拉杆和压杆。

下面用例题说明轴向拉（压）的强度计算问题。

【例 8-6】　起重吊钩的上端借螺母固定，如图 8-26 所示，若吊钩螺栓内径 $d=55\text{mm}$，$F=170\text{kN}$，材料许用应力 $[\sigma]=160\text{MPa}$。试校核螺栓部分的强度。

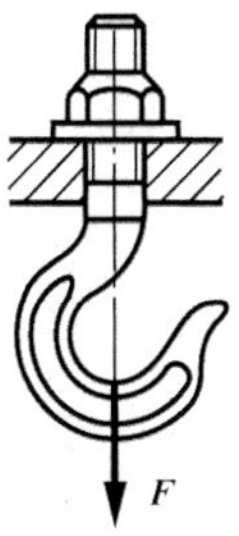

图 8-26　［例 8-6］图

解　计算螺栓内径处的面积

$$A=\frac{\pi d^2}{4}=\frac{\pi\times(55\times10^{-3})^2}{4}=2375(\text{mm}^2)$$

然后计算螺栓的工作应力

$$\sigma=\frac{F_{\mathrm{N}}}{A}=\frac{170\times10^3}{2375\times10^{-6}}=71.6(\text{MPa})<[\sigma]=160\text{MPa}$$

吊钩螺栓部分安全。

【例 8-7】　一钢筋混凝土组合屋架，如图 8-27（a）所示，受均布荷载 q 作用，屋架的上弦杆 AC 和 BC 由钢筋混凝土制成，下弦杆 AB 为 Q235 钢制成的圆截面钢拉杆。已知 $q=10\text{kN/m}$，$l=8.8\text{m}$，$h=1.6\text{m}$，钢的许用应力 $[\sigma]=170\text{MPa}$，试设计钢拉杆 AB 的直径。

解　(1) 求支反力 $\boldsymbol{F}_A$ 和 $\boldsymbol{F}_B$，因屋架及荷载左右对称，所以

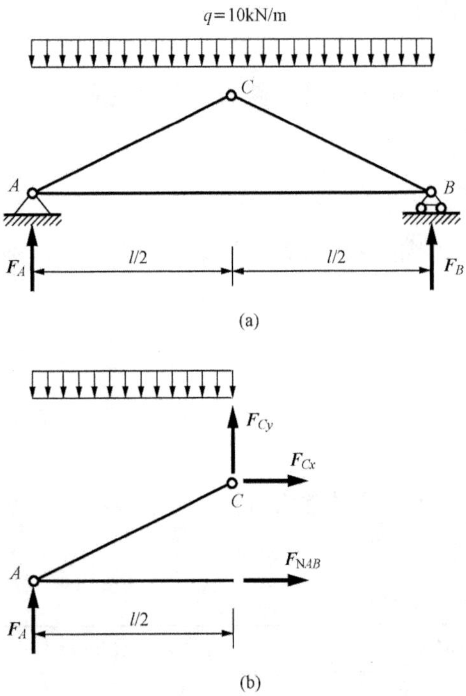

图 8-27 ［例 8-7］图

(a) 一钢筋混凝土组合屋架；(b) 受力图

$$F_A = F_B = \frac{1}{2}ql = \frac{1}{2}\times 10\times 8.8 = 44(\text{kN})$$

(2) 用截面法求拉杆内力 F_{NAB}，取左半个屋架为研究对象，受力如图 8-27 (b) 所示。由

$$\sum M_C = 0,\ -F_A\times\frac{l}{2}+\frac{1}{8}ql^2+F_{NAB}\times h = 0$$

得

$$F_{NAB} = \frac{F_A\times\frac{l}{2}-\frac{1}{8}ql^2}{h}$$

$$= \frac{44\times 4.4-\frac{1}{8}\times 10\times 8.8^2}{1.6}$$

$$= 60.5(\text{kN})$$

(3) 设计 Q235 钢拉杆的直径。

由强度条件

$$\frac{F_{NAB}}{A} = \frac{4F_{NAB}}{\pi d^2}\leqslant[\sigma]$$

得

$$d\geqslant\sqrt{\frac{4F_{NAB}}{\pi[\sigma]}} = \sqrt{\frac{4\times 60.5\times 10^3}{\pi\times 170\times 10^6}} = 21.29(\text{mm})$$

【例 8-8】 已知一个三脚架，如图 8-28 (a) 所示，AB 杆由两根 80×80×7 等边角钢组成，横截面积为 A_1，长度为 2m，AC 杆由两根 10 号槽钢组成，横截面积为 A_2，材料为 Q235 钢，许用应力 $[\sigma] = 120\text{MPa}$。求许可荷载 $[F_P]$。

解 (1) 对 A 结点受力分析。

$$\sum F_y = 0,\ F_{NAB}\sin 30^\circ - F_P = 0,\ F_{NAB} = \frac{F_P}{\sin 30^\circ} = 2F_P(\text{受拉})$$

$$\sum F_x = 0,\ -F_{NAB}\cos 30^\circ - F_{NAC} = 0,\ F_{NAC} = -F_{NAB}\cos 30^\circ = -1.732F_P(\text{受压})$$

(2) 计算许可轴力 $[F]$。

查型钢表 $A_1 = 10.86\times 2 = 21.7(\text{cm}^2)$，$A_2 = 12.74\times 2 = 25.48(\text{cm}^2)$

由强度计算公式 $\sigma_{max} = \frac{F_{Nmax}}{A}\leqslant[\sigma]$ 则 $[F_P] = A[\sigma]$

$$[F_{NAB}] = 21.7\times 10^{-4}\times 120\times 10^6 = 260(\text{kN})$$

$$[F_{NAC}] = 25.48\times 10^{-4}\times 120\times 10^6 = 306(\text{kN})$$

(3) 计算许可荷载。

$$[F_{P1}] = \frac{[F_{NAB}]}{2} = \frac{260}{2} = 130(\text{kN})$$

$$[F_{P2}] = \frac{[F_{NAC}]}{1.732} = \frac{306}{1.732} = 176.5(\text{kN})$$

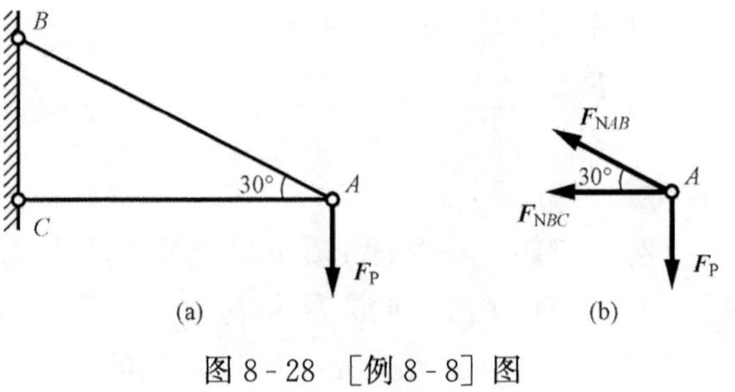

图 8-28 ［例 8-8］图

(a) 三脚架；(b) 受力图

结构的许可荷载为

$$[F_P] = \min\{F_{P1}, F_{P2}\} = 130(\text{kN})$$

第八节 拉（压）超静定问题

一、超静定问题的提出及其求解方法

在前面所讨论的问题中，结构的约束反力或构件的内力均可由静力平衡方程求出，这类问题称为静定问题。可是在工程实际中，常常会遇到另一类问题，即结构的约束反力或构件的内力未知量个数多于独立的静力平衡方程数目，则不能单纯凭静力平衡方程来求其解答。这类问题称为静不定问题，也称为超静定问题。对这类问题设未知量的个数为 s，静力平衡方程的数目为 n，则

$$z = s - n$$

z 称为静不定次数（或超静定次数），相应的问题称 z 次静不定问题。

如图 8-29（a）所示三杆桁架为例，由图 8-29（b）得结点 A 的静力平衡方程为

$$\left.\begin{aligned} \sum F_x &= 0 \quad F_{N1}\sin\alpha - F_{N2}\sin\alpha = 0 \\ \sum F_y &= 0 \quad F_{N3} + F_{N1}\cos\alpha + F_{N2}\cos\alpha - F = 0 \end{aligned}\right\} \tag{8-26}$$

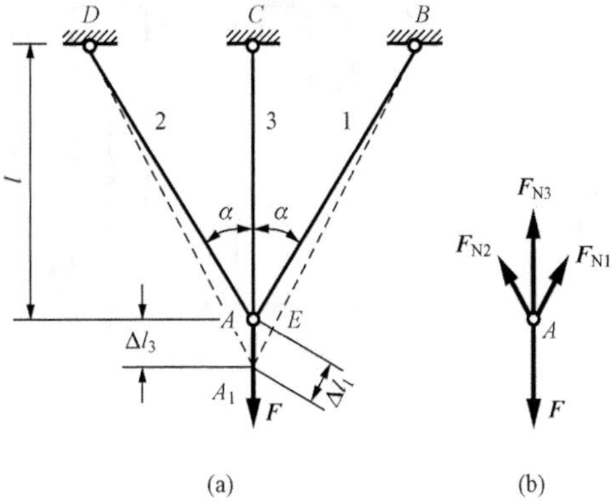

图 8-29 超静定问题

（a）三杆桁架；（b）结点 A 受力图

这里平衡方程有两个，但未知力有三个，可见，只凭静力平衡方程不能求得全部轴力，所以是静不定问题。

为了求得问题的解，在静力平衡方程之外，还必须寻求补充方程。设 1、2 两杆的抗拉刚度相同，同为 EA。桁架变形是对称的，结点 A 垂直地移动到 A_1，位移 AA_1 也就是杆 3 的伸长 Δl_3。以 B 点为圆心，杆 AB 的原长为半径作圆弧，圆弧以外的线段即为杆 1 的伸长 Δl_1。由于变形很小，可用垂直于 A_1B 的直线代替上述弧线，且仍可认为 $\angle AA_1B = \alpha$。于是

$$\Delta l_1 = \Delta l_3 \cos\alpha \tag{8-27}$$

这是 1、2、3 三根杆件的变形必须满足的关系，只有满足了这一关系，它们才可能在变形后仍然在结点 A_1 联系在一起，变形才是协调的。所以，这种几何关系称为**变形协调方程**。若杆 3 的抗拉刚度为 E_3A_3，由胡克定律有［式（8-11）］

$$\Delta l_1 = \frac{F_{N1}l}{EA\cos\alpha},\ \Delta l_3 = \frac{F_{N3}l}{E_3A_3} \tag{8-28}$$

这两个表示变形与轴力关系的式子称为**物理方程**，将其代入式（8-27），得

$$\frac{F_{N1}l}{EA\cos\alpha} = \frac{F_{N3}l}{E_3A_3}\cos\alpha \tag{8-29}$$

这是在静力平衡方程之外得到的**补充方程**，从式（8-26）、式（8-29）容易解出

$$F_{N1} = F_{N2} = \frac{F\cos^2\alpha}{2\cos^3\alpha + \dfrac{E_3A_3}{EA}}$$

$$F_{N3}=\frac{F}{1+2\frac{EA}{E_3A_3}\cos^3\alpha}$$

本例表明，静不定问题是综合了静力平衡方程、变形协调方程（几何方程）和物理方程三方面的关系求解的。

【例 8-9】 两端固定的等直杆 AB，在 C 处承受轴向力 F，如图 8-30（a）所示，杆的拉压刚度为 EA，试求两端的支反力。

解 根据前面的分析可知，该结构为一次超静定问题，需找一个补充方程。为此，从下列 3 个方面来分析。

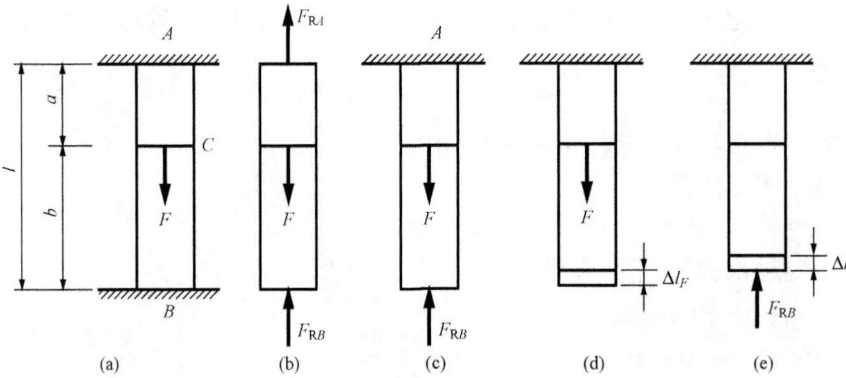

图 8-30 ［例 8-9］图

（a）两端固定的等直杆 AB 在 C 处承受轴向力 F；（b）杆的受力图；（c）静定杆；（d）由力 F 引起的变形为 Δl_F；（e）由力 F_{RB} 引起的变形为 Δl_B

（1）静力平衡方程。杆的受力如图 8-30（b）所示。可写出一个平衡方程为

$$\sum F_y=0，F_{RA}+F_{RB}-F=0 \quad ①$$

（2）变形协调方程。由于是一次超静定问题，所以有一个多余约束，设取下固定端 B 为多余约束，暂时将它解除，以未知力 F_{RB} 来代替此约束对杆 AB 的作用，则得一静定杆，如图 8-30（c）所示，受已知力 F 和未知力 F_{RB} 作用，并引起变形。设杆由力 F 引起的变形为 Δl_F，如图 8-30（d）所示，由 F_{RB} 引起的变形为 Δl_B，如图 8-30（e）所示。但由于 B 端原是固定的，不能上下移动，由此应有下列几何关系

$$\Delta l_F+\Delta l_B=0 \quad ②$$

（3）物理方程。由胡克定律［式（8-11）］，有

$$\Delta l_F=\frac{Fa}{EA}，\Delta l_B=-\frac{F_{RB}l}{EA} \quad ③$$

将式③代入式②即得补充方程

$$\frac{Fa}{EA}-\frac{F_{RB}l}{EA}=0 \quad ④$$

最后，联立解式①和式④得

$$F_{RA}=\frac{Fb}{l}，F_{RB}=\frac{Fa}{l}$$

求出反力后，即可用截面法分别求得 AC 段和 BC 段的轴力。

二、装配应力

加工构件时，尺寸上的一些微小误差是难以避免的。对静定结构，这种加工误差只不过是造成结构几何形状的轻微变化，不会引起内力。但对静不定结构，加工误差将给装配工作带来困难，经强行装配以后，杆件在未受荷载作用以前，即已产生内力及应力，这种应力称为**装配应力**。装配应力是荷载作用之前即已具有的应力，所以是一种初应力。下面以例题说明装配应力的计算。

【例 8-10】 两铸件用两钢杆1、2 连接，其间距为 $l=200\text{mm}$［见图 8-31（a）］，现需将制造的过长（$\Delta e=0.11\text{mm}$）的铜杆 3［见图 8-31（b）］装入铸件之间，并保持 3 杆的轴线平行且有间距 a。试计算各杆内的装配应力。已知：钢杆直径 $d=10\text{mm}$，铜杆横截面为 20mm×30mm 的矩形，钢的弹性模量 $E=210\text{GPa}$，铜的弹性模量 $E_3=100\text{GPa}$。铸铁很厚，其变形可略去不计。

解 本题中 3 根杆的轴力均为未知，但平面平行力系只有两个独立的平衡方程，故为一次超静定问题。

（1）静力平衡方程。假设杆 1、2 的轴力为拉力而杆 3 的轴力为压力。于是，铸件的受力如图 8-31（d）所示。由对称关系可知

$$F_{N1}=F_{N2} \quad ①$$

另一平衡方程为

$$\sum F_x=0,\ F_{N3}-F_{N1}-F_{N2}=0 \quad ②$$

（2）变形协调方程。因铸铁可视为刚体，其变形协调条件是三杆变形后的端点须在同一直线上。由于结构对称于杆 3，故其变形关系如图 8-31（c）所示。从而可得变形几何方程为

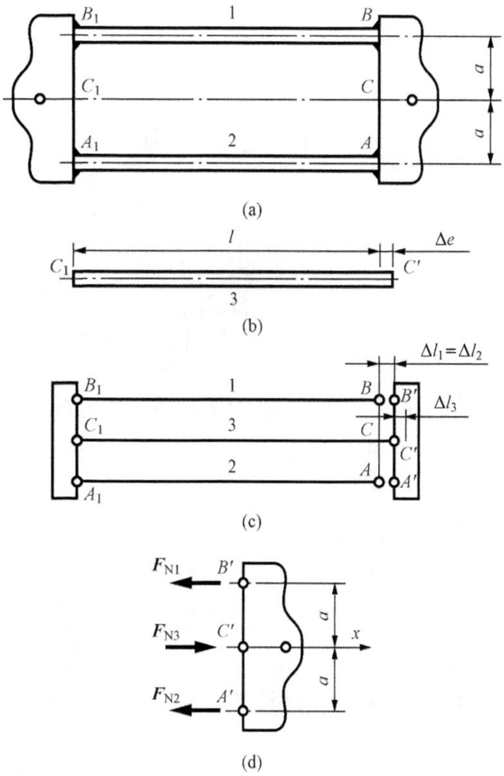

图 8-31 ［例 8-10］图

（a）两铸件用两钢杆 1、2 连接；（b）铜杆 3；（c）变形关系；（d）铸件的受力图

1～3—杆

$$\Delta l_3=\Delta e-\Delta l_1 \quad ③$$

（3）物理方程。两杆的变形如图 8-31（c）所示，其伸长量分别为

$$\Delta l_1=\frac{F_{N1}l}{EA} \quad ④$$

$$\Delta l_3=\frac{F_{N3}l}{E_3A_3} \quad ⑤$$

将式④和式⑤代入式③，即得补充方程

$$\frac{F_{N3}l}{E_3A_3}=\Delta e-\frac{F_{N1}l}{EA} \quad ⑥$$

联解式①、式②和式⑥，整理后即得装配内力为

$$F_{N1}=F_{N2}=\frac{\Delta eEA}{l}\left(\frac{1}{1+2\dfrac{EA}{E_3A_3}}\right)$$

$$F_{N3}=\frac{\Delta eE_3A_3}{l}\left(\frac{1}{1+\dfrac{E_3A_3}{2EA}}\right)$$

所得结果均为正，说明原先假定杆 1、2 为拉力和杆 3 为压力是正确的。

各杆的装配应力为

$$\sigma_1=\sigma_2=\frac{F_{N1}}{A}=\frac{\Delta eE}{l}\left(\frac{1}{1+2\dfrac{EA}{E_3A_3}}\right)$$

$$=\frac{0.11\times10^{-3}\times210\times10^9}{0.2}\times\frac{1}{1+\dfrac{2\times210\times10^9\times\dfrac{\pi}{4}\times10\times10^{-3}}{100\times10^9\times20\times10^{-3}\times30\times10^{-3}}}$$

$$=74.53\times10^{-6}(\text{Pa})=74.53(\text{MPa})$$

$$\sigma_3=\frac{F_{N3}}{A_3}=\frac{\Delta eE_3}{l}\left(\frac{1}{1+\dfrac{E_3A_3}{2EA}}\right)=19.51(\text{MPa})$$

从上面的例题可以看出，在超静定问题里，杆件尺寸的微小误差，会产生相当可观的装配应力。这种装配应力既可能引起不利的后果，也可能带来有利的影响。土建工程中的预应力钢筋混凝土构件，就是利用装配应力来提高构件承载能力的例子。

三、温度应力

在工程实际中，结构物或其部分杆件往往会遇到因温度的升降而产生伸缩。在均匀温度场中，静定杆件或杆系由温度引起的变形伸缩自由，一般不会在杆中产生内力。但在超静定问题中，由于有了多余约束，由温度变化所引起的变形将受到限制，从而在杆内产生内力及与之相应的应力，这种应力称为**温度应力**或**热应力**。计算温度应力的关键也是根据杆件或杆系的变形协调条件及物理关系列出变形补充方程式。与前面不同的是，杆的变形包括两部分，即由温度变化所引起的变形，以及与温度内力相应的弹性变形。

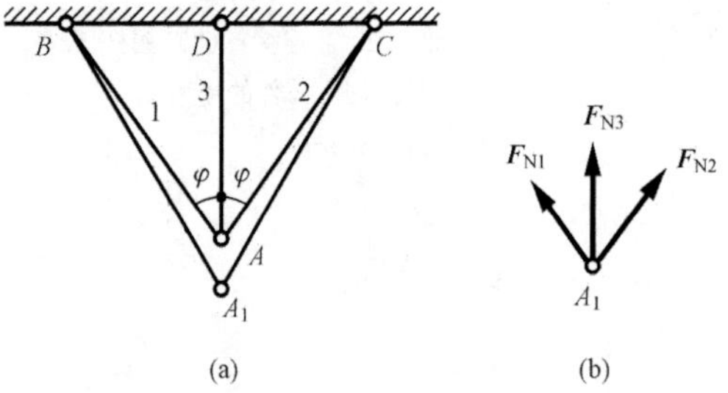

图8-32 ［例 8-11］图

(a) 1、2、3 杆用铰链相连接；

(b) A 铰的受力图

1～3—杆

【例 8-11】 如图 8-32（a）所示，1、2、3 杆用铰相连接，当温度升高 $\Delta t=20℃$ 时，求各杆的温度应力。已知：杆 1 与杆 2 由铜制成，$E_1=E_2=100$ GPa，$\varphi=30°$，线膨胀系数 $\alpha_1=\alpha_2=16.5\times10^{-6}/℃$，$A_1=A_2=200\text{mm}^2$；杆 3 由钢制成，其长度 $l=1\text{m}$，$E_3=200\text{GPa}$，$A_3=100\text{mm}^2$，$\alpha_3=12.5\times10^{-6}/℃$。

解 设 F_{N1}，F_{N2}，F_{N3} 分别代表三杆因温度升高所产生的内力，假设均为拉力，考虑 A_1 铰的平衡［见图 8-32（b）］，则有

$$\sum F_x=0,\ F_{N1}\sin\varphi-F_{N2}\sin\varphi=0,\ 得\ F_{N1}=F_{N2} \quad ①$$

$$\sum F_y = 0, \ 2F_{N1}\cos\varphi + F_{N3} = 0, \ 得 \ F_{N1} = -\frac{F_{N3}}{2\cos\varphi} \quad ②$$

变形几何关系为

$$\Delta l_1 = \Delta l_3 \cos\varphi \quad ③$$

物理关系（温度变形与内力弹性变形）为

$$\Delta l_1 = \alpha_1 \Delta t \frac{l}{\cos\varphi} + \frac{F_{N1}\dfrac{l}{\cos\varphi}}{E_1 A_1} \quad ④$$

$$\Delta l_3 = \alpha_3 \Delta t l + \frac{F_{N3} l}{E_3 A_3} \quad ⑤$$

将式④、式⑤两式代入式③得

$$\Delta l_3 = \alpha_3 \Delta t \frac{l}{\cos\varphi} + \frac{F_{N1} l}{E_1 A_1 \cos\varphi} = \left(\alpha_3 \Delta t l + \frac{F_{N3} l}{E_3 A_3}\right)\cos\varphi \quad ⑥$$

联立求解式①、式②、式⑥，得各杆轴力

$$F_{N3} = 1492\text{N}$$

$$F_{N1} = F_{N2} = -\frac{F_{N3}}{2\cos\varphi} = -860\text{N}$$

杆 1 与杆 2 承受的是压力，杆 3 承受的是拉力，各杆的温度应力为

$$\sigma_1 = \sigma_2 = \frac{F_{N1}}{A_1} = -\frac{860}{200 \times 10^{-6}} = -4.3(\text{MPa})$$

$$\sigma_3 = \frac{F_{N3}}{A_3} = \frac{1492}{100 \times 10^{-6}} = 14.92(\text{MPa})$$

几种常用材料的线膨胀系数 α 的数值列于表 8-4 中。

表 8-4　几种材料的线膨胀系数 α　（10^{-6}/℃）

材料名称	α	材料名称	α
钢	10.0～13.0	铝	25.5
铜	16.7	混凝土	10.0～14.0
黄铜、青铜	17.0～20.0	木　材	2.0～5.0

第九节　应力集中的概念

一、应力集中的概念

等截面直杆受轴向拉伸和压缩时，横截面上的应力是均匀分布的。但是工程上由于实际的需要，常在一些构件上钻孔，开槽以及制成阶梯形等，以致截面的形状和尺寸发生了较急的改变。由实验和理论研究表明，构件在截面突变处应力并不是均匀分布的。如图 8-33 (a) 所示开有圆孔的直杆受到轴向拉伸时，在圆孔附近的局部区域内，应力的数值剧烈增加，而在稍远的地方，应力迅速降低而趋于均匀如图 8-33 (b) 所示。又如图 8-34 (a) 所示具有浅槽的圆截面拉杆，在靠近槽边处应力很大。在开槽的横截面上，其应力分布如图 8-34 (b) 所示。这种由于杆件外形的突然变化而引起局部应力急剧增大的现象，称为**应力集中**。

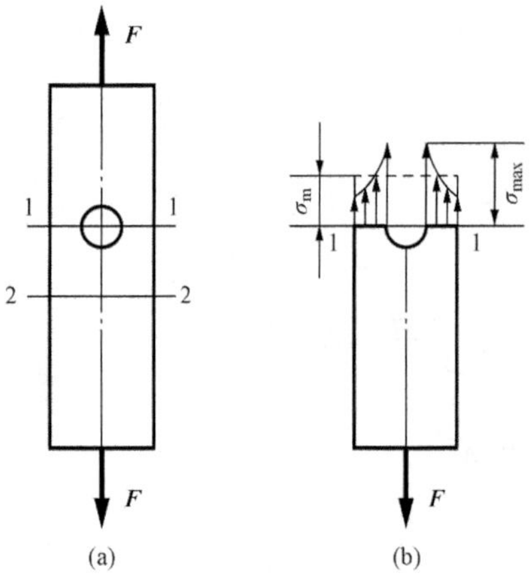

图 8-33　应力集中示例 1

(a) 开有圆孔的直杆受到轴向拉伸；(b) 应力分布图

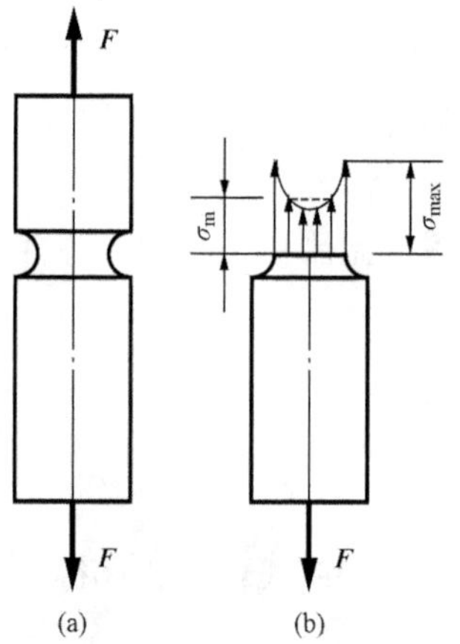

图 8-34　应力集中示例 2

(a) 具有浅槽的圆截面拉杆；(b) 应力分布图

设发生应力集中的截面上的最大应力为 σ_{max}，同一截面上的平均应力为 σ_{av}，则比值为

$$k=\frac{\sigma_{max}}{\sigma_{av}} \tag{8-30}$$

k 称为**理论应力集中系数**。它反映了应力集中程度，是一个大于 1 的系数。实验结果表明：截面尺寸改变得越急剧、角越尖、孔越小，应力集中的程度就越严重。因此，零件上应尽可能地避免带尖角的孔和槽，在阶梯轴的轴肩处要用圆弧过渡，而且在结构允许的范围内，应尽量使圆弧半径大一些。

二、应力集中对构件强度的影响

各种材料对应力集中的敏感程度并不相同，塑性材料有屈服阶段，当局部的最大应力 σ_{max} 到达屈服极限 σ_s 时，该处材料的变形可以继续增长，而应力却不再加大。如外力继续增加，增加的力就由截面上尚未屈服的材料来承担，使截面上其他点的应力相继增大到屈服极限。这就使截面上的应力逐渐趋于平均，降低了应力不均匀程度，也限制了最大应力 σ_{max} 的数值。因此，用塑性材料制成的构件在静载作用下，可以不考虑应力集中的影响。脆性材料没有屈服阶段，当荷载增加时，应力集中处的最大应力 σ_{max} 一直领先，不断增长，首先到达强度极限 σ_b，该处将首先产生裂纹。所以对于脆性材料制成的构件，应力集中的危害性显得严重。这样，即使在静载下，也应考虑应力集中对构件承载能力的削弱。但是像灰铸铁这类材料，其内部的不均匀性和缺陷往往是产生应力集中的主要因素，而构件外形改变所引起的应力集中就可能成为次要因素，对构件的承载能力不一定造成明显的影响。

当构件受周期性变化的应力或受冲击荷载作用时，不论是塑性材料还是脆性材料，应力集中对构件的强度都有严重影响，往往是构件破坏的根源。

第十节　剪切与挤压的实用计算

在工程实际中，经常遇到剪切问题。剪切变形的主要受力特点是构件受到与其轴线相垂直的大小相等、方向相反、作用线相距很近的一对外力的作用［见图 8-35 (a)］，构件的变形主要表现为沿着与外力作用线平行的剪切面（m—n 面）发生相对错动［见图 8-35（b）］。

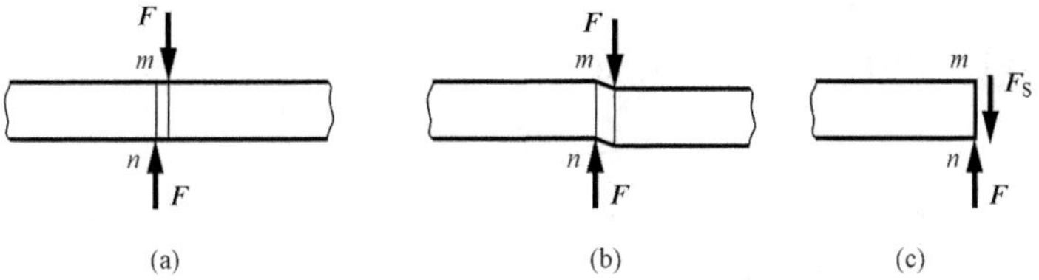

图 8-35　剪切

（a）构件受到剪切；（b）发生相对错动；（c）分析被 m—n 截面截开后的受力

工程中的一些连接件，如键、销钉、螺栓及铆钉等，都是主要承受剪切作用的构件。剪切面上的内力可用截面法求得。如图 8-35（c）所示，将构件沿剪切面 m—n 假想地截开，保留一部分考虑其平衡。例如，由左部分的平衡，可知剪切面上必有与外力平行且与横截面相切的内力 F_S［见图 8-35（c）］的作用。F_S 称为**剪力**，根据平衡方程，可求得 $F_S = F$。

剪切破坏时，构件将沿剪切面［见图 8-35（a）的 m—n 面］被剪断。受剪构件除了承受剪切外，往往同时伴随着挤压、弯曲和拉伸等变形。在图 8-35 中没有完全给出构件所受的外力和剪切面上的全部内力，而只是给出了主要的受力和内力。实际受力和变形比较复杂，因而对这类构件的工作应力进行理论上的精确分析是困难的。工程中对这类构件的强度计算，一般采用在试验和经验基础上建立起来的比较简便的计算方法，称为实用计算或工程计算。

一、剪切的实用计算

如图 8-36（a）所示为一种剪切试验装置的简图，试件的受力情况如图 8-36（b）所示，这是模拟某种销钉连接的工作情形。当荷载 F 增大至破坏荷载 F_b 时，试件在剪切面 m—m 及 n—n 处被剪断。这种具有两个剪切面的情况，称为双剪切。由图 8-36（c）所示可求得剪切面上的剪力为

$$F_S = \frac{F}{2}$$

由于受剪构件的变形及受力比较复杂，剪切面上的应力分布规律很难用理论方法确定，因而工程上一般采用实用计算方法来计算受剪构件的应力。在这种计算方法中，假设应力在剪切面内是均匀分布的，则应力为

$$\tau = \frac{F_S}{A} \qquad (8-31)$$

式中：F_S 为剪切面上的剪力；A 为剪切面的面积。

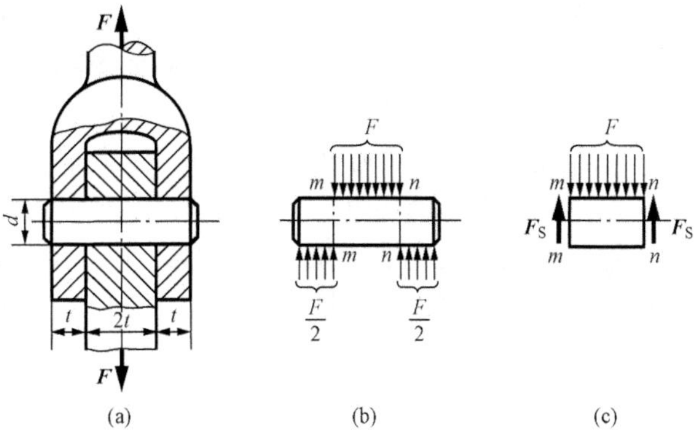

图 8-36　剪切的实用计算

（a）剪切装置的简图；（b）试件的受力情况；（c）求剪力

以上计算是以假设切应力在剪切面上均匀分布为基础的，实际上它只是剪切面内的一个平均切应力，所以也称为名义切应力。

许用切应力为

$$[\tau] = \frac{\tau_b}{n}$$

式中：$[\tau]$ 为材料的许用切应力；τ_b 为剪切极限应力，是当 F 达到 F_b 时的切应力；n 为安全因数。

这样，剪切计算的强度条件可表示为

$$\tau=\frac{F_S}{A}\leqslant[\tau] \tag{8-32}$$

$[\tau]$ 通常可根据材料、连接方式等实际工作条件在有关设计规范中查得。一般地，许用切应力 $[\tau]$ 要比同样材料的许用拉应力 $[\sigma]$ 小。

对于塑性材料 $[\tau]=(0.6\sim0.8)[\sigma]$

对于脆性材料 $[\tau]=(0.8\sim1.0)[\sigma]$

根据以上强度条件，可解决强度校核、截面设计和确定许可荷载三类强度计算问题。

【例 8-12】 正方形截面的混凝土柱，其横截面边长为 200mm，其基底为边长 1m 的正方形混凝土板，柱承受轴向压力 $F=100\text{kN}$，如图 8-37 所示。设地基对混凝土板的支反力为均匀分布，混凝土的许用切应力 $[\tau]=1.5\text{MPa}$。试设计混凝土板的最小厚度 δ 为多少时，才不至于使柱穿过混凝土板？

解 (1) 混凝土板的剪切面面积

$$A=0.2\times4\times\delta=0.8\delta$$

(2) 剪力计算

$$F_S=F-\left(0.2\times0.2\times\frac{F}{1\times1}\right)=100\times10^3-0.04\times\frac{100\times10^3}{1\times1}=96\times10^3(\text{N})$$

(3) 混凝土板厚度设计。根据剪切强度条件 $\tau=\frac{F_S}{A}\leqslant[\tau]$，可得

$$\delta\geqslant\frac{F_S}{[\tau]\times800\times10^{-3}}=\frac{96\times10^3}{1.5\times10^6\times800\times10^{-3}}=80(\text{mm})$$

取混凝土板厚度

$$\delta=80(\text{mm})$$

二、挤压的实用计算

一般情况下，连接件在承受剪切作用的同时，在连接件与被连接件之间传递压力的接触面上还发生局部受压的现象，称为**挤压**。例如，在铆钉连接中，铆钉与钢板就相互压紧。这就可能把铆钉或钢板的铆钉孔压成局部塑性变形。如图 8-38 所示就是铆钉孔被压成长圆孔的情况，当然，铆钉也可能被压成扁圆柱。所以应该进行挤压强度计算。

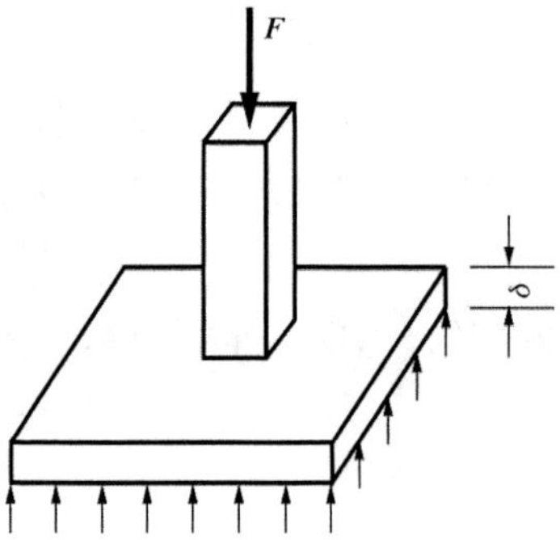

图 8-37 [例 8-12] 图

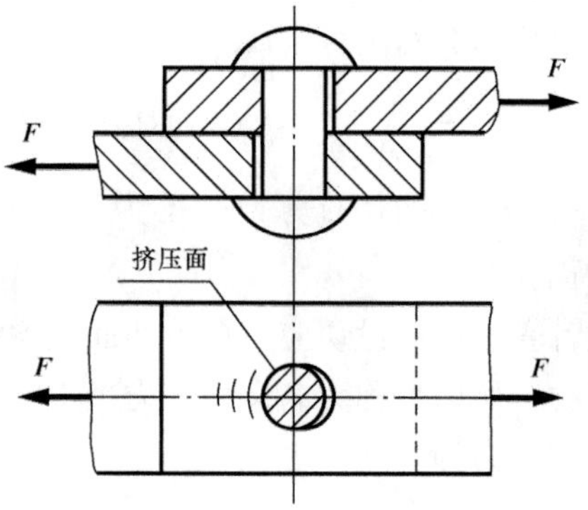

图 8-38 挤压

在挤压面上应力分布一般也比较复杂。实用计算中，也是假设在挤压面上应力均匀分布。挤压应力为

$$\sigma_{bs}=\frac{F_{bs}}{A_{bs}}$$

式中：F_{bs} 为挤压面上传递的力；A_{bs} 为挤压面面积。挤压强度条件为

$$\sigma_{bs}=\frac{F_{bs}}{A_{bs}}\leqslant[\sigma_{bs}] \tag{8-33}$$

式中：$[\sigma_{bs}]$ 为许用挤压应力。

$[\sigma_{bs}]$ 通常可根据材料、连接方式和荷载情况等实际工作条件在有关设计规范中查得。如果两个接触构件的材料不同，应以连接中抵抗挤压能力较低的构件来进行挤压强度计算。

当连接件与被连接构件的接触面为平面时，式（8-33）中的 A_{bs} 就是接触面的实际面积。当接触面为半圆柱面时（如销钉、铆钉等与钉孔间的接触面），挤压应力的分布情况如图 8-39（a）所示，最大应力在圆柱面的中点。实用计算中，以圆孔或圆柱的直径平面面积 td [即图 8-39（b）所示阴影部分的面积] 除挤压力 F_{bs}，所得应力大致上与实际最大应力接近。

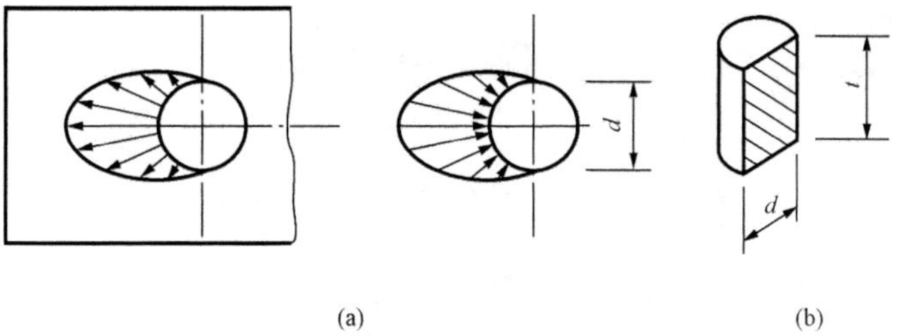

图 8-39 挤压应力

（a）挤压应力的分布情况；（b）实用计算方法

【例 8-13】 如图8-40（a）所示为齿轮用平键与轴连接 [图 8-40（a）中只画出了轴与键，没有画齿轮]。已知轴的直径 $d=70\text{mm}$，键的尺寸为 $b\times h\times l=20\text{mm}\times12\text{mm}\times100\text{mm}$，传递的扭转力偶矩 $T_e=2\text{kN}\cdot\text{m}$，键的许用应力 $[\tau]=60\text{MPa}$，$[\sigma_{bs}]=100\text{MPa}$。试校核键的强度。

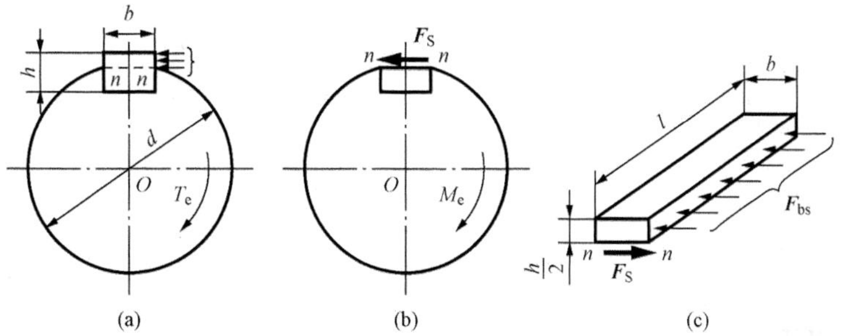

图 8-40 [例 8-13] 图

（a）齿轮用平键与轴连接；（b）将 n—n 截面以下部分和轴作为一个整体来考虑；（c）考虑键在 n—n 截面以上部分的平衡

解 （1）首先校核键的剪切强度。将键沿 n—n 截面假想地分成两部分，并把 n—n 截

面以下部分和轴作为一个整体来考虑［见图 8 - 40（b）］。因为假设在 $n—n$ 截面上的切应力均匀分布，故 $n—n$ 截面上剪力 F_S 为

$$F_S = A\tau = bl\tau$$

对轴心取矩，由平衡条件 $\sum M_O = 0$，得

$$F_S \frac{d}{2} = bl\tau \frac{d}{2} = T_e$$

故

$$\tau = \frac{2T_e}{bld} = \frac{2 \times 2 \times 10^3}{20 \times 100 \times 90 \times 10^{-9}} = 28.6(\text{MPa}) < [\tau]$$

可见该键满足剪切强度条件。

（2）校核键的挤压强度。考虑键在 $n—n$ 截面以上部分的平衡［见图 8 - 40（c）］，在 $n—n$ 截面上的剪力为 $F_S = bl\tau$，右侧面上的挤压力为

$$F_{bs} = A_{bs}\sigma_{bs} = \frac{h}{2}l\sigma_{bs}$$

由水平方向的平衡条件得

$$F_S = F_{bs} \text{ 或 } bl\tau = \frac{h}{2}l\sigma_{bs}$$

由此求得

$$\sigma_{bs} = \frac{2b\tau}{h} = \frac{2 \times 20 \times 28.6}{12} = 95.3(\text{MPa}) < [\sigma_{bs}]$$

该键符合挤压强度要求。故该键连接强度足够。

【例 8 - 14】 电瓶车挂钩用插销连接，如图 8 - 41（a）所示。已知 $t=8\text{mm}$，插销材料的许用切应力 $[\tau]=30\text{MPa}$，许用挤压应力 $[\sigma_{bs}]=100\text{MPa}$，牵引力 $F=15\text{kN}$。试选定插销的直径 d。

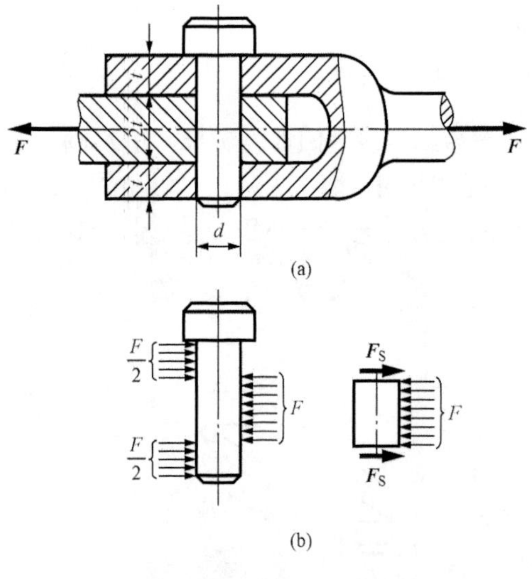

图 8 - 41 ［例 8 - 14］图

（a）电瓶车挂钩用插销连接；（b）插销的受力情况

解 插销的受力情况如图 8 - 41（b）所示，可以求得

$$F_S = \frac{F}{2} = \frac{15}{2} = 7.5(\text{kN})$$

（1）按抗剪强度条件进行设计

$$A \geqslant \frac{F_S}{[\tau]} = \frac{7500}{30 \times 10^6} = 2.5 \times 10^{-4}(\text{m}^2)$$

即

$$\frac{\pi d^2}{4} \geqslant 2.5 \times 10^{-4}\text{m}^2$$

$$d \geqslant 0.0178\text{m} = 17.8\text{mm}$$

（2）挤压强度条件进行校核。由于挤压面为半圆柱面，挤压面积应按其直径剖面面积计算，$A_{bs} = 2td$

$$\sigma_{bs} = \frac{F_{bs}}{A_{bs}} = \frac{F}{2td} = \frac{15 \times 10^3}{2 \times 8 \times 17.8 \times 10^{-6}} = 52.7(\text{MPa}) < [\sigma_{bs}]$$

所以挤压强度条件也是足够的。查机械设计手册，最后采用 $d=20\text{mm}$ 的标准圆柱销钉。

小　结

(1) 拉（压）杆的内力、应力的计算。拉（压）杆的内力（轴力 F_N）的计算采取截面法和静力平衡关系求得。拉（压）杆的正应力 σ 在横截面上均匀分布，其计算公式为

$$\sigma=\frac{F_N}{A}$$

(2) 拉压杆的变形计算。胡克定律建立了应力和应变之间的关系，其表达式为

$$\sigma=E\varepsilon \text{ 或 } \Delta l=\frac{F_N l}{EA}$$

纵向应变 ε 和横向应变 ε' 之间有如下关系

$$\varepsilon'=-\mu\varepsilon$$

(3) 材料拉（压）的力学性质。为了解决强度问题，应研究材料拉（压）时的力学性质。在常温，静载下通过轴向拉（压）实验研究材料从受力、变形到破坏全过程所表现出的性能，从而得到与材料弹性、塑性及强度有关的力学指标而作为强度计算依据。

低碳钢的拉伸应力——应变曲线分为四个阶段：弹性阶段、屈服阶段、强化阶段和局部变形阶段。重要的强度指标有屈服极限 σ_s 和强度极限 σ_b；塑性指标有伸长率 δ 和断面收缩率 ψ。

(4) 轴向拉（压）的强度条件为

$$\sigma_{max}=\frac{F_N}{A}\leqslant[\sigma]$$

利用该式可以解决强度校核、设计截面和确定承载能力这三类强度计算问题。

(5) 拉（压）超静定问题。由于超静定杆具有多余约束不能完全由静力平衡方程求解，故需补充变形协调方程，因此，求解超静定问题通常要用三方面来解决：①静力学条件；②变形协调条件；③物理条件。

由变形协调条件所建立的补充方程的形式，因结构不同而不同。

(6) 剪切和挤压的强度计算。工程实际中采用实用计算的方法来建立剪切强度条件和挤压强度条件。

剪切强度条件为

$$\tau=\frac{F_S}{A}\leqslant[\tau]$$

挤压强度条件为

$$\sigma_{bs}=\frac{F_{bs}}{A_{bs}}\leqslant[\sigma_{bs}]$$

剪切面与外力平行且位于反向外力之间，当挤压面为平面时，其计算面积就是实际面积；当挤压面为半圆柱面时，其计算面积等于圆孔或圆柱的直径平面面积。

思考题

8-1　两根不同材料的拉杆，其杆长 l，横截面面积 A 均相同，并受相同的轴向拉力 F。

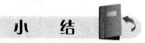

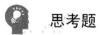

试问它们横截面上的正应力 σ 及杆件的伸长量 Δl 是否相同?

8-2 两根圆截面拉杆，一根为铜杆，一根为钢杆，两杆的拉压刚度 EA 相同，并受相同的轴向拉力 F。试问它们的伸长量 Δl 和横截面上的正应力 σ 是否相同?

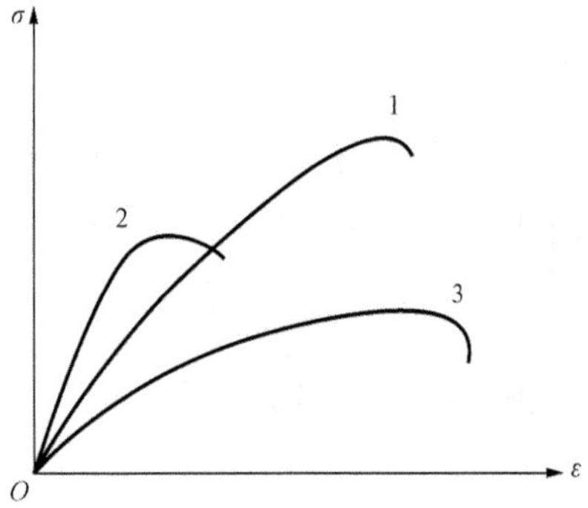

图 8-42 思考题 8-3 图

8-3 如何利用材料的应力—应变图，比较材料的强度、刚度和塑性。如图 8-42 所示中哪种材料的强度高、刚度大、塑性好?

8-4 在工程中是否所有材料的应力、应变关系都符合胡克定律? 胡克定律有什么适用条件? 一根钢筋试样，其弹性模量 $E=210\text{GPa}$，比例极限 $\sigma_p=210\text{GPa}$，在轴向拉力 F 作用下，纵向线应变 $\varepsilon=0.001$。试求钢筋横截面上的正应力。如果加大拉力 F，使试样的纵向线应变增加到 $\varepsilon=0.01$，问此时钢筋横截面上的正应力能否由胡克定律确定，为什么?

8-5 如何判断塑性材料和脆性材料? 试比较塑性材料和脆性材料的力学性能特点。

8-6 什么是应力集中? 如图 8-43 所示一张厚纸条，若在轴线上剪一直径为 d 的圆孔和长度为 d 的横向缝隙，用手在轴向加力时，破坏从哪里开始? 为什么?

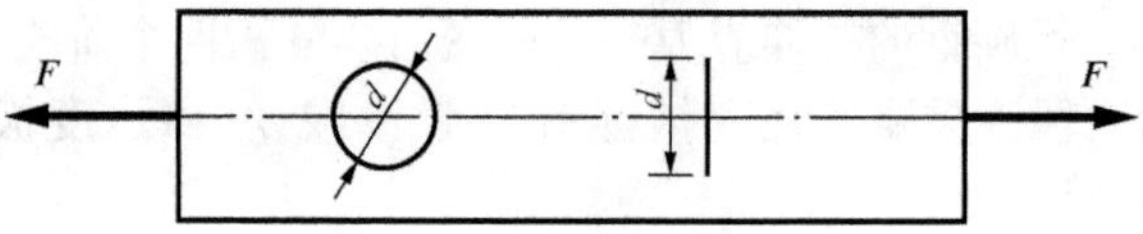

图 8-43 思考题 8-6 图

习 题

8-1 试求如图 8-44 所示各杆 1—1、2—2、3—3 截面上的轴力，并作轴力图。

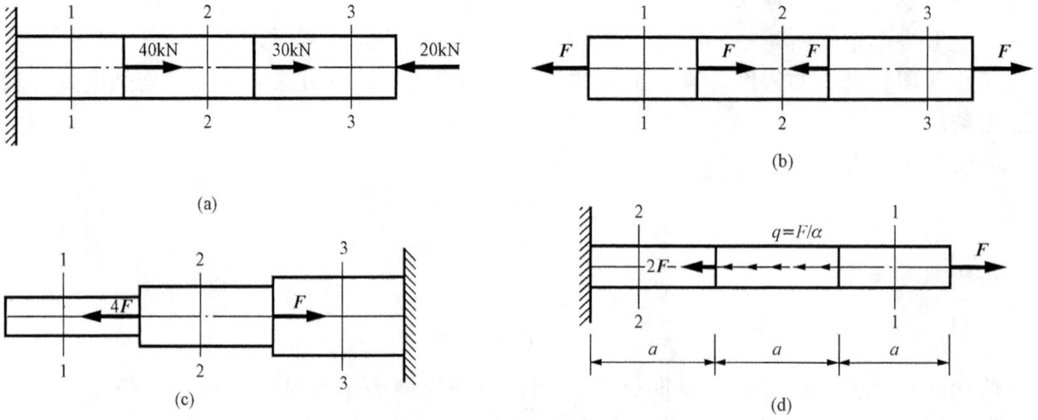

图 8-44 题 8-1 图

8-2 试求如图 8-45 所示阶梯状直杆横截面 1—1，2—2 和 3—3 上的轴力，并作轴力图。若横截面面积 $A_1=200\text{mm}^2$，$A_2=300\text{mm}^2$，$A_3=400\text{mm}^2$，求横截面上的应力。

8-3　石砌桥墩的墩身高 $h=10\text{m}$，其横截面尺寸如图 8-46 所示。如荷载 $F=100\text{kN}$，材料的密度 $\rho=2.35\text{kg/m}^3$，试求墩身底部横截面上的压应力。

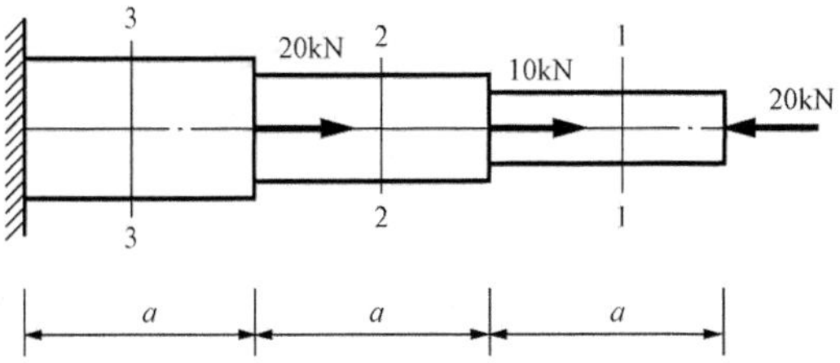

图 8-45　题 8-2 图

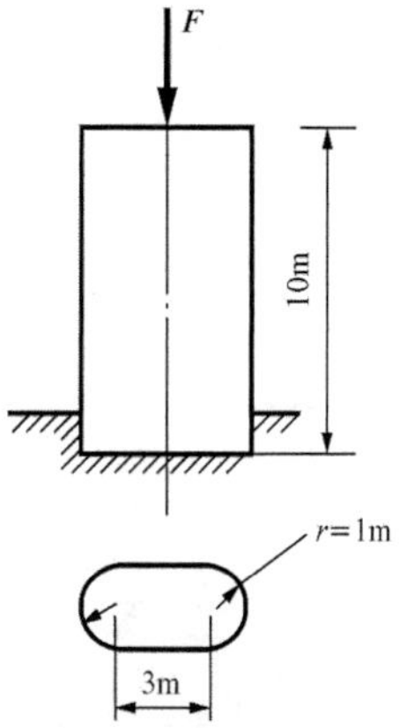

图 8-46　题 8-3 图

8-4　如图 8-47 所示，拉杆承受轴向拉力 $F=10\text{kN}$，杆的横截面面积 $A=100\text{mm}^2$。如以 α 表示斜截面与横截面的夹角，试求当 $\alpha=0°$、$30°$、$45°$、$60°$、$90°$时各斜截面上的正应力和切应力，并用图表示其方向。

8-5　一根等直杆受力如图 8-48 所示。已知杆的横截面面积 A 和材料的弹性模量 E。试作轴力图，并求杆端 D 的位移。

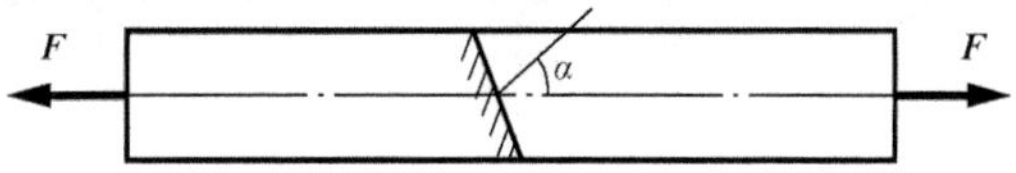

图 8-47　题 8-4 图

8-6　变截面直杆如图 8-49 所示。已知：$A_1=8\text{cm}^2$，$A_2=4\text{cm}^2$，$E=200\text{GPa}$。求杆的总伸长。

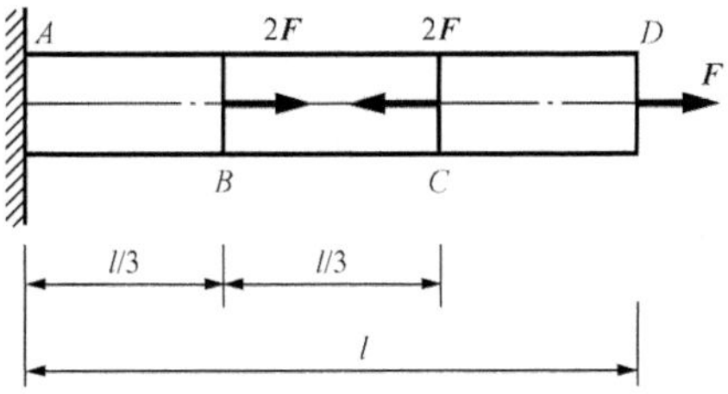

图 8-48　题 8-5 图

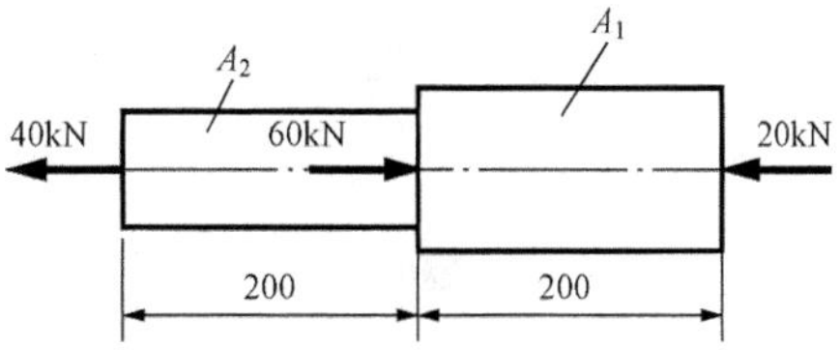

图 8-49　题 8-6 图

8-7　如图 8-50 所示 A 和 B 两点之间原有水平方向的一根直径 $d=1\text{mm}$ 的钢丝，在钢丝的中点 C 加一竖直荷载 $\boldsymbol{F}$。已知钢丝产生的线应变为 $\varepsilon=0.0035$，其材料的弹性模量 $E=210\text{GPa}$，钢丝的自重不计。试求：(1) 钢丝横截面上的应力（假设钢丝经过冷拉，在断裂前可认为符合胡克定律）。(2) 钢丝在 C 点下降的距离 Δ。(3) 荷载 F 的值。

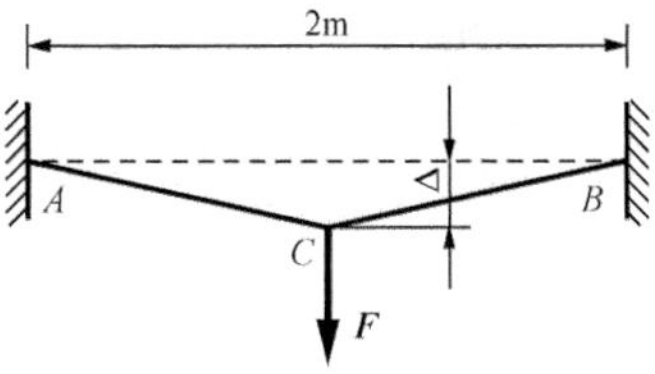

图 8-50　题 8-7 图

8-8　如图 8-51 所示，一钢试件，$E=200\text{GPa}$，比例极限 $\sigma_p=200\text{MPa}$，直径 $d=10\text{mm}$。其标距 $l_0=100\text{mm}$ 之内用放大 500 倍的引伸仪测量变形，试求：(1) 当引伸仪上的读数为伸长 25mm 时，试件的相对变形、应力及所受荷载；（2）当引伸仪上读数为 60mm 时的应力。

8-9 图 8-52 所示简易支架，AB 和 CD 杆均为钢杆，弹性模量 $E=200\text{GPa}$，AB 长度为 $l_1=2\text{m}$，横截面面积分别是 $A_1=200\text{mm}^2$ 和 $A_2=250\text{mm}^2$，$F=10\text{kN}$，求结点 A 的位移。

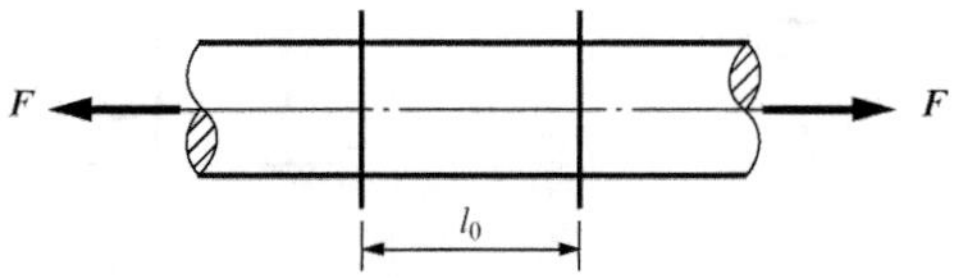

图 8-51 题 8-8 图

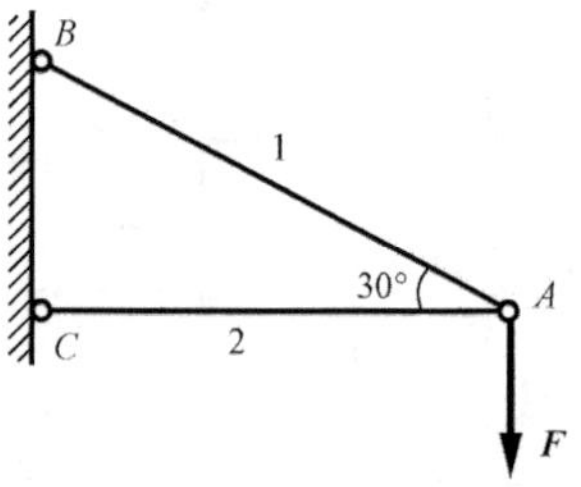

图 8-52 题 8-9 图

8-10 图 8-53 所示结构中，AB 为刚性杆，杆 1、2、3 的材料和横截面面积均相同，在杆 AB 的中点 C 作用铅垂方向的荷载 F，试计算 C 点的水平位移和铅垂位移。已知 $F=20\text{kN}$，$A_1=A_2=A_3=100\text{mm}^2$，$l=1000\text{mm}$，$E=200\text{GPa}$。

8-11 汽车离合器踏板如图 8-54 所示。已知踏板受到压力 $F_1=400\text{N}$，拉杆 1 的直径 $D=9\text{mm}$，杠杆臂长 $L=330\text{mm}$，$l=56\text{mm}$，拉杆的许用应力 $[\sigma]=50\text{MPa}$，试校核拉杆 1 的强度。

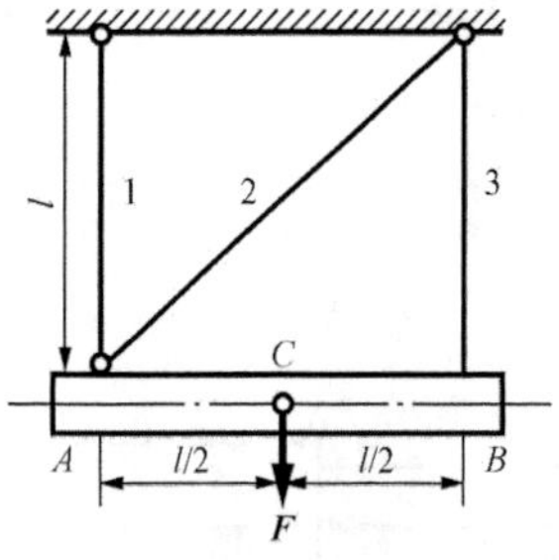

图 8-53 题 8-10 图

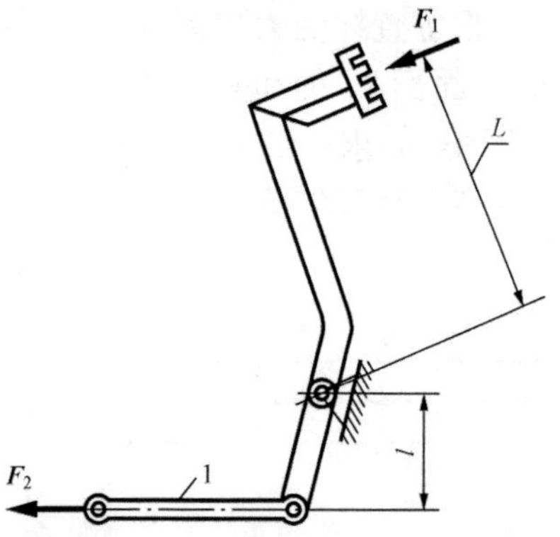

图 8-54 题 8-11 图

8-12 液压缸盖与缸体用 6 个螺栓连接，如图 8-55 所示。已知液压缸内径 $D=350\text{mm}$，油压 $p=1\text{MPa}$，若螺栓材料的许用应力为 $[\sigma]=40\text{MPa}$，求螺栓内径 d。

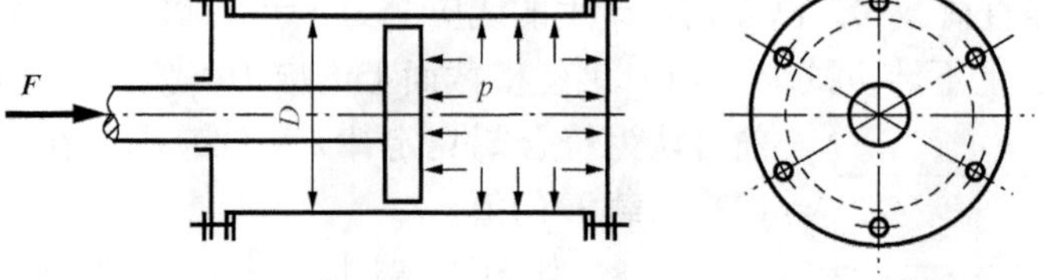

图 8-55 题 8-12 图

8-13 如图 8-56 所示，卧式拉床的液压缸直径 $D=186\text{mm}$，活塞杆直径 $d_1=65\text{mm}$，活塞杆的许用应力为 $[\sigma_g]=130\text{MPa}$，缸盖由 6 个 M20 的螺栓与缸体连接，M20 螺栓的内

径 $d=17.3\text{mm}$，其许用应力为 $[\sigma_1]=110\text{MPa}$。试按活塞杆和螺栓的强度确定最大油压 p。

8-14　在图 8-57 所示简易吊车中，BC 为钢杆，AB 为木杆。木杆 AB 的横截面面积 $A_1=100\text{cm}^2$，许用应力 $[\sigma_{AB}]=7\text{MPa}$；钢杆 BC 的横截面面积 $A_2=6\text{cm}^2$，许用应力 $[\sigma_{BC}]=160\text{MPa}$。试求许可吊重 F。

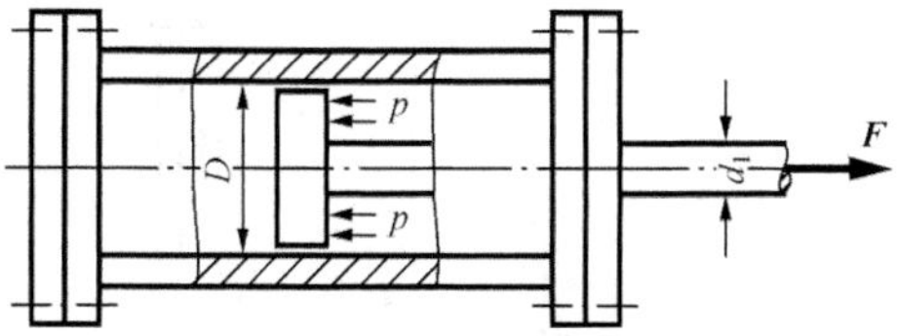

图 8-56　题 8-13 图

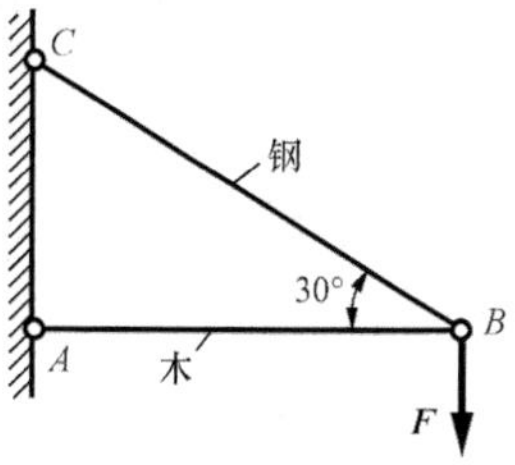

图 8-57　题 8-14 图

8-15　某铣床工作台进给液压缸如图 8-58 所示，缸内工作油压 $p=2\text{MPa}$，液压缸内径 $D=75\text{mm}$，活塞杆直径 $d=18\text{mm}$。已知活塞杆材料的许用应力 $[\sigma]=50\text{MPa}$，试校核活塞杆的强度。

8-16　如图 8-59 所示的起重机，绳索 AB 的横截面面积为 500mm^2，许用应力 $[\sigma]=40\text{MPa}$。试根据绳索 AB 的强度条件求起重机的许用起重量 F。

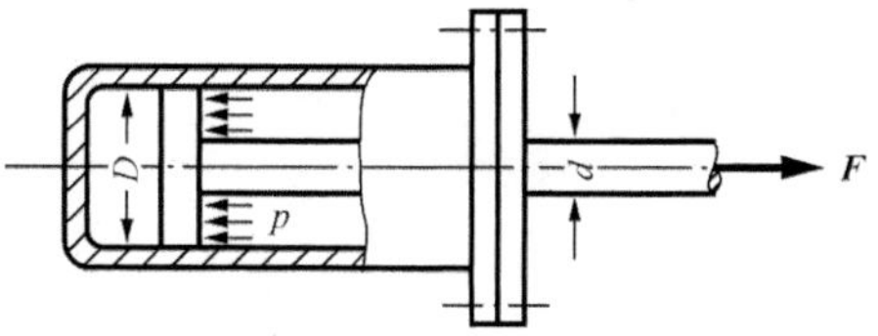

图 8-58　题 8-15 图

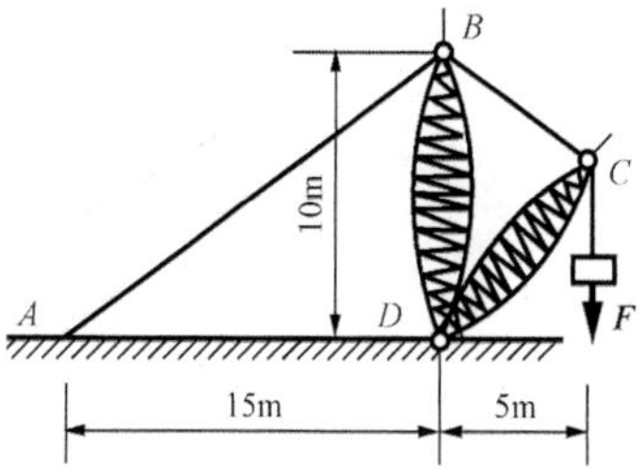

图 8-59　题 8-16 图

8-17　如图 8-60 所示的双杠杆夹紧机构，需产生一对 20kN 的夹紧力，试求水平杆 AB 及二斜杆 BC 和 BD 的横截面直径。已知：该三杆的材料相同，$[\sigma]=100\text{MPa}$，$\alpha=30°$。

8-18　一结构受力如图 8-61 所示，杆件 AB，AD 均由两根等边角钢组成。已知材料的许用应力 $[\sigma]=170\text{MPa}$，试选择杆 AB，AD 的角钢型号。

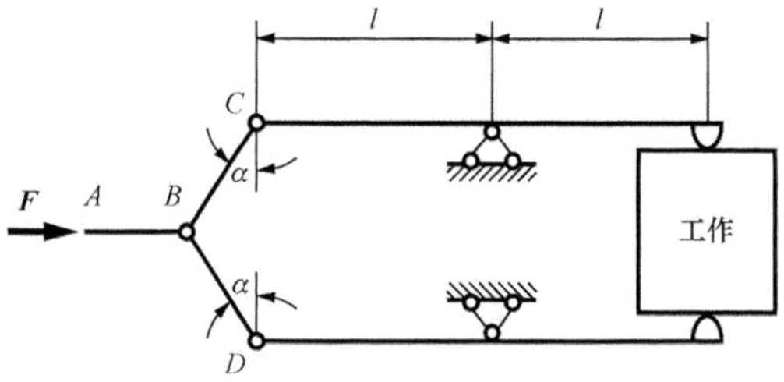

图 8-60　题 8-17 图

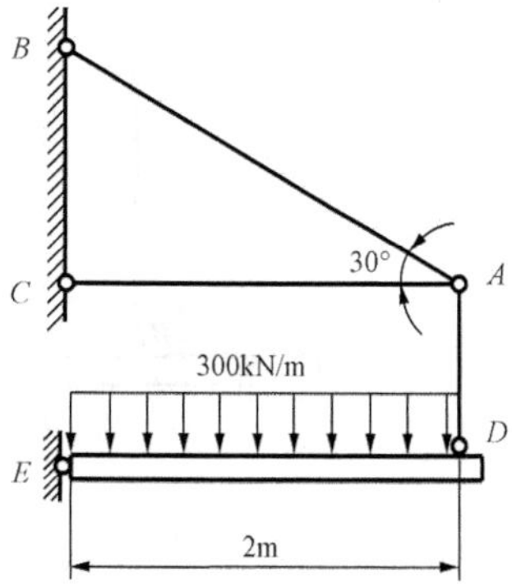

图 8-61　题 8-18 图

8 - 19 在图 8 - 62 所示杆系中，水平杆 BC 的长度 l 保持不变，斜杆 BD 的长度随夹角 θ 的变化而改变。BC 和 BD 两杆的材料相同，且抗拉和拉压许用应力同为 $[\sigma]$。为使杆系使用的材料最省，试求夹角 θ 的值。

8 - 20 如图 8 - 63 所示，设 CF 为刚体，BC 为铜杆，DF 为钢杆，两杆的横截面面积分别为 A_1 和 A_2，弹性模量分别为 E_1 和 E_2。如要求 CF 始终保持水平位置，试求 x。

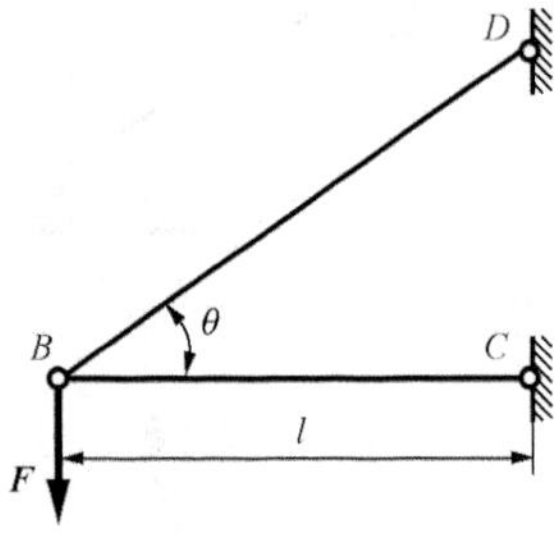

图 8 - 62 题 8 - 19 图

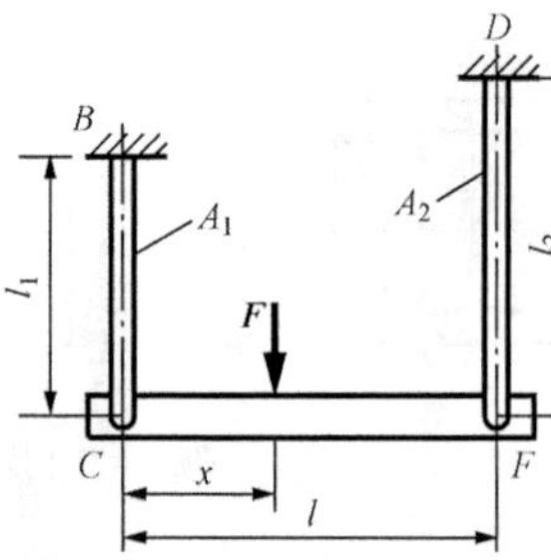

图 8 - 63 题 8 - 20 图

8 - 21 图 8 - 64（a）所示简单杆系，其两杆的长度均为 $l=3\text{m}$，横截面面积 $A=10\text{cm}^2$。材料的应力—应变关系如图 8 - 64（b）所示。$E_1=70\text{GPa}$，$E_2=10\text{GPa}$。试分别计算当 $F=80\text{kN}$ 和 $F=120\text{kN}$ 时，结点 B 的位移。

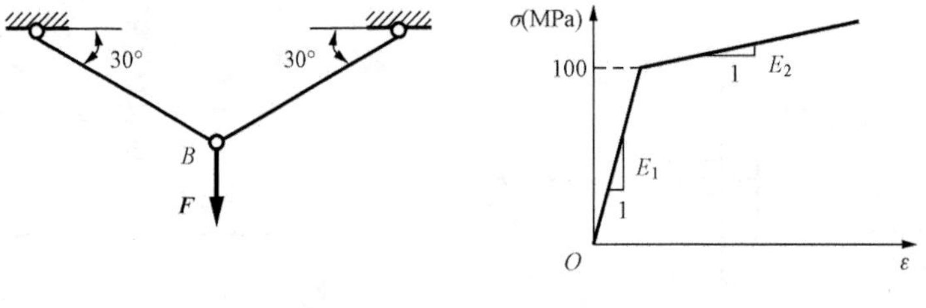

(a) (b)

图 8 - 64 题 8 - 21 图

8 - 22 在图 8 - 65 所示结构中，假设 AC 梁为刚杆，杆 1、2、3 的横截面面积相等，材料相同。试求 3 杆的轴力。

8 - 23 图 8 - 66 所示支架中的 3 根杆件材料相同，杆 1 的横截面面积为 200mm^2，杆 2 为 300mm^2，杆 3 为 400mm^2。若 $F=30\text{kN}$，试求各杆内的应力。

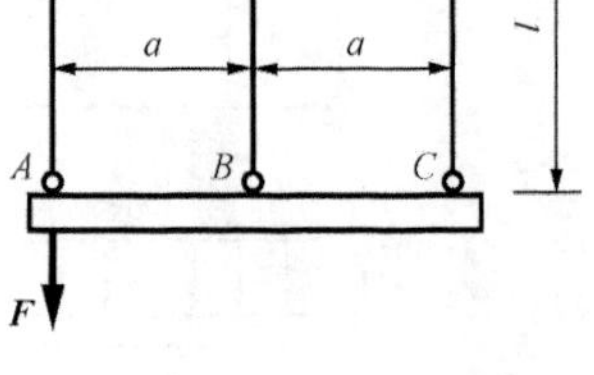

图 8 - 65 题 8 - 22 图

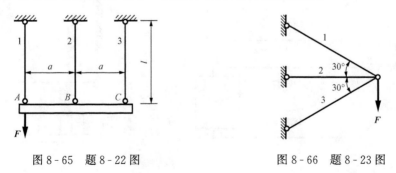

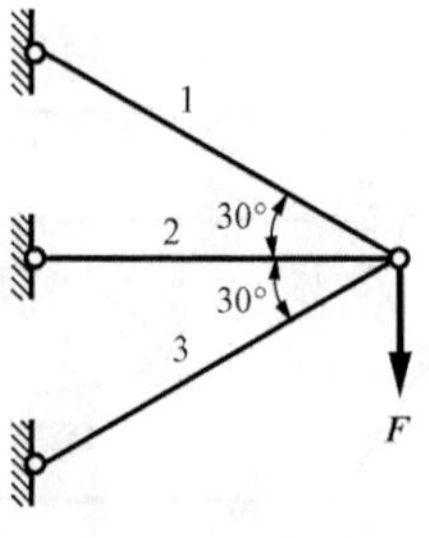

图 8 - 66 题 8 - 23 图

8 - 24 如图 8 - 67 所示，木制短柱的 4 角用 4 个 40×40×4 的等边角钢加固。已知角钢

的许用应力 $[\sigma_g]=160\text{MPa}$，$E=200\text{GPa}$；木材的许用应力 $[\sigma_m]=12\text{MPa}$，弹性模量 $E=10\text{GPa}$。试求许可荷载 $[F]$。

8-25　求图 8-68 所示结构的许可荷载。已知杆 AD，CE，BF 的横截面面积均为 A，杆材料的许用应力均为 $[\sigma]$，梁 AB 可视为刚体。

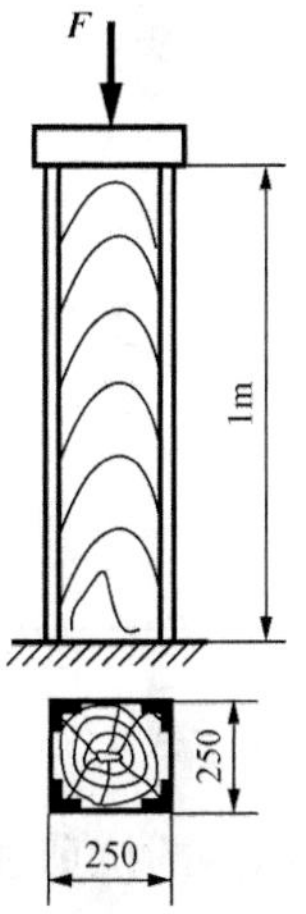

图 8-67　题 8-24 图

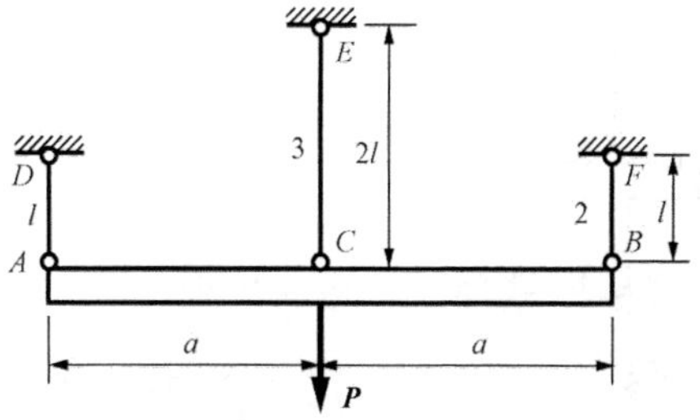

图 8-68　题 8-25 图

8-26　铜芯与铝壳组成的结构如图 8-69 所示，轴向荷载通过两端刚性板加在结构上。现已知结构总长减少了 0.24mm。求：（1）所加轴向荷载的大小；（2）铜芯横截面上的正应力。

8-27　在如图 8-70 所示的结构中，1、2 两杆的抗拉刚度同为 E_1A_1，杆 3 的抗拉刚度为 E_2A_2，杆 3 的长度为 $l+\delta$，其中 δ 为加工误差。试求将杆 3 装入 AC 位置后，杆 1、2、3 的内力。

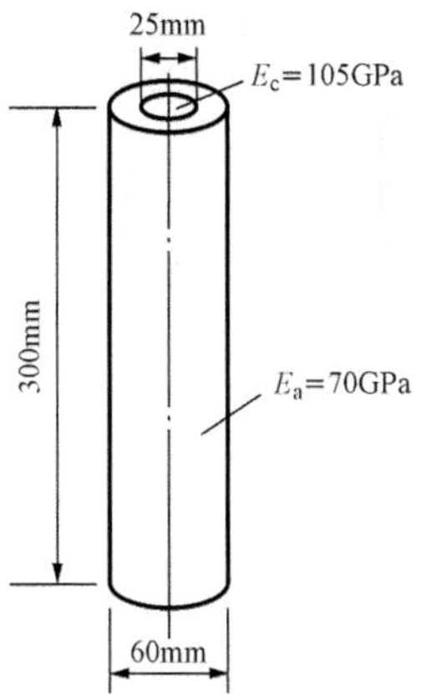

图 8-69　题 8-26 图

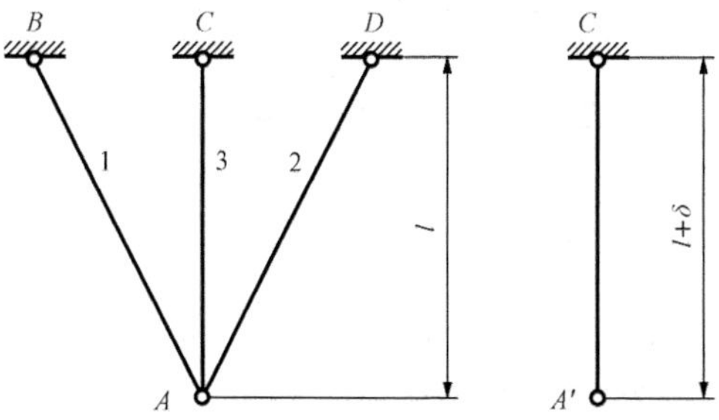

图 8-70　题 8-27 图

8-28　受预拉力 10kN 拉紧的缆索如图 8-71 所示。若在 C 点再作用向下的荷载 15kN，并设缆索不能承受压力。试求在 $h=\dfrac{l}{5}$ 和 $h=\dfrac{4}{5}l$ 两种情况下，AC 和 BC 两段内的内力。

8-29　如图 8-72 所示，阶梯形杆的两端在 $t_1=5℃$ 时被固定，杆件上下两段的横截面

面积分别是 $A_{up}=5cm^2$，$A_d=10cm^2$。当温度升高至 $t_2=25℃$ 时，试求杆内部各部分的温度应力。钢材的 $\alpha_1=12.5\times10^{-6}/℃$，$E=200GPa$。

8-30　图 8-73 所示杆系的两杆同为钢杆，$E=200GPa$，$\alpha=12.5\times10^{-6}/℃$。两杆的横截面面积同为 $A=10cm^2$。若 BC 杆的温度降低 20℃，而 BD 杆的温度不变，试求两杆的应力。

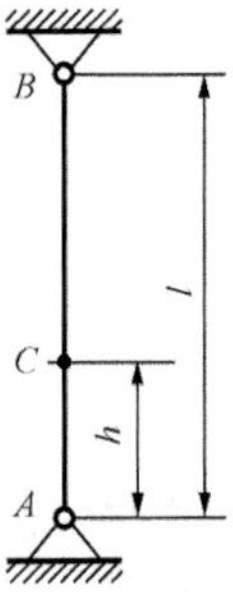

图 8-71　题 8-28 图

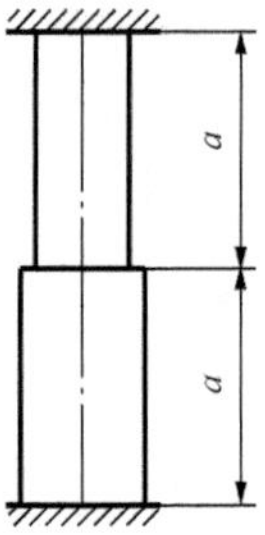

图 8-72　题 8-29 图

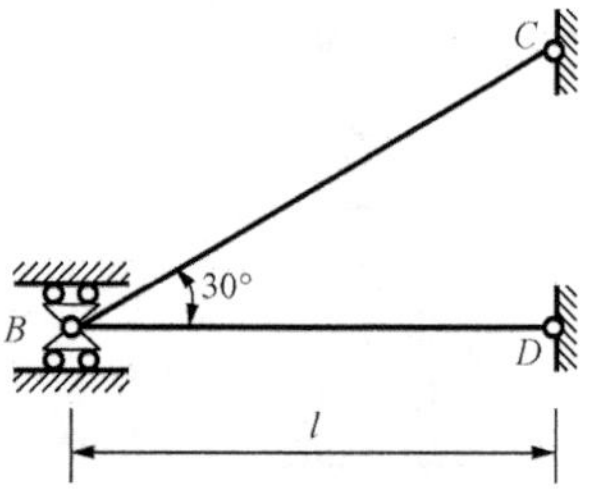

图 8-73　题 8-30 图

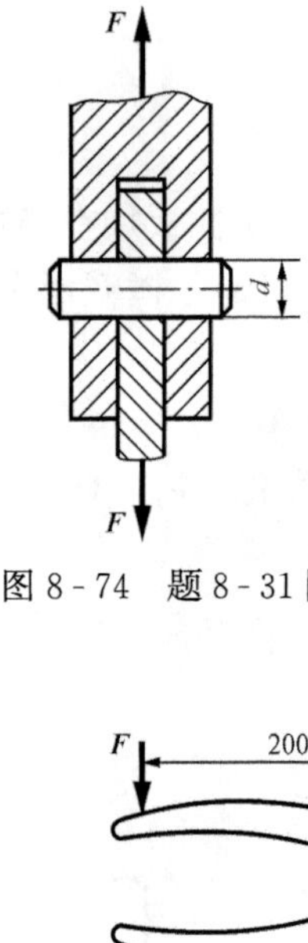

图 8-74　题 8-31 图

8-31　试校核如图 8-74 所示连接销钉的抗剪强度。已知 $F=100kN$，销钉直径 $d=30mm$，材料的许用切应力 $[\tau]=60MPa$。若强度不够，应改用多大直径的销钉？

8-32　如图 8-75 所示，用夹剪剪断直径为 3mm 的铅丝。若铅丝的剪切极限应力为 100MPa，试问需要多大的力 F？若销钉 B 的直径为 8mm，试求销钉内的切应力。

8-33　如图 8-76 所示，已知钢板厚度 $\delta=10mm$，其剪切极限应力 $\tau_u=300MPa$，若用冲床将钢板冲出 $d=25mm$ 的圆孔，问需要多大的冲剪力？

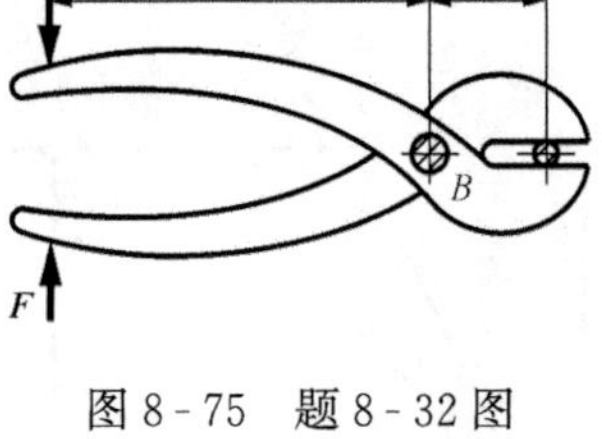

图 8-75　题 8-32 图

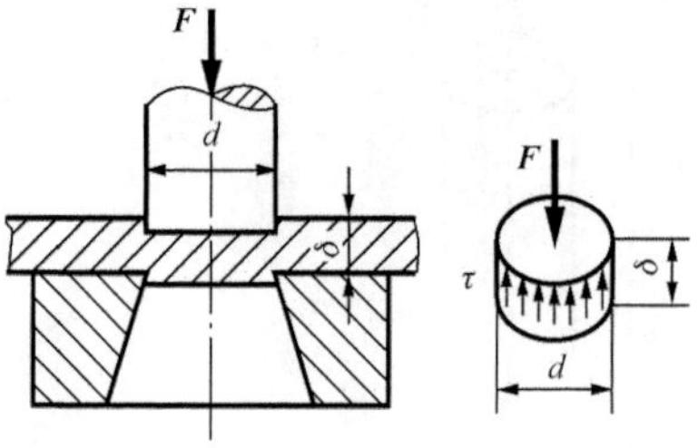

图 8-76　题 8-33 图

8-34　木榫接头如图 8-77 所示。$a=b=120mm$，$h=350mm$，$c=45mm$，$F=40kN$。试求接头的剪切和挤压应力。

8-35　图 8-78 所示螺钉受拉力 F 作用。已知材料的剪切许用应力 $[\tau]$ 和拉伸许用应力 $[\sigma]$ 之间的关系为 $[\tau]=0.6[\sigma]$。试求螺钉直径 d 与钉头高度 h 的合理比值。

8-36　图 8-79 所示拉杆头部的许用切应力 $[\tau]=90MPa$，许用挤压应力 $[\sigma_{bs}]=240MPa$，拉力 $F=50kN$，试校核该拉杆强度。

8-37　如图 8-80 所示，齿轮与轴由平键（$b\times h\times l=20mm\times12mm\times100mm$）连接，

它传递的扭矩 $T=2\mathrm{kN}\cdot\mathrm{m}$，轴的直径 $d=70\mathrm{mm}$，键的许用剪应力为 $[\tau]=60\mathrm{MPa}$，许用挤压应力为 $[\sigma_{bs}]=100\mathrm{MPa}$，试校核键的强度。

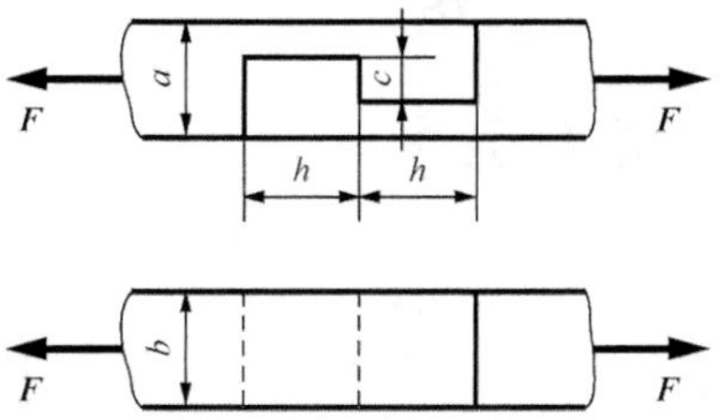

图 8-77　题 8-34 图

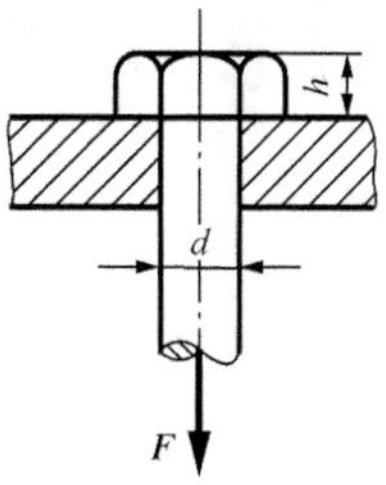

图 8-78　题 8-35 图

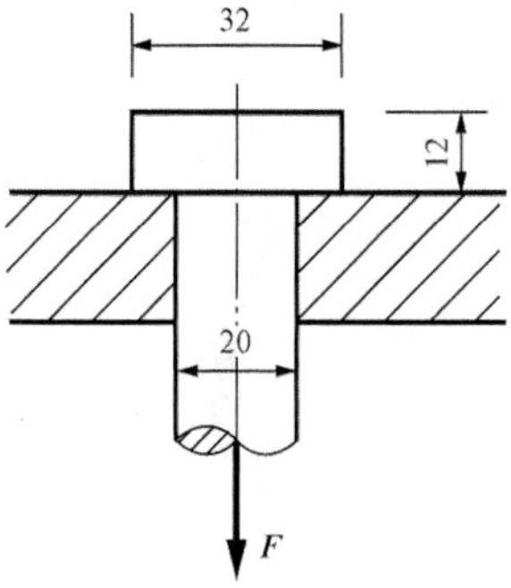

图 8-79　题 8-36 图

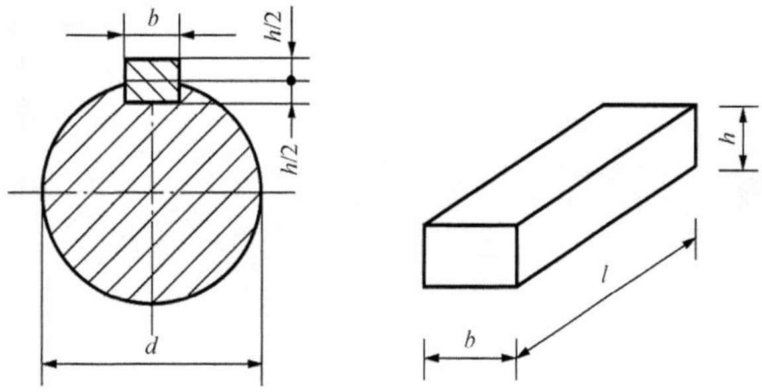

图 8-80　题 8-37 图

8-38　图 8-81 所示用两个铆钉将 140×140×12 的等边角钢铆接在立柱上，构成支托。若 $F=30\mathrm{kN}$，铆钉的直径 $d=21\mathrm{mm}$，试求铆钉的切应力和挤压应力。

8-39　图 8-82 所示接头，承受轴向荷载 $\boldsymbol{F}$ 作用，试校核接头的强度。已知：荷载 $F=80\mathrm{kN}$，板宽 $b=80\mathrm{mm}$，板厚 $\delta=10\mathrm{mm}$，铆钉直径 $d=16\mathrm{mm}$，许用应力 $[\sigma]=170\mathrm{MPa}$，许用切应力 $[\tau]=120\mathrm{MPa}$，许用挤压应力 $[\sigma_{bs}]=340\mathrm{MPa}$。板件与铆钉的材料相同。

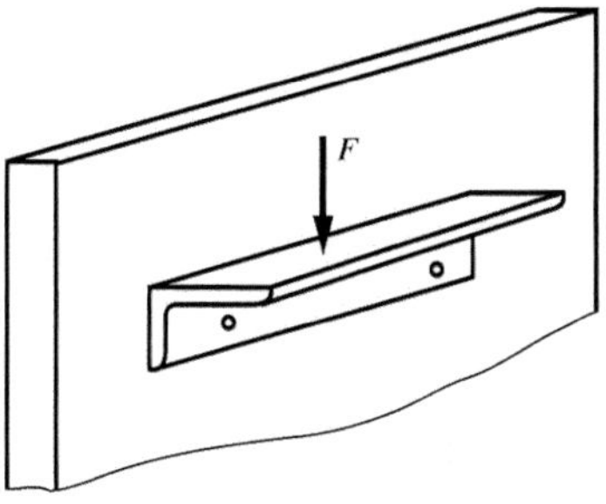

图 8-81　题 8-38 图

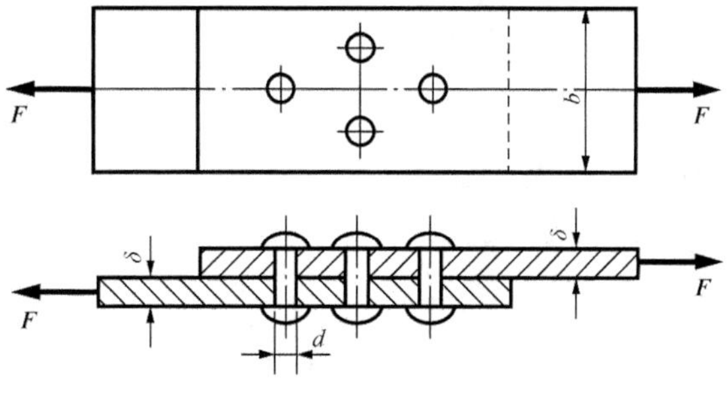

图 8-82　题 8-39 图

第九章 扭 转

第一节 扭转的基本概念

如图 9-1 所示的机器中的传动轴，如图 9-2 所示的钻杆，如图 9-3 所示汽车转向轴 AB，如图 9-4 所示的雨篷梁等在工程中受扭构件很多，这些构件主要的变形均为**扭转变形**，以扭转变形为主的圆截面构件称为**轴**。本章着重讨论扭转变形中等直圆杆受扭时的强度和刚度计算，它是扭转中的最基本问题。

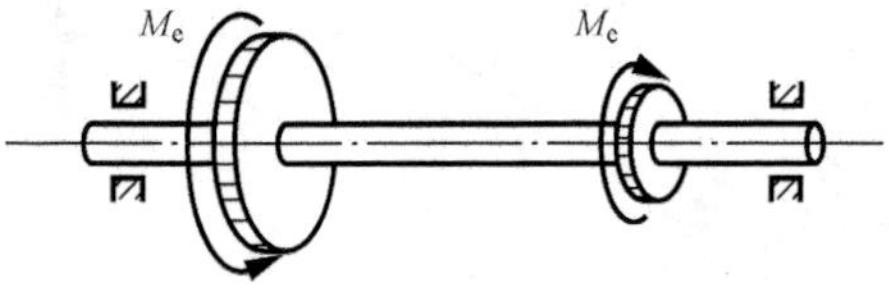

图 9-1 机器中的传动轴

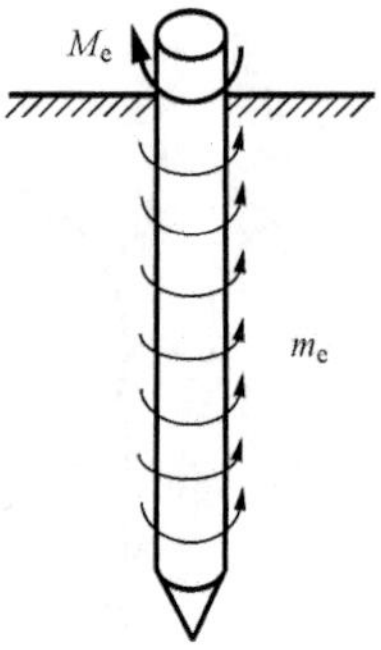

图 9-2 钻杆

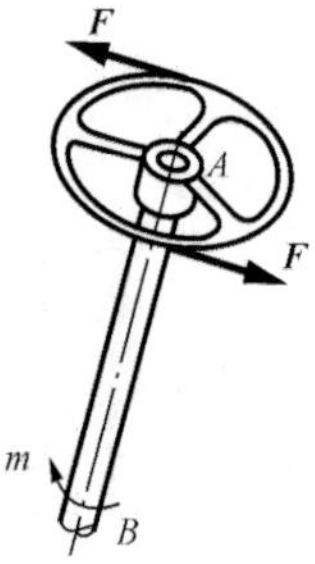

图 9-3 汽车转向轴

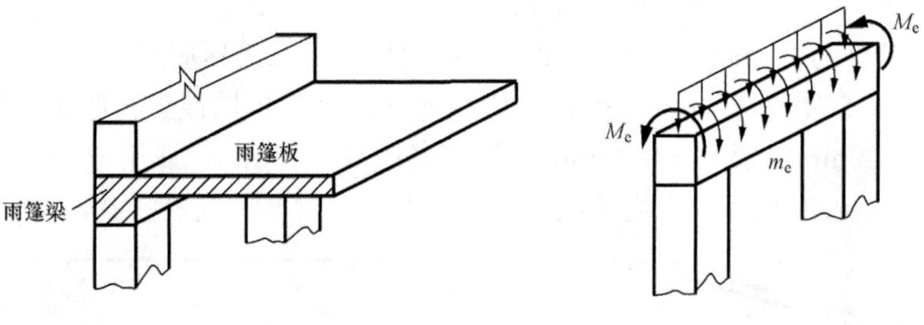

图 9-4 雨篷梁

扭转变形是杆件的基本变形形式之一。扭转变形的基本特征是：杆件在两端垂直于轴线的平面内作用一对大小相等而方向相反的力偶，使其横截面产生相对转动（见图 9-5）。圆杆表面的纵向线变成了螺旋线，螺旋线的切线与原纵向线的夹角 γ 称为**剪切角**。截面 B 相对于截面 A 转动的角度 φ，称为**相对扭转角**。

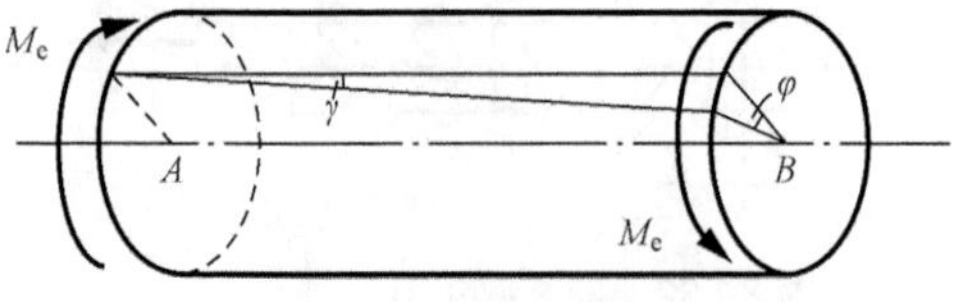

图 9-5 扭转变形

第二节 扭矩 扭矩图

一、外力偶矩的计算

如图 9-6 所示带轮传动轴，电动机带动轮 A 转动。轮 A 通过轴 AB 带动 B 轮转动。电

动机的功率为 P 千瓦（kW），传动轴的转速为 n 转/分（r/min）。当电动机运转时，轮 A 和轮 B 处受力偶作用，其力偶矩为 M_e。在单位时间内力偶所做的功 W 应等于电动机做的功 W'，整理得外力偶矩的计算公式

$$M_e = 9549\frac{P}{n} \tag{9-1}$$

式中：P 为功率，kW；n 为转速，r/min；M_e 为外力偶矩，N·m。

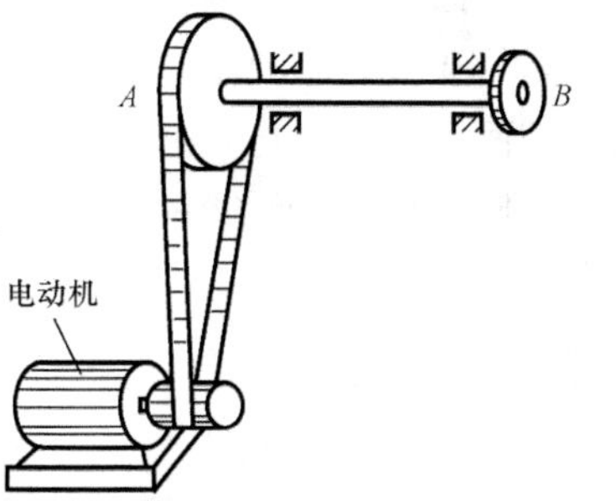

图 9-6　带轮

若功率单位为马力，而 1 马力为 735.5N·m/s，应用与上述相同的方法，可得到功率为 P 马力时外力偶矩的计算公式

$$M_e = 7024\frac{P}{n} \tag{9-2}$$

式中：P 为功率，马力，PS；n 为转速，r/min；M_e 为外力偶矩，N·m。

二、扭转时的内力——扭矩

如图 9-7（a）所示的圆轴，两端受到一对大小相等、转向相反的外力偶作用，力偶矩是 M，并处于平衡状态。为了求出轴的内力，在轴内的任意一个横截面 m—m 处将轴切开，分成两个部分，它们的受力分析分别如图 9-7（b）和图 9-7（c）所示。截出的两个部分仍然保持平衡状态，所以截面上的内力必定是一个力偶，称之为**扭矩**。左右两截面上的扭矩是一对作用和反作用力，它们的大小一定相等而转向相反。扭矩的大小和实际转向可以通过两部分的平衡方程得到。

$$\sum M_x = 0, T = M$$

通过平衡方程求得结果的符号如果是正，说明实际扭矩的方向与假设的方向相同。反之，求得结果的符号如果是负，说明实际扭矩的方向与假设的方向相反。根据实际扭矩的方向可以来定义扭矩的符号：按照**右手螺旋法则**，如果实际扭矩矢量的方向与扭矩所在截面的外法线方向一致，则定义扭矩的符号为正，反之为负。在图 9-7 中，不管是左段还是右段，m—m 截面上的扭矩符号都为正。

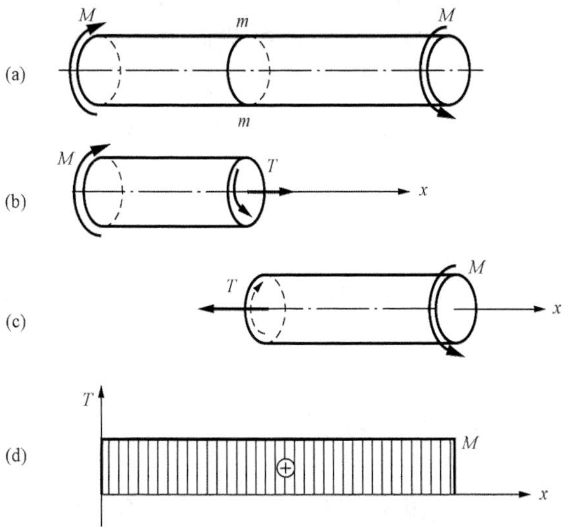

图 9-7　圆轴扭矩分析
（a）圆轴；（b）左半部分的受力分析；（c）右半部分的受力分析；（d）扭矩图

根据以上讨论，当在截面上假设一个正的扭矩时，通过平衡方程求得结果的符号与扭矩的符号是一致的。所以在求扭矩时，一般在截面上总是假设一个正的扭矩，那么由平衡方程求得结果的大小和符号就是扭矩的大小和符号。

三、扭矩图

求出轴内任意一个截面上的扭矩以

后，就可以用图线来表示扭矩与截面位置之间的关系，这个图线称为**扭矩图**。图9-7（d)所示就是图9-7（a）所示圆轴的扭矩图。从图9-7（d）中可以看出，在两个集中力偶作用之间的截面上，扭矩是一个常量。

【例9-1】 如图9-8（a）所示的传动轴，主动轮输入的功率为 $P_1=500\text{kW}$，3个从动轮输出的功率分别为 $P_2=P_3=150\text{kW}$，$P_4=200\text{kW}$，轴的转速 n 为 300r/min，试作出轴的扭矩图。

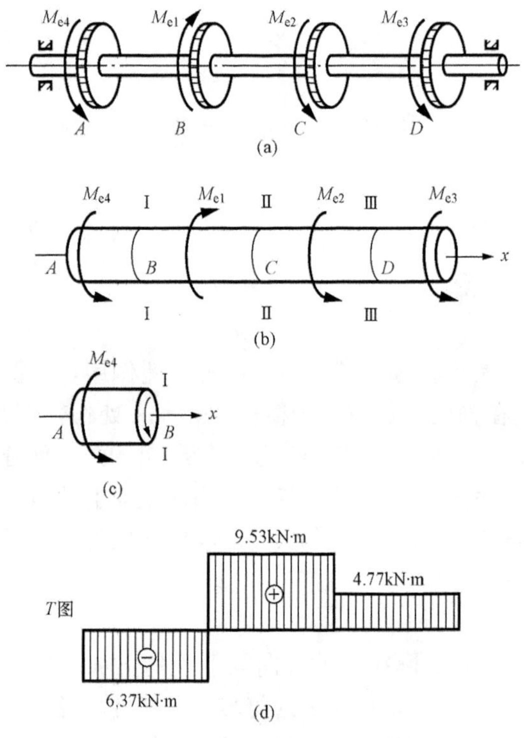

图9-8 ［例9-1］图

（a）传动轴；（b）计算简图；（c）AB段扭矩分析；（d）扭矩图

解 传动轴的计算简图如图9-8（b）所示，按式（9-1）计算外力偶矩

$$M_{e1}=9549\frac{P}{n}=9549\times\frac{500}{300}$$

$$\approx 1.59\times10^4(\text{N}\cdot\text{m})=15.9(\text{kN}\cdot\text{m})$$

$$M_{e2}=M_{e3}=9549\times\frac{150}{300}$$

$$\approx 4.77\times10^3(\text{N}\cdot\text{m})=4.77(\text{kN}\cdot\text{m})$$

$$M_{e4}=9549\times\frac{200}{300}\approx 6.37\times10^3(\text{N}\cdot\text{m})$$

$$=6.37(\text{kN}\cdot\text{m})$$

用截面法即可计算出各段的扭矩。

（1）AB 段：在截面Ⅰ—Ⅰ处将轴截开，取左段为脱离体，如图9-8（c）所示，由平衡条件

$$\sum M_x=0,\ T_1+M_{e4}=0$$

得

$$T_1=-M_{e4}=-6.37\text{kN}\cdot\text{m}$$

（2）BC 段：在截面Ⅱ—Ⅱ处将轴截开，取左段为脱离体由平衡条件

$$\sum M_x=0,\ T_2+M_{e4}-M_{e1}=0$$

得

$$T_2=-M_4+M_{e1}=-6.37+15.9$$

$$=9.53(\text{kN}\cdot\text{m})$$

（3）CD 段：CD 段同理可求。其扭矩图如图9-8（d）所示，由图可知，最大扭矩在 BC 段内，其值等于 9.53kN·m。

第三节 纯剪切 切应力互等定理

考虑一根等截面圆轴，两端受到一对力偶作用。轴内扭矩是一常量。此时圆轴所发生的扭转变形称为**纯扭转**。

一、薄壁圆管扭转时的切应力

如图9-9所示，取一等截面薄壁圆管，其横截面平均半径为 R，壁厚为 t（见图9-10），为了便于观察其变形情况，在圆管表面画出一系列与轴线平行的纵向线和一系列圆周线，然后在圆管两端垂直于轴线的平面内作用一对大小相等而方向相反的外力偶，则圆管发生扭转变形。可以看到如下现象：

（1）所有纵向线均倾斜了相同的角度 γ，变为平行的螺旋线。

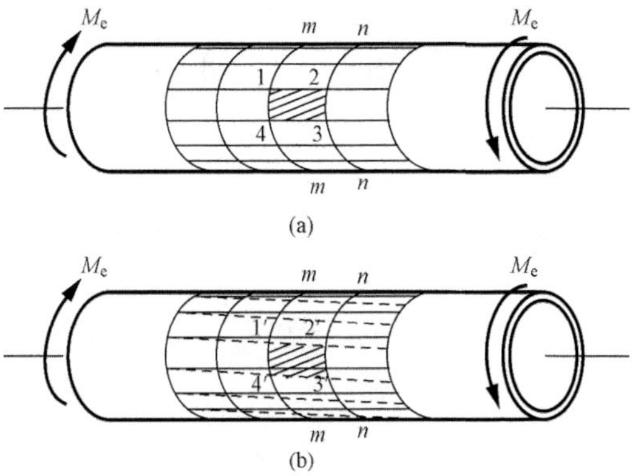

图 9-9　等截面薄壁圆管扭转时的切应力

（a）画纵向线和圆周线；（b）扭转变形

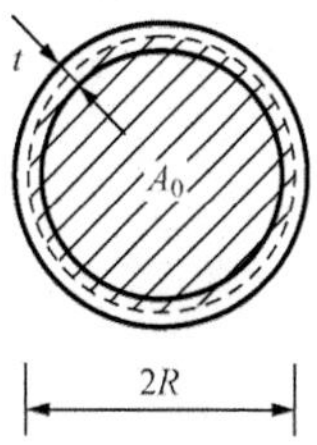

图 9-10　横截面尺寸

（2）所有的圆周线均绕杆轴线旋转了不同的角度，但仍保持为圆形，且在原来的平面内。在圆管表面取出的正六面体（称为单元体）变为平行六面体，如图 9-11 所示。

从变形情况可以推断出：

（1）所有的横截面变形后仍保持为平面。

（2）横截面上只有切应力而没有正应力，切应力的方向垂直于半径。

下面来计算切应力。如图 9-12 所示圆管上用相距为 dx 的两横截面 $m—m$ 和 $n—n$ 截取出一段圆管。由此得出

$$\int_A \tau R \, dA = T$$

即

$$\int_0^{2\pi} \tau t R^2 \, d\alpha = T$$

积分得

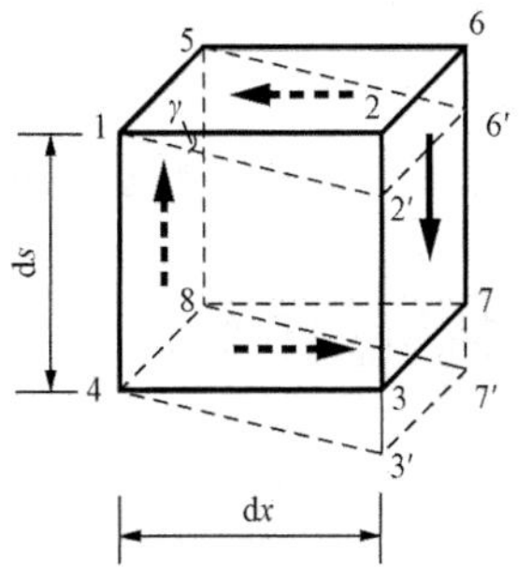

图 9-11　取出的正六面体

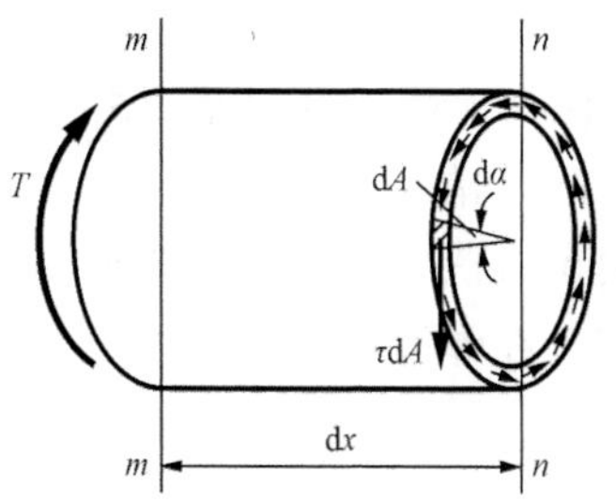

图 9-12　截出的一段圆管

$$\tau = \frac{T}{2tR^2\pi}$$

即

$$\tau = \frac{T}{2A_0 t} \tag{9-3}$$

其中 $A_0 = \pi R^2$ 为由圆环的平均半径 R 计算的面积［图 9-10 中阴影部分］，这就是薄壁圆管受扭转时横截面上切应力计算公式。

二、切应力互等定理

如图 9-13 所示，从薄壁圆管中截取一边长分别为 dx、dy、dz 的单元体，由平衡方程

$$\sum M_z = 0，\tau \mathrm{d}y\mathrm{d}z\mathrm{d}x - \tau' \mathrm{d}z\mathrm{d}x\mathrm{d}y = 0$$

得

$$\tau = \tau' \tag{9-4}$$

式（9-4）表明，对一个单元体，在相互垂直的两个截面上，沿垂直于两平面交线作用的切应力必成对出现，且大小相等，方向都指向（或都背离）两平面的交线（见图 9-13）。这个关系称为**切应力互等定理**。单元体上只有切应力，没有正应力的状态称为**纯剪切应力状态**，如图 9-14 所示。

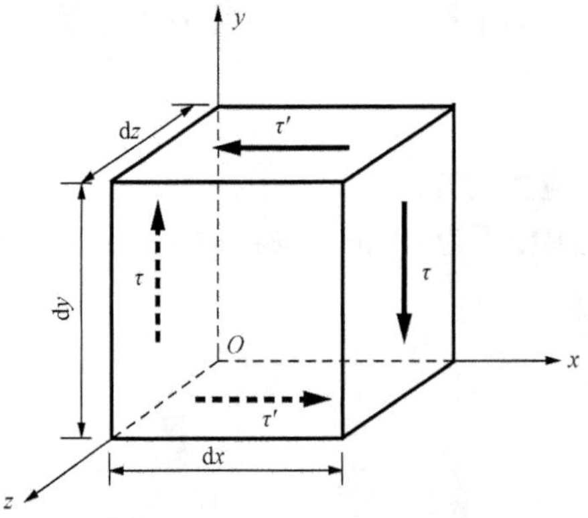

图 9-13 单元体切应力分析

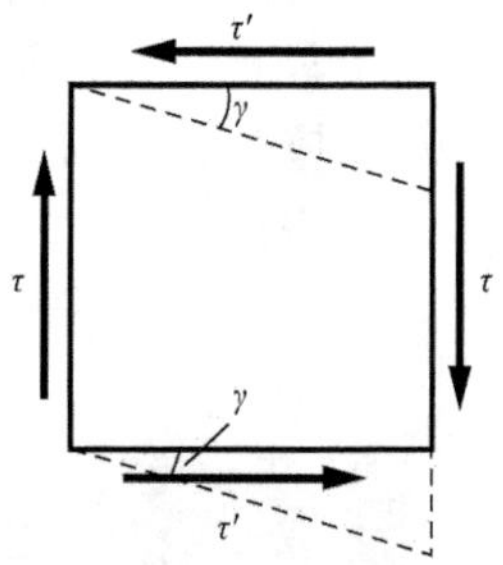

图 9-14 纯剪切应力状态

三、剪切胡克定理

试验结果表明：在弹性极限内，切应力 τ 与切应变 γ 成正比，即

$$\tau = G\gamma \tag{9-5}$$

式（9-5）称为**剪切胡克定理**。式中：G 为比例常数，称为材料的**切变模量**，其单位与拉压弹性模量相同，帕（Pa）。

切变模量 G、拉压弹性模量 E 和泊松比 μ 都是表示材料弹性性质的常数，通过理论研究和实验证实，在弹性变形范围内，三者之间的关系是

$$G = \frac{E}{2(1+\mu)} \tag{9-6}$$

通过式（9-6）可以得出，对于各向同性材料，只要知道任意两个弹性常数，就可以求出另外一个。对于钢材，μ 取 0.24～0.3；对于混凝土，μ 取 0.16～0.18。

第四节 圆轴扭转时的应力与变形

一、圆轴扭转时的应力及强度计算

1. 变形几何关系

根据实验结果可以得到与薄壁圆管相同的实验现象，可以认为这是圆轴扭转变形在其表面的反映，根据这些现象可由表及里地推测圆轴内部的变形情况。可以设想，圆轴的扭转是无数层薄壁圆管扭转的组合，其内部也存在同样的变形规律，这样，根据圆周线形状大小不变，两相邻圆周线发生相对转动的现象，可以设想，圆轴扭转时各横截面如同刚性平面一样绕轴线转动，即假设圆轴各横截面仍保持为一平面，且其形状大小不变；横截面上的半径亦保持为一直线，这个假设称为平面假设。根据圆轴的形状和受力情况的对称性，可证明这一假设的正确性。根据上述实验现象还可推断，与薄壁圆管扭转时的情况一样，圆轴扭转时其横截面上不存在正应力，仅有垂直于半径方向的切应力 τ 作用。

设从圆轴内截取长为 dx 的微段［见图 9 - 15（a）］，再从该微段中取出楔形体 $ABCDO_1O_2$ 来考察［见图 9 - 15（b）］，根据变形现象，在离杆轴 O_1O_2 任意距离 ρ 处求出切应变为

$$\gamma_\rho \approx \tan\gamma_\rho = \frac{bb'}{ab} = \frac{\rho d\varphi}{dx} = \rho\frac{d\varphi}{dx} = \rho\varphi' \qquad (9-7)$$

式中：$\varphi' = \dfrac{d\varphi}{dx}$ 为扭转角沿杆长的变化率称为单位扭转角，单位扭转角在同一截面上为常数，所以切应变的变化规律：圆轴横截面上任一点处的剪应变与该点到圆心的距离成正比。

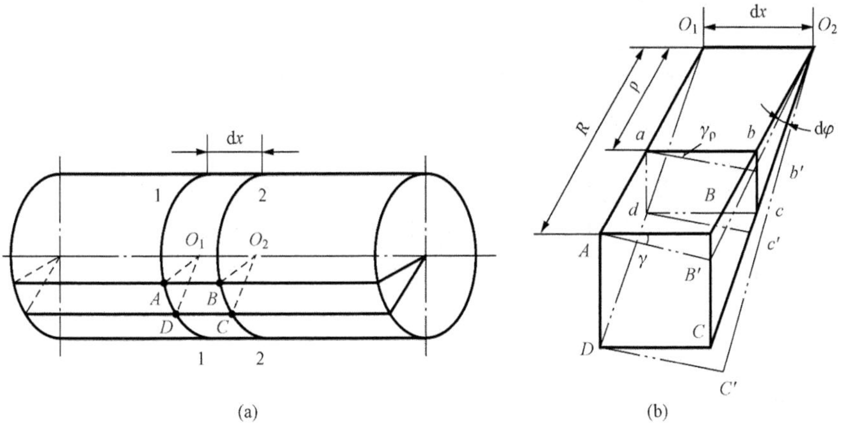

图 9 - 15 圆轴扭转时的应力及强度计算

（a）从圆轴内截取微段；（b）楔形体

2. 物理关系

将式（9 - 7）代入剪切胡克定理［式（9 - 5）］得

$$\tau_\rho = G\gamma_\rho = G\rho\frac{d\varphi}{dx} \qquad (9-8)$$

由于 G 是材料常数，所以式（9 - 8）表明切应力的大小与 ρ 成正比（见图 9 - 16）。

3. 静力关系

在横截面上扭矩 T 以切应力 τ 的形式分布在整个截面（见图 9-17），它们的关系为

$$\int_A \rho\tau_\rho \mathrm{d}A = T \tag{9-9}$$

将式（9-8）代入式（9-9）得

$$\int_A G\rho^2 \frac{\mathrm{d}\varphi}{\mathrm{d}x}\mathrm{d}A = T，G\frac{\mathrm{d}\varphi}{\mathrm{d}x}\int_A \rho^2 \mathrm{d}A = T$$

$$I_\mathrm{p} = \int_A \rho^2 \mathrm{d}A \tag{9-10}$$

上式称为截面对形心的**极惯性矩**（与截面形状、大小有关的几何量）

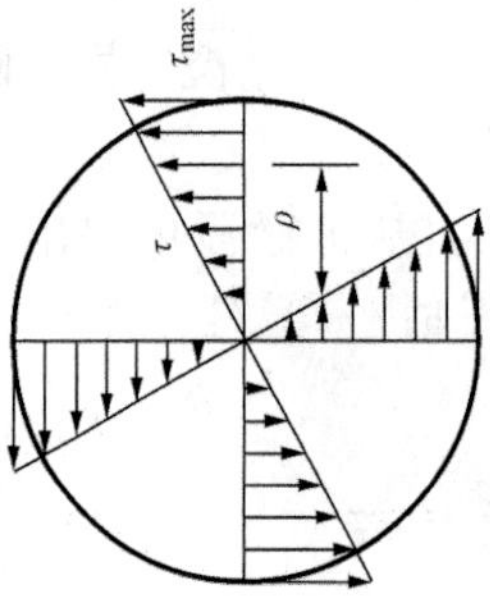

图 9-16 切应力的大小与 ρ 成正比

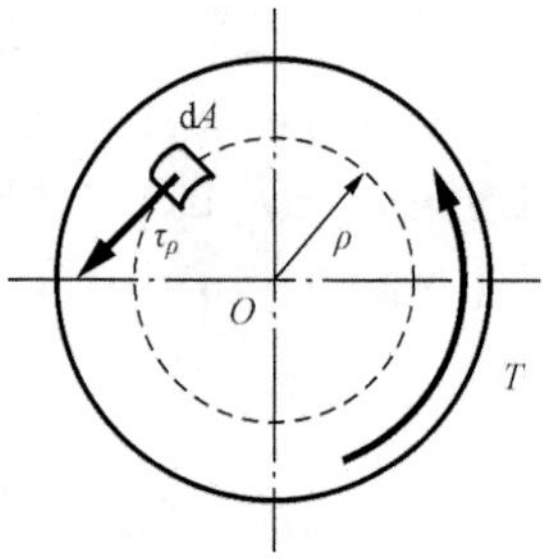

图 9-17 在横截面上扭矩 T 的分布

单位扭转角为

$$\frac{\mathrm{d}\varphi}{\mathrm{d}x} = \frac{T}{GI_\mathrm{p}} \tag{9-11}$$

将式（9-11）代入式（9-8）得到计算横截面上任一点切应力的公式为

$$\tau_\rho = \frac{T}{I_\mathrm{p}}\rho \tag{9-12}$$

式（9-12）表明切应力的大小与该截面的扭矩成正比，与极惯性矩成反比，与作用点离圆心的距离 ρ 成正比。由此可知切应力按直线分布（见图 9-16），方向都垂直于半径。最大切应力 τ_{max} 发生在截面的边缘上，其值为

$$\tau_{max} = \frac{TR}{I_\mathrm{p}} = \frac{T}{I_\mathrm{p}/R}$$

式中：I_p/R 项也是一个仅与截面有关的量，称为**抗扭截面模量**，用 W_t 表示，即

$$W_\mathrm{t} = \frac{I_\mathrm{p}}{R} \tag{9-13}$$

所以，最大切应力计算公式又可以写成

$$\tau_{max} = \frac{T}{W_\mathrm{t}} \tag{9-14}$$

求得最大切应力后，即可建立强度条件为

$$\tau_{max} = \frac{TR}{I_\mathrm{p}} = \frac{T}{W_\mathrm{t}} \leqslant [\tau] \tag{9-15}$$

式中：$[\tau]$ 为扭转许用切应力，其值可由实验得到，也可查有关资料。根据实验，对于塑性

材料，一般采用

$$[\tau]=(0.5\sim0.6)[\sigma] \tag{9-16}$$

对于脆性材料，一般采用

$$[\tau]=(0.8\sim1)[\sigma] \tag{9-17}$$

式中：$[\sigma]$ 是抗拉许用应力。

二、极惯性矩和抗扭截面模量计算

根据极惯性矩定义可直接用积分就能求出圆截面的极惯性矩和抗扭截面模量（见图 9-18）。取微面积 $dA=\rho d\theta d\rho$，代入到式（9-10）中，得到极惯性矩，即

$$I_p=\int_A\rho^2 dA=\int_0^{2\pi}\int_0^R\rho^3 d\theta d\rho=\frac{\pi R^4}{2}=\frac{\pi D^4}{32} \tag{9-18}$$

把式（9-18）代入到式（9-13）中得到抗扭截面模量为

$$W_t=\frac{\pi R^3}{2}=\frac{\pi D^3}{16} \tag{9-19}$$

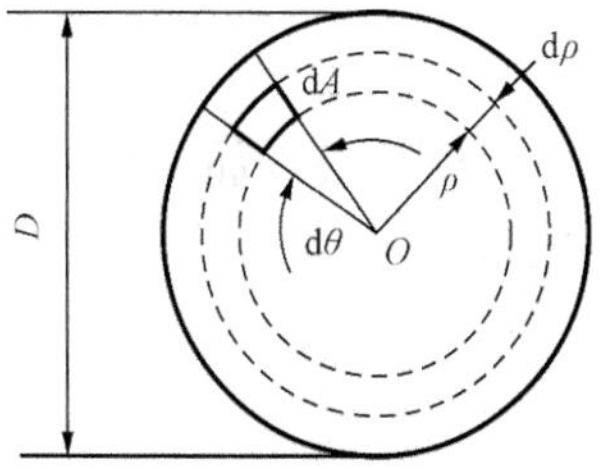

图 9-18　圆截面的极惯性矩和抗扭截面模量

如果是空心圆截面，如图 9-19 所示，用相同的方法可以求出极惯性矩和抗扭截面模量为

$$I_p=\int_A\rho^2 dA=\int_0^{2\pi}\int_r^R\rho^3 d\theta d\rho=\frac{\pi R^4}{2}-\frac{\pi r^4}{2}=\frac{\pi R^4}{2}(1-\alpha^4)$$

$$=\frac{\pi D^4}{32}(1-\alpha^4) \tag{9-20}$$

和

$$W_t=\frac{\pi R^3}{2}(1-\alpha^4)=\frac{\pi D^3}{16}(1-\alpha^4) \tag{9-21}$$

其中，α 是内径与外径之比，即

$$\alpha=\frac{r}{R}=\frac{d}{D}$$

空心圆截面上的切应力分布如图 9-20 所示。

与轴向拉伸（压缩）一样，利用圆轴扭转的强度条件可进行强度校核、设计截面尺寸及确定许用荷载三方面强度计算。

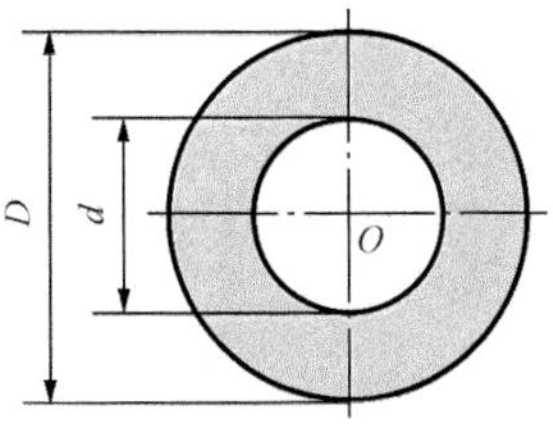

图 9-19　空心截面的极惯性矩和抗扭截面模量

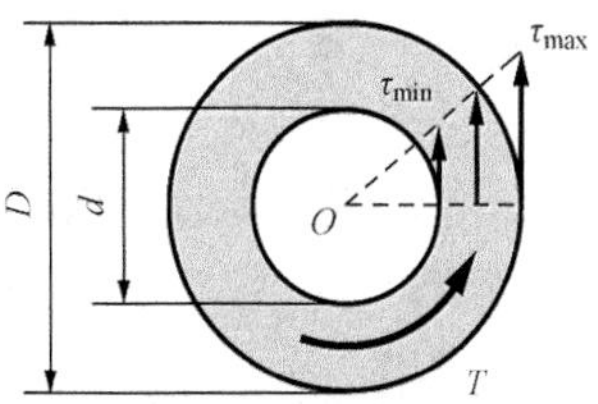

图 9-20　空心圆截面上的切应力分布图

三、斜截面上的应力

前面研究的受扭横截面上的应力，为了全面了解杆内任一点的所有截面上的应力情况，有必要研究任意斜截面上的应力，从而找出最大应力及其作用面的方位，给出强度计算依据。

设从杆内任一点处取一单元体如图 9-21 所示。图 9-21 中左、右两侧面杆的横截面，上、下两侧面为径向截面，前后两侧面为圆柱面。根据前面的研究，此单元体的应力情况如图 9-21（a）所示。图 9-21（b）所示为该单元体的正投影图。

用一个与法线为 x 的截面（称为 x 面）成任意角 α 的斜截面 m—m 将单元体截开，取左部为脱离体，设斜截面上的应力为 σ_α 和 τ_α，如图 9-21（c）所示。单元体在 τ_x、τ_y 及 σ_α、τ_α 的共同作用下处于平衡，选取斜截面的外法线 n 及切线 t 为投影轴，写出力的平衡方程为

$$\left.\begin{aligned}\sum F_n = 0，\ \sigma_\alpha \mathrm{d}A + \tau_x \mathrm{d}A_x \sin\alpha + \tau_y \mathrm{d}A_y \cos\alpha = 0\\ \sum F_t = 0，\ \tau_\alpha \mathrm{d}A - \tau_x \mathrm{d}A_x \cos\alpha + \tau_y \mathrm{d}A_y \sin\alpha = 0\end{aligned}\right\} \tag{9-22}$$

式中：$\mathrm{d}A$ 为斜截面面积，$\mathrm{d}A_x$ 和 $\mathrm{d}A_y$ 分别是单元体上垂直于 x 轴和 y 轴的面的面积，有如下关系

$$\left.\begin{aligned}\mathrm{d}A_x &= \mathrm{d}A\cos\alpha\\ \mathrm{d}A_y &= \mathrm{d}A\sin\alpha\end{aligned}\right\} \tag{9-23}$$

此外，根据切应力互等定理有 $\tau_x = \tau_y$，整理式（9-22）和式（9-23）得

$$\left.\begin{aligned}\sigma_\alpha &= -\tau\sin2\alpha\\ \tau_\alpha &= \tau\cos2\alpha\end{aligned}\right\} \tag{9-24}$$

此式即为斜截面上的应力公式。

根据式（9-24），可以确定单元体上的最大正应力和最大切应力及其作用面的方位［见图 9-21（d）］。在 $\alpha=\pm45°$ 的斜截面上，切应力 $\tau_\alpha=0$，正应力绝对值最大

$$\left.\begin{aligned}\sigma_{-45°} &= \sigma_{\max} = +\tau\\ \sigma_{45°} &= \sigma_{\min} = -\tau\end{aligned}\right\} \tag{9-25}$$

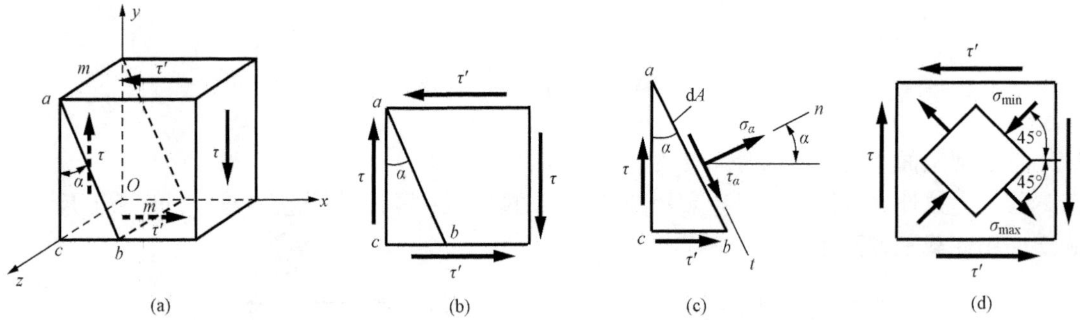

图 9-21 斜截面上的应力

（a）单元体的应力情况；（b）单元体的正投影图；（c）取左部为脱离体分析；（d）确定单元体上的最大正应力和最大切应力

在 $\alpha=0°$、$90°$的斜截面上，切应力绝对值最大

$$\left.\begin{aligned}\tau_{0°} &= \tau_{\max} = \tau\\ \tau_{90°} &= \tau_{\min} = -\tau\end{aligned}\right\} \tag{9-26}$$

上述分析结果表明，在圆截面扭转破坏现象中亦可得到。图 9-22 所示为低碳钢扭转破坏的试件，低碳钢的抗剪强度低于抗拉、压强度，由低碳钢制成的试件，当受扭而达到破坏时，先从外表面开始沿横截面方向剪断。图 9-23 所示为铸铁扭转破坏的试件，铸铁的抗拉

强度低于抗压、抗剪强度，由铸铁制成的试件，当受扭而达到破坏时，沿 45°斜截面拉断。

图 9-22　低碳钢扭转破坏的试件

图 9-23　铸铁扭转破坏的试件

四、刚度计算与刚度条件

圆轴的扭转变形通常用杆件的两个横截面间的相对扭转角 φ 来度量。因此，计算圆轴的扭转变形也就是计算**相对扭转角 φ**。

由式（9-11）得

$$\mathrm{d}\varphi=\frac{T}{GI_{\mathrm{p}}}\mathrm{d}x$$

对式（9-11）两边积分，得

$$\varphi=\int_0^l\frac{T}{GI_{\mathrm{p}}}\mathrm{d}x \tag{9-27}$$

当 T 与 GI_{p} 是常数时，相距 l 的两横截面的相对扭转角为

$$\varphi=\frac{Tl}{GI_{\mathrm{p}}} \tag{9-28}$$

式中：GI_{p} 称为杆件的**扭转刚度**。

如果是阶梯形圆轴并且扭矩是分段常量，则式（9-28）的积分可以写成分段求和的形式，即圆轴两端面之间的扭转角是

$$\varphi=\sum_{i=1}^{n}\frac{T_il_i}{GI_{\mathrm{p}i}} \tag{9-29}$$

在应用式（9-29）计算扭转角时要注意扭矩的符号。

在工程上，对于发生扭转变形的圆轴，除了要考虑圆轴不发生破坏的强度条件之外，还要注意扭转变形问题，这样才能满足工程机械的精度等工程要求。所以用单位扭转角作为衡量扭转变形的程度，它不能超过规定的许用值，即要满足扭转变形的刚度条件。

对于扭矩是常量的等截面圆轴，单位扭转角最大值一定发生在扭矩最大的截面处，所以，刚度条件可以写成

$$\varphi'=\frac{T_{\max}}{GI_{\mathrm{p}}}\leqslant[\varphi'] \tag{9-30}$$

式中：φ'单位扭转角，rad/m，如果使用°/m 单位，则式（9-30）可以写成

$$\varphi'=\frac{T_{\max}}{GI_{\mathrm{p}}}\times\frac{180}{\pi}\leqslant[\varphi'] \tag{9-31}$$

对于扭矩是分段常量的阶梯形截面圆轴，其刚度条件是

$$\varphi'=\left|\frac{T_{\max}}{GI_{\mathrm{p}}}\right|\leqslant[\varphi'] \tag{9-32}$$

或者写成

$$\varphi'=\left|\frac{T_{\max}}{GI_{\mathrm{p}}}\right|\times\frac{180}{\pi}\leqslant[\varphi'] \tag{9-33}$$

【例 9-2】 一个电动机的传动轴直径 $d=40\text{mm}$，轴传递的功率 $P=30\text{kW}$，转速 $n=1400\text{r/min}$。材料的许用切应力 $[\tau]=40\text{MPa}$，切变模量 $G=80\text{GPa}$，单位长度的许用扭转角 $[\varphi']=1°/\text{m}$。试校核此轴的强度和刚度。

解 (1) 计算传动轴的扭矩。

$$T=m=9549\frac{P}{n}=9549\times\frac{30}{1400}\approx 204(\text{N}\cdot\text{m})$$

(2) 强度校核。根据式 (9-15) 强度条件

$$\tau_{\max}=\frac{T_{\max}}{W_t}=\frac{T}{\frac{\pi d^3}{16}}=\frac{16\times 204}{\pi\times 0.04^3}\approx 16.2\times 10^6(\text{Pa})=16.2\text{MPa}<[\tau]$$

(3) 刚度校核。根据式 (9-31) 刚度条件

$$\varphi'=\frac{T}{GI_p}\times\frac{180°}{\pi}=\frac{T}{G\frac{\pi d^4}{32}}\times\frac{180°}{\pi}$$

$$=\frac{32\times 204}{8\times 10^{10}\times 0.04^4\times\pi}\times\frac{180°}{\pi}=0.58°$$

$$\varphi'=0.58°\leqslant[\varphi']$$

该轴满足强度条件和刚度条件，是安全的。

【例 9-3】 一传动轴是由45 号钢制成的空心圆截面轴，其内外径之比 $\alpha=\frac{1}{2}$。传动轴的最大扭矩 $T_{\max}=9.56\text{kN}\cdot\text{m}$。钢的许用切应力 $[\tau]=40\text{MPa}$，切变模量 $G=80\text{GPa}$，许用单位长度扭转角 $[\varphi']=0.3(°)/\text{m}$。试按照强度条件和刚度条件选择轴的直径。

解 (1) 由强度条件求轴径。

由 $W_p=\frac{\pi D^3}{16}(1-\alpha^4)=\frac{\pi D^3}{16}\times\left[1-\left(\frac{1}{2}\right)^4\right]=\frac{\pi D^3}{16}\times\frac{15}{16}$

代入强度条件公式，可得空心圆轴所需的外直径为

$$D=\sqrt[3]{\frac{16T_{\max}}{\pi(1-\alpha^4)[\tau]}}=\sqrt[3]{\frac{16\times(9.56\times 10^3\text{N}\cdot\text{m})\times 16}{15\pi\times(40\times 10^6\text{Pa})}}=109\text{mm}$$

(2) 由刚度条件求轴径。

由 $I_p=\frac{\pi D^4}{32}(1-\alpha^4)=\frac{\pi D^4}{32}\times\frac{15}{16}$

代入刚度条件公式，即得所需的外直径为

$$D=\sqrt[4]{\frac{T_{\max}}{G\times\frac{\pi}{32}\times(1-\alpha^4)}\times\frac{180}{\pi}\times\frac{1}{[\varphi']}}$$

$$=\sqrt[4]{\frac{32\times(9.56\times 10^3\text{Pa})\times 16}{(80\times 10^9\text{Pa})\times\pi\times 15}\times\frac{180}{\pi}\times\frac{1}{0.3(°)/\text{m}}}$$

$$=125.5\times 10^{-3}\text{m}=125.5\text{mm}$$

轴应该同时满足强度和刚度条件，故空心轴的外径应不小于 125.5mm，内径不大于 62.75mm。

【例 9-4】 直径 $D=20\text{cm}$ 的圆轴如图 9-24 (a) 所示，其中 AB 段为实心，BC 段为空心，且内径 $d=10\text{mm}$，已知材料许用切应力 $[\tau]=50\text{MPa}$，求 m 的许可值。并求此时两

端截面的扭转角 φ_{AC}。

解　(1) 作出轴的扭矩图 [见图 9-24(b)]，确定危险截面，AB 段、BC 段均为危险截面。

(2) 荷载估计。本题仅给出最大切应力许用值，故仅需要根据强度条件进行荷载估计。由强度条件得

AB 段　$\tau_{\max}=\dfrac{2m}{W_t}=\dfrac{16\times 2m}{\pi D^3}\leqslant[\tau]$

$$m\leqslant\frac{[\tau]\pi D^3}{32}=\frac{50\times 10^6\times\pi\times 20^3\times 10^{-6}}{32}$$

$$\approx 39.3\times 10^3(\mathrm{N\cdot m})=39.3(\mathrm{kN\cdot m})$$

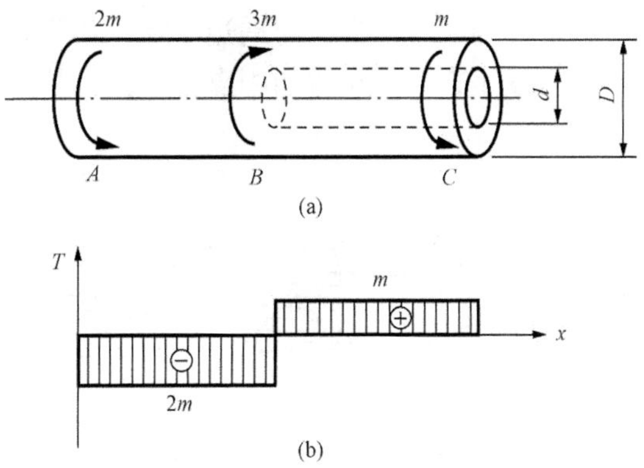

图 9-24　[例 9-4] 图

(a) 直径为 20cm 的圆轴；(b) 扭矩图

BC 段
$$\tau_{\max}=\frac{m}{W_t}=\frac{16m}{\pi D^3(1-\alpha^4)}\leqslant[\tau]$$

$$m\leqslant\frac{[\tau]\pi D^3(1-\alpha^4)}{16}=\frac{50\times 10^6\times\pi\times 20^3\times 10^{-6}\times(1-0.5^4)}{16}$$

$$\approx 73.6\times 10^3\mathrm{N\cdot m}=73.6\mathrm{kN\cdot m}$$

(3) 确定 m 的许可值。由强度条件确定扭矩 m 的许可值为 $m=39.3\mathrm{kN\cdot m}$。

(4) 求出 φ_{AC}。

$$\varphi_{AC}=\varphi_{AB}+\varphi_{BC}=\frac{T_{AB}l}{GI_{PAB}}+\frac{T_{BC}l}{GI_{PBC}}=\frac{-2ml}{G\dfrac{\pi D^4}{32}}+\frac{ml}{G\dfrac{\pi D^4}{32}(1-\alpha^4)}$$

$$=\frac{-2\times 39.3\times 10^3\times 1}{80\times 10^9\times\dfrac{\pi\times 0.2^4}{32}}+\frac{39.3\times 10^3\times 1}{80\times 10^9\times\dfrac{\pi\times 0.2^4}{32}\left[1-\left(\dfrac{10}{20}\right)^4\right]}$$

$$=0.0029\mathrm{rad}=0.17^\circ$$

第五节　矩形截面杆自由扭转简介

以上各节讨论了圆形截面杆的扭转。工程中有些受扭杆件的截面并非圆形，例如农业机械中有时用方轴作为传动轴，又如曲轴的曲柄承受扭转，而其横截面是矩形的。本节讨论非圆截面杆的扭转。

以一横截面为矩形的杆为例，在其侧面画上纵向线和横向周界线，扭转变形后发现横向周界线已不再保持为直线，而变为空间曲线，这和圆轴扭转有明显的区别（见图 9-25）。这表明变形后杆的横截面已不再保持为平面，这种现象称为**翘曲**，所以平面假设对非圆截面杆件的扭转已不再适用。

矩形截面杆扭转分自由扭转和约束扭转。杆两端无约束，翘曲程度不受任何限制的情况，属于**自由扭转**。此时，杆各横截面的翘曲程度相同，纵向纤维长度无变化，横截面上只有切应力，没有正应力。杆一端被约束，杆各横截面的翘曲程度不同，横截面上不但有切应力，还有正应力，这属于**约束扭转**。

矩形截面杆自由扭转时，其横截面上的切应力（见图 9-26）计算有以下特点：①截面

周边各点处的切应力方向与周边平行（相切）；②截面角点处的切应力等于零；③截面内最大切应力发生在截面长边的中点处，其计算式为

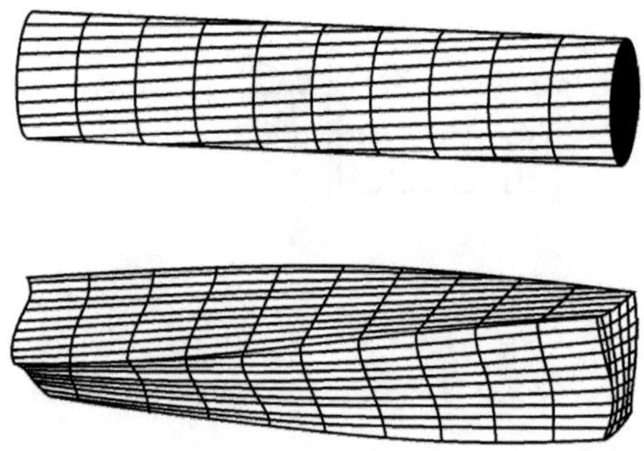

图 9-25　矩形截面杆扭转

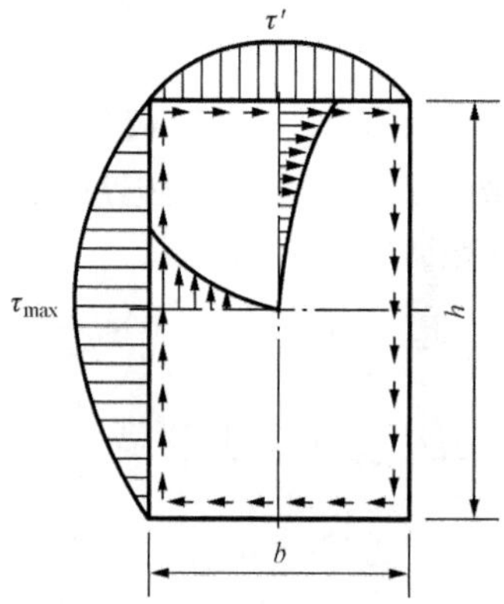

图 9-26　矩形截面自由扭转时横截面上的切应力

$$\tau_{max}=\frac{T}{W_t}=\frac{T}{\alpha hb^2}\tag{9-34}$$

式中：α 是一个与比值 h/b 有关的系数，其数值已列入表 9-1 中。短边中点的切应力 τ_1 是短边上的最大切应力，并按以下公式计算

$$\tau_1=\nu\tau_{max}\tag{9-35}$$

式中：τ_{max}是长边中点的最大切应力；系数 ν 与比值 h/b 有关，已列入表 9-1 中。杆件两端相对扭转角的计算公式是

$$\varphi=\frac{Tl}{G\beta hb^3}=\frac{Tl}{GI_t}\tag{9-36}$$

式中：$GI_t=G\beta hb^3$ 也称为杆件抗扭刚度；β 也是与比值 h/b 有关的系数，并已列入表 9-1 中。

表 9-1　矩形截面杆扭转时的系数 α，β 和 ν

h/b	1.0	1.2	1.5	2.0	2.5	3.0	4.0	6.0	8.0	10.0	∞
α	0.208	0.219	0.231	0.246	0.258	0.267	0.282	0.299	0.307	0.313	0.333
β	0.141	0.166	0.196	0.229	0.249	0.263	0.281	0.299	0.307	0.313	0.333
ν	1.000	0.930	0.858	0.796	0.767	0.753	0.745	0.743	0.743	0.743	0.743

小　结

（1）圆筒两端截面之间相对转动的角位移，称为相对扭转角。而圆筒表面上每个格子的直角都改变了相同的角度 γ，这种直角的改变量 γ 称为切应变。

（2）使杆产生扭转变形的内力偶矩，称为扭矩。为表明沿杆轴线各截面上扭矩的变化情况，以确定最大扭矩及其所在截面，仿照轴力图做法即可绘制扭矩图。扭矩图是表示扭矩沿杆件轴线变化的图形。

（3）右手螺旋法则判断扭矩符号时，规定扭矩矢量方向与横截面外法线方向一致时扭矩为正，反之为负。

（4）剪切胡克定理为 $\tau=G\gamma$，切应力在单元体上应满足切应力互等定理。

（5）圆轴扭转横截面上只有切应力，公式为 $\tau=\dfrac{T\rho}{I_{\mathrm{p}}}$，最大切应力公式为 $\tau_{\max}=\dfrac{T}{W_{\mathrm{t}}}$，强度条件为 $\tau_{\max}=\dfrac{T}{W_{\mathrm{t}}}\leqslant[\tau]$。

（6）圆轴扭转的扭转角计算公式为 $\varphi=\dfrac{Tl}{GI_{\mathrm{p}}}$，最大单位扭转角公式为 $\varphi'=\dfrac{T}{GI_{\mathrm{p}}}$，刚度条件为 $\varphi'=\dfrac{T}{GI_{\mathrm{p}}}\leqslant[\varphi']$。

（7）矩形截面的自由扭转。

习 题

9-1 试绘出如图 9-27 所示各轴的扭矩图，并指出最大扭矩值。

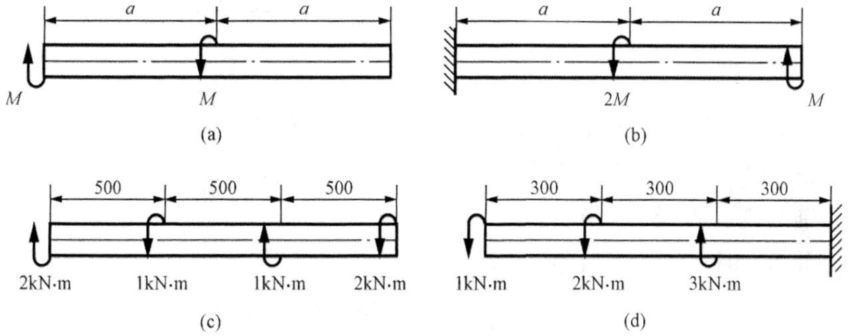

图 9-27 题 9-1 图

9-2 齿轮轴上有四个齿轮见图9-28，已算出各轮所受外力偶矩为 $m_A=52\mathrm{N\cdot m}$，$m_B=120\mathrm{N\cdot m}$，$m_C=40\mathrm{N\cdot m}$，$m_D=28\mathrm{N\cdot m}$。已知各段轴的直径分别为 $d_{AB}=15\mathrm{mm}$，$d_{BC}=20\mathrm{mm}$，$d_{CD}=12\mathrm{mm}$。（1）作该轴的扭矩图；（2）求 1—1、2—2、3—3 截面上的最大切应力。

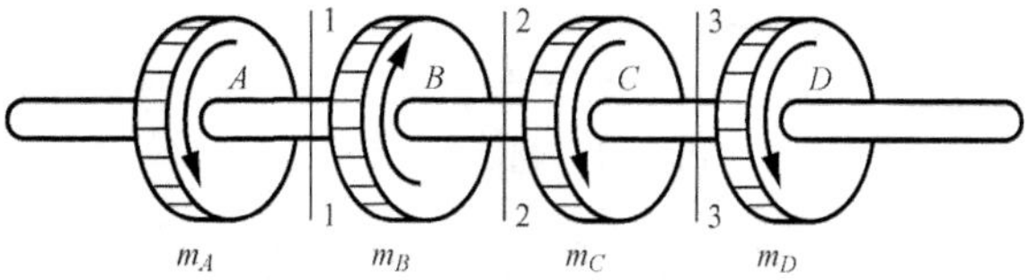

图 9-28 题 9-2 图

9-3 空心钢轴的外径 $D=100\mathrm{mm}$，内径 $d=50\mathrm{mm}$。已知间距 $l=2.7\mathrm{m}$ 的两横截面的相对扭转角 $\varphi=1.8°$，材料的切变模量 $G=80\mathrm{GPa}$。试求：轴内的最大切应力；再求，当轴以 $n=\mathrm{r/min}$ 的速度旋转时，轴所传递的功率。

9-4 由无缝钢管制成的汽车传动轴 AB，外径 $D=90\mathrm{mm}$，壁厚 $\delta=2.5\mathrm{mm}$，材料为 45 钢，使用时的最大扭矩为 $T=1.5\mathrm{kN\cdot m}$。如材料的 $[\tau]=60\mathrm{MPa}$，试校核 AB 轴的扭转强度。

如把题中的传动轴改为实心轴，要求它与原来的空心轴强度相同，试确定其直径，并比较实心轴和空心轴的重量。

9-5 某小型水电站的水轮机容量为50kW，转速为300r/min，钢轴直径为75mm，若在正常运转下且只考虑扭矩作用，其许用切应力 $[\tau]=20\text{MPa}$。试校核该轴的强度。

9-6 图9-29所示单级直齿圆柱齿轮传动减速器，已知电动机输出功率 $P=13\text{W}$，转速 $n=720\text{r/min}$，小齿轮分度圆直径 $d_1=150\text{mm}$，大齿轮分度圆直径 $d_2=300\text{mm}$，若材料的许用切应力 $[\tau]=60\text{MPa}$。试按强度条件设计轴Ⅰ、Ⅱ的直径。

9-7 如图9-30所示，梯形圆轴 AD，其 AB 段为实心部分，直径 $d_1=40\text{mm}$；BD 段为空心部分，外径 $D=60\text{mm}$，内径 $d=50\text{mm}$。轴上装有三个皮带轮如图9-30所示，已知主动轮 C 输入的外力偶矩 $m_C=1.8\text{kN}\cdot\text{m}$，从动轮 A 的外力偶矩 $m_A=0.8\text{kN}\cdot\text{m}$，轮 D 的外力偶矩 $m_D=1\text{kN}\cdot\text{m}$，材料许用切应力 $[\tau]=80\text{MPa}$。试校核该轴的强度。

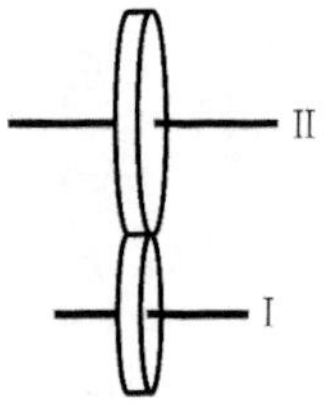

图9-29 题9-6图

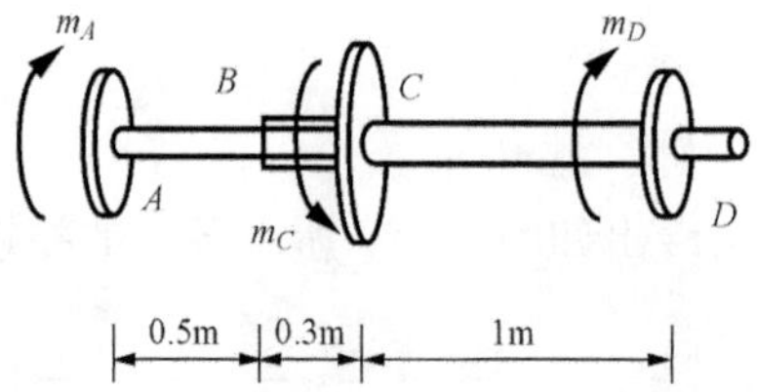

图9-30 题9-7图

9-8 如图9-31所示，实心圆轴与空心圆轴通过牙嵌离合器连接。已知轴的转速 $n=100\text{r/min}$，传递功率 $P=10\text{kW}$，许用切应力 $[\tau]=80\text{MPa}$，$d_1/d_2=0.6$。试确定实心轴的直径 d，空心轴的内、外径 d_1 和 d_2。

9-9 一钢轴如图9-32所示。$M_1=2\text{kN}\cdot\text{m}$，$M_2=1.5\text{kN}\cdot\text{m}$，$G=80\text{GPa}$，$d_1=100\text{mm}$，$d_2=75\text{mm}$。试求：(1) AB 段及 BC 段单位扭转角；(2) C 截面相对于 A 截面的扭转角。

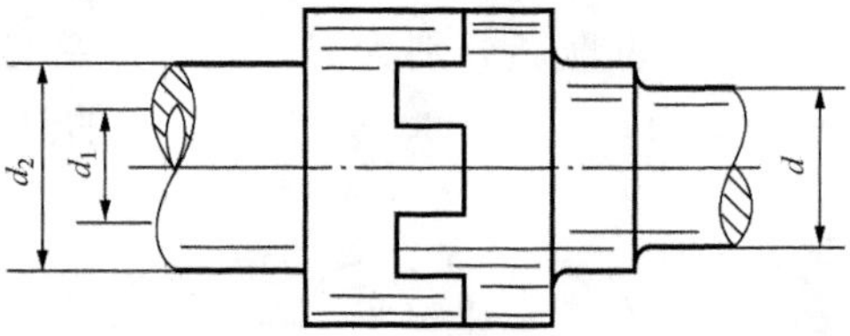

图9-31 题9-8图

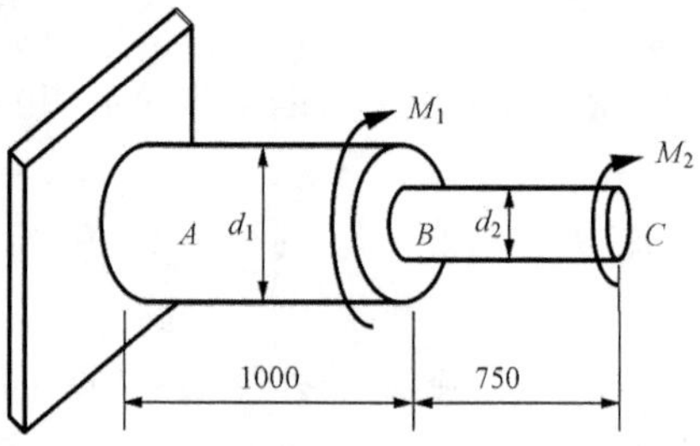

图9-32 题9-9图

9-10 图9-33所示齿轮传动机构，F 端为固定端，A、B、G 为轴承，不承受力矩。轴 ABC 的直径 $d_1=25\text{mm}$，轴 DGF 的直径 $d_2=30\text{mm}$，两轴材料相同，剪切弹性模量 $G=80\text{GPa}$。试求 A 端的转角 φ_A。

9-11 圆截面杆 AB 左端固定，承受均布力偶作用，其力偶矩集度（单位长度上的力偶矩）为 $m=20\text{N}\cdot\text{m/m}$（如图9-34所示）。已知直径 $D=20\text{mm}$，$l=2\text{m}$，材料的剪切模量 $G=80\text{GPa}$，$[\tau]=30\text{GPa}$，单位长度的许用扭转角 $[\varphi']=2°/\text{m}$，试进行强度和刚度校核，

并计算 A、B 两截面的相对扭转角 φ_{BA}。

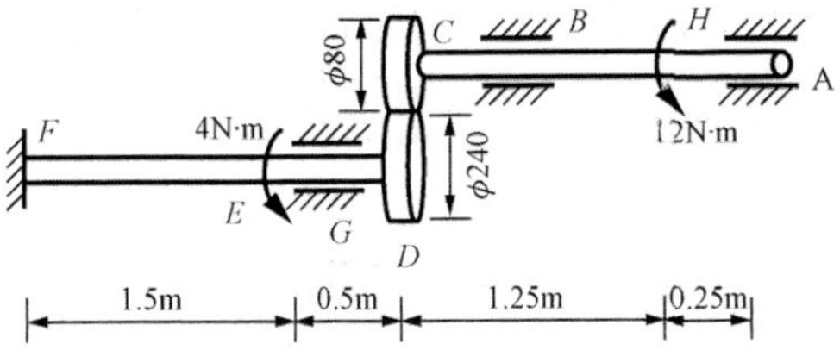

图 9-33　题 9-10 图

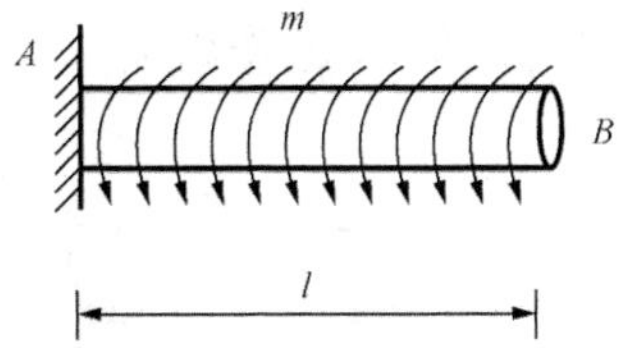

图 9-34　题 9-11 图

9-12　图 9-35 所示为某组合机床主轴箱内第 4 轴的示意图。轴上有Ⅱ、Ⅲ、Ⅳ三个齿轮，动力由 5 轴经齿轮Ⅲ输送到 4 轴，再由齿轮Ⅱ和Ⅵ带动 1、2 和 3 轴。1 和 2 轴同时钻孔，共消耗功率 0.756kW；3 轴扩孔，消耗功率 2.98kW。若 4 轴转速为 183.5r/min，材料为 45 钢，G=80GPa。取 $[\tau]$=40MPa，$[\varphi']$=1.5°/m。试设计轴的直径。

9-13　图 9-36 所示为皮带轮传动装置的计算简图。动力由皮带轮 B 输入，其功率 P_B=55kW，输出功率分别为 P_A=26kW，P_C=18kW，P_D=11kW。轴的转速 n=400r/min，该轴为钢制实心轴，其直径 d=50mm，材料的剪切弹性模量 G=80GPa，许用切应力 $[\tau]$=40MPa，单位长度的许用扭转角 $[\varphi']$=1°/m。试校核该轴的强度和刚度。

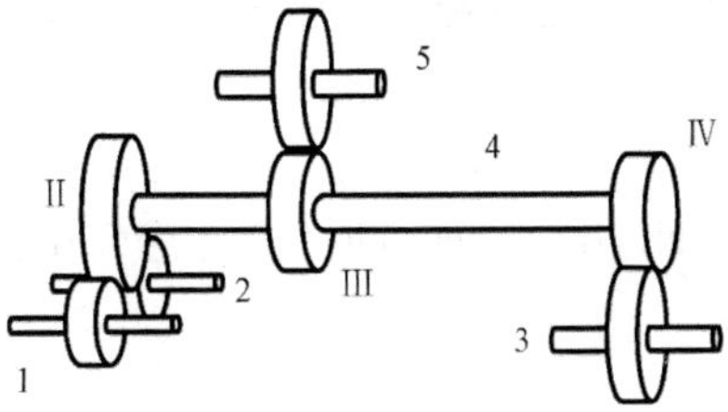

图 9-35　题 9-12 图

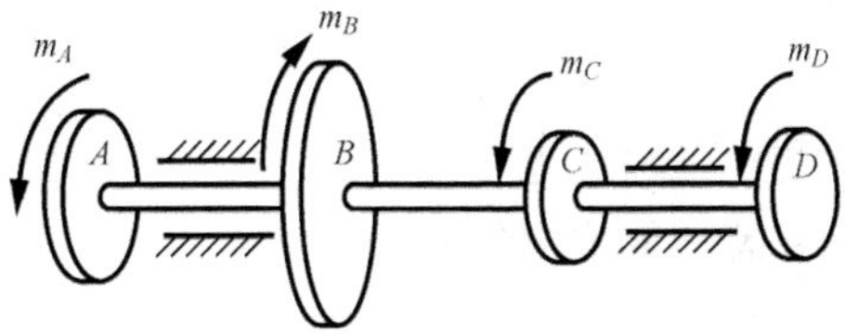

图 9-36　题 9-13 图

9-14　阶梯形圆轴直径分别为 d_1=40mm，d_2=70mm，轴上装有三个皮带轮，如图 9-37所示。已知由轮 3 输入的功率为 P_3=3kW，轮 1 输出的功率为 P_1=13kW，轴作匀速转动，转速 n=200r/min，材料的许用切应力 $[\tau]$=60MPa，G=80GPa，许用扭转角 $[\varphi']$=2°/m。试校核轴的强度和刚度。

9-15　桥式起重机如图 9-38 所示。若传动轴传递的力偶矩 T=1.08kN·m，材料的许用切应力 $[\tau]$=40MPa，G=80GPa，同时规定 $[\varphi']$=0.5°/m。试设计轴的直径。

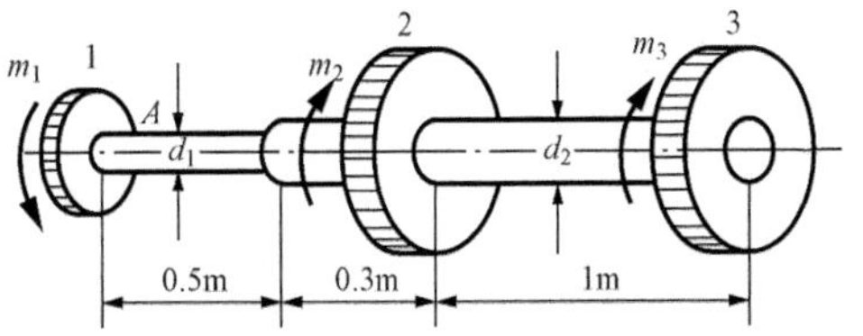

图 9-37　题 9-14 图

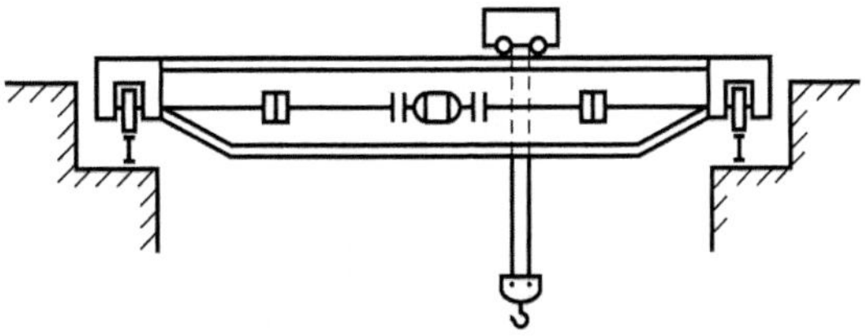

图 9-38　题 9-15 图

9-16　如图 9-39 所示传动轴的转速为 n=500r/min，主动轮 1 输入功率 N_1=500 马力，从动轮 2、3 分别输出功率 N_2=200 马力，N_3=300 马力。已知 $[\tau]$=70MPa，$[\varphi']$=1°/m，G=80GPa。(1) 试确定 AB 段的直径 d_1 和 BC 段的直径 d_2。(2) 若 AB 和 BC 两段

选用同一直径，试确定直径 d。(3) 主动轮和从动轮应如何安排才比较合理?

9-17 如图 9-40 所示圆锥形轴，锥度很小，两端直径分别为 d_1，d_2，长度为 l，试求在图示外力偶矩 m 的作用下，轴的总扭转角。

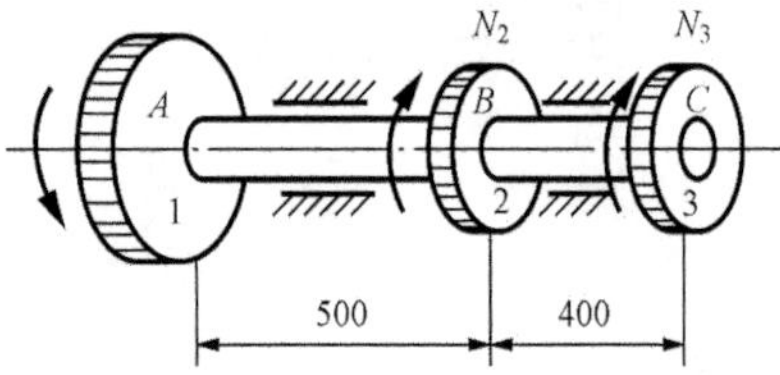

图 9-39 题 9-16 图

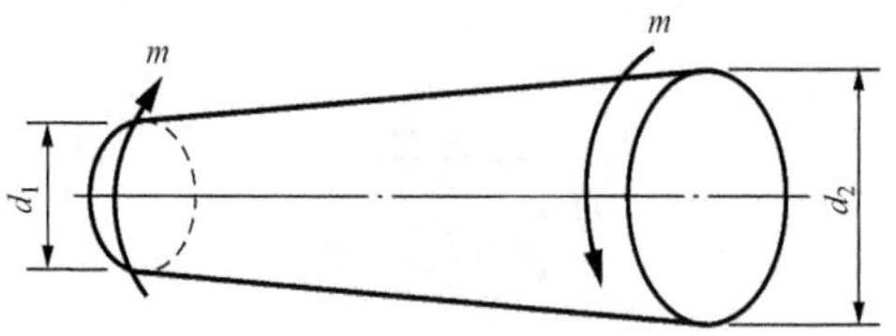

图 9-40 题 9-17 图

9-18 轴的转速 $n=240\text{r/min}$，传递功率为 $P=44.7\text{kW}$，许用切应力 $[\tau]=40\text{MPa}$，单位长度的许用扭转角 $[\varphi']=1°/\text{m}$，剪切弹性模量 $G=80\text{GPa}$，试按强度和刚度条件计算轴的直径。

9-19 如图 9-41 所示某带轮传动轴，已知 $P=14\text{kW}$，$n=300\text{r/min}$，$[\tau]=40\text{MPa}$，$[\varphi']=0.01\text{rad/min}$，$G=80\text{GPa}$。试根据强度和刚度条件计算两种截面的直径：(1) 实心圆截面的直径 d；(2) 空心圆截面的内径 d_1 和外径 d_2 ($d_1/d_2=3/4$)。

9-20 如图 9-42 所示，两端固定轴 AB，在截面 C 上受扭转力偶矩 m 作用。试求固定端的反作用力偶矩 m_A、m_B。

9-21 如图 9-43 所示，AB 和 CD 两杆的尺寸相同。AB 为钢杆，CD 为铝杆，两种材料的切变模量之比为 3∶1。(G_{AB}∶G_{CD}=3∶1)。若不计 BE 和 ED 两杆的变形，试问 F 力的影响以怎样的比例分配于 AB 和 CD 两杆?

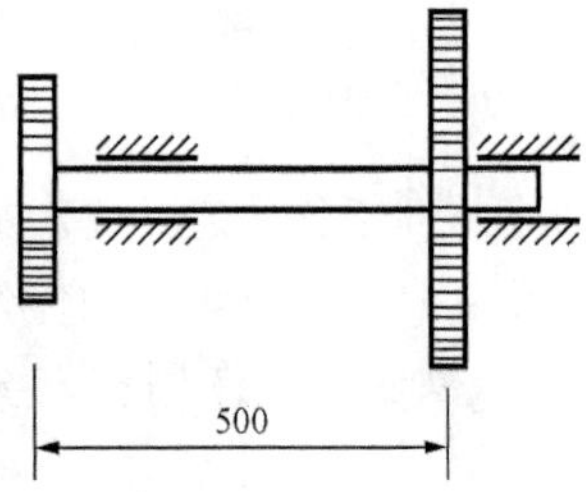

图 9-41 题 9-19 图

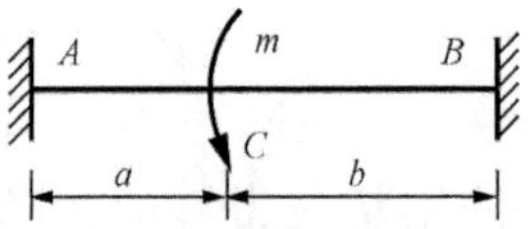

图 9-42 题 9-20 图

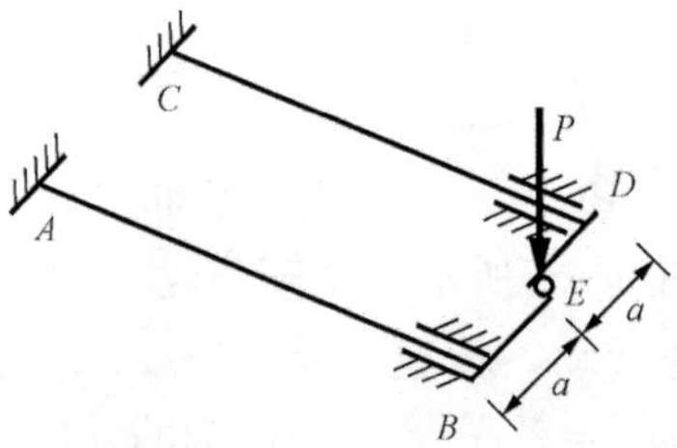

图 9-43 题 9-21 图

第十章 弯 曲

第一节 弯曲的基本概念

杆件的弯曲变形是工程中最常见的一种基本变形。例如图 10-1（a）所示的桥式吊车的大梁，可简化为图 10-1（b）所示的计算简图；再例如图 10-2（a）所示的机车车轴，可简化为图 10-2（b）所示的计算简图。这些杆件受力的共同特点是：它们都可以简化为一根直杆；在通过轴线的平面内，受到垂直于轴线的外力作用，这种外力称为横向力。在横向力作用下，杆件将发生弯曲变形。其变形特点是：在荷载作用下杆的轴线由直线弯成一条曲线。这种变形形式称为**弯曲变形**。主要产生弯曲变形的杆件，通常称为**梁**。

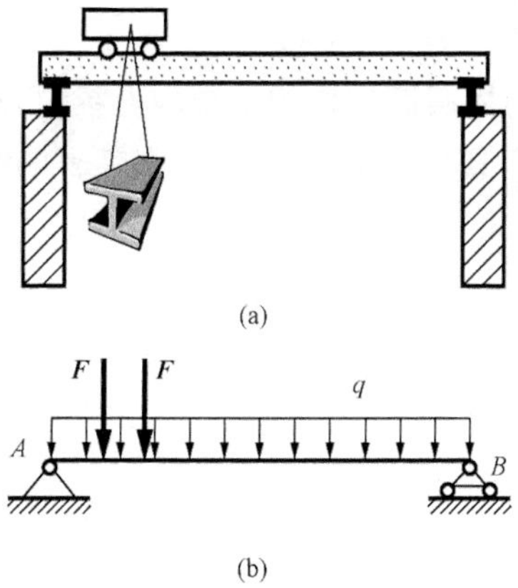

图 10-1 杆件的弯曲变形示例 1

（a）桥式吊车的大梁；（b）计算简图

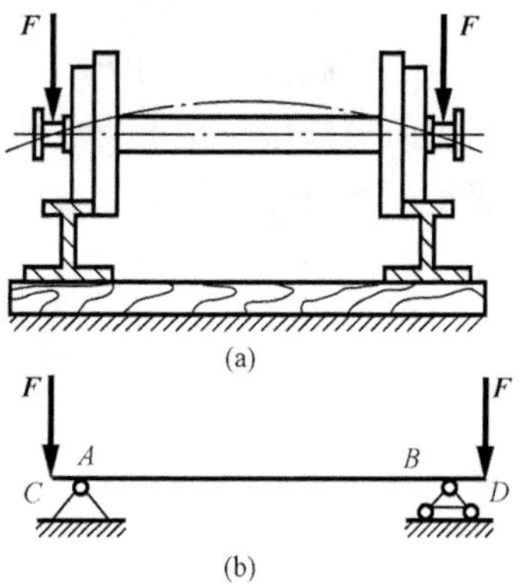

图 10-2 杆件的弯曲变形示例 2

（a）机车车轴；（b）计算简图

工程中常用的梁具有以下特点：①梁的横截面一般采用对称形状。如矩形、工字形和圆形，有时也采用型钢或由型钢拼合成组合截面。这种形状的截面一般至少有一根对称轴，全梁也至少有一个纵向对称面。②所有外力都作用在梁的同一纵向对称面内。因此，梁在发生弯曲变形时梁的轴线弯成位于该对称面内的一条平面曲线（称为挠曲线）。这种弯曲称为**平面弯曲**（如图 10-3 所示的梁）。凡是挠曲线平面与外力作用平面重合的情况，都是平面弯曲。这也是工程中最常见的情况。本章将重点研究平面弯曲问题。

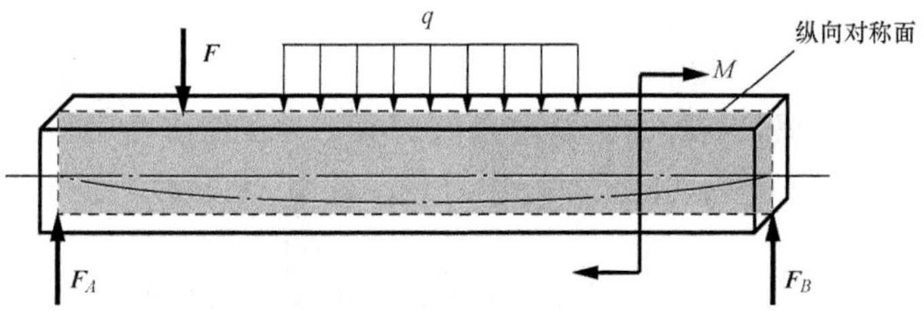

图 10-3 平面弯曲

第二节 梁的剪力、弯矩和剪力图、弯矩图

一、梁的剪力和弯矩

为了进行梁的强度和刚度计算，首先必须确定梁横截面上的内力。如图 10-4（a）所示为一简支梁，荷载 F 和支座反力 F_A，F_B 是作用在梁的纵向对称面内的平衡力系。可以用平衡方程求出支座反力为 $F_A=\dfrac{Fb}{l}$，$F_B=\dfrac{Fa}{l}$。现用截面法分析任一截面 m—m 上的内力。假想沿截面 m—m 将梁分为左右两段，由于整个梁是平衡的，所以它的各部分也应处于平衡状态。现取左段分析。从图 10-4（b）所示可见，因有支座反力 F_A 作用，为使左段满足$\sum F_y=0$，截面 m—m 上必须有与 F_A 反方向的内力 F_S 存在；同时因 F_A 与 F_S 组成力偶，为了满足$\sum M_C=0$（C 点为截面的形心），截面 m—m 也必然有一个与该力偶转向相反的力偶矩 M 存在。可见，梁弯曲时，横截面上存在着两个内力元素：

（1）相切于横截面的内力 F_S，称为**剪力**。它是与横截面相切的分布内力系的合力。

（2）作用面与横截面相垂直的内力偶矩 M，称为**弯矩**。它是与横截面垂直的分布内力系的合力偶矩。剪力和弯矩同为梁横截面上的内力。

截面 m—m 的剪力和弯矩值，由平衡方程求得，取截面 m—m 左段时有

$$\sum F_y=0,\ F_A-F_S=0$$

$$F_S=F_A=\frac{Fb}{l}$$

$$\sum M_C=0,\ F_Ax-M=0$$

$$M=F_Ax=\frac{Fb}{l}x$$

如果取右段梁作为研究对象［见图 10-4（c）］，同样可求出截面 m—m 上的剪力 F_S 和弯矩 M。由平衡方程求得

$$\sum F_y=0,\ F_B-F+F_S=0,\ F_S=\frac{Fb}{l}$$

$$\sum M_C=0,\ F_B(l-x)-M-F(l-b)=0,\ M=\frac{Fb}{l}x$$

只要有符号规定就可以使左右两段计算结果完全一致，所以具体计算时取外力比较简单的那一段，并对剪力和弯矩的正负号作如下规定（见图 10-5）。

（1）剪力的符号规定：使 dx 微段有左端向上而右端向下的相对错动时，横截面 m—m 上的剪力为**正**，或使 dx 微段有**顺时针**转动趋势的剪力为**正**；使 dx 微段有左端向下而右端向上的相对错动时，横截面 m—m 上的剪力为**负**，或使 dx 微段有**逆时针**转动趋势的剪力为**负**。

（2）弯矩的符号规定：当 dx 微段的**弯曲下凸**（即该段的**下半部受拉**）时，横截面 m—m 上的弯矩为**正**；当 dx 微段的**弯曲上凸**（即该段的**下半部受拉压**）时，横截面 m—m 上的弯矩为**负**。

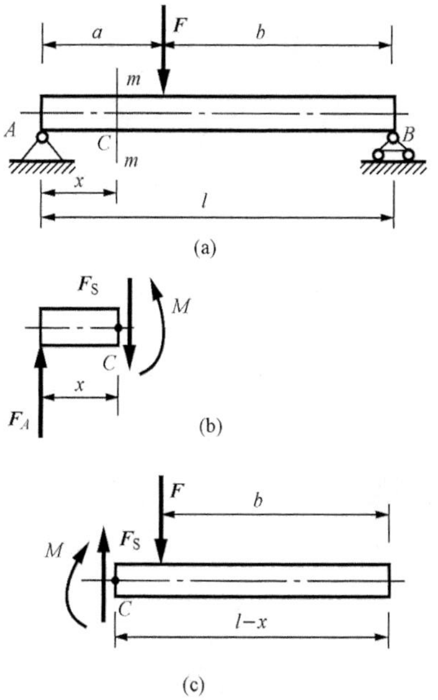

图 10-4　梁的剪力和弯矩
(a) 简支梁；(b) 取左段分析简力和弯矩；
(c) 取右段分析简力和弯矩

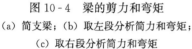

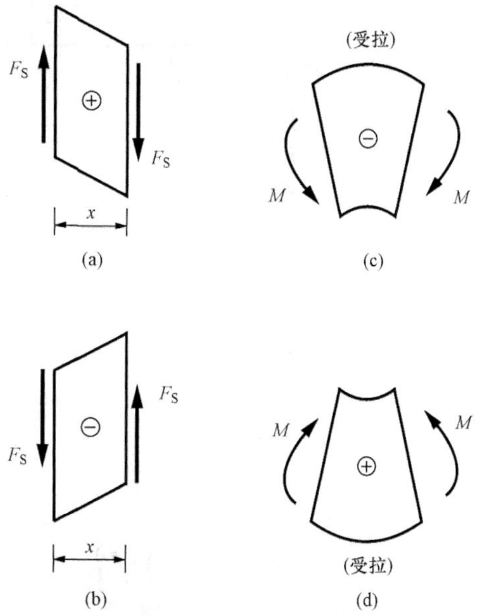

图 10-5　剪力和弯矩的正负号规定
(a) 剪力为正；(b) 剪力为负；
(c) 弯矩为负；(d) 弯矩为正

在具体计算内力时，可和前面分析扭矩等问题一样，一律先假定分离体上的未知内力为正，即 F_S、M 先按正向假定，然后由平面一般力系的平衡条件计算，若结果为正，说明内力实际方向（转向）与假设的相同；反之则实际的方向（转向）与假设的相反。下面举一例题说明这种方法。

【例 10-1】 求如图 10-6（a）所示简支梁 1—1 和 2—2 截面上的剪力与弯矩。

解 （1）求支座反力［见图 10-6（a）］。由 $\sum M_B=0$ 求得 $F_A=1500\text{N}$，由 $\sum M_A=0$ 求得 $F_B=2900\text{N}$。

（2）计算 1—1 截面上的剪力和弯矩。取左段为分离体并作受力图［见图 10-6（b）］，截面上的剪力 F_{S1} 弯矩 M_1 按正向假定

$$\sum F_y = F_A - F - F_{S1} = 0，F_{S1} = 700\text{N}$$

$$\sum M_O = F_A \times 2 - F \times 0.5 - M_1 = 0，M_1 = 2600\text{N}\cdot\text{m}$$

结果均为正，说明实际内力 F_{S1}、M_1 与假定的方向（转向）一致，均为正向。

如果取右段为分离体并作受力图［见图 10-6（c）］，截面上的剪力 F_{S1} 弯矩 M_1 按正向假定

$$\sum F_y = F_{S1} - 3 \times q + F_B = 0，F_{S1} = 700\text{N}$$

$$\sum M_O = M_1 - 3 \times q \times 2 - 4 \times F_B = 0，M_1 = 2600\text{N}\cdot\text{m}$$

计算结果与左段计算的完全一致。所以，一般取外力比较简单的一侧进行计算。

（3）计算 2—2 截面上的剪力 F_{S2} 与弯矩 M_2。取右段为分离体并作受力图［见图 10-6（d）］，截面上的剪力 F_{S2} 弯矩 M_2 按正向假定

$$\sum F_y = F_{S2} - 1.5 \times q + F_B = 0，F_{S2} = -1100\text{N}$$

$$\sum M_O = -M_2 - 1.5 \times q \times \frac{1.5}{2} + F_B \times 1.5 = 0，M_2 = 3000\text{N}\cdot\text{m}$$

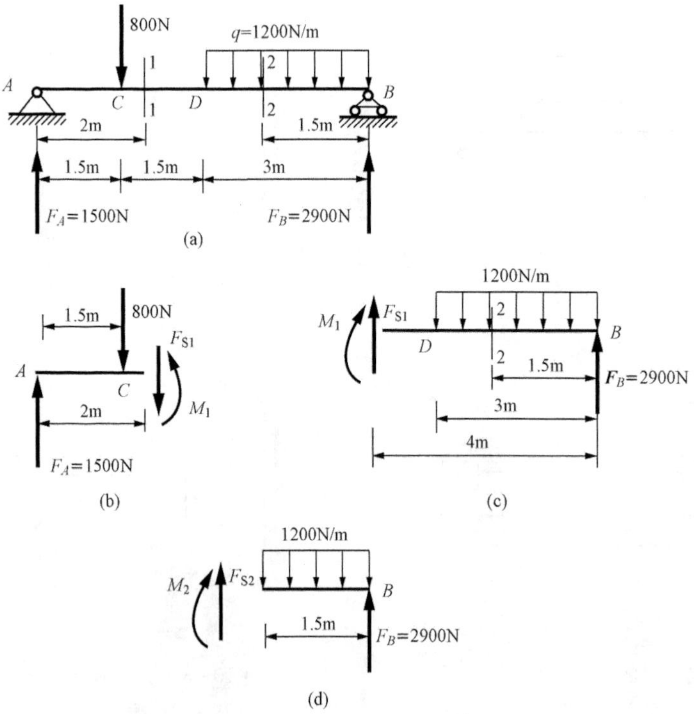

图 10 - 6 ［例 10 - 1］图

(a) 求支座反力；(b) 取左段为分离体作受力图；(c) 取右段为分离体作受力图；
(d) 取 2—2 截面右段为分离体作受力图

剪力的实际方向与假定的相反，弯矩的实际转向与假定的一致。

二、剪力方程、弯矩方程和剪力图、弯矩图

由［例 10 - 1］可知：梁的不同横截面上的剪力和弯矩，一般是不一样的，即内力随横截面的位置不同而变化。若以横坐标 x 表示横截面在梁轴线上的位置，则各横截面上的剪力和弯矩可以表示为函数形式，即

$$\left.\begin{aligned} F_S &= F_S(x) \\ M &= M(x) \end{aligned}\right\} \tag{10 - 1}$$

式（10 - 1）就是**剪力方程**和**弯矩方程**。具体计算时，当梁上外力不连续时，梁的剪力或弯矩就不能只用一个方程来表达，而应逐段分别建立内力方程。

根据数学中绘制函数图形的方法，将剪力方程和弯矩方程分别用图形来表示，便得到**剪力图与弯矩图**。它能直观地反映各横截面上的剪力和弯矩沿梁轴线的变化规律，并将对今后进行梁的强度和刚度计算起重要作用。下面举例说明内力图的画法。

【例 10 - 2】 一悬臂梁 AB［见图 10 - 7（a）］，右端固定，左端受集中力 F 作用。作此梁的剪力图及弯矩图。

解 （1）列剪力方程与弯矩方程。以 A 为坐标原点，在距原点 x 处将梁截开，取左段梁为研究对象，其受力分析如图 10 - 7（b）所示，由平衡方程求 x 截面的剪力与弯矩

$$\sum F_y = -F_S(x) - F = 0,\ F_S(x) = -F \quad (0 < x < l)$$
$$\sum M_O = Fx + M(x) = 0,\ M(x) = -Fx \quad (0 \leqslant x \leqslant l)$$

因截面的位置是任意的，故式中的 x 是一个变量。以上两式即为 AB 梁的剪力方程与弯

矩方程。

（2）依据剪力方程与弯矩方程作出剪力图与弯矩图。由剪力方程可知，梁各截面的剪力不随截面的位置而变，因此剪力图为一条水平直线。如图 10-7（c）所示。

由弯矩方程可知，弯矩是 x 的一次函数，故弯矩图为一条斜直线（两点确定一线，$x=0$ 时，$M=0$；$x=l$ 时，$M=-Fl$），如图 10-7（d）所示。

由于在剪力图与弯矩图中的坐标比较明确，故习惯上往往不再将坐标轴画出。

【例 10-3】 一简支梁 AB 受集度为 q 的均布荷载作用［见图 10-8（a）］。作此梁的剪力图与弯矩图。

解　（1）求支座反力

$$F_A = F_B = \frac{1}{2}ql$$

（2）列剪力方程与弯矩方程。在距 A 点 x 处截取左段梁为研究对象，其受力如图 10-8（b）所示。由平衡方程

$$\sum F_y = F_A - qx - F_S(x) = 0$$

得
$$F_S(x) = F_A - qx = \frac{ql}{2} - qx \quad (0 < x < l)$$

由
$$\sum M_O = -F_A x + qx\frac{x}{2} + M(x) = 0$$

得
$$M(x) = F_A x - qx\frac{x}{2} = \frac{ql}{2}x - \frac{q}{2}x^2 \quad (0 \leqslant x \leqslant l)$$

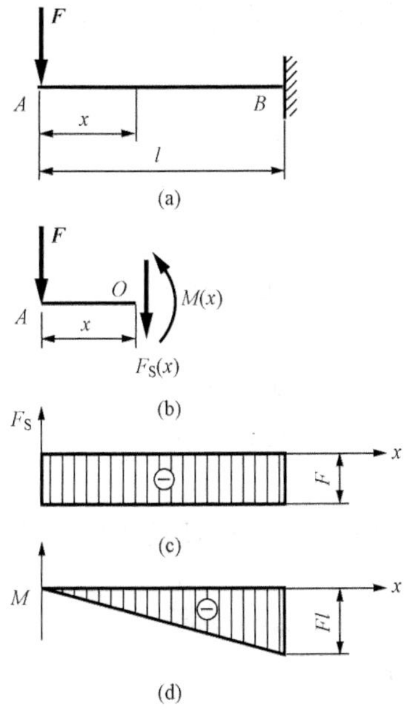

图 10-7　［例 10-2］图
（a）悬臂梁 AB；（b）左段受力图；
（c）剪力图；（d）弯矩图

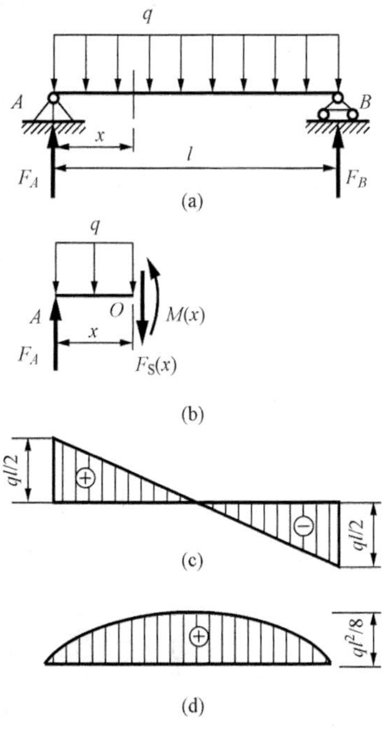

图 10-8　［例 10-3］图
（a）简支梁 AB 受集度为 q 的均布荷载作用；
（b）左段受力图；（c）剪力图；（d）弯矩图

（3）画剪力图与弯矩图。由剪力方程可知剪力图为一斜直线（两点确定一线：$x=0$ 时，$F_S=ql/2$；$x=l$ 时，$F_S=-ql/2$），如图 10-8（c）所示。

由弯矩方程可知弯矩图为一抛物线：抛物线下凸；在 $x=l/2$ 处，弯矩有极值，$M_{mmax}=ql^2/8$；$x=0$ 及 $x=l$ 时，$M=0$，如图 10-8（d）所示。

由剪力图及弯矩图可见，在靠近两支座的横截面上剪力的绝对值最大。在梁的中点截面上，剪力为零，而弯矩最大。

【例 10-4】 图 10-9（a）所示简支梁，在截面 C 处受集中力 F_P 作用，试作梁的剪力图与弯矩图。

解 （1）计算支反力，由平衡方程

$$\sum M_A = 0 \quad 和 \quad \sum M_B = 0$$

分别求得

$$F_A = \frac{Fb}{l},\ F_B = \frac{Fa}{l}$$

（2）建立剪力方程与弯矩方程。由于 C 处有集中力 F 作用，故 AC 和 BC 两段梁的剪力方程和弯矩方程不同，必须分别列出。

AC 段：以 A 为原点，在距 A 点 x_1 处截取左段梁作为研究对象，其受力如图 10-9（b）所示。根据平衡条件分别得

$$F_{S1}(x) = F_A = \frac{Fb}{l} \quad (0 < x_1 < a)$$

$$M_1(x) = F_A x_1 = \frac{Fb}{l}x_1 \quad (0 \leqslant x_1 \leqslant a)$$

BC 段：为计算简便，以 B 为原点，在距 B 点 x_2 处截取梁的右段作为研究对象，其受力如图 10-9（c）所示。根据平衡条件分别得

$$F_{S2}(x) = -F_B = -\frac{Fa}{l} \quad (0 < x_2 < b)$$

$$M_2(x) = F_B x_2 = \frac{Fa}{l}x_2 \quad (0 \leqslant x_2 \leqslant b)$$

（3）画剪力图与弯矩图。根据 AC，BC 两段各自的剪力方程与弯矩方程，分别画出 AC，BC 两段梁的剪力图与弯矩图，如图 10-9（d）、（e）所示。

可以看出，截面 C 的弯矩最大。如果 $a>b$，则 BC 段的剪力的绝对值最大。

从剪力图与弯矩图可以看出，在集中力作用处，其左、右两侧横截面上的弯矩相同，而剪力则发生突变，突变量等于该集中力之值。

【例 10-5】 图 10-10（a）所示简支梁，在截面 C 处受到矩为 M 的集中力偶作用，试作梁的剪力图与弯矩图。

解 （1）计算支反力。由平衡方程 $\sum M_A=0$ 与 $\sum F_y=0$，分别求得

$$F_A = \frac{M}{l},\ F_B = \frac{M}{l}$$

（2）建立剪力方程与弯矩方程。分别于 AC 与 CB 段任意截面将梁截开，分别取左段与右段为研究对象，并分别以 F_{S1}（x）、M_1（x）和 F_{S2}（x）、M_2（x）代表它们各自的内力，可求得

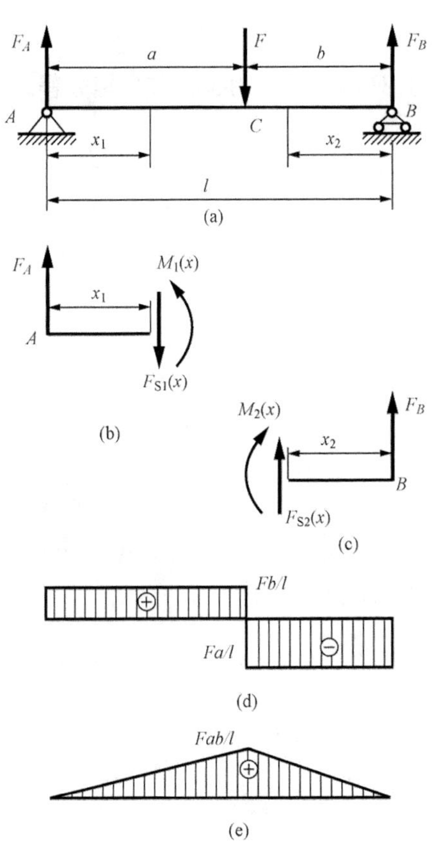

图 10-9 ［例 10-4］图

(a) 简支梁在 C 处受 F 作用；(b) 左段受力图；(c) 右段受力图；(d) 剪力图；(e) 弯矩图

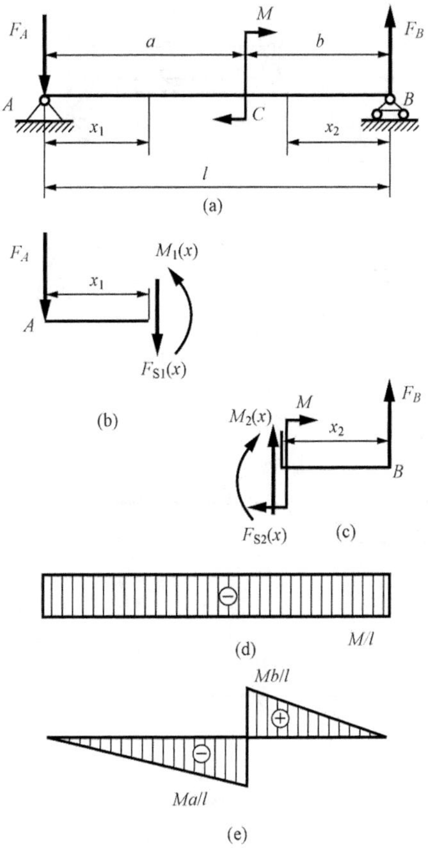

图 10-10 ［例 10-5］图

(a) 简支梁；(b) 左段受力图；(c) 右段受力图；(d) 剪力图；(e) 弯矩图

$$F_{S1}(x)=-F_A=-\frac{M}{l}\quad(0<x_1\leqslant a)$$

$$M_1(x)=-F_Ax_1=-\frac{M}{l}x_1\quad(0\leqslant x_1<a)$$

$$F_{S2}(x)=-F_B=-\frac{M}{l}\quad(0<x_2\leqslant b)$$

$$M_2(x)=-M+F_Bx_2=M\left(\frac{x_2}{l}-1\right)\quad(0\leqslant x_2<b)$$

(3) 画剪力图与弯矩图。根据剪力方程及弯矩方程，可作出如图 10-10 (d)、图 10-10 (e) 所示的剪力图与弯矩图。

由内力图可以看出，在集中力偶作用处，其左右两侧横截面上的剪力相同，但弯矩则发生突变，突变量等于该集中力偶之矩。

【例 10-6】 外伸简支梁受力如图 10-11 (a) 所示。试列出梁的剪力方程和弯矩方程，作出梁的剪力图和弯矩图。

解 (1) 求支座反力。

$$\sum M_A=0,\ F_B=\frac{1}{2}qa$$

$$\sum M_B = 0,\ F_A = \frac{5}{2}qa$$

（2）列出梁的剪力方程和弯矩方程。

CA 段：

$$F_S(x) = -qa \quad (0 < x < a)$$

$$M(x) = -qax \quad (0 \leqslant x \leqslant a)$$

AB 段：

$$F_S(x) = -qa + F_A - q(x-a) = \frac{5}{2}qa - qx \quad (a < x < 3a)$$

$$M(x) = -qax + \frac{5}{2}qa(x-a) - \frac{q}{2}(x-a)^2 \quad (a \leqslant x \leqslant 3a)$$

（3）作梁的剪力图和弯矩图［见图 10-11（c）、图 10-11（d）］

$$F_S(x = a^+) = \frac{3}{2}qa,\ F_S(x = 3a^-) = \frac{1}{2}qa$$

$$\frac{dM}{dx} = -qa + \frac{5}{2}qa - q(x-a) = F_S(x) = 0$$

$$x = \frac{5}{2}a,\ M_{max} = M\big|_{x=\frac{5}{2}a} = \frac{1}{8}qa^2$$

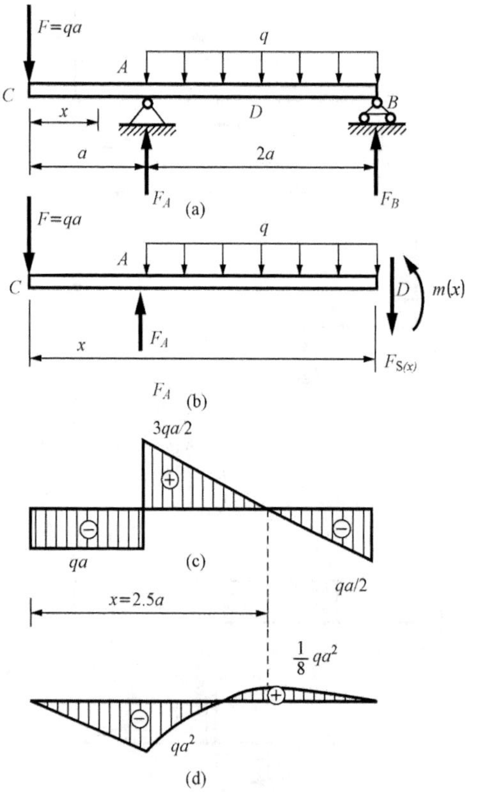

图 10-11 ［例 10-6］图

（a）外伸简支梁；（b）受力图；（c）剪力图；（d）弯矩图

【例 10-7】 图 10-12（a）所示外伸梁，已知 $q=3\text{kN/m}$，$M=3\text{kN}\cdot\text{m}$，列内力方程并画内力图。

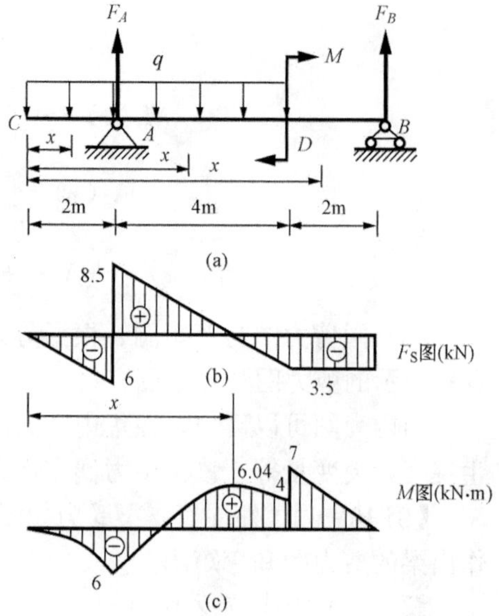

图 10-12 ［例 10-7］图

（a）受力分析；（b）剪力图；（c）弯矩图

解 （1）求支座反力

$$F_A = 14.5\text{kN},\ F_B = 3.5\text{kN}$$

（2）列剪力方程和弯矩方程

CA 段：

$$\left.\begin{aligned} F_S(x) &= -3x \\ M(x) &= -\frac{3}{2}x^2 \end{aligned}\right\} \quad (0 < x < 2)$$

AD 段：

$$\left.\begin{aligned} F_S(x) &= 14.5 - 3x \\ M(x) &= 14.5(x-2) - \frac{3}{2}x^2 \end{aligned}\right\} \quad (2 < x < 6)$$

DB 段：

$$\left.\begin{aligned} F_S(x) &= -3.5 \\ M(x) &= 3.5(8-x) \end{aligned}\right\} (6 < x < 8)$$

（3）画内力图

$\dfrac{dM}{dx} = F_S(x) = 0$，$x=4.83\text{m}$ 为弯矩的极值点，$M_{max}=6.04\text{kN}\cdot\text{m}$。

三、弯矩、剪力与分布荷载集度间的微分关系及其应用

如图 10 - 13（a）所示梁，受分布荷载 $q=q(x)$ 作用。为了寻找剪力、弯矩沿梁轴的变化情况，选梁的左端为坐标原点，用距离原点分别为 x、$x+\mathrm{d}x$ 的两个横截面 $m—m$、$n—n$ 从梁中切取一微段进行分析，其受力如图 10 - 13（b）所示。

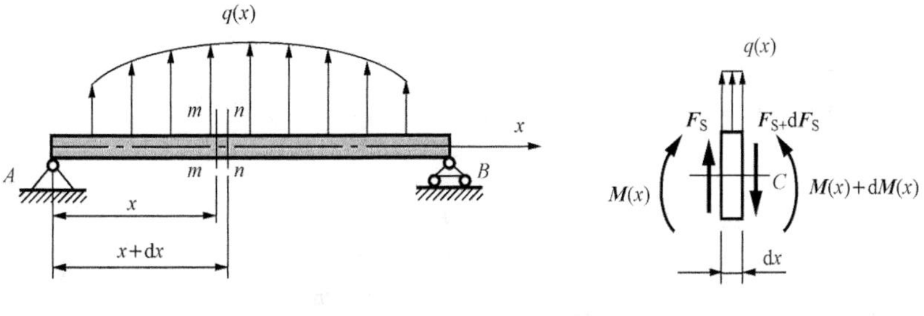

图 10 - 13 弯矩、剪力与分布荷载集度间的微分关系

设微段的 $m—m$ 截面上的内力为 $F_S(x)$、$M(x)$，$n—n$ 截面上的内力则应为 $F_S(x)+\mathrm{d}F_S(x)$、$M(x)+\mathrm{d}M(x)$。此外，微段上还作用着分布荷载（$\mathrm{d}x$ 上作用的分布荷载可视为均布）。

由平衡方程 $\sum F_y = F_S(x)+q(x)\mathrm{d}x-[F_S(x)+\mathrm{d}F_S(x)]=0$，得

$$\frac{\mathrm{d}F_S(x)}{\mathrm{d}x}=q(x) \tag{10 - 2}$$

由平衡方程 $\sum M_C = M(x)+\mathrm{d}M(x)-q(x)\mathrm{d}x\dfrac{\mathrm{d}x}{2}-F_S(x)\mathrm{d}x-M(x)=0$［略去其中的高阶微量 $q(x)\mathrm{d}x\dfrac{\mathrm{d}x}{2}$］得

$$\frac{\mathrm{d}M(x)}{\mathrm{d}x}=F_S(x) \tag{10 - 3}$$

由式（10 - 2）和式（10 - 3）又可得

$$\frac{\mathrm{d}^2M(x)}{\mathrm{d}x^2}=q(x) \tag{10 - 4}$$

以上三式即为剪力、弯矩与荷载集度之间的微分关系式。

上述公式的几何意义为：①剪力图上某点处的切线斜率等于该点处荷载集度的大小；②弯矩图上某点处的切线斜率等于该点处剪力的大小；③式（10 - 4）反映了弯矩图凸起方向，根据高等数学可知：二阶导数大于零有极小值；小于零有极大值。

依据上面所推出的 $F_S(x)$、$M(x)$、$q(x)$ 之间的微分关系，加之前面几个例题所给出的结论，可以总结出在几种荷载作用下剪力图、弯矩图的固有规律、特征，以快速作出弯曲内力图。

在不同荷载下剪力和弯矩图的特征见表 10 - 1。

表 10 - 1　在几种荷载下 $F_S(x)$ 图与 $M(x)$ 图的特征

梁上荷载情况	无荷载 $q=0$	均布荷载 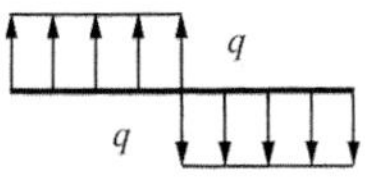	集中力 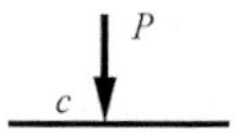	集中力偶 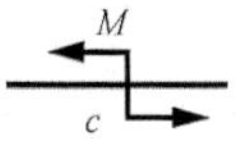

续表

F_S 图特征	水平直线		上倾斜直线	下倾斜直线	在 C 截面有突变	在 C 截面无变化
	$F_S>0$	$F_S<0$	$q>0$	$q<0$		
	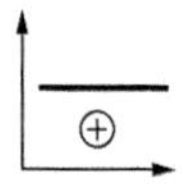	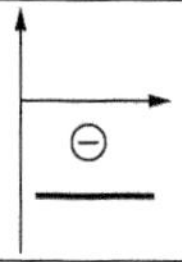	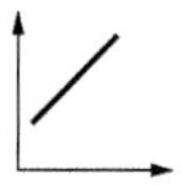	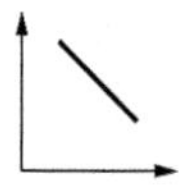	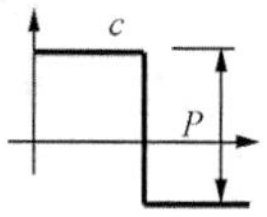	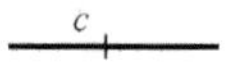
M 图特征	上倾斜直线	下倾斜直线	下凸抛物线	上凸抛物线	在 C 截面有转折角	在 C 截面有突变
	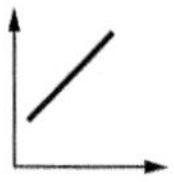	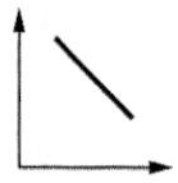	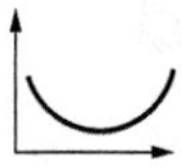	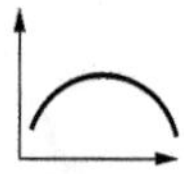	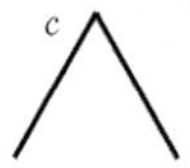	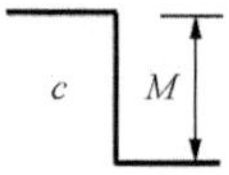
			$F_S=0$ 处，M 有极值			
土木类专业 M 图特征	上倾斜直线	下倾斜直线	下凸抛物线	上凸抛物线	在 C 截面有转折角	在 C 截面有突变
	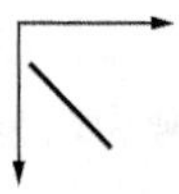	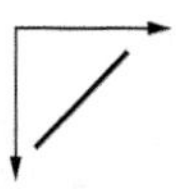	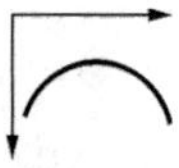	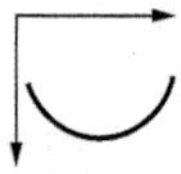		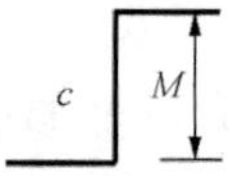
			$F_S=0$ 处，M 有极值			

【例 10-8】 试作出图 10-14（a）所示外伸梁的剪力图与弯矩图。

分析 （1）对此外伸梁的内力，需分 CA，AB 两段进行分析。

（2）在关键点 A 处，作用着集中力与集中力偶，故该处的剪力及弯矩均有突变。

（3）CA 段上没有均布荷载，故该段梁的剪力图为水平直线，可依截面法求 C^+ 处的剪力。该段梁的弯矩图为斜直线，选择 C^+，A^- 两截面，求出该两处的弯矩。

（4）AB 段上作用着向下的均布荷载，该段梁的剪力图为斜直线，故依截面法求出 A^+，B^- 截面的剪力。而该段梁的弯矩图为下凸抛物线，故需求出 A^+，B^- 处的弯矩，并需确定弯矩极值及其所在位置。

解 （1）求支反力。

由
$$\sum M_A = 20\times 1-40+F_B\times 4-10\times 4\times 2=0$$
得
$$F_B=25\text{kN}$$
由
$$\sum F_y=-20+F_A+F_B-10\times 4=0$$
得
$$F_A=35\text{kN}$$

（2）用截面法计算 CA，AB 两段上关键截面的剪力与弯矩（见表 10-2）。

表 10-2 CA、AB 两段上关键截面的内力

段	AC	AB	
横截面	C^+	A^+	B^-
F_S（kN）	-20	15	-25

段	AC		AB		
横截面	C^+	A^-	A^+	B^-	D（剪力为零的截面）
M（kN·m）	0	-20	20	0	31.5（弯矩极值）

(3) 画剪力图与弯矩图，如图 10 - 14 (b)、图 10 - 14 (c) 所示。

利用微分关系，画梁的内力图相对来说比较简单，一般也不用如上面例题那么复杂，最主要是能画对内力图就行，步骤并不重要，分析过程也不必写出，下面举例说明。

【例 10 - 9】 试绘制如图 10 - 15 (a) 所示梁的内力图。

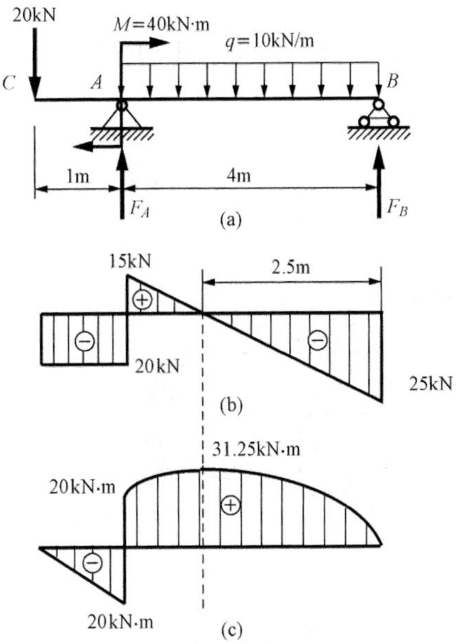

图 10 - 14 ［例 10 - 8］图

(a) 外伸梁；(b) 剪力图；(c) 弯矩图

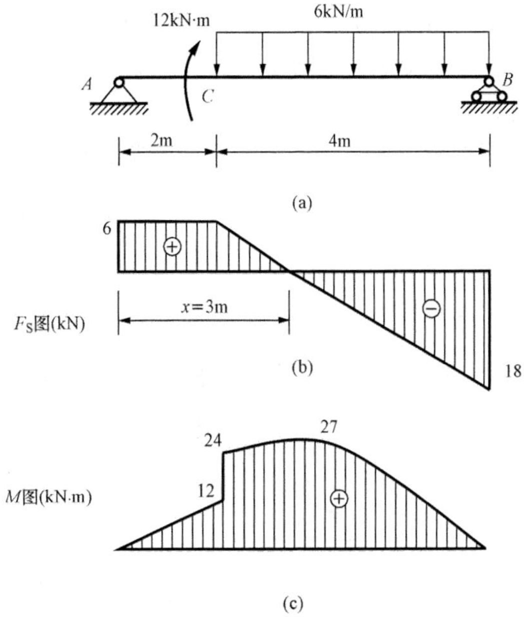

图 10 - 15 ［例 10 - 9］图

解 (1) 利用静力平衡方程求出支座反力

$$\sum M_A = 0，F_B \times 6 - 12 - 6 \times 4 \times 4 = 0，F_B = 18\text{kN}$$

$$\sum M_B = 0，-F_A \times 6 - 12 + 6 \times 4 \times 4 = 0，F_A = 6\text{kN}$$

(2) 利用微分关系画出弯矩图和剪力图。

注意：C 点左右两端的弯矩数值不同，其差值为集中力偶 12kN·m。由于在 CB 段剪力图有为零的点，所以在弯矩图上的 CB 段存在极值。可利用相似三角形对应边成比例的办法确定极值点的位置为 $x=3\text{m}$，求该截面上弯矩即为极值 27kN·m。

四、叠加法绘制弯矩图

当梁在荷载作用下为微小变形时，其跨长的改变可略去不计，因而在求梁的支座反力、剪力和弯矩时，均可按原始尺寸进行计算，而所得到的结果与梁上荷载成线性关系。在这种情况下，当梁上受几个荷载共同作用时，某一横截面上的弯矩就等于梁在各个荷载单独作用下同一横截面上弯矩的代数和。这是一个普遍性的原理，即**叠加原理**：当所求参数（内力、应力或位移）与梁上荷载为线性关系时，由几个外力共同作用时所引起的某一参数（内力、应力或位移），就等于每个外力单独作用时所引起的该参数值的代数和。

由于剪力图比较容易作出，所以叠加法主要用于画弯矩图，特别是在结构力学中应用更广泛。下面举例说明其方法。

【例 10-10】 按叠加原理作图 10-16（a）所示梁的弯矩图。

解 将荷载单独作用时弯矩图画出（一般图形简单，很容易画出），如图 10-16（b）、图 10-16（c）所示，然后将弯矩图叠加即可。

【例 10-11】 试按叠加原理作图 10-17（a）所示简支梁的弯矩图，设 $m=\frac{1}{8}ql^2$，求梁的极值弯矩和最大弯矩。

解 将梁上的荷载分开，作出弯矩图。叠加时，将其画在 x 轴的同一侧，图中阴影部分即代表叠加后的弯矩图。

叠加法不适合求极值。为了求极值需要先求出支座反力 F_A，列方程为

$$\sum M_B = m+\frac{1}{2}ql^2-F_Al=0，F_A=\frac{m}{l}+\frac{ql}{2}$$

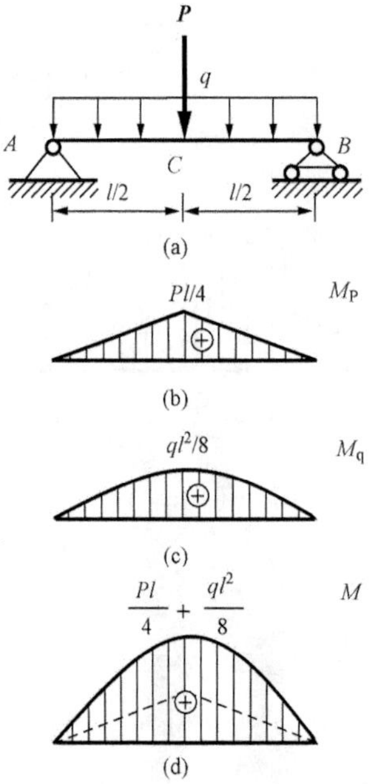

图 10-16 ［例 10-10］图

（a）梁；（b）弯矩图 M_P；（c）弯矩图 M_q；（d）叠加弯矩图

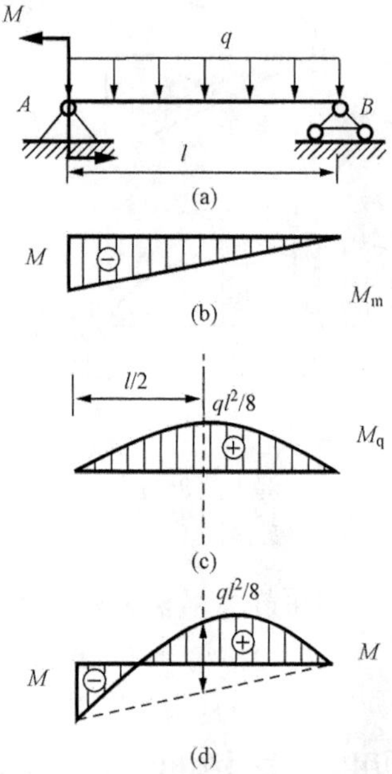

图 10-17 ［例 10-11］图

（a）简支梁；（b）弯矩图 M_m；（c）弯矩图 M_q；（d）叠加弯矩图

列剪力方程为

$$F_S(x)=F_A-qx=\frac{5}{8}ql-qx$$

令 $F_S(x)=0$，即可求得极值弯矩所在截面到支座 A 的距离 $x_0=\frac{5l}{8}$。极值弯矩为

$$M_{x_0}=F_Ax_0-m-\frac{qx_0^2}{2}=\frac{9ql^2}{128}$$

全梁中的最大弯矩在 A 端截面上，且

$$M_{max}=M_A=m=\frac{ql^2}{8}$$

从而看到，梁的极值弯矩不一定就是全梁中的最大弯矩。

一般来说，熟练以后，不必画出中间过程的弯矩图。由［例 10 - 10］和［例 10 - 11］得出结论：任意段梁都可以当作简支梁，都可以用简支梁弯矩图的叠加法来作该段梁的弯矩图。这种一段梁应用叠加法作弯矩图的方法称为区段叠加法。本书仅举一例说明，如下。

【例 10 - 12】 绘制图 10 - 18（a）所示梁的弯矩图。

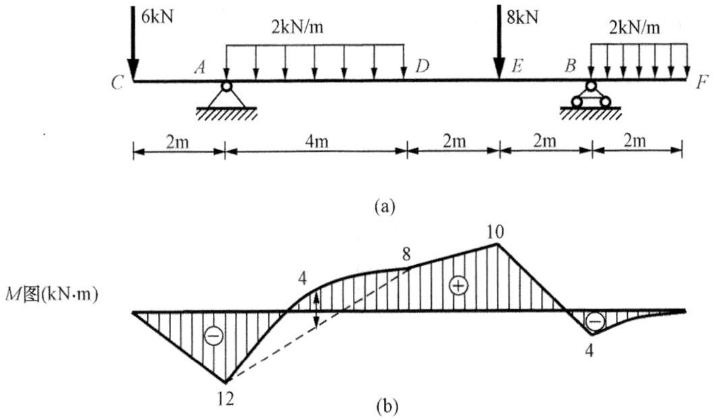

图 10 - 18 ［例 10 - 12］图

（a）梁；（b）弯矩图

解 （1）计算支座反力。利用平衡方程求出

$$F_A = 15\text{kN},\ F_B = 11\text{kN}$$

（2）选定外力变化处为控制截面，并求出它们的弯矩

$$M_A = -12\text{kN}\cdot\text{m},\ M_D = 8\text{kN}\cdot\text{m},\ M_E = 10\text{kN}\cdot\text{m},\ M_B = -4\text{kN}\cdot\text{m},\ M_F = 0\text{kN}\cdot\text{m}$$

（3）把整个梁分为 CA，AD，DE，EB，BF 五段，然后用区段叠加法绘制各段的弯矩图。

方法是：先用一定比例绘出 CF 梁各控制截面的弯矩纵标，然后看各段是否有荷载作用，如果某段范围内无荷载作用（例如 CA，DE，EB 三段），则可把该段端部的弯矩纵标连一直线，即为该段弯矩图。如该段内有荷载作用（AD，BF 两段），则把该段端部的弯矩纵标连一虚线，以虚线为基线叠加该段按简支梁求得（一般可直接记忆）的弯矩图。整个梁的弯矩图如图 10 - 18（b）所示。

其中 AD 段中点的弯矩为

$$M_{ADz} = \frac{-12+8}{2} + \frac{ql_{AD}^2}{8} = 2(\text{kN}\cdot\text{m})$$

其中 BF 段中点的弯矩为

$$M_{BFz} = \frac{-4+0}{2} + \frac{ql_{BF}^2}{8} = -1(\text{kN}\cdot\text{m})$$

五、平面刚架和平面曲杆的弯曲内力

平面刚架是由在同一平面内、不同方向的杆件，通过杆端相互刚性连接而组成的结构，其最大特点是有刚结点，刚结点受力以后，刚结点处夹角保持不变；刚结点能承受力与力矩。

平面刚架的内力有：剪力、弯矩、轴力。内力图的画法与梁基本相同，一般按下列约定：

（1）弯矩图画在受拉侧，不注明正负号。

（2）剪力图和轴力图。可画在刚架轴线的任一侧（通常正值画在刚架的外侧），注明正、负号。

曲杆横截面上的内力情况及其内力图的绘制方法，与刚架的相类似，下面举例说明。

【例 10 - 13】 如图 10 - 19（a）所示为下端固定的刚架，作此刚架的内力图。

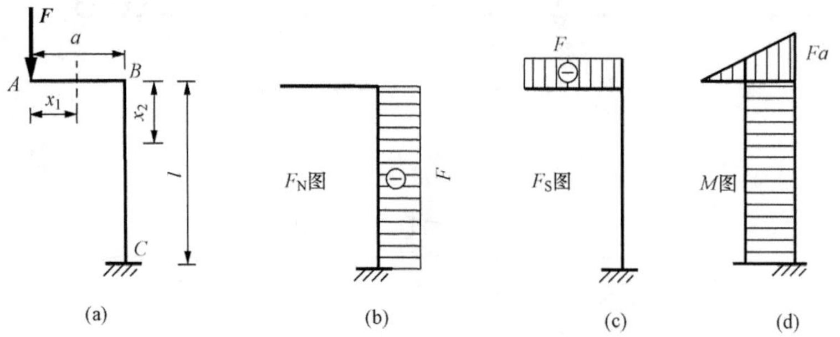

图 10 - 19 ［例 10 - 13］图

（a）下端固定的刚架；（b）轴力图；（c）剪力图；（d）弯矩图

解 由于是悬臂刚架，故不需要求支座反力。

（1）列内力方程

AB 杆

$$\left.\begin{aligned} F_N(x_1) &= 0 \\ F_S(x_1) &= -F \\ M(x_1) &= Fx_1 \end{aligned}\right\} \quad (0 < x_1 < a)$$

BC 杆

$$\left.\begin{aligned} F_N(x_2) &= -F \\ F_S(x_2) &= 0 \\ M(x_2) &= Fa \end{aligned}\right\} \quad (0 < x_2 < l)$$

（2）绘制内力图。根据内力方程可绘出刚架的轴力图、剪力图和弯矩图，分别如图 10 - 19（b）、图 10 - 19（c）和图 10 - 19（d）所示。

【例 10 - 14】 一端固定的半圆环在其轴线平面内受集中荷载作用，如图 10 - 20（a）所示。试作此曲杆的内力图。

解 对于环状曲杆，应用极坐标表示横截面位置。取环的中心 O 为极点，以 OB 为极轴，并用 θ 表示截面 $m—m$ 的位置。对于曲杆，其横截面上的弯矩的正负号通常规定为：使曲杆的曲率增加（即外侧受拉）的弯矩为正。内力方程为

$$M(\theta) = Fx = F(R - R\cos\theta) = FR(1 - \cos\theta) \quad (0 \leqslant \theta \leqslant \pi)$$

$$F_S(\theta) = F\sin\theta \quad (0 \leqslant \theta \leqslant \pi)$$

$$F_N(\theta) = F\cos\theta \quad (0 \leqslant \theta \leqslant \pi)$$

在上面方程所适用的范围内，对 θ 取不同值，算出各相应横截面上的弯矩。以曲杆的轴线为基线，将算得的内力分别标在与横截面相应的径向线上，连接这些点的光滑曲线

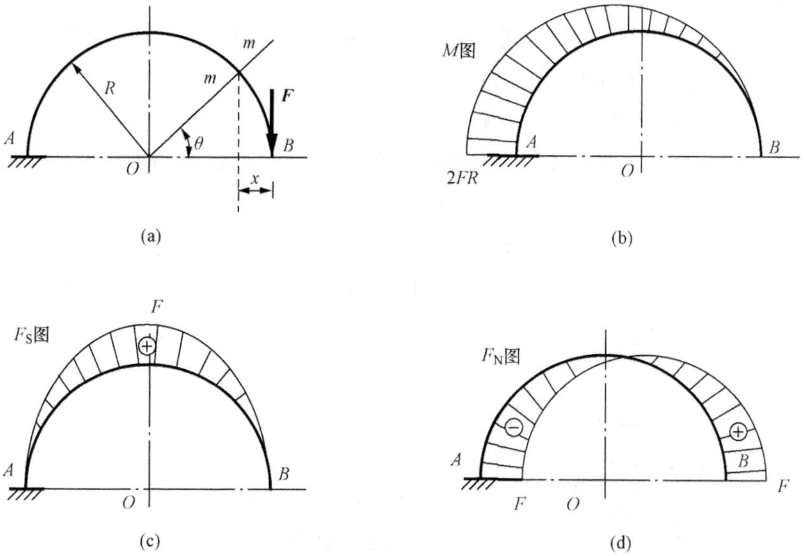

图 10-20 ［例 10-14］图

(a) 一端固定的环状曲杆；(b) 弯矩图；(c) 剪力图；(d) 轴力图

即为曲杆的弯矩图、剪力图和轴力图，如图 10-20 (b)、图 10-20 (c) 和图 10-20 (d) 所示。

第三节　梁横截面上的正应力和梁的正应力强度条件

通过对梁弯曲内力的分析，可以确定梁受力后的危险截面，这是解决梁强度问题的重要步骤之一。但要最终对梁进行强度计算，还必须确定梁横截面上的应力，即需要确定横截面上的应力分布情况及最大应力值，因为构件的破坏往往首先开始于危险截面上应力最大的地方。因此，研究梁弯曲时横截面上的应力分布规律，确定应力计算公式，是研究梁的强度前所必须解决的问题。

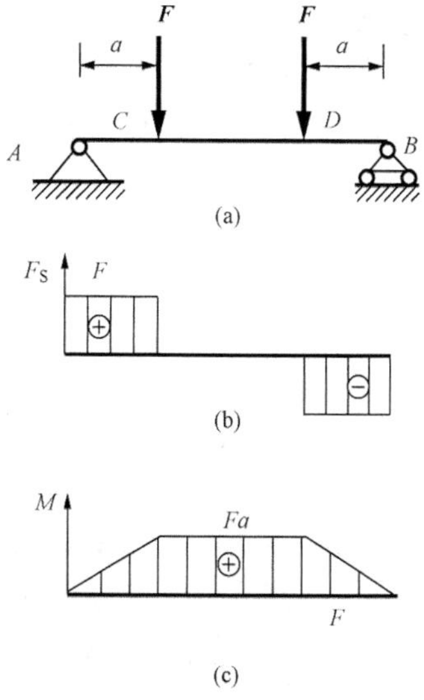

图 10-21　分析对称弯曲

(a) 对称弯曲；(b) 剪力图；(c) 弯矩图

通过上一节的研究，知道了梁产生弯曲时，其横截面上有剪力与弯矩两种内力，而剪力是由横截面上的切向内力元素 $\tau \mathrm{d}A$ 所组成，弯矩则由法向内力元素 $\sigma \mathrm{d}A$ 所组成，故梁横截面上将同时存在正应力 σ 与切应力 τ。但对一般梁而言，正应力往往是引起梁破坏的主要因素，而切应力则为次要因素。因此，本节着重研究梁横截面上的正应力，并且，仅研究工程实际中常见的对称弯曲情况。

图 10-21 (a) 所示简支梁，在 F 力作用下，产生对称弯曲。如图 10-21 (b)、图 10-21 (c) 所示为该梁的剪力图与弯矩图，CD 段梁的各横截面上只有弯矩，而剪力为零，称这种弯曲为**纯弯曲**。AC，BD

段梁的各横截面上同时有剪力与弯矩，这种弯曲称为**横力弯曲**。为了更集中地分析正应力与弯矩的关系，下面将以纯弯曲为研究对象，去分析梁横截面上的正应力。

一、纯弯曲时梁横截面上的正应力

（一）纯弯曲的实验现象及相关假设

为了研究横截面上的正应力，首先观察在外力作用下梁的弯曲变形现象。

取一根矩形截面梁，在梁的两端沿其纵向对称面，施加一对大小相等、方向相反的力偶，使梁发生纯弯曲（见图 10 - 22）。可观察到如下的实验现象。

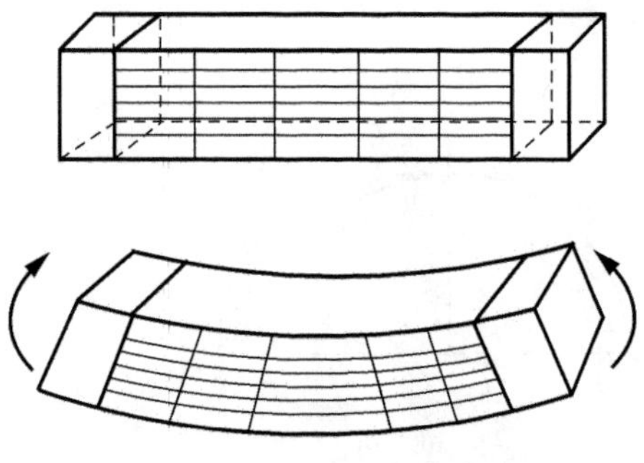

图 10 - 22 纯弯曲

（1）梁表面的纵向直线均弯曲成弧线，而且，靠顶面的纵线缩短，靠底面的纵线拉长，而位于中间位置的纵线长度不变。

（2）横向直线仍为直线，只是横截面间作相对转动，但仍与纵线正交。

（3）在纵向拉长区，梁的宽度略减小，在纵向缩短区，梁的宽度略增大。

然后，根据上述表面变形现象，对梁内部的变形及受力作如下假设：

（1）梁的横截面在梁变形后仍保持为平面，且仍与梁轴线正交。此为**平面假设**。

（2）梁的所有与轴线平行的纵向纤维都是轴向拉长或缩短（即纵向纤维之间无相互挤压）。此为单向受力假设。

基于上述假设，将与底层平行、纵向长度不变的那层纵向纤维称为**中性层**。中性层即为梁内纵向纤维伸长区与纵向纤维缩短区的分界层。中性层与横截面的交线被称为**中性轴**。

概括起来就是：纯弯梁变形时，所有横截面均保持为平面，只是绕各自的中性轴转过一角度，各纵向纤维承受纵向力，横截面上各点只有拉应力或压应力。

（二）纯弯梁变形的几何规律

纯弯梁内纵向伸长或缩短的纤维所受力一定与其变形量相关，所以，要寻找各层纵向纤维变形的几何规律，以便能进一步得出横截面上正应力的规律。

用相距为 dx 的两横截面 1—1 与 2—2，从矩形截面的纯弯梁中切取一微段作为分析对象［见图 10 - 23（a）］，并建立图 10 - 23（a）所示坐标系：z 轴沿中性轴，y 轴沿截面对称轴。梁弯曲后，设 1—1 与 2—2 截面间的相对转角为 $d\theta$、中性层 O_1O_2 的曲率半径为 ρ，分析距中性层为 y 处的纵线 ab 的伸长量

$$\Delta l_{ab}=(\rho+y)\mathrm{d}\theta-\mathrm{d}x=(\rho+y)\mathrm{d}\theta-\rho\mathrm{d}\theta=y\mathrm{d}\theta$$

故 ab 纵线的正应变则为

$$\varepsilon=\frac{\Delta l_{ab}}{l_{ab}}=\frac{y\mathrm{d}\theta}{\mathrm{d}x}=\frac{y\mathrm{d}\theta}{\rho\mathrm{d}\theta}=\frac{y}{\rho} \tag{10-5}$$

式（10 - 5）表明：每层纵向纤维的正应变与其到中性层的距离成线形关系。

（三）物理方程与应力分布

由于各纵向纤维只承受轴向拉伸或压缩，于是在正应力不超过比例极限时，由胡克定律［式（4 - 11）］知

$$\sigma=E\varepsilon=E\frac{y}{\rho} \tag{10-6}$$

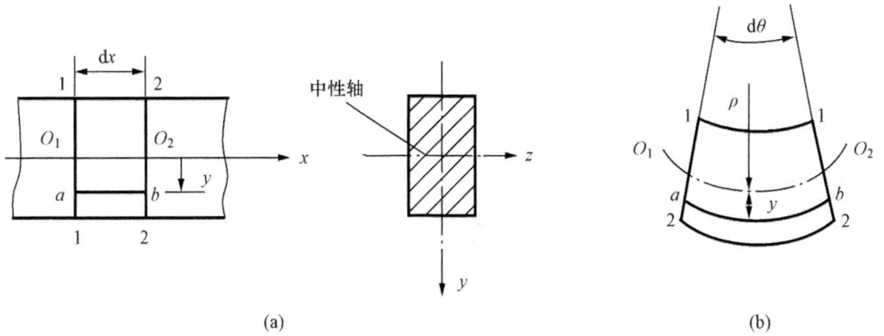

图 10 - 23　纯弯梁变形的几何规律

(a) 从纯弯梁中切取一微段分析；(b) ab 纵线的正应变

式（10 - 6）表明了横截面上正应力的分布规律，即横截面上任意一点的正应力与该点到中性轴之距成线形关系，即正应力沿截面高度呈线形分布，而中性轴上各点的正应力为零，如图 10 - 24 所示。

式（10 - 6）给出了正应力的分布规律，但还不能直接用于计算正应力，因为中性层的几何位置及其曲率半径 ρ 均未知。下面将利用应力与内力间的静力学关系，解决这两个问题。

（四）静力学关系

如图 10 - 25 所示，横截面上各处的法向微内力 σdA 组成一空间平行力系，而且由于横截面上没有轴力，只有位于梁对称面内的弯矩 M，因此

$$\int_A \sigma \mathrm{d}A = 0 \tag{10 - 7}$$

$$\int_A y\sigma \mathrm{d}A = M \tag{10 - 8}$$

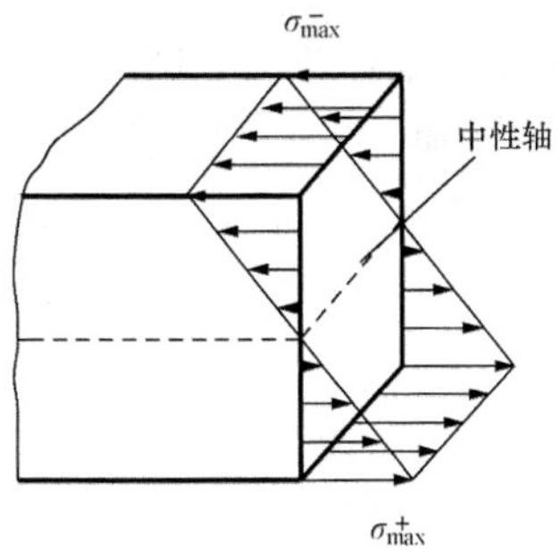

图 10 - 24　正应力的分布规律

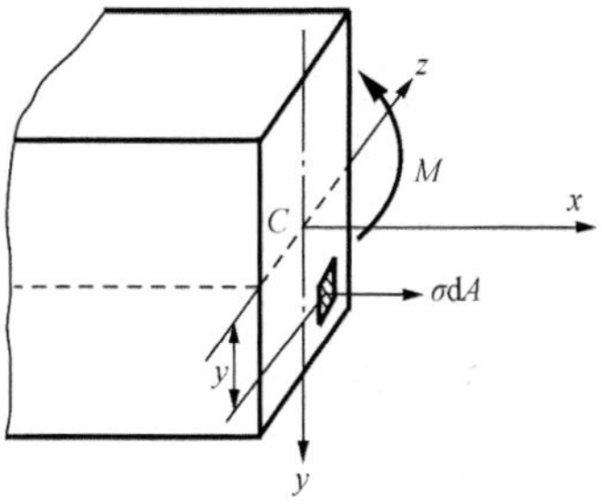

图 10 - 25　静力平衡

将式（10 - 6）代入式（10 - 8），得

$$\int_A \frac{E}{\rho} y \mathrm{d}A = \frac{E}{\rho}\int_A y \mathrm{d}A = 0$$

即

$$\int_A y \mathrm{d}A = 0 \tag{10 - 9}$$

由静力学知道，截面形心 C 的 y 坐标为

$$y_C = \frac{\int_A y\,\mathrm{d}A}{A}$$

将式（10-9）代入上式，得

$$y_C = 0$$

由此可见，**中性轴过截面形心**。

再将式（10-6）代入式（10-8），并令

$$I_z = \int_A y^2\,\mathrm{d}A \tag{10-10}$$

得

$$\int_A \frac{E}{\rho} y^2\,\mathrm{d}A = \frac{E}{\rho} I_z = M$$

由此可知，中性层的曲率为

$$\frac{1}{\rho} = \frac{M}{EI_z} \tag{10-11}$$

式中：I_z 为截面对 Z 轴的**惯性矩**，它是仅与截面形状及尺寸有关的几何量。由式（10-11）可知，中性层的曲率 $1/\rho$ 与弯矩 M 成正比，与 EI_z 成反比。可见，EI_z 的大小直接决定了梁抵抗变形的能力，因此称 EI_z 为梁的**截面抗弯刚度**，简称为**抗弯刚度**。

通过以上推导，得知了梁弯曲后中性轴的位置及中性层的曲率半径。将式（10-11）代入式（10-6）中，即可得横截面上任一点的正应力计算公式

$$\sigma = \frac{My}{I_z} \tag{10-12}$$

当弯矩为正时，中性层以下属拉伸区，产生拉应力；中性层以上部分属压缩区，产生压应力。弯矩为负时，情况则相反。用式（10-6）计算正应力时，M 与 y 均代入绝对值，正应力的拉、压则由观察而定。

二、横力弯曲时的正应力

已推导出了纯弯梁的弯曲正应力计算公式［式（10-12）］，即 $\sigma=\frac{My}{I_z}$。此式是在纯弯曲的情况下建立的。但工程实际中，梁横截面上常常既有弯矩又有剪力，即梁产生横力弯曲。那么，要计算横力弯曲时的正应力，式（10-12）是否适用呢。大量的理论计算与实验结果表明：只要梁是细长的，例如 $l/h>5$（梁的跨高之比大于 5），剪力对弯曲正应力的影响将是很小的，可以忽略不计。因此，应用式（10-12）计算横力弯曲时的正应力，其值仍然是准确的。

【例 10-15】 图 10-26 所示为矩形截面悬臂梁，承受均布荷载 q 作用。已知 $q=10\text{N/mm}$，$l=300\text{mm}$，$b=20\text{mm}$，$h=30\text{mm}$。试求 B 截面上 C，D 两点的正应力。

解 （1）求 B 截面上的弯矩

$$M_B = -\frac{ql^2}{2} = -\frac{10\times 300^2}{2} = -4.5\times 10^5(\text{N}\cdot\text{mm})$$

（2）求 B 截面上 C，D 处的正应力。由式（10-12），有

$$\sigma_C = \frac{M_B y_C}{I_z} = \frac{4.5\times 10^5\times 30}{4\times 45\times 10^3} = 75(\text{MPa})$$

$$\sigma_D = \frac{M_B y_D}{I_z} = \frac{4.5\times 10^5\times 30}{2\times 45\times 10^3} = 150(\text{MPa})$$

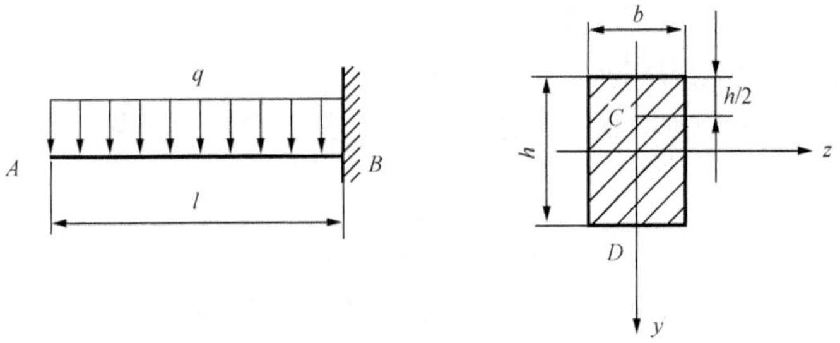

图 10-26 [例 10-15] 图

因 B 截面上的弯矩为负，故横截面上中性轴 z 以上各点产生拉应力、以下各点产生压应力。所以，C 点处为拉应力，D 点处为压应力。

三、梁的正应力强度条件

从式（10-12）可知，在横截面上离中性轴最远的各点处，正应力值最大。当中性轴 z 为截面的对称轴时，设 y_{max} 为横截面上离中性轴最远点到中性轴的距离，则截面上的最大正应力为

$$\sigma_{max} = \frac{My_{max}}{I_z}$$

如引入符号

$$W_z = \frac{I_z}{y_{max}} \tag{10-13}$$

则截面上最大弯曲正应力可以表达为

$$\sigma_{max} = \frac{M}{W_z} \tag{10-14}$$

式中：W_z 为截面图形的**抗弯截面模量**。它只与截面图形的几何性质有关，其单位为 [长度]^3。矩形截面和圆截面的抗弯截面模量分别为

高为 h，宽为 b 的矩形截面

$$W_z = \frac{I_z}{y_{max}} = \frac{\frac{bh^3}{12}}{\frac{h}{2}} = \frac{bh^2}{6}$$

直径为 d 的圆截面

$$W_z = \frac{I_z}{y_{max}} = \frac{\frac{\pi d^4}{64}}{\frac{d}{2}} = \frac{\pi d^3}{32}$$

至于各种型钢的抗弯截面模量，可从附录 B 的型钢表中查找。

若梁的横截面对中性轴不对称，则其截面上的最大拉应力和最大压应力并不相等，例如 T 形截面 [见图 10-27]。这时，应把 y_1 和 y_2 分别代入正应力公式，计算截面上的最大正应力。

最大拉应力为 $$\sigma_t = \frac{My_1}{I_z}$$

最大压应力为 $$\sigma_c = \frac{My_2}{I_z}$$

梁在弯曲时，横截面上一部分点为拉应力，另一部分点为压应力。对于低碳钢等这一类塑性材料，其抗拉和抗压能力相同，为了使横截面上的最大拉应力和最大压应力同时达到许用应力，常将这种梁做成矩形，圆形和工字形等对称于中性轴的截面。因此，弯曲正应力的强度条件为

$$\sigma_{max} = \frac{M}{W_z} \leqslant [\sigma] \tag{10-15}$$

对于铸铁等这一类脆性材料，则由于其抗拉和抗压的许用应力不同，工程上常将此种梁的截面做成如T字形等对中性轴不对称的截面（图10-27），其最大拉应力和最大压应力的强度条件分别为

$$\sigma_{tmax} = \frac{My_t}{I_z} \leqslant [\sigma_t]$$

和

$$\sigma_{cmax} = \frac{My_c}{I_z} \leqslant [\sigma_c]$$

式中：y_t 和 y_c 分别表示梁上拉应力最大点和压应力最大点处的 y 坐标；$[\sigma_t]$ 和 $[\sigma_c]$ 分别为脆性材料的弯曲许用拉应力和许用压应力。

【例10-16】 一矩形截面的简支木梁，梁上作用有均布荷载（见图10-28），已知：l=4m，b=140mm，h=210mm，q=2kN/m。弯曲时木材的许用正应力 $[\sigma]$=10MPa，试校核该梁的强度，并求该梁能承受的最大荷载 q_{max}。

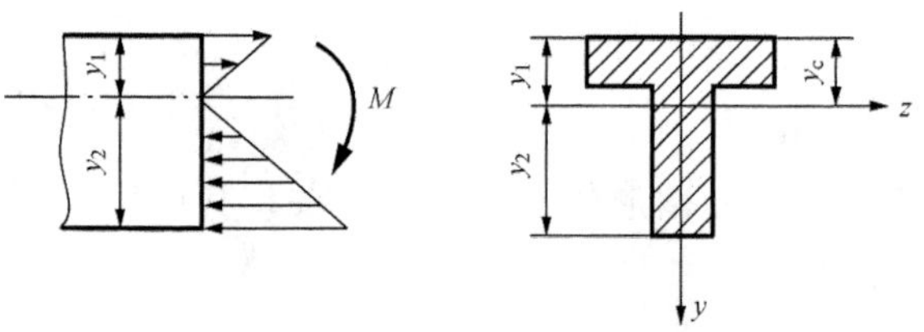

图10-27　T形截面的最大拉应力和最大压应力

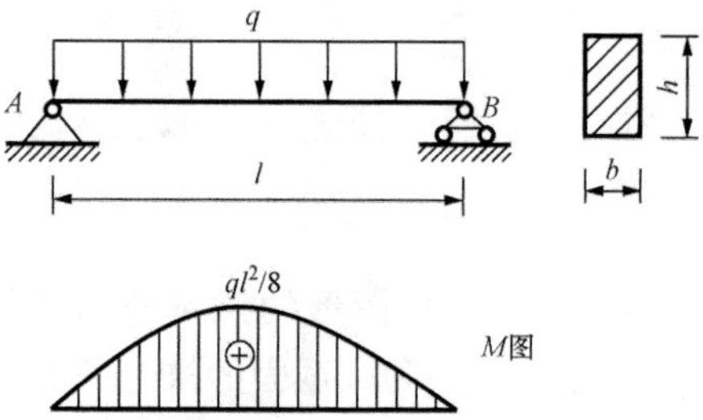

图10-28　[例10-16] 图

解　(1) 画弯矩图。

(2) 校核梁的强度

$$\sigma_{max} = \frac{M_{max}}{W_z} = \frac{\frac{ql^2}{8}}{\frac{bh^2}{6}} = 3.88\text{MPa} \leqslant [\sigma]$$

梁满足强度要求。

(3) 求最大荷载 q_{max}。由 $\sigma_{max} = \dfrac{M_{max}}{W_z} \leqslant [\sigma]$ 得

$$M_{max} \leqslant \frac{ql^2}{8} = [\sigma]W_z$$

代入数据得 q_{max}=5.15kN/m。

【例10-17】 某简支梁如图10-29所示，梁受均布荷载 q=10kN/m，材料的许用弯曲正应力 $[\sigma]$=160MPa，根据以下截面形状确定不同型号钢的尺寸，并求所耗费材料的重量之比。①正方形；②圆形；③工字钢；④h/b=1.5的矩形。

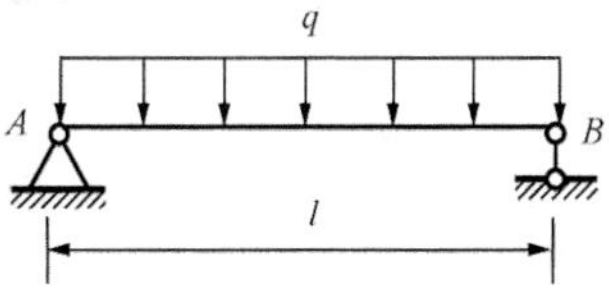

图 10-29　[例 10-17] 图

解　首先确定梁的最大弯矩 $M_{\max}=\frac{1}{8}ql^2=20\text{kN}\cdot\text{m}$。

由 $\sigma_{\max}=\frac{M_{\max}}{W_z}\leqslant[\sigma]$，得 $W_z=\frac{M_{\max}}{[\sigma]}=125\times10^{-6}\text{m}^3$

接下来分别计算 4 种截面形状的尺寸。

(1) 正方形。

$W_z=\frac{a^3}{b}\geqslant125\times10^{-6}\text{m}^3$，则 $a\geqslant90.9\text{mm}$

则截面面积 $A_1=8262.8\text{mm}^2$

(2) 圆形。

$$W_z=\frac{I_z}{d/2}=\frac{\pi d^3}{32}\geqslant125\times10^{-6}\text{m}^3$$

则 $d\geqslant108.4\text{mm}$

则截面面积 $A_2=9224.2\text{mm}^2$

(3) 工字钢。

$W_z=125\times10^{-6}\text{m}^3$，根据型钢表查得 16 号工字钢 $W_z=141\text{cm}^3$，$A_3=26.131\text{cm}^2$

故取 16 号工字钢，$A_3=26.131\text{cm}^2$

(4) 矩形钢。

$W_z=\frac{bh^2}{6}\geqslant125\times10^{-6}\text{m}^3$，由于 $h/b=1.5$

则 $b\geqslant69.3\text{mm}$，$h=104\text{mm}$

$$A_4=bh=7207.2\text{mm}^2$$

4 种截面梁的重量比即为截面面积之比

故 $m_1:m_2:m_3:m_4=A_1:A_2:A_3:A_4=8268.8:9224.2:2613.1:7207.2$

【例 10-18】　如图 10-30 (a) 所示，受均布荷载 q 作用的矩形截面梁 AD，左端铰支，B 处由直径为 d 的圆杆 BC 悬吊，测得圆杆 BC 的轴向线应变为 501×10^{-6}，试求梁 AD 的最大弯曲正应力。已知：$d=10\text{mm}$，$E=200\text{GPa}$，$q=3.5\text{kN/m}$，$b=40\text{mm}$，$h=60\text{mm}$。

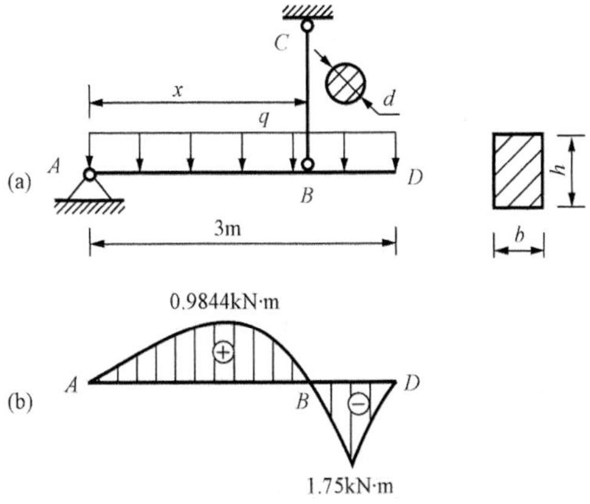

图 10-30　[例 10-18] 图

(a) 矩形截面梁；(b) AD 梁的弯矩图

解　由于 BC 杆的轴向线应变已知，所以可利用胡克定律求出拉杆 BC 的横截面上的正应力为

$$\sigma=E\varepsilon=200\times10^6\times501\times10^{-6}$$
$$=100200(\text{Pa})$$

BC 杆的轴力为

$$F_{BC}=\sigma A=100200\times\frac{1}{4}\pi\times0.010^2$$
$$\approx7870(\text{N})$$

利用平衡方程求出 B 点的位置

$$\sum M_A=0,\ F_{BC}x-\frac{1}{2}ql^2=0,\ x=2.0\text{m}$$

绘制 AD 梁的弯矩图 [见图 10-30 (b)]。

求 AD 梁上最大正应力为

$$\sigma_{max}=\frac{M_{max}}{W}=72.9\text{MPa}$$

第四节 梁横截面上的切应力和梁的切应力强度条件

横力弯曲时，梁内不仅有弯矩还有剪力，因而横截面上既有弯曲正应力，又有弯曲切应力。同时，由于横力弯曲时梁的横截面不再保持为平面，弯曲切应力不能采用综合变形条件、物理条件及静力条件进行应力分析的方法。本节从矩形截面梁入手，研究梁的弯曲切应力。

一、矩形截面梁的切应力

在分析矩形截面梁横截面上的切应力时，首先对切应力 τ 与剪力 F_S 之间的关系作如下假设：

(1) 横截面上各点的切应力方向均与剪力的方向相同。

(2) 切应力 τ 沿梁截面宽度方向均匀分布，即距中性轴等距离各点的切应力相等。

根据进一步的理论分析证明，上述两条假设，对于高度大于宽度的矩形截面是足够精确。

现分析如图 10-31 (a) 所示的矩形截面外伸梁。梁任一截面上的剪力和弯矩为已知(可画出内力图)。用 1—1，2—2 两横截面从梁内切取 dx 微段［见图 10-31 (b)］，左右两侧横截面上的弯矩不等，在 1—1 截面上弯矩为 M，在 2—2 截面上弯矩为 $M+dM$，由于此微段上无荷载作用，故左右两个侧面上剪力 F_S 相等，该分离体的应力分布为三角形分布。再沿距离中性轴为 y 的水平截面取微段下部为分离体［见图 10-31 (c)］，并根据其受力图进行受力分析。分离体左右两侧的横截面上微内力 σdA 的合力分别为 F_{N1}，F_{N2}。

$$\left.\begin{aligned}F_{N1}&=\int_{A^*}\sigma_1 dA=\int_{A^*}\frac{M}{I_z}y dA=\frac{M}{I_z}\int_{A^*}y dA\\F_{N2}&=\int_{A^*}\sigma_2 dA=\int_{A^*}\frac{M+dM}{I_z}y dA=\frac{M+dM}{I_z}\int_{A^*}y dA\end{aligned}\right\}\tag{10-16}$$

式中：$\int_{A^*}y dA$ 为分离体侧面面积 A^* 对整个矩形截面中性轴 z 的静矩，记作 S_z^*，即 $S_z^*=\int_{A^*}y dA$。由图 10-31 (d) 可以看出，距离中性轴等距的点，切应力大小相等。代入式 (10-16) 得

$$F_{N1}=\frac{M}{I_z}S_z^*,\ F_{N2}=\frac{M+dM}{I_z}S_z^*$$

又因所取 dx 微段很小，所以分离体水平面上的切应力 τ'［见图 10-31 (f)］可视为均匀分布，故有 $dF'_S=\tau' b dx$。分离体上各力应满足平衡方程

$$\sum F_x=F_{N2}-F_{N1}-dF'_S=0\tag{10-17}$$

将 F_{N1}，F_{N2}，dF'_S 代入式 (10-17)，得

$$\frac{M+dM}{I_z}S_z^*-\frac{M}{I_z}S_z^*-\tau' b dx=0$$

经整理得

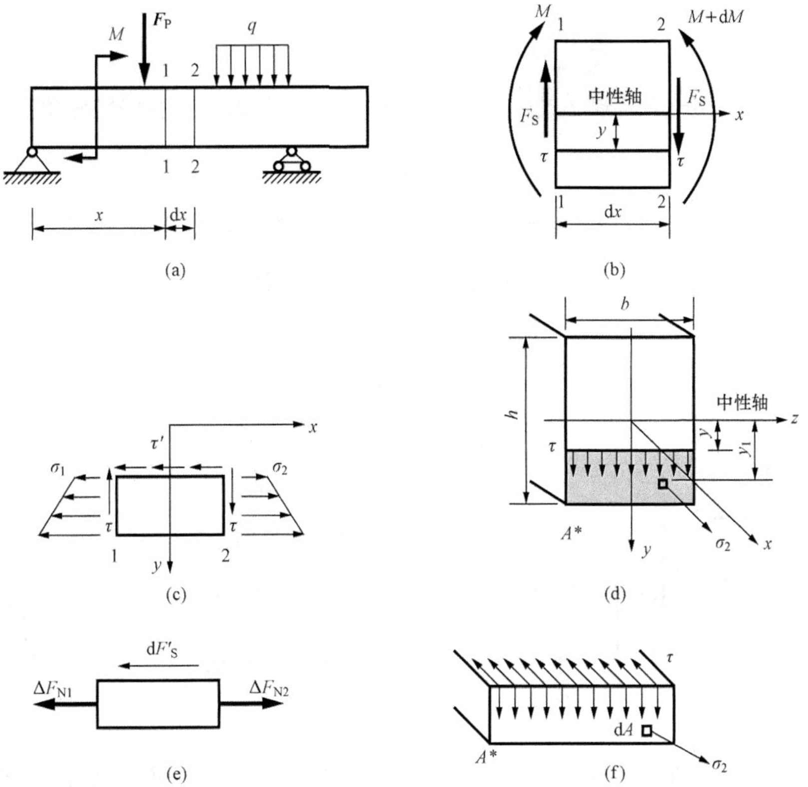

图 10-31　矩形截面梁的切应力

(a) 矩形截面外伸梁；(b) 在 1—1，2—2 内取 dx 微段；(c) 取微段的下部为分离体；

(d) 在距中性轴为 y 处的切应力；(e) 截取截面上所受的内力；

(f) A^* 面上所受的内力图

$$\tau' = \frac{\mathrm{d}M}{\mathrm{d}x} \times \frac{S_z^*}{I_z b}$$

因$\dfrac{\mathrm{d}M}{\mathrm{d}x}=F_S$ 故

$$\tau' = \frac{F_S S_z^*}{I_z b}$$

由切应力互等关系可知，在一点处，横截面上的切应力 τ 为与水平面上的切应力 τ'，数值相等，τ'为逆时针转向时则 τ 为顺时针转向，如图 10-31（e）、图 10-31（f）所示。所以得

$$\tau = \frac{F_S S_z^*}{I_z b} \tag{10-18}$$

式中：F_S 为横截面上的剪力；I_z 为横截面对中性轴的惯性矩；b 为横截面上所求切应力点处的梁宽度；S_z^* 为横截面上距中性轴为 y 的横线以外部分的面积 A^* 对中性轴的静矩［即图 10-31（d）中下部阴影面积的静矩］。

式（10-18）就是矩形截面梁横截面上任一点的切应力计算公式。

现在，根据切应力公式［式（10-18）］进一步讨论切应力在矩形截面上的分布规律。在如图 10-32 所示的矩形截面上取微面积 $\mathrm{d}A=b\mathrm{d}y$，则距中性轴为 y 的横线以下的面积 A^*

对中性轴 z 的静矩为

$$S_z^* = \int_{A^*} y_1 \mathrm{d}A = \int_y^{\frac{b}{2}} b y_1 \mathrm{d}y_1 = \frac{b}{2}\left(\frac{h^2}{4} - y^2\right) \tag{10-19}$$

将式（10-19）代入切应力公式［式（10-18）］，可得矩形截面切应力计算公式的具体表达式为

$$\tau = \frac{F_S}{2I_z}\left(\frac{h^2}{4} - y^2\right) \tag{10-20}$$

从式（10-20）可以看出，沿截面高度切应力 τ 按抛物线规律变化，如图 10-33 所示。可以看到，当 $y=\pm\frac{h}{2}$时，即矩形截面的上、下边缘处切应力 $\tau=0$；当 $y=0$ 时，截面中性轴上的切应力为最大值

$$\tau_{\max} = \frac{F_S h^2}{8I_z} \tag{10-21}$$

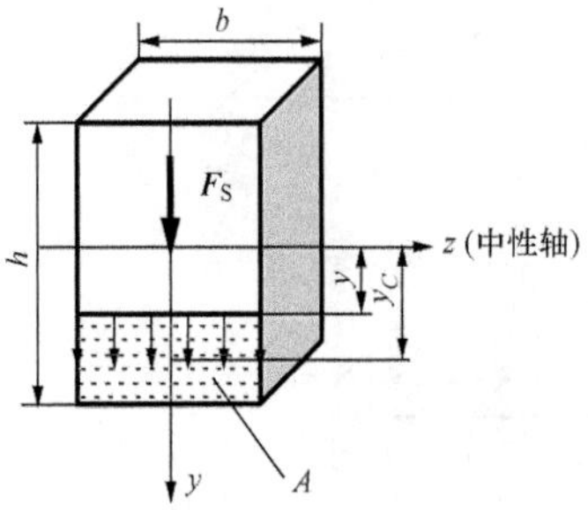

图 10-32 切应力在矩形截面上的分布规律

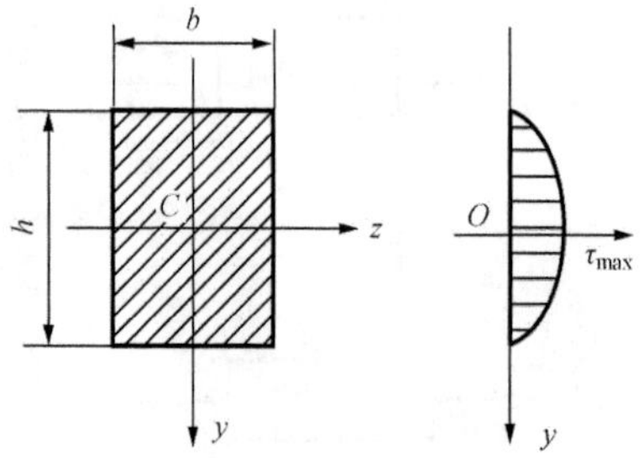

图 10-33 沿截面高度切应力 τ 按抛物线规律变化

将矩形截面的惯性矩 $I_z=\frac{bh^3}{12}$代入式（10-21），得到

$$\tau_{\max} = \frac{3}{2}\times\frac{F_S}{bh} = \frac{3}{2}\times\frac{F_S}{A}$$

说明矩形截面上的最大弯曲切应力为其平均切应力的 1.5 倍。

二、工字形截面梁的切应力

工字形截面梁由腹板和翼缘组成。

1. 腹板上的切应力

实验表明，在翼缘上切应力很小，在腹板上切应力沿腹板高度按抛物线规律变化，如图 10-34（a）所示。

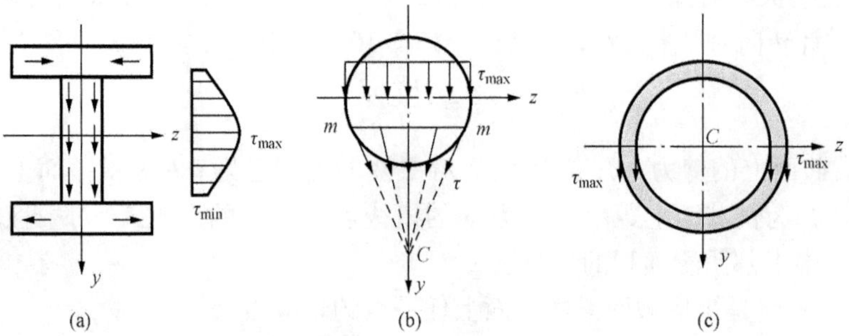

图 10-34 切应力

（a）腹板上的切应力；（b）圆形截面梁的切应力；（c）薄壁圆环截面梁的切应力

腹板上切应力仍然沿用矩形截面梁弯曲切应力计算公式

$$\tau=\frac{F_sS_z^*}{I_zb}$$

式中：b 为腹板的宽度 d。

最大切应力在中性轴上，其值为

$$\tau_{\max}=\frac{F_sS_{z\max}^*}{dI_z}$$

式中：$S_{z\max}^*$ 为中性轴一侧截面面积对中性轴的静矩。对于轧制的工字钢，式中的 $I_z/S_{z\max}^*$ 可以从型钢表中查得。

2. 翼缘上的切应力

计算结果表明，腹板承担的剪力约为（0.95～0.97）F_S，因此翼缘上的竖向切应力很小，可忽略不计。

水平切应力为

$$\tau=\frac{F_sS^*}{tI_z}$$

三、圆形截面梁的切应力

在圆形截面上，任一平行于中性轴的横线 mm 两端处，切应力的方向必切于圆周，并相交于 y 轴上的 C 点。因此，横线上各点切应力方向是变化的。但在中性轴上各点切应力的方向皆平行于剪力 F_S，设为均匀分布，如图 10-34（b）所示，其值为最大

$$\tau_{\max}=\frac{4}{3}\times\frac{F_S}{A}$$

式中：$A=\frac{\pi}{4}d^2$，即圆截面的最大切应力为其平均切应力的 4/3 倍。

四、薄壁圆环截面梁的切应力

环壁厚度与环的平均半径之比很小的截面称为薄壁，一般假设：①横截面上切应力的大小沿壁厚无变化；②切应力的方向与圆周相切，如图 10-34（c）所示。最大值仍发生在中性轴上，大小为

$$\tau_{\max}=2\frac{F_S}{A}$$

圆环截面的最大切应力为其平均切应力的 2 倍。

五、梁的切应力强度校核

在选择梁的截面时，必须同时满足正应力和切应力强度条件。通常先按正应力选出截面，再按切应力进行强度校核。梁的强度大多由正应力控制，按正应力强度条件选好截面后，一般并不需要再按切应力进行强度校核。对于某些特殊情形，如梁的跨度较小或荷载靠近支座时，焊接或铆接的薄壁截面梁，或梁沿某一方向的抗剪能力较差（木梁的顺纹方向，胶合梁的胶合层）等，还需进行弯曲切应力强度校核。等截面直梁的 $\tau_{\max}$ 一般发生在 $F_{S\max}$ 截面的中性轴上，此处弯曲正应力 $\sigma=0$，微元体处于纯剪切应力状态，其强度条件为

$$\tau_{\max}=\frac{F_{S\max}S_{z\max}^*}{bI_z}\leqslant[\tau]\qquad(10-22)$$

式中：$[\tau]$ 为材料的许用切应力。此时，一般先按正应力的强度条件选择截面的尺寸和形状，然后按切应力强度条件校核。

【例 10 - 19】 一矩形截面木梁，其截面尺寸及荷载如图 10 - 35 所示，$q=1.3\text{kN/m}$。已知 $[\sigma]=10\text{MPa}$，$[\tau]=2\text{MPa}$。试校核梁的正应力和切应力强度。

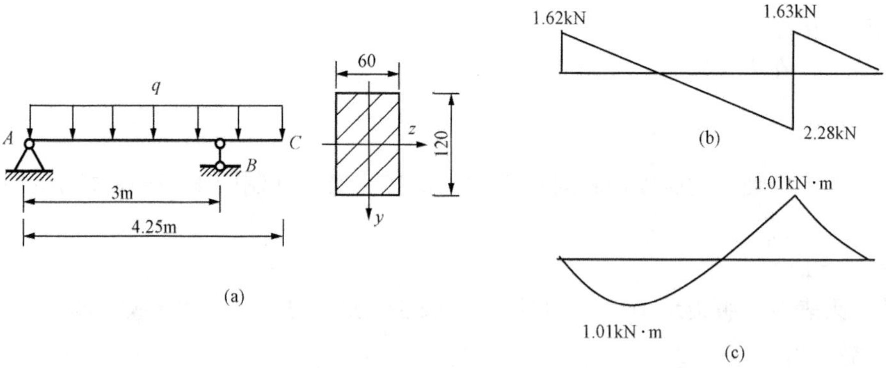

图 10 - 35 ［例 10 - 19］图

(a) 外伸梁；(b) 剪力图；(c) 弯矩图

解 (1) 通过求解梁支座反力，画出剪力图和弯矩图，如图 10 - 35 所示。

(2) 校核弯曲正应力

$$\sigma_{\max}=\frac{M_{\max}}{W_z}=6.94\text{MPa}<[\sigma]$$

(3) 校核弯曲切应力

$$\tau_{\max}=\frac{3}{2}\times\frac{F_s}{A}=0.475\text{MPa}<[\tau]$$

该梁满足强度条件。

【例 10 - 20】 如图 10 - 36 (a) 所示木梁受一可移动的荷载 $F=40\text{kN}$ 作用。已知 $[\sigma]=10\text{MPa}$，$[\tau]=3\text{MPa}$。木梁的横截面为矩形，其高宽比为$\dfrac{h}{b}=\dfrac{3}{2}$。试选择梁的截面尺寸。

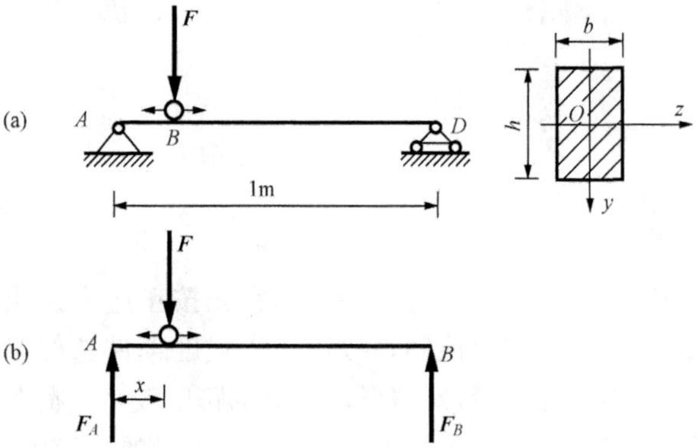

图 10 - 36 ［例 10 - 20］图

(a) 木梁受一可移动的荷载；(b) 受力图

解 解除支座约束，代之以约束反力，设移动荷载距离 A 点为 x，作受力图，如图 10 - 36 (b) 所示。利用静力学平衡条件

$$\sum M_A=0,\ F_B-Fx=0$$

$$\sum M_B=0,\ F_A-F(1-x)=0$$

求得支座反力

$$F_A=F(1-x),\ F_B=Fx$$

任一横截面上的弯矩为

$$M(x)=F_Ax=F(1-x)x=Fx-Fx^2$$

取极大值的条件是

$$\frac{\mathrm{d}M(x)}{\mathrm{d}x}=0,\ \frac{\mathrm{d}^2M(x)}{\mathrm{d}x^2}<0$$

所以有

$$\frac{\mathrm{d}M(x)}{\mathrm{d}x}=F-2Fx=0,\ x=\frac{1}{2}\text{m}$$

$$M_{max} = M(x)\Big|_{x=\frac{1}{2}} = \frac{1}{2}F - \frac{F}{4} = \frac{F}{4} = 10\text{kN}\cdot\text{m}$$

$$F_{Smax} = F_A = F(1-x)\Big|_{x\to 0} = F = 40\text{kN}$$

根据弯曲正应力的强度条件

$$\sigma_{max} = \frac{M_{max}}{W_z} = \frac{10\times 10^3}{\frac{1}{6}bh^2} = \frac{80\times 10^3}{3b^3} \leqslant 10\times 10^6$$

可得　　$b \geqslant 138.7\text{mm},\ h = \frac{3}{2}b = 208\text{mm}$

最后校核弯曲切应力

$$\tau_{max} = \frac{3}{2}\times\frac{F_{Smax}}{A} = \frac{3}{2}\times\frac{40\times 10^3}{bh} = 2.08(\text{MPa}) < [\tau] = 3\text{MPa}$$

【例 10-21】 悬臂梁由三块木板粘接而成，如图 10-37（a）所示，跨度为 1m。胶合面的许可切应力为 0.34MPa，木材的 $[\sigma]=10\text{MPa}$，$[\tau]=1\text{MPa}$，求许可荷载。

解　（1）画出剪力图和弯矩图，如图 10-37（b）、图 10-37（c）所示。

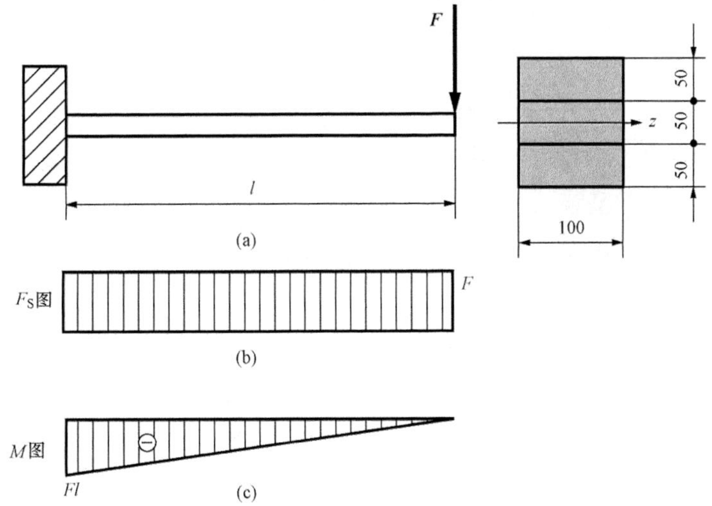

图 10-37　[例 10-21] 图

（a）悬臂梁由三块木板粘接而成；（b）剪力图；（c）弯矩图

（2）按正应力强度条件计算许可荷载

$$\sigma_{max} = \frac{M_{max}}{W_z} = \frac{6F_1 l}{bh^2} \leqslant [\sigma]$$

$$F_1 \leqslant \frac{[\sigma]bh^2}{6l} = \frac{10^7\times 100\times 150^2\times 10^{-9}}{6} = 3750(\text{N}) = 3.75\text{kN}$$

（3）按切应力强度条件计算许可荷载

$$\tau_{max} = 3F_S/2A = 3F_2/2bh \leqslant [\tau]$$

$$F_2 \leqslant 2[\tau]bh/3 = 2\times 10^6\times 100\times 150\times 10^{-6}/3 = 10000(\text{N}) = 10\text{kN}$$

（4）按胶合面强度条件计算许可荷载

$$\tau_g = \frac{F_S S_z^*}{I_z b} = \frac{F_3 b\left(\frac{h}{3}\right)^2}{\frac{bh^3}{12}b} = \frac{4F_3}{3bh} \leqslant [\tau]_g$$

$$F_3 \leqslant \frac{3bh[\tau]_g}{4} = \frac{3\times100\times150\times10^{-6}\times0.34\times10^6}{4}$$

$$= 3825(\mathrm{N}) = 3.825\mathrm{kN}$$

（5）梁的许可荷载为

$$[F] = \{F_i\}_{\min} = \{3.75\mathrm{kN}\quad 10\mathrm{kN}\quad 3.825\mathrm{kN}\}_{\min} = 3.75\mathrm{kN}$$

【例 10 - 22】 T形梁尺寸及所受荷载如图 10 - 38（a）所示，已知 $[\sigma_c]=100\mathrm{MPa}$，$[\sigma_t]=50\mathrm{MPa}$，$[\tau]=40\mathrm{MPa}$，$y_C=17.5\mathrm{mm}$，$I_z=18.2\times10^4\mathrm{mm}^4$。求：（1）$C$ 左侧截面 E 点的正应力、切应力；（2）校核梁的正应力、切应力强度条件。

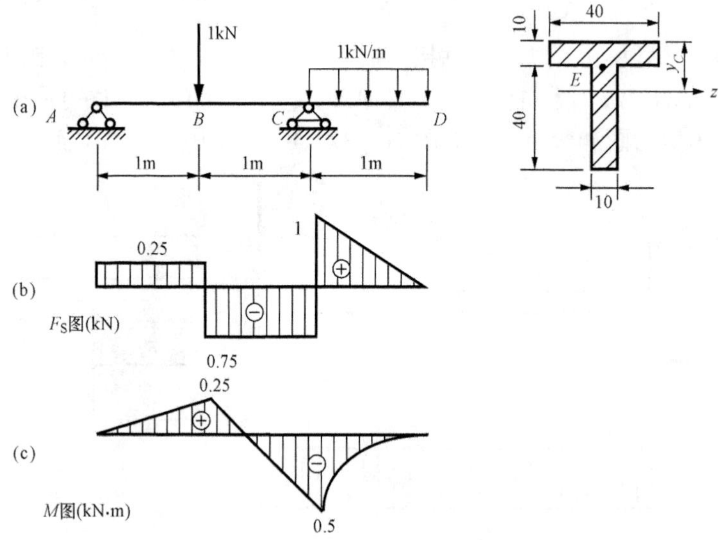

图 10 - 38 ［例 10 - 22］图

（a）T形梁尺寸及所受荷载；（b）剪力图；（c）弯矩图

解 （1）求支座反力　　$F_A=0.25\mathrm{kN}$，$F_C=1.75\mathrm{kN}$

（2）画内力图，如图 10 - 38（b）、图 10 - 38（c）所示

$$F_{SCl} = -0.75\mathrm{kN},\ F_{SCr} = 1\mathrm{kN}$$

$$M_C = -0.5\mathrm{kN\cdot m},\ M_B = 0.25\mathrm{kN\cdot m}$$

（3）计算 C 左侧截面 E 点的正应力、切应力

$$\sigma_E = \left|\frac{M_C y_E}{I_z}\right| = \frac{0.5\times10^3\times7.5\times10^{-3}}{18.2\times10^4\times10^{-12}} = 20.6(\mathrm{MPa})(\text{拉})$$

$$\tau_E = \left|\frac{F_{SCl}S_z^*}{I_z b}\right| = \frac{0.75\times10^3\times400\times12.5\times10^{-9}}{18.2\times10^4\times10\times10^{-15}} = 2.1(\mathrm{MPa})$$

（4）正应力校核

$$\sigma_{Bt} = \frac{M_B(0.05-y_C)}{I_z} = 44.6\mathrm{MPa} < [\sigma_t]$$

$$\sigma_{Bc}=\frac{M_B y_C}{I_z}=24.0\text{MPa}<[\sigma_c]$$

$$\sigma_{Ct}=\frac{M_C y_C}{I_z}=48.0\text{MPa}<[\sigma_t]$$

$$\sigma_{Cc}=\frac{M_C(0.05-y_C)}{I_z}=89.2\text{MPa}<[\sigma_c]$$

判断各应力的大小可以减少计算量。

(5) 校核切应力

$$\tau_{\max}=\frac{F_{S\max}S_{z\max}^{*}}{I_z b}=\frac{10^3\times[10\times(50-y_C)^2/2]\times10^{-9}}{18.2\times10^4\times10\times10^{-15}}\approx2.9(\text{MPa})<[\tau]$$

该梁满足强度要求。

六、提高梁抗弯强度的途径

一般情况下，梁的强度是由弯曲正应力控制的，所以提高梁的强度应该在满足梁的承载能力的前提下，尽可能降低梁的弯曲正应力，达到节约材料、减轻自重的目的，实现既经济又安全的合理设计。根据正应力强度条件

$$\sigma_{\max}=\frac{M_{\max}}{W_z}\leqslant[\sigma]$$

可以看出，提高梁的强度的主要途径，应从减小最大弯矩 $M_{\max}$ 和增大抗弯截面模量 W_z 这两个方面考虑。

(一) 减少最大弯矩值

1. 合理布置荷载

合理地布置梁的荷载，可降低梁的最大弯矩值，如图 10-39 (a)～图 10-39 (c) 所示。

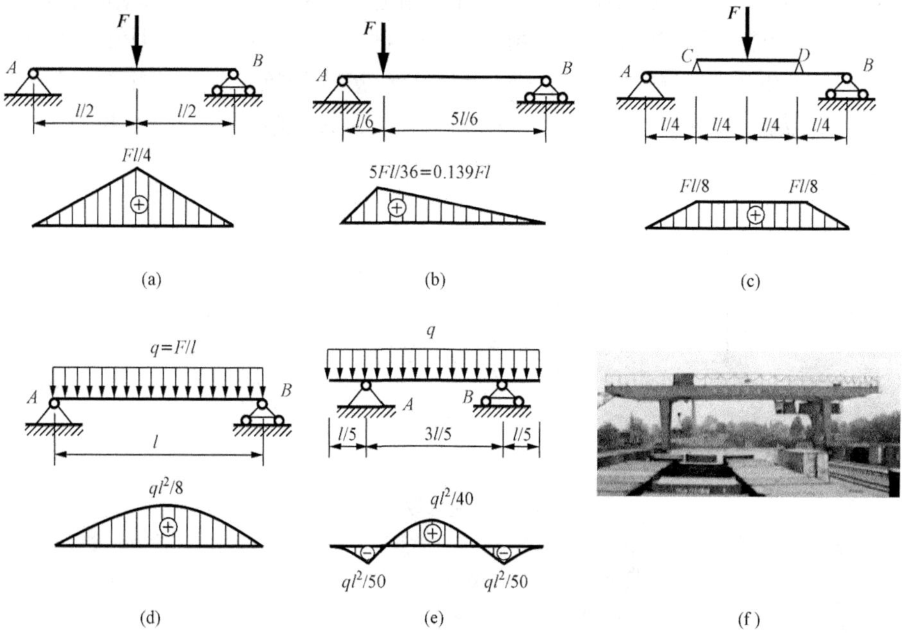

图 10-39 减少最大弯矩值

(a) 合理布置梁的荷载方式 1；(b) 合理布置梁的荷载方式 2；(c) 合理布置梁的荷载方式 3；
(d) 合理安置支座位置方式 1；(e) 合理安置支座位置方式 2；(f) 工程实例——龙门吊车

2. 合理安置支座

合理地设置支座位置，也可降低梁内的最大弯矩值，如图 10-39（d）、图 10-39（e）所示。

当荷载 F 可布置在梁上任意位置时，则应使荷载 F 尽量靠近支座；当条件容许时，尽量将一个集中荷载改变为均布荷载或者分散为较多个较小的集中荷载。工程中实例很多，图 10-39（f）所示的龙门吊车就是一个典型例子。

（二）合理选取截面的形状

一根钢梁最大弯矩 $M_{max}=3.5\mathrm{kN\cdot m}$，许用应力 $[\sigma]=140\mathrm{MPa}$，它所要求的抗弯截面模量为 $W_z=250000\mathrm{mm}^3$。如果采用圆形、矩形和工字形截面，它们所需的尺寸及其相应的比值 W_z/A 列于表 10-3。

表 10-3 不同截面形状的尺寸及相应的比值 W_z/A

截面形状	要求的 W_z（mm^3）	所需尺寸（mm）	截面面积（mm^2）	比值 W_z/A
圆形	250000	$d=137$	14800	1.69
矩形	250000	$b=72$　$h=144$	10400	2.4
工字形	250000	20b 号工字钢	3950	6.33

表 10-3 表明实心截面最不经济，即圆形为最差，工字形最为合理。其产生的原因容易理解：在横截面积不变的前提下，将较多材料配置在远离中性轴的部位，便可获取较大的抗弯截面模量，从而降低梁内的最大弯曲正应力。而另一方面，由于弯曲正应力沿截面高度呈直线分布，当离中性轴最远处的正应力达到许用应力时，中性轴附近各点处的正应力仍很小，而且离中性轴较近的区域所承担的弯矩很小。所以，将较多材料配置于远离中性轴的部位，也会提高材料的利用率。

应该指出，合理的截面形状还要与材料特性相适应。在设计梁的合理截面时，还应考虑材料自身特性。对抗拉强度与抗压强度相同的塑性材料，宜采用关于中性轴对称的截面，如图 10-40（a）和图 10-40（b）所示。而对于抗压强度高于抗拉强度的脆性材料，则最好采用截面形心偏于受拉一侧的截面形状，以使截面上的最大压应力大于最大拉应力，如图 10-40（c）～图 10-40（e）所示。

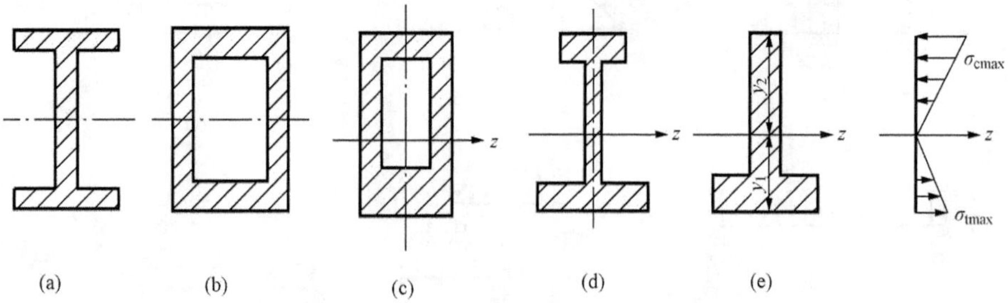

图 10-40 合理选取截面的形状

（a）关于中性轴对称的截面形式 1；（b）关于中性轴对称的截面形式 2；（c）截面形心偏于受拉一侧的截面形式 1；（d）截面形心偏于受拉一侧的截面形式 2；（e）截面形心偏于受拉一侧的截面形式 3

（三）等强度梁的概念

一般情况下，梁内不同横截面的弯矩不同。按最大弯矩所设计的等截面梁中，除最大弯矩所在截面外，其余截面的材料强度均未得到充分利用。因此，在工程实际中，常根据弯矩沿梁轴的变化情况，将梁也相应设计成变截面的。横截面沿梁轴变化的梁，称为**变截面梁**。各个横截面具有同样强度的梁称为**等强度梁**，等强度梁是一种理想的变截面梁。等强度梁的强度条件是

$$\sigma_{\max}=\frac{M(x)}{W(x)}=\frac{M_{\max}}{W_{\max}}=[\sigma] \tag{10-23}$$

由式（10-23）可得

$$W(x)=\frac{W_{\max}}{M_{\max}}M(x) \tag{10-24}$$

式（10-24）表示等强度梁的抗弯截面模量$W(x)$沿梁的轴线变化规律。但是，考虑到加工制造以及构造上的需要等，实际构件往往设计成近似等强的，如图10-41（a）所示的阶梯轴，如图10-41（b）所示的厂房大梁。

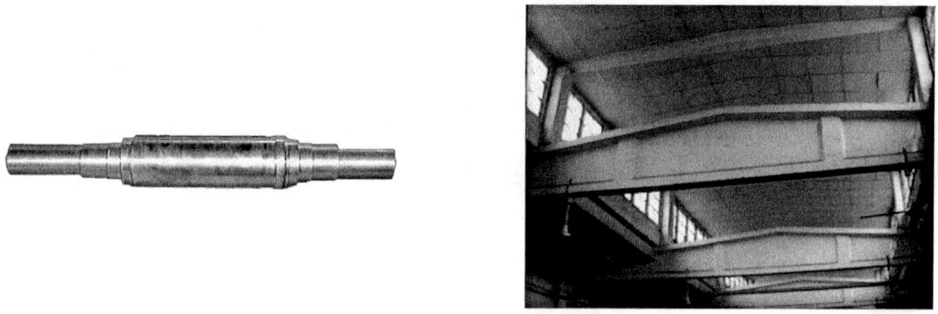

(a) (b)

图10-41 等强度梁

（a）阶梯轴；（b）厂房大梁

第五节 梁的变形和梁的刚度条件

一、梁的挠度和转角

为研究弯曲变形，首先讨论如何度量和描述弯曲变形的问题。

设有一梁，受荷载作用后其轴线将弯曲成为一条光滑的连续曲线（见图10-42）。在平面弯曲的情况下，这是一条位于荷载所在平面内的平面曲线。梁弯曲后的轴线称为**挠曲线**。

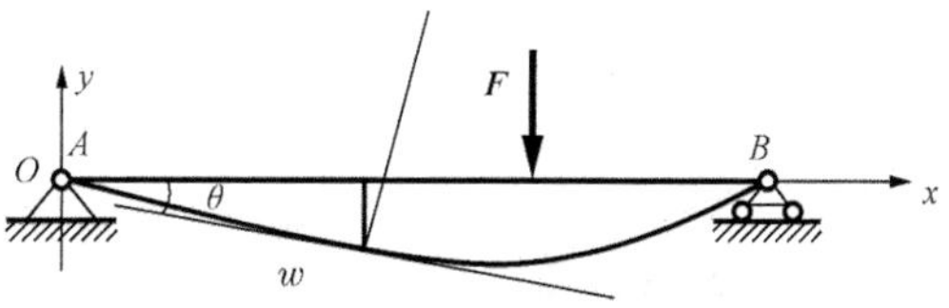

图10-42 梁的挠度和转角

在小变形的条件下，忽略梁截面在轴向的位移，则在梁的变形过程中，梁截面有沿垂直方向的线位移w，称为**挠度**；相对于原截面转过的角位移θ，称为**转角**，这两个基本量决定了梁在弯曲变形后梁轴线的形状，即挠曲线。

挠曲线是一条连续光滑平面曲线，其方程是

$$w = f(x)$$

式中，挠度 w 为截面形心在坐标 y 方向上的位移，其正负号与 y 坐标轴正负相符；转角 θ 为横截面绕中性轴转过的角度，其正负号规定为逆时针为正，顺时针为负，在小变形情况下，有

$$\theta \approx \tan\theta = \frac{\mathrm{d}w}{\mathrm{d}x} = w' = f'(x)$$

可见梁的挠度 w 与转角 θ 之间存在一定关系，即梁任一横截面的转角 θ 等于该截面处挠度 w 对 x 的一阶导数。

二、挠曲线的近似微分方程

上式中，弯矩和曲率半径是常量；对于跨度远大于截面高度的梁而言，在横力弯曲的情况下，可忽略剪力的影响，但其中的弯矩和曲率半径是 x 的函数，即

$$\frac{1}{\rho(x)} = \frac{M(x)}{EI}$$

对平面曲线，有关系式

$$\frac{1}{\rho(x)} = \pm \frac{w''}{(1 + w'^2)^{\frac{3}{2}}} \tag{10-25}$$

式（10-25）称为梁的挠曲线微分方程。因为工程实际中的梁一般是小变形，所以 $w' \ll 1$，则

$$(1 + w'^2)^{\frac{3}{2}} \approx 1$$

$$\frac{1}{\rho(x)} = \pm w'' = \frac{M(x)}{EI}$$

考虑到弯矩 M 的符号与挠曲线凸向之间的关系（见图 10-43），M 与 w'' 的符号相同，**挠曲线的近似微分方程**为

$$w'' = \frac{\mathrm{d}^2 w}{\mathrm{d}x^2} = \frac{M(x)}{EI} \tag{10-26}$$

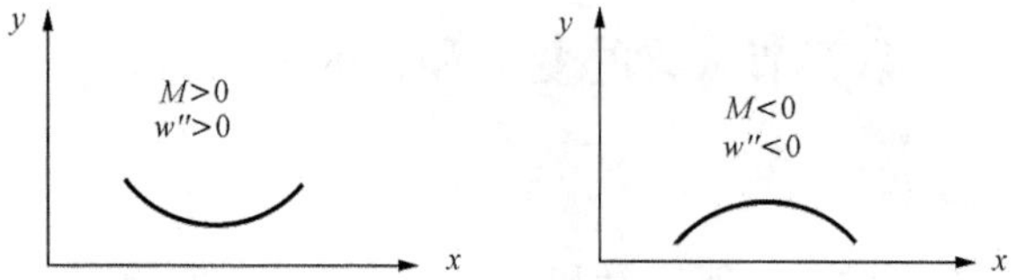

图 10-43 弯矩与挠曲线凸向之间的关系

式（10-26）之所以说近似，是因为略去剪力对变形的影响，并略去梁的挠曲线微分方程中 w'^2。实践表明，由这一公式所得结果在工程应用中是足够精确的。

三、计算弯曲变形的积分法

用直接积分法求梁的弯曲变形：弯矩方程是一个分段函数，设某段函数为 $M(x)$，则该段的微分方程是

$$w'' = \frac{\mathrm{d}^2 w}{\mathrm{d}x^2} = \frac{M(x)}{EI}$$

积分一次得

$$w' = \theta = \int \frac{M(x)}{EI} \mathrm{d}x + C_1$$

再积分一次得

$$w=\int\left[\int\frac{M(x)}{EI}\mathrm{d}x\right]\mathrm{d}x+C_1x+D_2$$

如果 $M(x)$ 是 n 段分段函数，则要决定 $2n$ 个积分常数，它们可以通过下列条件决定：

（1）边界条件。指梁的约束条件，一根静定梁有 2 个约束条件［见图 10-43（a）～图10-43（c）］。

1）固定端截面：挠度和转角均为 0；

2）铰链约束：挠度为 0。

（2）光滑连续性条件。挠曲线的任意点上的挠度和转角是唯一的，n 段分段函数有（$n-1$）个分段点，在分段点上有：$\theta_j=\theta_{j+1}$，$w_j=w_{j+1}$（$j=1$，2，…，$n-1$），共有 $2(n-1)$ 个条件，而不会出现挠度和转角不等情况［见图 10-44（d）］。

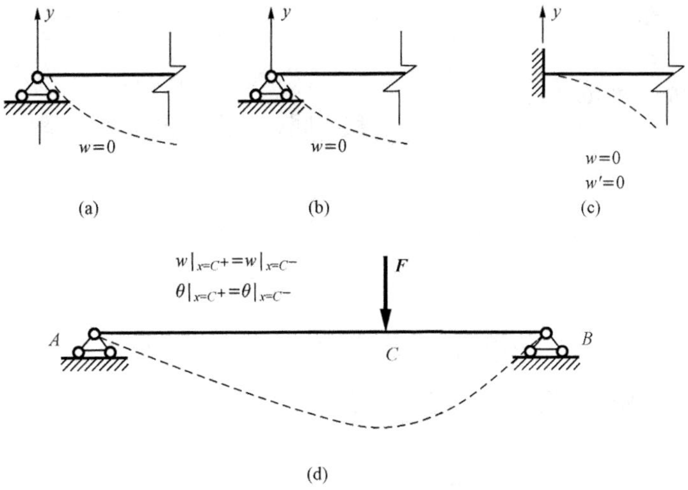

图 10-44 计算弯曲变形的积分法

（a）边界条件 1；（b）边界条件 2；（c）边界条件 3；（d）光滑连续性条件

【例 10-23】 图 10-45 所示 B 端作用集中力 $\boldsymbol{F}$ 的悬臂梁，求其挠曲线方程。并求最大挠度和最大转角。

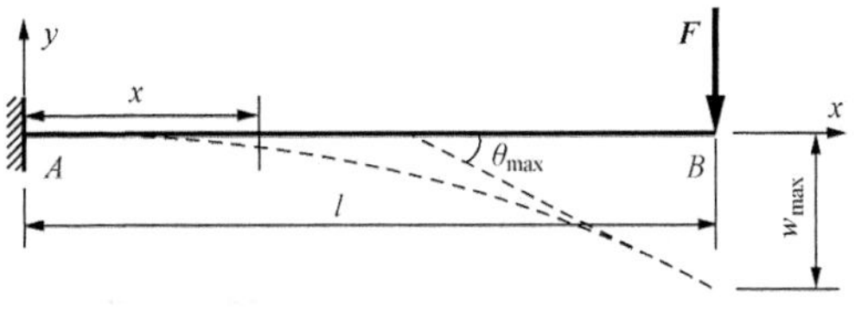

图 10-45 ［例 10-23］图

解 （1）弯矩方程为

$$M(x)=-F(l-x)$$

（2）列挠曲线方程并积分两次

$$EIw''=M(x)=-F(l-x)$$

$$EIw'=-Flx+\frac{Fx^2}{2}+C$$

$$EIw=-\frac{Flx^2}{2}+\frac{Fx^3}{6}+Cx+D$$

（3）利用边界条件确定积分常数 C 和 D

$$w'|_{x=0}=0，得\ C=0$$

$$w|_{x=0}=0，得\ D=0$$

(4) 挠曲线方程和转角方程为

$$\theta = w' = -\frac{Fx}{2EI}(2l - x), \quad w = -\frac{Fx^2}{6EI}(3l - x)$$

(5) 求最大挠度和最大转角

$$\theta_{max} = \theta_B = -\frac{Fl^2}{2EI}$$

$$w_{max} = w_B = -\frac{Fl^3}{3EI}$$

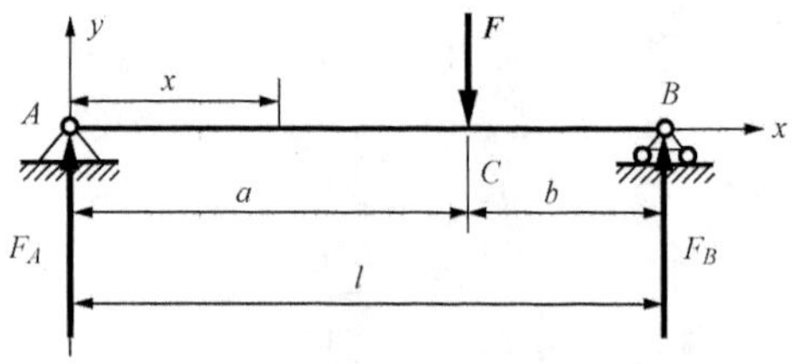

图 10-46 [例 10-24] 图

【例 10-24】 求如图 10-46 所示简支梁受集中荷载 F 作用下的弯曲变形 θ_A，θ_B 和最大挠度。

解 使用积分法求转角和挠度。

(1) 求约束反力

$$F_A = \frac{Fb}{l}, \quad F_B = \frac{Fa}{l}$$

(2) 求弯矩方程。因 AC，CB 两段弯矩方程不同，分别写出弯矩方程

AC 段

$$M_1 = \frac{Fb}{l}x_1 \quad (0 \leqslant x_1 \leqslant a)$$

CB 段

$$M_2 = \frac{Fb}{l}x - F(x-a) \quad (a \leqslant x \leqslant l)$$

(3) 列挠曲线微分方程并二次积分（见表 10-4）。

表 10-4 **挠曲线微分方程并二次积分**

AC 段 $(0\leqslant x\leqslant a)$	CB 段 $(a\leqslant x\leqslant l)$
$EIw'' = \frac{Fb}{l}x$	$EIw'' = -F(x-a) - \frac{Fb}{l}x$
$EIw' = \frac{Fbx^2}{2l} + C_1$	$EIw' = -\frac{F}{2}(x-a)^2 + \frac{Fbx^2}{2l} + C_2$
$EIw = \frac{Fbx^3}{6l} + C_1x + D_1$	$EIw = -\frac{F}{6}(x-a)^3 + \frac{Fbx^3}{6l} + C_2x + D_2$

(4) 决定积分常数。利用支座 A，B 处边界条件和左、右两段梁连接处 C 的光滑连续性条件代入上述转角和挠度方程，确定积分常数。

1) 光滑连续性条件为 $x_1 = x_2 = a$ 时 $\theta_1 = \theta_2$，$w_1 = w_2$

$$C_1 = C_2, \quad D_1 = D_2$$

2) 边界条件为 $x=0$ 时 $w_1=0$；$x=l$ 时 $w_2=0$

$$D_1 = D_2 = 0, \quad C_1 = C_2 = \frac{Fb}{6l}(l^2 - b^2)$$

(5) 结果（转角和挠度方程），见表 10-5。

表 10-5 转角和挠度方程

AC 段 $(0\leqslant x\leqslant a)$	CB 段 $(a\leqslant x\leqslant l)$
$w=-\frac{Fbx}{6EIl}(l^2-b^2-x^2)$	$w=-\frac{F}{6EIl}\left[\frac{l}{b}(x-a)^3-x^3+(l^2-b^2)x\right]$
$w'=-\frac{Fb}{6EIl}(l^2-b^2-3x^2)$	$w'=-\frac{F}{2EIl}\left[\frac{l}{b}(x-a)^2-x^2+\frac{1}{3}(l^2-b^2)\right]$

(6) 求指定截面的弯曲变形

$$\theta_A=-\frac{Fab(l+b)}{6EIl},\ \theta_B=\frac{Fab(l+a)}{6EIl}$$

要决定最大挠度，令$\frac{dw}{dx}=\theta=0$，在 $a>b$ 时，最大挠度发生在 AC 段，可求得

$$x=\sqrt{\frac{l^2-b^2}{3}}\approx\frac{l}{2}$$

则最大挠度为

$$w_{\max}=-\frac{Fb}{9\sqrt{3}EIl}\sqrt{(l^2-b^2)^3}$$

$$w_{\frac{l}{2}}=-\frac{Pb}{48EI}(3l^2-4b^2)$$

题解注释 本题中，梁的最大挠度与梁的中点非常接近，因此，为计算上的方便，可以近似地以梁的中点代替。

四、计算弯曲变形的叠加法

梁的变形微小，且梁在线弹性范围内工作时，梁在几项荷载（可以是集中力，集中力偶或分布力）同时作用下的挠度和转角，就分别等于每一荷载单独作用下该截面的挠度和转角的叠加。当每一项荷载所引起的挠度为同一方向（如均沿 y 轴方向），其转角是在同一平面内（如均在 xy 平面内）时，则叠加就是代数和，这就是**叠加原理**。

叠加法中经常使用的几种变形情况已列入附录 B 中。用叠加法求解时，应注意挠度 w 和转角 θ 正负号。对于未列入附录 B 中的梁的变形，可以作适当处理，使之成为有表可查的情形，然后再应用叠加法，举例说明。

【例 10-25】 求解图 10-47（a）所示悬臂梁的转角 θ_B 和挠度 w_B 及图 10-47（b）所示外伸梁的转角 θ_C 和挠度 w_C。

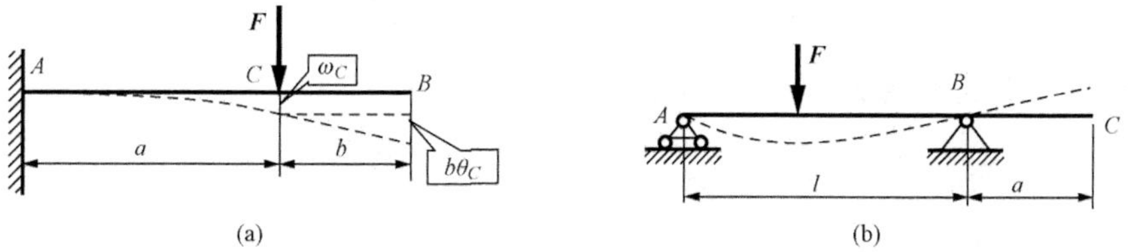

图 10-47 ［例 10-25］图

(a) 悬臂梁；(b) 外伸梁

解　可根据几何变形关系（BC 段挠曲线是直线），结合查附录 A 结果求得

$$\theta_B = \theta_C,\ w_B = w_C + b\theta_C$$

同理，可求得图 10-47（b）所示外伸梁的转角 θ_C 和挠度 ω_C

$$\theta_C = \theta_B,\ w_C = a\theta_B$$

【例 10-26】　图 10-48（a）所示的外伸梁，在其外伸端受集中力 F 作用，已知梁的抗弯刚度 EI_z 为常数。试求外伸端 C 的挠度和转角。

解　在荷载 F 的作用下，全梁均产生弯曲变形。变形在 C 点引起的转角和挠度，不仅与 BC 段的变形有关，而且与 AB 段的变形也有关。为此，欲求 C 处的转角和挠度，可先分别求出这两段梁的变形在 C 点引起的转角和挠度，然后将其叠加，求其代数和。

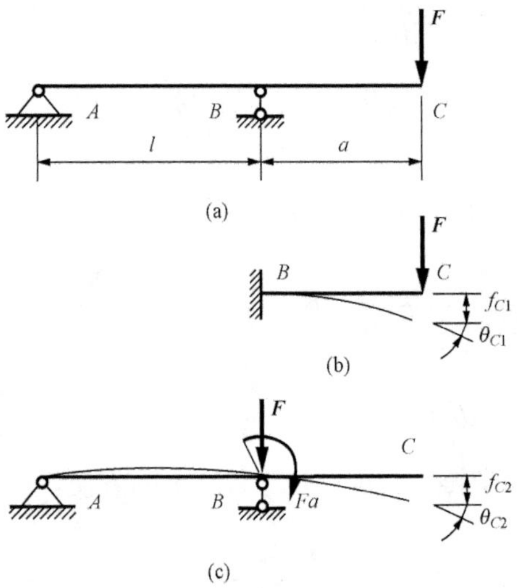

图 10-48 ［例 10-26］图
（a）外伸梁；（b）BC 段视为悬臂梁；
（c）将 F 向 B 点简化

（1）先只考虑 BC 段变形。令 AB 段不变形，在这种情况下，由于挠曲线的光滑连续，B 截面既不允许产生挠度，也不能出现转角。于是，此时 BC 段可视为悬臂梁，如图 10-48（b）所示。在集中力 F 作用下，C 点的转角和挠度可由附录 B 查得

$$\theta_{C1} = -\frac{Fa^2}{2EI_z},\ w_{C1} = -\frac{Fa^3}{3EI_z}$$

（2）再只考虑 AB 段变形。此时 BC 段不变形，由于 C 点的集中力 F 作用，使 AB 段引起变形，与将 F 向 B 点简化为一个集中力 F 和一个集中力偶 Fa，如图 10-48（c）所示，使 AB 段引起的变形是完全相同的。这样，只需讨论图 10-48（c）所示梁的变形即可。由于 B 点处的集中力直接作用在支座 B 上，不引起 AB 梁的变形，因此，只需讨论集中力偶 Fa 对 AB 梁的作用。由附录 B 查得

$$\theta_B = -\frac{Fal}{3EI_z}$$

该转角在 C 点处引起转角和挠度，其值分别为

$$\theta_{C2} = \theta_B = -\frac{Fal}{3EI_z}$$

$$w_{C2} = a\tan\theta_B \approx a\theta_B = -\frac{Fa^2 l}{3EI_z}$$

（3）梁在 C 点处的挠度和转角。由叠加法得

$$\theta_C = \theta_{C1} + \theta_{C2} = -\frac{Fa^2}{2EI_z} - \frac{Fal}{3EI_z} = -\frac{Fa^2}{2EI_z}\left(1 + \frac{2}{3} \times \frac{l}{a}\right)$$

$$w_C = w_{C1} + w_{C2} = -\frac{Fa^3}{3EI_z} - \frac{Fa^2 l}{3EI_z} = -\frac{Fa^2}{3EI_z}(a + l)$$

五、梁的刚度条件及其应用

为了保证梁正常工作，除了要求具有足够的强度外，有时还需要对梁的位移加以限制。

在土建工程中，通常对梁的挠度加以限制。控制梁的挠度和转角不超过许用值的条件称为梁的**刚度条件**，即

$$w_{\max} \leqslant [w] \tag{10-27}$$

$$\theta_{\max} \leqslant [\theta] \tag{10-28}$$

式中：$w_{\max}$，$\theta_{\max}$为梁的最大挠度与最大转角；$[w]$，$[\theta]$ 为梁的许用挠度和许用转角。在土建工程中，$[w]=\frac{l}{200}\sim\frac{l}{900}$；在机械工程中，对传动轴 $[w]=\frac{l}{500}\sim\frac{l}{10000}$，$[\theta]=0.005\sim0.001\text{rad}$。详细可查有关规范与设计手册。

六、提高梁的刚度的措施

由梁的挠曲线近似微分方程可见，梁的弯曲变形与弯矩 $M(x)$ 及抗弯刚度有关，而影响梁弯矩的因素又包括荷载、支承情况及梁的有关长度。因此，为提高梁的刚度，可采用如下一些措施：

（1）选择合理的梁截面，从而增大截面的惯性矩 I。

（2）调整加载方式，改善梁结构，以减小弯矩：使受力部位尽可能靠近支座；或使集中力分散成分布力。

（3）减小梁的跨度，增加支承约束。

其中第（3）种措施的效果最为显著，因为梁的跨长是以其乘方影响梁的挠度和转角的。

七、简单超静定梁

（一）基本概念

超静定梁也和拉压超静定及扭转超静定问题一样，是由于梁有“多余”的支座而形成的，如图 10-49（a）所示的简支梁，它的支座反力有三个，可以用平衡方程全部求出，故称为静定梁。如果在该梁的中部再增加一个可动铰支座，如图 10-49（b）所示，它就有四个支座反力，而平衡方程仍为三个，因而不能仅用平衡方程把支座反力计算出来，这样的梁称为超静定梁。由于只有一个“多余反力”，故为一次超静定。如果再增加一个支座，如图 10-49（c）所示的梁为二次超静定。

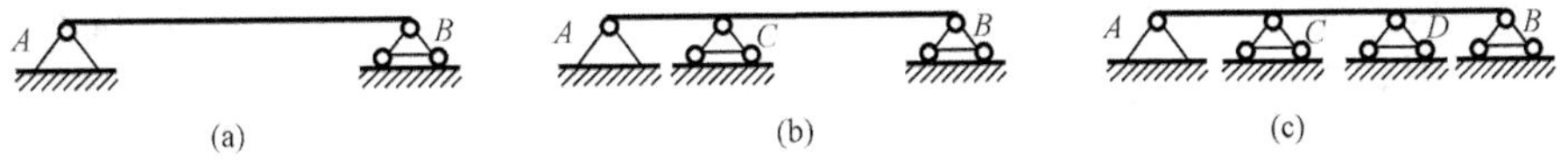

图 10-49 简单超静定梁

（a）简支梁；（b）在梁的中部再增加一个可动铰支座；（c）二次超静定

（二）超静定梁的解法

求解超静定梁，同样是综合运用静力、几何、物理三个方面。方法是：根据选取的多余约束（称为**基本体系**，不是唯一的），由变形几何方程和力－变形（位移）物理关系所得到的补充方程，即可解得多余未知力。解得多余未知力后即可按静定结构计算内力。下面以图 10-50（a）所示的梁［图 10-50（a）所示为抗弯刚度为 EI 的一次超静定梁］为例，说明解超静定的方法。

假设支座 B 为多余约束，相应的多余未知力为 F_B（假设指向向上），则基本体系为一悬

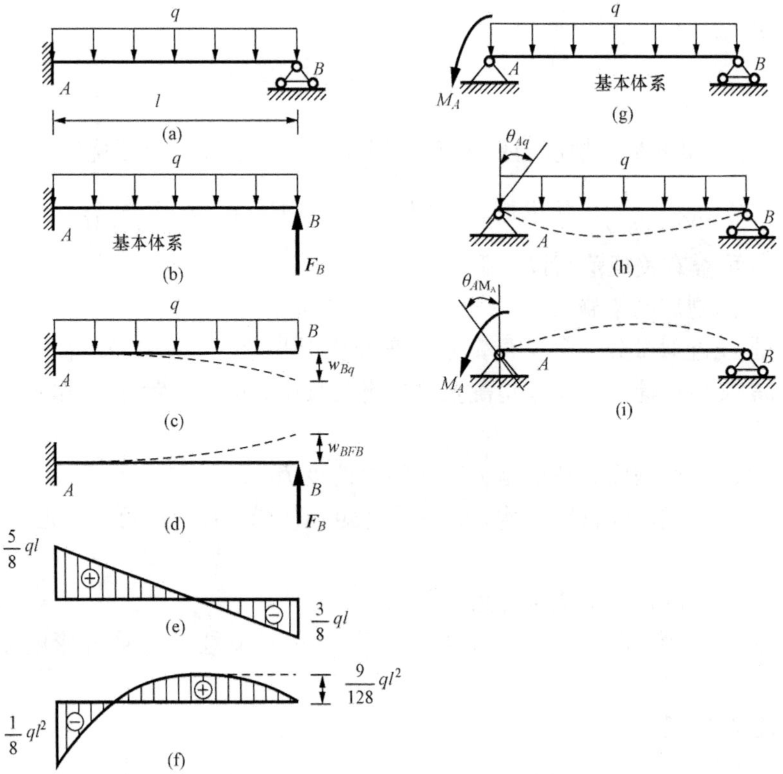

图 10 - 50 超静定梁的解法

(a) 抗弯刚度为 EI 的一次超静定梁；(b) 假设支座 B 为多余约束；(c) 均布荷载 q 单独作用在基本体系上时的挠度；(d) 支座反力 F_B 单独作用在基本体系上时的挠度；(e) 剪力图；(f) 弯矩图；(g) 将 A 固定端约束改成固定铰支座；(h) 在均布荷载 q 单独作用下 A 点转角 θ_{Aq}；(i) 在多余位置反力 M_A 单位作用下 A 点转角 θ_{AMA}

臂梁（基本体系一定是静定结构），如图 10 - 50（b）所示。图 10 - 50（c）、图 10 - 50（d）所示的是均布荷载 q 和支座反力 F_B 单独作用在基本体系上时的挠度分别为 w_{Bq} 和 w_{BF_B}，按叠加原理，可得到变形几何方程为

$$w_{Bq}+w_{BF_B}=0 \tag{10 - 29}$$

查附录 B 可得力与挠度间的物理关系为

$$w_{Bq}=\frac{ql^4}{8EI},\ w_{BF_B}=-\frac{F_Bl^3}{3EI} \tag{10 - 30}$$

将物理关系式（10 - 30）代入式（10 - 29），即得补充方程

$$\frac{ql^4}{8EI}-\frac{F_Bl^3}{3EI}=0 \tag{10 - 31}$$

由此解得多余反力 F_B 为

$$F_B=\frac{3}{8}ql$$

式中符号为正，表示假设的指向是正确的。

求得多余反力 F_B 以后，即可按基本体系［见图 10 - 50（b）］静力平衡条件求出固定端

的两个支座反力为

$$F_A = \frac{5}{8}ql, M_A = \frac{1}{8}ql^2$$

到此可以画出剪力图和弯矩图，分别如图 10 - 50（e）、图 10 - 50（f）所示。也就是说，在解得的多余反力作用下，基本体系与原来的超静定梁两者是等价的。

上面是取支座 B 作为“多余”约束来求解的，并不一定这样求解，例如本例就可以取支座 A 处的固定端约束改成固定铰支座，如图 10 - 50（g）所示。这时基本体系是简支梁，设基本体系分别在均布荷载 q 和多余位置反力 M_A 单独作用下，A 点转角 θ_{Aq} 和 θ_{AM_A}，如图 10 - 50（h）、图 10 - 50（i）所示。按叠加原理，可得变形几何方程为

$$\theta_{Aq} + \theta_{AM_A} = 0 \tag{10 - 32}$$

由附录 A 可得力与转角间的物理关系为

$$\theta_{Aq} = \frac{ql^3}{24EI}, \theta_{AM_A} = -\frac{M_A l}{3EI} \tag{10 - 33}$$

由于假设 M_A 逆时针，相应的 θ_{AM_A} 也应是逆时针的，故取负值。

将物理关系式（10 - 33）代入式（10 - 32），即可得到补充方程

$$\frac{ql^3}{24EI} - \frac{M_A l}{3EI} = 0$$

并由此求得多余支座反力 M_A 为

$$M_A = \frac{ql^2}{8}$$

求得多余反力 M_A 以后，即可利用基本体系静力平衡方程求出另外两个支座反力为

$$F_A = \frac{5}{8}ql, F_B = \frac{3}{8}ql$$

虽然所选的多余约束及其对应的基本体系不同，但最后求得的全部支座反力完全相同，一般，具体解题时应选择相对比较简单的方法计算。

小 结

（1）梁弯曲时横截面上有两种内力——剪力和弯矩。确定横截面上剪力和弯矩的基本方法是截面法。

（2）本章介绍了三种方法画剪力图和弯矩图：①根据剪力方程和弯矩方程作图；②用微分关系来作图；③用叠加法作图。

（3）简单介绍了平面刚架和曲杆的内力图作法。

（4）梁平面弯曲时，横截面上一般有两种内力——剪力和弯矩，与此相对应的应力也有两种——剪应力和正应力，剪应力与截面相切，而正应力与截面垂直。

（5）梁平面弯曲时正应力计算公式为

$$\sigma = \frac{M}{I_z}y$$

正应力在横截面上沿高度成线性分布，在中性轴处正应力为零，截面上下边缘处正应力最大。

（6）梁平面弯曲时剪应力计算公式为

$$\tau=\frac{F_{S}S_{z}^{*}}{I_{z}b}$$

这个公式是由矩形截面梁推出的，但也可推广应用于关于梁纵向对称面对称的其他截面形式，如工字形、T 形截面梁等。对不同截面梁计算时，应注意代入相应的 b 和 S_{z}^{*}。剪应力沿截面高度呈二次抛物线规律分布，中性轴处的剪应力最大。

（7）梁的强度计算中，正应力强度条件和剪应力强度条件必须同时满足，其公式为

$$\sigma_{\max}=\frac{M_{\max}}{W_{z}}\leqslant[\sigma]$$

$$\tau_{\max}=\frac{F_{S\max}S_{z\max}^{*}}{I_{z}b}\leqslant[\tau]$$

对于一般梁正应力强度条件起控制作用，剪应力是次要的，即满足正应力强度条件时，一般剪应力强度条件也能得到满足。因此，在应用强度条件解决强度校核、选取截面和确定容许荷载问题时，一般都先按正应力强度条件进行计算，然后再用剪应力强度条件校核。

（8）在平面弯曲条件下，横向力所在的平面与梁弯曲变形后的变形曲线在同一平面内，因此弯曲变形曲线是一条平面曲线，且是连续光滑的。在 Oxy 坐标系中可以用曲线方程 $w(x)=f(x)$ 来表示。该式称为挠曲线方程，而 $w(x)$ 称为 x 截面的挠度，$\theta(x)=\frac{\mathrm{d}y(x)}{\mathrm{d}x}$ 称为截面转角。

计算变形的目的主要有两个：①建立刚度条件；②为解超静定梁服务。

（9）积分法求梁的变形。

（10）叠加法求梁的变形。

（11）梁的刚度条件

$$w_{\max}\leqslant[w]，\theta_{\max}\leqslant[\theta]$$

（12）超静定梁的求法简介。

习 题

10-1 求如图 10-51 所示各梁中指定截面上的剪力和弯矩。

10-2 列出如图 10-52 和图 10-53 所示各梁的剪力、弯矩方程，梁上有关数据为已知，作出剪力图和弯矩图，并求出 $|F_{S}|_{\max}$ 与 $|M|_{\max}$。

10-3 图 10-52 和图 10-53 所示各梁的剪力、弯矩方程，梁上有关数据为已知，作出剪力图和弯矩图并求出 $|F_{S}|_{\max}$ 与 $|M|_{\max}$。

10-4 图 10-54 所示起吊一根单位长度重量为 q（kN/m）的等截面钢筋混凝土梁，要想在起吊中使梁内产生的最大正弯矩与最大负弯矩的绝对值相等，应将起吊点 A，B 放在何处（即 a 值为多少）？

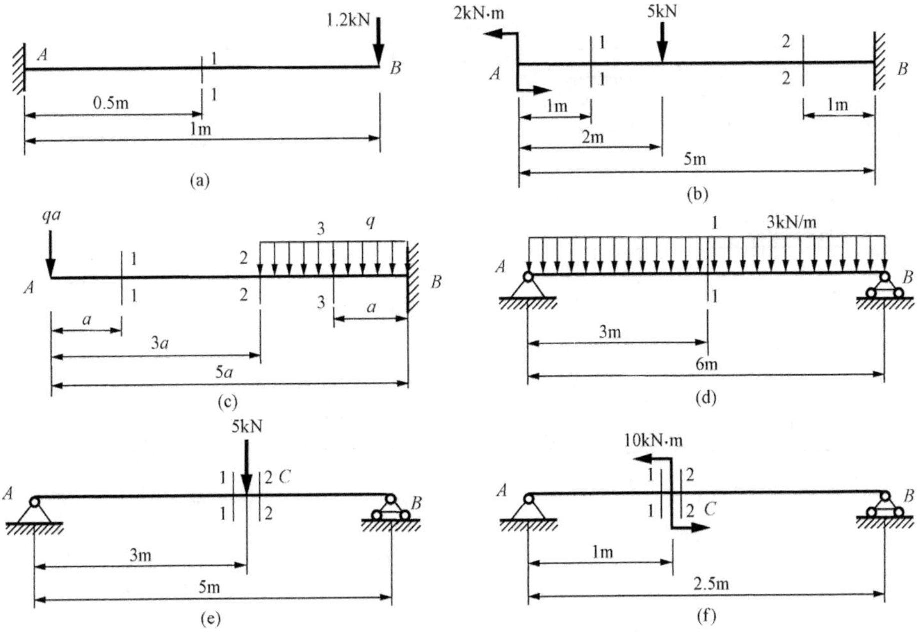

图 10-51　题 10-1 图

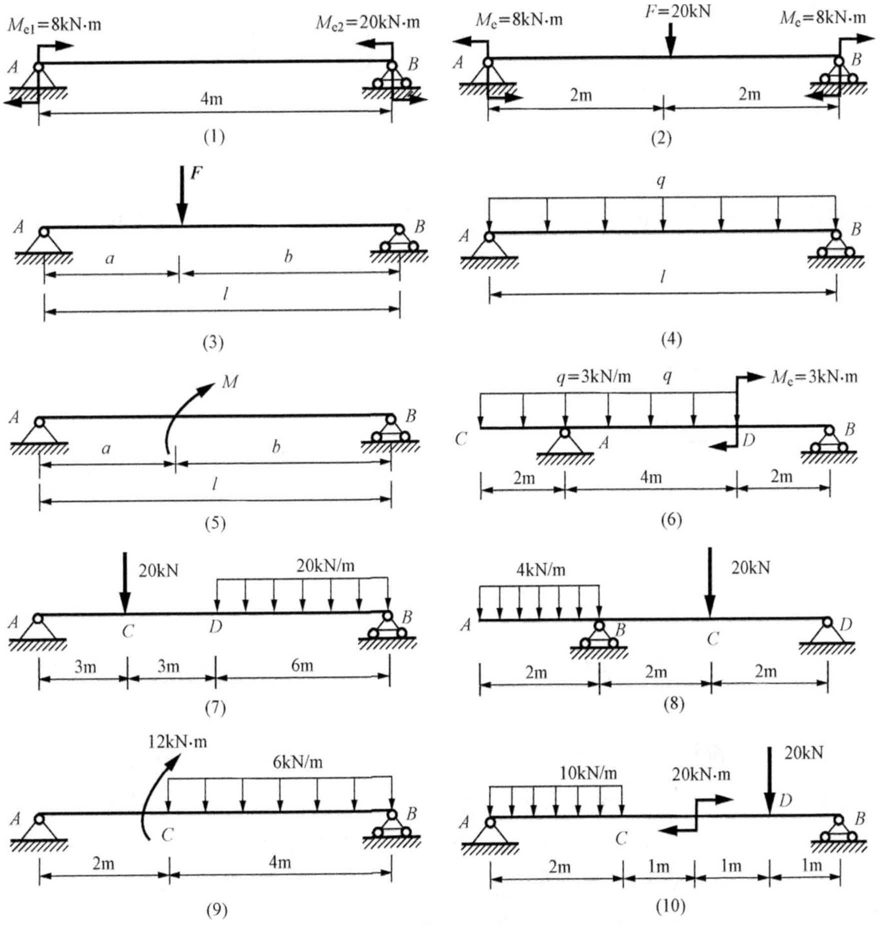

图 10-52　题 10-2、题 10-3 图（一）

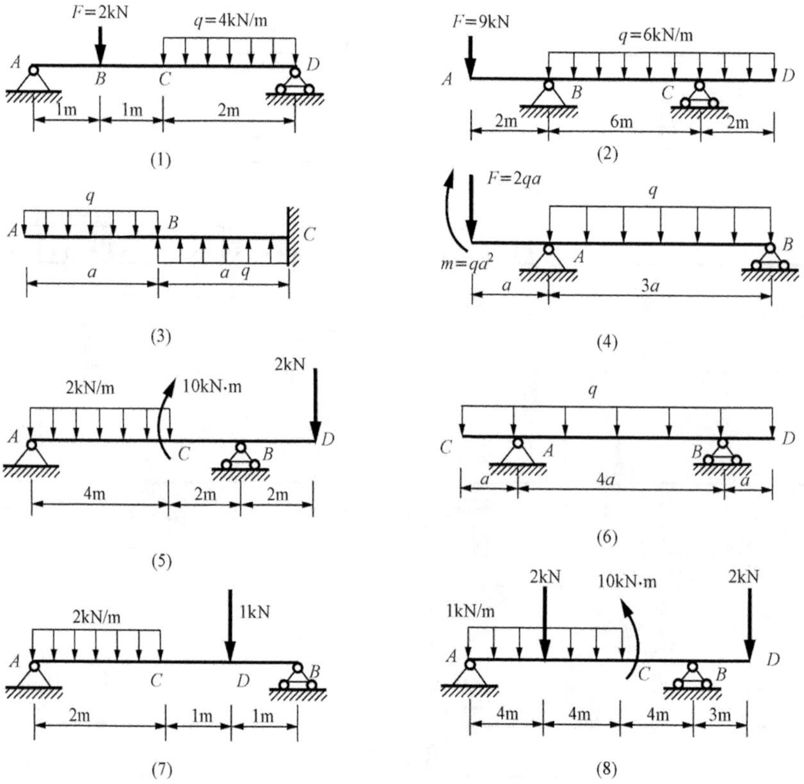

图 10-53 题 10-2、题 10-3 图（二）

10-5 图 10-55 所示简支梁受移动荷载 F 的作用。试求梁的弯矩最大时荷载 F 的位置。

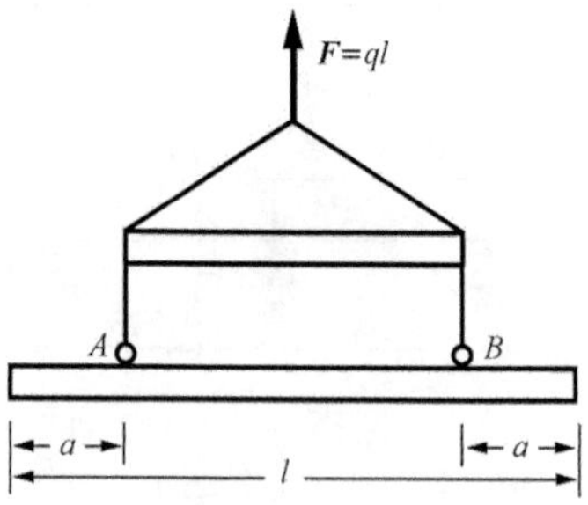

图 10-54 题 10-4 图

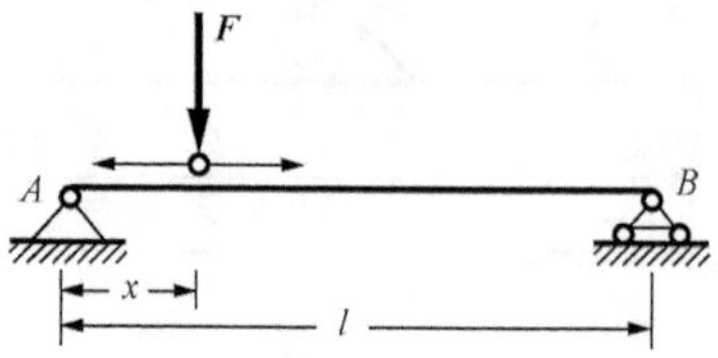

图 10-55 题 10-5 图

10-6 已知简支梁的剪力图如图 10-56 所示，梁上无外力偶作用。绘制梁的弯矩图和荷载图。

10-7 简支梁的弯矩图如图 10-57 所示，绘制梁的剪力图和荷载图。

10-8 根据 q，F_S，M 间微分关系改正图 10-58 所示梁的剪力、弯矩图错误。

10-9 试求图 10-59 所示刚架的支反力，并作出剪力 F_S 图和弯矩 M 图。

10-10 圆弧半径为 R 的半圆形曲梁如图 10-60 所示，在梁的左半部分上每单位水平距离内作用有铅垂向下的分布荷载 q_0。试画出曲梁的 M 图。

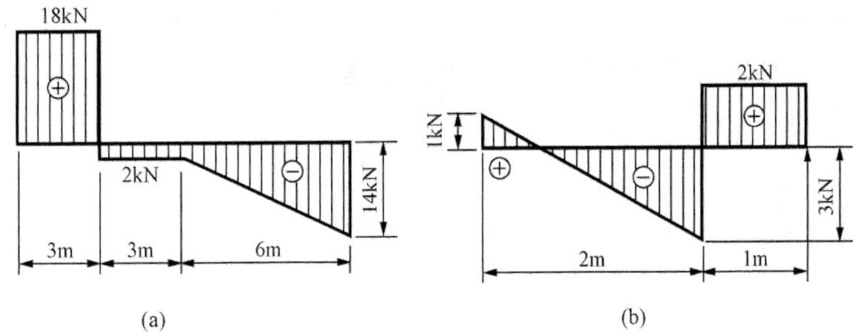

图 10-56　题 10-6 图

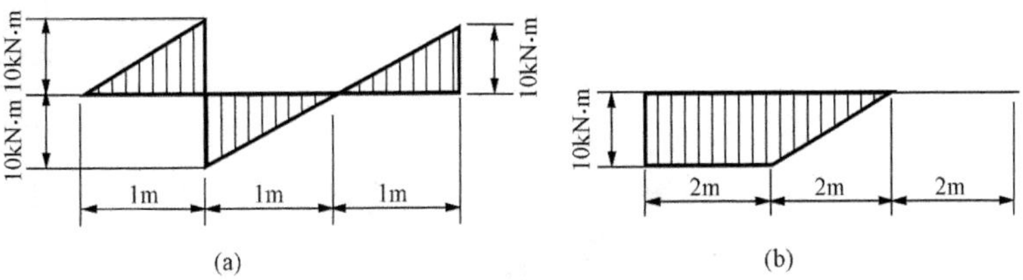

图 10-57　题 10-7 图

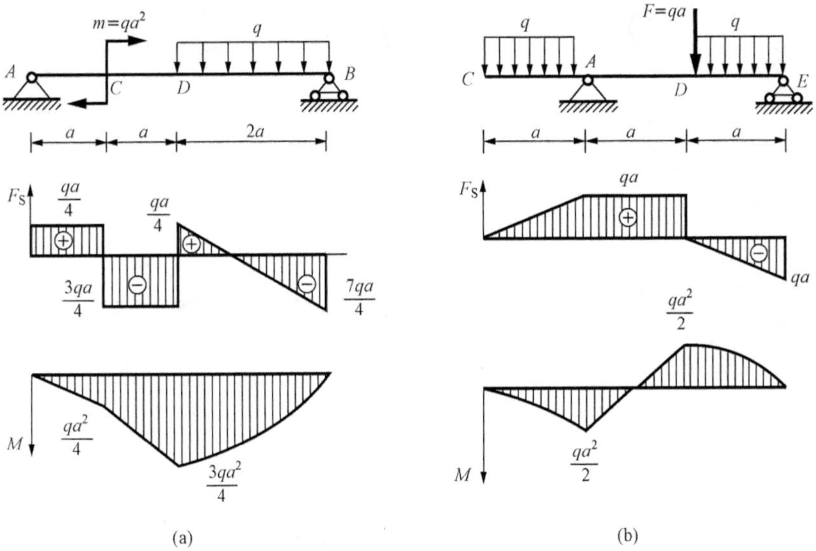

图 10-58　题 10-8 图

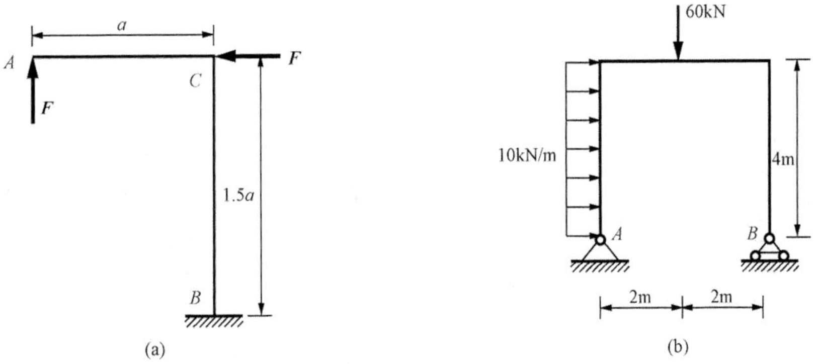

图 10-59　题 10-9 图

10 - 11　如图 10 - 61 所示，桥式起重机大梁上的小车的每个轮子对大梁的压力均为 F，试问小车在什么位置时梁内的弯矩为最大？其最大弯矩等于多少？设小车的轮距为 d，大梁的跨度为 l。

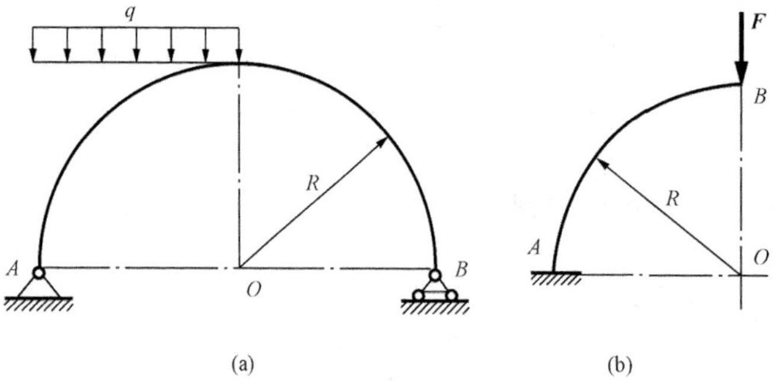

图 10 - 60　题 10 - 10 图

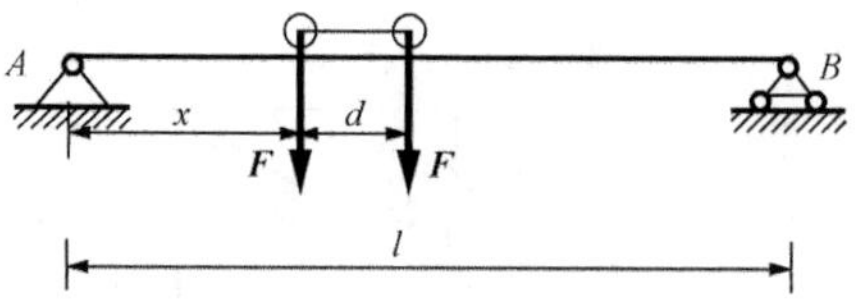

图 10 - 61　题 10 - 11 图

10 - 12　试用叠加法作图 10 - 62 所示的弯矩图。

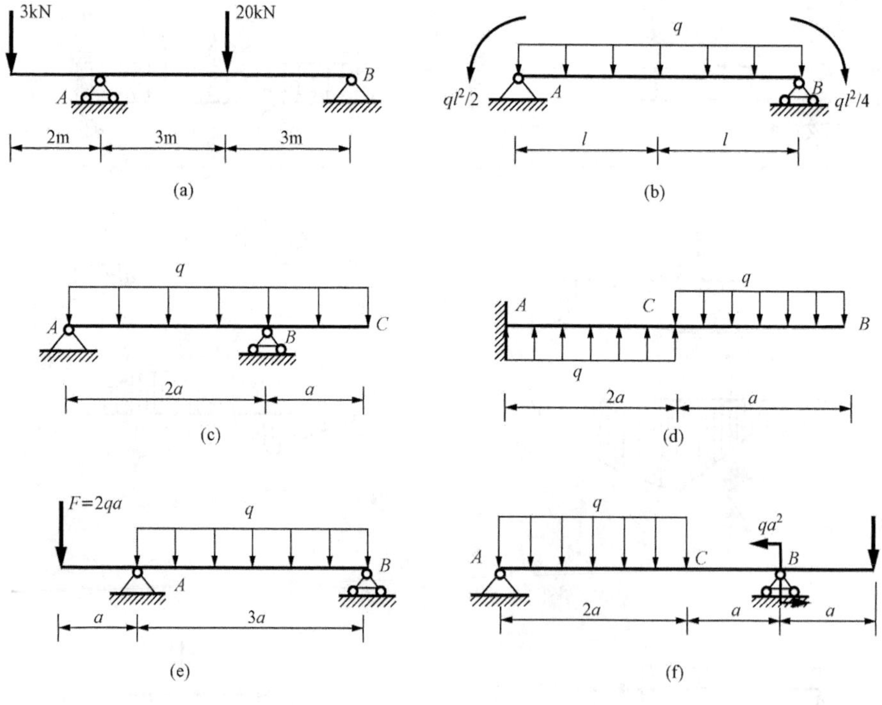

图 10 - 62　题 10 - 12 图

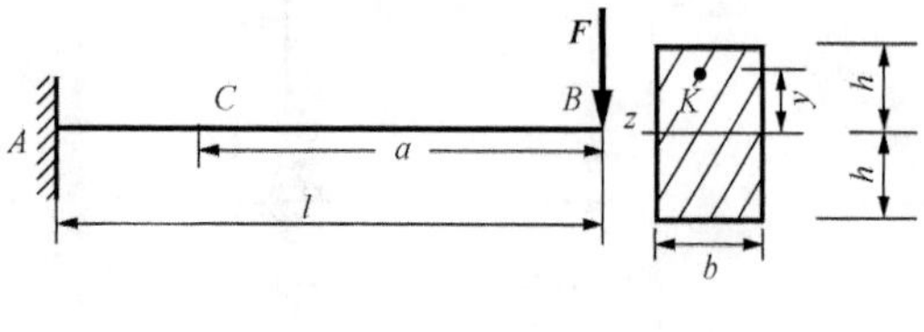

图 10 - 63　题 10 - 13 图

10 - 13　如图 10 - 63 所示，长为 l 的矩形截面梁，在自由端作用一集中力 F，已知 $h=0.18\text{m}$，$b=0.12\text{m}$，$y=0.06\text{m}$，$a=2\text{m}$，$F=1.5\text{kN}$，求 C 截面上 K 点的正应力。

10 - 14　简支梁受均布荷载如图 10 - 64 所示。若分别采用截面面积相等的实心和空心圆截面，且 $D_1=40\text{mm}$，$\dfrac{d_2}{D_2}=\dfrac{3}{5}$。试分别计算它们的最大弯曲正应力，并求空心截面比实心截面的最大弯曲正应力减小了百分之几？

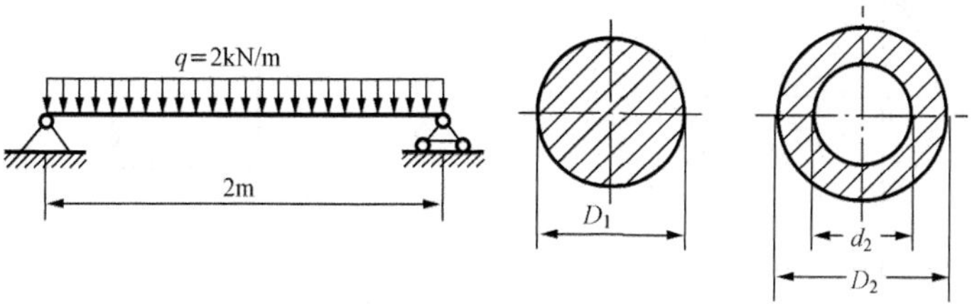

图 10-64　题 10-14 图

10-15　某操纵系统中的摇臂如图 10-65 所示，右端所受的力 $F_1=8.5\text{kN}$，截面 1—1 和 2—2 均为高度比 $h/b=3$ 的矩形，材料的许用应力 $[\sigma]=50\text{MPa}$。试确定 1—1 和 2—2 两个横截面的尺寸。

10-16　一矩形截面悬臂梁如图 10-66 所示，已知：$l=4\text{m}$，$\dfrac{b}{h}=\dfrac{2}{3}$，$q=10\text{kN/m}$，弯曲时的许用正应力 $[\sigma]=10\text{MPa}$，试确定此梁横截面的尺寸。

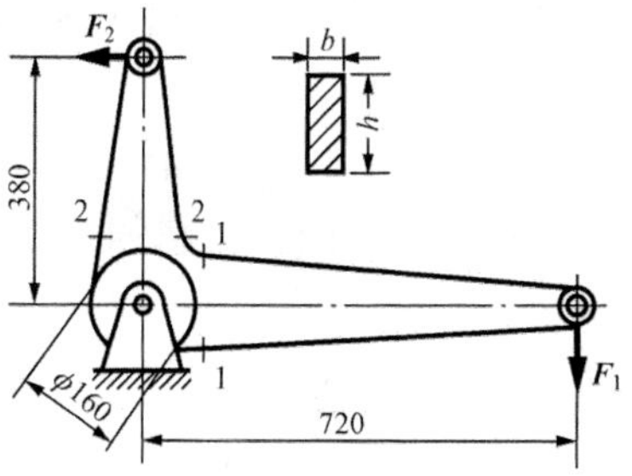

图 10-65　题 10-15 图

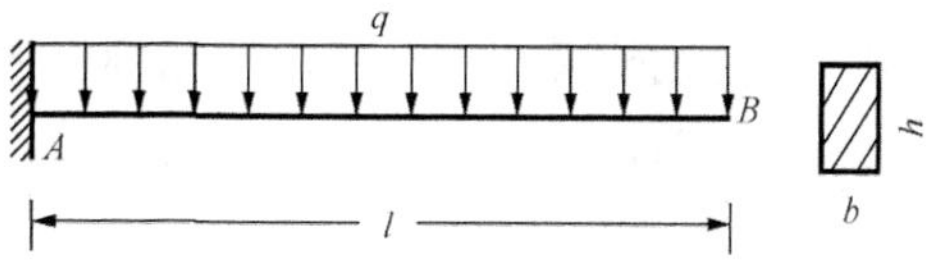

图 10-66　题 10-16 图

10-17　一矩形截面木梁，受力情况如图 10-67 所示。已知许用应力 $[\sigma]=10\text{MPa}$，$F=5\text{kN}$，设 $\dfrac{h}{b}=\dfrac{3}{2}$，试求梁的截面尺寸。

10-18　一圆形截面木梁，受力情况如图 10-68 所示，材料的许用应力 $[\sigma]=10\text{MPa}$，试选择圆木的直径。

10-19　如图 10-69 所示，我国制造规范中，对矩形截面梁给出的尺寸比例是 $h:b=3:2$。试用弯曲正应力强度证明：从圆木锯出的矩形截面梁，上述尺寸比例接近最佳比值。

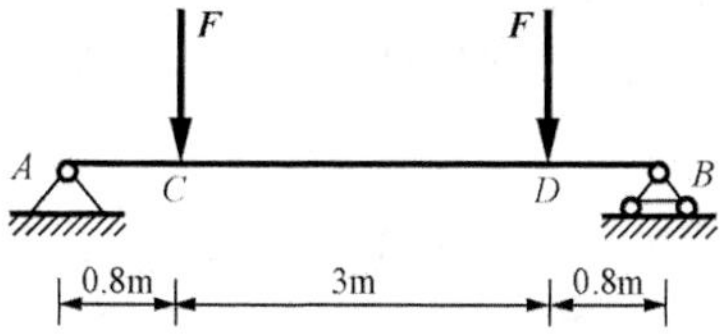

图 10-67　题 10-17 图

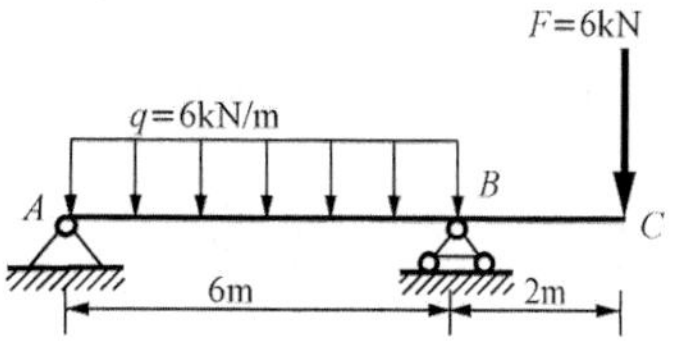

图 10-68　题 10-18 图

10 - 20 简支梁上作用两个集中力，如图 10 - 70 所示，梁采用热轧普通工字钢，$[\sigma]=170\text{MPa}$，试选择工字钢的型号。

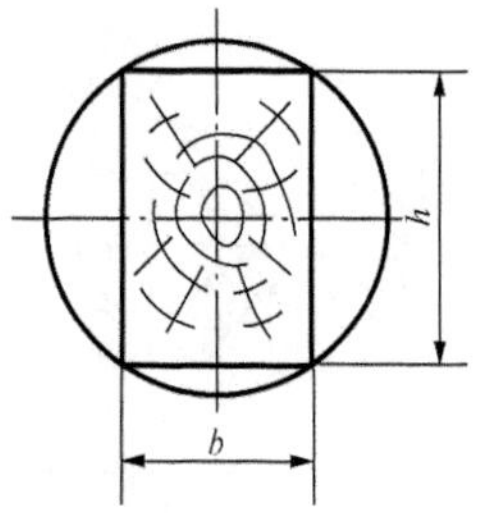

图 10 - 69 题 10 - 19 图

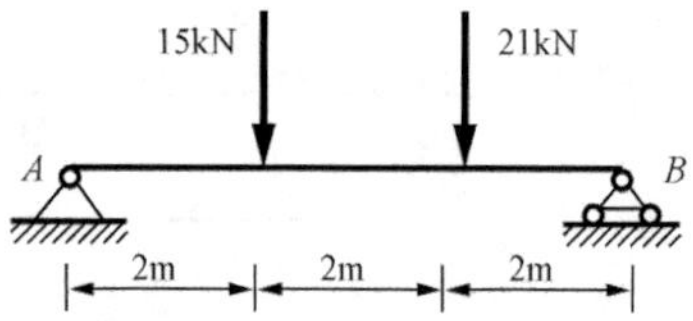

图 10 - 70 题 10 - 20 图

10 - 21 一 T 形截面的外伸梁如图 10 - 71 所示，已知：$l=600\text{mm}$，$a=40\text{mm}$，$b=30\text{mm}$，$c=80\text{mm}$，$F_1=24\text{kN}$，$F_2=9\text{kN}$，材料的许用拉应力 $[\sigma_t]=30\text{MPa}$，许用压应力 $[\sigma_c]=90\text{MPa}$，试校核梁的强度（$y_1=0.072\text{m}$，$y_2=0.038\text{m}$，$I_z=0.573\times10^{-5}\text{m}^4$）。

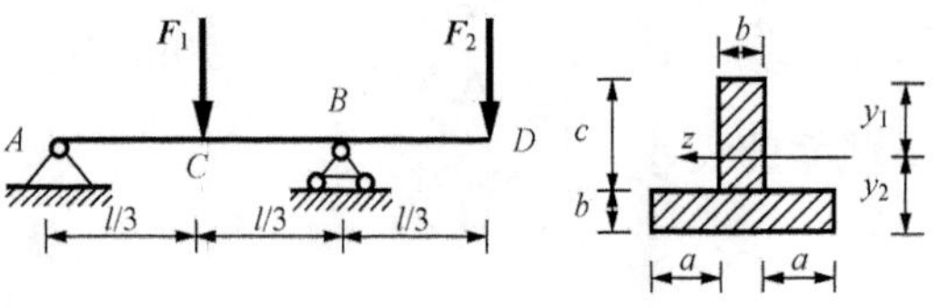

图 10 - 71 题 10 - 21 图

10 - 22 T 形截面铸铁梁的荷载和截面尺寸（同上题截面）如图 10 - 72 所示。$F_1=9\text{kN}$，$F_2=4\text{kN}$，铸铁许用应力 $[\sigma_t]=30\text{MPa}$，许用压应力 $[\sigma_c]=160\text{MPa}$；$I_z=763\text{cm}^4$。试校核强度。

10 - 23 如图 10 - 73 所示，AB 梁为 10 号工字钢，D 点由钢杆 CD 支承，已知圆杆的直径 $d=20\text{mm}$，梁及圆杆材料的许用应力相同，$[\sigma]=160\text{MPa}$，试求许用均布荷载 $[q]$。

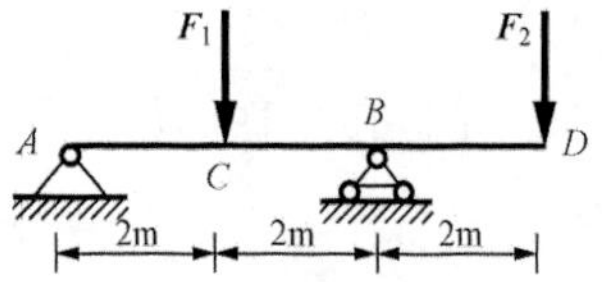

图 10 - 72 题 10 - 22 图

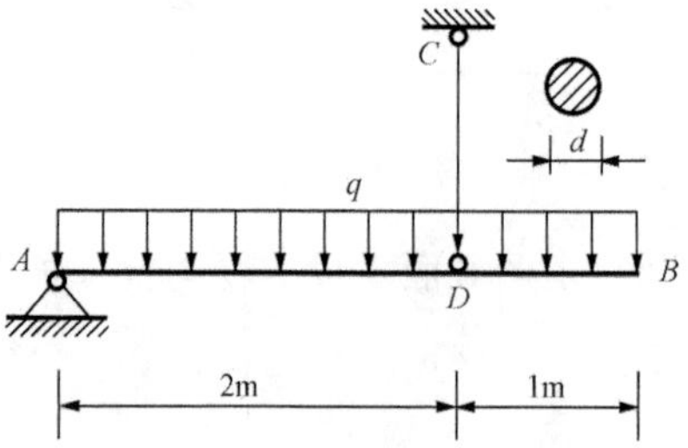

图 10 - 73 题 10 - 23 图

10 - 24 如图 10 - 74 所示，当荷载 F 直接作用在简支梁 AB 的跨度中点时，梁内最大弯曲正应力超过许用应力 30%。为了消除此种过载，配置一辅助梁 CD，试求辅助梁的最小长度 a。

10 - 25 图 10 - 75 所示矩形截面木梁，材料的许用应力 $[\sigma]=10\text{MPa}$，试确定截面尺寸 b。若截面 A 处钻一直径为 d 的圆孔，在保证强度的条件下，圆孔的最大直径 d 为多大？

10 - 26 试计算图 10 - 76 所示矩形截面简支梁的 1—1 截面上 a 点和 b 点的正应力和切应力。

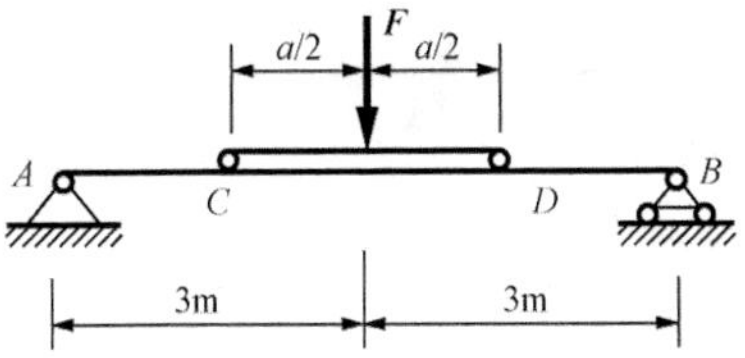

图 10-74　题 10-24 图

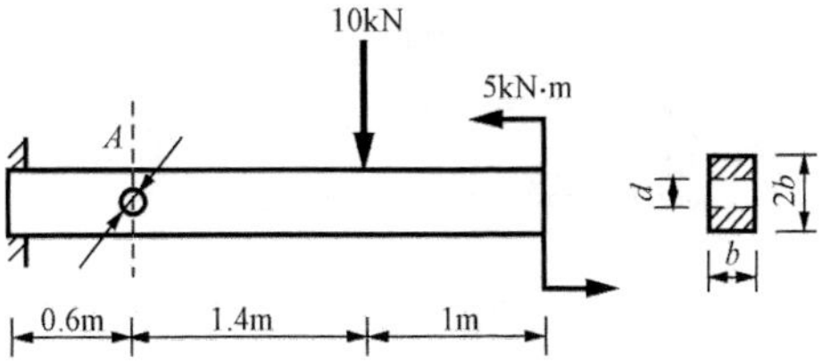

图 10-75　题 10-25 图

10-27　图 10-77 所示圆形截面简支梁，受均布荷载作用。试计算梁内的最大弯曲正应力和最大弯曲切应力，并指出它们发生于何处。

10-28　如图 10-78 所示，一矩形截面木梁，其截面尺寸为 $b \times h = 60\text{mm} \times 120\text{mm}$，荷载如图，$q = 1.3\text{kN/m}$。已知 $[\sigma] = 10\text{MPa}$，$[\tau] = 2\text{MPa}$。试校核梁的正应力和切应力强度。

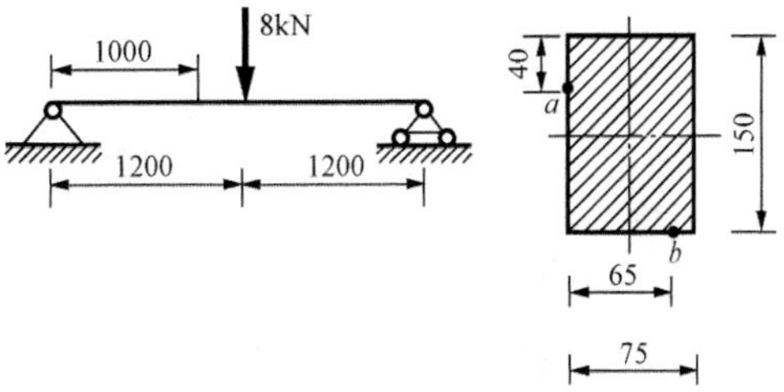

图 10-76　题 10-26 图

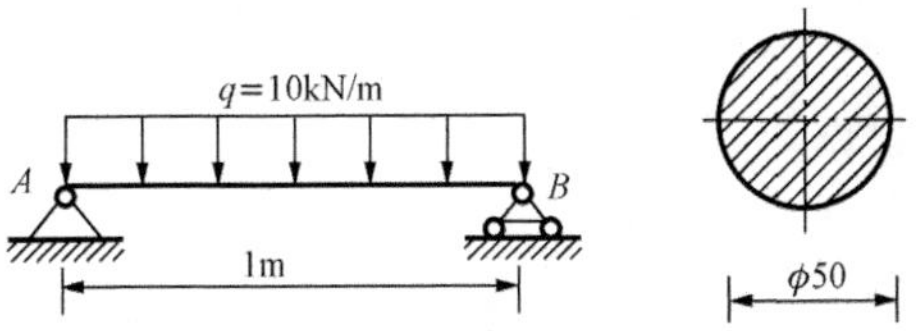

图 10-77　题 10-27 图

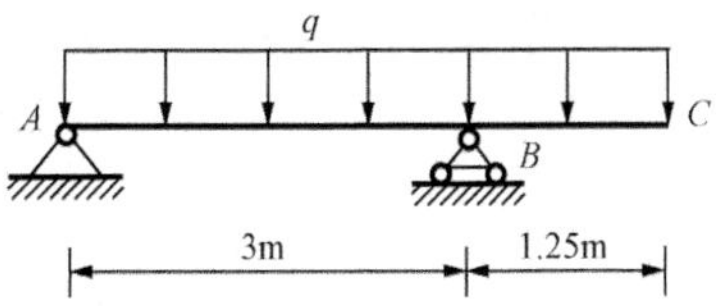

图 10-78　题 10-28 图

10-29　木梁受一个可移动的荷载 F 作用如图 10-79 所示。已知 $F=40\text{kN}$，木材的 $[\sigma]=10\text{MPa}$，$[\tau]=3\text{MPa}$。木梁的横截面为矩形，其高度比 $\dfrac{h}{b}=\dfrac{3}{2}$。试选择此梁的截面尺寸。

10-30　由 3 根木条胶合而成的悬臂梁截面尺寸如图 10-80 所示，跨度 $l=1\text{m}$。若胶合面上的许用切应力为 0.34MPa，木材的许用正应力 $[\sigma]=10\text{MPa}$，许用切应力 $[\tau]=1\text{MPa}$，试求许可荷载 $[F]$。

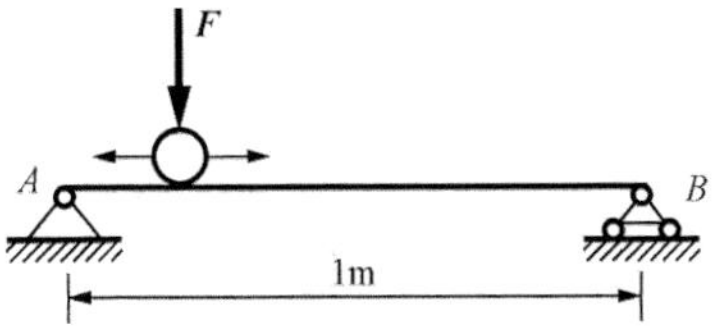

图 10-79　题 10-29 图

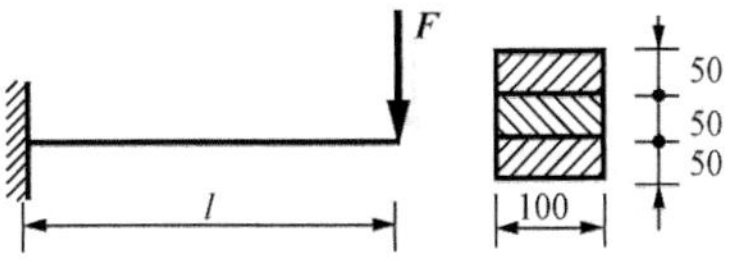

图 10-80　题 10-30 图

10-31　用积分法求图 10-81 所示各梁的挠曲线方程，自由端的挠度和转角，设 $EI=$ 常量。

10-32　用积分法求图 10-82 所示各梁的挠曲线方程，自由端的挠度和转角，设 $EI=$ 常量。

10-33　各梁的荷载及尺寸如图 10-83 所示，若 AB 梁的抗弯刚度为 EI。试用叠加法求各梁 C 截面的转角和挠度。

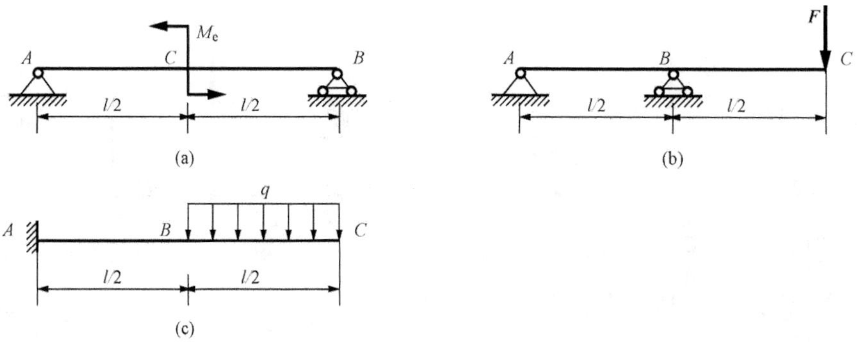

图 10-81 题 10-31 图

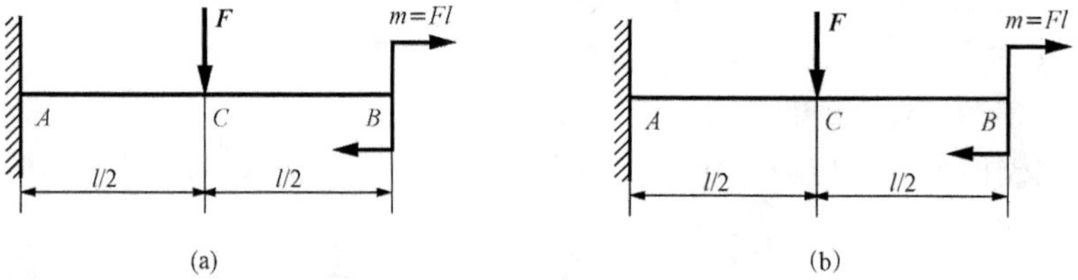

图 10-82 题 10-32 图

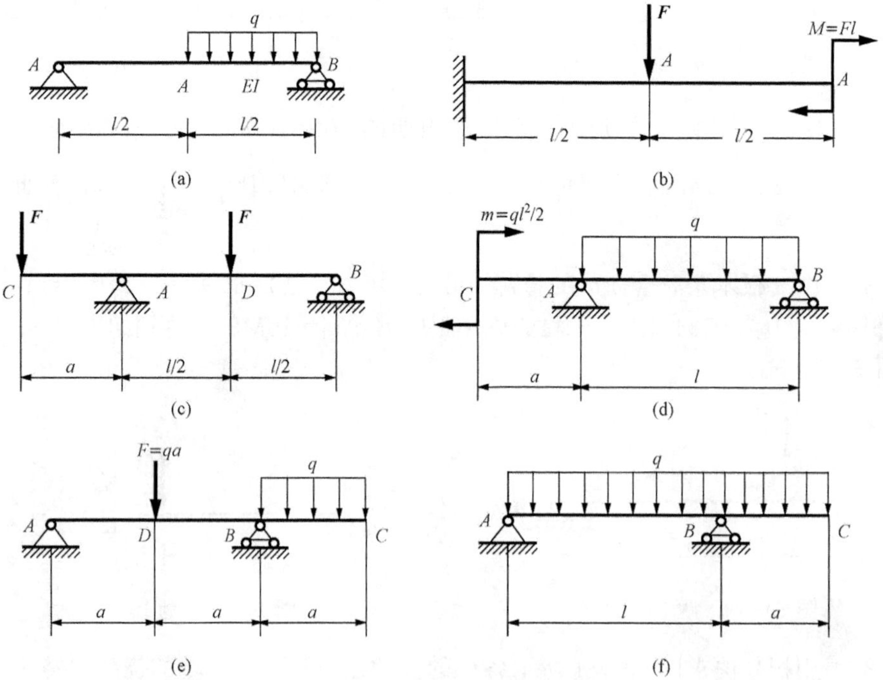

图 10-83 题 10-33 图

10-34 一变截面梁其弯曲刚度如图 10-84 所示，试用叠加法计算 C 截面的转角和挠度。

10-35 如图 10-85 所示，已知一钢轴的飞轮 A 重 $F=20\text{kN}$，轴承 B 处的许用转角

$[\theta_B]=0.5°$，钢的弹性模量 $E=200\text{GPa}$。试确定轴的直径 d。

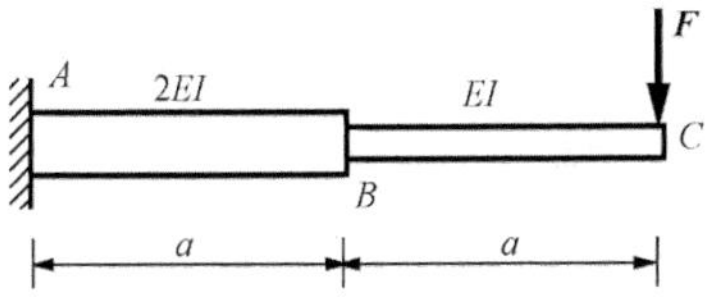

图 10-84 题 10-34 图

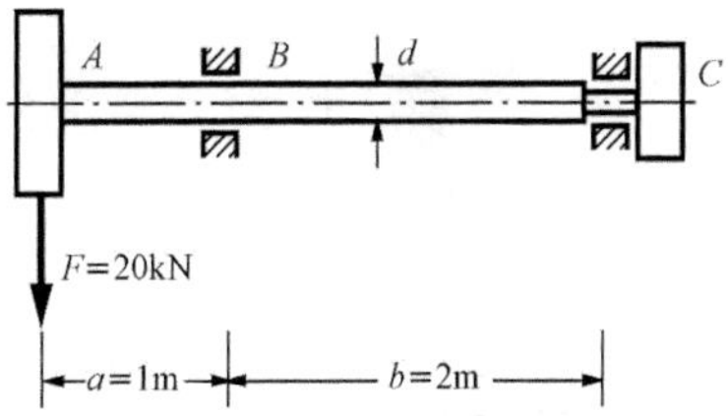

图 10-85 题 10-35 图

10-36 如图 10-86 所示，质量为 70kg 的运动员从 0.6m 高处落在跳板 A 端，跳板的横截面为 480mm×65mm 的矩形，木材的弹性模量为 $E=12\text{GPa}$。假设运动员腿不弯曲，试求：(1) 跳板中的最大弯曲正应力；(2) A 点的最大位移。

10-37 试求图 10-87 所示超静定梁的支座反力。梁的 EI 常数。

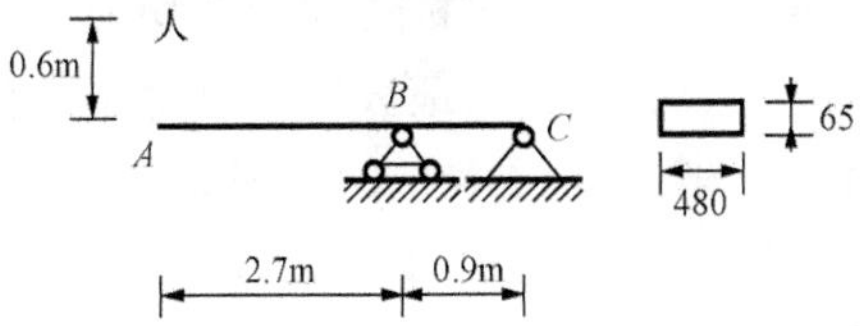

图 10-86 题 10-36 图

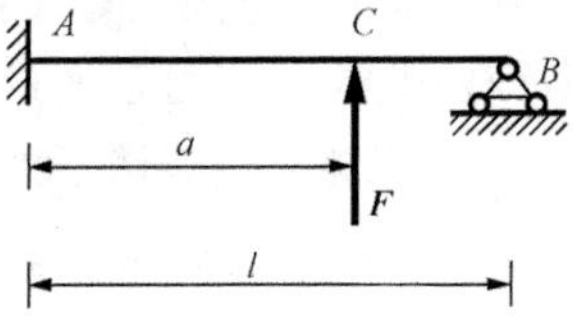

图 10-87 题 10-37 图

10-38 求图 10-88 所示组合梁的最大弯矩（用力法求解静不定）。C 点为梁间铰。

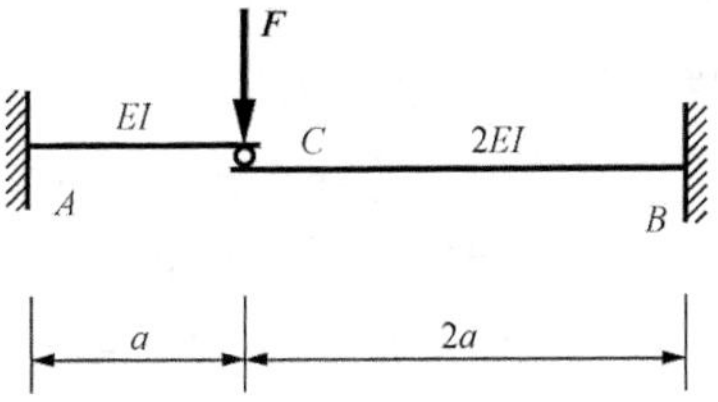

图 10-88 题 10-38 图

第十一章　应力状态和强度理论

第一节　应 力 状 态 概 述

一、一点处的应力状态

上述各章对构件的强度分析，主要研究构件横截面上的应力分布规律。从扭转和弯曲各章中可知，在同一横截面上不同位置的点，应力是不相同的，一点处应力是该点坐标的函数；就一点而言，截面上的应力也是随截面的方位而变化的（前面拉压部分曾有介绍）。对于轴向拉压和对称弯曲中的正应力，由于杆件危险点处横截面上的正应力是通过该点各方位截面上正应力的最大值，且处于单向应力状态，故可将其与材料在单向拉伸（压缩）时的许用应力相比较来建立强度条件。同样，对于圆轴扭转和梁的对称弯曲中的切应力，由于杆件危险点处横截面上的切应力是通过该点各方位截面上切应力的最大值，且处于纯剪切应力状态，故可将其与材料在纯剪切下的许用应力相比较来建立强度条件。但是，在一般情况下，受力构件内的一点处既有正应力，又有切应力。若需对这类点的应力进行强度计算，则不能分别按正应力和切应力来建立强度条件，而需综合考虑正应力和切应力的影响。这时，要研究通过该点各不同方位截面上应力的变化规律，从而确定该点处的最大正应力和最大切应力及其所在截面的方位。受力构件内一点处不同方位截面上应力的集合，称为**一点处的应力状态**。

实践证明，工程中许多构件是沿横截面破坏的，例如铸铁的拉断、低碳钢圆轴的扭断等。但是仅研究横截面上的应力是不够的，它不能解释工程实际和试验中所发生的许多破坏现象。例如铸铁的压断和扭断都是沿着与轴线成某一角度的斜面发生。不仅如此，工程上许多构件的受力形式较为复杂，例如机械中的齿轮轴就受到弯曲与扭转的组合作用，危险截面上的危险点处同时存在最大正应力和最大切应力。为了建立复杂受力构件的强度条件，必须研究构件内一点处各不同方位截面上的应力情况。

二、单元体

为了描述一点处的应力状态，在一般情形下，可围绕所考察的点取一个三对面互相垂直的六面体，当各边边长足够小时，六面体便趋于宏观上的点。这种六面体称为**单元体**。因单元体的边长取得极其微小，可认为单元体各面上的应力是均匀分布的，相对平行面上的应力相同。

如图 11 - 1（a）所示为矩形截面简支梁，若在距梁的中性层为 y 的 A 点处截取单元体，其各面上的应力如图 11 - 1（b）所示。在左右两侧面上有正应力和切应力，可按弯曲正应力公式 $\sigma=\dfrac{M_z y}{I_z}$ 和切应力公式 $\tau=\dfrac{F_S S_z^*}{I_z b}$ 求得；由切应力互等定理可知，在上下两平面上有相等的切应力；而在前后两个平面上均无应力作用。单元体平面图如图 11 - 1（c）所示。同理，从 B，C 点处截取出来的单元体如图 11 - 1（d）、图 11 - 1（e）所示。

在图 11 - 1（d）中，单元体的三个相互垂直的面上都无切应力，这种切应力等于零的面称为**主平面**，主平面上的正应力称为**主应力**。一般说，通过受力构件的任意点皆可找

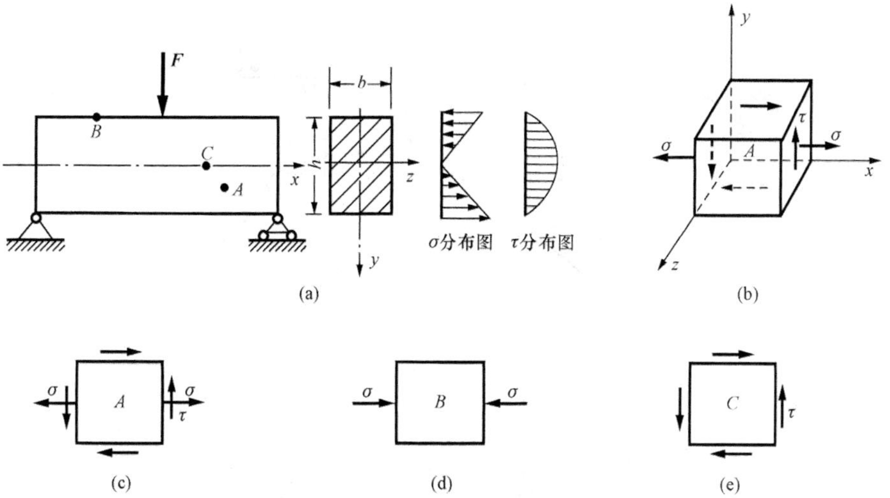

图 11-1　单元体的应力分析

(a) 矩形截面简支梁；(b) A 点处单元体；(c) 单元体平面图；(d) 从 B 点处截取出来的单元体；(e) 从 C 点处截取出来的单元体

到三个相互垂直的主平面，因而每一点都有三个主应力，通常用 σ_1、σ_2、σ_3 代表该点三个主应力，并以 σ_1 代表代数值最大的主应力，σ_3 代表代数值最小的主应力，即 $\sigma_1 \geqslant \sigma_2 \geqslant \sigma_3$。对简单拉伸（或压缩），三个主应力中只有一个不等于零，称为**单向应力状态**。若三个主应力中有两个不等于零，称为**二向或平面应力状态**。当三个主应力皆不等于零时，称为**三向或空间应力状态**。单向应力状态也称为简单应力状态，二向和三向应力状态统称为复杂应力状态。

本章先讨论受力构件内一点处的应力状态，然后再研究关于材料破坏规律的强度理论。从而为在各种应力状态下的强度计算提供必要的基础。

第二节　平面应力状态分析

一、解析法求斜截面的应力

已知一平面应力状态单元体上的应力为 σ_x、σ_y、τ_{xy} 和 τ_{yx}，如图 11-2（a）所示。图 11-2（b）所示为单元体的正投影，这里 σ_x 和 τ_{xy} 是法线与 x 轴平行的面上的正应力和切应力；σ_y 和 τ_{yx} 是法线与 y 轴平行的面上的正应力和切应力。切应力 τ_{xy}（或 τ_{yx}）有两个角标，第一个角标 x（或 y）表示切应力作用平面的法线方向；第二个角标 y（或 x）表示切应力的方向平行于 y 轴（或 x 轴）。应力的符号规定为：正应力以拉应力为正而压应力为负，切应力对单元体内任意点的矩为顺时针转向时，规定为正，反之为负。这与前述对正应力及切应力的符号规定是一致的。为求该单元体与前、后两平面垂直的任一斜截面的应力，可应用截面法。取任意斜截面 ef，其外法线 n 与 x 轴的夹角为 α，规定由 x 轴转到外法线 n 为逆时针转向时，α 为正。截面 ef 把单元体分成两部分，研究 aef 部分的平衡［见图 11-2（c）］。斜截面 ef 上的应力由正应力 σ_α 和切应力 τ_α 来表示。若 ef 面的面积为 $\mathrm{d}A$［见图 11-2（d）］，则 af 面和 ae 面的面积应分别是 $\mathrm{d}A\sin\alpha$ 和 $\mathrm{d}A\cos\alpha$。把作用于 aef 部分上的力投影于 ef 面的

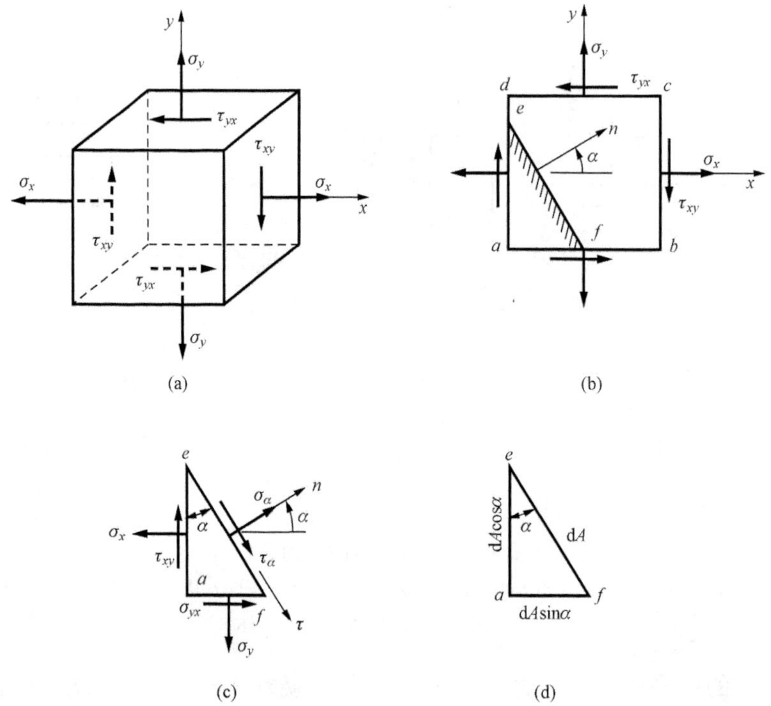

图 11-2 解析法求斜截面的应力

(a) 平面应力状态单元体上的应力；(b) 单元体的正投影；(c) 研究 aef 部分的平衡；(d) 面积关系

外法线 n 和切线 τ 的方向，所得平衡方程是

$$\sigma_\alpha \mathrm{d}A-(\sigma_x \mathrm{d}A\cos\alpha)\cos\alpha+(\tau_{xy}\mathrm{d}A\cos\alpha)\sin\alpha-(\sigma_y \mathrm{d}A\sin\alpha)\sin\alpha+(\tau_{yx}\mathrm{d}A\sin\alpha)\cos\alpha=0$$

$$\tau_\alpha \mathrm{d}A-(\sigma_x \mathrm{d}A\cos\alpha)\sin\alpha-(\tau_{xy}\mathrm{d}A\cos\alpha)\cos\alpha+(\sigma_y \mathrm{d}A\sin\alpha)\cos\alpha+(\tau_{yx}\mathrm{d}A\sin\alpha)\sin\alpha=0$$

根据切应力互等定理，τ_{xy} 和 τ_{yx} 在数值上相等，简化上面两个平衡方程，最后得出

$$\sigma_\alpha=\frac{\sigma_x+\sigma_y}{2}+\frac{\sigma_x-\sigma_y}{2}\cos 2\alpha-\tau_{xy}\sin 2\alpha \qquad (11-1)$$

$$\tau_\alpha=\frac{\sigma_x-\sigma_y}{2}\sin 2\alpha+\tau_{xy}\cos 2\alpha \qquad (11-2)$$

式（11-1）和式（11-2）表明，斜截面上的正应力 σ_α 和切应力 τ_α 随 α 角的改变而变化，即 σ_α 和 τ_α 都是 α 函数。

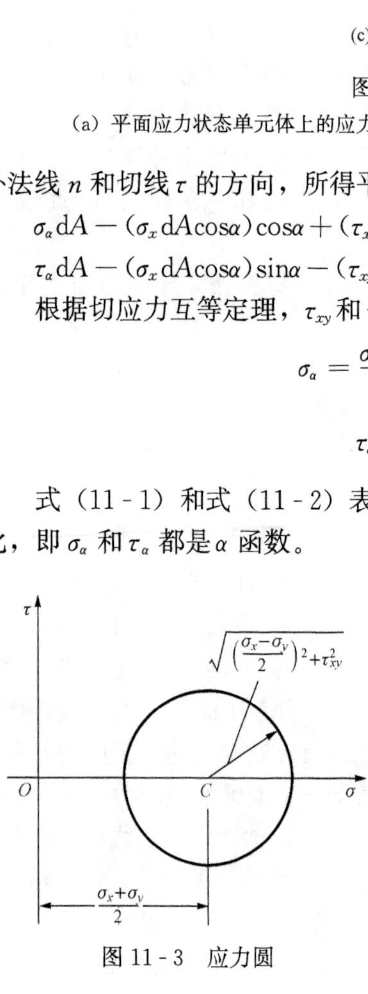

图 11-3 应力圆

二、图解法求斜截面的应力

整理式（11-1）、式（11-2），消去参变量 2α 后，可得

$$\left(\sigma_\alpha-\frac{\sigma_x+\sigma_y}{2}\right)^2+\tau_\alpha^2=\left(\frac{\sigma_x-\sigma_y}{2}\right)^2+\tau_{xy}^2 \qquad (11-3)$$

由式（11-3）可见，当斜截面随方位角 α 变化时，其上的应力 σ_α、τ_α 在 $\sigma-\tau$ 直角坐标系内的轨迹是一个圆，其圆心位于横坐标轴（σ 轴）上，横坐标为$\frac{\sigma_x+\sigma_y}{2}$，半径为$\sqrt{\left(\frac{\sigma_x-\sigma_y}{2}\right)^2+\tau_{xy}^2}$，如图 11-3 所示。该圆称为**应**

力圆，或称为**莫尔**（O. Mohr）**应力圆**。

现以图 11 - 4（a）所示平面应力状态的单元体为例说明应力圆的画法。按一定比例尺量取 $OA=\sigma_x$，$AD=\tau_{xy}$，确定 D 点［见图 11 - 4（b）］。D 点的坐标代表以 x 为法线的面上的应力。量取 $OB=\sigma_y$，$BD'=\tau_{yx}$，确定 D' 点。D' 点的坐标代表以 y 为法线的面上的应力。连接 D 和 D'，与横坐标交于 C 点。若以 C 点为圆心，CD 为半径作圆，由于圆心 C 的纵坐标为零，横坐标 OC 和圆半径 CD 又分别为

$$OC = OB + \frac{1}{2}(OA - OB) = \frac{1}{2}(OA + OB) = \frac{\sigma_x + \sigma_y}{2}$$

$$CD = \sqrt{CA^2 + AD^2} = \sqrt{\left(\frac{\sigma_x - \sigma_y}{2}\right)^2 + \tau_{xy}^2}$$

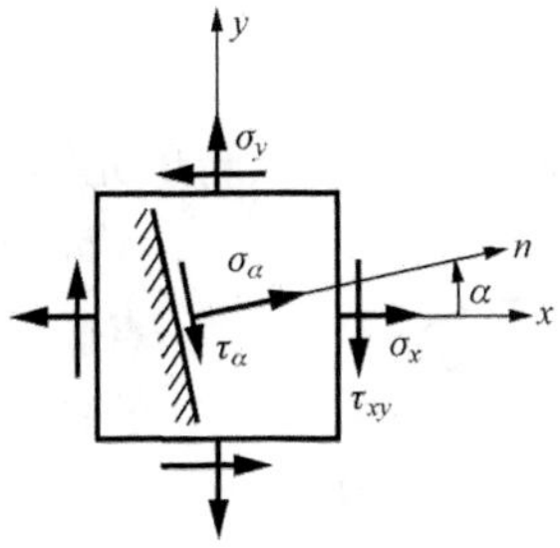

(a)

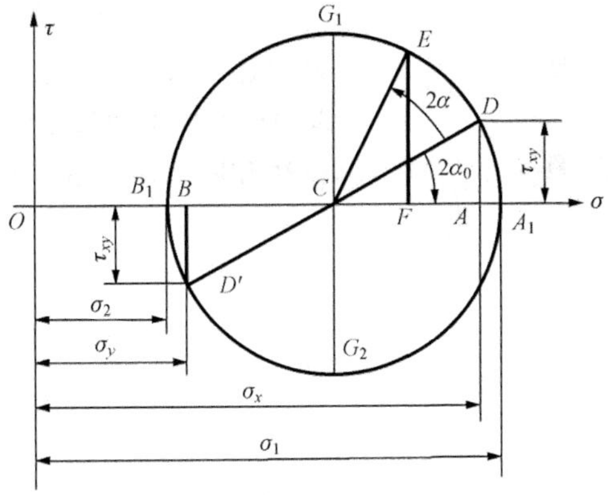

(b)

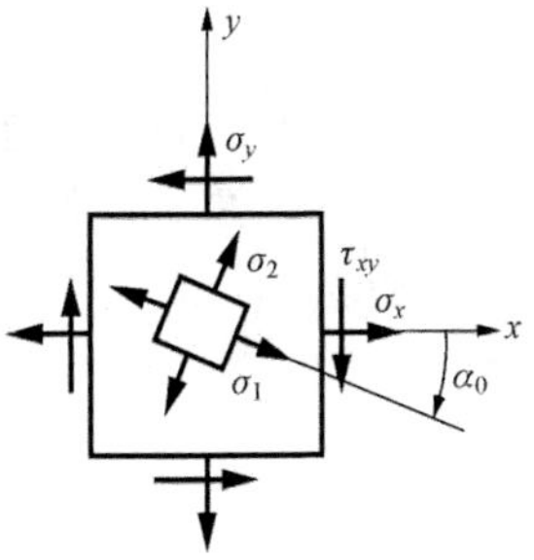

(c)

图 11 - 4　图解法求斜截面上的应力

（a）平面应力状态的单元体；（b）画应力圆；（c）主应力及主平面位置

这一圆周就是相应于该单元体应力状态的应力圆。可以证明，单元体内任意斜面上的应力都对应着应力圆上的一个点。例如，由 x 轴到任意斜面法线 n 的夹角为逆时针的 α 角。在应力圆上，从 D 点（它代表以 x 轴为法线的面上的应力）也按逆时针方向沿圆周转到 E 点，且使 DE 弧所对的圆心角为 α 的两倍，则 E 点的坐标就代表以 n 为法线的斜面上的应力。这因为 E 点的坐标是

$$\begin{aligned} OF &= OC + CF \\ &= OC + CE\cos(2\alpha_0 + 2\alpha) \end{aligned}$$

$$= OC + CE\cos 2\alpha_0 \cos 2\alpha - CE\sin 2\alpha_0 \sin 2\alpha$$

其中

$$OC = \frac{\sigma_x + \sigma_y}{2}$$

$$CE\cos 2\alpha_0 = CD\cos 2\alpha_0 = CA = \frac{\sigma_x - \sigma_y}{2}$$

$$CE\sin 2\alpha_0 = CD\sin 2\alpha_0 = AD = \tau_{xy}$$

于是可得

$$OF = \frac{\sigma_x + \sigma_y}{2} + \frac{\sigma_x - \sigma_y}{2}\cos 2\alpha - \tau_{xy}\sin 2\alpha = \sigma_\alpha \tag{11-4}$$

式（11-4）即为式（11-1），按类似方法可求得

$$FE = \frac{\sigma_x - \sigma_y}{2}\sin 2\alpha + \tau_{xy}\cos 2\alpha = \tau_\alpha \tag{11-5}$$

式（11-5）即为式（11-2）。

从以上作图及证明可以看出，应力圆上的点与单元体上的面之间的对应关系。单元体某一面上的应力，必对应于应力圆上某一点的坐标，单元体上任意 A，B 两个面的外法线之间的夹角若为 β［见图 11-5（a）］，则在应力圆上代表该两个面上应力的两点之间的圆弧所对的圆心角必为 2β，且两者的转向一致［见图 11-5（b）］。实质上，这种对应关系是应力圆的参数表达式［式（11-1）和式（11-2）］以两倍方位角为参变量的必然结果。

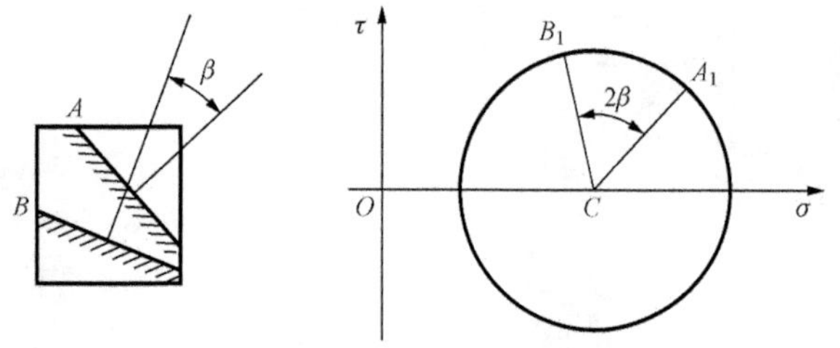

(a) (b)

图 11-5 应力圆上的点与单元体上的面之间的对应关系

（a）两法线夹角；（b）圆心角

【例 11-1】 如图 11-6（a）所示的单元体，试用解析法和图解法求 $\alpha=30°$的截面上的应力。

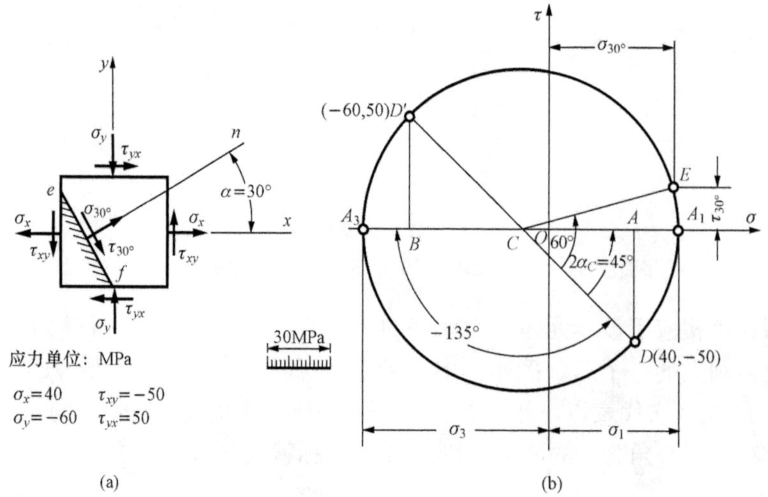

(a) (b)

图 11-6 ［例 11-1］图

（a）单元体；（b）图解法求应力

解　(1) 解析法。由于 $\sigma_x=40\text{MPa}$，$\tau_{xy}=-50\text{MPa}$，$\sigma_y=-60\text{MPa}$，$\tau_{yx}=50\text{MPa}$，由式（11-1），式（11-2）可得

$$\sigma_{30^\circ}=\frac{40-60}{2}+\frac{40+60}{2}\cos60^\circ+50\sin60^\circ=58.3(\text{MPa})$$

$$\tau_{30^\circ}=\frac{40+60}{2}\sin60^\circ-50\cos60^\circ=18.3(\text{MPa})$$

(2) 图解法。按选定的比例尺在坐标系 $\sigma-\tau$ 上量 $OA=\sigma_x=40\text{MPa}$，$AD=\tau_{xy}=-50\text{MPa}$得 D 点；再量取 $OB=\sigma_y=-60\text{MPa}$，$BD'=\tau_{yx}=50\text{MPa}$，确定 D'点。根据这两点画出应力圆如图 11-6（b）所示。要求 $\alpha=30^\circ$的截面上的应力，就由 D 点沿圆周逆时针转过 $2\alpha=60^\circ$的角至 E 点，按比例尺量出 E 点的横坐标和纵坐标，得出

$$\sigma_{30^\circ}=58.3\text{MPa}，\tau_{30^\circ}=18.3\text{MPa}$$

【例 11-2】　分析圆轴扭转时最大切应力的作用面，说明铸铁圆试样扭转破坏的主要原因。

解　圆轴扭转时，由横截面、纵截面以及圆柱面截取的单元体如图 11-7 所示，六面体与横截面和纵截面对应的面上都只有切应力作用。因此，圆轴扭转时，其上任意一点的应力状态都是纯剪应力状态。

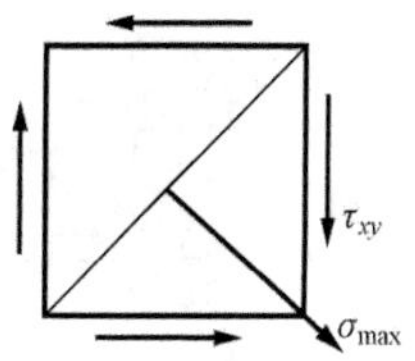

图 11-7　[例 11-2] 图

纯剪应力状态中，$\sigma_x=\sigma_y=0$，根据式（11-1）和式（11-2），得到任意斜截面上的正应力和切应力分别为

$$\sigma_\alpha=-\tau_{xy}\sin2\alpha$$

$$\tau_\alpha=\tau_{xy}\cos2\alpha$$

根据这一结果，当 $\alpha=\pm45^\circ$时，斜截面上只有正应力没有切应力。$\alpha=45^\circ$时（自 x 轴逆时针方向转过 45°），压应力最大；$\alpha=-45^\circ$时（自 x 轴顺时针方向转过 45°），拉应力最大

$$\sigma_{45^\circ}=-\tau_{xy}$$

$$\tau_{45^\circ}=0$$

$$\sigma_{-45^\circ}=\tau_{xy}$$

$$\tau_{-45^\circ}=0$$

铸铁圆试样扭转实验时，正是沿着最大拉应力作用面（即 $\alpha=-45^\circ$螺旋面）断开的。因此，可以认为这种破坏是由最大拉应力引起的。

三、主应力与主平面

由前面讨论知道，整个应力圆反映出通过受力物体任一点处的所有不同截面上的应力情况，所以利用应力圆来研究一点处的应力状态最为方便。现在就用应力圆来确定平面应力状态的主应力。

由图 11-4（c）所示的应力圆上可见，A_1，B_1 两点的纵坐标均等于零，则横坐标分别对应着两个主平面上的主应力 σ_1 和 σ_2。由图可见，A_1，B_1 两点的横坐标分别为

$$OA_1=OC+CA_1，OB_1=OC-CB_1$$

式中：OC 的长度对应圆心点的横坐标；CA_1、CB_1 为应力圆半径。于是，可得两主应力值为

$$\left.\begin{matrix}\sigma_{max}\\\sigma_{min}\end{matrix}\right\}=\frac{\sigma_x+\sigma_y}{2}\pm\sqrt{\left(\frac{\sigma_x-\sigma_y}{2}\right)^2+\tau_{xy}^2} \tag{11-6}$$

由于圆上 D 点和 A_1 点分别对应于单元体上的 x 为法线的平面和 σ_1 主平面，$\angle A_1CD=2\alpha_0$ 为上述两平面间夹角 α_0 的两倍，所示单元体上从 x 轴转到 σ_1 主平面的转角为顺时针转向，按规定该方位角为负值。因此，由应力圆可得

$$\tan 2\alpha_0=-\frac{AD}{CA}=-\frac{2\tau_{xy}}{\sigma_x-\sigma_y} \tag{11-7}$$

从而解得表示主应力 σ_1 所在主平面的方位角为

$$2\alpha_0=\arctan\left(\frac{-2\tau_{xy}}{\sigma_x-\sigma_y}\right)$$

由于 A_1B_1 为应力圆直径，因而，σ_2 主平面与 σ_1 主平面相垂直。在单元体中画出主平面位置及主应力如图 11-4（c）所示。

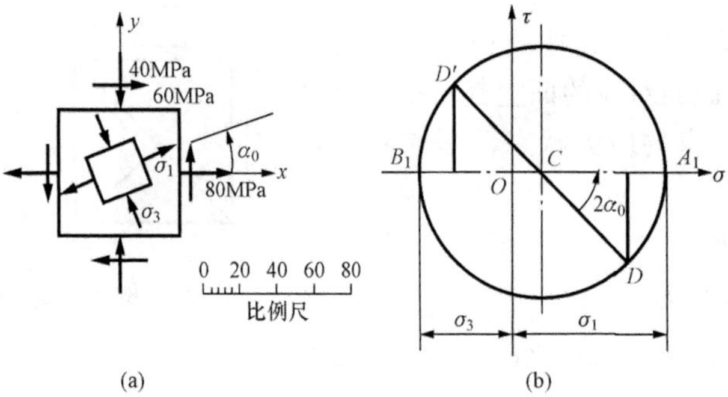

图 11-8 ［例 11-3］图

（a）单元体；（b）应力圆

【例 11-3】 如图 11-8（a）所示的单元体，试用应力圆求主应力并确定主平面位置。

解 按选定的比例尺在坐标系 $\sigma-\tau$ 上，以 $\sigma_x=80\text{MPa}$、$\tau_{xy}=-60\text{MPa}$ 为坐标确定 D 点；再以 $\sigma_y=-40\text{MPa}$、$\tau_{yx}=60\text{MPa}$ 为坐标确定 D' 点。根据这两点画出应力圆如图 11-8（b）所示。按比例尺量出

$$\sigma_1=OA_1=105\text{MPa}$$
$$\sigma_3=OB_1=-65\text{MPa}$$

在这里另一个主应力 $\sigma_2=0$。在应力圆上由 D 到 A_1 为逆时针转向，且 $\angle A_1CD=2\alpha_0=45°$，所以，在单元体中从 x 以逆时针方向量取 $\alpha_0=22.5°$，确定 σ_1 所在主平面的法线，如图 11-8（a）所示。

【例 11-4】 图 11-9（a）所示为一横力弯曲下的梁，求得截面 m—m 上的弯矩 M 及剪力 F_S 后，计算出截面上一点 A 处的弯曲正应力和切应力分别为：$\sigma=-70\text{MPa}$，$\tau=50\text{MPa}$［见图 11-9（b）］。试确定 A 点的主应力及主平面的方位，并讨论同一横截面上其他点的应力状态。

解 把从 A 点处截取的单元体放大如图 11-9（c）所示。垂直方向等于零的应力是代数值较大的应力，选定 x 轴的方向垂直向上

$$\sigma_x=0,\ \sigma_y=-70\text{MPa},\ \tau_{xy}=-50\text{MPa}$$

由式（11-7），解

$$\tan 2\alpha_0=-\frac{2\tau_{xy}}{\sigma_x-\sigma_y}=-\frac{2\times(-50\text{MPa})}{0-(-70\text{MPa})}=1.492$$

$$\alpha_0=27.5°\text{ 或 }117.5°$$

从 x 轴按逆时针方向的角度 $\alpha_0=27.5°$，确定 σ_{max} 所在的主平面；以同一方向的角度 117.5°，确定 σ_{min} 所在的另一主平面。至于这两个主应力的大小，则可由式（11-6）求出为

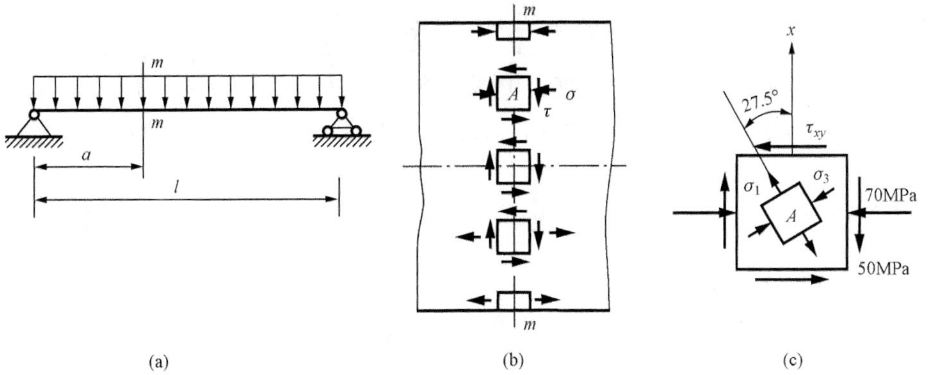

图 11-9　[例 11-4] 图

(a) 一横力弯曲下的梁；(b) 横截面放大；(c) 将单元体放大

$$\left.\begin{matrix}\sigma_{\max}\\ \sigma_{\min}\end{matrix}\right\}=\frac{0-70}{2}\pm\sqrt{\left(\frac{0+70}{2}\right)^2+(-50)^2}=\left\{\begin{matrix}26\\ -96\end{matrix}\right.(\text{MPa})$$

按照关于主应力的规定

$$\sigma_1=26\text{MPa},\ \sigma_2=0,\ \sigma_3=-96\text{MPa}$$

主应力及主平面位置如图 11-9 (c) 所示。

在梁的横截面 m—m 上，其他点的应力状态都可用相同的方法进行分析。截面上、下边缘处的各点为单向拉伸或压缩，横截面即为它们的主平面。在中性轴上，各点的应力状态为纯剪切，主平面与梁轴成 45°。从上边缘到下边缘，各点的应力状态如图 11-9 (b) 所示。

【例 11-5】 一圆筒形压力容器承受内压力为 p，容器内直径为 D，厚度为 δ，且 $\delta \ll D$ [图 11-10 (a)]。试计算容器壁内任意点处的三个主应力。

解　圆筒的壁厚远小于它的直径，这类容器称为薄壁圆筒。封闭的薄壁圆筒所受内压力为 p，则沿圆筒轴线作用于筒底的总压力 [见图 11-10 (b)] 为

$$F=p\frac{\pi D^2}{4}$$

在 F 力作用下，圆筒横截面上应力 σ' 的计算，属于第四章的轴向拉伸问题。因为薄壁圆筒的横截面面积是 $A=\pi D\delta$，故有

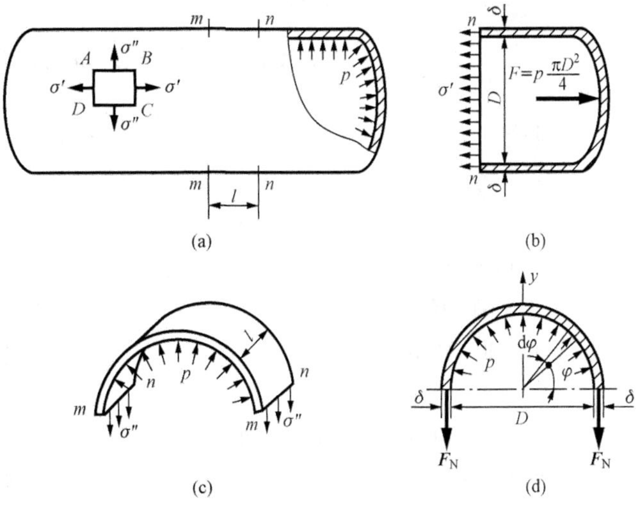

图 11-10　[例 11-5] 图

(a) 圆筒形压力容器；(b) 封闭的薄壁圆筒所受的内压力；

(c) 从圆筒中截取一部分；(d) 截取部分受力图

$$\sigma' = \frac{F}{A} = \frac{p\,\frac{\pi D^2}{4}}{\pi D\delta} = \frac{pD}{4\delta} \tag{11-8}$$

用相距为 l 两个横截面和包含直径的纵向平面，从圆筒中截取一部分［见图 11 - 10 (c)］，其受力情况如图 11 - 10（d）所示。若在筒壁的纵向截面上应力为 σ''，则内力为

$$F_N = \sigma''\delta l$$

在这一部分圆筒内壁的微面积 $l\,\frac{D}{2}\mathrm{d}\varphi$ 上，压力为 $pl\,\frac{D}{2}\mathrm{d}\varphi$。它在 y 方向的投影为 $pl\,\frac{D}{2}\mathrm{d}\varphi\cdot\sin\varphi$。通过积分求出上述投影的总和为

$$\int_0^{\pi} pl\,\frac{D}{2}\mathrm{d}\varphi\sin\varphi = plD$$

积分结果表明，截出部分在纵向平面上的投影面积 lD 与 p 的乘积，就等于内压力的合力。由平衡方程 $\sum F_y = 0$，得

$$2\sigma''\delta l - plD = 0$$

$$\sigma'' = \frac{pD}{2\delta} \tag{11-9}$$

从式（11 - 8）和式（11 - 9）看出，纵向截面上的应力 σ'' 是横截面上应力 σ' 的两倍。

σ' 作用的截面就是直杆轴向拉伸的横截面，这类截面上没有切应力。又因内压力是轴对称荷载，所以在 σ'' 作用的纵向截面上也没有切应力。这样，通过壁内任意点的纵横两截面皆为主平面，σ' 和 σ'' 皆为主应力。此外。在单元体的第三个方向上，有作用于内壁的内压力 p 和作用于外壁的大气压力，它们都远小于 σ' 和 σ''，可以认为等于零，于是得到了三个主应力分别为

$$\sigma_1 = \sigma'' = \frac{pD}{2\delta},\ \sigma_2 = \sigma' = \frac{pD}{4\delta},\ \sigma_3 = 0$$

第三节 三向应力状态的应力圆

前面讨论了平面应力状态的应力分析，这一节对三向应力状态的应力圆作一简单介绍。

设从受力物体的某一点处取出一主单元体如图 11 - 11（a）所示，在它的六个面上有主应力 $\sigma_1 > \sigma_2 > \sigma_3$，首先讨论与 σ_2 平行的某一截面 ded_1e_1 上的应力情况。此截面上的应力只决定于 σ_1 和 σ_3 而与 σ_2 无关，因为单元体上、下面上的应力 σ_2 与此截面平行，所以只利用图 11 - 11（b）就可找出 de 面上的应力。对应图 11 - 11（b）的应力圆如图 11 - 11（c）所示的 A_1A_3 圆（由 σ_1、σ_3 画出）。与 σ_2 平行的所有截面上的应力情况都由 A_1A_3 圆上的点来代表。

仿此，与 σ_1 平行的各个截面上的应力将由圆 A_2A_3（由 σ_2、σ_3 画出）上的点来代表；与 σ_3 平行的各个截面上的应力将由圆 A_1A_2 圆（由 σ_1、σ_2 画出）上的点来代表。

由进一步的研究结果得知：与 σ_1、σ_2、σ_3 三个主应力方向均不平行的斜截面上的应力情况由图 11 - 11（c）上的阴影范围内的点来表示。

由以上的讨论，对于图 11 - 11（a）的三向应力状态，可以画出三个应力圆（简称三向应力圆），最大应力作用的截面必然和最大的应力圆 A_1A_3 上的点对应。很明显，跟 A_1、A_3

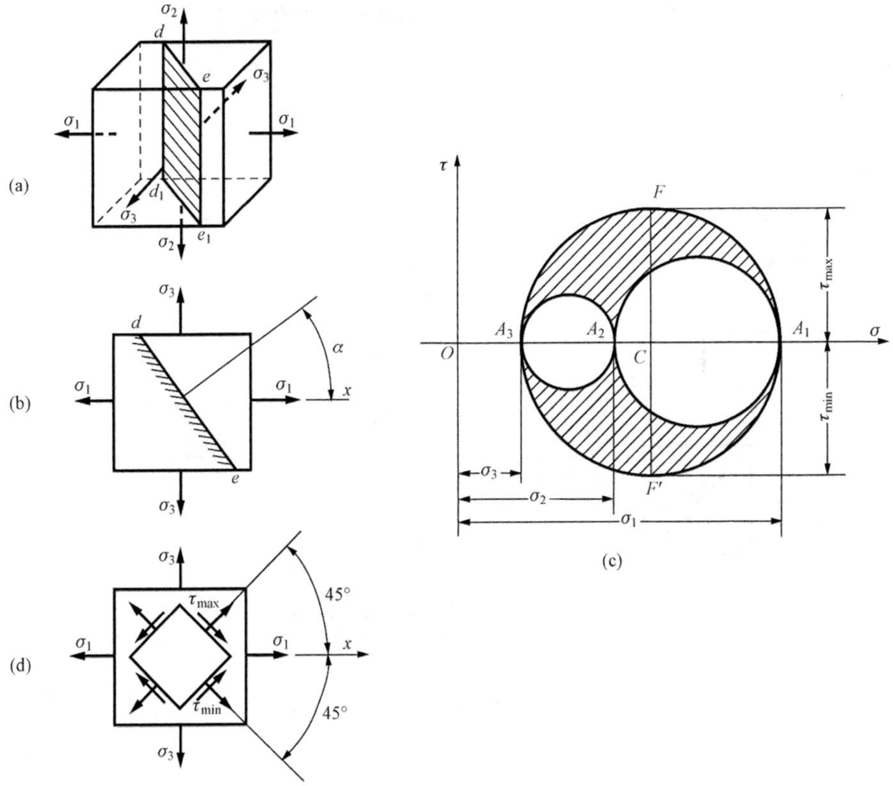

图 11-11　三向应力状态的应力圆

(a) 从受力物体的一点处取出一主单元体；(b) *de* 面上的应力；

(c) 三向应力圆；(d) 切应力

对应的主应力 σ_1、σ_3 分别代表单元体中的最大正应力和最小正应力

$$\sigma_{max}=\sigma_1, \sigma_{min}=\sigma_3 \tag{11-10}$$

从最大应力圆的圆心 C 作 σ 轴的垂直线交 A_1A_3 圆于 F 和 F' 两点。这两点是最大应力圆上与横坐标轴距离最远的两点，所以 F 和 F' 分别代表单元体的最大切应力和最小切应力，它们的数值相等（均等于最大应力圆的半径）而符号相反。于是三向应力状态下切应力的极值为

$$\left.\begin{matrix}\tau_{max}\\ \tau_{min}\end{matrix}\right\}=\pm\frac{\sigma_1-\sigma_3}{2} \tag{11-11}$$

从 A_1 点沿 A_1A_3 圆逆时针转 90°到 F 点，顺时针转 90°到 F' 点。所以在图 11-11 (d) 中，从 σ_1 方向反时针和顺时针各旋转 45°分别转到 τ_{max} 和 τ_{min} 所在截面的外法线方向。故三向应力状态下切应力为极值的作用面和 σ_2 方向平行而平分 σ_1 和 σ_3 两方向的夹角，切应力的极值等于三向应力圆中最大应力圆的半径。

上面对于三向应力状态的说明同样适用于二向应力状态，因为二向应力状态只不过是有一个主应力为零的三向应力状态，所以应该画出三个应力圆来研究二向应力状态。如图 11-12 (a) 所示的二向应力状态，根据三个主应力 σ_1、σ_2 和 $\sigma_3=0$ 可画出三个应力圆［见图 11-12 (b)］，其中 A_1A_3 圆和 A_2A_3 圆都与纵坐标轴相切（因为 $\sigma_3=0$）。此情况下的最大切应

力为 $\tau_{max}=\frac{\sigma_1-0}{2}=\frac{\sigma_1}{2}$，作用面和 σ_2 方向平行，而作用面的法线 n 与 σ_1 方向成 45°角，如图 11 - 12（c）所示。

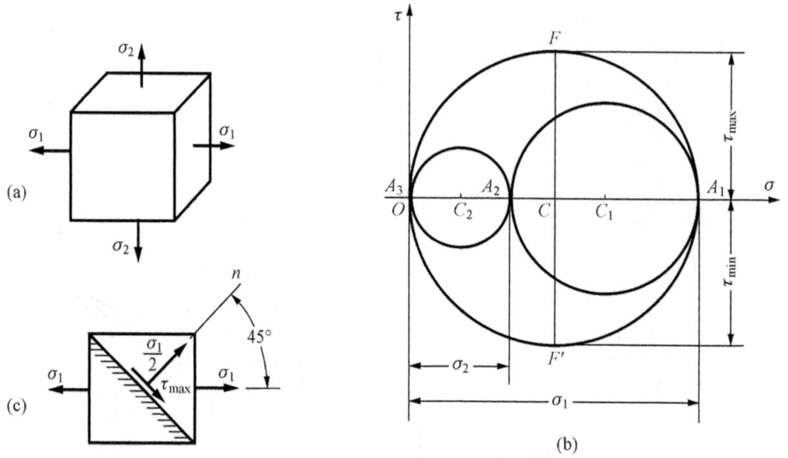

图 11 - 12 分析二向应力状态

（a）二向应力状态；（b）根据三个主应力画出三个应力圆；（c）最大切应力

【例 11 - 6】 单元体各面上的应力如图 11 - 13（a）所示，试作应力圆，并求出主应力和最大切应力。

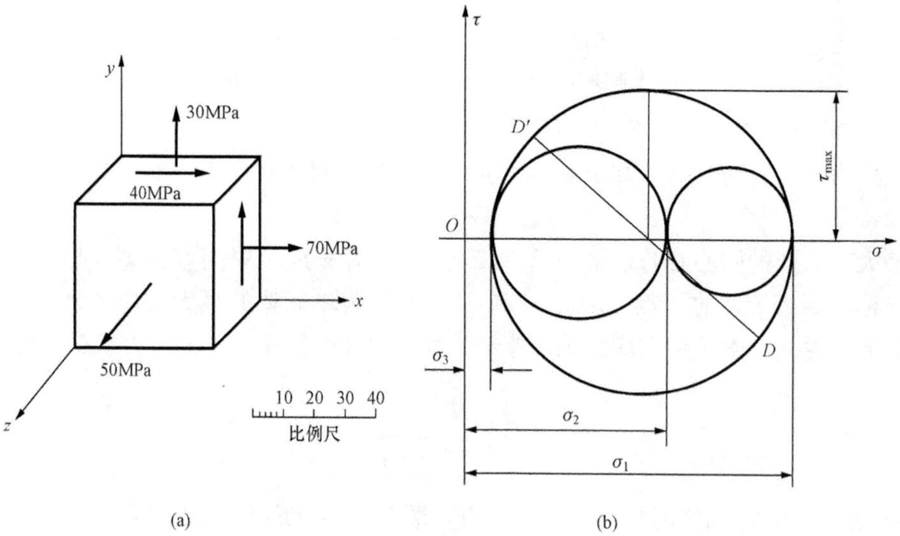

图 11 - 13 ［例 11 - 6］图

解 该单元体有一个已知的主应力 $\sigma_z=50$MPa，因此，与该主平面正交的各截面上的应力与主应力 σ_z 无关，于是，可依据 x 截面和 y 截面上的应力画出应力圆，如图 11 - 13（b）所示。由应力圆上可得两个主应力值为 94.7MPa 和 5.3MPa，所以该单元体的三个主应力为

$$\sigma_1=94.7\text{MPa},\ \sigma_2=50\text{MPa},\ \sigma_3=5.3\text{MPa}$$

最大切应力为

$$\tau_{max} = 44.7\text{MPa}$$

第四节　广义胡克定律

在讨论单向拉伸和压缩时，根据实验结果曾得到线弹性范围内应力与应变的关系是

$$\sigma = E\varepsilon \quad 或 \quad \varepsilon = \frac{\sigma}{E} \tag{11-12}$$

这就是胡克定律。此外，轴向的变形还将引起横向尺寸的变化，横向应变 ε' 可表示为

$$\varepsilon' = -\mu\varepsilon = -\mu\frac{\sigma}{E} \tag{11-13}$$

在纯剪切的情况下，实验结果表明，当切应力不超过剪切比例极限时，切应力和切应变之间的关系服从剪切胡克定律。即

$$\tau = G\gamma,\ \gamma = \frac{\tau}{G} \tag{11-14}$$

在最普遍的情况下，描述一点的应力状态需要九个应力分量，如图 11 - 14 所示。考虑到切应力互等定理，τ_{xy} 和 τ_{yx}，τ_{yz} 和 τ_{zy}，τ_{xz} 和 τ_{zx} 都分别数值相等。这样，原来的九个应力分量中独立的就只有六个。这种普遍情况，可以看做是三组单向应力和三组纯剪切的组合。对于各向同性材料，当变形很小且在线弹性范围内时，线应变只与正应力有关，而与切应力无关；切应变只与切应力有关，而与正应力无关。这样，就可利用式（11 - 12）～式（11 - 14）求出各应力分量各自对应的应变，然后再进行叠加。

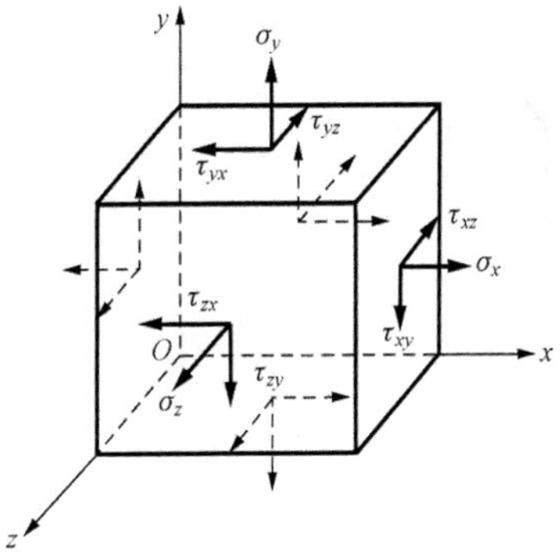

图 11 - 14　广义胡克定律

例如，由于 σ_x 单独作用，在 x 方向引起的线应变为 $\frac{\sigma_x}{E}$；由于 σ_y 和 σ_z 单独作用，在 x 方向引起的线应变则分别是 $-\mu\frac{\sigma_y}{E}$ 和 $-\mu\frac{\sigma_z}{E}$。三个切应力分量皆与 x 方向的线应变无关。叠加以上结果，得

$$\varepsilon_x = \frac{\sigma_x}{E} - \mu\frac{\sigma_y}{E} - \mu\frac{\sigma_z}{E} = \frac{1}{E}[\sigma_x - \mu(\sigma_y + \sigma_z)]$$

同理，可以求出沿 y 和 z 方向的线应变 ε_y 和 ε_z，最后得到

$$\left.\begin{aligned}\varepsilon_x &= \frac{1}{E}[\sigma_x - \mu(\sigma_y + \sigma_z)]\\ \varepsilon_y &= \frac{1}{E}[\sigma_y - \mu(\sigma_z + \sigma_x)]\\ \varepsilon_z &= \frac{1}{E}[\sigma_z - \mu(\sigma_x + \sigma_y)]\end{aligned}\right\} \tag{11-15}$$

至于切应变和切应力之间，仍然是式（11 - 14）所表示的关系，且与正应力分量无关。这样，在 xy、yz、zx 三个面内的切应变分别是

$$\gamma_{xy} = \frac{\tau_{xy}}{G},\ \gamma_{yz} = \frac{\tau_{yz}}{G},\ \gamma_{zx} = \frac{\tau_{zx}}{G} \tag{11-16}$$

式（11-15）和式（11-16）称为广义胡克定律。

当单元体六个面皆为主平面时，使 x、y、z 的方向分别与 σ_1、σ_2、σ_3 的方向一致。这时

$$\sigma_x = \sigma_1,\ \sigma_y = \sigma_2,\ \sigma_z = \sigma_3$$

$$\tau_{xy} = 0,\ \tau_{yz} = 0,\ \tau_{zx} = 0$$

广义胡克定律简化为

$$\left.\begin{aligned}\varepsilon_1 &= \frac{1}{E}[\sigma_1 - \mu(\sigma_2 + \sigma_3)] \\ \varepsilon_2 &= \frac{1}{E}[\sigma_2 - \mu(\sigma_3 + \sigma_1)] \\ \varepsilon_3 &= \frac{1}{E}[\sigma_3 - \mu(\sigma_1 + \sigma_2)]\end{aligned}\right\} \tag{11-17}$$

$$\gamma_{xy} = 0,\ \gamma_{yz} = 0,\ \gamma_{zx} = 0 \tag{11-18}$$

式（11-18）表明，在三个坐标平面内的切应变等于零，故坐标 x、y、z 的方向就是主应变的方向。也就是说主应变和主应力的方向是重合的。式（11-17）中的 ε_1、ε_2、ε_3 即为主应变。所以，在主应变用实测的方法求出后，将其代入广义胡克定律，即可解出主应力。当然，这只适用于各向同性的线弹性材料。

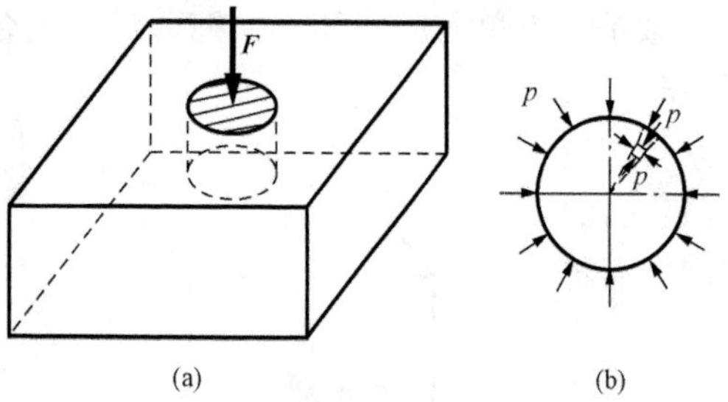

图 11-15 ［例 11-7］图
(a) 钢块凹座内有一钢制圆柱；(b) 凹座与柱体之间将产生径向均匀压力

【例 11-7】 在一个体积比较大的钢块上有一直径为 50.01mm 的凹座，凹座内放置一个直径为 50mm 的钢制圆柱［见图 11-15 (a)］，圆柱受到 F=300kN 轴向压力。假设钢块不变形，试求圆柱的主应力。取 E=200GPa，μ=0.30。

解　在柱体横截面上的压应力为

$$\sigma_3 = -\frac{F}{A} = -\frac{300\times10^3}{\frac{1}{4}\pi\times50^2} = -153(\text{MPa})$$

这是柱体内各点的三个主应力中绝对值最大的一个。

在轴向压缩下，圆柱将产生横向膨胀。在它胀到塞满凹座后，凹座与柱体之间将产生径向均匀压力 p［见图 11-15 (b)］。在柱体横截面内，这是一个二向均匀应力状态。这种情况下，柱体中任一点的径向和周向应力皆为 $-p$。又由于假设钢块不变形，所以柱体在径向只能发生由于塞满凹座而引起的应变，其数值为

$$\varepsilon_2 = \frac{5.001-5}{5} = 0.0002$$

由广义胡克定律

$$\varepsilon_2 = \frac{1}{E}[\sigma_1 - \mu(\sigma_2+\sigma_3)] = -\frac{p}{E} + \mu\frac{p}{E} + \mu\frac{153\times10^6}{E} = 0.0002$$

由此求得

$$p = \frac{153\times0.3 - 0.0002\times200\times10^3}{1-0.3} = 8.43(\text{MPa})$$

所以柱体内三个主应力为

$$\sigma_1=\sigma_2=-p=-8.43\text{MPa}，\sigma_3=-153\text{MPa}$$

第五节　强度理论及其应用

一、强度理论概述

各种材料因强度不足引起的失效现象是不同的。根据前面的讨论，塑性材料，如普通碳钢，以发生屈服现象、出现塑性变形为失效的标志。脆性材料，如铸铁，失效现象则是突然断裂。在单向受力情况下，出现塑性变形时的屈服极限 σ_s 和发生断裂时的强度极限 σ_b 可由实验测定。σ_s 和 σ_b 可统称为极限应力。以安全因数除极限应力，便得到许用应力［σ］，于是建立强度条件

$$\sigma\leqslant[\sigma]$$

可见，在单向应力状态下，失效状态或强度条件都是以实验为基础的。

实际构件危险点的应力状态往往不是单向的。实现复杂应力状态下的实验，要比单向拉伸或压缩困难得多，如果像单向拉伸一样，靠实验来确定失效状态，建立强度条件，则必须对各式各样的应力状态一一进行试验，确定极限应力，然后建立强度条件。由于技术上的困难和工作的繁重，往往是难以实现的。解决这类问题，经常是依据部分实验结果，经过推理，提出一些假说，推测材料失效的原因，从而建立强度条件。

事实上，尽管失效现象比较复杂，但经过归纳，强度不足引起的失效现象主要还是屈服和断裂两种类型。同时，衡量受力和变形程度的量又有应力、应变和应变能密度等。人们在长期的生产活动中，综合分析材料的失效现象和资料，对强度失效提出各种假说。这类假说认为，材料之所以按某种方式（断裂或屈服）失效，是应力、应变或应变能密度等因素中某一因素引起的。按照这类假说无论是简单或复杂应力状态，引起失效的因素是相同的。亦即，造成失效的原因与应力状态无关。这类假说称为强度理论。利用强度理论，便可由简单应力状态的实验结果，建立复杂应力状态的强度条件。

强度理论既然是推测强度失效原因的一些假说，它是否正确，适用于什么情况，必须由生产实践来检验。经常是适用于某种材料的强度理论，并不适用于另一种材料；在某种条件下适用的理论，却又不适用于另一种条件。下面只介绍经过实验与实践检验，工程中常用的四个强度理论。

前面已经提到，强度失效的主要形式有两种，即屈服与断裂。相应地，强度理论也分成两类：一类是解释断裂失效的，其中有最大拉应力理论和最大伸长线应变理论；另一类是解释塑性屈服的，其中有最大切应力理论和形状改变能密度理论。

二、四种常用强度理论

1. 最大拉应力理论

最大拉应力理论也称为第一强度理论。这一理论的假说是：最大拉应力是引起材料脆断破坏的因素，也就是认为不论在什么样的应力状态下，只要构件内一点处的最大的拉应力 σ_1 达到材料的极限应力 σ_b，材料就发生脆性断裂。至于材料的极限应力 σ_b，则可通过单轴拉伸试样发生脆性断裂的试验来确定。于是，按照这一强度理论，脆性断裂的判据是

$$\sigma_1=\sigma_b \tag{11-19}$$

将式（11-19）右边的极限应力除以安全因数，就得到材料的许用拉应力 $[\sigma]$，因此，按第一强度理论所建立的强度条件为

$$\sigma_1 \leqslant [\sigma] \tag{11-20}$$

式中：σ_1 为拉应力。

在没有拉应力的三轴压缩应力状态下，显然不能采用第一强度理论来建立强度条件。而式（11-20）中的 $[\sigma]$ 为试样发生脆性断裂的许用拉应力，也不能单纯地理解为材料在单向拉伸时的许用应力。

2. 最大伸长线应变理论

最大伸长线应变理论也称为第二强度理论。这一理论的假说是：最大伸长线应变是引起材料脆性断裂的因素，也就是认为不论在什么样的应力状态下，只要构件内一点处的最大伸长线应变 ε_1 达到了材料的极限值 ε_u，材料就会发生脆断破坏。同理，材料的极限值 ε_u 同样可通过单轴拉伸试样发生脆性断裂的试验来确定。如果这种材料直到发生脆性断裂时都可近似地看作线弹性，即服从胡克定律，则

$$\varepsilon_u = \frac{\sigma_u}{E} \tag{11-21}$$

式中：σ_u 为单向拉伸试样在拉断时其横截面上的正应力。于是，按照这一强度理论，脆性断裂的判据是

$$\varepsilon_1 = \varepsilon_u = \frac{\sigma_u}{E} \tag{11-22}$$

而由广义胡克定律可知，在线弹性范围内工作的构件，处于复杂应力状态下一点处的最大伸长线应变为

$$\varepsilon_1 = \frac{1}{E}[\sigma_1 - \mu(\sigma_2 + \sigma_3)]$$

于是，式（11-22）可改写为

$$\varepsilon_1 = \frac{1}{E}[\sigma_1 - \mu(\sigma_2 + \sigma_3)] = \frac{\sigma_u}{E}$$

或

$$[\sigma_1 - \mu(\sigma_2 + \sigma_3)] = \sigma_u \tag{11-23}$$

将式（11-23）右边的 σ_u 除以安全因数即得材料的许用拉应力 $[\sigma]$，故按第二强度理论所建立的强度条件为

$$\sigma_1 - \mu(\sigma_2 + \sigma_3) \leqslant [\sigma] \tag{11-24}$$

在以上分析中引用了广义胡克定律，所以，按照这一强度理论所建立的强度条件应该只适用于以下情况，即构件直到发生脆断前都应服从胡克定律。

必须注意，在式（11-24）中所用的 $[\sigma]$ 是材料在单向拉伸时发生脆性断裂的许用拉应力，像低碳钢一类的塑性材料，是不可能通过单向拉伸试验得到材料在脆断时的极限值 ε_u 的。所以，对低碳钢等塑性材料在三轴拉伸应力状态下，式（11-24）右边的 $[\sigma]$ 不能理解为材料在单向拉伸时的许用拉应力。

实验表明，这一理论与石料、混凝土等脆性材料在压缩时纵向开裂的现象是一致的。这一理论考虑了其余两个主应力 σ_2 和 σ_3 对材料强度的影响，在形式上较最大拉应力理论更为完善。但实际上并不一定总是合理的，如在二向或三向受拉情况下，按这一理论反比单向受

拉时不易断裂，显然与实际情况并不相符。一般地说，最大拉应力理论适用于脆性材料以拉应力为主的情况，而最大伸长线应变理论适用于压应力为主的情况。由于这一理论在应用上不如最大拉应力理论简便，故在工程实践中应用较少，但在某些工业部门（如在炮筒设计中）应用较为广泛。

3. 最大切应力理论

最大切应力理论又称为第三强度理论。这一理论的假说是：最大切应力 τ_{max} 是引起材料塑性屈服的因素，也就是认为不论在什么样的应力状态下，只要构件内一点处的最大切应力 τ_{max} 达到了材料屈服时的极限值 τ_u，该点处的材料就会发生屈服。至于材料屈服时切应力的极限值 τ_u，同样可以通过单向拉伸试样发生屈服的试验来确定。对于像低碳钢一类的塑性材料，在单向拉伸试验时材料就是沿最大切应力所在的 45°斜截面发生滑移而出现明显的屈服现象的。这时试样在横截面上的正应力就是材料的屈服极限 σ_s，于是，对于这一类材料，可得材料屈服时切应力的极限值 τ_u 为

$$\tau_u = \frac{\sigma_s}{2} \tag{11-25}$$

所以，按照这一强度理论，屈服判据为

$$\tau_{max} = \tau_u = \frac{\sigma_s}{2} \tag{11-26}$$

在复杂应力状态下一点处的最大切应力为

$$\tau_{max} = \frac{1}{2}(\sigma_1 - \sigma_3)$$

式中：σ_1 和 σ_3 分别为该应力状态中的最大和最小主应力。于是，屈服判据可改写为

$$\tau_{max} = \frac{1}{2}(\sigma_1 - \sigma_3) = \frac{1}{2}\sigma_s$$

或

$$\sigma_1 - \sigma_3 = \sigma_s \tag{11-27}$$

将式（11－27）右边的 σ_s 除以安全因数即得材料的许用拉应力［σ］，故按第三强度理论所建立的强度条件为

$$\sigma_1 - \sigma_3 \leqslant [\sigma] \tag{11-28}$$

应该指出，在式（11－27）右边采用了材料在单轴拉伸时的许用拉应力，这只对于在单向拉伸时发生屈服的材料才适用。像铸铁、大理石这一类脆性材料，不可能通过单向拉伸试验得到材料屈服时的极限值 τ_u，因此，对于这类材料在三轴不等值压缩的应力状态下，以式（11－28）作为强度条件时，该式右边的［σ］就不能理解为材料在单向拉伸时的许用拉应力。

4. 形状改变能密度理论

形状改变能密度理论通常也称为第四强度理论。这一理论的假说是：形状改变能密度 ν_d 是引起材料屈服的因素，也就是认为不论在什么样的应力状态下，只要构件内一点处的形状改变能密度 ν_d 达到了材料的极限值 ν_{du}，该点处的材料就会发生塑性屈服。对于像低碳钢一类的塑性材料，因为在拉伸试验时当正应力达到 σ_s 时就出现明显的屈服现象，故可通过拉伸试验来确定材料的 ν_{du} 值。

将 $\sigma_1 = \sigma_s$，$\sigma_2 = \sigma_3 = 0$ 代入式（11－28），从而求得材料的极限值 ν_{du} 为

$$\nu_{du}=\frac{1+\mu}{6E}\times 2\sigma_s^2$$

所以，按照这一强度理论的观点，屈服判据 $\nu_d=\nu_{du}$。可改写为

$$\frac{1+\mu}{6E}[(\sigma_1-\sigma_2)^2+(\sigma_2-\sigma_3)^2+(\sigma_3-\sigma_1)^2]=\frac{1+\mu}{6E}2\sigma_s^2$$

并简化为

$$\sqrt{\frac{1}{2}[(\sigma_1-\sigma_2)^2+(\sigma_2-\sigma_3)^2+(\sigma_3-\sigma_1)^2]}=\sigma_s \tag{11-29}$$

再将式（11-29）右边的 σ_s 除以安全因数得到材料的许用拉应力 $[\sigma]$，于是，按第四强度理论所建立的强度条件为

$$\sqrt{\frac{1}{2}[(\sigma_1-\sigma_2)^2+(\sigma_2-\sigma_3)^2+(\sigma_3-\sigma_1)^2]}\leqslant[\sigma] \tag{11-30}$$

同理，式（11-30）右边采用材料在单向拉伸时的许用拉应力，因而，只对于在单向拉伸时发生屈服的材料才适用。

试验表明，在平面应力状态下，一般地说，形状改变能密度理论较最大切应力理论更符合试验结果。由于最大切应力理论是偏于安全的，且使用较为简便，故在工程实践中应用较为广泛。

从式（11-20）、式（11-24）、式（11-28）和式（11-30）的形式来看，按照四个强度理论所建立的强度条件可统一写作

$$\sigma_r\leqslant[\sigma] \tag{11-31}$$

式中：σ_r 为根据不同强度理论所得到的构件危险点处三个主应力的某些组合。从式（11-31）的形式上来看，这种主应力的组合 σ_r 和单轴拉伸时的拉应力在安全程度上是相当的，因此，通常称 σ_r 为相当应力。按照从第一强度理论到第四强度理论的顺序，相当应力分别为

$$\left.\begin{aligned}\sigma_{r1}&=\sigma_1\\ \sigma_{r2}&=\sigma_1-\mu(\sigma_2+\sigma_3)\\ \sigma_{r3}&=\sigma_1-\sigma_3\\ \sigma_{r4}&=\sqrt{\frac{1}{2}[(\sigma_1-\sigma_2)^2+(\sigma_2-\sigma_3)^2+(\sigma_3-\sigma_1)^2]}\end{aligned}\right\} \tag{11-32}$$

以上介绍了四种常用的强度理论。铸铁、石料、混凝土、玻璃等脆性材料常以断裂的形式失效，宜采用第一和第二强度理论。碳钢、铜、铝等塑性材料常以屈服的形式失效，宜采用第三和第四强度理论。应该指出，不同材料固然可以发生不同形式的失效，但即使是同一材料，在不同应力状态下也可能有不同的失效形式。例如，碳钢在单向拉伸下以屈服的形式失效，但碳钢制成的螺钉受拉时，螺纹根部因应力集中引起三向拉伸，就会出现断裂。这是因为当三向拉伸的三个主应力数值接近时，屈服将很难出现。又如，铸铁单向受拉时以断裂的形式失效，但如以淬火钢球压在铸铁板上，接触点附近的材料处于三向受压状态，随着压力的增大，铸铁板会出现明显的凹坑，这表明已出现屈服现象。以上例子说明材料的失效形式与应力状态有关。无论是塑性或脆性材料，在三向拉应力相近的情况下，都将以断裂的形式失效，宜采用最大拉应力理论。在三向压应力相近的情况下，都可引起塑性变形，宜采用第三或第四强度理论。

三、强度理论的应用

【例 11-8】 圆筒形薄壁压力容器承受内压力为 p，容器内直径为 D，厚度为 δ，且 $\delta \ll D$。试按第四强度理论写出容器壁内的相当应力。

解 由［例 11-5］可知

$$\sigma_1 = \sigma'' = \frac{pD}{2\delta},\ \sigma_2 = \sigma' = \frac{pD}{4\delta},\ \sigma_3 = 0$$

将 σ_1，σ_2 及 σ_3 代入第四强度理论的相当表达式，即可得相当应力 σ_{r4} 为

$$\begin{aligned}\sigma_{r4} &= \sqrt{\frac{1}{2}[(\sigma_1-\sigma_2)^2+(\sigma_2-\sigma_3)^2+(\sigma_3-\sigma_1)^2]}\\ &= \sqrt{\frac{1}{2}\left[\left(\frac{pD}{4\delta}\right)^2+\left(\frac{pD}{4\delta}\right)^2+\left(-\frac{pD}{2\delta}\right)^2\right]}\\ &= \frac{\sqrt{3}pD}{4\delta}\end{aligned}$$

【例 11-9】 铸铁梁受力如图 11-16（a）所示，试用第一强度理论校核截面 B 上腹板与翼缘交界处的强度。设铸铁的抗拉和抗压许用应力分别为 $[\sigma_t]=30\text{MPa}$，$[\sigma_c]=160\text{MPa}$。

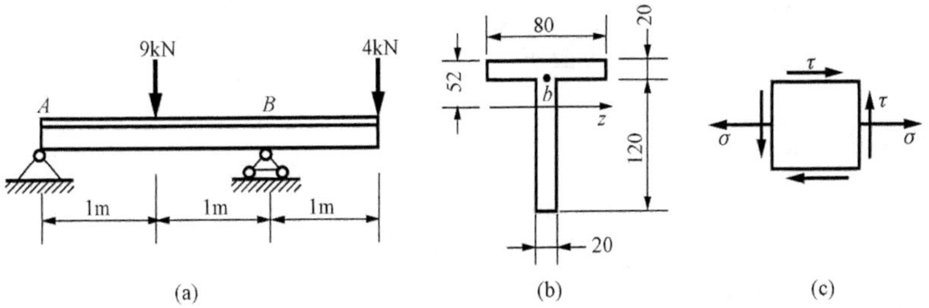

图 11-16 ［例 11-9］图

（a）铸铁梁受力图；（b）校核 b 点强度；（c）b 点的应力状态

解 如图 11-16（b）所示，校核 b 点的强度时，首先要算出该点的弯曲正应力和切应力。根据梁受力图求得 B 截面处的弯矩和剪力分别为

$$M = -4\text{kN}\cdot\text{m},\ F_S = -6.5\text{kN}$$

根据截面尺寸，求得

$$I_z = 763\text{cm}^4,\ S_z^* = 67.2\text{cm}^3$$

从而算出

$$\sigma = \frac{My}{I_z} = \frac{(4\times10^3)\times(32\times10^{-3})}{763\times10^{-8}} = 16.8(\text{MPa})$$

$$\tau = \frac{F_S S_z^*}{I_z b} = \frac{6.5\times10^3\times67.2\times10^{-6}}{763\times10^{-8}\times20\times10^{-3}} = 2.86(\text{MPa})$$

在截面 B 上，b 点的应力状态如图 11-16（c）所示。求出主应力为

$$\left.\begin{matrix}\sigma_1\\ \sigma_3\end{matrix}\right\} = \frac{16.8}{2} \pm \sqrt{\left(\frac{16.8}{2}\right)^2+(2.86)^2} = \begin{cases}17.3\\ -0.47\end{cases}(\text{MPa})$$

使用第一强度理论

$$\sigma_1 = 17.3\text{MPa} < [\sigma_t] = 30\text{MPa}$$

所以满足第一强度理论的强度条件。

小 结

1. 应力状态概述

通过受力构件的一点的各个截面上的应力情况的集合，称为该点的应力状态。过受力构件内任一点总有三对相互垂直的主平面。相应的主应力用 σ_1，σ_2，σ_3 来表示，它们按代数值的大小顺序排列，即 $\sigma_1 \geqslant \sigma_2 \geqslant \sigma_3$。

2. 平面应力状态分析

(1) 解析法。斜截面上的应力计算

$$\sigma_\alpha = \frac{\sigma_x + \sigma_y}{2} + \frac{\sigma_x - \sigma_y}{2}\cos 2\alpha - \tau_{xy}\sin 2\alpha$$

$$\tau_\alpha = \frac{\sigma_x - \sigma_y}{2}\sin 2\alpha + \tau_{xy}\cos 2\alpha$$

主应力的计算

$$\left.\begin{matrix}\sigma_{\max}\\ \sigma_{\min}\end{matrix}\right\} = \frac{\sigma_x + \sigma_y}{2} \pm \sqrt{\left(\frac{\sigma_x - \sigma_y}{2}\right)^2 + \tau_{xy}^2}$$

主平面的方位角 α_0

$$\tan 2\alpha_0 = -\frac{2\tau_{xy}}{\sigma_x - \sigma_y}$$

(2) 图解法。应力圆方程

$$\left(\sigma_\alpha - \frac{\sigma_x + \sigma_y}{2}\right)^2 + \tau_\alpha^2 = \left(\frac{\sigma_x - \sigma_y}{2}\right)^2 + \tau_{xy}^2$$

圆心坐标为 $\left(\frac{\sigma_x + \sigma_y}{2}, 0\right)$，半径为 $\sqrt{\left(\frac{\sigma_x - \sigma_y}{2}\right)^2 + \tau_{xy}^2}$。

3. 单元体与应力圆的对应关系

(1) 对于某一平面应力状态而言，单元体的应力状态一定和一个应力圆相对应。

(2) 单元体中的一个面一定和应力圆上的一个点相对应。

(3) 单元体中一个面上的应力对应于应力圆上一个点的坐标。

(4) 应力圆上两点沿圆弧所对应的圆心角是单元体上与这两点对应的两个平面间夹角的两倍，且转向相同。

4. 三向应力状态

如已知三向应力状态的主应力单元体及主应力 σ_1，σ_2 和 σ_3，则有

(1) 一点处的最大正应力 $\sigma_{\max} = \sigma_1$。

(2) 一点处的最大切应力 $\tau_{\max} = \frac{\sigma_1 - \sigma_3}{2}$，其作用面与 σ_2 平行且与 σ_1，σ_3 所在主平面夹角各成 45°。

5. 广义胡克定律

对于各向同性材料，在小变形情况下，线应变只与正应力有关，切应变只与切应力有关

$$\left.\begin{aligned}\varepsilon_x &= \frac{1}{E}[\sigma_x-\mu(\sigma_y+\sigma_z)],\ \gamma_{xy}=\frac{1}{G}\tau_{xy}\\ \varepsilon_y &= \frac{1}{E}[\sigma_y-\mu(\sigma_x+\sigma_z)],\ \gamma_{yz}=\frac{1}{G}\tau_{yz}\\ \varepsilon_z &= \frac{1}{E}[\sigma_z-\mu(\sigma_y+\sigma_x)],\ \gamma_{zx}=\frac{1}{G}\tau_{zx}\end{aligned}\right\}$$

6. 强度理论

（1）有关脆性断裂的强度理论。

最大拉应力理论（第一强度理论）

$$\sigma_1 \leqslant [\sigma]$$

最大伸长线应变理论（第二强度理论）

$$\sigma_1-\mu(\sigma_2+\sigma_3) \leqslant [\sigma]$$

（2）有关塑性屈服的强度理论。

最大切应力理论（第三强度理论）

$$\sigma_1-\sigma_3 \leqslant [\sigma]$$

形状改变能密度理论（第四强度理论）

$$\sqrt{\frac{1}{2}[(\sigma_1-\sigma_2)^2+(\sigma_2-\sigma_3)^2+(\sigma_3-\sigma_1)^2]} \leqslant [\sigma]$$

（3）上述四种强度理论可写成统一形式

$$\sigma_{ri} \leqslant [\sigma] \quad (i=1,2,3,4)$$

思考题

11-1　什么叫主平面和主应力？主应力与正应力有什么区别？

11-2　一单元体中，在最大正应力所作用的平面上有无切应力？在最大切应力所作用的平面上有无正应力？

11-3　一梁如图 11-17 所示，图中给出了单元体 A，B，C，D，E 的应力情况。试指出并改正各单元体上所给应力的错误。

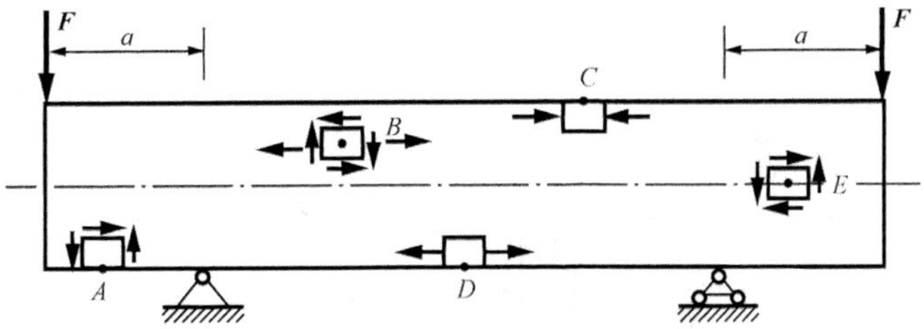

图 11-17　思考题 11-3 图

11-4　试问在何种情况下，平面应力状态下的应力圆符合以下特征：（1）一个点圆；（2）圆心在原点；（3）与 τ 轴相切。

11-5　从某压力容器表面上一点处取出的单元体如图 11-18 所示。已知 $\sigma_1=2\sigma_2$，试问是否存在 $\varepsilon_1=2\varepsilon_2$ 这样的关系？

11-6　材料及尺寸均相同的三个立方块，其竖向压应力均为 σ_0，如图 11-19 所示。已知材料的弹性常数分别为 $E=200\text{GPa}$，$\mu=0.3$。若三立方块都在线弹性范围内，试问哪一立方块的体应变最大？

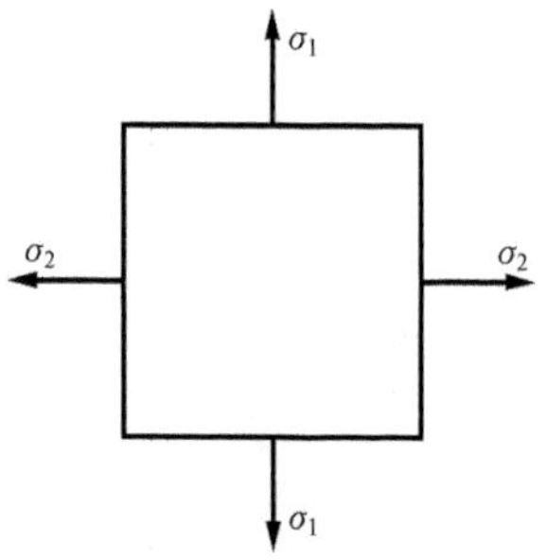

图 11-18　思考题 11-5 图

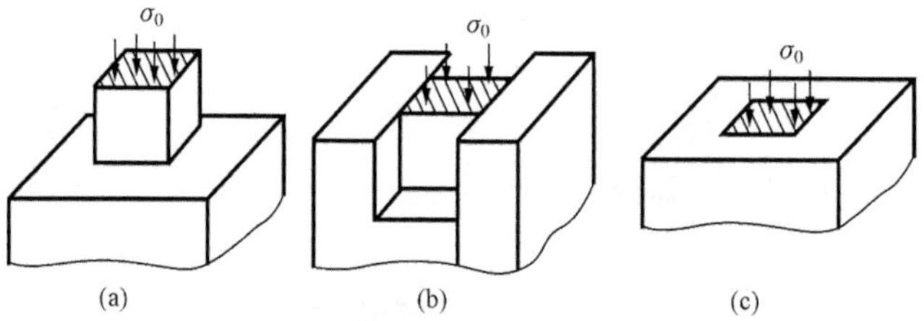

图 11-19　思考题 11-6 图

11-7　薄壁圆筒容器如图 11-20 所示，在均匀内压作用下，筒壁出现了纵向裂纹。试分析这种破坏形式是由什么应力引起的？

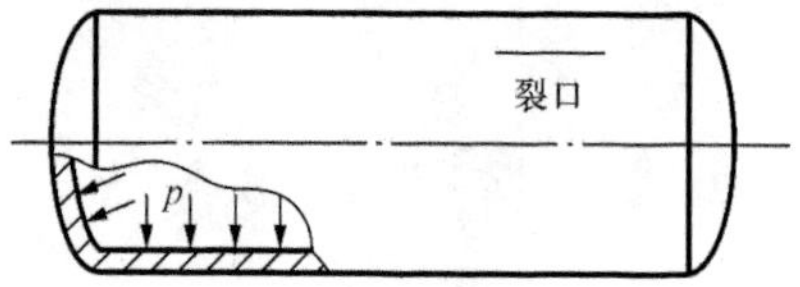

图 11-20　思考题 11-7 图

11-8　冬天自来水管因其中的水结冰而被胀裂，冰为什么不会因受水管的反作用压力而被压碎呢？

11-9　将沸水倒入厚厚玻璃杯里，玻璃杯内、外壁的受力情况如何？若因此发生破裂，试问破裂是从内壁开始，还是从外壁开始？为什么？

习　题

11-1　试从图 11-21 所示各构件中的 A 点和 B 点处取出单元体，并表明单元体各面上的应力。

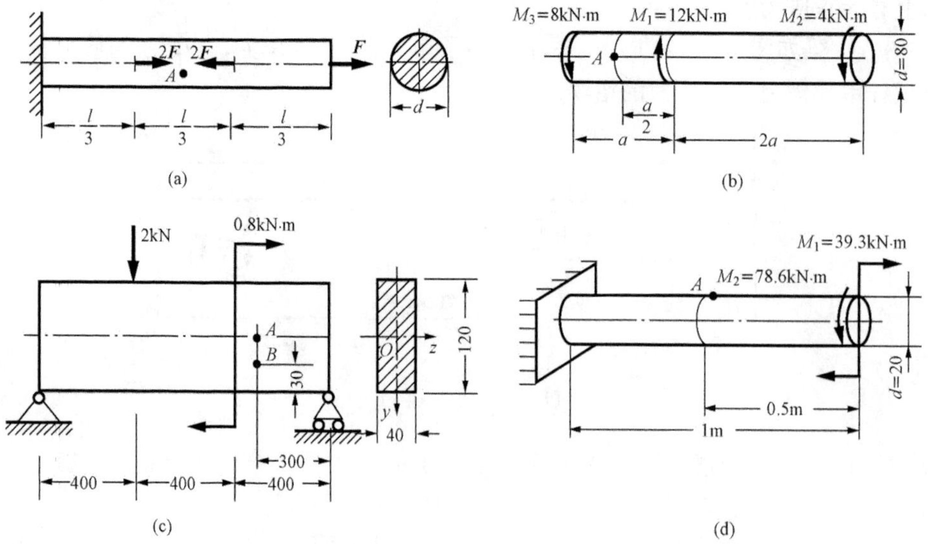

图 11-21　题 11-1 图

11-2　直径 $d=20\text{mm}$ 的拉伸试件，当与杆轴线成 45°斜截面上的切应力 $\tau=150\text{MPa}$ 时，杆表面上将出现滑移线。求此时试件的拉力 F。

11-3　在拉杆的某一斜截面上，正应力为 50MPa，切应力为 50MPa。试求最大正应力和最大切应力。

11-4　在图 11-22 所示各单元体中，试用解析法和图解法求斜截面 ab 上的应力，应力单位为 MPa。

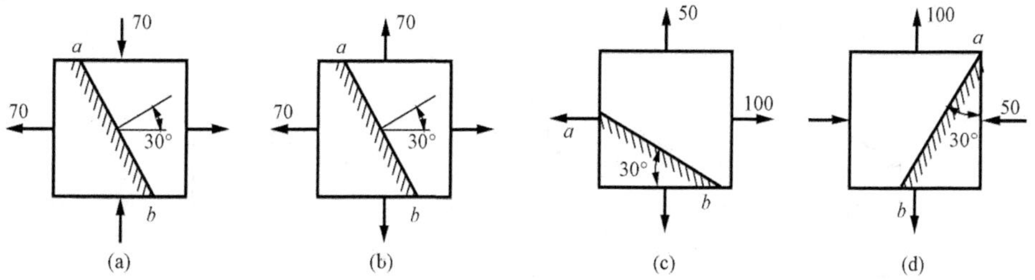

图 11-22　题 11-4 图

11-5　已知应力状态如图 11-23 所示，图中应力单位皆为 MPa。试用解析法及图解法求：(1) 主应力大小，主平面位置；(2) 在单元体上绘出主平面位置及主应力方向；(3) 最大切应力。

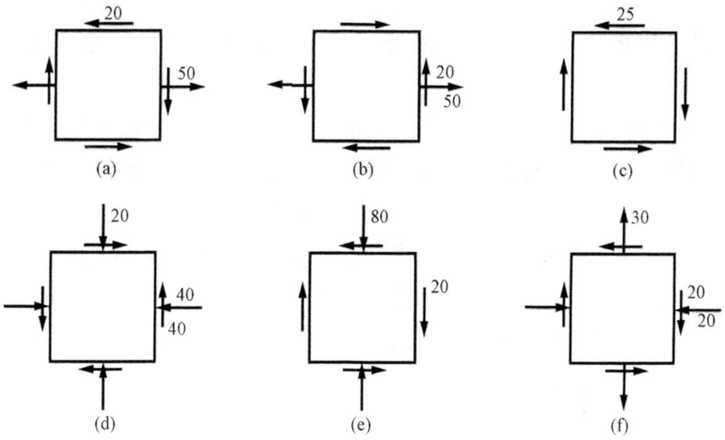

图 11-23　题 11-5 图

11-6　矩形截面梁如图 11-24 所示，已知荷载 $F=256\text{kN}$。试求：(1) 若以纵横截面截取单元体，求各指定点（1～5 点）的单元体各面上的应力；(2) 用图解法求解点 2 处的主应力。

11-7　试用应力圆的几何关系求图 11-25 所示悬臂梁距离自由端为 0.72m 的截面上，在顶面以下 40mm 的一点处的最大及最小主应力，并求最大主应力与 x 轴之间的夹角。

11-8　试求图 11-26 所示各应力状态的主应力和最大切应力，应力单位为 MPa。

11-9　列车通过钢桥时，在大梁侧表面某点测得 x 和 y 向的线应变 $\varepsilon_x=400\times10^{-6}$，$\varepsilon_y=-120\times10^{-6}$，材料的弹性模量 $E=200\text{GPa}$，泊松比 $\mu=0.3$，求该点 x，y 面的正应力 σ_x 和 σ_y。

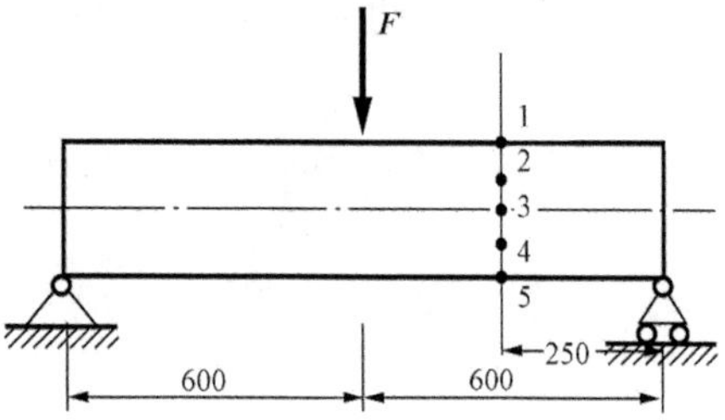

图 11-24 题 11-6 图

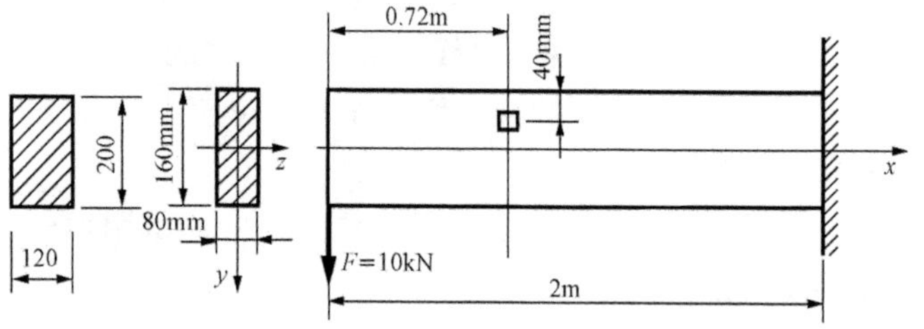

图 11-25 题 11-7 图

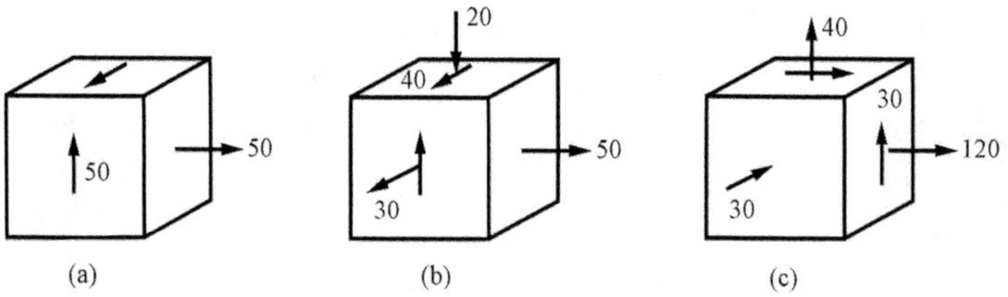

图 11-26 题 11-8 图

11-10 有一厚度为 6mm 的钢板在两个垂直方向受拉，拉应力分别为 150MPa 及 55MPa。钢材的弹性常数为 E=210GPa，μ=0.25。试求钢板厚度的减小值。

11-11 边长为 20mm 的钢立方体置于钢模中，在顶面上受力 F=14kN 作用。已知，μ=0.3，假设钢模的变形以及立方体与钢模之间的摩擦力可略去不计。试求立方体各个面上的正应力。

11-12 在一块钢板上先画上直径 d=300mm 的圆，然后在板上加上应力，如图 11-27 所示。试问所画的圆将变成何种图形？并计算其尺寸。已知钢板的弹性常数 E=206GPa，μ=0.28。

11-13 从某铸铁构件内的危险点处取出的单元体，各面上的应力分量如图 11-28 所示。已知铸铁材料的泊松比 μ=0.25，许用拉应力 $[\sigma_t]$=30MPa，许用压应力 $[\sigma_c]$=90MPa。试按第一和第二强度理论校核其强度。

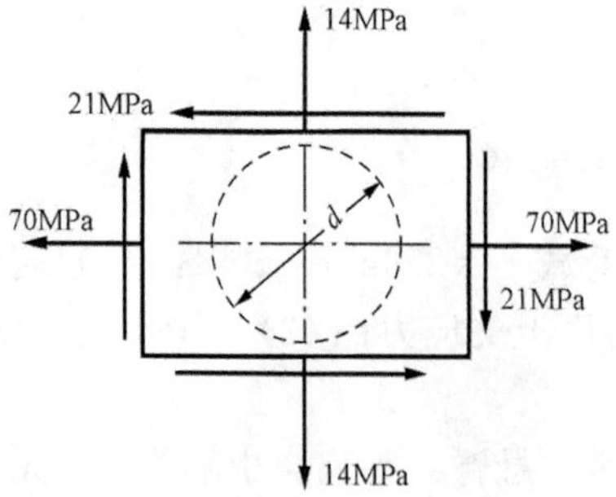

图 11-27 题 11-12 图

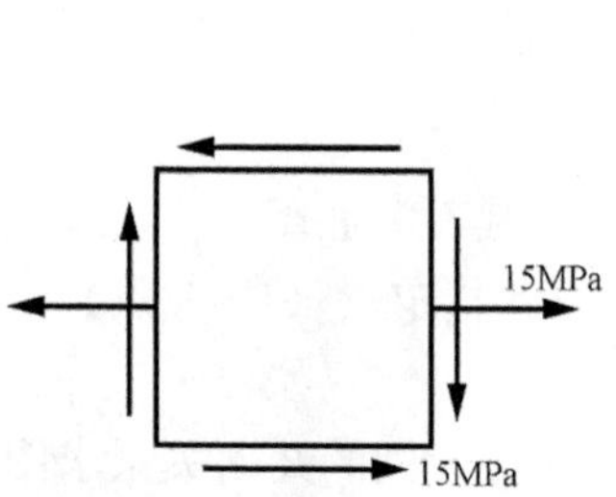

图 11-28 题 11-13 图

11-14 已知两危险点的应力状态如图 11-29 所示，设$|\sigma|<|\tau|$，试写出第三和第四强度理论的相当应力。

11-15 已知危险点的应力状态如图 11-30 所示，测得该点处的应变 $\varepsilon_{0^\circ}=\varepsilon_x=25\times$

10^{-6}，$\varepsilon_{-45^\circ}=140\times10^{-6}$，材料的弹性模量 $E=210\text{GPa}$，$\mu=0.28$，$[\sigma]=70\text{MPa}$。试用第三强度理论校核强度。

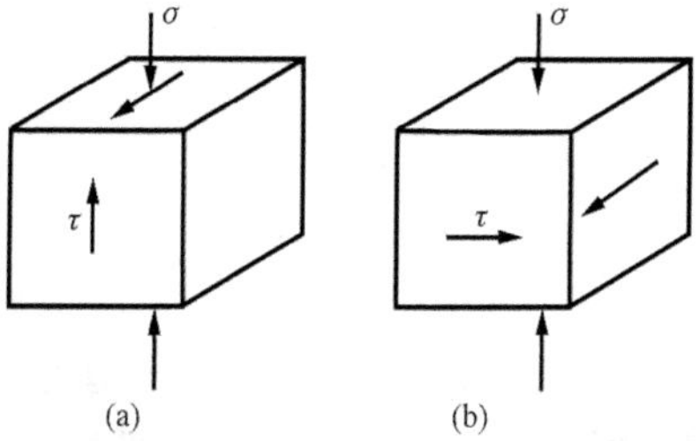

图 11-29　题 11-14 图

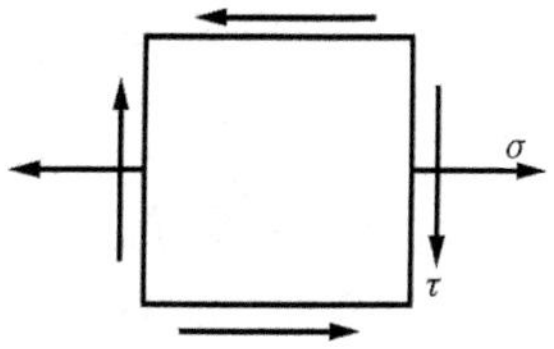

图 11-30　题 11-15 图

11-16　如图 11-31 所示，用 Q235 钢制成的实心圆截面杆，受轴向拉力 F 及扭转力偶矩 M_e 共同作用，且 $M_e=\dfrac{1}{10}Fd$。今测得圆杆表面点处沿图示方向的线应变 $\varepsilon_{30^\circ}=14.33\times10^{-5}$。已知杆直径 $d=10\text{mm}$，材料的弹性常数 $E=200\text{GPa}$，$\mu=0.3$。试求荷载 F 及扭转力偶矩 M_e。若其许用应力 $[\sigma]=160\text{MPa}$，试按第四强度理论校核杆的强度。

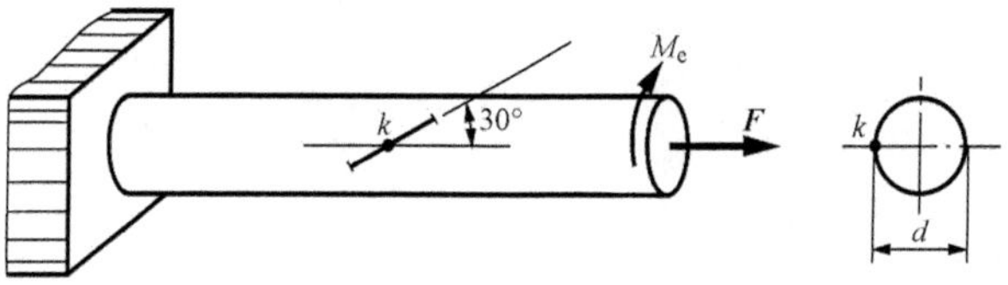

图 11-31　题 11-16 图

11-17　钢制圆柱形薄壁容器，直径为 800mm，壁厚 $\delta=4\text{mm}$，$[\sigma]=120\text{MPa}$。试用强度理论确定可能承受的内压力 p。

第十二章　组　合　变　形

第一节　组 合 变 形 概 述

到现在为止，本书所研究过的构件，只限于有一种基本变形的情况，例如拉伸（或压缩）、剪切、扭转和弯曲，而在工程实际中的许多构件，往往存在两种或两种以上的基本变形。例如，烟囱［见图 12-1（a）］除自重引起的轴向压缩外，还有水平风力引起的弯曲；机械中的齿轮传动轴［见图 12-1（b）］在外力作用下，将同时发生扭转变形及在水平平面和垂直平面内的弯曲变形；厂房中吊车立柱除受轴向压力 F_1 外，还受到偏心压力 F_2 的作用［见图 12-1（c）］，立柱将同时发生轴向压缩和弯曲变形。构件同时产生两种或两种以上基本变形的情况，称为组合变形。

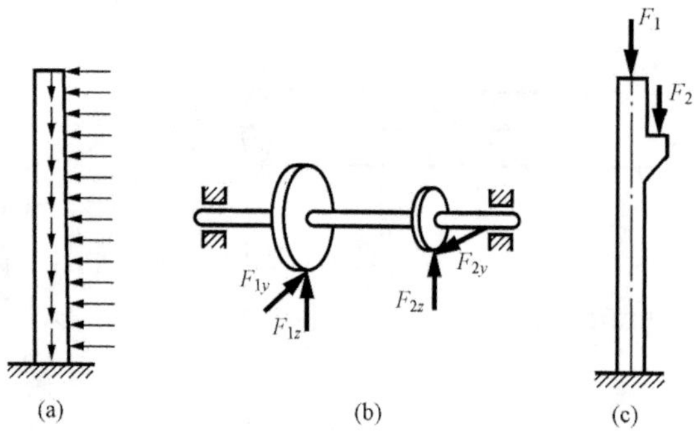

图 12-1　组合变形

（a）烟囱；（b）机械中的齿轮传动；（c）厂房中的吊车立柱

在线弹性范围内、小变形条件下，可以认为各荷载的作用彼此独立，互不影响，即任一荷载所引起的应力或变形不受其他荷载的影响。因此，对组合变形构件进行强度计算，可以应用叠加原理，采取先分解而后综合的方法。其基本步骤是：

（1）将作用在构件上的荷载进行分解，得到与原荷载等效的几组荷载，使构件在每组荷载作用下，只产生一种基本变形。

（2）分别计算构件在每种基本变形情况下的应力。

（3）将各基本变形情况下的应力叠加，然后进行强度计算。

当构件危险点处于单向应力状态时，可将上述应力进行代数相加；若处于复杂应力状态，则需求出其主应力，按强度理论来进行强度计算。需要指出，若构件的组合变形超出了线弹性范围，或虽在线弹性范围内但变形较大，则不能按其初始形状或尺寸进行计算，必须考虑各基本变形之间的相互影响，而不能应用叠加原理。

本章将讨论工程中经常遇到的几种组合变形问题。

第二节　拉伸（压缩）与弯曲的组合

一、横向力与轴向力共同作用

当杆件同时承受垂直于轴线的横向力和沿着轴线方向的纵向力时（见图 12-2），杆件的横截面上将同时产生轴力、弯矩和剪力。忽略剪力的影响，轴力和弯矩都将在横截面上产生正应力。根据轴力图和弯矩图，可以确定杆件的危险截面以及危险截面上的轴力 F_N 和弯矩 M_{max}。

轴力 F_N 引起的正应力沿整个横截面均匀分布，轴力为正时，产生拉应力；轴力为负时

产生压应力

$$\sigma' = \pm \frac{F_N}{A}$$

弯矩 M_{max} 引起的正应力沿横截面高度方向线性分布

$$\sigma'' = \frac{M_z}{I_z} y$$

应用叠加法，将两者分别引起的同一点的正应力相加，所得到的应力就是二者在同一点引起的总应力。

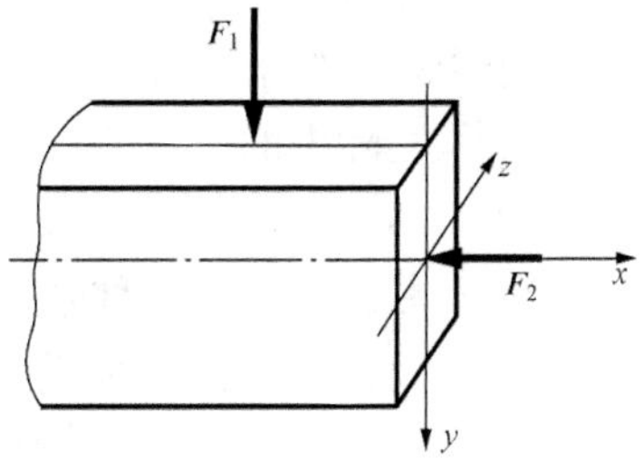

图 12-2 横向力与轴向力共同作用

$$\sigma = \frac{F_N}{A} + \frac{M_z}{I_z} y$$

计算时，应考虑轴力 F_N 和弯矩 M_{max} 的方向及所引起的应力的正负，下面以例题来说明。

【例 12-1】 最大吊重 $W = 8$kN 的起重机如图 12-3（a）所示。若已知 AB 杆为工字钢，材料为 Q235 钢，许用应力为 $[\sigma] = 100$MPa，试选择工字钢型号。

解 先求出 CD 杆的长度为

$$l = \sqrt{2500^2 + 800^2} = 2620(\text{mm})$$

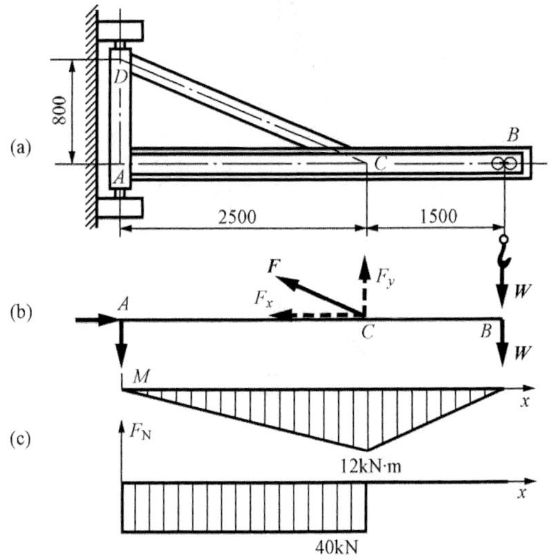

图 12-3 ［例 12-1］图

（a）起重机；（b）AB 杆受力简图；（c）AB 杆的弯矩图和轴力图

AB 杆的受力简图如图 12-3（b）所示。设 CD 杆的拉力为 F，由平衡方程 $\sum M_A = 0$，得

$$F \times \frac{800}{2620} \times 2500 - 8000 \times (2500 + 1500) = 0$$

$$F = 42000\text{N}$$

把 F 分解为沿 AB 杆轴线的分量 F_x 和垂直于 AB 杆轴线的分量 F_y，可见 AB 杆在 AC 段内产生压缩与弯曲的组合变形

$$F_x = F \times \frac{2500}{2620} = 40\text{kN}$$

$$F_y = F \times \frac{800}{2620} = 12.8\text{kN}$$

作 AB 杆的弯矩图和 AC 段的轴力图如图 12-3（c）所示。从图 12-3（c）中看出，在 C 点左侧的截面上弯矩为最大值，而轴力与其他截面相同，故为危险截面。

开始试算时，先不考虑轴力 F_N 的影响，只根据弯曲强度条件选取工字钢。这时

$$W \geqslant \frac{M_{max}}{[\sigma]} = \frac{12 \times 10^6}{100 \times 10^6} = 120 \times 10^{-6}(\text{m}^3)$$

查型钢表，选取 16 号工字钢，$W = 141\text{cm}^3$，$A = 26.1\text{cm}^2$。选定工字钢后，同时考虑轴力 F_N 及弯矩 M_z 的影响，再进行强度校核。在危险截面 C 的下边缘各点上发生最大压应力，且为

$$|\sigma_{max}| = \left| \frac{F_N}{A} + \frac{M_{max}}{W_z} \right| = \left| -\frac{40 \times 10^3}{26.1 \times 10^{-4}} - \frac{12 \times 10^3}{141 \times 10^{-6}} \right| = 100.5(\text{MPa})$$

由于 $\frac{\sigma_{max} - [\sigma]}{[\sigma]} = \frac{0.5}{100} = 0.5\% < 5\%$，故无需重新选择截面的型号。

二、偏心拉伸与偏心压缩

当作用在直杆上的外力的作用线与杆的轴线平行而不相重合时，将引起偏心拉伸或偏心压缩。工程实际中的砖（桥）墩、厂房的柱子以及冲床立柱等，都会受到这种荷载。此时杆件横截面上的内力，只有轴力和弯矩，实质上也是拉压与弯曲的组合。

今以横截面具有两对称轴的等直杆承受距离截面形心为 e（称为偏心距）的偏心拉力 F［见图 12-4（a）］为例，来说明偏心拉伸杆件的强度计算。先将作用在杆端截面上 A 点处的拉力 $\boldsymbol{F}$ 向截面形心 O_1 点简化，得到轴向拉力 $\boldsymbol{F}$ 和力偶矩 Fe［其矢量如图 12-4（b）所示］。然后，将力偶矩 Fe 分解为 M_y 和 M_z，计算可得

$$M_y = Fe\sin\alpha = Fz_F$$
$$M_z = Fe\cos\alpha = Fy_F$$

式中：坐标轴 y，z 为截面的两个对称轴（亦即形心主惯性轴）；y_F，z_F 为偏心拉力 F 作用点（A 点）的坐标。于是，得到一个包含轴向拉力和两个在纵向对称面内的力偶［见图 12-4（c）］的静力等效力系。当杆的弯曲刚度较大时，同样可按叠加原理求解。

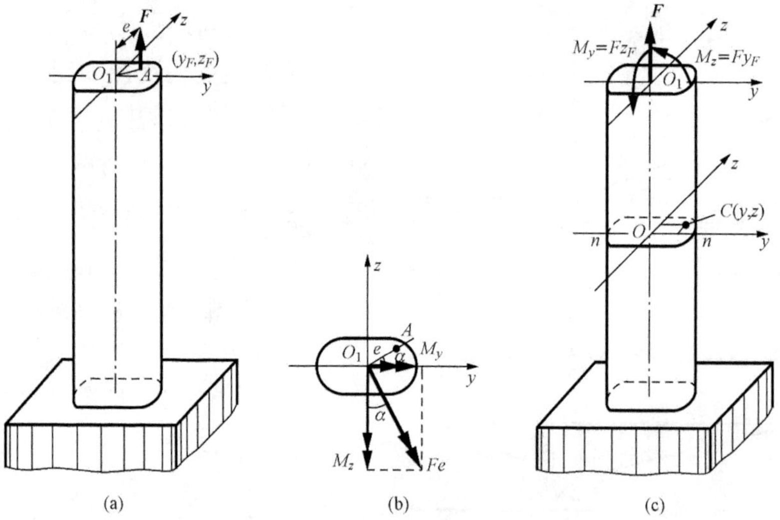

图 12-4 偏心拉伸杆的强度计算

（a）具有两对称轴的等直杆；（b）将拉力 F 简化；（c）静力等效力系

在上述力系作用下任一横截面上的任一点 $C(y,z)$［见图 12-4（c）］处，对应于轴力 $F_N=F$ 和两个弯矩 $M_y=Fz_F$，$M_z=Fy_F$ 的正应力分别为

$$\sigma' = \frac{F_N}{A} = \frac{F}{A},\ \sigma'' = \frac{M_y z}{I_y} = \frac{Fz_F z}{I_y},\ \sigma''' = \frac{M_z y}{I_z} = \frac{Fy_F y}{I_z}$$

根据杆件的变形可知，σ'，σ''和σ'''均为拉应力。于是，由叠加原理得 C 点处的正应力为

$$\sigma = \sigma' + \sigma'' + \sigma''' = \frac{F}{A} + \frac{Fz_F z}{I_y} + \frac{Fy_F y}{I_z} \tag{12-1}$$

式中：A 为横截面面积；I_y 和 I_z 分别为横截面对于两对称轴 y 和 z 的惯性矩。利用惯性矩与惯性半径间的关系

$$I_y = Ai_y^2,\qquad I_z = Ai_z^2$$

式（12-1）可改写为

$$\sigma=\sigma'+\sigma''+\sigma'''=\frac{F}{A}\left(1+\frac{z_F z}{i_y^2}+\frac{y_F y}{i_z^2}\right) \tag{12-2}$$

上式是一个平面方程，这表明正应力在横截面上按线性规律变化，而应力平面与横截面相交的直线（沿该直线 $\sigma=0$）就是中性轴［见图 12-5（a）］。令（y_0，z_0）代表中性轴上任一点的坐标，则由式（12-2）可得中性轴方程为

$$1+\frac{z_F}{i_y^2}z_0+\frac{y_F}{i_z^2}y_0=0 \tag{12-3}$$

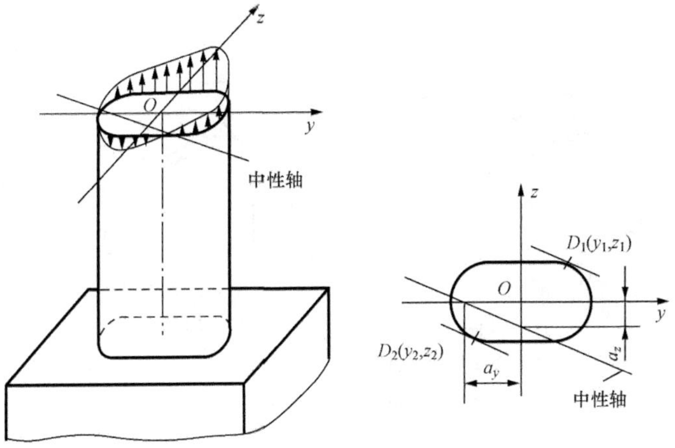

图 12-5 偏心拉伸（或压缩）时的中性轴位置确定

（a）中性轴；（b）确定中性轴的位置

可见，在偏心拉伸（或压缩）情况下，中性轴是一条不通过截面形心的直线。为定出中性轴的位置，可利用其在 y，z 两轴上的截距 a_y 和 a_z［见图 12-5（b）］。在式（12-3）中，令 $z_0=0$ 相应的 y_0 即为 a_y，而令 $y_0=0$ 相应的 z_0 则为 a_z。由此求得

$$a_y=-\frac{i_z^2}{y_F},\qquad a_z=-\frac{i_y^2}{z_F} \tag{12-4}$$

因为 A 点在第一象限内，y_F，z_F 都是正值，由此可见，a_y 和 a_z 均为负值。即中性轴与外力作用点分别处于截面形心的相对两侧［见图 12-5（a）、图 12-5（b）］。

对于周边无棱角的截面，可作两条与中性轴平行的直线与横截面的周边相切，两切点 D_1 和 D_2 即为横截面上最大拉应力和最大压应力所在的危险点［见图 12-5（b）］。将危险点 D_1 和 D_2 的坐标分别代入式（12-1），即可求得最大拉应力和最大压应力的值。

对于周边具有棱角的截面，其危险点必定在截面的棱角处，并可根据杆件的变形来确定。例如，矩形截面杆受偏心拉力 F 作用时，若杆任一横截面上的内力分量为 $F_N=F$ 和 $M_y=Fz_F$，$M_z=Fy_F$，则与各内力分量相对应的正应力变化规律分别如图 12-6（a）～图 12-6（c）所示。由叠加原理，即得杆在偏心拉伸时横截面上正应力的变化规律［见图 12-6（d）］。可见，最大拉应力 σ_{tmax} 和最大压应力 σ_{cmax} 分别在截面的棱角 D_1 和 D_2 处，其值为

$$\left.\begin{matrix}\sigma_{tmax}\\ \sigma_{cmax}\end{matrix}\right\}=\frac{F}{A}\pm\frac{Fz_F}{W_y}\pm\frac{Fy_F}{W_z} \tag{12-5}$$

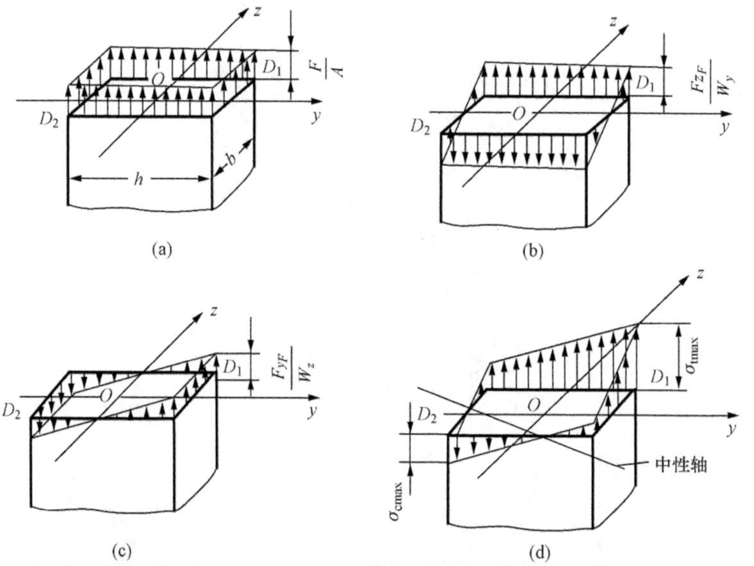

图 12-6 正应力的变化规律

(a) F_N 产生的正应力变化规律；(b) M_y 产生的正应力变化规律；(c) M_z 产生的正应力变化规律；(d) 偏心拉伸时横截面上正应力的变化规律

显然，式（12-5）对于箱形、工字形等具有棱角的截面都是适用的。由式（12-5）还可看出，当外力的偏心距（即 y_F，z_F 值）较小时，横截面上就可能不出现压应力，即中性轴不一定与横截面相交。

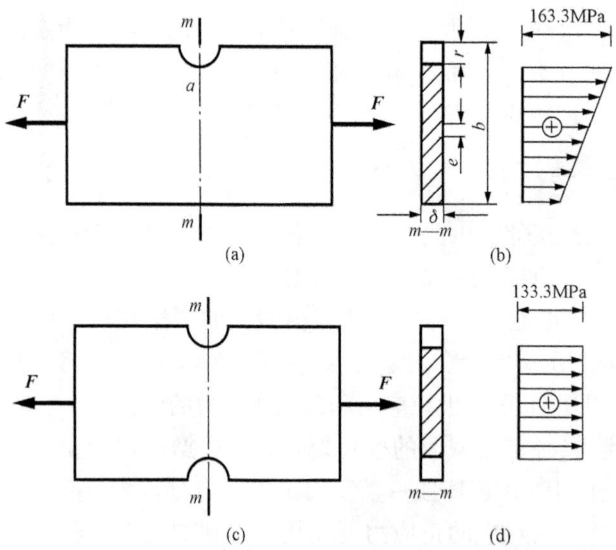

图 12-7 ［例 12-2］图

(a) 带槽钢板；(b) 引起拉应力；(c) 在槽的对称位置再开一槽；(d) 开槽的应力分布

【例 12-2】 一带槽钢板受力如图 12-7（a）所示，已知钢板宽度占 $b=8\text{cm}$，厚度 $\delta=1\text{cm}$，边缘上半圆形槽的半径 $r=1\text{cm}$，已知拉力 $F=80\text{kN}$，作用于钢板宽度中点，钢板许用应力 $[\sigma]=140\text{MPa}$。试对此钢板进行强度校核。

解 由于钢板在截面 $m—m$ 处有一半圆形槽，因而外力 F 对此截面为偏心拉伸，其偏心距值为

$$e=\frac{b}{2}-\frac{b-r}{2}=\frac{r}{2}=5\times10^{-3}\text{m}$$

截面 $m—m$ 的轴力和弯矩分别为

$$F=80000\text{N}$$

$$M=Fe=400\text{N}\cdot\text{m}$$

轴力和弯矩在半圆槽底部的 a 点处都引起拉应力［见图 12-7（b）］，此处即为危险点。由式（12-5）得最大拉应力为

$$\sigma_{\text{tmax}} = \frac{F}{\delta(b-r)} + \frac{Pe}{\frac{\delta(b-r)^2}{6}} = \frac{80000}{10 \times (80-10) \times 10^{-6}} + \frac{6 \times 400}{10 \times (80-10)^2 \times 10^{-6}}$$

$$= 163.6(\text{MPa}) > [\sigma]$$

计算结果表明，钢板在截面 $m—m$ 处的强度不够。

从上面的分析可知，造成钢板强度不够的原因，是由于偏心拉伸而引起的弯矩使截面 $m—m$ 的应力显著增加。为了保证钢板具有足够的强度，在允许的条件下，可在槽的对称位置再开一槽［见图 12-7（c）］。这样就避免了偏心拉伸，而使钢板变为轴向拉伸了。此时截面 $m—m$ 上的应力［见图 12-7（d）］为

$$\sigma_{\text{tmax}} = \frac{F}{\delta(b-2r)} = \frac{80000}{10 \times (80-2 \times 10) \times 10^{-6}} = 133.3(\text{MPa}) < [\sigma]$$

由此可知，虽然钢板被两个槽所削弱，使横截面面积减少了，但由于避免了荷载的偏心，因而使截面 $m—m$ 的实际应力比有一个槽时大为降低，保证了钢板的强度。但需注意，开槽时应使截面变化缓和些，以减小应力集中。

第三节　弯曲与扭转的组合

扭转与弯曲的组合变形是机械工程中最常见的情况。下面以一个典型的弯曲与扭转组合变形的圆杆为例来说明弯曲与扭转组合变形时的强度计算。

设有一圆杆 AB，一端固定，一端自由；在自由端 B 处安装有一圆轮，并于轮缘处作用一集中力 F，如图 12-8（a）所示，现在研究圆杆 AB 的强度。为此，将力 F 向 B 端面的形心平移，得到一横向力 F 和矩为 $m=FR$ 的力偶，此时圆杆 AB 的受力情况可简化为如图 12-8（b）所示，横向力和力偶分别使圆杆 AB 发生平面弯曲和扭转。

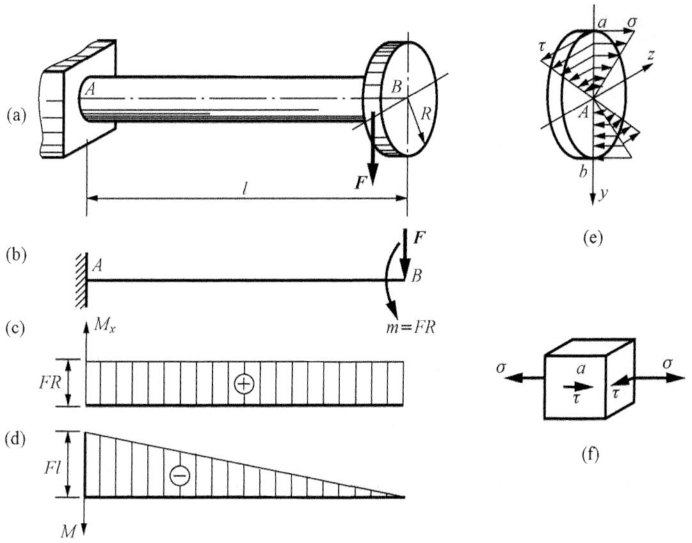

图 12-8　弯曲与扭转的组合

（a）有一圆杆 AB 在自由端 B 处安装有一圆轮；（b）简化 AB 的受力情况；（c）扭矩图；（d）弯矩图；（e）弯曲正应力和扭转切应力的分布规律；（f）从 a 点处取出一个单元体

作出圆杆的扭矩图和弯矩图［见图 12-8（c）、图 12-8（d）］，由图 12-8（d）可见，圆杆左端的弯矩最大，所以此杆的危险截面位于固定端处。危险截面上弯曲正应力和扭转切应力的分布规律如图 12-8（e）所示。由图可见，在 a 和 b 两点处，弯曲正应力和扭转切应力同时达到最大值，均为危险点，其上的最大弯曲正应力 σ 和最大扭转切应力 τ 分别为

$$\left.\begin{aligned}\sigma &= \frac{M}{W}\\ \tau &= \frac{T}{W_t}\end{aligned}\right\} \tag{12-6}$$

式中：M 和 T 分别为危险截面的弯矩和扭矩；W 和 W_t 分别为抗弯截面系数和抗扭截面系数。如在 a，b 两危险点中的任一点，例如 a 点处取出一单元体，如图 12-8（f）所示，则由于此单元体处于平面应力状态，故需用强度理论来进行强度计算。为此需先求单元体的主应力。将 $\sigma_y=0$、$\sigma_x=\sigma$ 和 $\tau_{xy}=\tau$ 代入式（11-6），可得

$$\left.\begin{aligned}\left.\begin{matrix}\sigma_1\\ \sigma_3\end{matrix}\right\} &= \frac{\sigma}{2} \pm \sqrt{\left(\frac{\sigma}{2}\right)^2 + \tau^2}\\ \text{另一主应力}\quad \sigma_2 &= 0\end{aligned}\right\} \tag{12-7}$$

求得主应力后，即可根据强度理论进行强度计算。

机械中的轴一般都用塑性材料制成，因此应采用第三或第四强度理论。由式（11-28），如用第三强度理论，其强度条件为

$$\sigma_1 - \sigma_3 \leqslant [\sigma] \tag{12-8}$$

将主应力式（12-7）代入式（12-8），可得用正应力和切应力表示的强度条件为

$$\sigma_{r3} = \sigma_1 - \sigma_3 = \sqrt{\sigma^2 + 4\tau^2} \leqslant [\sigma] \tag{12-9}$$

若将式（12-6）代入式（12-9），并注意到对于圆杆 $W_t=2W$，可得以弯矩、扭矩和抗弯截面系数表示的强度条件为

$$\sigma_{r3} = \frac{\sqrt{M^2 + T^2}}{W} \leqslant [\sigma] \tag{12-10}$$

如用第四强度理论，则将各主应力代入式（11-30），得

$$\sqrt{\frac{1}{2}\left[(\sigma_1 - \sigma_2)^2 + (\sigma_2 - \sigma_3)^2 + (\sigma_3 - \sigma_1)^2\right]} \leqslant [\sigma]$$

可得按第四强度理论建立的强度条件为

$$\sigma_{r4} = \sqrt{\sigma^2 + 3\tau^2} \leqslant [\sigma] \tag{12-11}$$

若以式（12-6）代入式（12-11），则得

$$\sigma_{r4} = \frac{\sqrt{M^2 + 0.75T^2}}{W} \leqslant [\sigma] \tag{12-12}$$

以上公式同样适用于空心圆杆，只需以空心圆杆的抗弯截面系数代替实心圆杆的抗弯截面系数即可。

式（12-9）～式（12-12）为弯曲与扭转组合变形圆杆的强度条件。对于拉伸（或压缩）与扭转组合变形的圆杆，其横截面上也同时作用有正应力和切应力，在危险点处取出的单元体，其应力状态同弯曲与扭转组合时的情况相同，因此也可得出式（12-9）和式（12-

11）的强度条件，但其中的弯曲应力σ应改为拉伸（或压缩）应力，而式（12-10）和式（12-12）只适用于圆形截面杆的弯曲与扭转组合变形。

【例 12-3】 图 12-9（a）所示为一钢制实心圆轴，轴上的齿轮 C 上作用有铅垂切向力 5kN，径向力 1.82kN；齿轮 D 上作用有水平切向力 10kN，径向力 3.64kN。齿轮 C 的节圆直径 $d_C=400\text{mm}$，齿轮 D 的节圆直径 $d_D=200\text{mm}$。设许用应力 $[\sigma]=100\text{MPa}$，试按第四强度理论求轴的直径。

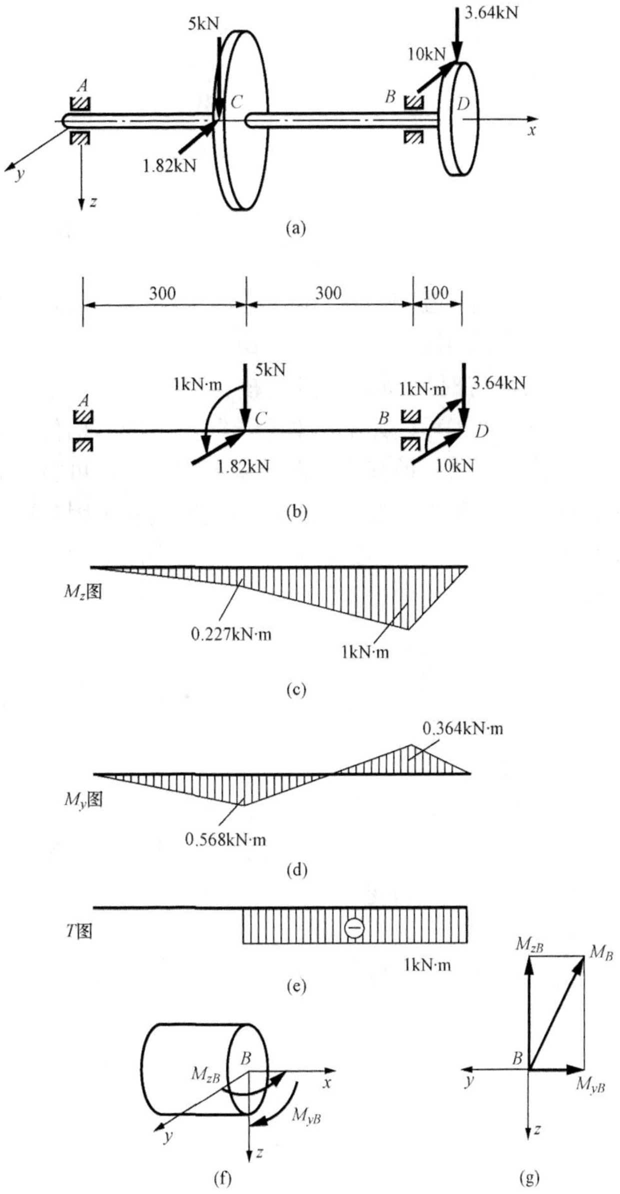

图 12-9 ［例 12-3］图

（a）钢制实心圆轴；（b）将力向轴的截面形心简化；（c）M_z 图；（d）M_y 图；（e）T 图；（f）M_B 图；（g）弯矩合成

解 首先将每个齿轮上的切向外力向该轴的截面形心简化，从而得到一个力和一个力偶［见图 12-9（b）］。于是，可得使轴产生扭转和在 x—y、x—z 两个纵向对称平面内发生弯曲的三组外力。然后分别作出轴在 x—y 和 x—z 两纵对称平面内的两个弯矩图以及扭矩图，如图 12-9（c）～图 12-9（e）所示。

由于通过圆轴轴线的任一平面都是纵向对称平面，所以当轴上的外力位于相互垂直的两纵对称平面内时，可将其引起的同一横截面上的弯矩按矢量和求得总弯矩，并用总弯矩来计算该横截面上的正应力。由轴的两个弯矩图［见图 12-9（c）、图 12-9（d）］可知，横截面 B 上的总弯矩为最大。

按矢量和可得截面 B 上的总弯矩 M_B［见图 12-9（g）］为

$$M_B=\sqrt{M_{yB}^2+M_{zB}^2}=\sqrt{(364)^2+(1000)^2}=1064(\text{N}\cdot\text{m})$$

在 CD 段内各横截面上的扭矩均相同，故截面 B 是危险截面，其扭矩为

$$T_B=-1000\text{N}\cdot\text{m}$$

于是，按式（12-9）建立强度条件

$$\sigma_{r4}=\frac{\sqrt{M^2+0.75T^2}}{W}$$

$$=\frac{\sqrt{(1064)^2+0.75\times(-1000)^2}}{W}$$

$$=\frac{1372}{W}\leqslant[\sigma]$$

对于实心圆轴，$W=\frac{\pi d^3}{32}$，由此可按强度条件求得所需的直径为

$$d\geqslant\sqrt[3]{\frac{32\times1372\times10^3}{\pi\times100}}=51.9(\mathrm{mm})$$

必须指出，上述轴的计算是按静荷载情况来考虑的。这样处理在轴的初步设计或估算时是经常采用的。实际上，由于轴的转动，轴是在周期变化的交变应力作用下工作的，因此，有时还须进一步校核在交变应力作用下的强度。

此外，在工程设计中，对于一些组合变形构件的强度问题，也常采用一种简化的计算方法。这就是当某一种基本变形起主导作用时，可将次要的基本变形忽略不计，而将构件简化为某种单一的基本变形；同时适当地增大安全因数或降低许用应力。例如拧紧螺栓时，是拉伸与扭转的组合变形问题，有时则降低许用应力而只按拉伸强度来计算。如果构件所产生的几种基本变形都比较重要而不能忽略时，这就应作为组合变形构件的问题来处理。

小 结

1. 组合变形和叠加原理

(1) 组合变形。杆件变形由两种或两种以上基本变形组合的情况，称为组合变形。

(2) 叠加原理。对于线弹性状态的构件，将其组合变形分解为基本变形，考虑在每一种基本变形下的应力和变形，然后进行叠加。

2. 斜弯曲

(1) 应力计算。任意截面上（M_y，M_z）任一点 C（y，z）处的应力为

$$\sigma_x=\frac{M_y}{I_y}z-\frac{M_z}{I_z}y$$

(2) 危险点位置。危险点位于危险截面上距中性轴最远的点处。若截面有棱角，则危险点必在棱角处；若截面无棱角，则危险点为截面周边上平行于中性轴的切点处。

3. 拉伸（压缩）与弯曲的组合

(1) 横向力与轴向力共同作用。强度条件，由内力图（F_N，M 图）及横截面上的应力变化规律确定危险点。危险点为单向应力状态，其应力计算为

$$\sigma_{\max}=\frac{F_{N\max}}{A}+\frac{M_{\max}}{W}$$

(2) 偏心拉伸（压缩）。强度条件，危险点位于距中性轴最远的点处。危险点为单向应力状态，其应力计算为

$$\sigma_{\max}=\frac{F}{A}\left(1+\frac{z_Fz_1}{i_y^2}+\frac{y_Fy_1}{i_z^2}\right)$$

强度计算时，若材料的 $[\sigma_t]\neq[\sigma_c]$，则拉、压强度均应满足。

4. 扭转与弯曲的组合

强度条件：

危险截面上危险点为平面应力状态，其应力分量分别为

$$\sigma=\frac{M}{W},\ \tau=\frac{T}{W_t}$$

圆轴一般均为塑性材料，故选用第三或第四强度理论，则强度条件为

第三强度理论

$$\sigma_{r3}=\sqrt{\sigma^2+4\tau^2}=\frac{\sqrt{M^2+T^2}}{W}\leqslant[\sigma]$$

第四强度理论

$$\sigma_{r4}=\sqrt{\sigma^2+3\tau^2}=\frac{\sqrt{M^2+0.75T^2}}{W}\leqslant[\sigma]$$

思考题

12-1 如何判断构件的变形类型？试分析图 12-10 所示杆件各段的变形类型。

12-2 用叠加法计算组合变形杆件的内力和应力时，其限制的条件是什么？为什么必须满足这些条件？

12-3 试判断图 12-11 所示各杆危险截面及危险点的位置，并画出危险点的应力状态。

12-4 试问双对称截面梁在两相互垂直的平面内发生对称弯曲时，采用什么样的截面形状最为合理？为什么？

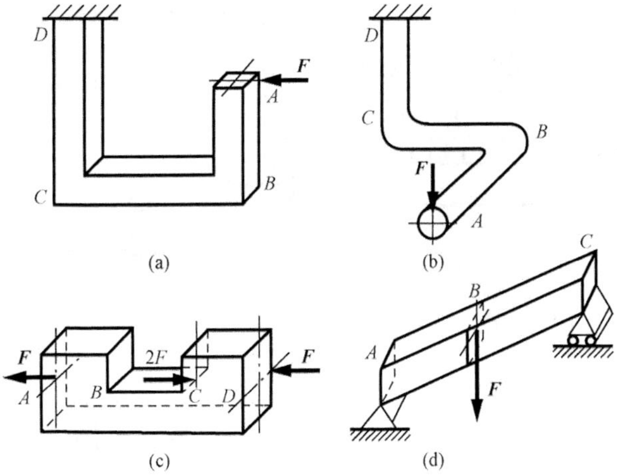

图 12-10 思考题 12-1 图

12-5 在平面弯曲和斜弯曲两种情况下，分别讨论：(1) 中性轴的方向与力 P 的方向是否垂直？(2) 变形后的位移是否与荷载作用的平面重合？(3) 中性轴是否与位移垂直？

12-6 圆截面梁如图 12-12 所示，若梁同时承受轴向拉力 F、横向力 q 和扭转力偶矩 M_0 的作用，试指出：(1) 危险截面、危险点的位置；(2) 危险点的应力状态；(3) 下面两个强度条件式哪一个是正确的？

$$\sigma_{r3}=\frac{P}{A}+\frac{1}{W}\sqrt{M^2+M_0^2}\leqslant[\sigma]$$

$$\sigma_{r4}=\sqrt{\left(\frac{P}{A}+\frac{M}{W}\right)^2+4\left(\frac{M_0}{W_t}\right)^2}\leqslant[\sigma]$$

12-7 某工厂修理机器时，发现一受拉的矩形截面杆在一侧有一小裂纹。为了防止裂纹扩展，有人建议在裂纹尖端处钻一个光滑小圆孔即可 [见图 12-13 (a)]，还有人认为除

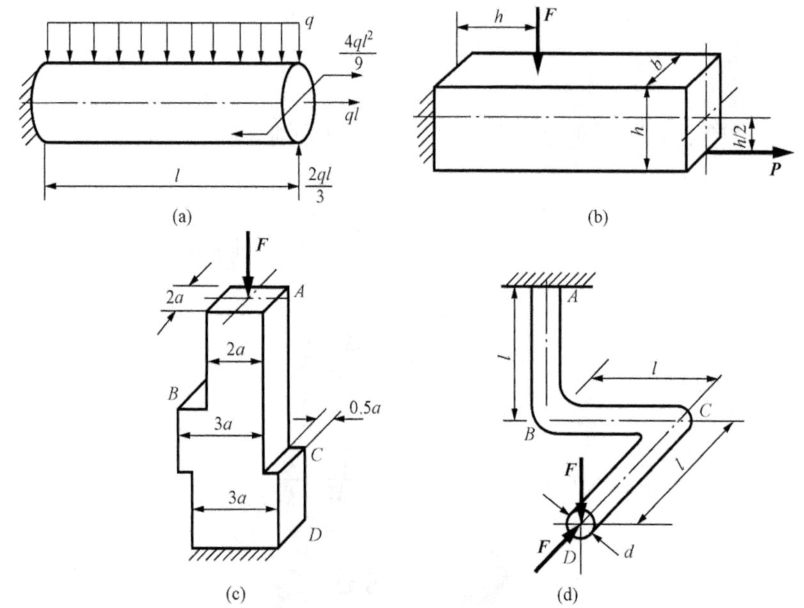

图 12-11 思考题 12-3 图

在上述位置钻孔外，还应当在其对称位置再钻一个同样大小的圆孔［见图 12-13（b）］。试问哪一种作法好？为什么？

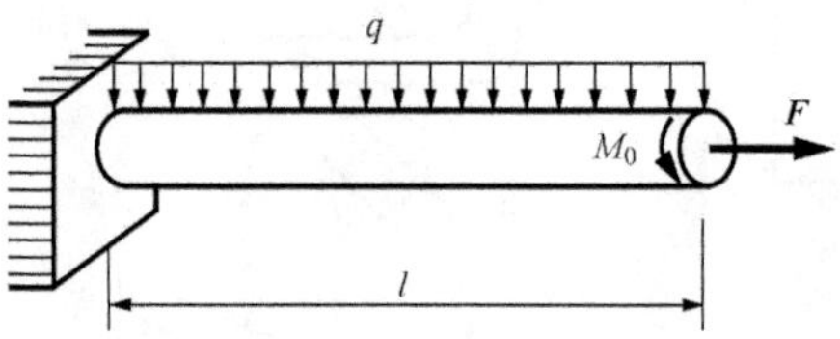

图 12-12 思考题 12-6 图

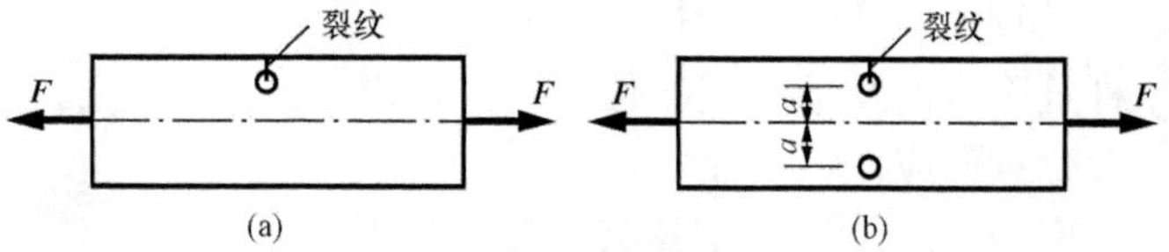

图 12-13 思考题 12-7 图

习 题

12-1 如图 12-14 所示，旋转式起重机由工字梁 AB 及拉杆 BC 组成，A，B，C 三处均可以简化为铰链约束。起重荷载 $F=22\text{kN}$，$l=2\text{m}$。已知 $[\sigma]=100\text{MPa}$。试选择 AB 梁的工字钢型号。

12-2 如图 12-15 所示，斜杆 AB 的横截面为 100mm×100mm 的正方形，若 $F=3\text{kN}$，试求其最大拉应力和最大压应力。

12-3 图 12-16 所示钻床的立柱为铸铁制成，$F=15\text{kN}$，许用拉应力 $[\sigma_t]=0.3\text{MPa}$。试确定立柱所需直径 d。

12-4 图 12-17 所示为一矩形截面杆，用应变片测得杆件上、下表面的轴向应变分别为 $\varepsilon_a=1\times10^{-3}$，$\varepsilon_b=0.4\times10^{-3}$，材料的弹性模量 $E=210\text{GPa}$。(1) 试绘制横截面的正应力分布图；(2) 求拉力 F 及其偏心距 e 的数值。

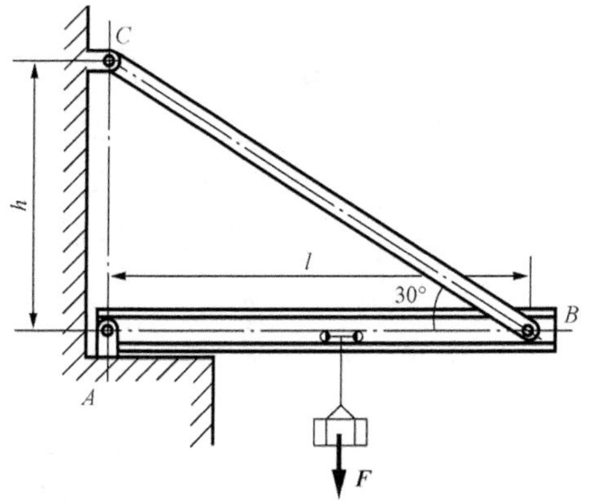

图 12-14　题 12-1 图

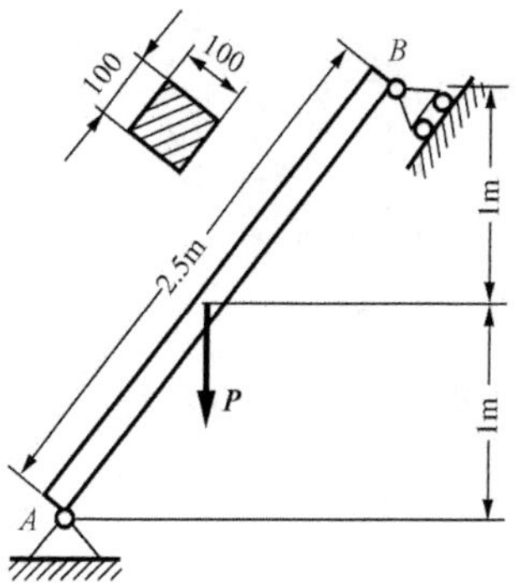

图 12-15　题 12-2 图

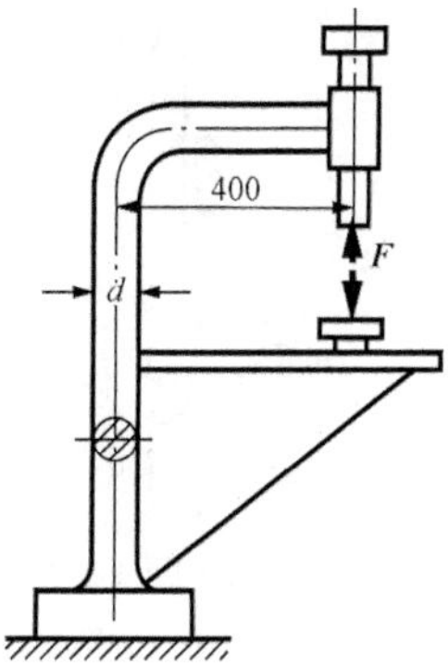

图 12-16　题 12-3 图

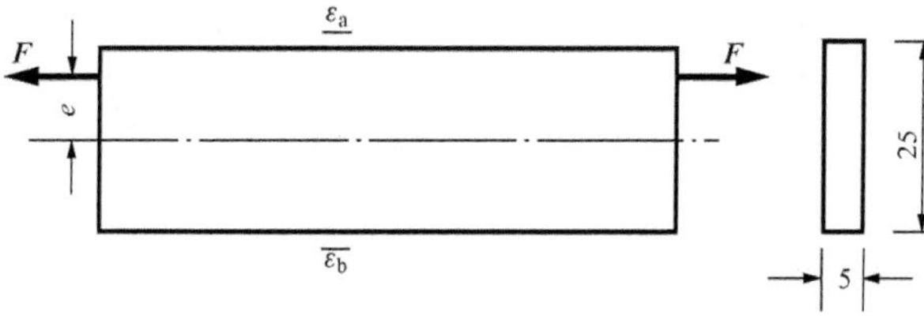

图 12-17　题 12-4 图

12-5　试求图 12-18（a）和图 12-18（b）中所示两杆横截面上最大正应力及其比值。

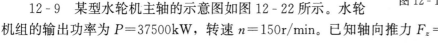

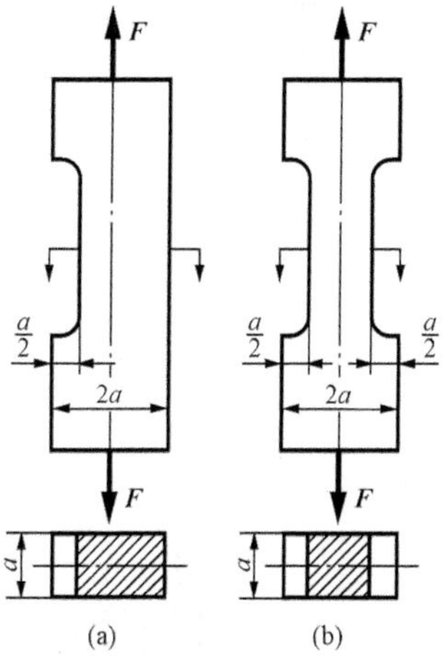

图 12-18　题 12-5 图

12-6　如图 12-19 所示，铁道路标圆信号板，装在外径 $D=60\text{mm}$ 的空心圆柱上，所受的最大风载 $q=2\text{kN/m}^2$，$[\sigma]=60\text{MPa}$。试按第三强度理论选定空心柱的厚度。

12-7　如图 12-20 所示，电动机的功率为 $P=9\text{kW}$，转速 $n=715\text{r/min}$，带轮直径 $D=250\text{mm}$，主轴外伸部分长度为 $l=120\text{mm}$，主轴直径 $d=40\text{mm}$。若 $[\sigma]=60\text{MPa}$，试用第三强度理论校核轴的强度。

12-8　一手摇绞车如图 12-21 所示。已知轴的直径 $d=25\text{mm}$，材料为 Q235 钢，其许用应力 $[\sigma]=80\text{MPa}$。试按第四强度理论求绞车的最大起吊重量 P。

12-9　某型水轮机主轴的示意图如图 12-22 所示。水轮机组的输出功率为 $P=37500\text{kW}$，转速 $n=150\text{r/min}$。已知轴向推力 $F_z=4800\text{kN}$，转轮重 $W_1=390\text{kN}$；主轴的内径 $d=340\text{mm}$，外径 $D=750\text{mm}$，自重 $W=285\text{kN}$。主轴材料为 45 钢，其许用应力为 $[\sigma]=80\text{MPa}$。试按第四强度理论校核主轴的强度。

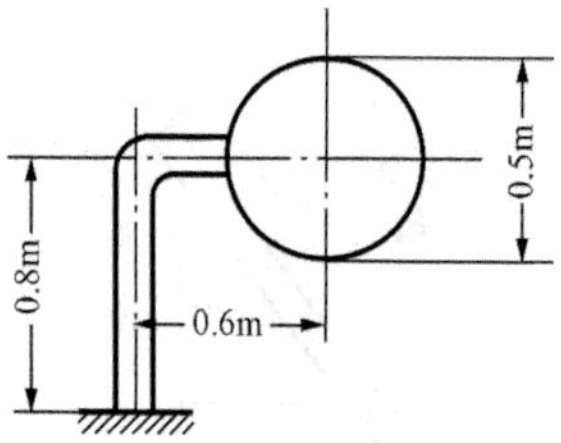

图 12-19 题 12-6 图

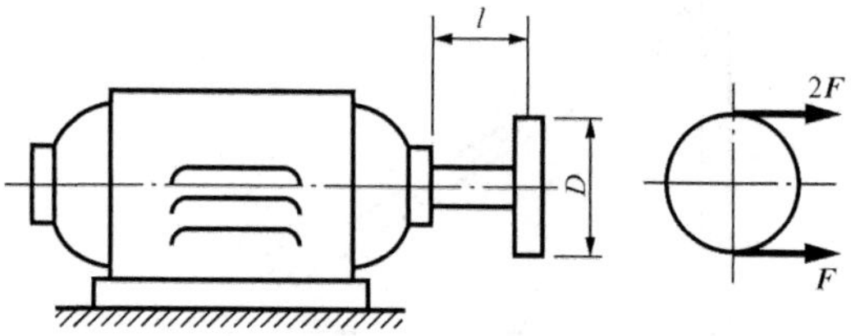

图 12-20 题 12-7 图

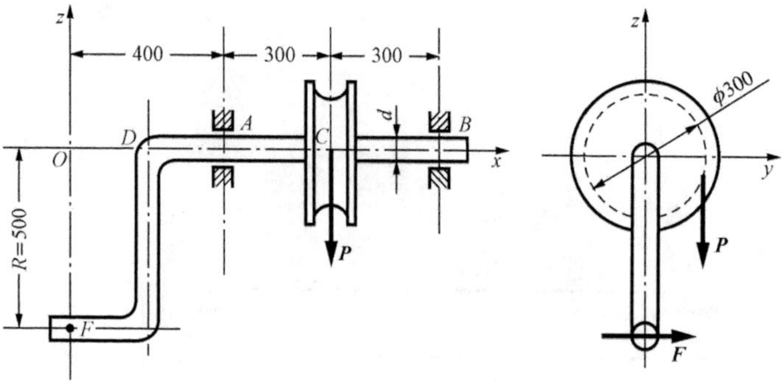

图 12-21 题 12-8 图

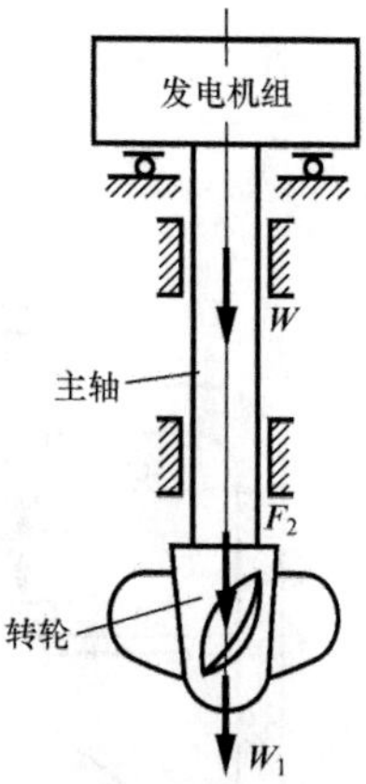

图 12-22 题 12-9 图

12-10 如图 12-23 所示，端截面密封的曲管的外径为 100mm，壁厚 $\delta=5\text{mm}$，内压 $p=8\text{MPa}$。集中力 $F=3\text{kN}$，A，B 两点在管的外表面上，一为截面垂直直径的端点，一为水平直径的端点。试确定两点的应力状态。

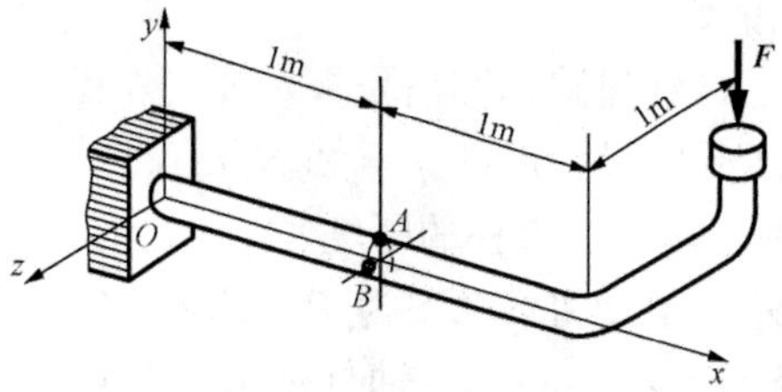

图 12-23 题 12-10 图

第十三章　压　杆　稳　定

第一节　压杆稳定的概念

前面在讨论受压直杆的强度问题时，认为只要压杆满足压缩强度条件，就能保证压杆安全工作。这个结论对于短粗压杆是正确的，但对于细长压杆就不适用了。例如，一根长为300mm的钢板尺，其横截面尺寸为20mm×1mm，若其材料的许用应力为196MPa，按压缩强度条件，它的承载能力为

$$F = 196 \times 20 \times 1 = 3920(\text{N}) = 3.92(\text{kN})$$

但是实际上，当压力不足40N时，它就被明显压弯，不可能再承受更大的压力。若压力继续增大，则其弯曲变形急剧增大而折断，这时的压力远小于3.92kN。由此可见，细长压杆的承载能力不取决于其压缩强度，而取决于其保持原来直线形状平衡状态的能力。

取两端铰支的细长直杆［见图13-1（a）］，在两端加与杆件轴线相重合的压力F，在压力从零开始逐渐增大的过程中，可以观察到如下现象：

（1）当轴向压力F小于某极限值F_{cr}时，压杆在微小横向干扰力作用下发生弯曲变形，若去掉干扰力，则压杆经历几次摆动后，仍然恢复到原来的直线形状平衡状态［见图13-1（b）］。这说明压杆原来的直线状态的平衡是稳定的平衡。

（2）当轴向压力F等于极限值F_{cr}时，若给它施以微小横向干扰力，使之发生微弯变形，去掉干扰力后，压杆不再恢复到原来的直线形状平衡状态，仍然处于微弯形状的平衡状态［见图13-1（c）］。它已经不能保持原来直线形状的平衡状态，即**失稳**。由此可见，压杆的轴向力的极限值F_{cr}，是使压杆失稳时的最小压力，称为压杆的临界压力，或称**临界力**。

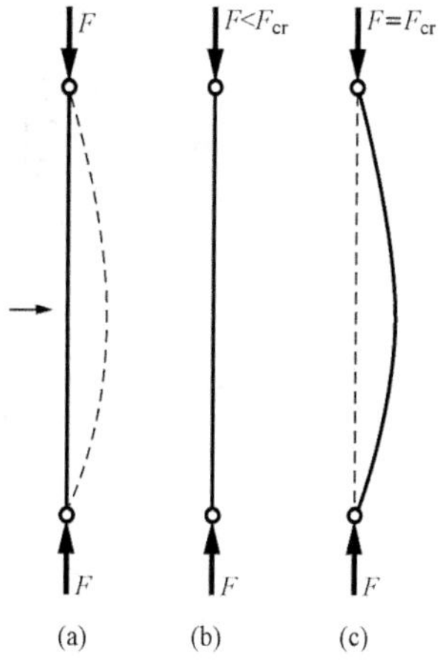

图13-1　压杆的稳定

（a）两端铰支的细长直杆；（b）恢复到原来的直线形状平衡状态；（c）仍然处于微弯形状的平衡状态

杆件失稳后，压力的微小增加将引起弯曲变形的显著增大，杆件已丧失了承载能力。细长压杆失稳时，应力并不一定很高，有时甚至低于比例极限。可见这种形式的失效，并非强度不足，而是稳定性不够。工程中有许多细长的压杆需要考虑其稳定性，例如，千斤顶的丝杠（见图13-2），托架中的压杆（见图13-3），轧钢厂无缝钢管穿孔机的顶杆（见图13-4）以及采矿工程中的钻杆等。压杆的失稳常会带来灾难性的后果，历史上发生过不少次桥梁因压杆失稳而倒塌的严重事故，造成重大损失。除压杆外，其他构件也存在稳定失效问题。例如，在内压作用下的圆柱形薄壳，壁内应力为拉应力，这就是一个强度问题。蒸汽锅炉、圆柱形薄壁容器就是这种情况。但如果圆柱形薄壳在均匀外压作用下，壁内应力变为压应力（见图13-5），则当外压到达临界值时，薄壳的圆形平衡就变为不稳定，会突然

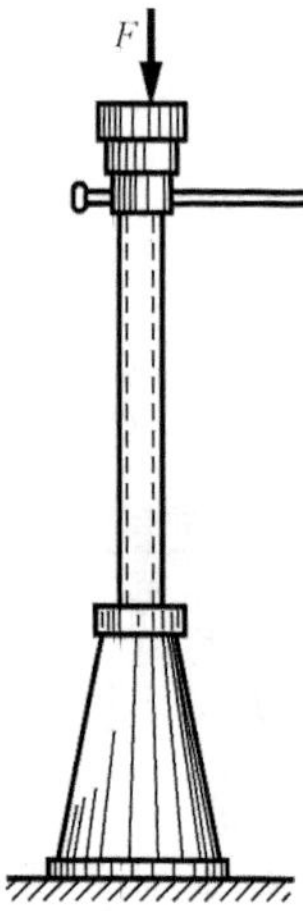

图 13-2 千斤顶的丝杠

变成由虚线表示的扁圆形。与此相似，板条或工字梁在最大抗弯刚度平面内弯曲时，会因荷载达到临界值而发生侧向弯曲（见图 13-6）。薄壳在轴向压力或扭矩作用下，会出现局部折皱。这些都是稳定性问题。本章只讨论中心受压直杆的稳定，其他形式的稳定问题不进行讨论。

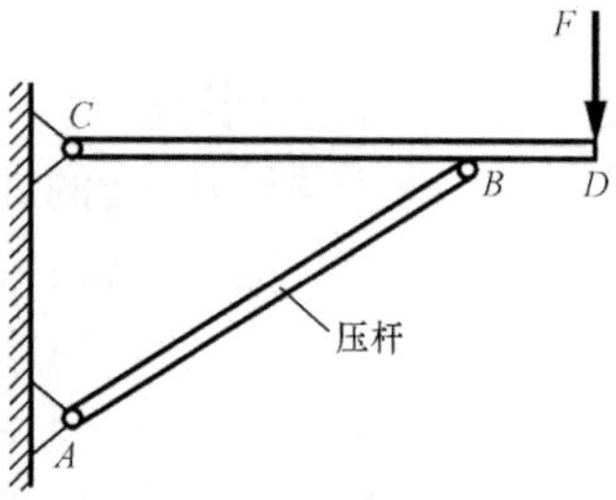

图 13-3 托架中的压杆

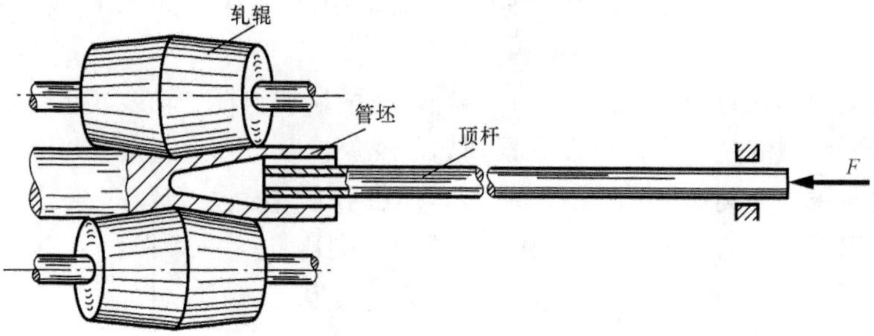

图 13-4 轧钢厂无缝钢管穿孔机的顶杆

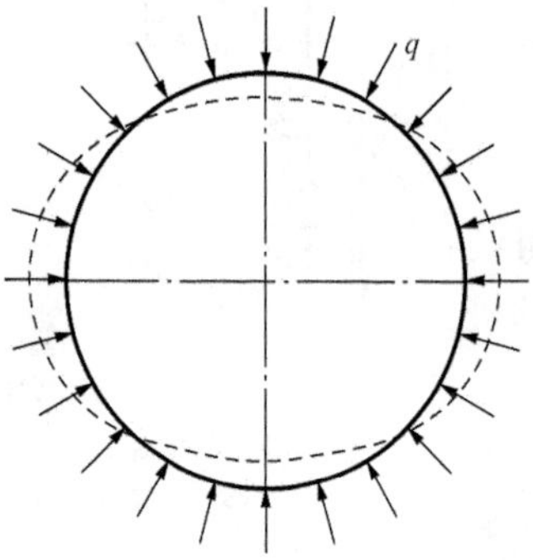

图 13-5 圆柱形薄壳受均匀外压力作用

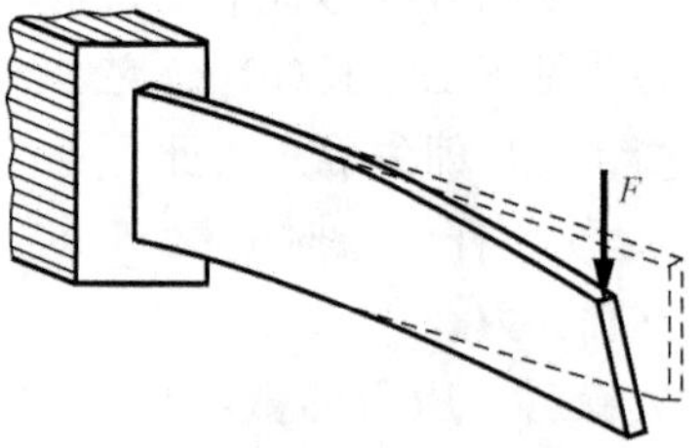

图 13-6 板条在最大抗弯刚度平面内弯曲

第二节 两端铰支细长压杆的临界力

如前所述，对确定的压杆来说，判断其是否会丧失稳定，主要取决于压力是否达到了临界力值。因此，根据压杆的不同条件来确定相应的临界力，是解决压杆稳定问题的关键。由于临界力也可认为是压杆处于微弯平衡状态，当挠度趋向于零时承受的压力。因此，对一般几何、荷载及支座情况不复杂的细长压杆，可根据压杆处于微弯平衡状态下的挠曲线近似微分方程式进行求解，这一方法也称为欧拉法。

现以两端球铰支座、长度为 l 的等截面细长压杆［见图 13-7（a）］为例，推导其临界力的计算公式。假设压杆的轴线在临界力 F_{cr} 作用下呈如图 13-7（a）所示的曲线形态。选取坐标系如图所示，此时，距原点为 x 的任一截面沿 y 方向的挠度为 w，该截面上的弯矩［见图 13-7（b）］为

$$M(x) = -F_{cr}w \tag{13-1}$$

弯矩的正负号仍按以前的规定，压力 F_{cr} 取为正值，挠度 w 沿 y 轴正方向为正。

对微小弯曲变形，挠曲线的近似微分方程为

$$EIw'' = M(x) \tag{13-2}$$

由于杆件的微小弯曲变形一定发生于抗弯能力最小的纵向平面内，所以上式中的 I 是压杆横截面的最小形心主惯性矩。将式（13-1）代入式（13-2），可得

$$w'' = -\frac{F_{cr}}{EI}w \tag{13-3}$$

令

$$\frac{F_{cr}}{EI} = k^2 \tag{13-4}$$

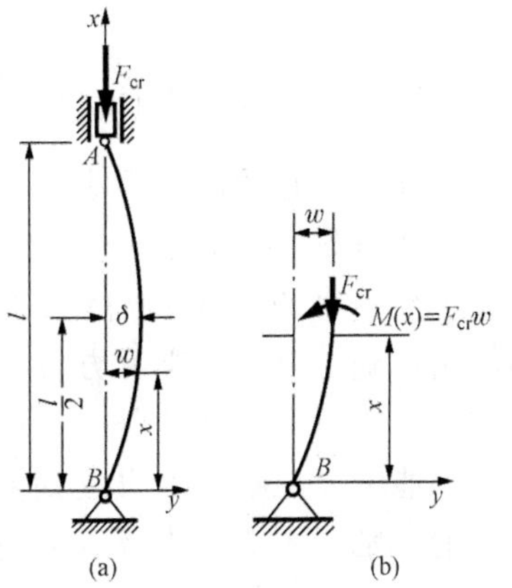

图 13-7 两端铰支细长压杆的临界力

（a）等截面细长压杆；（b）弯矩

则式（13-3）可改写为二阶常系数线性微分方程

$$w'' + k^2w = 0 \tag{13-5}$$

其通解为

$$w = A\sin kx + B\cos kx \tag{13-6}$$

式中：A，B 和 k 为三个待定常数，可用挠曲线的边界条件确定。

当 $x=0$ 和 $x=l$ 时，$w=0$。由此可确定

$$B = 0$$

$$A\sin kl = 0 \tag{13-7}$$

式（13-7）表明，$A=0$ 或 $\sin kl=0$。若取 $A=0$，则由式（13-6）得 $w=0$，即杆没有弯曲，仍保持直线的平衡状态，这与杆已发生微小弯曲变形的前提相矛盾，因此只能是

$$\sin kl = 0$$

满足这一条件的 kl 值为

$$kl = n\pi \quad (n = 0,1,2,\cdots)$$

由此求得

$$k = \frac{n\pi}{l} \tag{13-8}$$

将式（13-8）代入式（13-4），得

$$F_{cr} = \frac{n^2\pi^2EI}{l^2} \tag{13-9}$$

式（13-9）表明，使杆件保持为曲线平衡的压力在理论上是多值的。在这些值中，使杆件保持微小弯曲的最小压力才是临界力 F_{cr}。取 $n=1$，于是得临界力

$$F_{cr}=\frac{\pi^2 EI}{l^2} \tag{13-10}$$

式（13-10）即两端球铰支座、长度为 l 的等截面细长压杆的其临界力 F_{cr} 计算公式，由于该式最早由欧拉（L. Euler）导出，所以通常称为**欧拉公式**。

按照以上讨论，当取 $n=1$ 时，$k=\frac{\pi}{l}$，于是式（13-6）简化为

$$w=A\sin\frac{\pi x}{l}$$

可见，压杆过渡为曲线平衡后，轴线弯成半个正弦波曲线。A 为杆件中点（即 $x=\frac{l}{2}$ 处）的挠度。它的数值很小，但却是未定的。若以横坐标表示中点的挠度 δ，纵坐标表示压力 F（如图 13-8 所示），则当 F 小于 F_{cr} 时，杆件的直线平衡是稳定的，$\delta=0$，F 与 δ 的关系是垂直的直线 OA；当 F 达到 F_{cr} 时，直线平衡变为不稳定，过渡为曲线平衡后，如使用精确的挠曲线微分方程，可得精确的 F 与 δ 的关系如图 13-8 所示曲线 AC 所示。这样，当压力 F 大于 F_{cr} 时，压杆的直线平衡由 D 点表示，但它是不稳定的，一经微弯干扰将不能恢复原状，而过渡到曲线 AC 上同一 F 值的 E 点表示的曲线平衡。曲线平衡是稳定的，轴线不会再恢复为直线，若使其进一步增大弯曲变形必须增加压力，并且对应着荷载的每一个值，中点挠度都有肯定的数值。可见 F_{cr} 正是压杆直线平衡和曲线平衡的分界点。精确解还表明，$F=1.152F_{cr}$ 时，$\delta=0.297l\approx0.30l$，即荷载 F 与 F_{cr} 相比只增加 15%，挠度 δ 已经是杆长 l 的 30%了。这样大的变形，除了比例极限很高的金属丝可以实现外，实际压杆是不能承受的。在达到如此大的变形之前，杆件早已发生塑性变形甚至折断。工程中常见的压杆一般都是小变形的，从图 13-8 看出，在 δ 很小的范围内，代表精确解的曲线 AC 与代表欧拉解的水平线 AB 差别很小。随着 δ 的加大，两者的差别越来越大。所以，在小挠度的情况下，由欧拉公式确定的临界力是有实际意义的。

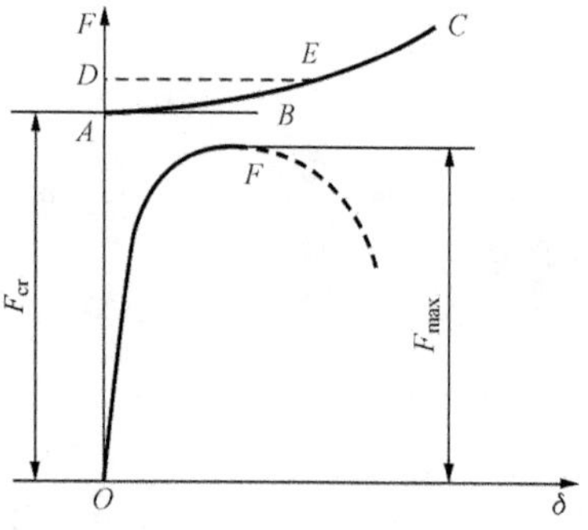

图 13-8 F-δ 关系图

在上面的讨论中，认为压杆轴线是理想直线，压力作用线与轴线重合，材料是均匀的。这些都是理想情况，称为理想压杆。而对实际使用的压杆来说，轴线的初弯曲、压力的偏心，材料的缺陷和不均匀等因素总是存在的，为非理想压杆。

第三节 其他杆端约束情况下细长压杆的临界力

上节导出的是两端铰支压杆的临界力的计算公式。当压杆两端的约束情况改变时，压杆的挠曲线近似微分方程和挠曲线的边界条件也随之改变，因而临界力的数值也不相同。仿照前面的方法，也可求得各种约束情况下压杆的临界力公式。如果以两端铰支压杆的挠曲线（半波正弦曲线）为基本情况，将其与其他约束情况下的挠曲线对比，则可以得到欧拉公式的一般形式为

$$F_{cr}=\frac{\pi^2EI}{(\mu l)^2} \tag{13-11}$$

式中：μ 为不同约束条件下压杆的**长度因数**，与杆端的约束情况有关，μl 表示把压杆折算成两端铰支杆的长度，称为**相当长度**。

几种理想的杆端约束情况下压杆的长度因数列于表 13 - 1。

表 13 - 1　　**压杆的长度因数**

两端约束情况	两端铰支	一端固定另端铰支	两端固定	一端固定另一端自由
失稳时挠曲线形状	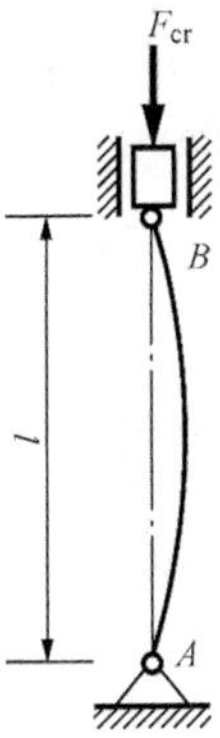	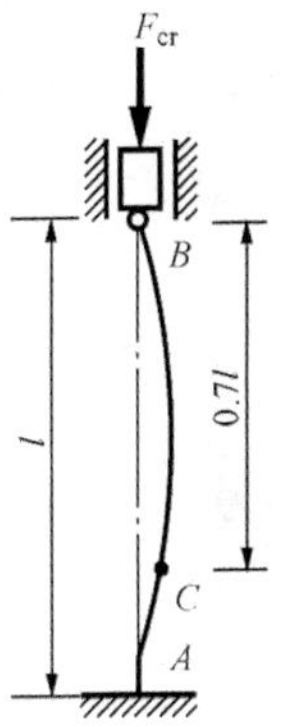 C—挠曲线拐点	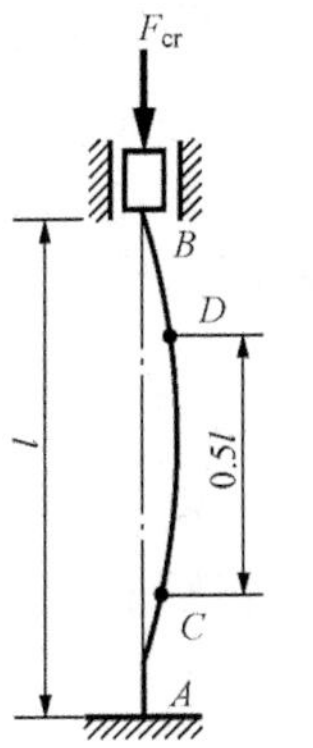 C,D—挠曲线拐点	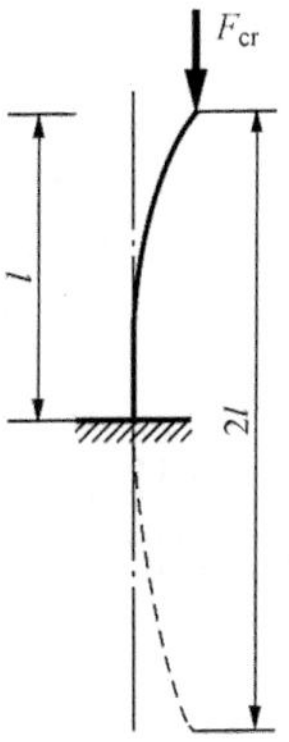
临界力 F_{cr} 欧拉公式	$F_{cr}=\frac{\pi^2EI}{l^2}$	$F_{cr}\approx\frac{\pi^2EI}{(0.7l)^2}$	$F_{cr}=\frac{\pi^2EI}{(0.5l)^2}$	$F_{cr}=\frac{\pi^2EI}{(2l)^2}$
长度因数 μ	$\mu=1$	$\mu\approx0.7$	$\mu=0.5$	$\mu=2$

以上只是几种典型情形，实际问题中压杆的支座还可能有其他情况。例如杆端与其他弹性构件固接的压杆，由于弹性构件也将发生变形，所以压杆的端截面就是介于固定支座和铰支座之间的弹性支座。此外，压杆上的荷载也有多种形式。例如压力可能沿轴线分布而不是集中于两端。又如在弹性介质中的压杆，还将受到介质的阻抗力。上述各种情况，也可用不同的长度因数 μ 来反映，这些因数的值可从有关的设计手册或规范中查到。

第四节　欧拉公式的适用范围和临界应力总图

一、欧拉公式的适用范围

欧拉公式是以压杆的挠曲线微分方程为依据推导出来的，而这个微分方程只有在材料服从胡克定律的条件下才成立。因此，当压杆内的应力不得超过材料的比例极限时，欧拉公式才能适用。

当压杆受临界力 F_{cr} 作用而在直线平衡形态下维持不稳定平衡时，横截面上的压应力可按公式 $\sigma=\frac{F}{A}$ 来计算。于是，压杆横截面上的应力为

$$\sigma_{cr}=\frac{F_{cr}}{A}=\frac{\pi^2EI}{(\mu l)^2A} \tag{13-12}$$

式中：σ_{cr} 为临界应力；I，A 为与截面有关的几何量，将惯性矩表示为

$$I = i^2 A$$

式中：i 为截面的惯性半径。这样式（13-12）可写成

$$\sigma_{cr} = \frac{\pi^2 E}{\left(\frac{\mu l}{i}\right)^2} \tag{13-13}$$

引入记号

$$\lambda = \frac{\mu l}{i} \tag{13-14}$$

式中：λ 为一量纲是一的参数，称为压杆的长细比或柔度。它反映了杆端约束情况、压杆长度、截面形状和尺寸等因素对临界力的综合影响。显然，λ 越大，即压杆比较细长，临界应力就越小，压杆越容易失稳。柔度 λ 是压杆稳定计算中的一个重要参数。

于是，式（13-13）可写作

$$\sigma_{cr} = \frac{\pi^2 E}{\lambda^2} \tag{13-15}$$

式（13-15）是欧拉公式（13-11）的另一种表达形式。由前面分析可知，只有压杆内的应力不超过材料的比例极限时，欧拉公式才能适用。因此，欧拉公式的适用范围可表示为

$$\sigma_{cr} = \frac{\pi^2 E}{\lambda^2} \leqslant \sigma_P \text{ 或 } \quad \lambda \geqslant \sqrt{\frac{\pi^2 E}{\sigma_P}} \tag{13-16}$$

令

$$\lambda_1 = \sqrt{\frac{\pi^2 E}{\sigma_P}} \tag{13-17}$$

式（13-16）可写成

$$\lambda \geqslant \lambda_1 \tag{13-18}$$

式中：λ_1 为能够适用欧拉公式的压杆柔度的极限值。只有当压杆的实际柔度 $\lambda \geqslant \lambda_1$ 时，欧拉公式才适用。这一类压杆称为大柔度杆或细长杆。对于常用的 Q235 钢，弹性模量 $E=206\text{GPa}$，比例极限 $\sigma_P=200\text{MPa}$，代入式（13-17）后可算得

$$\lambda_1 = \sqrt{\frac{\pi^2 E}{\sigma_P}} = \pi\sqrt{\frac{206 \times 10^3 \text{MPa}}{200 \times 10^3 \text{MPa}}} \approx 100$$

也就是说，以 Q235 钢制成的压杆，只有其柔度 $\lambda \geqslant 100$ 时，才能用欧拉公式计算其临界力。

二、经验公式

工程中的压杆，除了细长杆（大柔度杆）以外，还有临界应力超过比例极限（即 $\lambda < \lambda_1$）的情况。这种压杆包括中长杆和短杆两大类。

在实际工程中，中长杆或中柔度杆应用最多，因而值得特别注意。从杆件破坏情况看，这类压杆与细长杆（大柔度杆）类似，主要是因失稳而破坏，不同之处是中长杆的临界应力已超出比例极限，欧拉公式已不适用。但考虑到其临界应力应该不超出材料的屈服极限或强度极限（极限应力），通常是采用根据大量实验结果而建立的**经验公式**来计算其临界应力。在这里我们介绍两种经常使用的经验公式：直线公式和抛物线公式。

直线公式比较简单，应用方便，把临界应力 σ_{cr} 与柔度 λ 表示为以下的直线关系

$$\sigma_{cr} = a - b\lambda \tag{13-19}$$

式中：a 与 b 为与材料性质有关的常数，MPa。表 13-2 中列入了一些常用材料的 a、b 值。

表 13-2　直线公式中的系数 a 和 b

材料（σ_b，σ_s 的单位为 MPa）	a（MPa）	b（MPa）
Q235 钢 $\sigma_b \geqslant 372$ $\sigma_s = 235$	304	1.12
优质碳钢 $\sigma_b \geqslant 471$ $\sigma_s = 306$	461	2.57
硅钢 $\sigma_b \geqslant 510$ $\sigma_s = 353$	578	3.74
铬钼钢	981	5.30
铸铁	332	1.45
强铝	373	2.15
松木	29	0.20

还有一类柔度很小的短粗压杆，称为小柔度压杆。当它受到压力作用时，不可能丧失稳定，这类短粗压杆的破坏原因主要由于压应力达到屈服极限（对于塑性材料）或强度极限（对于脆性材料）而引起的。压缩试验所用的低碳钢或铸铁短柱的破坏就属于这种情况。很明显，这种破坏属于强度问题。所以，对小柔度压杆来说，临界应力就理解为是屈服极限或强度极限。因而，在使用上述直线经验公式（13-19）时，λ 应有一个最低的界限。对于塑性材料，令 $\sigma_{cr} = \sigma_s$，代入式（13-19），得

$$\lambda_2 = \frac{a - \sigma_s}{b} \tag{13-20}$$

这就是使用直线公式时柔度 λ 的最小值。

当 $\lambda < \lambda_2$ 时，压杆属于小柔度杆，归结为强度问题，应按轴向压缩来计算，即

$$\sigma_{cr} = \frac{F}{A} \leqslant \sigma_s$$

对于脆性材料，只要把式（13-20）中的 σ_s 改为 σ_b，就可确定相应的柔度 λ_2。

仍以 Q235 钢为例，$\sigma_s = 235\text{MPa}$，$a = 304\text{MPa}$，$b = 1.12\text{MPa}$ 可得

$$\lambda_2 = \frac{304 - 235}{1.12} = 61.6$$

抛物线应力公式把临界应力 σ_{cr} 与柔度 λ 表示为抛物线关系

$$\sigma_{cr} = a_1 - b_1\lambda^2 \tag{13-21}$$

式中：a_1，b_1 也是与材料有关的常数，不同材料数值不同，对 Q235 钢：$\sigma_{cr} = 240 - 0.00682\lambda^2$（MPa）；对 16 锰钢：$\sigma_{cr} = 350 - 0.01447\lambda^2$（MPa）。

三、临界应力总图

由上述讨论可知，中心受压直杆的临界应力 σ_{cr} 计算与压杆的柔度 $\lambda = \frac{\mu l}{i}$ 有关，临界应力 σ_{cr} 是关于压杆柔度 λ 的一个分段函数，在不同 λ 范围内，压杆的临界应力与柔度 λ 之间的变化关系曲线如图 13-9 所示（经验公式为直线公式），一般称之为压杆的**临界应力总图**。

压杆的类型也可以根据其柔度分为三大类，即

(1) 当 $\lambda \geqslant \lambda_1$ 时，为细长杆或大柔度杆，其临界应力用欧拉公式计算。

(2) 当 $\lambda_2 \leqslant \lambda \leqslant \lambda_1$ 时，为中长杆或中柔度杆，其临界应力 σ_{cr} 应用经验公式计算。

(3) 当 $\lambda \leqslant \lambda_2$ 时，为短粗杆或小柔度杆，其临界应力 $\sigma_{cr}=\sigma_u$，应按强度问题处理。

若采用抛物线经验公式求中长杆的临界应力，同样也可以绘出相应的临界应力总图。例如由 Q235 钢制成的压杆，其抛物线型经验公式为

$$\sigma_{cr} = 240 - 0.00682\lambda^2$$

相应的临界应力总图如图 13 - 10 所示。图中 $ABCD$ 和 EC 分别代表欧拉公式和抛物线型经验公式的曲线，两段曲线平顺地相接于 C 点。点 C 的 $\lambda=\lambda_C=123$，相应的 $\sigma_{cr}=\sigma_C=136.8\text{MPa}$。曲线 EC 在点 E 处的切线为一水平线，点 E 的坐标为 $\lambda=0$，$\sigma_{cr}=\sigma_s=240\text{MPa}$。由于在工程实际压杆不可能处于理想的轴心受压情况，而由实验求得的曲线 EC 可以较好地反映压杆的实际工作情况，故在实用上并不一定要求用 σ_P 来作为区分细长杆与中长杆的交界点，而是用交点 C 相应的 σ_C 来分界。

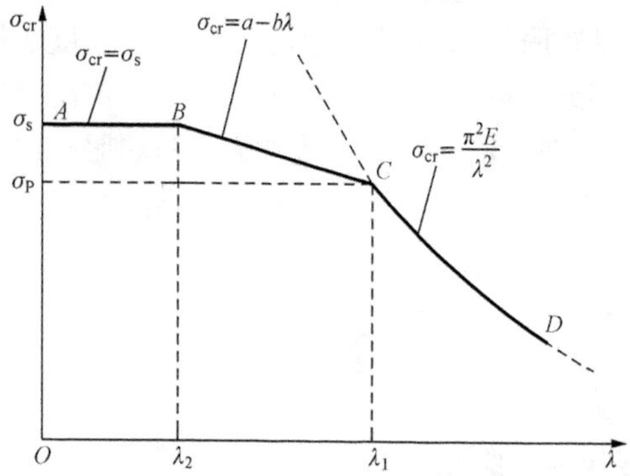

图 13 - 9 临界应力总图（经验公式为直线公式）

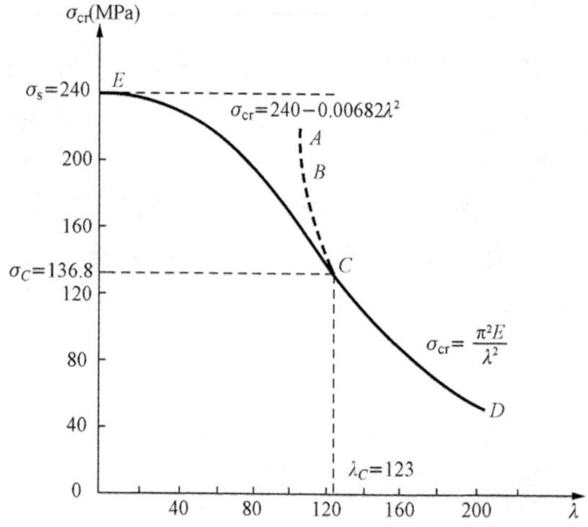

图 13 - 10 临界应力总图（经验公式为抛物线公式）

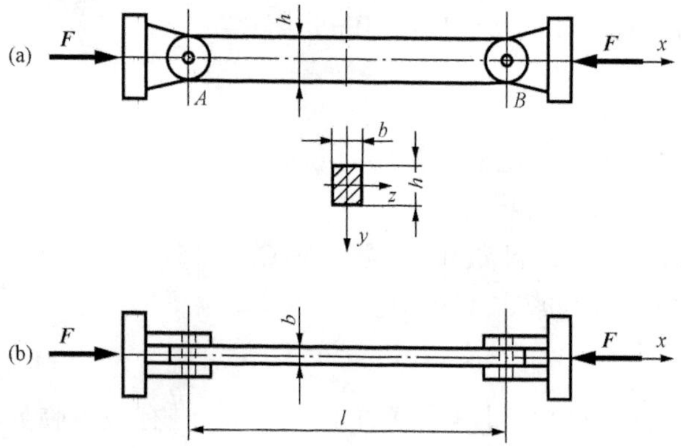

图 13 - 11 ［例 13 - 1］图

(a) 正视图；(b) 俯视图

【例 13 - 1】 Q235 钢制成的矩形截面杆，两端约束以及所承受的压缩荷载如图 13 - 11 所示，在 A，B 两处为销钉连接。若已知 $l=2300\text{mm}$，$b=40\text{mm}$，$h=60\text{mm}$。材料的弹性模量 $E=205\text{GPa}$。试求此杆的临界荷载。

解 给定的压杆在 A，B 两处为销钉连接，既可能在 x—y 平面内失稳，也可能在 x—z 平面内失稳。

如果压杆在 x—y 面失稳［即横截面绕 z 轴转动，如图 13 - 11 (a) 所示］，A，B 两处可以自由转动，相当于

铰链约束，长度因数 $\mu=1.0$，惯性矩 $I_z=\frac{bh^3}{12}$，惯性半径 $i_z=\sqrt{\frac{I_z}{A}}=\frac{h}{2\sqrt{3}}$。

压杆柔度为

$$\lambda_z=\frac{\mu l}{i_z}=\frac{\mu l}{\frac{h}{2\sqrt{3}}}=\frac{(1\times 2300)\times 2\sqrt{3}}{60}=132.8$$

如果压杆在 $x—z$ 面失稳［即横截面绕 y 轴转动，如图 13 - 11（b）所示］，A，B 两处不能转动，这时可近似视为固定端约束，长度因数 $\mu=0.5$，惯性矩 $I_y=\frac{hb^3}{12}$，惯性半径 $i_y=\sqrt{\frac{I_y}{A}}=\frac{b}{2\sqrt{3}}$。

压杆柔度为

$$\lambda_y=\frac{\mu l}{i_y}=\frac{\mu l}{\frac{b}{2\sqrt{3}}}=\frac{(1\times 2300)\times 2\sqrt{3}}{40}=99.6$$

比较上述结果，可以看出，$\lambda_z>\lambda_y$。所以，压杆将在 $x—y$ 面失稳。又因为在这一平面内，$\lambda_z=132.8$，属于细长杆，可以用欧拉公式计算其临界荷载

$$F_{cr}=\sigma_{cr}A=\frac{\pi^2 E}{\lambda_z^2}\times bh=\frac{\pi^2\times 205\times 10^9\times 40\times 60\times 10^{-6}}{132.8^2}=276.2\times 10^3(\mathrm{N})=276.2(\mathrm{kN})$$

第五节 压杆的稳定性计算

对于工程实际中的压杆，为了保证其具有足够的稳定性，必须使杆件所承受的实际轴向压力 F（称为工作载荷）小于杆件的临界载荷 F_{cr}。用 n 表示压杆的工作安全因数，压杆的稳定条件可表达为

$$n=\frac{F_{cr}}{F}\geqslant[n_{st}] \tag{13 - 22}$$

式（13 - 22）中，$[n_{st}]$ 为规定的**稳定安全因数**。在静载荷作用下，稳定安全因数应略高于强度安全因数。这是因为实际压杆不可能是理想直杆，而是具有一定的初始缺陷（例如初曲率），压缩载荷也可能具有一定的偏心度。这些因素都会使压杆的临界载荷降低。稳定安全因数可由设计手册或规范中查到。

【例 13- 2】 千斤顶如图 13 - 12 所示，丝杠长度 $l=375\text{mm}$，内径 $d=40\text{mm}$，材料为 Q235 钢，最大起重量 $F=60\text{kN}$，规定的稳定安全因数 $[n_{st}]=4$。试校核丝杠的稳定性。

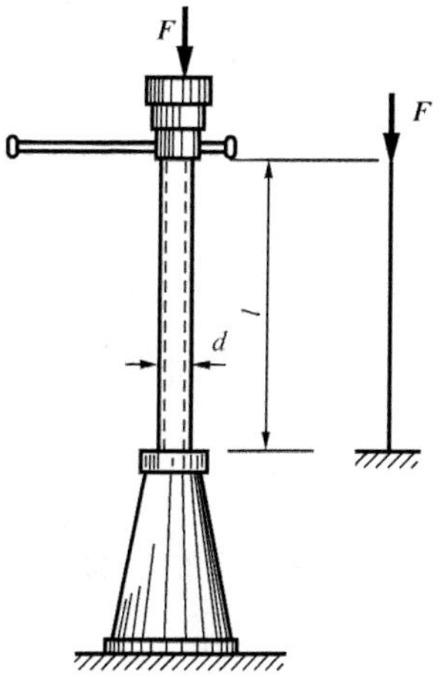

图 13 - 12 ［例 13 - 2］图

解 丝杠可简化为下端固定、上端自由的压杆，长度系数取 $\mu=2.0$，丝杠的惯性半径为

$$i=\sqrt{\frac{I}{A}}=\sqrt{\frac{\frac{\pi d^4}{64}}{\frac{\pi d^2}{4}}}=\frac{d}{4}=10\text{mm}$$

丝杠的柔度为

$$\lambda=\frac{\mu l}{i}=\frac{2\times 375}{10}=75$$

对于 Q235 钢，$\lambda_s=61.6$，$\lambda_P=100$，此丝杠的柔度介于两者之间，为中柔度杆，故应该用经验公式计算其临界力。由表 13 - 2 查得：$a=304\text{MPa}$，$b=1.12\text{MPa}$，利用中长杆的临界应力公式（13 - 21），可得丝杠的临界力为

$$F_{cr}=\sigma_{cr}A=(a-b\lambda)\frac{\pi d^2}{4}=(304-1.12\times 75)\times\frac{\pi\times 40^2}{4}\text{N}=276320\text{N}$$

由式（13 - 22），丝杠的工作稳定安全因数为

$$n=\frac{F_{cr}}{F}=\frac{276320}{60000}=4.61>4=[n_{st}]$$

由校核结果可知，此千斤顶丝杠是稳定的。

【例 13 - 3】 某型平面磨床的工作台液压驱动装置如图 13 - 13 所示。油缸活塞直径 $D=65\text{mm}$，油压 $p=1.2\text{MPa}$。活塞杆长度 $l=1250\text{mm}$，材料为 35 钢，$\sigma_P=220\text{MPa}$，$E=210\text{GPa}$，规定的稳定安全因数 $[n_{st}]=6$。试确定活塞杆的直径。

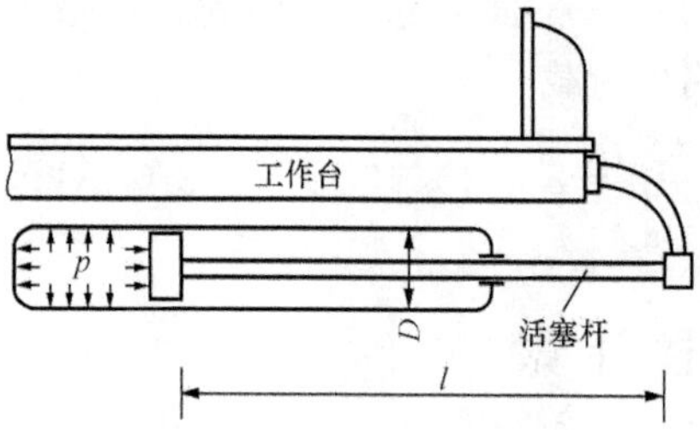

图 13 - 13 ［例 13 - 3］图

解 活塞杆承受的轴向压力应为

$$F=\frac{\pi D^2}{4}p=\frac{\pi\times 65^2}{4}\times 1.2\text{N}=3980\text{N}$$

根据稳定条件，活塞杆的临界压力应该是

$$F_{cr}=[n_{st}]F=6\times 3980\text{N}=23900\text{N} \tag{a}$$

现在需要确定活塞杆的直径 d，使杆的临界压力为 $F_{cr}=23900\text{N}$。由于直径尚待确定，无法求出活塞杆的柔度 λ，自然也不能判定究竟应该用欧拉公式还是用经验公式计算。为此，在试算时先由欧拉公式确定活塞杆的直径。待直径确定后，再检查是否满足使用欧拉公式的条件。

把活塞杆的两端简化为铰支座，由欧拉公式求得临界压力为

$$F_{cr}=\frac{\pi^2 EI}{(\mu l)^2}=\frac{\pi^2\times 210\times 10^3\times\frac{\pi d^4}{64}}{(1\times 1250)^2} \tag{b}$$

由式（a）和式（b）解出 $d=24.6\text{mm}$

取 $d=25\text{mm}$，计算活塞杆的柔度，得

$$\lambda=\frac{\mu l}{i}=\frac{1\times 1250}{\frac{25}{4}}=200$$

对所用材料 35 钢来说，由式（13 - 17）求得

$$\lambda_1=\sqrt{\frac{\pi^2 E}{\sigma_P}}=\sqrt{\frac{\pi^2\times 210\times 10^3}{220\times 10^3}}=97$$

由于 $\lambda>\lambda_1$，所以前面用欧拉公式进行的试算是正确的。

土建工程中，按我国钢结构设计规范，中心受压杆件的稳定性常按式（13－23）计算：

$$\sigma = \frac{F}{A} \leqslant [\sigma]_{st} = \varphi[\sigma] \tag{13-23}$$

式中：$[\sigma]_{st}$为稳定许用应力，$[\sigma]$ 为强度许用应力。φ 称为**稳定因数**。$\varphi<1.0$，与压杆材料、截面形状和柔度 λ 有关。

第六节 提高压杆稳定性的措施

从压杆临界应力总图可以看出，压杆的临界应力与其柔度和材料的力学性能有关，而柔度 λ 又综合了压杆的长度、杆端约束情况和横截面的惯性半径等影响因素。因此，可以根据上述因素，采取适当措施来提高压杆的稳定性。

1. 选择合理的截面形状

压杆的截面形状对临界力的数值有很大影响。若截面形状选择合理，可以在不增加截面面积的情况下增加横截面的惯性矩 I，从而增大惯性半径 i，减小压杆的柔度 λ，起到提高压杆稳定性的作用。为此，应尽量使截面材料远离截面的中性轴。例如，空心圆管的临界力就要比截面面积相同的实心圆杆的临界力大得多。

对在两个纵向平面内相当长度 μl 相同的压杆，为使其在两个平面内的稳定性相同，应使截面对两个形心轴 y 和 z 的惯性半径相等，或接近相等。例如，采用圆形、环形或正方形截面。由两槽钢组合的压杆，如采用如图 13－14（b）所示的组合形式，其稳定性要比如图 13－14（a）所示的形式为好；如果两槽钢的距离 a 选取恰当，使截面对两形心轴的惯性矩 $I_y=I_z$，则可使压杆在两个平面内的稳定性相同。相反，对于在两个纵向平面内相当长度不同的压杆，就要求截面对两个形心轴的惯性半径不同，使两个主惯性平面内的柔度 $\lambda_y=\frac{\mu_y l_y}{i_y}$ 和$\lambda_z=\frac{\mu_z l_z}{i_z}$接近相等，使压杆在两个平面内的稳定性接近相同。

2. 加固杆端约束

从表 13－1 可以看出，压杆的杆端约束条件直接影响压杆的长度因数 μ，μ 值越小，其临界力越大，压杆的稳定性越好。在其他条件相同的情况下，将杆端的约束由原来的两端铰支改为两端固定，根据欧拉公式可计算出，压杆的承载能力将变为原来的 4 倍。可见，加固杆端约束可以提高压杆的稳定性。例如工程结构中有的支柱，除两端要求焊牢外，还需要设置筋板以加固端部约束，如图 13－15 所示。

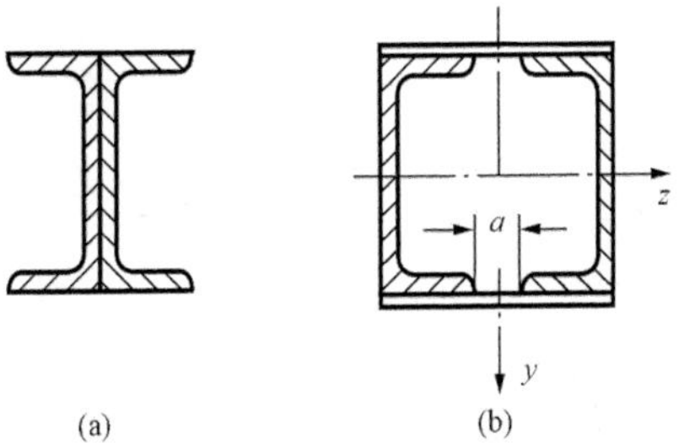

图 13－14 选择合理的截面形状

（a）两槽钢组合形式 1；（b）两槽钢组合形式 2

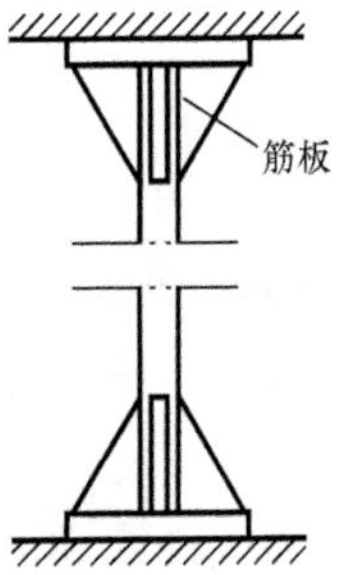

图 13－15 加固杆端约束

3. 减小压杆的支承长度

在条件允许的情况下，尽量减小压杆的支承长度，从而减小 λ 值，提高压杆的稳定性。若不允许减小压杆的实际长度，则可以采取增加中间支承的方法来减小压杆的支承长度。例如，为了提高穿孔机顶杆的稳定性，可在顶杆中点处增加一个抱辊（见图 13 - 16），以达到既不减小顶杆的实际长度又提高了其稳定性的目的。

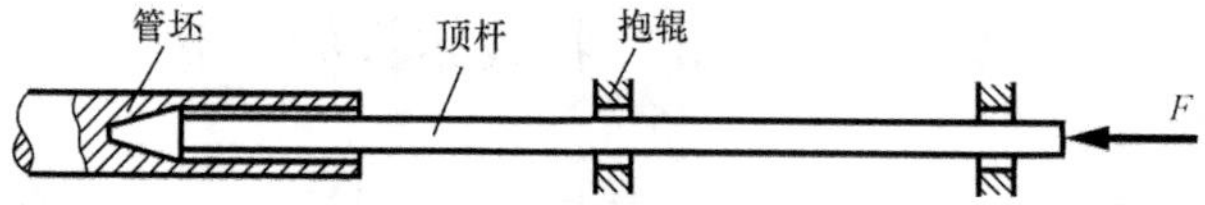

图 13 - 16　减小压杆的支承长度

4. 合理选用材料

对于细长压杆，从欧拉公式 $\sigma_{cr}=\dfrac{\pi^2 E}{\lambda^2}$ 可知，选用弹性模量 E 值较大的材料可以提高压杆的稳定性。但应注意，各种钢材的 E 值大致相等，故选用合金钢、优质钢并不比普通碳钢优越，应选用普通碳钢。对于中长杆，从经验公式可知，临界应力与材料的强度指标有关。选用高强度材料可以提高中长杆的稳定性。至于短杆，属于压缩强度问题，采用高强度材料，其优越性是明显的。

小　结

1. 稳定的概念

(1) 压杆的稳定性。压杆保持初始直线平衡状态的能力。

(2) 临界力。保持压杆稳定平衡时杆件所能承受的最大外力。

2. 临界应力的计算

(1) 当 $\lambda \geqslant \lambda_1$ 时，为细长杆或大柔度杆，其临界应力 $\sigma_{cr} \leqslant \sigma_P$，可用欧拉公式计算。

(2) 当 $\lambda_2 \leqslant \lambda \leqslant \lambda_1$ 时，为中长杆或中柔度杆，其临界应力 $\sigma_P \leqslant \sigma_{cr} \leqslant \sigma_u$，$\sigma_{cr}$ 应用经验公式计算。

(3) 当 $\lambda \leqslant \lambda_2$ 时，为短粗杆或小柔度杆，其临界应力 $\sigma_{cr}=\sigma_u$，应按强度问题处理。

3. 压杆的稳定计算

压杆的稳定条件可表达为

$$n=\frac{F_{cr}}{F} \geqslant [n_{st}]$$

4. 提高压杆稳定性的措施

(1) 采用合理截面，加大惯性矩 I。对于空间各个方向的约束相同时，应使横截面对一对形心主惯性轴的惯性矩 I_z，I_y 相等。若空间约束不相同时，应使对空间各个方向的柔度 λ_z，λ_y 相等。

(2) 加固压杆两端的约束，使约束影响系数 μ 尽量减小，可以提高稳定性。

(3) 减小压杆支撑杆长度 l。

(4) 合理选用材料，选用弹性模量 E 值较大的材料可以提高压杆的稳定性。

思考题

13-1　如何区别压杆的稳定平衡和不稳定平衡？

13-2　压杆因丧失稳定而产生的弯曲变形与梁在横向力作用下产生的弯曲变形有什么不同？

13-3　柔度 λ 有何物理意义？如何理解 λ 在压杆稳定计算中的作用？

13-4　如图 13-17（a）所示，把一张纸竖立在桌上，其自重就可以把它压弯。若如图 13-17（b）所示，把纸片折成角钢形竖立在桌上，其自重就不能把它压弯了。若如图 13-17（c）所示，把纸片卷成圆筒形竖立在桌上，则在它的顶部加上小砝码也不会把它压弯。为什么？

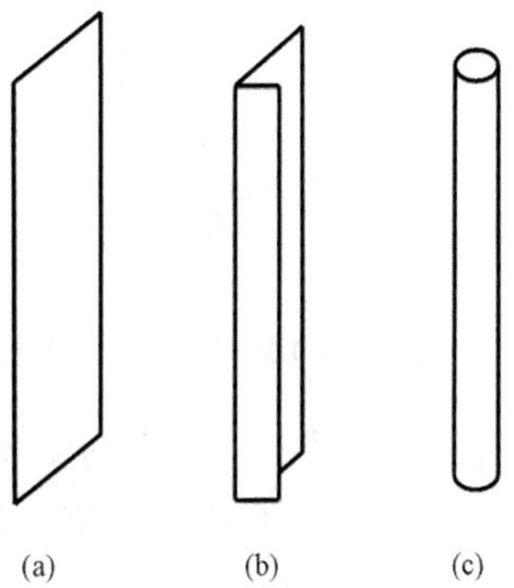

图 13-17　思考题 13-4 图
（a）把一张纸竖立在桌上；（b）把纸片折成角钢竖立在桌上；（c）把纸片卷成圆筒形竖立在桌上

13-5　只要保证压杆的稳定就能够保证其承载能力，这种说法是否正确？

13-6　若两根压杆的材料相同、柔度相等，这两根压杆的临界应力是否一定相等？临界力是否一定相等？为什么？

13-7　如何判断压杆的失稳方向？两端为球铰的压杆，其横截面分别如图 13-18 所示的各种形状，试在图上画出压杆失稳时、横截面转动所绕的轴线（图 13-18 中 C 为截面的形心）。

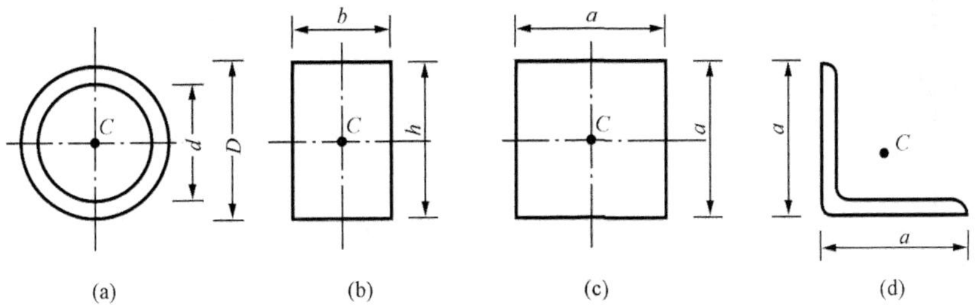

图 13-18　思考题 13-7 图

13-8　为了提高压杆的稳定性，可以采取哪些措施？

习　题

13-1　图 13-19 中的细长压杆均为圆杆，其直径 d 均相同，材料是 Q235 钢，弹性模量 $E=210\text{GPa}$。其中：图（a）为两端铰支；图（b）为一端固定，一端铰支；图（c）为两端固定。试判别哪一种情形的临界力最大，哪种其次，哪种最小。若圆杆直径 $d=16\text{cm}$，试求最大的临界力 F_{cr}。

13-2　试推导两端固定、长为 l 的等截面中心受压直杆的临界力 F_{cr} 的欧拉公式。

13-3　图 13-20 所示结构，AB 为圆截面直杆，直径 $d=80\text{mm}$，A 端固定，B 端与 BC

直杆球铰连接。BC 杆为正方形截面，边长$a=70\text{mm}$，C 端也是球铰。两杆材料相同，弹性模量 $E=200\text{GPa}$，比例极限 $\sigma_p=200\text{MPa}$，长度 $l=3\text{m}$，求该结构的临界力 F_{cr}。

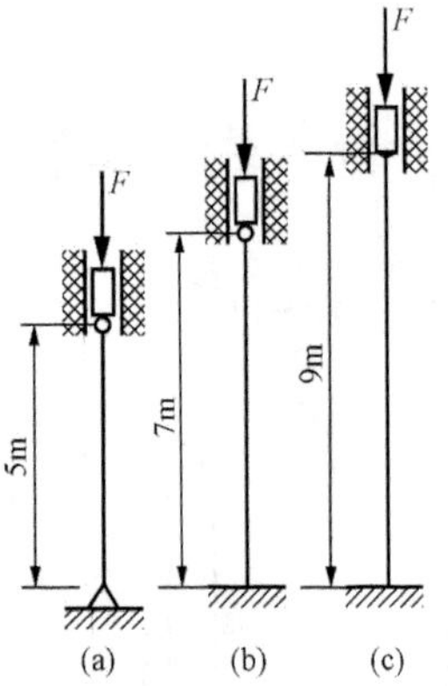

图 13-19 题 13-1 图

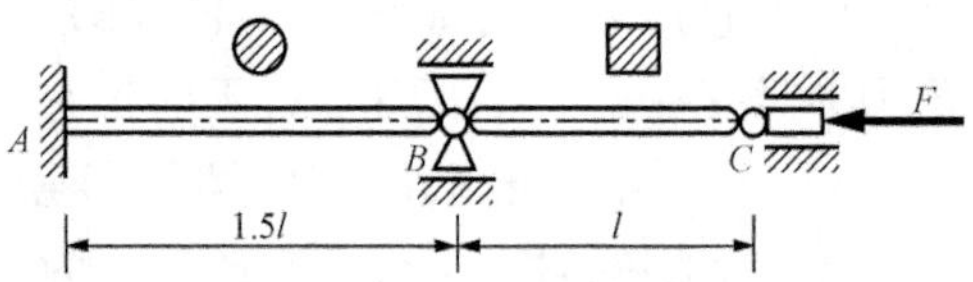

图 13-20 题 13-3 图

13-4 图 13-21 所示立柱，由两根 10 号槽钢组成，立柱上端为球铰，下端固定，柱长 $l=6\text{m}$，试求：两槽钢距离 a 值取多少立柱的临界力 F_{cr} 最大？其值是多少？已知材料的弹性模量 $E=200\text{GPa}$，比例极限 $\sigma_p=200\text{MPa}$。

13-5 图 13-22 所示为某型飞机起落架中承受轴向压力的斜撑杆。杆为空心圆管，外径 $D=52\text{mm}$，内径 $d=44\text{mm}$，长度 $l=950\text{mm}$。材料为 30CrMnSiNi2A，强度极限 $\sigma_b=1600\text{MPa}$，比例极限 $\sigma_p=1200\text{MPa}$，弹性模量 $E=210\text{GPa}$。试求斜撑杆的临界压力 F_{cr} 和临界应力 σ_{cr}。

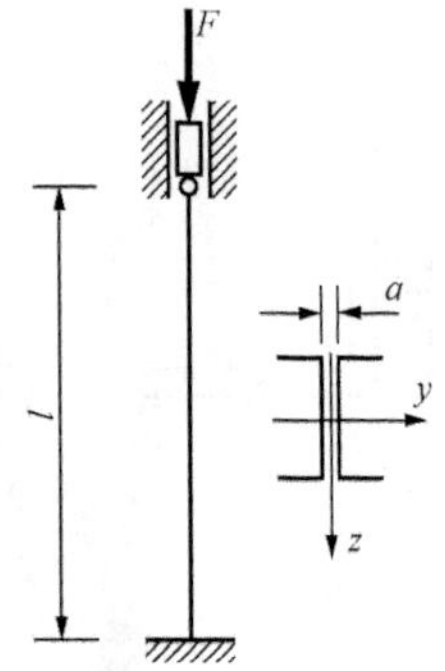

图 13-21 题 13-4 图

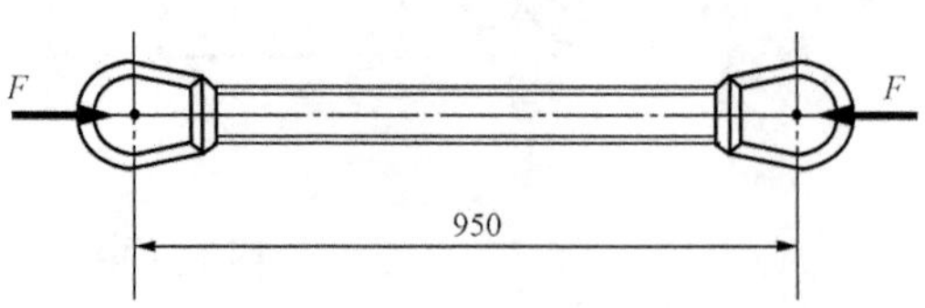

图 13-22 题 13-5 图

13-6 图 13-23 所示托架中，杆 AB 的直径 $d=40\text{mm}$，长度 $l=800\text{mm}$。两端可视为球铰链约束，材料为 Q235 钢。试求：

(1) 托架的临界载荷 F_{cr}。

(2) 若已知工作载荷 $F=170\text{kN}$，并要求杆 AB 的稳定安全因数 $[n_{st}]=2.0$，试校核托架是否安全。

(3) 若横梁为 No.18 普通热轧工字钢，$[\sigma]=160\text{MPa}$，则托架所能承受的最大载荷有没有变化？

13-7 图 13-24 所示结构中，AB 及 AC 两杆皆为圆截面直杆，直径 $d=80\text{mm}$，BC 长

度 $l=4\text{m}$，材料为 Q235 钢，稳定安全因数 $[n_{st}]=2$。试求：

（1）F 沿铅垂方向时，结构的许可荷载；

（2）若 F 作用线与 CA 杆轴线延长线夹角为 θ，保证结构不失稳，F 为最大时的 θ 值。

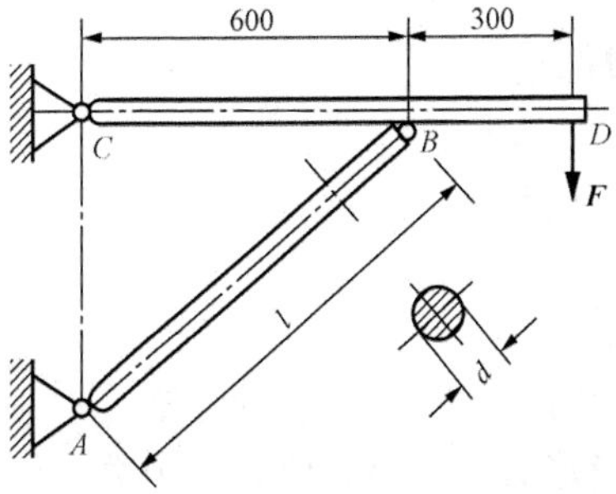

图 13-23 题 13-6 图

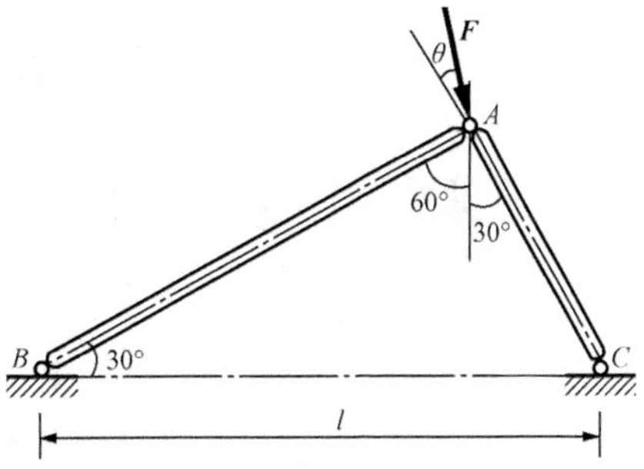

图 13-24 题 13-7 图

第十四章　截面的几何性质

第一节　截面的静矩和形心位置

如图 14 - 1 所示的平面图形代表一任意截面，以下两积分

$$S_z = \int_A y\,\mathrm{d}A,\ S_y = \int_A z\,\mathrm{d}A \tag{14 - 1}$$

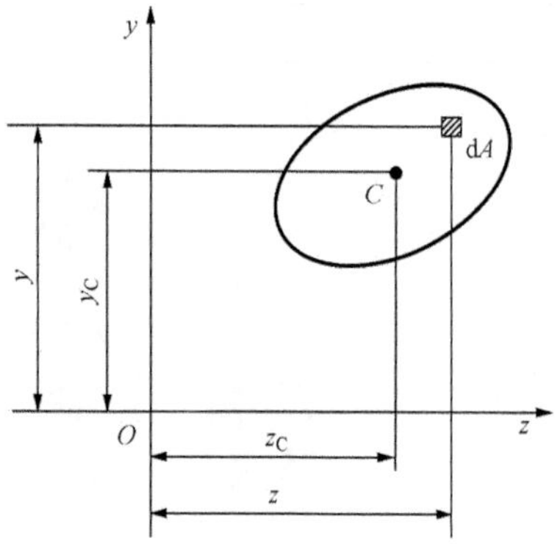

图 14 - 1　截面的静矩和形心位置

分别定义为该截面对于 z 轴和 y 轴的静矩。

静矩可用来确定截面的形心位置。由静力学中确定物体重心的公式可得

$$y_C = \frac{\int_A y\,\mathrm{d}A}{A},\ z_C = \frac{\int_A z\,\mathrm{d}A}{A}$$

利用式（14 - 1），上式可写成

$$y_C = \frac{\int_A y\,\mathrm{d}A}{A} = \frac{S_z}{A}$$

$$z_C = \frac{\int_A z\,\mathrm{d}A}{A} = \frac{S_y}{A} \tag{14 - 2}$$

或

$$S_z = Ay_C,\ S_y = Az_C \tag{14 - 3}$$

$$y_C = \frac{S_z}{A},\ z_C = \frac{S_y}{A} \tag{14 - 4}$$

如果一个平面图形是由若干个简单图形组成的组合图形，则由静矩的定义可知，整个图形对某一坐标轴的静矩应该等于各简单图形对同一坐标轴的静矩的代数和。即

$$S_z = \sum_{i=1}^{n} A_i y_{Ci},\ S_y = \sum_{i=1}^{n} A_i z_{Ci} \tag{14 - 5}$$

式中：A_i、y_{Ci} 和 z_{Ci} 分别表示某一组成部分的面积和其形心坐标；n 为简单图形的个数。

将式（14 - 5）代入式（14 - 4），得到组合图形形心坐标的计算公式为

$$y_C = \frac{\sum_{i=1}^{n} A_i y_{Ci}}{\sum_{i=1}^{n} A_i},\ z_C = \frac{\sum_{i=1}^{n} A_i z_{Ci}}{\sum_{i=1}^{n} A_i} \tag{14 - 6}$$

【例 14 - 1】 图 14 - 2 所示为对称 T 字形截面，求该截面的形心位置。

解　建立直角坐标系 zOy，其中 y 为截面的对称轴。因图形相对于 y 轴对称，其形心一定在该对称轴上，因此 $z_C=0$，只需计算 y_C 值。将截面分成Ⅰ、Ⅱ两个矩形，则

$$A_{\mathrm{I}} = 0.072\mathrm{m}^2,\ A_{\mathrm{II}} = 0.08\mathrm{m}^2,\ y_{\mathrm{I}} = 0.46\mathrm{m},\ y_{\mathrm{II}} = 0.2\mathrm{m}$$

$$y_C = \frac{\sum_{i=1}^{n} A_i y_{Ci}}{\sum_{i=1}^{n} A_i} = \frac{A_{\mathrm{I}} y_{\mathrm{I}} + A_{\mathrm{II}} y_{\mathrm{II}}}{A_{\mathrm{I}} + A_{\mathrm{II}}} = \frac{0.072 \times 0.46 + 0.08 \times 0.2}{0.072 + 0.08} = 0.323(\mathrm{m})$$

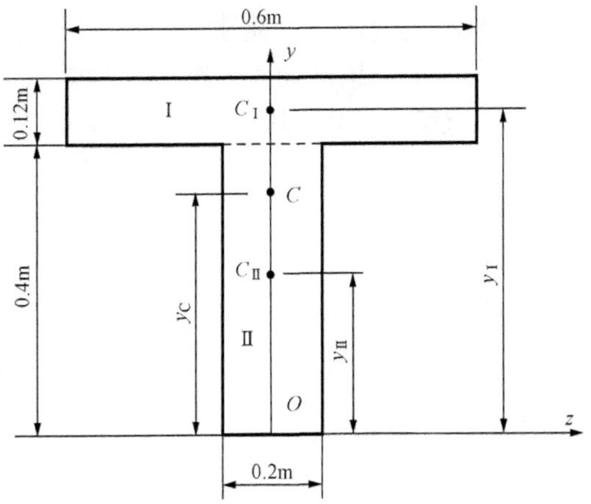

图 14 - 2　[例 14 - 1] 图

第二节　惯性矩、惯性积和极惯性矩

如图 14 - 3 所示平面图形代表一任意截面，在图形平面内建立直角坐标系 zOy。现在图形内取微面积 dA，dA 的形心在坐标系 zOy 中的坐标为 y 和 z，到坐标原点的距离为 ρ。现定义 $y^2 dA$ 和 $z^2 dA$ 为微面积 dA 对 z 轴和 y 轴的**惯性矩**，$\rho^2 dA$ 为微面积 dA 对坐标原点的**极惯性矩**，而以下三个积分

$$I_z = \int_A y^2 \mathrm{d}A,\ I_y = \int_A z^2 \mathrm{d}A,$$

$$I_P = \int_A \rho^2 \mathrm{d}A \tag{14 - 7}$$

分别定义为该截面对于 z 轴和 y 轴的惯性矩以及对坐标原点的极惯性矩。

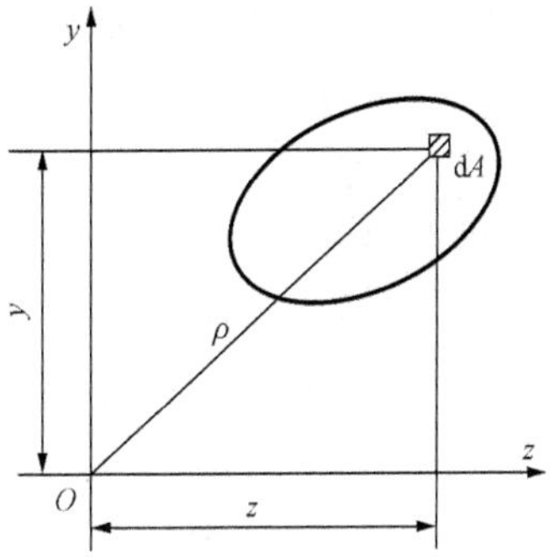

图 14 - 3　惯性矩、惯性积和极惯性矩

由图 14 - 3 可见，$\rho^2 = y^2 + z^2$，所以有

$$I_P = \int_A \rho^2 \mathrm{d}A = \int_A (y^2 + z^2) \mathrm{d}A = I_z + I_y \tag{14 - 8}$$

即任意截面对一点的极惯性矩，等于截面对以该点为原点的两任意正交坐标轴的惯性矩之和。

另外，微面积 dA 与它到两轴距离的乘积 $zy\,dA$ 称为微面积 dA 对 y，z 轴的**惯性积**，而积分

$$I_{yz} = \int_A zy \, \mathrm{d}A \tag{14 - 9}$$

定义为该截面对于 y，z 轴的惯性积。

从上述定义可见，同一截面对于不同坐标轴的惯性矩和惯性积一般是不同的。惯性矩的数值恒为正值，而惯性积则可能为正，可能为负，也可能等于零。惯性矩和惯性积的常用单位是 m^4 或 mm^4。

【例 14 - 2】 图 14 - 4 所示矩形截面，其高、宽分别为 h，b，z 轴通过截面形心 C 并平

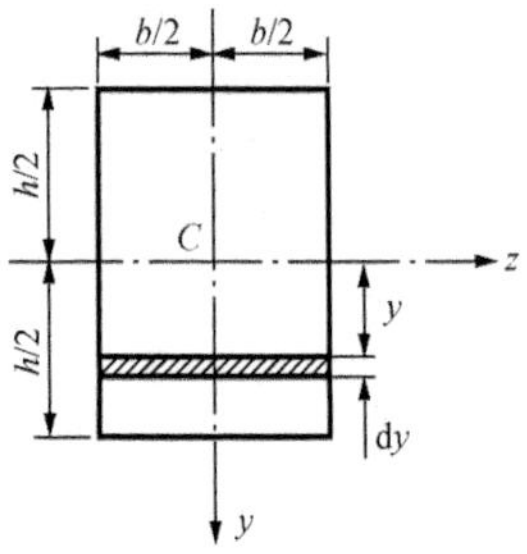

图 14-4 [例 14-2] 图

行于矩形底边。试求惯性矩 I_z，I_y 及 I_{yz}。

解 为求该截面对 z 轴的惯性矩，在截面上距 z 轴为 y 处取一微元面积（图中阴影部分），其面积 $dA=bdy$，根据惯性矩定义有

$$I_z=\int_A y^2 dA=\int_{-\frac{h}{2}}^{\frac{h}{2}} y^2 b dy=\frac{bh^3}{12}$$

同理可得截面对 y 轴的惯性矩

$$I_y=\frac{hb^3}{12},\ I_{yz}=0$$

对于其他简单形状的图形的惯性矩也可以用积分法求出。

第三节 惯性矩、惯性积的平行移轴和转轴公式

一、惯性矩、惯性积的平行移轴公式

图 14-5 所示为一任意截面，z，y 为通过截面形心的一对正交轴，z_1，y_1 为与 z，y 平行的坐标轴，截面形心 C 在坐标系 z_1Oy_1 中的坐标为 (b, a)，已知截面对 z、y 轴惯性矩和惯性积为 I_z，I_y，I_{yz}，下面求截面对 z_1，y_1 轴惯性矩和惯性积 I_{z1}，I_{y1}，I_{y1z1}。

$$I_{z1}=I_z+a^2A \qquad (14-10)$$

同理可得

$$I_{y1}=I_y+b^2A \qquad (14-11)$$

式（14-10）、式（14-11）称为**惯性矩的平行移轴公式**

$$I_{y_1z_1}=I_{yz}+abA \qquad (14-12)$$

式（14-12）称为**惯性积的平行移轴公式。**

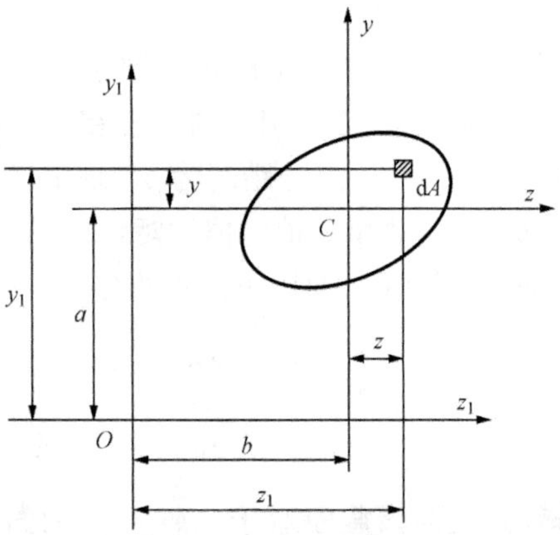

图 14-5 惯性矩、惯性积的平行移轴公式

二、组合截面的惯性矩

在工程实际中，许多构件的横截面是由简单图形组合而成的，对这种**组合截面**，用组合法计算其惯性矩。即：将组合截面 A 划分为 n 个简单图形，设每个简单图形面积分别为 A_1，A_2，…，A_n。根据惯性矩定义及积分的概念，组合截面 A 对某一轴的惯性矩等于每个简单图形对同一轴的惯性矩之和，即

$$I_z=\sum_{i=1}^{n} I_{zi} \qquad (14-13)$$

式（14-13）即为惯性矩的**组合公式。**

【例 14-3】 图 14-6 所示为 T 字形截面，求截面对形心轴 z_C 的惯性矩 I_z。

解 (1) 确定界面形心 C 的位置。建立坐标系 Oyz，将截面分为两个矩形Ⅰ、Ⅱ，其面积及各自的形心纵坐标分别为

$$A_1=60\times 20=1200(\text{mm}^2)$$

$$y_{C1}=\frac{20}{2}=10(\text{mm})$$

$$A_2 = 40 \times 20 = 800(\text{mm}^2)$$

$$y_{C2} = \frac{40}{2} + 20 = 40(\text{mm})$$

由形心计算公式，组合截面形心 C 的纵坐标为

$$y_C = \frac{A_1 y_{C1} + A_2 y_{C2}}{A_1 + A_2} = \frac{1200 \times 10 + 800 \times 40}{1200 + 800} = 22(\text{mm})$$

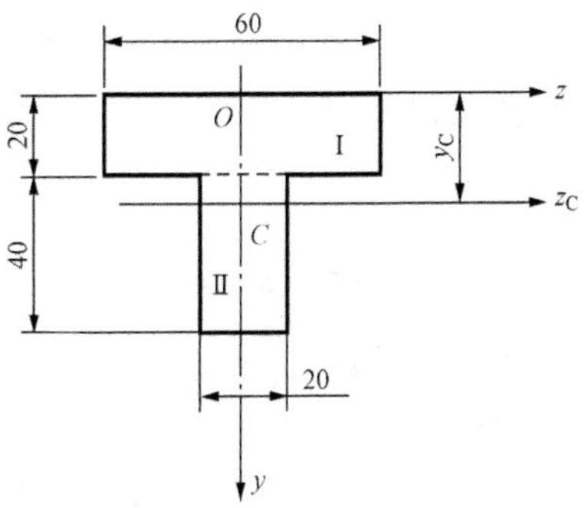

图 14-6 [例 14-3] 图

(2) 求截面对形心轴 z_C 的惯性矩 I_z。根据式（14-13）有

$$I_{zC} = I_{zC\,\text{I}} + I_{zC\,\text{II}}$$

由平移轴公式（14-12）有

$$I_{zC\,\text{I}} = \frac{60 \times 20^3}{12} + \left(22 - \frac{20}{2}\right)^2 \times 60 \times 20 = 21.28 \times 10^4(\text{mm}^4)$$

$$I_{zC\,\text{II}} = \frac{20 \times 40^3}{12} + (40 - 22)^2 \times 40 \times 20 = 36.59 \times 10^4(\text{mm}^4)$$

故有

$$I_{zC} = I_{zC\,\text{I}} + I_{zC\,\text{II}} = 57.87 \times 10^4(\text{mm}^4)$$

三、惯性矩、惯性积的转轴公式

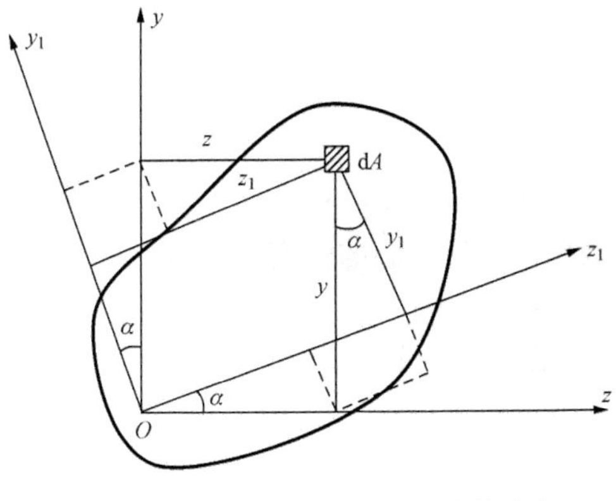

图 14-7　惯性矩、惯性积的转轴公式

图 14-7 所示为一任意截面，z，y 为过任一点 O 的一对正交轴，截面对 z，y 轴惯性矩 I_z，I_y 和惯性积 I_{yz} 已知。现将 z，y 轴绕 O 点旋转 α 角（以逆时针方向为正）得到另一对正交轴 z_1，y_1 轴，下面求截面对 z_1，y_1 轴惯性矩和惯性积 I_{z_1}，I_{y_1}，$I_{y_1z_1}$

$$I_{z_1} = \frac{I_z + I_y}{2} + \frac{I_z - I_y}{2}\cos 2\alpha - I_{yz}\sin 2\alpha \tag{14-14}$$

同理可得

$$I_{y_1} = \frac{I_z + I_y}{2} - \frac{I_z - I_y}{2}\cos 2\alpha + I_{yz}\sin 2\alpha \tag{14-15}$$

$$I_{y_1z_1} = \frac{I_z - I_y}{2}\sin 2\alpha + I_{yz}\cos 2\alpha \tag{14-16}$$

式（14-14）、式（14-15）称为**惯性矩的转轴公式**，式（14-16）称为**惯性积的转轴公式**。

四、主惯性轴、主惯性矩

由式（14-16）可以发现，当 $\alpha=0°$，即两坐标轴互相重合时，$I_{y_1z_1}=I_{yz}$；当 $\alpha=90°$时，$I_{y_1z_1}=-I_{yz}$，因此必定有这样的一对坐标轴，使截面对它的惯性积为零。通常把这样的一对坐标轴称为截面的**主惯性轴**，简称**主轴**，截面对主轴的惯性矩叫做**主惯性矩**。

假设将 z，y 轴绕 O 点旋转 α_0 角得到主轴 z_0，y_0，由主轴的定义

$$I_{y_0z_0} = \frac{I_z - I_y}{2}\sin 2\alpha_0 + I_{yz}\cos 2\alpha_0 = 0$$

从而得

$$\tan 2\alpha_0 = \frac{-2I_{yz}}{I_z - I_y} \tag{14-17}$$

上式就是确定主轴的公式，式中负号放在分子上，为的是和下面两式相符。这样确定的 α_0 角就使得 I_{z_0} 等于 $I_{\max}$。

由式（14-17）及三角公式可得

$$\cos 2\alpha_0 = \frac{I_z - I_y}{\sqrt{(I_z - I_y)^2 + 4I_{yz}^2}},\ \sin 2\alpha_0 = \frac{-2I_{yz}}{\dfrac{I_z - I_y}{\sqrt{(I_z - I_y)^2 + 4I_{yz}^2}}} \tag{14-18}$$

将式（14-18）代入到式（14-14）、式（14-15）便可得到截面对主轴 z_0，y_0 的主惯性矩

$$\left.\begin{aligned} I_{z_0} &= \frac{I_z + I_y}{2} + \frac{1}{2}\sqrt{(I_z - I_y)^2 + 4I_{yz}^2} \\ I_{y_0} &= \frac{I_z + I_y}{2} - \frac{1}{2}\sqrt{(I_z - I_y)^2 + 4I_{yz}^2} \end{aligned}\right\} \tag{14-19}$$

五、形心主轴、形心主惯性矩

通过截面上的任何一点均可找到一对主轴。通过截面形心的主轴叫做**形心主轴**，截面对形心主轴的惯性矩叫做**形心主惯性矩**。

【例 14-4】 求［例 14-1］中截面的形心主惯性矩。

解 在例 14-1 中已求出形心位置为

$$z_C = 0,\ y_C = 0.323\text{m}$$

过形心的主轴 z_0，y_0 如图 14-2 所示，z_0 轴到两个矩形形心的距离分别为

$$a_{\mathrm{I}} = 0.137\text{m},\ a_{\mathrm{II}} = 0.123\text{m}$$

截面对 z_0 轴的惯性矩为两个矩形对 z_0 轴的惯性矩之和，即

$$\begin{aligned} I_{z_0} &= I_{z_t}^{\mathrm{I}} + A_{\mathrm{I}}a_{\mathrm{I}}^2 + I_{z\mathrm{II}}^{\mathrm{II}} + A_{\mathrm{II}}a_{\mathrm{II}}^2 \\ &= \frac{0.6 \times 0.12^3}{12} + 0.6 \times 0.12 \times 0.137^2 \\ &\quad + \frac{0.2 \times 0.4^3}{12} + 0.2 \times 0.4 \times 0.123^2 \\ &= 0.37 \times 10^{-2}(\text{m}^4) \end{aligned}$$

截面对 y_0 轴惯性矩为

$$\begin{aligned} I_{y_0} &= I_{y_0}^{\mathrm{I}} + I_{y_0}^{\mathrm{II}} = \frac{0.12 \times 0.6^3}{12} + \frac{0.4 \times 0.2^3}{12} \\ &= 0.242 \times 10^{-2}(\text{m}^4) \end{aligned}$$

思考题

14-1 对于某个平面图形，以下结论中哪些是正确的？答：______

（1）图形的对称轴必定通过形心。

(2) 图形如有两根对称轴，该两对称轴的交点必为形心。

(3) 对于图形的对称轴，图形的面积矩必为零。

(4) 若图形对于某个轴的面积矩为零，则该轴必为对称轴。

(A) (1)、(2)　　(B) (3)、(4)

(C) (1)、(2)、(3)　　(D) (1)、(3)、(4)

14-2　以下结论中哪些是正确的？　答：______

(1) 面积矩的量纲是长度的三次方。

(2) 面积矩恒为正值。

(3) 若截面 A 由 A_1 和 A_2 两部分组成，面积 A，A_1，A_2 对于某轴的面积矩分别为 S，S_1，S_2，则 $S=S_1+S_2$。

(A) (1)、(2)　　(B) (2)、(3)

(C) (1)、(3)　　(D) 全对

14-3　下列结论中哪些是正确的？答：______

(1) 平面图形的惯性矩和惯性积的量纲为长度的四次方。

(2) 惯性矩和惯性积不可能为负值。

(3) 一个平面图形的惯性矩不可能为零。

(4) 惯性积有可能为零。

(A) (1)、(2)、(3)　　(B) (2)、(3)、(4)

(C) (1)、(2)、(4)　　(D) (1)、(3)、(4)

14-4　下列结论中哪些是正确的？答：______

(1) 平面图形对于其形心轴的面积矩和惯性积均为零。

(2) 平面图形对于其对称轴的面积矩和惯性积均为零。

(3) 平面图形对于不通过形心的轴，其面积矩和惯性积均不为零。

(4) 平面图形对于非对称轴的面积矩和惯性积有可能为零。

(A) (1)、(3)　　(B) (2)、(4)

(C) (1)、(2)、(3)　　(D) (2)、(3)、(4)

14-5　对于某个平面图形，下列结论中哪些是正确的？答：______

(1) 有可能不存在形心主轴。

(2) 不可能没有形心主轴。

(3) 只能有一对互相垂直的形心主轴。

(4) 有可能存在无限多对形心主轴。

(A) (1)、(3)　　(B) (1)、(4)

(C) (2)、(3)　　(D) (2)、(4)

习　题

14-1　试用积分法确定图 14-8 所示截面的形心位置。

14-2　试确定图 14-9 所示的图形的形心位置。

14-3　试求 14-2 题中图形（见图 14-2）截面对形心轴 z_C 的惯性矩 I_z。

14 - 4 试计算图 14 - 10 所示截面对水平形心轴 z 的惯性矩。

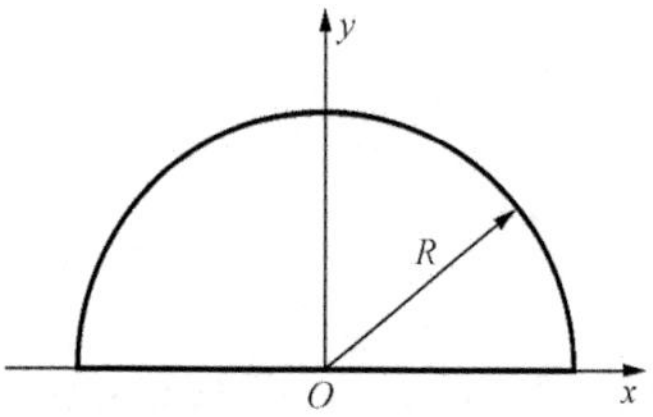

图 14 - 8 题 14 - 1 图

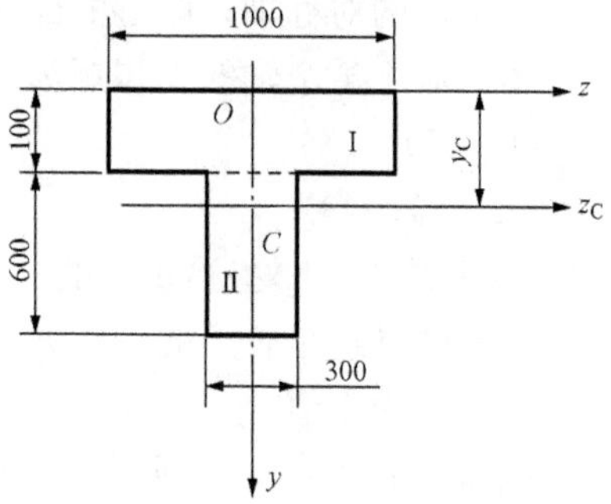

图 14 - 9 题 14 - 2 图

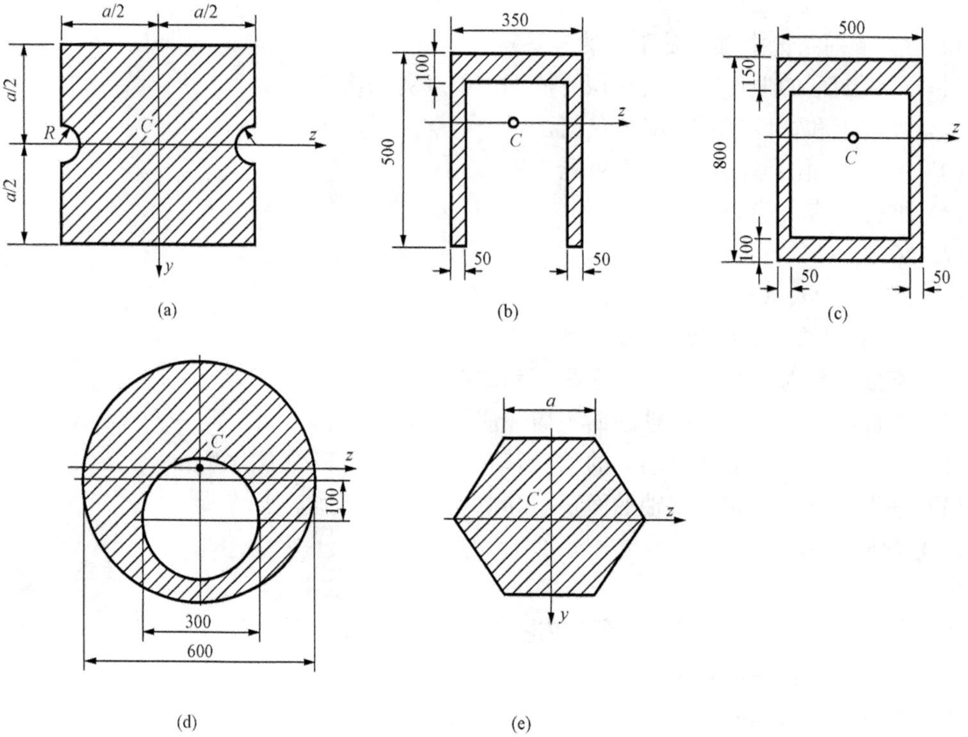

图 14 - 10 题 14 - 4 图

附录 A　简单荷载作用下梁的挠度与转角

简单荷载作用下梁的挠度与转角见附表 A-1。

附表 A-1　**简单荷载作用下梁的挠度与转角**

序号	梁和简图	挠曲线方程	挠度和转角
1	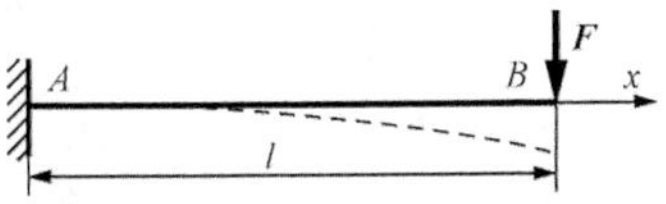	$w=\frac{Fx^2}{6EI}(x-3l)$	$w_B=-\frac{Fl^3}{3EI}$ $\theta_B=-\frac{Fl^2}{2EI}$
2	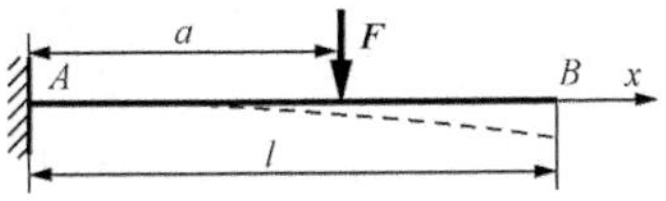	$w=\frac{Fx^2}{6EI}(x-3a)$ $(0\leqslant x\leqslant a)$ $w=\frac{Fa^2}{6EI}(a-3x)$ $(a\leqslant x\leqslant l)$	$w_B=-\frac{Fa^2}{6EI}(3l-a)$ $\theta_B=-\frac{Fa^2}{2EI}$
3	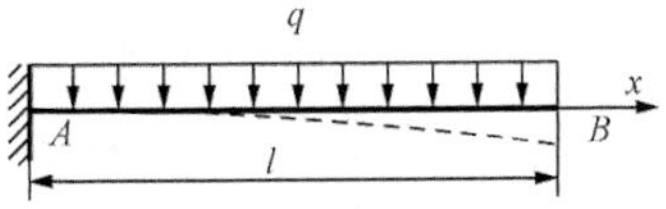	$w=\frac{qx^2}{24EI}(4lx-6l^2-x^2)$	$w_B=-\frac{ql^4}{8EI}$ $\theta_B=-\frac{ql^3}{6EI}$
4	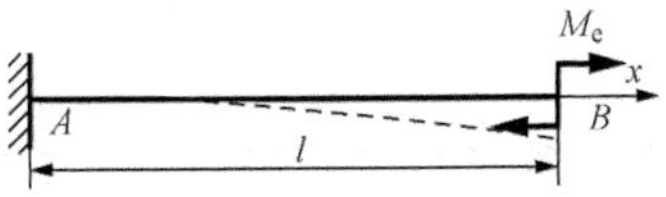	$w=-\frac{M_e x^2}{2EI}$	$w_B=-\frac{M_e l^2}{2EI}$ $\theta_B=-\frac{M_e l}{EI}$
5	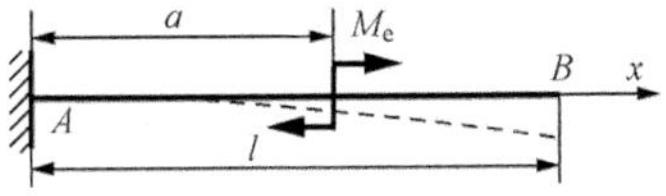	$w=-\frac{M_e x^2}{2EI}(0\leqslant x\leqslant a)$ $w=-\frac{M_e a}{EI}\left(\frac{a}{2}-x\right)$ $(a\leqslant x\leqslant l)$	$w_B=-\frac{M_e a}{EI}\left(l-\frac{a}{2}\right)$ $\theta_B=-\frac{M_e a}{EI}$
6	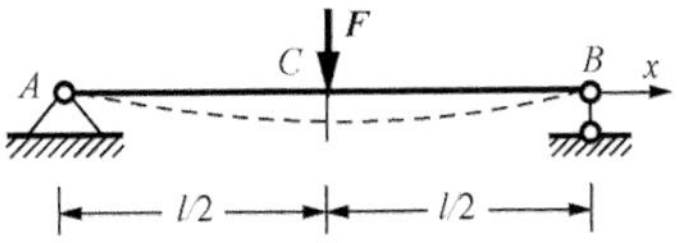	$w=\frac{Fx}{12EI}\left(x^2-\frac{3l^2}{4}\right)$ $\left(0\leqslant x\leqslant\frac{l}{2}\right)$	$w_C=-\frac{Fl^3}{48EI}$ $\theta_A=-\theta_B=-\frac{Fl^2}{16EI}$
7	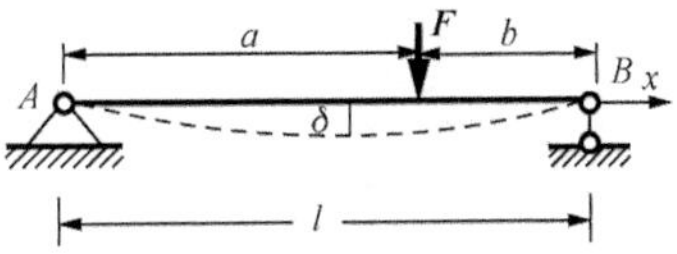	$w=\frac{Fbx}{6lEI}(x^2-l^2+b^2)$ $(0\leqslant x\leqslant a)$ $w=\frac{Fa(l-x)}{6lEI}(x^2+a^2$ $-2lx)$ $(a\leqslant x\leqslant l)$	$\delta=-\frac{Fb(3l^2-4b^2)}{48EI}$ $\theta_A=-\frac{Fb(l^2-b^2)}{6lEI}$ $\theta_B=\frac{Fa(l^2-a^2)}{6lEI}$

续表

序号	梁和简图	挠曲线方程	挠度和转角
8	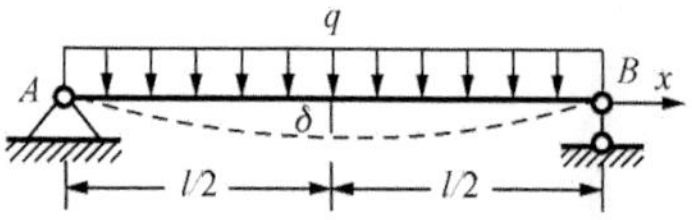	$w=\frac{qx}{24EI}(2lx^2-x^3-l^3)$	$\delta=-\frac{5ql^4}{384EI}$ $\theta_B=-\theta_A=\frac{ql^3}{24EI}$
9	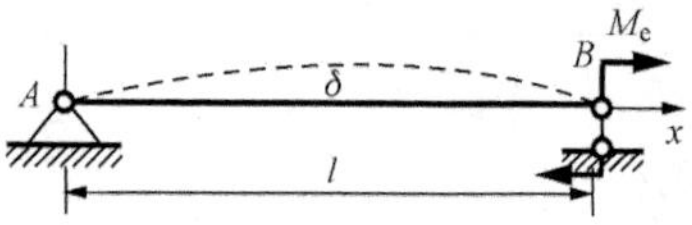	$w=\frac{M_e x}{6lEI}(l^2-x^2)$	$\delta=\frac{M_e l^2}{16EI}$ $\theta_A=\frac{M_e L}{6EI}$ $\theta_B=-\frac{M_e L}{3EI}$
10	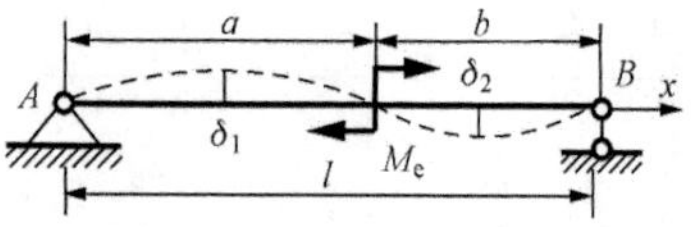	$w=\frac{M_e x}{6lEI}(l^2-3b^2-x^2)$ $(0\leqslant x\leqslant a)$ $w=\frac{M_e(l-x)}{6lEI}(3a^2-$ $2lx+x^2)$ $(a\leqslant x\leqslant l)$	$\delta_1=\frac{M_e(l^2-3b^2)^{3/2}}{9\sqrt{3}lEI}$ (位于 $x=\sqrt{\frac{l^2-3b^2}{3}}$ 处) $\delta_2=-\frac{M_e(l^2-3a^2)^{3/2}}{9\sqrt{3}lEI}$ (位于距 B 端 $\bar{x}=\sqrt{\frac{l^2-3a^2}{3}}$ 处) $\theta_A=\frac{M_e(l^2-3b^2)}{6lEI}$ $\theta_B=\frac{M_e(l^2-3a^2)}{6lEI}$

附录B 型 钢 表

附表 B-1 **热轧等边角钢（GB 9787—1988）**

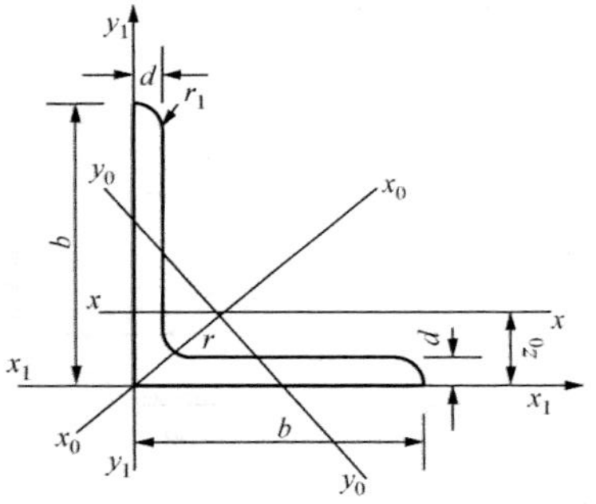

符号意义：b—边宽度； I—惯性矩；
d—边厚度； i—惯性半径；
r—内圆弧半径； W—截面系数；
r_1—边端内圆弧半径； z_0—重心距离

角钢号数	尺寸（mm）			截面面积（cm^2）	理论质量（kg/m）	外表面积（m^2/m）	参考数值										z_0(cm)
							$x-x$			x_0-x_0			y_0-y_0			x_1-x_1	
	b	d	r				I_x(cm^4)	i_x(cm)	W_x(cm^3)	I_{x0}(cm^4)	i_{x0}(cm)	W_{x0}(cm^3)	I_{y0}(cm^4)	i_{y0}(cm)	W_{y0}(cm^3)	I_{x1}(cm^4)	
2	20	3	3.5	1.132	0.889	0.078	0.40	0.59	0.29	0.63	0.75	0.45	0.17	0.39	0.20	0.81	0.60
		4		1.459	1.145	0.077	0.50	0.58	0.36	0.78	0.73	0.55	0.22	0.38	0.24	1.09	0.64
2.5	25	3		1.432	1.124	0.098	0.82	0.76	0.46	1.29	0.95	0.73	0.34	0.49	0.33	1.57	0.73
		4		1.859	1.459	0.097	1.03	0.74	0.59	1.62	0.93	0.92	0.43	0.48	0.40	2.11	0.76
3	30	3	4.5	1.749	1.373	0.117	1.46	0.91	0.68	2.31	1.15	1.09	0.61	0.59	0.51	2.71	0.85
		4		2.276	1.786	0.117	1.84	0.90	0.87	2.92	1.3	1.37	0.77	0.58	0.62	3.63	0.89
3.6	36	3		2.109	1.656	0.141	2.58	1.11	0.99	4.09	1.39	1.61	1.07	0.71	0.76	4.68	1.00
		4		2.756	2.163	0.141	3.29	1.09	1.28	5.22	1.38	2.05	1.37	0.70	0.93	6.25	1.04
		5		3.382	2.654	0.141	3.95	1.08	1.56	6.24	1.36	2.45	1.65	0.70	1.09	7.84	1.07

续表

角钢号数	尺寸(mm)			截面面积 (cm²)	理论质量 (kg/m)	外表面积 (m²/m)	参考数值										
							$x-x$			x_0-x_0			y_0-y_0			x_1-x_1	z_0(cm)
	b	d	r				I_x(cm⁴)	i_x(cm)	W_x(cm³)	I_{x0}(cm⁴)	i_{x0}(cm)	W_{x0}(cm³)	I_{y0}(cm⁴)	i_{y0}(cm)	W_{y0}(cm³)	I_{x1}(cm⁴)	
4	40	3		2.359	1.852	0.157	3.59	1.23	1.23	5.69	1.55	2.01	1.49	0.79	0.96	6.41	1.09
		4		3.086	2.422	0.157	4.60	1.22	1.60	7.29	1.54	2.58	1.91	0.79	1.19	8.56	1.13
		5		3.791	2.976	0.156	5.53	1.21	1.96	8.76	1.52	3.10	2.30	0.78	1.39	10.74	1.17
4.5	45	3	5	2.659	2.088	0.177	5.17	1.40	1.58	8.20	1.76	2.58	2.14	0.89	1.24	9.12	1.22
		4		3.486	2.736	0.177	6.65	1.38	2.05	10.56	1.74	3.32	2.75	0.89	1.54	12.18	1.26
		5		4.292	3.369	0.176	8.04	1.37	2.51	12.74	1.72	4.00	3.33	0.88	1.81	15.25	1.30
		6		5.076	3.985	0.176	9.33	1.36	2.95	14.76	1.70	4.64	3.89	0.88	2.06	18.36	1.33
5	50	3	5.5	2.971	2.332	0.197	7.18	1.55	1.96	11.37	1.96	3.22	2.98	1.00	1.57	12.50	1.34
		4		3.897	3.059	0.197	9.26	1.54	2.56	14.70	1.94	4.16	3.82	0.99	1.96	16.69	1.38
		5		4.803	3.770	0.196	11.21	1.53	3.13	17.79	1.92	5.03	4.64	0.98	2.31	20.90	1.42
		6		5.688	4.465	0.196	13.05	1.52	3.68	20.68	1.91	5.85	5.42	0.98	2.63	25.14	1.46
5.6	56	3	6	3.343	2.624	0.221	10.19	1.75	2.48	16.14	2.20	4.08	4.24	1.13	2.02	17.56	1.48
		4		4.390	3.446	0.220	13.18	1.73	3.24	20.92	2.18	5.28	5.46	1.11	2.52	23.43	1.53
		5		5.415	4.251	0.220	16.02	1.72	3.97	25.42	2.17	6.42	6.61	1.10	2.98	29.33	1.57
		8		8.367	6.568	0.219	23.63	1.68	6.03	37.37	2.11	9.44	9.89	1.09	4.16	47.24	1.68
6.3	63	4	7	4.978	3.907	0.248	19.03	1.96	4.13	30.17	2.46	6.78	7.89	1.26	3.29	33.35	1.70
		5		6.143	4.822	0.248	23.17	1.94	5.08	36.77	2.45	8.25	9.57	1.25	3.90	41.73	1.74
		6		7.288	5.721	0.247	27.12	1.93	6.00	43.03	2.43	9.66	11.20	1.24	4.46	50.14	1.78
		8		9.515	7.469	0.247	34.46	1.90	7.75	54.56	2.40	12.25	14.33	1.23	5.47	67.11	1.85
		10		11.657	9.151	0.246	41.09	1.88	9.39	64.85	2.36	14.56	17.33	1.22	6.36	84.31	1.93

续表

角钢号数	尺寸(mm)			截面面积 (cm²)	理论质量 (kg/m)	外表面积 (m²/m)	参考数值										z₀(cm)
							$x-x$			x_0-x_0			y_0-y_0			x_1-x_1	
	b	d	r				I_x(cm⁴)	i_x(cm)	W_x(cm³)	I_{x0}(cm⁴)	i_{x0}(cm)	W_{x0}(cm³)	I_{y0}(cm⁴)	i_{y0}(cm)	W_{y0}(cm³)	I_{x1}(cm⁴)	
7	70	4	8	5.570	4.372	0.275	26.39	2.18	5.14	41.80	2.74	8.44	10.99	1.40	4.17	45.74	1.86
		5		6.875	5.397	0.275	32.21	2.16	6.32	51.08	2.73	10.32	13.34	1.39	4.95	57.21	1.91
		6		8.160	6.406	0.275	37.77	2.15	7.48	59.93	2.71	12.11	15.61	1.38	5.67	68.73	1.95
		7		9.424	7.398	0.275	43.09	2.14	8.59	68.35	2.69	13.81	17.82	1.38	6.34	80.29	1.99
		8		10.667	8.373	0.274	48.17	2.12	9.68	76.37	2.68	15.43	19.98	1.37	6.98	91.92	2.03
7.5	75	5	9	7.412	5.818	0.295	39.97	2.33	7.32	63.30	2.92	11.94	16.63	1.50	5.77	70.56	2.04
		6		8.797	6.905	0.294	46.95	2.31	8.64	74.38	2.90	14.02	19.51	1.49	6.67	84.55	2.07
		7		10.160	7.976	0.294	53.57	2.30	9.93	84.96	2.89	16.02	22.18	1.48	7.44	98.71	2.11
		8		11.503	9.030	0.294	59.96	2.28	11.20	95.07	2.88	17.93	24.86	1.47	8.19	112.97	2.15
		10		14.126	11.089	0.293	71.98	2.26	13.64	113.92	2.84	21.48	30.05	1.46	9.56	141.71	2.22
8	80	5	9	7.912	6.211	0.315	48.79	2.48	8.34	77.33	3.13	13.67	20.25	1.60	6.66	85.36	2.15
		6		9.397	7.376	0.314	57.35	2.47	9.87	90.98	3.11	16.08	23.72	1.59	7.65	102.50	2.19
		7		10.860	8.525	0.314	65.58	2.46	11.37	104.07	3.10	18.40	27.09	1.58	8.58	119.70	2.23
		8		12.303	9.658	0.314	73.49	2.44	12.83	116.60	3.08	20.61	30.39	1.57	9.46	136.97	2.27
		10		15.126	11.874	0.313	88.43	2.42	15.64	140.09	3.04	24.76	36.77	1.56	11.08	171.74	2.35
9	90	6	10	10.637	8.350	0.354	82.77	2.79	12.61	131.26	3.51	20.63	34.28	1.80	9.95	145.87	2.44
		7		12.301	9.656	0.354	94.83	2.78	14.54	150.47	3.50	23.64	39.18	1.78	11.19	170.30	2.48
		8		13.944	10.946	0.353	106.47	2.76	16.42	168.97	3.48	26.55	43.97	1.78	12.35	194.80	2.52
		10		17.167	13.476	0.353	128.58	2.74	20.07	203.90	3.45	32.04	53.26	1.76	14.52	244.07	2.59
		12		20.306	15.940	0.352	149.22	2.71	23.57	236.21	3.41	37.12	62.22	1.75	16.49	293.76	2.67

续表

角钢号数	尺寸(mm)			截面面积(cm²)	理论质量(kg/m)	外表面积(m²/m)	参考数值									
							$x-x$			x_0-x_0			y_0-y_0			x_1-x_1	z_0(cm)
	b	d	r				I_x(cm⁴)	i_x(cm)	W_x(cm³)	I_{x0}(cm⁴)	i_{x0}(cm)	W_{x0}(cm³)	I_{y0}(cm⁴)	i_{y0}(cm)	W_{y0}(cm³)	I_{x1}(cm⁴)	
10	100	6	12	11.932	9.366	0.393	114.95	3.10	15.68	181.98	3.90	25.74	47.92	2.00	12.69	200.07	2.67
		7		13.796	10.830	0.393	131.86	3.09	18.10	208.97	3.89	29.55	54.74	1.99	14.26	233.54	2.71
		8		15.638	12.276	0.393	148.24	3.08	20.47	235.07	3.88	33.24	61.41	1.98	15.75	267.09	2.76
		10		19.261	15.120	0.392	179.51	3.05	25.06	284.68	3.84	40.26	74.35	1.96	18.54	334.48	2.84
		12		22.800	17.898	0.391	208.90	3.03	29.48	330.95	3.81	46.80	86.84	1.95	21.08	402.34	2.91
		14		26.256	20.611	0.391	236.53	3.00	33.73	374.06	3.77	52.90	99.00	1.94	23.44	470.75	2.99
		16		29.627	23.257	0.390	262.53	2.98	37.82	414.16	3.74	58.57	110.89	1.94	25.63	539.80	3.06
11	110	7	12	15.196	11.928	0.433	177.16	3.41	22.05	280.94	4.30	36.12	73.38	2.20	17.51	310.64	2.96
		8		17.238	13.532	0.433	199.46	3.40	24.95	316.49	4.28	40.69	82.42	2.19	19.39	355.20	3.01
		10		21.261	16.690	0.432	242.19	3.38	30.60	384.39	4.25	49.42	99.98	2.17	22.91	444.65	3.09
		12		25.200	19.782	0.431	282.55	3.35	36.05	448.17	4.22	57.62	116.93	2.15	26.15	534.60	3.16
		14		29.056	22.809	0.431	320.71	3.32	41.31	508.01	4.18	65.31	133.40	2.14	29.14	625.16	3.24
12.5	125	8	14	19.750	15.504	0.492	297.03	3.88	32.52	470.89	4.88	53.28	123.16	2.50	25.86	521.01	3.37
		10		24.373	19.133	0.491	361.67	3.85	39.97	573.89	4.85	64.93	149.46	2.48	30.62	651.93	3.45
		12		28.912	22.696	0.491	423.16	3.83	41.17	671.44	4.82	75.96	174.88	2.46	35.03	783.42	3.53
		14		33.367	26.193	0.490	481.65	3.80	54.16	763.73	4.78	86.41	199.57	2.45	39.13	915.61	3.61
14	140	10		27.373	21.488	0.551	514.65	4.34	50.58	817.27	5.46	82.56	212.04	2.78	39.20	915.11	3.82
		12		32.512	25.522	0.551	603.68	4.31	59.80	958.79	5.43	96.85	248.57	2.76	45.02	1099.28	3.90
		14		37.567	29.490	0.550	688.81	4.28	68.75	1093.56	5.40	110.47	284.06	2.75	50.45	1284.22	3.98
		16		42.539	33.393	0.549	770.24	4.26	77.46	1221.81	5.36	123.42	318.67	2.74	55.55	1470.07	4.06

续表

角钢号数	尺寸(mm)			截面面积(cm²)	理论质量(kg/m)	外表面积(m²/m)	参考数值										z₀(cm)
							$x-x$			x_0-x_0			y_0-y_0			x_1-x_1	
	b	d	r				I_x(cm⁴)	i_x(cm)	W_x(cm³)	I_{x0}(cm⁴)	i_{x0}(cm)	W_{x0}(cm³)	I_{y0}(cm⁴)	i_{y0}(cm)	W_{y0}(cm³)	I_{x1}(cm⁴)	
16	160	10	16	31.502	24.729	0.630	779.53	4.98	66.70	1237.30	6.27	109.36	321.76	3.20	52.76	1365.33	4.31
		12		37.441	29.391	0.630	916.58	4.95	78.98	1455.68	6.24	128.67	377.49	3.18	60.74	1639.57	4.39
		14		43.296	33.987	0.629	1048.36	4.92	90.05	1665.02	6.20	147.17	431.70	3.16	68.24	1914.68	4.47
		16		49.067	38.518	0.629	1175.08	4.89	102.63	1865.57	6.17	164.89	484.59	3.14	75.31	2190.82	4.55
18	180	12		42.241	33.159	0.710	1321.35	5.59	100.82	2100.10	7.05	165.00	542.61	3.58	78.41	2332.80	4.89
		14		48.896	38.383	0.709	1514.48	5.56	116.25	2407.42	7.02	189.14	621.53	3.56	88.38	2723.48	4.97
		16		55.467	43.542	0.709	1700.99	5.54	131.13	2703.37	6.98	212.40	698.60	3.55	97.83	3115.29	5.05
		18		61.955	48.634	0.708	1875.12	5.50	145.64	2988.24	6.94	234.78	762.01	3.51	105.14	3502.43	5.13
20	200	14	18	54.642	42.894	0.788	2103.55	6.20	144.70	3343.26	7.82	236.40	863.83	3.98	111.82	3734.10	5.46
		16		62.013	48.680	0.788	2366.15	6.18	163.65	3760.89	7.79	265.93	971.41	3.96	123.96	4270.39	5.54
		18		69.301	54.401	0.787	2620.64	6.15	182.22	4164.54	7.75	294.48	1076.74	3.94	135.52	4808.13	5.62
		20		76.505	60.056	0.787	2867.30	6.12	200.42	4554.55	7.72	322.06	1180.04	3.93	146.55	5347.51	5.69
		24		90.661	71.168	0.785	3338.25	6.07	236.17	5294.97	7.64	374.41	1381.53	3.90	166.65	6457.16	5.87

注　截面图中的 $r_1=1/3d$ 及表中 r 的数据用于孔型设计，不做交货条件。

附表 B-2 **热轧不等边角钢（GB 9788—1988）**

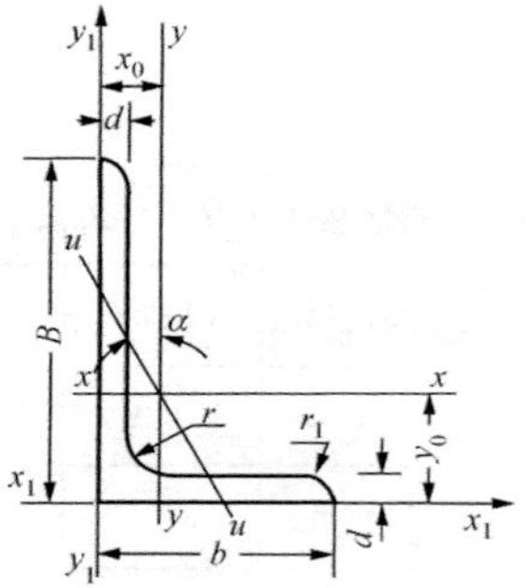

符号意义：　B—长边宽度；　b—短边宽度；
d—边厚度；　r—内圆弧半径；
r_1—边端内圆弧半径；　I—惯性矩；
i—惯性半径；　W—截面系数；
x_0—重心距离；　y_0—重心距离

角钢号数	尺寸(mm)				截面面积	理论质量	外表面积	参考数值													
								$x-x$			$y-y$			x_1-x_1		y_1-y_1		$u-u$			
	B	b	d	r	(cm^2)	(kg/m)	(m^2/m)	I_x (cm^4)	i_x (cm)	W_x (cm^3)	I_y (cm^4)	i_y (cm)	W_y (cm^3)	I_{x1} (cm^4)	y_0 (cm)	I_{y1} (cm^4)	x_0 (cm)	I_u (cm^4)	i_u (cm)	W_u (cm^3)	$\tan\alpha$
2.5/1.6	25	16	3	3.5	1.162	0.912	0.080	0.70	0.78	0.43	0.22	0.44	0.19	1.56	0.86	0.43	0.42	0.14	0.34	0.16	0.392
			4		1.499	1.176	0.079	0.88	0.77	0.55	0.27	0.43	0.24	2.09	0.90	0.59	0.46	0.17	0.34	0.20	0.381
3.2/2	32	20	3		1.492	1.171	0.102	1.53	1.01	0.72	0.46	0.55	0.30	3.27	1.08	0.82	0.49	0.28	0.43	0.25	0.382
			4		1.939	1.522	0.101	1.93	1.00	0.93	0.57	0.54	0.39	4.37	1.12	1.12	0.53	0.35	0.42	0.32	0.374
4/2.5	40	25	3	4	1.890	1.484	0.127	3.08	1.28	1.15	0.93	0.70	0.49	5.39	1.32	1.59	0.59	0.56	0.54	0.40	0.385
			4		2.467	1.936	0.127	3.93	1.26	1.49	1.18	0.69	0.63	8.53	1.37	2.14	0.63	0.71	0.54	0.52	0.381
4.5/2.8	45	28	3	5	2.149	1.687	0.143	4.45	1.44	1.47	1.34	0.79	0.62	9.10	1.47	2.23	0.64	0.80	0.61	0.51	0.383
			4		2.806	2.203	0.143	5.69	1.42	1.91	1.70	0.78	0.80	12.13	1.51	3.00	0.68	1.02	0.60	0.66	0.380
5/3.2	50	32	3	5.5	2.431	1.908	0.161	6.24	1.60	1.84	2.02	0.91	0.82	12.49	1.60	3.31	0.73	1.20	0.70	0.68	0.404
			4		3.177	2.494	0.160	8.02	1.59	2.39	2.58	0.90	1.06	16.65	1.65	4.45	0.77	1.53	0.69	0.87	0.402
5.6/3.6	56	36	3	6	2.743	2.153	0.181	8.88	1.80	2.32	2.92	1.03	1.05	17.54	1.78	4.70	0.80	1.73	0.79	0.87	0.408
			4		3.590	2.818	0.180	11.45	1.79	3.03	3.76	1.02	1.37	23.39	1.82	6.33	0.85	2.23	0.79	1.13	0.408
			5		4.415	3.466	0.180	13.86	1.77	3.71	4.49	1.01	1.65	29.25	1.87	7.94	0.88	2.67	0.78	1.36	0.404

续表

角钢号数	尺寸(mm)				截面面积	理论质量	外表面积	参考数值													
								$x-x$			$y-y$			x_1-x_1		y_1-y_1		$u-u$			
	B	b	d	r	(cm^2)	(kg/m)	(m^2/m)	I_x (cm^4)	i_x (cm)	W_x (cm^3)	I_y (cm^4)	i_y (cm)	W_y (cm^3)	I_{x1} (cm^4)	y_0 (cm)	I_{y1} (cm^4)	x_0 (cm)	I_u (cm^4)	i_u (cm)	W_u (cm^3)	tanα
6.3/4	63	40	4	7	4.058	3.185	0.202	16.49	2.02	3.87	5.23	1.14	1.70	33.30	2.04	8.63	0.92	3.12	0.88	1.40	0.398
			5		4.993	3.920	0.202	20.02	2.00	4.74	6.31	1.12	2.71	41.63	2.08	10.86	0.95	3.76	0.87	1.71	0.396
			6		5.908	4.638	0.201	23.36	1.96	5.59	7.29	1.11	2.43	49.98	2.12	13.12	0.99	4.34	0.86	1.99	0.393
			7		6.802	5.339	0.201	26.53	1.98	6.40	8.24	1.10	2.78	58.07	2.15	15.47	1.03	4.97	0.86	2.29	0.389
7/4.5	70	45	4	7.5	4.547	3.570	0.226	23.17	2.26	4.86	7.55	1.29	2.17	45.92	2.24	12.26	1.02	4.40	0.98	1.77	0.410
			5		5.609	4.403	0.225	27.95	2.23	5.92	9.13	1.28	2.65	57.10	2.28	15.39	1.06	5.40	0.98	2.19	0.407
			6		6.647	5.218	0.225	32.54	2.21	6.95	10.62	1.26	3.12	68.35	2.32	18.58	1.09	6.35	0.98	2.59	0.404
			7		7.657	6.011	0.225	37.22	2.20	8.03	12.01	1.25	3.57	79.99	2.36	21.84	1.13	7.16	0.97	2.94	0.402
(7.5/5)	75	50	5	8	6.125	4.808	0.245	34.86	2.39	6.83	12.61	1.44	3.30	70.00	2.40	21.04	1.17	7.41	1.10	2.74	0.435
			6		7.260	5.699	0.245	41.12	2.38	8.12	14.70	1.42	3.88	84.30	2.44	25.37	1.21	8.54	1.08	3.19	0.435
			8		9.467	7.431	0.244	52.39	2.35	10.52	18.53	1.40	4.99	112.50	2.52	34.23	1.29	10.87	1.07	4.10	0.429
			10		11.590	9.098	0.244	62.71	2.33	12.79	21.96	1.38	6.04	140.80	2.60	43.43	1.36	13.10	1.06	4.99	0.423
8/5	80	50	5	8	6.375	5.005	0.255	41.96	2.56	7.78	12.82	1.42	3.32	85.21	2.60	21.06	1.14	7.66	1.10	2.74	0.388
			6		7.560	5.935	0.255	49.49	2.56	9.25	14.95	1.41	3.91	102.53	2.65	25.41	1.18	8.85	1.08	3.20	0.387
			7		8.724	6.848	0.255	56.16	2.54	10.58	16.96	1.39	4.48	119.33	2.69	29.82	1.21	10.18	1.08	3.70	0.384
			8		9.867	7.745	0.254	62.83	2.52	11.92	18.85	1.38	5.03	136.41	2.73	34.32	1.25	11.38	1.07	4.16	0.381
9/5.6	90	56	5	9	7.212	5.661	0.287	60.45	2.90	9.92	18.32	1.59	4.21	121.32	2.91	29.53	1.25	10.98	1.23	3.49	0.385
			6		8.557	6.717	0.286	71.03	2.88	11.74	21.42	1.58	4.96	145.59	2.95	35.58	1.29	12.90	1.23	4.13	0.384
			7		9.880	7.756	0.286	81.01	2.86	13.49	24.36	1.57	5.70	169.60	3.00	41.71	1.33	14.67	1.22	4.72	0.382
			8		11.183	8.779	0.286	91.03	2.85	15.27	27.15	1.56	6.41	194.17	3.04	47.93	1.36	16.34	1.21	5.29	0.380

续表

角钢号数	尺寸(mm)				截面面积	理论质量	外表面积	参考数值													
								$x-x$			$y-y$			x_1-x_1		y_1-y_1		$u-u$			
	B	b	d	r	(cm²)	(kg/m)	(m²/m)	I_x (cm⁴)	i_x (cm)	W_x (cm³)	I_y (cm⁴)	i_y (cm)	W_y (cm³)	I_{x1} (cm⁴)	y_0 (cm)	I_{y1} (cm⁴)	x_0 (cm)	I_u (cm⁴)	i_u (cm)	W_u (cm³)	$\tan\alpha$
10/6.3	100	63	6	10	9.617	7.550	0.320	99.06	3.21	14.64	30.94	1.79	6.35	199.71	3.24	50.50	1.43	18.42	1.38	5.25	0.394
			7		11.111	8.722	0.320	113.45	3.20	16.88	35.26	1.78	7.29	233.00	3.28	59.14	1.47	21.00	1.38	6.20	0.394
			8		12.584	9.878	0.319	127.37	3.18	19.08	39.39	1.77	8.21	266.32	3.32	67.88	1.50	23.50	1.37	6.78	0.391
			10		15.467	12.142	0.319	153.81	3.15	23.32	47.12	1.74	9.98	333.06	3.40	85.73	1.58	28.33	1.35	8.24	0.387
10/8	100	80	6	10	10.637	8.350	0.354	107.04	3.17	15.19	61.24	2.40	10.16	199.83	2.95	102.68	1.97	31.65	1.72	8.37	0.627
			7		12.301	9.656	0.354	122.73	3.16	17.52	70.08	2.39	11.71	233.20	3.00	119.98	2.01	36.17	1.72	9.60	0.626
			8		13.944	10.946	0.353	137.92	3.14	19.81	78.58	2.37	13.21	266.61	3.04	137.37	2.05	40.58	1.71	10.80	0.625
			10		17.167	13.476	0.353	166.87	3.12	24.24	94.65	2.35	16.12	333.63	3.12	172.48	2.13	49.10	1.69	13.12	0.622
11/7	110	70	6		10.637	8.350	0.354	133.37	3.54	17.85	42.92	2.01	7.90	265.78	3.53	69.08	1.57	25.36	1.54	6.53	0.403
			7		12.301	9.656	0.354	153.00	3.53	20.60	49.01	2.00	9.09	310.07	3.57	80.82	1.61	28.95	1.53	7.50	0.402
			8		13.944	10.946	0.353	172.04	3.51	23.30	54.87	1.98	10.25	354.39	3.62	92.70	1.65	32.45	1.53	8.45	0.401
			10		17.167	13.467	0.353	208.39	3.48	28.54	65.88	1.96	12.48	443.13	3.07	116.83	1.72	39.20	1.51	10.29	0.397
12.5/8	125	80	7	11	14.096	11.066	0.403	227.98	4.02	26.86	74.42	2.30	12.01	454.99	4.01	120.32	1.80	43.81	1.76	9.92	0.408
			8		15.989	12.551	0.403	256.77	4.01	30.41	83.49	2.28	13.56	519.99	4.06	137.85	1.84	49.15	1.75	11.18	0.407
			10		19.712	15.474	0.402	312.04	3.98	37.33	100.67	2.26	16.56	650.09	4.14	173.40	1.92	59.45	1.74	13.64	0.404
			12		23.351	18.330	0.402	364.41	3.95	44.01	116.67	2.24	19.43	780.39	4.22	209.67	2.00	69.35	1.72	16.01	0.400
14/9	140	90	8	12	18.038	14.160	0.453	365.64	4.50	38.48	120.69	2.59	17.34	730.53	4.50	195.79	2.04	70.83	1.98	14.31	0.411
			10		22.261	17.475	0.452	445.50	4.47	47.31	140.03	2.56	21.22	931.20	4.58	245.92	2.12	85.82	1.96	17.48	0.409
			12		26.400	20.724	0.451	521.59	4.44	55.87	169.79	2.54	24.95	1096.09	4.66	296.89	2.19	100.21	1.95	20.54	0.406
			14		30.456	23.908	0.451	594.10	4.42	64.18	192.10	2.51	28.54	1279.26	4.74	348.82	2.27	114.13	1.94	23.52	0.403

续表

角钢号数	尺寸(mm)				截面面积 (cm^2)	理论质量 (kg/m)	外表面积 (m^2/m)	参考数值													
								$x-x$			$y-y$			x_1-x_1		y_1-y_1		$u-u$			
	B	b	d	r				I_x (cm^4)	i_x (cm)	W_x (cm^3)	I_y (cm^4)	i_y (cm)	W_y (cm^3)	I_{x1} (cm^4)	y_0 (cm)	I_{y1} (cm^4)	x_0 (cm)	I_u (cm^4)	i_u (cm)	W_u (cm^3)	$\tan\alpha$
16/10	160	100	10	13	25.315	19.872	0.512	668.69	5.14	62.13	205.03	2.85	26.56	1362.89	5.24	336.59	2.28	121.74	2.19	21.92	0.390
			12		30.054	23.592	0.511	784.91	5.11	73.49	239.06	2.82	31.28	1635.56	5.32	405.94	2.36	142.33	2.17	25.79	0.388
			14		34.709	27.247	0.510	896.30	5.08	84.56	271.20	2.80	35.83	1908.50	5.40	476.42	2.43	162.23	2.16	29.56	0.385
			16		39.281	30.835	0.510	1003.04	5.05	95.33	301.60	2.77	40.24	2181.79	5.48	548.22	2.51	182.57	2.16	33.44	0.382
18/11	180	110	10	14	28.373	22.273	0.571	956.25	5.80	78.96	278.11	3.13	32.49	1940.40	5.89	447.22	2.44	166.50	2.42	26.88	0.376
			12		33.712	26.464	0.571	1124.72	5.78	93.53	325.03	3.10	38.32	2328.38	5.98	538.94	2.52	194.87	2.40	31.66	0.374
			14		38.967	30.589	0.570	1286.91	5.75	107.76	369.55	3.08	43.97	2716.60	6.06	631.95	2.59	222.30	2.39	36.62	0.372
			16		44.139	34.649	0.569	1443.06	5.72	121.64	411.85	3.06	49.44	3105.15	6.14	726.46	2.67	248.94	2.38	40.87	0.369
20/12.5	200	125	12		37.912	29.761	0.641	1570.90	6.44	116.73	483.16	3.57	49.99	3193.82	6.54	787.74	2.83	285.79	2.74	41.23	0.392
			14		43.867	34.436	0.640	1800.97	6.41	134.65	550.83	3.54	57.44	3726.17	6.62	922.47	2.91	326.58	2.72	47.34	0.390
			16		49.739	39.045	0.639	2023.35	6.38	152.18	615.44	3.52	64.69	4258.86	6.70	1058.86	2.99	366.21	2.71	53.32	0.388
			18		55.526	43.588	0.639	2238.30	6.35	169.33	677.19	3.49	71.74	4792.00	6.78	1197.13	3.06	404.83	2.70	59.18	0.385

注 1. 括号内型号不推荐使用。

2. 截面图中的 $r_1 = (1/3)d$ 及表中 r 的数据用于孔型设计，不做交货条件。

附表 B-3

热轧槽钢（GB 707—1988）

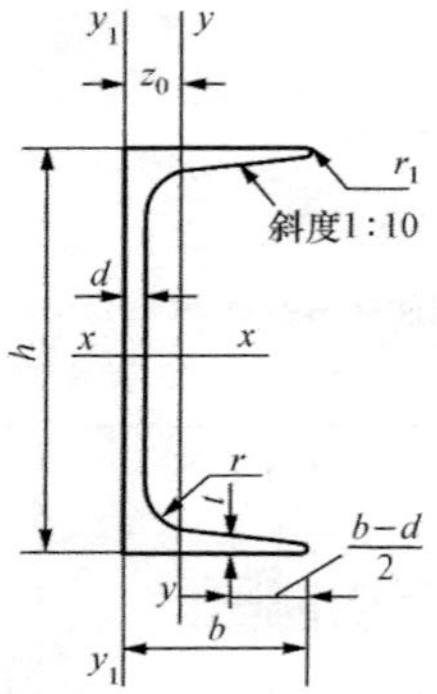

符号意义：h—高度；　b—腿宽度；　d—腰厚度；　t—平均腿厚度；　r—内圆弧半径；　r_1—腿端圆弧半径；　I—惯性矩；　W—截面系数；　i—惯性半径；　z_0—$y-y$ 轴与 y_1-y_1 轴间距

型号	尺寸（mm）						截面面积 (cm^2)	理论质量 (kg/m)	参考数值							
									$x-x$			$y-y$			y_1-y_1	z_0 (cm)
	h	b	d	t	r	r_1			W_x (cm^3)	I_x (cm^4)	i_x (cm)	W_y (cm^3)	I_y (cm^4)	i_y (cm)	I_{y1} (cm^4)	
5	50	37	4.5	7	7	3.5	6.928	5.438	10.4	26.0	1.94	3.55	8.30	1.10	20.9	1.35
6.3	63	40	4.8	7.5	7.5	3.8	8.451	6.634	16.1	50.8	2.45	4.50	11.9	1.19	28.4	1.36
8	80	43	5	8	8	4	10.248	8.045	25.3	101	3.15	5.79	16.6	1.27	37.4	1.43
10	100	48	5.3	8.5	8.5	4.2	12.748	10.007	39.7	198	3.95	7.8	25.6	1.41	54.9	1.52
12.6	126	53	5.5	9	9	4.5	15.692	12.318	62.1	391	4.95	10.2	38.0	1.57	77.1	1.59
14a	140	58	6	9.5	9.5	4.8	18.516	14.535	80.5	564	5.52	13.0	53.2	1.70	107	1.71
14b	140	60	8	9.5	9.5	4.8	21.316	16.733	87.1	609	5.35	14.1	61.1	1.69	121	1.67
16a	160	63	6.5	10	10	5	21.962	17.240	108	866	6.28	16.3	73.3	1.83	144	1.80
16	160	65	8.5	10	10	5	25.162	19.752	117	935	6.10	17.6	83.4	1.82	161	1.75
18a	181	68	7	10.5	10.5	5.2	25.699	20.174	141	1270	7.04	20.0	98.6	1.96	190	1.88
18	180	70	9	10.5	10.5	5.2	29.299	23.000	152	1370	6.84	21.5	111	1.95	210	1.84

续表

型号	尺寸（mm）						截面面积（cm^2）	理论质量（kg/m）	参考数值							
									$x-x$			$y-y$			y_1-y_1	z_0(cm)
	h	b	d	t	r	r_1			W_x(cm^3)	I_x(cm^4)	i_x(cm)	W_y(cm^3)	I_y(cm^4)	i_y(cm)	I_{y1}(cm^4)	
20a	200	73	7.0	11	11.0	5.5	28.837	22.637	178	1780	7.86	24.2	128	2.11	244	2.01
20	200	75	9.0	11	11.0	5.5	32.837	25.777	191	1910	7.64	25.9	144	2.09	268	1.95
22a	220	77	7.0	11.5	11.5	5.8	31.846	24.999	218	2390	8.67	28.2	158	2.23	298	2.10
22	220	79	9.0	11.5	11.5	5.8	36.246	28.453	234	2570	8.42	30.1	176	2.21	326	2.03
a	250	78	7.0	12	12.0	6.0	34.917	27.410	270	3370	9.82	30.6	176	2.24	322	2.07
25b	250	80	9.0	12	12.0	6.0	39.917	31.335	282	3530	9.41	32.7	196	2.22	353	1.98
c	250	82	11.0	12	12.0	6.0	44.917	35.260	295	3690	9.07	35.9	218	2.21	384	1.92
a	280	82	7.5	12.5	12.5	6.2	40.034	31.427	340	4760	10.9	35.7	218	2.33	388	2.10
28b	280	84	9.5	12.5	12.5	6.2	45.634	35.823	366	5130	10.6	37.9	242	2.30	428	2.02
c	280	86	11.5	12.5	12.5	6.2	51.234	40.219	393	5500	10.4	40.3	268	2.29	463	1.95
a	320	88	8.0	14	14.0	7.0	48.513	38.083	475	7600	12.5	46.5	305	2.50	552	2.24
32b	320	90	10.0	14	14.0	7.0	54.913	43.107	509	8140	12.2	49.2	336	2.47	593	2.16
c	320	92	12.0	14	14.0	7.0	61.313	48.131	543	8690	11.9	52.6	374	2.47	643	2.09
a	360	96	9.0	16	16.0	8.0	60.910	47.814	660	11900	14.0	63.5	455	2.73	818	2.44
36b	360	98	11.0	16	16.0	8.0	68.110	53.466	703	12700	13.6	66.9	497	2.70	880	2.37
c	360	100	13.0	16	16.0	8.0	75.310	59.118	746	13400	13.4	70.0	536	2.67	948	2.34
a	400	100	10.5	18	18.0	9.0	75.068	58.928	879	17600	15.3	78.8	592	2.81	1070	2.49
40b	400	102	12.5	18	18.0	9.0	83.068	65.208	932	18600	15.0	82.5	640	2.78	1140	2.44
c	400	104	14.5	18	18.0	9.0	91.068	71.488	986	19700	14.7	86.2	688	2.75	1220	2.42

注　截面图和表中标注的圆弧半径 r、r_1 的数据用于孔型设计，不做交货条件。

附表 B-4

热轧工字钢（GB 706—1988）

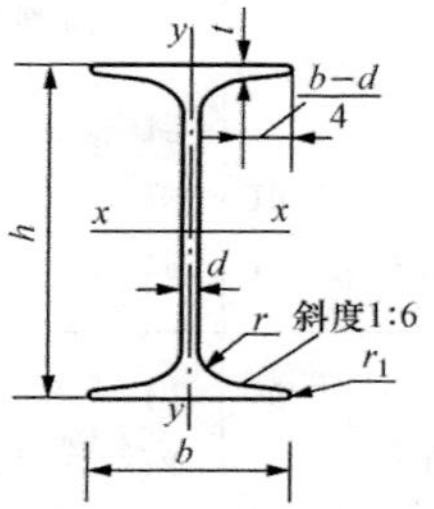

符号意义：h—高度；　r_1—腿端圆弧半径；
b—腿宽度；　I—惯性矩；
d—腰厚度；　W—截面系数；
t—平均腿厚度；　i—惯性半径；
r—内圆弧半径；　S—半截面的静力矩

型号	尺寸（mm）						截面面积（cm²）	理论质量（kg/m）	参考数值						
									$x-x$				$y-y$		
	h	b	d	t	r	r_1			I_x(cm⁴)	W_x(cm³)	i_x(cm)	$I_x:S_x$	I_y(cm⁴)	W_y(cm³)	i_y(cm)
10	100	68	4.5	7.6	6.5	3.3	14.345	11.261	245	49.0	4.14	8.59	33.0	9.72	1.52
12.6	126	74	5.0	8.4	7.0	3.5	18.118	14.223	488	77.5	5.20	10.8	46.9	12.7	1.61
14	140	80	5.5	9.1	7.5	3.8	21.516	16.890	712	102	5.76	12.0	64.4	16.1	1.73
16	160	88	6.0	9.9	8.0	4.0	26.131	20.513	1130	141	6.58	13.8	93.1	21.2	1.89
18	180	94	6.5	10.7	8.5	4.3	30.756	24.143	1660	185	7.36	15.4	122	26.0	2.00
20a	200	100	7.0	11.4	9.0	4.5	35.578	27.929	2370	237	8.15	17.2	158	31.5	2.12
20b	200	102	9.0	11.4	9.0	4.5	39.578	31.069	2500	250	7.96	16.9	169	33.1	2.06
22a	220	110	7.5	12.3	9.5	4.8	42.128	33.070	3400	309	8.99	18.9	225	40.9	2.31
22b	220	112	9.5	12.3	9.5	4.8	46.528	36.524	3570	325	8.78	18.7	239	42.7	2.27
25a	250	116	8.0	13.0	10.0	5.0	48.541	38.105	5020	402	10.2	21.6	280	48.3	2.40
25b	250	118	10.0	13.0	10.0	5.0	53.541	42.030	5280	423	9.94	21.3	309	52.4	2.40
28a	280	122	8.5	13.7	10.5	5.3	55.404	43.492	7110	508	11.3	24.6	345	56.6	2.50
28b	280	124	10.5	13.7	10.5	5.3	61.004	47.888	7480	534	11.1	24.2	379	61.2	2.49

续表

型号	尺寸（mm）						截面面积 (cm^2)	理论质量 (kg/m)	参考数值						
									$x-x$				$y-y$		
	h	b	d	t	r	r_1			$I_x(cm^4)$	$W_x(cm^3)$	$i_x(cm)$	$I_x:S_x$	$I_y(cm^4)$	$W_y(cm^3)$	$i_y(cm)$
32a	320	130	9.5	15.0	11.5	5.8	67.156	52.717	11100	692	12.8	27.5	460	70.8	2.62
32b	320	132	11.5	15.0	11.5	5.8	73.556	57.741	11600	726	12.6	21.1	502	76.0	2.61
32c	320	134	13.5	15.0	11.5	5.8	79.956	62.765	12200	760	12.3	26.8	544	81.2	2.61
36a	360	136	10.0	15.8	12.0	6.0	76.480	60.037	15800	875	14.4	30.7	552	81.2	2.69
36b	360	138	12.0	15.8	12.0	6.0	83.680	65.689	16500	919	14.1	30.3	582	84.3	2.64
36c	360	140	14.0	15.8	12.0	6.0	90.880	71.341	17300	962	13.8	29.9	612	87.4	2.60
40a	400	142	10.5	16.5	12.5	6.3	86.112	67.598	21700	1090	15.9	34.1	660	93.2	2.77
40b	400	144	12.5	16.5	12.5	6.3	94.112	73.878	22800	1140	15.6	33.6	692	96.2	2.71
40c	400	146	14.5	16.5	12.5	6.3	102.112	80.158	23900	1190	15.2	33.2	727	99.6	2.65
45a	450	150	11.5	18.0	13.5	6.8	102.446	80.420	32200	1430	17.7	38.6	855	114	2.89
45b	450	152	13.5	18.0	13.5	6.8	111.446	87.485	33800	1500	17.4	38.0	894	118	2.84
45c	450	154	15.5	18.0	13.5	6.8	120.446	94.550	35300	1570	17.1	37.6	938	122	2.79
50a	500	158	12.0	20.0	14.0	7.0	119.304	93.654	46500	1860	19.7	42.8	1120	142	3.07
50b	500	160	14.0	20.0	14.0	7.0	129.304	101.504	48600	1940	19.4	42.4	1170	146	3.01
50c	500	162	16.0	20.0	14.0	7.0	139.304	109.354	50600	2080	19.0	41.8	1220	151	2.96
56a	560	166	12.5	21.0	14.5	7.3	135.425	106.316	65600	2340	22.0	47.7	1370	165	3.18
56b	560	168	14.5	21.0	14.5	7.3	146.635	115.108	68500	2450	21.6	47.2	1490	174	3.16
56c	560	170	16.5	21.0	14.5	7.3	157.835	123.900	71400	2550	21.3	46.7	1560	183	3.16
63a	630	176	13.0	22.0	15.0	7.5	154.658	121.407	93900	2980	24.5	54.2	1700	193	3.31
63b	630	178	15.0	22.0	15.0	7.5	167.258	131.298	98100	3160	24.2	53.5	1810	204	3.29
63c	630	180	17.0	22.0	15.0	7.5	179.858	141.189	102000	3300	23.8	52.9	1920	214	3.27

注 截面图和表中标注的圆弧半径 r、r_1 的数据用于孔型设计，不做交货条件。

参考答案

第二章

2-4 $\boldsymbol{F}_R=-1.5\boldsymbol{i}-2.0j$ ，$x=290\text{mm}$

2-5 $F_A=54.64\text{kN}$，$F_C=74.64\text{kN}$

2-6 $F_2=173\text{kN}$，$\gamma=95°$

2-7 $P_2=333.3\text{kN}$，$x=6.75\text{m}$

2-8 $F_A=231\text{N}$

2-9 $P=81\text{kg}$

2-10 $\alpha=\arccos\left(\frac{2b}{l}\right)^{1/3}$

2-11 $k=5.61\text{N/m}$

2-12 (a) $F_A=\frac{F}{2}+\frac{5}{4}qb-\frac{M}{2b}$，$F_B=\frac{F}{2}-\frac{1}{4}qb+\frac{M}{2b}$

(b) $F_A=\frac{3}{2}F+\frac{3}{4}qb$，$F_B=-\frac{1}{2}F+\frac{3}{4}qb$

(c) $F_{Ax}=104\text{kN}$，$F_{Ay}=60\text{kN}$，$M_A=220\text{kN}\cdot\text{m}$，$F_C=120\text{kN}$

(d) $F_{Ax}=0$，$F_{Ay}=-2.5\text{kN}$，$F_B=15\text{kN}$，$F_D=2.5\text{kN}$

(e) $F_{Ax}=0$，$F_{Ay}=2.5\text{kN}$，$M_A=10\text{kN}\cdot\text{m}$，$F_C=1.5\text{kN}$

(f) $F_{Ax}=0$，$F_{Ay}=-51.25\text{kN}$，$F_B=105\text{kN}$，$F_D=62.5\text{kN}$

2-13 (a) $F_{Ax}=F_{Ay}=0$，$F_{Bx}=-50\text{kN}$，$F_{By}=100\text{kN}$

(b) $F_{Ax}=20\text{kN}$，$F_{Ay}=70\text{kN}$；$F_{Bx}=-20\text{kN}$，$F_{By}=50\text{kN}$

2-14 $M=70.36\text{N}\cdot\text{m}$

2-15 $M=\frac{Prr_1}{r_2}$

2-16 $F_{Ax}=112.5\text{kN}$，$F_{Ay}=112.5\text{kN}$；$F_{Bx}=-37.5\text{kN}$，$F_{By}=-112.5\text{kN}$；$F_{Cx}=75\text{kN}$，$F_{Cy}=0$

2-17 $F_{Ax}=-4.4\text{kN}$，$F_{Ay}=4.0\text{kN}$；$F_{Bx}=9.34\text{kN}$，$F_{By}=2.67\text{kN}$；$F_C=F_E=14.9\text{kN}$；$F_D=4.4\text{kN}$

2-18 $F_{Ax}=1.2\text{kN}$，$F_{Ay}=0.15\text{kN}$；$F_B=1.05\text{kN}$，$F_{BC}=-1.5\text{kN}$

2-19 $F=1467\text{N}$

2-20 $F_{AC}=F_{CG}=F_{GK}=F_{BD}=F_{DH}=F_{HK}=-10\text{kN}$，其余为零杆。

2-21 $F_1=-5.333F$（压），$F_2=2F$（拉），$F_3=-1.667F$（压）

2-22 $F_{CD}=-0.866F$（压）

2-23 $F_{CF}=-35.4\text{kN}$（压），$F_{EF}=30.0\text{kN}$（拉）

2-24 $F_{DK}=1\text{kN}$（拉）

2-25 (1) $\boldsymbol{F}_R=F\boldsymbol{k}$，$\boldsymbol{M}_O=-Fa\boldsymbol{j}-Fa\boldsymbol{k}$

(2) 左力螺旋，作用于 $O'(a, 0, 0)$ 点，$\boldsymbol{F}_R=F\boldsymbol{k}$，$\boldsymbol{M}=-Fa\boldsymbol{k}$

2 - 26 $F_R=20N$，沿 z 轴正向，作用线的位置由 $x_C=60mm$ 和 $y_C=32.5mm$ 来确定。

2 - 27 $F_{Rx}=-143.9N$，$F_{Ry}=1011N$，$F_{Rz}=-516.9N$

$M_x=-48N\cdot m$，$M_y=21.07N\cdot m$，$M_z=-19.4N\cdot m$

2 - 28 $M_z=-101.4N\cdot m$

2 - 29 $\boldsymbol{F}_R=-120\boldsymbol{i}-160\boldsymbol{k}$，$\boldsymbol{M}_A=-7\boldsymbol{i}+9\boldsymbol{j}+24\boldsymbol{k}$

2 - 30 $M=Fa\sin\beta\sin\theta$

2 - 31 $M_x=\frac{1}{4}F\ (h-3r)$，$M_y=\frac{\sqrt{3}}{4}F\ (h+r)$，$M_z=-\frac{Fr}{2}$

2 - 32 $F_{T1}=45.8kN$，$F_{T2}=26.7kN$，$\boldsymbol{F}_{NA}=8.90\boldsymbol{i}+16.67\boldsymbol{j}+40.0\boldsymbol{k}$

2 - 33 $F_A=F_B=-26.39kN$（压），$F_C=33.46kN$（拉）

2 - 34 $F_{CA}=-\sqrt{2}P$（压），$F_{BD}=P(\cos\theta-\sin\theta)$，$F_{BE}=P(\cos\theta+\sin\theta)$，

$F_{AB}=-\sqrt{2}P\cos\theta$

2 - 35 $F_1=-5kN$（压），$F_2=-5kN$（压），$F_3=-7.07kN$（压），

$F_4=5kN$（拉），$F_5=5kN$（拉），$F_6=-10kN$（压）

2 - 36 $F_{T1}=\frac{\sqrt{2}}{2}(2F_1+F_2)$，$F_{T2}=-(F_1+F_2)-\frac{W}{2}$，$F_{T3}=\frac{\sqrt{5}}{2}F_2$

$F_{T4}=\frac{1}{2}F_2$，$F_{T5}=-\frac{\sqrt{2}}{2}F_2$，$F_{T6}=-\frac{W}{2}$

2 - 37 $a=350mm$

2 - 38 $F=50N$，$\theta=143^\circ 8'$

2 - 39 （1）$M=22.5N\cdot m$；（2）$F_{Ax}=75N$，$F_{Ay}=0$，$F_{Az}=50N$；

（3）$F_x=75N$，$F_y=0$

2 - 40 $F=70.9N$；$F_{Ax}=-68.4N$，$F_{Ay}=-47.6N$，$F_{Bx}=-207N$，$F_{By}=-19.1N$

2 - 41 $F_{Ox}=150N$，$F_{Oy}=75N$，$F_{Oz}=500N$；

$M_x=100N\cdot m$，$M_y=-37.5N\cdot m$，$M_z=-24.38N\cdot m$

2 - 42 $F_1=10kN$，$F_2=5kN$；$F_{Ax}=-5.2kN$，$F_{Az}=6kN$；$F_{Bx}=-7.8kN$，

$F_{Bz}=1.5kN$

2 - 43 $F_{Ax}=-2.078kN$，$F_{Az}=-5.708kN$；$F_{Bx}=-1.093kN$，$F_{Bz}=-3.004kN$；

$F_{Cx}=-0.378kN$，$F_{Cz}=12.46kN$；$F_{Dx}=-6.273kN$，$F_{Dz}=23.25kN$

2 - 44 $F_{Cx}=-666.7N$，$F_{Cy}=-14.7N$，$F_{Cz}=12640N$；

$F_{Ax}=2667N$，$F_{Ay}=-325.3N$

2 - 45 $F=200N$；$F_{Bx}=F_{Bz}=0$；$F_{Ax}=86.6N$，$F_{Ay}=150N$，$F_{Az}=100N$

2 - 46 $F_1=F_5=-F$（压），$F_3=F$（拉），$F_2=F_4=F_6=0$

2 - 47 $M_1=\frac{b}{a}M_2+\frac{c}{a}M_3$；$F_{Ay}=\frac{M_3}{a}$，$F_{Az}=\frac{M_2}{a}$；$F_{Dx}=0$，$F_{Dy}=-\frac{M_3}{a}$，$F_{Dz}=-\frac{M_2}{a}$

2 - 48 $F_B=\frac{P_1+P_2}{2}$；$F_{Ax}=0$，$F_{Ay}=-\frac{P_1+P_2}{2}$，$F_{Az}=P_1+\frac{P_2}{2}$；$F_{Cx}=F_{Cy}=0$，

$F_{Cz}=\frac{P_2}{2}$

2 - 49 $F_1=F_D$，$F_2=-\sqrt{2}F_D$，$F_3=-\sqrt{2}F_D$，$F_4=\sqrt{6}F_D$，$F_5=-F-\sqrt{2}F_D$，$F_6=F_D$

2 - 50 $x_C=10.3\text{mm}$，$y_C=20.3\text{mm}$

2 - 51 $x_C=90\text{mm}$

2 - 52 $h=\frac{r}{\sqrt{2}}$

2 - 53 $x_C=18.4\text{mm}$，$y_C=13.2\text{mm}$

第 三 章

3 - 1 $f_s=0.223$

3 - 2 $s=0.456l$

3 - 3 $f_s=\frac{1}{2\sqrt{3}}$

3 - 4 $a_{\max}=\frac{b}{2f_s}$

3 - 5 $F\geqslant\frac{rP(b-f_sc)}{f_sRa}$

3 - 6 $\frac{M\sin(\theta-\varphi)}{l\cos\theta\cos(\beta-\varphi)}\leqslant F\leqslant\frac{M\sin(\theta+\varphi)}{l\cos\theta\cos(\beta+\varphi)}$

3 - 7 $b<7.5\text{mm}$

3 - 8 $M=300\text{N}\cdot\text{m}$

3 - 9 $b\leqslant110\text{mm}$

3 - 10 $49.61\text{N}\cdot\text{m}\leqslant M_C\leqslant70.39\text{N}\cdot\text{m}$

3 - 11 $40.21\text{kN}\leqslant P_E\leqslant104.2\text{kN}$

3 - 12 $e=\frac{f_sD}{2}$

3 - 13 $l=\frac{2Mef_s}{M-F_Qe}$

3 - 14 $\cot\frac{\theta}{2}=4$，$\theta=28.07^\circ$

3 - 15 $F_{\min}=240\text{N}$

3 - 16 $\frac{\sin\theta+f\cos\theta}{\cos\theta-f\sin\theta}P\geqslant F\geqslant\frac{\sin\theta-f\cos\theta}{\cos\theta+f\sin\theta}P$

3 - 17 $M=1.867\text{kN}\cdot\text{m}$，$f_s\geqslant0.752$

3 - 18 $M_{\min}=0.212Wr$

第 四 章

4 - 1 $x=200\cos\frac{\pi}{5}t$，$y=100\sin\frac{\pi}{5}t$；轨迹$\frac{x^2}{40000}+\frac{y^2}{10000}=1$

4 - 2 $\frac{(x-a)^2}{(b+l)^2}+\frac{y^2}{l^2}=1$

4 - 3 对地 $y_A=0.01\sqrt{64-t^2}$，$v_A=\frac{0.01t}{\sqrt{64-t^2}}$，方向铅垂向下

对凸轮 $x'_A=0.01t$，$y'_A=0.01\sqrt{64-t^2}$，$v_{Ax'}=0.01$，$v_{Ay'}=-\dfrac{0.01t}{\sqrt{64-t^2}}$

4-4 $y=l\tan kt$；$v=lk\sec^2 kt$；$a=2lk^2\tan kt\sec^2 kt$

$\theta=\dfrac{\pi}{6}$时，$v=\dfrac{4}{3}lk$，$a=\dfrac{8\sqrt{3}}{9}lk^2$

$\theta=\dfrac{\pi}{3}$时，$v=4lk$，$a=8\sqrt{3}lk^2$

4-5 $v=-\dfrac{v_0}{x}\sqrt{x^2+l^2}$；$a=-\dfrac{v_0^2 l^2}{x^3}$

4-6 $y=e\sin\omega t+\sqrt{R^2-e^2\cos^2\omega t}$；$v=e\omega\left(\cos\omega t+\dfrac{e\sin 2\omega t}{2\sqrt{R^2-e^2\cos^2\omega t}}\right)$

4-7 （1）自然法：$s=2R\omega t$；$v=2R\omega$；$a_t=0$，$a_n=4R\omega^2$

（2）直角坐标法：$x=R+R\cos 2\omega t$，$y=R\sin 2\omega t$

$v_x=-2R\omega\sin 2\omega t$，$v_y=2R\omega\cos 2\omega t$

$a_x=-4R\omega^2\cos 2\omega t$，$a_y=-4R\omega^2\sin 2\omega t$

4-8 $v=ak$，$v_r=-ak\sin kt$

4-9 $x=r\cos\omega t+l\sin\dfrac{\omega t}{2}$，$y=r\sin\omega t-l\cos\dfrac{\omega t}{2}$

$v=\omega\sqrt{r^2+\dfrac{l^2}{4}-rl\sin\dfrac{\omega t}{2}}$；$a=\omega^2\sqrt{r^2+\dfrac{l^2}{16}-\dfrac{rl}{2}\sin\dfrac{\omega t}{2}}$

4-10 $\rho=5\text{m}$，$a_t=8.66\text{m/s}^2$

4-11 $v_M=v\sqrt{1+\dfrac{p}{2x}}$；$a_M=-\dfrac{v^2}{4x}\sqrt{\dfrac{2p}{x}}$

第 五 章

5-1 $x=0.2\cos 4t$；$v=-0.4\text{m/s}$；$a=-2.771\text{m/s}^2$

5-2 $\varphi=\dfrac{1}{30}t$，$x^2+(y+0.8)^2=1.5^2$

5-3 $\omega=\dfrac{v}{2l}$；$\alpha=-\dfrac{v^2}{2l^2}$

5-4 $\theta_{OA}=\arctan\dfrac{\sin\omega_0 t}{\dfrac{h}{r}-\cos\omega_0 t}$

5-5 （1）$\alpha_2=\dfrac{5000\pi}{d^2}$；（2）$a=592.2$

5-6 $h_1=2\text{mm}$

5-7 $\alpha=\dfrac{av^2}{2\pi r^3}$

5-8 $\omega_2=0$，$\alpha_2=-\dfrac{lb\omega^2}{r_2}$

5-9 $\varphi=\dfrac{r_2\alpha_2}{2l}t^2$

5-10 $\omega=\frac{v}{2R\sin\varphi}$，$v_C=\frac{v}{\sin\varphi}$，其中 $\sin\varphi=\frac{1}{2}\sqrt{2-2\sqrt{2}\frac{vt}{R}-\left(\frac{vt}{R}\right)^2}$

5-11 $\varphi=\frac{\sqrt{3}}{3}ln\left(\frac{1}{1-\sqrt{3}\omega_0 t}\right)$；$\omega=\omega_0 e^{\sqrt{3}\varphi}$

5-12 $\boldsymbol{\omega}=2\boldsymbol{k}$，$\boldsymbol{\alpha}=-1.5\boldsymbol{k}$，$\boldsymbol{a}_C=-388.9\boldsymbol{i}+176.8\boldsymbol{j}$

第六章

6-1 $x'=v_e t$，$y'=a\cos(kt+\beta)$，$y'=a\cos\left(\frac{k}{v_e}x'+\beta\right)$

6-2 $v_a=3.059\text{m/s}$

6-3 $v_r=63.62\text{mm/s}$，$\angle(\boldsymbol{v}_r, \boldsymbol{v})=80°57'$

6-4 (a) $\omega_2=1.5\text{rad/s}$；(b) $\omega_2=2\text{rad/s}$

6-5 当 $\varphi=0°$时，$\boldsymbol{v}=\frac{\sqrt{3}}{3}r\omega$，向左

当 $\varphi=30°$时，$v=0$

当 $\varphi=60°$时，$v=\frac{\sqrt{3}}{3}r\omega$，向右

6-6 $v_C=\frac{av}{2l}$

6-7 $v_{AB}=e\omega$

6-8 $v_M=0.529\text{m/s}$

6-9 $v_r=\frac{\rho\omega\sin\theta}{\cos(\theta-\beta)}$

6-10 $v_M=\frac{1}{\sin\theta}\sqrt{v_1^2+v_2^2-2v_1v_2\cos\theta}$

6-11 $v_r=316.2\text{mm/s}$，$a_r=500\text{mm/s}^2$

6-12 $\boldsymbol{v}_{AB}=-(37.32\boldsymbol{i}'+10\boldsymbol{j}')\text{ m/s}$ $\boldsymbol{a}_{AB}=-4\boldsymbol{j}'\text{m/s}^2$

6-13 $v_r=36.74\text{mm/s}$，$a_r=30.62\text{mm/s}^2$

$\omega=0.5\text{rad/s}$，$\alpha=-0.5\text{rad/s}^2$

6-14 $v=0.1\text{m/s}$，$a=0.346\text{m/s}^2$

6-15 $v=0.173\text{m/s}$，$a=0.05\text{m/s}^2$

6-16 $\omega_1=\frac{\omega}{2}$，$\alpha_1=\frac{\sqrt{3}}{12}\omega^2 a_1=r\omega^2-\frac{v^2}{r}-2\omega v$

6-17 $v_r=\frac{2\sqrt{3}}{3}v_0$，$a_r=\frac{8\sqrt{3}}{9}\frac{v_0^2}{R}$

6-18 $x=0.1t^2$，$y=h-0.05t^2$；$y=h-\frac{x}{2}$；

$v=0.1\sqrt{5}t$，$a=0.1\sqrt{5}\text{m/s}^2$

6-19 $a_A=0.746\text{m/s}^2$

6-20 $a_1=r\omega^2-\frac{v^2}{r}-2\omega v$

$$a_2=\sqrt{\left(r\omega^2+\frac{v^2}{r}+2\omega v\right)^2+4r^2\omega^4}$$

6 - 21　$a_M=355.5\text{m/s}^2$

6 - 22　$v_M=0.173\text{m/s}$，$a_M=0.35\text{m/s}^2$

6 - 23　$v=0.325\text{m/s}$，$a=0.657\text{m/s}^2$

6 - 24　$a_M=\sqrt{(b+v_r t\quad)^2\omega^4+4\omega^2 v_r^2}\sin\theta$

第 七 章

7 - 1　$x_C=r\cos\omega_O t$，$y_C=r\sin\omega_O t$，$\varphi=\omega_O t$

7 - 2　$x_A=0$，$y_A=\frac{1}{3}gt^2$，$\varphi=\frac{g}{3r}t^2$

7 - 3　$x_A=(R+r)\cos\frac{\alpha t^2}{2}$，$y_A=(R+r)\sin\frac{\alpha t^2}{2}$；$\varphi_A=\frac{1}{2r}(R+r)\alpha t^2$

7 - 4　$\omega_{AB}=\frac{v_0\cos^2\theta}{h}$

7 - 5　$\omega_{BC}=8\text{rad/s}$，$v_C=1.87\text{m/s}$

7 - 6　$\omega=\frac{v\sin^2\theta}{R\cos\theta}$

7 - 7　$v_{BC}=2.513\text{m/s}$

7 - 8　$\omega_{ABD}=1.072\text{rad/s}$，$v_D=0.254\text{m/s}$

7 - 9　$\omega_{OD}=10\sqrt{3}\text{rad/s}$，$\omega_{DE}=\frac{10}{3}\sqrt{3}\text{rad/s}$

7 - 10　$v_F=0.462\text{m/s}$，$\omega_{EF}=1.333\text{rad/s}$

7 - 11　当 $\varphi=0°$，$180°$时，$v_{DE}=4\text{m/s}$；
当 $\varphi=90°$，$270°$时，$v_{DE}=0$

7 - 12　$\omega_{OB}=3.75\text{rad/s}$，$\omega_{\text{I}}=6\text{rad/s}$

7 - 13　$\omega_O=\frac{v_1-v_2}{2r}$，$v_O=\frac{v_1+v_2}{2}$

7 - 14　$n=10800\text{r/min}$

7 - 15　$a_C=2r\omega_O^2$

7 - 16　$v_O=\frac{R}{R-r}v$；$a_O=\frac{R}{R-r}a$

7 - 17　$v_A=2a\omega_0$，$\alpha_{CEF}=0$

7 - 18　$v_B=2\text{m/s}$，$v_C=2.828\text{m/s}$
$a_B=8\text{m/s}^2$，$a_C=11.31\text{m/s}^2$

7 - 19　$v_M=0.098\text{m/s}$，$a_M=0.013\text{m/s}^2$

7 - 20　(1) $\omega_B=8\text{rad/s}$，$\alpha_B=0$
(2) $\alpha_{AB}=4\text{rad/s}^2$

7 - 21　$a_B^n=2\omega_O^2 r$，$a_B^t=(2\alpha_O-\sqrt{3}\omega_O^2)r$

7 - 22　$v_C=\frac{3}{2}r\omega^2$，$a_C=\frac{\sqrt{3}}{12}r\omega_O^2$

7 - 23 $\omega_{AB}=\omega$，$\alpha_{AB}=3\sqrt{3}\omega^2$

7 - 24 $\omega_{AE}=0.866\text{rad/s}$，$\alpha_{AE}=0.2887\text{rad/s}^2$

7 - 25 $\omega_{O_1C}=6.186\text{rad/s}$，$\alpha_{O_1C}=78.17\text{rad/s}^2$

7 - 26 $\omega_{O_1A}=0.2\text{rad/s}$，$\alpha_{O_1A}=0.0462\text{rad/s}^2$

7 - 27 $v_{DB}=1.155l\omega_O$，$a_{DB}=2.222l\omega_O^2$

7 - 28 $v_{CD}=\frac{0.2}{3}\sqrt{3}\text{m/s}$，$a_{CD}=\frac{2}{3}\text{m/s}^2$

7 - 29 （1）$v_C=0.4\text{m/s}$，$v_r=0.2\text{m/s}$

（2）$a_C=0.159\text{m/s}^2$，$a_r=0.139\text{m/s}^2$

7 - 30 $v_E=\frac{v}{2}$，$a_E=\frac{7}{8\sqrt{3}}\frac{v^2}{b}$；$\omega=\frac{3}{4}\frac{v}{b}$，$\alpha=\frac{3\sqrt{3}}{8}\frac{v^2}{b^2}$

7 - 31 $\omega_B=\frac{\omega_0}{4}$，$v_D=\frac{\omega_0 l}{4}$

7 - 32 （a）$v=r\omega$，$a=0.72r\omega^2$；

（b）$v=\sqrt{3}r\omega$，$a=4r\omega^2$；

（c）$v=0.58r\omega$，$a=1.38r\omega^2$；

（d）$v=1.33r\omega$；$a=0.77r\omega^2$

第 八 章

8 - 1 （a）$F_{N1}=50\text{kN}$，$F_{N2}=10\text{kN}$，$F_{N3}=-20\text{kN}$

（b）$F_{N1}=F$，$F_{N2}=0$，$F_{N3}=F$

（c）$F_{N1}=0$，$F_{N2}=4F$，$F_{N3}=3F$

（d）$F_{N1}=F$，$F_{N2}=10\text{kN}$，$F_{N3}=-2F$

8 - 2 $F_{N1}=-20\text{kN}$，$\sigma=-50\text{MPa}$

$F_{N2}=-10\text{kN}$，$\sigma=-25\text{MPa}$

$F_{N3}=10\text{kN}$，$\sigma=25\text{MPa}$

8 - 3 $\sigma=-0.34\text{MPa}$

8 - 4 $\sigma_0=100\text{MPa}$，$\tau_{0^\circ}=0$；$\sigma_{30^\circ}=75\text{MPa}$，$\tau_{30^\circ}=43.3\text{MPa}$；

$\sigma_{45^\circ}=50\text{MPa}$，$\tau_{45^\circ}=50\text{MPa}$；$\sigma_{60^\circ}=25\text{MPa}$，$\tau_{60^\circ}=43.3\text{MPa}$；

$\sigma_{90^\circ}=0$，$\tau_{90^\circ}=0$

8 - 5 $\Delta_D=\frac{Fl}{3EA}$

8 - 6 $\Delta l=0.075\text{mm}$

8 - 7 （1）$\sigma=135\text{MPa}$；（2）$\Delta=83.7\text{mm}$；（3）$F=96.4\text{N}$

8 - 8 （1）$\varepsilon=5\times10^{-4}$，$\sigma=100\text{MPa}$，$P=7.85\text{kN}$

（2）$\varepsilon>\varepsilon_P$，不能求出应力。

8 - 9 水平位移是：0.6mm；垂直位移是：3mm；A 点的位移是：3.06mm

8 - 10 $\delta_{Cx}=0.476\text{mm}$，$\delta_{Cy}=0.476\text{mm}$

8 - 11 $\sigma=37.1\text{MPa}<[\sigma]$，安全

8 - 12 $d \geqslant 22.6\text{mm}$

8 - 13 $p=2.5\text{MPa}$

8 - 14 $F=40.4\text{kN}$

8 - 15 $\sigma=32.7\text{MPa}<[\sigma]$，安全

8 - 16 $F \leqslant 37.5\text{kN}$

8 - 17 $d_{AB} \geqslant 17.2\text{mm}$，$d_{BC}=d_{BD} \geqslant 17.2\text{mm}$

8 - 18 杆 AB 两根 100×100×10 等边角钢；杆 AD 两根 80×80×6 等边角钢

8 - 19 $\theta=54.8°$

8 - 20 $x=\dfrac{ll_1E_2A_2}{l_1E_2A_2+l_2E_1A_1}$

8 - 21 $\delta_{80}=6.86\text{mm}$，$\delta_{120}=20.58\text{mm}$

8 - 22 $F_{N1}=\dfrac{5}{6}F$，$F_{N2}=\dfrac{1}{3}F$，$F_{N3}=-\dfrac{1}{6}F$

8 - 23 $F_{N1}=3.6\text{kN}$，$F_{N2}=7.2\text{kN}$，$F_{N3}=4.8\text{kN}$

8 - 24 $[F]=698\text{kN}$

8 - 25 $[P] \leqslant 2.5[\sigma]A$

8 - 26 $F=171\text{kN}$，$\sigma=84\text{MPa}$

8 - 27 $F_{N1}=F_{N2}=\dfrac{\delta E_1A_1E_3A_3\cos^2\alpha}{2E_1A_1\cos^3\alpha+E_3A_3}\times\dfrac{1}{l}$ $F_{N3}=\dfrac{2\delta E_1A_1E_3A_3\cos^3\alpha}{2E_1A_1\cos^3\alpha+E_3A_3}\times\dfrac{1}{l}$

8 - 28 $h=\dfrac{l}{5}$，$F_{NAC}=0$，$F_{NBC}=15\text{kN}$；$h=\dfrac{4l}{5}$，$F_{NAC}=7\text{kN}$，$F_{NBC}=22\text{kN}$

8 - 29 $\sigma_{up}=-66.7\text{MPa}$ $\sigma_d=-33.3\text{MPa}$

8 - 30 $\sigma_{BC}=30.3\text{MPa}$，$\sigma_{BD}=-26.2\text{MPa}$

8 - 31 $\tau=70.7\text{MPa}>[\tau]$，销钉强度不够，应改为 $d \geqslant 32.6\text{mm}$

8 - 32 $F \geqslant 177\text{N}$，$\tau=17.6\text{MPa}$

8 - 33 $F \geqslant 236\text{kN}$

8 - 34 $\tau=0.952\text{MPa}$，$\sigma_{bs}=7.41\text{MPa}$

8 - 35 $\dfrac{d}{h}=2.4$

8 - 36 $\tau=66.3\text{MPa}$，$\sigma_{bs}=102\text{MPa}$

8 - 37 $\tau=28.6\text{MPa}$，$\sigma_{bs}=95.3\text{MPa}$

8 - 38 $\tau=43.3\text{MPa}$，$\sigma_{bs}=59.5\text{MPa}$

8 - 39 $\tau=52.6\text{MPa}$，$\sigma_{bs}=90.9\text{MPa}$，$\sigma=166.7\text{MPa}$

第 九 章

9 - 2 $\tau_{1max}=78.5\text{MPa}$，$\tau_{2max}=43.3\text{MPa}$，$\tau_{3max}=82.5\text{MPa}$

9 - 3 $\tau_{max}=192\text{MPa}$

9 - 4 $\tau_{max}=51\text{MPa}<[\tau]$ 满足强度条件。

9 - 5 $\dfrac{A_2}{A_1}=0.31$

9 - 6 $d_{\mathrm{I}} \geqslant 24.5\mathrm{mm}$，$d_{\mathrm{II}} \geqslant 30.8\mathrm{mm}$

9 - 7 $\tau_{\max}=63.7\mathrm{MPa}<[\tau]$

9 - 8 $d \geqslant 39.3\mathrm{mm}$，$d_1 \leqslant 24.7\mathrm{mm}$，$d_2 \geqslant 41.2\mathrm{mm}$

9 - 9 （1）$\varphi'_{AB}=-0.0045\mathrm{rad/m}$，$\varphi'_{BC}=-0.0060\mathrm{rad/m}$；（2）$\varphi_{CA}=-0.009\mathrm{rad}$

9 - 10 $\varphi_{A}=3.61\times10^{-2}\mathrm{rad}=2.07°$

9 - 11 $\tau_{\max}=25.46\mathrm{MPa}<[\tau]$，$\varphi_{\max}=0.031831\mathrm{rad}=1.824°<[\varphi]$，$\varphi_{AB}=\dfrac{ml^2}{2GI_{\mathrm{p}}}$

9 - 12 $\tau_{\max} \leqslant [\tau]$，$D \geqslant 0.0272\mathrm{m}$，$\varphi'_{\max} \leqslant [\varphi']$，$D \geqslant 0.0295\mathrm{m}$

9 - 13 $\tau_{\max}=28.2\mathrm{MPa}<[\tau]$，$\varphi'_{\max}=0.81°/\mathrm{m}<[\varphi']$

9 - 14 $\tau_{\max}=49.4\mathrm{MPa}<[\tau]$，$\varphi'_{\max}=0.435°/\mathrm{m}<[\varphi']$

9 - 15 $d \geqslant 63\mathrm{mm}$

9 - 16 （1）$d_1 \geqslant 84.6\mathrm{mm}$，$d_2 \geqslant 74.5\mathrm{mm}$；（2）$d \geqslant 84.6\mathrm{mm}$；（3）主动轮 1 放在从动轮 2、3 之间比较合理。

9 - 17 $\varphi=\dfrac{32Tl(d_1^2+d_1d_2+d_2^2)}{3G\pi d_1^3 d_2^3}$

9 - 18 $d \geqslant 61\mathrm{mm}$

9 - 19 （1）$d \geqslant 49\mathrm{mm}$；（2）$d_2 \geqslant 53.7\mathrm{mm}$

9 - 20 $m_A=\dfrac{b}{a+b}m$，$m_B=\dfrac{a}{a+b}m$

9 - 21 AB 杆 3P/4，CD 杆 P/4

第 十 章

10 - 11 $x=\dfrac{l}{2}-\dfrac{d}{4}$，$M_{\max}=\dfrac{F}{2l}\left(l-\dfrac{d}{2}\right)^2$

10 - 13 $\sigma_K=3.09\mathrm{MPa}$

10 - 14 实心轴 $\sigma_{\max}=159\mathrm{MPa}$，空心轴 $\sigma_{\max}=93.6\mathrm{MPa}$，空心截面比实心截面的最大正应力减少了 41%。

10 - 15 $b_1 \geqslant 41.7\mathrm{mm}$，$h_1=125.1\mathrm{mm}$；$b_2 \geqslant 40\mathrm{mm}$，$h_2=120\mathrm{mm}$

10 - 16 $b \geqslant 277\mathrm{mm}$，$h \geqslant 416\mathrm{mm}$

10 - 17 $b=102\mathrm{mm}$，$h=153\mathrm{mm}$

10 - 18 $d=278\mathrm{mm}$

10 - 19 $\dfrac{h}{b}=\sqrt{2}$

10 - 20 $W_z=237\mathrm{cm}^3$，20a

10 - 21 $\sigma_{\mathrm{tmax}}=\dfrac{M_B y_2}{I_2}=22.5\mathrm{MPa}<[\sigma_{\mathrm{t}}]$，$\sigma_{\mathrm{cmax}}=\dfrac{M_C y_1}{I_2}=33.9\mathrm{MPa}<[\sigma_{\mathrm{c}}]$

10 - 22 B 面 $\sigma_{\mathrm{t}}=27.2\mathrm{MPa}$，$\sigma_{\mathrm{c}}=46.2\mathrm{MPa}$；$A$ 面：$\sigma_{\mathrm{t}}=\dfrac{M_C y_2}{I_z}=28.8\mathrm{MPa}$

10 - 23 $[q]=15.68\mathrm{kN/m}$

10 - 24 $a=1.39\mathrm{m}$

10 - 25 $b=131\mathrm{mm}$，$d=193\mathrm{mm}$

10 - 26 $\sigma_a=6.04\text{MPa}$，$\tau_a=0.379\text{MPa}$，$\sigma_b=12.9\text{MPa}$，$\tau_b=0\text{MPa}$

10 - 27 $\sigma_{max}=102\text{MPa}$，$\tau_{max}=3.39\text{MPa}$

10 - 28 $\sigma_{max}=7.05\text{MPa}$，$\tau_{max}=0.478\text{MPa}$

10 - 29 $b\times h=140\text{mm}\times 210\text{mm}$

10 - 30 $[F]=3.75\text{kN}$

10 - 33 (a) $w_C=\dfrac{5ql^4}{768EI}$

(b) $y_A=\dfrac{Pl^3}{6EI}$，$\theta_B=\dfrac{9Pl^2}{8EI}$

(c) $\theta_c=-\dfrac{F}{48EI}(24a^2+16al-3l^2)$

$w_c=-\dfrac{Fa}{48EI}(3l^2-16al-16a^2)$

(d) $\theta_c=\dfrac{ql^2}{24EI}(5l+12a)$，$w_c=-\dfrac{qal^2}{24EI}(5l+6a)$

(e) $\theta_c=\dfrac{qa^3}{4EI}$，$w_c=\dfrac{5qa^4}{24EI}$

(f) $\theta_c=\dfrac{qa^3}{6EI}+\dfrac{qa^2l}{6EI}-\dfrac{ql^3}{24EI}$，$w_c=\dfrac{qa^4}{8EI}+\dfrac{qa^3l}{6EI}-\dfrac{ql^3a}{24EI}$

10 - 34 $\theta_C=\dfrac{5Fa^2}{4EI}$，$\omega_C=\dfrac{3Fa^3}{2EI}$

10 - 35 $d=112\text{mm}$

10 - 36 $\sigma=0.055\text{MPa}$，$\omega_A=0.01686\text{m}$

10 - 37 $R_B=\dfrac{F}{2}\left(3\dfrac{a^2}{l^2}-\dfrac{a^3}{l^3}\right)$

10 - 38 $M_{max}=4Fa/5$

第 十一 章

11 - 2 $F=94.2\text{kN}$

11 - 3 $\sigma_{max}=100\text{MPa}$，$\tau_{max}=50\text{MPa}$

11 - 4 (a) $\sigma_\alpha=35\text{MPa}$，$\tau_\alpha=60.6\text{MPa}$

(b) $\sigma_\alpha=70\text{MPa}$，$\tau_\alpha=0$

(c) $\sigma_\alpha=62.5\text{MPa}$，$\tau_\alpha=21.6\text{MPa}$

(d) $\sigma_\alpha=-12.5\text{MPa}$，$\tau_\alpha=65\text{MPa}$

11 - 5 (a) $\sigma_1=57\text{MPa}$，$\sigma_3=-7\text{MPa}$，$\alpha_0=-19°20'$，$\tau_{max}=32\text{MPa}$

(b) $\sigma_1=57\text{MPa}$，$\sigma_3=-7\text{MPa}$，$\alpha_0=-19°20'$，$\tau_{max}=32\text{MPa}$

(c) $\sigma_1=25\text{MPa}$，$\sigma_3=-25\text{MPa}$，$\alpha_0=-45°$，$\tau_{max}=25\text{MPa}$

(d) $\sigma_1=11.2\text{MPa}$，$\sigma_3=-71.2\text{MPa}$，$\alpha_0=-37°59'$，$\tau_{max}=41.2\text{MPa}$

(e) $\sigma_1=4.7\text{MPa}$，$\sigma_3=-84.7\text{MPa}$，$\alpha_0=-13°17'$，$\tau_{max}=44.7\text{MPa}$

(f) $\sigma_1=37\text{MPa}$，$\sigma_3=-27\text{MPa}$，$\alpha_0=-19°20'$，$\tau_{max}=32\text{MPa}$

11 - 6 (2) $\sigma_1=1.66\text{MPa}$，$\sigma_3=-21.66\text{MPa}$

11 - 7 $\sigma_1=10.66\text{MPa}$，$\sigma_3=-0.06\text{MPa}$，$\alpha=4.73°$

11 - 8 (a) $\sigma_1=50\text{MPa}$，$\sigma_2=50\text{MPa}$，$\sigma_3=-50\text{MPa}$，$\tau_{max}=50\text{MPa}$

(b) $\sigma_1=52.2\text{MPa}$，$\sigma_2=50\text{MPa}$，$\sigma_3=-42.2\text{MPa}$，$\tau_{max}=47.2\text{MPa}$

(c) $\sigma_1=130\text{MPa}$，$\sigma_2=30\text{MPa}$，$\sigma_3=-30\text{MPa}$，$\tau_{max}=80\text{MPa}$

11 - 9 $\sigma_x=80\text{MPa}$，$\sigma_y=0$

11 - 10 $\Delta h=1.46\times10^{-3}\text{mm}$

11 - 11 纵向（力 F 方向） $\sigma_y=-35\text{MPa}$，横向 $\sigma_x=\sigma_z=-15\text{MPa}$

11 - 12 长轴 300.109mm，短轴 299.979mm

11 - 13 $\sigma_{r1}=24.3\text{MPa}$，$\sigma_{r2}=26.6\text{MPa}$

11 - 14 (a) $\sigma_{r3}=\sqrt{\sigma^2+4\tau^2}$，$\sigma_{r4}=\sqrt{\sigma^2+3\tau^2}$

(b) $\sigma_{r3}=\sigma+\tau$，$\sigma_{r4}=\sqrt{\sigma^2+3\tau^2}$

11 - 15 $\sigma_{r3}=43.3\text{MPa}$

11 - 16 $F=2\text{kN}$，$M_e=2\text{kN}\cdot\text{m}$，$\sigma_{r4}=26.9\text{MPa}$

11 - 17 按第三强度理论 $p=1.2\text{MPa}$；按第四强度理论 $p=1.38\text{MPa}$

第 十 二 章

12 - 1 16 号

12 - 2 $\sigma_{tmax}=6.75\text{MPa}$，$\sigma_{cmax}=-6.99\text{MPa}$

12 - 3 $d=122\text{mm}$

12 - 4 $F=18.4\text{kN}$，$e=1.79\text{mm}$

12 - 5 $\frac{\sigma_a}{\sigma_b}=\frac{4}{3}$

12 - 6 $\delta=2.65\times10^{-3}\text{m}$

12 - 7 $\sigma_{r3}=58.3\text{MPa}<[\sigma]$，安全

12 - 8 $P=0.59\text{kN}$

12 - 9 $\sigma_{r4}=54.4\text{MPa}$

12 - 10 A 点 $\sigma_x=125\text{MPa}$，$\sigma_z=72\text{MPa}$，$\tau_{xz}=-44.4\text{MPa}$

B 点 $\sigma_x=36\text{MPa}$，$\sigma_y=72\text{MPa}$，$\tau_{xy}=-40.4\text{MPa}$

第 十 三 章

13 - 1 $F_{cr}=3293\text{kN}$

13 - 3 $F_{cr}=412\text{kN}$

13 - 4 $a=4.31\text{cm}$，$F_{cr}=443\text{kN}$

13 - 5 $F_{cr}=400\text{kN}$，$\sigma_{cr}=665\text{MPa}$

13 - 6 (1) $F_{cr}=105.9\text{kN}$；(2) $n_w=1.52$，不安全；(3) $F_{cr}=67.5\text{kN}$

13 - 7 (1) $[F]=378\text{kN}$；(2) $\theta=22.5°$，$[F]=454\text{kN}$

第 十 四 章

14 - 1 $y_C=\frac{4R}{3\pi}$

14 - 2　$y_C=275\text{mm}$

14 - 3　$I_{z_C}=1.337\times10^{10}\text{mm}^4$

14 - 4　(a) $I_z=\frac{1}{12}a^4-\frac{\pi R^4}{4}$

(b) $I_z=1.73\times10^9\text{mm}^4$

(c) $I_z=1.55\times10^{10}\text{mm}^4$

(d) $I_z=5.02\times10^9\text{mm}^4$

(e) $I_z=\frac{5\sqrt{3}}{64}a^4$

索 引

K

L

M

N

O

P

Q

R

Y

有势力 potential force
约束 constraint
约束方程 equations of constraint
约束力 constraint reaction
约束扭转 constraint torsion
运动 motion
运动微分方程 differential equations of motion
运动学 kinematics
应变花 strain rosette
应变计 strain gage
应变能 strain energy
应变能密度 strain energy density
应力 stress
应力速率 stress ratio
应力比 stress ratio
应力幅 stress amplitude
应力状态 state of stress
应力集中 stress concentration
应力集中因数 stress concentration factor
应力—寿命曲线，S—N 曲线 stress-cycle curve
应力—应变图 stress-strain diagram
应力圆，莫尔圆 Mohr's circle for stresses

Z

振幅 amplitude
质点 particle
质点系 system of particle
质点系的动量 momentum of particle system
质点系的动量矩 moment of momentum of particle system
质量 mass
质量中心 center of mass
质心运动定理 theorem of motion of mass center
重力 gravity
重力加速度 acceleration due to gravity
重心 center of gravity
周期 period
主动力 active forces
主法线 principal normal
正应变 normal strain
正应力 normal stress
中面 middle plane
中柔度杆 intermediate columns
中性层 neutral surface
中性轴 neutral axis
轴 shaft
轴力 axial force
轴力图 axial force diagram
轴向变形 axial deformation
轴向拉伸 axial tension
轴向压缩 axial compression
主平面 principal planes
主应力 principal stress
主应力迹线 principal stress trajectory
主轴 principal axis
主惯性矩 principal moment of inertia
主形心惯性矩 principal centroidal moments of inertia
主形心轴 principal centroidal axis
转角 angel of rotation
转轴公式 transformation equation
自由扭转 free torsion
组合变形 combined deformation
组合截面 composite area
最大切应力理论 maximum shear stress theory
最大拉应变理论 maximum tensile strain theory
主矩 principal moment
主矢 principal vector
转动 rotation
转动惯量 moment of inertia
转轴 axis of rotation
转角 angle of rotation
自然法 natural method
自然轴 natural axes
自锁 self-locking
自由度 degree of freedom
自由矢量 free vector
自由体 free body
作用与反作用 action and reaction

参考文献

[1] 范钦珊．理论力学．3 版．北京：高等教育出版社，2018.

[2] 哈尔滨工业大学理论力学教研室．理论力学．7 版．北京：高等教育出版社，2009.

[3] 贾书惠，张怀瑾．理论力学辅导．北京：清华大学出版社，1997.

[4] 刘延柱，杨海兴．理论力学．3 版．北京：高等教育出版社，2011.

[5] 郝同生．理论力学．3 版．北京：高等教育出版社，2003.

[6] 孙训方．材料力学．4 版．北京：高等教育出版社，2005.

[7] 刘鸿文．材料力学．6 版．北京：高等教育出版社，2017.

[8] 范钦珊．工程力学．2 版．北京：高等教育出版社，2007.

[9] 单辉祖．材料力学．4 版．北京：高等教育出版社，2016.